波谱解析法

（第三版）

潘铁英 主编

華東理工大學出版社
EAST CHINA UNIVERSITY OF SCIENCE AND TECHNOLOGY PRESS
·上海·

图书在版编目(CIP)数据

波谱解析法/潘铁英主编. —3版. —上海:华东理工大学出版社,2015.6(2023.2 重印)
(现代化学与应用丛书)
ISBN 978-7-5628-4281-1

Ⅰ.①波… Ⅱ.①潘… Ⅲ.①波谱分析-高等学校-教材
Ⅳ.①O657.61

中国版本图书馆CIP数据核字(2015)第108582号

"十二五"国家重点图书
现代化学与应用丛书
波谱解析法(第三版)

主　　编/潘铁英
责任编辑/焦婧茹
责任校对/成　俊
封面设计/裘幼华
出版发行/华东理工大学出版社有限公司
地址:上海市梅陇路130号,200237
电话:(021)64250306(营销部)
(021)64252344(编辑部)
传真:(021)64252707
网址:www.ecustpress.cn
印　　刷/上海展强印刷有限公司
开　　本/787mm×1092mm　1/16
印　　张/20.75
字　　数/525千字
版　　次/2015年6月第3版
印　　次/2023年2月第8次
书　　号/ISBN 978-7-5628-4281-1
定　　价/45.00元

联系我们:电子邮箱 zongbianban@ecustpress.cn
官方微博 e.weibo.com/ecustpress
天猫旗舰店 http://hdlgdxcbs.tmall.com

華東理工大學出版社
客户端扫码进入天猫旗舰店

编委会

第二版前言

本书正式出版后，当年即为我校本科生和研究生课程所用，并有配套的多媒体课件，收到了良好的教学效果。同时该教材也为其他兄弟院校选用，受到广大教师、学生以及相关专业研究人员的欢迎，至今已多次重印。但是我们在使用过程中认识到它还存在着一些不足之处，需进行修改。另外，随着科学技术的不断发展，波谱分析仪器及实验技术的不断更新，应用领域也在不断拓展，这些新的内容也应该充实到我们的教材中。

本次修订保持了原书避免烦琐的数学推导、注重图谱解析、通俗易懂、实用性强的特色，适当删减了一些目前已不常用的内容，如：第 1 章质谱中删除了在一般质谱图中很难见到的关于亚稳离子的介绍；第 3 章红外吸收光谱和拉曼光谱中删除了色散型红外光谱仪的介绍和萨特勒谱图及其人工查阅法；第 4 章核磁共振波谱中删除了连续波核磁共振谱仪的介绍，着重介绍了傅里叶变换核磁共振波谱仪。另外，本次修订对拉曼光谱仪和拉曼光谱的应用进行了更为详尽的介绍，如在第 3 章中增加了拉曼光谱仪的类型介绍以及在石墨烯方面的应用和常见无机官能团的拉曼位移数据。根据读者意见，本次修订仍保留了第 4 章中化学位移值的近似计算法供自学。

本次修订工作由潘铁英、康燕、钱枫进行。其中钱枫修订了第 1 章质谱的内容，康燕修订了第 2 章紫外吸收光谱、第 3 章红外吸收光谱和拉曼光谱的内容，潘铁英修订和编写了本书的其余部分。

本书的修订得到了华东理工大学教务处“十二五”规划教材的资助，在此表示感谢。

编　者

2015 年 6 月

前言

近五十年来，质谱、核磁共振波谱、红外光谱和紫外光谱等波谱方法已被广泛用于有机化合物的结构鉴定，从这些方法得到的各种相互补充的结构信息为有机物结构鉴定提供了可靠的依据。与经典的分析方法相比，波谱法不仅具有快速、灵敏、准确和重复性好等优点，而且测试时只需要微量样品，因此被广泛应用于有机化学、石油化工、生物化学、药物学、药理学、毒物学、临床医学等各个领域。同时，在这五十年中，由于科学技术的进步，特别是计算机科学和电子技术的迅速发展，促进了波谱仪器和实验技术的发展，使波谱方法能够提供更多、更可靠的结构信息，成为目前有机化合物结构鉴定最重要的方法。因此，波谱方法是化学工作者必须掌握的一门知识。

质谱、核磁共振波谱、红外光谱和紫外光谱等波谱方法的理论基础涉及量子力学、电学、磁学、光学等广泛的领域，这是一般的化学工作者并不精通的领域。因此，本书的编写力求避免烦琐的数学和物理推导，着重于波谱方法在结构鉴定中的应用，各种波谱信息(波谱图)与分子结构的关系，以及结构解析的原理、规律和过程。对一些必要的背景知识，如波谱仪器、实验技术等做简要的介绍。本书还编入了波谱领域中比较成熟和通用的新技术，如电喷雾质谱、二维核磁共振谱等。本书精选了不少有代表性的波谱例题和习题，同时也给出了大量的波谱数据，目的在于让读者尽可能多地实践和识别、解析谱图并进而推断结构信息。

本书的作者均有长期的波谱实验室工作经历，并从事大学本科和研究生波谱课程教学多年。其中张玉兰编写第 3 章，潘铁英编写第 4 章的核磁共振碳谱、二维谱、核磁共振谱图综合解析以及第 5 章的部分内容，苏克曼编写了本书的其余部分并审定全稿。

本书参考了国内外出版的一些相关教材、专著及图谱集，受到许多有益的启发，主要参考资料已列于书末。

本书主要用作化学类以及与化学类相关专业的本科高年级学生和研究生波谱分析课程教材，也可作为高等学校相关专业教师和各领域科技工作者的参考书。

本书编写和出版得到了华东理工大学研究生教育基金资助，在此表示感谢。

编　者

2002 年 8 月

第二版前言

本书正式出版后，当年即为我校本科生和研究生课程所用，并有配套的多媒体课件，收到了良好的教学效果。同时该教材也为其他兄弟院校选用，受到广大教师、学生以及相关专业研究人员的欢迎，至今已多次重印。但是我们在使用过程中感到它还存在着一些不足之处，需进行修改。另外，随着科学技术的不断发展，波谱分析仪器及实验技术的不断更新，应用领域也在不断拓展，这些新的内容也应该充实到我们的教材中。

本次修订保持了原书避免烦琐的数学推导、注重图谱解析、通俗易懂、实用性强的特色，适当增、删了一些内容。第 1 章质谱中将原 1.2.3 节“仪器简介”供读者自学；原 1.4 节“分子离子峰的判别和相对分子质量测定”和 1.5 节“分子式的确定”合并为“相对分子质量和分子式的确定”；1.8 节“质谱特殊实验技术及应用”中删去了一些目前已很少使用的实验技术，如场致电离和场解析电离、GC－MS 中的喷射式分子分离器接口等，而补充和强化了当前热门的电喷雾和大气压化学电离的有关介绍。第 2 章紫外吸收光谱中增加了可直接测定固体或气体样品的积分球技术的介绍。第 3 章改为红外吸收光谱和拉曼光谱，增加了 3.8 节“拉曼光谱”。第 4 章核磁共振波谱在 4.5.2 节“常用的二维核磁共振谱”中增加了全相关谱 TOCSY 的介绍和应用实例，在 4.6 节“核磁共振谱图综合解析”中新增了应用实例，另外还增加了 4.7 节“固体高分辨核磁共振波谱简介”以及二维谱的习题。

本次修订工作由潘铁英、张玉兰、苏克曼进行。其中张玉兰修订第 3 章红外吸收光谱和拉曼光谱的内容、第 2 章中的积分球技术，苏克曼修订第 1 章、第 2 章、第 4 章的核磁共振氢谱和习题以及第 5 章的部分内容，潘铁英修订和编写了本书的其余部分。

荣国斌教授对本修订稿进行了审阅，并提出了宝贵的意见和建议，特此致以衷心的感谢。本书的修订得到了华东理工大学教务处“十一五”规划教材和华东理工大学优秀教材出版基金的资助，在此表示感谢。

编　者

2009 年 7 月

目录

1 质谱

2 紫外吸收光谱

3 红外吸收光谱和拉曼光谱

5 四谱综合解析

1 质　　谱

质谱法(Mass Spectrometry, MS)是分离和记录离子化的原子或分子的方法,它的原理早在一百多年前就已被发现。质谱法按其研究对象可分为同位素质谱、无机质谱和有机质谱三个主要分支。本书仅介绍有机质谱,凡使用"质谱"或"质谱法"之词均局限于有机质谱的范畴。

质谱法是有机化合物结构分析最重要的方法之一,它能准确地测定有机物的相对分子质量,提供分子式和其他结构信息;它的测定灵敏度远高于如红外吸收光谱、核磁共振谱等其他结构分析方法。因此,质谱法是有机化学、药物学、食品化学、燃料化学、地球化学、毒物学等许多研究领域中不可缺少的工具。20 世纪 50 年代实现的气相色谱与质谱的在线联用以及随后逐步发展起来的高效液相色谱-质谱联用技术,使复杂有机混合物的快速分离和定性鉴定得以实现,质谱应用范围大大扩展,在天然产物的研究以及环境污染物分析方面起到了重要作用。近二十年来,质谱各种"软电离"技术的发展,成功地实现了蛋白质、核酸、多糖、多肽等生物大分子准确相对分子质量测定以及多肽和蛋白质中氨基酸序列的测定,使质谱在生命科学领域中的应用更为广泛。

1.1 概述

以某种方式使有机分子电离、碎裂,然后按离子的质荷比(m/z)大小把生成的各种离子分离,检测它们的强度,并将其排列成谱,这种研究物质的方法叫作质谱法,简称为质谱。而离子按其质荷比大小排列而成的谱图则称作质谱图(Mass Spectrum),质谱图常常也简称为质谱。离子的质荷比(m/z)是离子的质量(m)与其所带的电荷(z)之比,m 以原子质量(amu)计算,z 以电子电量为单位计算。如甲基离子 CH_3^+ 的质荷比(m/z)为 15,因为甲基的质量 $m=15$,甲基离子带一个电子电量的正电荷 $z=1$。

质谱法提供的信息一般用质谱图或质谱表格的形式表示。图 1.1 是正戊烷的质谱图。谱图的横坐标是离子的质荷比,纵坐标是离子的强度,通常采用相对强度(或称相对丰度)来表示,即以谱图中强度最大的离子为 100%来计算其他离子的百分强度(也有用总离子流强度为 100%来计算各离子百分强度的)。这种质谱图通常叫作"棒图",图中的离子信号叫作"峰",相对强度为 100%的峰称为"基峰"。质谱数据也可以用表格形式表示(表 1.1)。两种表示方法各有特点,质谱图简洁、明了,易于在几个谱图之间进行比较;而用质谱表格形式表示,则能获得离子峰相对强度的准确值,有时为了简化,在文献中用特征离子峰或 8 个最强峰表示某化合物的质谱信息。

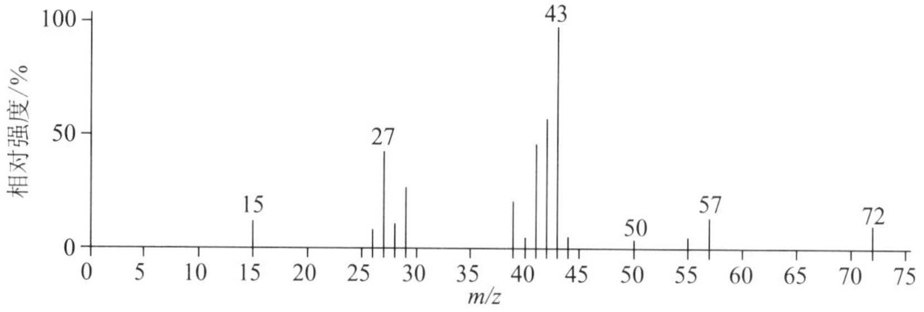

图 1.1 正戊烷的电子轰击电离质谱图

表 1.1 正戊烷的电子轰击电离质谱(表格式)

离子质荷比(m/z)	相对强度/%	离子质荷比(m/z)	相对强度/%
15	3.2	41	50
26	2.8	42	68
27	35	43	100
28	4.3	44	3.5
29	30	57	15
30	1.7	58	1.1
39	12	72	9
40	1.3	73	0.5

用于检测有机化合物质谱的仪器叫作质谱计(Mass Spectrometer)。质谱计由离子源、质量分析器、离子检测系统三个主要部分和进样系统、真空系统两个辅助部分组成(图 1.2)。样品分子由进样系统导入离子源,在离子源中以某种方式电离成为分子离子,同时也可能伴随着碎裂,生成各种碎片离子。这些离子经过加速电极加速,以一定速度进入质量分析器,按质荷比大小被分离后,依次到达离子检测器被检测,检测信号放大后送入计算机,经适当处理后以质谱图或表格形式输出。离子源、质量分析器和离子检测系统分别担负着从样品分子产生离子,离子按质荷比大小分离以及离子检测的任务,它们均需在高真空条件下工作,真空系统维持仪器正常运转所必需的真空状态。现代质谱计都配有计算机,用于数据处理和仪器状态监控、参数设置,大大方便了操作者。

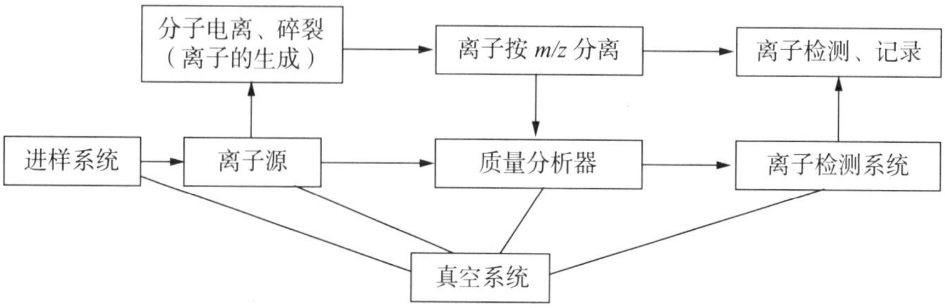

图 1.2 质谱计的构造和功能

1.2 基本原理及仪器简介

从概述中我们已经了解到质谱法是使样品电离、碎裂后，按质荷比大小分别检测各种离子的一种方法。对离子(带电粒子)的定量检测在物理学中是十分普通的技术，因此质谱法的关键是将样品的电离和离子按质荷比分离。下面分别进行论述。

1.2.1 样品的电离

物质可以用多种方法电离，但对有机质谱来说，最经典、使用最广泛的是电子轰击法(Electron Impact，EI)或者叫作电子电离法(Electron Ionization，EI)。EI是利用一定能量的电子与气相中的样品分子相互作用(“轰击”)，使分子失去价电子，电离成分子离子，当分子离子具有的剩余能量大于其某些化学键的键能时，分子离子便发生碎裂，生成碎片离子。我们可以用一个通式来描述这一过程(图1.3)。

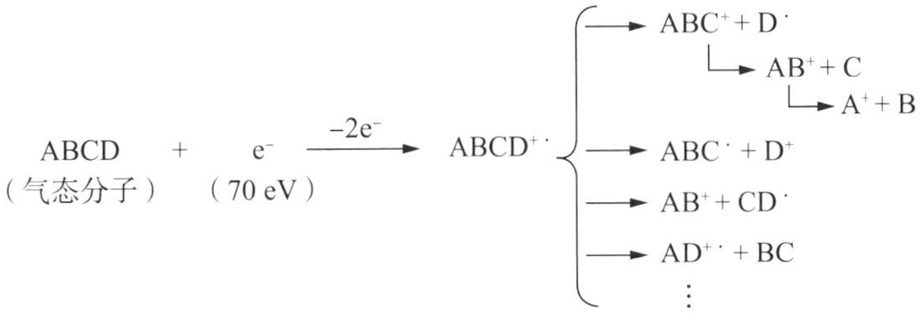

图1.3 有机分子的电子轰击电离和碎裂过程

在EI中，轰击电子能量为15～100 eV，最常用的是70 eV。这是因为大部分有机化合物的电离电位为(10±3) eV，例如，甲烷的电离电位为13.1 eV，苯的电离电位为9.24 eV。若轰击电子的能量恰好等于分子的电离电位，必须使电子的能量全部转移给分子才能发生电离，实际上能获得全部电子能量的分子很少，因此电离效率很低，仪器的检测灵敏度也就很低。增加电子能量可以提高电离效率，提高仪器的检测灵敏度。

我们以吡啶的电离效率曲线(图1.4)为例进行具体讨论。所谓电离效率曲线是以分子离子的相对强度对轰击电子能量所作的图。从图1.4可以看到，当轰击电子能量达到分子电离电位时，少量分子开始电离。随着电子能量增加，电离效率曲线急剧上升，在20～25 eV处达到最大值。在此阶段中，电子能量的微小变化会引起电离效率的急剧变化，从而影响实验的重复性。电子能量超过30 eV后，电离效率曲线趋于水平。对绝大部分有机化合物来说，电子能量高于40～50 eV时，曲线均呈水平状。常规电子轰击电离采用70 eV能量的轰击电子。

由于70 eV远远高于有机分子的电离电位，分子离子的剩余能量较大，当剩余能量大于分子中化学键断裂所需的能量时，分子离子就碎裂成碎片离子。如果碎片离子的能量仍然大于键能，则还可能发生二级、三级碎裂生成质荷比更小的离子。如图1.3中前三条路径。离子的碎裂也不仅仅限于一根化学键简单断裂，有时还会发生离子中原子连接次序的变化，即在断键的同时还有新的化学键生成，这种现象在质谱中叫重排，新生成的碎片离子叫重排离子，如图

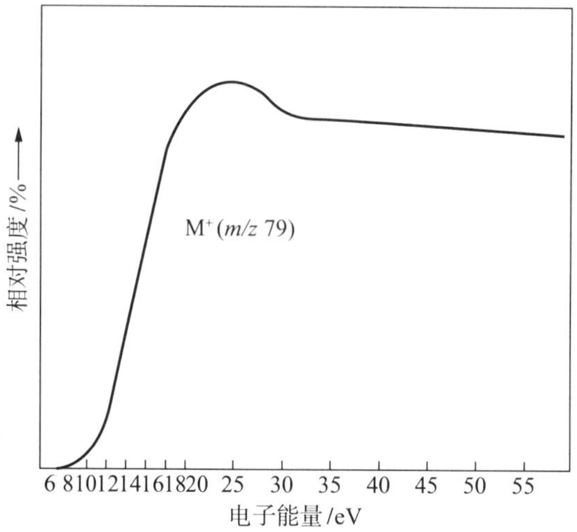

图 1.4　吡啶的电离效率曲线

1.3 中的 $AD^{+\cdot}$ 就是重排离子。众多的碎片离子(包括重排离子)提供了丰富的结构信息,但是对于那些分子中含有较多弱键的化合物来说,过高的剩余能量导致分子离子大部分甚至全部碎裂,质谱图上将不出现分子离子峰,这就给测定化合物的相对分子质量带来困难。

轰击电子是由离子源中的钨丝或铼钨丝制成的阴极(亦称灯丝)在通电流加热到 2 000℃时产生的,轰击电子的能量可通过阴极和栅极间的电位差调节(有关离子源的结构请参阅 1.2.3 节)。降低轰击电子能量在一定程度上能提高分子离子峰的相对强度,当质谱图中分子离子峰的强度太小或根本不出现时,可以采用这种方法。但轰击电子能量降低会使总电离效率降低,进而导致检测灵敏度下降。

在 EI 电离法中还应注意的是,电子是与气态的样品分子相互作用的。如果被测样品是液态或固态,则首先要汽化,然后再与轰击电子作用,发生电离和进一步碎裂。这一点大大限制了 EI 的应用,使它不能用于难汽化和热不稳定的化合物的分析。

EI 是质谱中常规的电离方法,它有以下特点。

- 方法成熟。EI 是经典的有机物电离方法,无论是理论研究、仪器设备,还是资料积累都比较完善。至今出版的质谱标准谱图集基本上是 70 eV 的电子轰击质谱图。
- 谱图中有较多的碎片离子,能提供丰富的结构信息。
- 灵敏度高,能检测纳克(ng)级样品。
- 重复性好。相对于其他电离技术,EI 的重复性最好。但质谱的重复性总体上不如红外光谱、核磁共振波谱。
- 离子源的结构简单,操作方便,商品质谱计将电子轰击电离源作为基本配置。

但是正如上面所提到的,电子轰击电离法有两个缺点:第一,70 eV 的轰击电子能量较高,使某些化合物的分子离子检测不到,造成相对分子质量测定的困难;第二,电子轰击法要求样品汽化后才能电离,许多与生命科学有关的物质或者是受热易分解,或者是不能汽化,因此都不适宜用电子轰击法电离。为了弥补电子轰击法的不足,几十年来质谱学家致力于开发研究新的电离方法,以扩展质谱的应用领域。现在已有多种新的电离方法得到成功的应用,它们是:化学电离法、场致电离法和场解吸电离法、快原子轰击法和二次离子质谱法、基质辅助激光解吸电离法、大气压电离法(包括大气压化学电离法和电喷雾电离法)。

这些电离技术的原理各不相同,但各种技术都围绕着同一目的,即试图解决电子轰击电离法存在的问题,它们或是用温和的、低能量的方式使有机分子电离,以增加质谱图中分子离子峰的强度;或者是使固体或液体样品不经汽化直接电离,扩展质谱的应用范围。这些电离技术通常被统称为"软电离"技术。有关各种"软电离"技术的原理和应用将在1.8节介绍。

1.2.2 离子的分离

在离子源中生成各种不同的离子,必须用适当的方法将它们按 m/z 大小分开,然后依次送到检测器。离子按质荷比分离是在质量分析器中实现的。下面以磁偏转质量分析器为例,讨论离子的分离。

如果在离子源的出口处设置一个加速电极(图1.5),它与离子源之间加有电位差 V,因此离子源中的离子处在电场中,具有势能 zV,当它被加速电位加速离开离子源后,所有的势能都转化为动能 $mv^2/2$,即

$$zV = mv^2/2 \tag{1-1}$$

式中,z 为离子所带的电量(以一个电子所带的电量为单位);V 为离子加速电位;m 为离子质量;v 为离子运动的线速度。

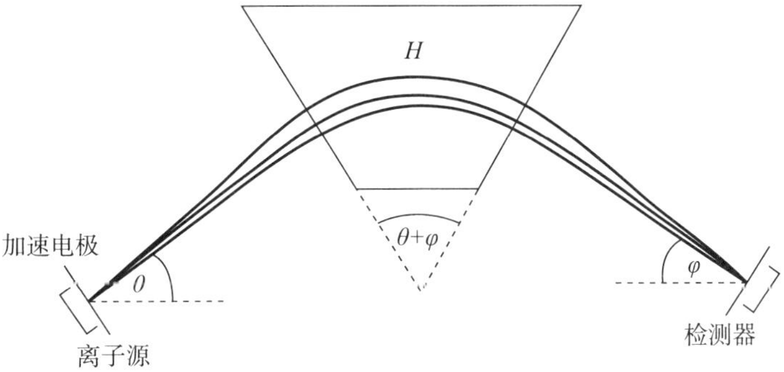

图1.5 单聚焦磁偏转质谱计示意图

从离子源到磁场之间是一个无场区,既无磁场,也无电场。离子在其间以速度 v 做匀速直线运动,直到进入磁场。磁场的方向与正离子运动方向垂直(在图1.5中是垂直于纸面指向读者),磁场强度为 H。离子进入磁场后,受到磁场力(洛伦兹力)的作用。磁场力的大小等于 Hzv,方向可用左手定则确定,即伸开左手,让磁力线穿过掌心,四指并拢沿着正电荷运动的方向,大拇指的指向就是洛伦兹力的方向。由于洛伦兹力的方向与正离子运动方向垂直,在其作用下,正离子做圆周运动,此时正离子受到的离心力与磁场力平衡,即

$$Hzv = mv^2/R \tag{1-2}$$

式中,H 为磁场强度;R 为正离子做圆周运动的半径;其余同式(1-1)。

将式(1-1)和式(1-2)合并、整理后得到

$$m/z = H^2R^2/(2V) \tag{1-3}$$

式(1-3)称为磁偏转质谱计的基本方程。从该方程可知:

- 当加速电位 V 固定时,$m/z \propto R^2$,即不同 m/z 的离子在固定磁场 H 中,因圆周运动轨道的半径不同而分离。

● 当加速电位 V 固定时，$m/z \propto H^2$，如果扫描磁场(依次改变磁场强度 H 的大小)，可以使不同 m/z 的离子顺序通过半径为 R 的固定轨道而达到分离。

● 固定 R、H，扫描加速电位，同样能达到离子按 m/z 分离的目的。

以上三种方式均能用于质谱检测，在有机质谱计中一般采用第二种方式，即扫描磁场来记录质谱图。

磁场不但能使 m/z 不同的离子分离，而且还能使离开离子源时方向有一定发散的离子重新会聚在检测器的狭缝处。这就是磁场的方向聚焦作用，单独用一个磁场作为质量分析器的质谱计叫作单聚焦(Single - Focusing)质谱计。

1.2.3 仪器简介(供自学)

1. 质谱仪器的基本部件

1) 离子源

离子源是质谱计最重要的部件之一。它的作用是使被分析物质电离成离子，并将离子会聚成有一定能量和几何形状的离子束。有各种不同的离子源以适应被分析物质及分析要求的差异。

有机质谱计中最常用的是电子轰击离子源。它有一个电离室和一套离子光学系统组成。图 1.6 是电子轰击离子源的结构示意图。由钨丝或铼钨丝制成的阴极(也称作灯丝)，在通电流加热时发射电子，电子经栅极聚焦后射入电离盒与气态分子作用，使分子电离。生成的离子立即被推斥极和引出极拉出电离盒，并且被聚焦极和 z 向偏转极聚焦成束，最后经过狭缝射入质量分析器。该离子源在检测正离子时，电离盒上加正高压；做负离子检测时，电离盒加负高压。推斥极的电位在数值上稍高于电离盒，以便将正离子或负离子引出电离盒。狭缝接地，电离盒与狭缝之间的电位差即为离子加速电压 V。电离盒与灯丝之间的电位差决定轰击电子的能量，常规条件为 70 eV。电离室除了电离盒、灯丝、推斥极之外，还有一些辅助装置，如电离盒加热器和热电偶，用于控制离子源温度等。有关电子轰击电离的原理请见 1.2.1 节。

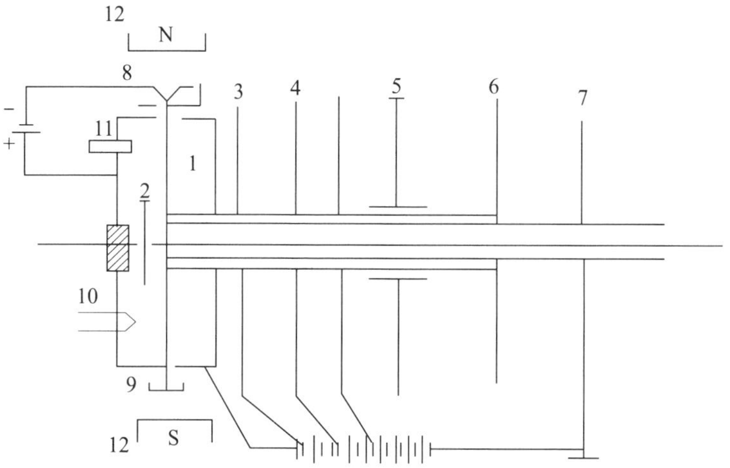

1—电离盒；2—推斥极；3—引出极；4—聚焦极；5—z 向偏转极；6—总离子流检测器；7—主狭缝；8—灯丝；9—电子收集极；10—电离盒加热器；11—热电偶；12—永久磁铁

图 1.6 电子轰击离子源的结构示意图

除了电子轰击离子源之外，还有一些特殊的离子源，如化学电离源、快原子轰击离子源等，有关它们的原理和应用将在 1.8 节讨论。

2）质量分析器

这是质谱计另一个最重要的部件，其作用是将不同质荷比的离子分开。它的性能直接影响质谱仪器的分辨率、质量范围、扫描速度等技术指标。通常以质量分析器的类型对质谱计进行命名和分类，例如，双聚焦磁偏转质谱计、四极杆质谱计、飞行时间质谱计、离子回旋共振质谱计等。下面简要介绍有机质谱计最常用的几种质量分析器的工作原理及特点。

● 双聚焦磁偏转质量分析器。在 1.2.2 节中，已经讨论了磁场对不同质荷比离子的分离作用。但是仅用一个磁场来分离不同质荷比的离子，即单聚焦磁偏转质谱计的分辨率很低。这是由于在离子源中的离子所具有的能量有微小差别，被相同的加速电位加速后运动速度不完全相同。这种离子动能的发散影响质谱计的分辨率。为了解决这个问题，在离子源和磁场之间加一个静电场（图 1.7）。带电的离子进入静电场之后，受电场力的作用发生偏转，偏转产生的离心力和电场力平衡，即

$$zE = mv^2/R = (2/R)\cdot(mv^2/2) \qquad (1-4)$$

式中，E 为静电场强度；R 为离子做圆周运动的半径；其余同式(1－1)。

式(1－4)说明在静电场中，离子的运动轨道与其动能($mv^2/2$)有关。若在静电场之后设置一个狭缝，即固定了轨道的半径 R，那么通过狭缝进入磁场的离子几乎具有完全相同的动能，从而大大提高了仪器的分辨率。静电场的这种作用称为能量聚焦。相对单聚焦质谱计而言，将一个静电场和一个磁场结合在一起用作质量分析器的仪器叫作双聚焦(Double－Focusing)(电场的能量聚焦和磁场的方向聚集)质谱计。近代离子光学和电子技术的成就，使得双聚焦质谱计的分辨率达到几万，测定离子 m/z 的精度可达到 amu 的小数点之后第四位。双聚焦质谱计中，静电场和磁场有许多种不同的配置方式，图 1.7 是其中一种常见的配置方式。

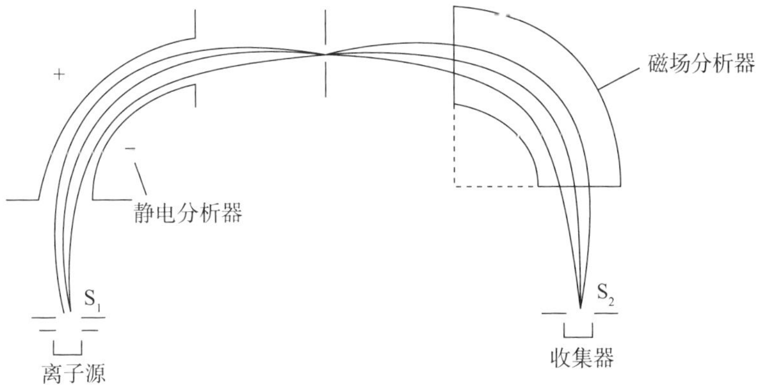

图 1.7 双聚焦质谱计示意图

● 四极质量分析器(Quadrupole Mass Analyzer)。又称四极滤质器(Quadrupole Mass Filter)。它由四根平行的截面为双曲面或圆形的筒形电极组成，对角电极相连构成两组(图 1.8)，在两组电极上施加直流电压 U 和射频交流电压 V。当具有一定能量的离子进入筒形电极所包围的空间后，受到电极交、直流叠加电场的作用，以复杂的波动形式前进。在一定的直流电压和交流电压比(U/V)以及场半径 r 固定的条件下，对于某一种射频频率，只有一种质荷比的离子可以顺利通过电场区到达检测器，这些离子称为共振离子。其他离子在运动过程中

撞击在圆筒电极上而被“过滤”掉,这些离子称为非共振离子。

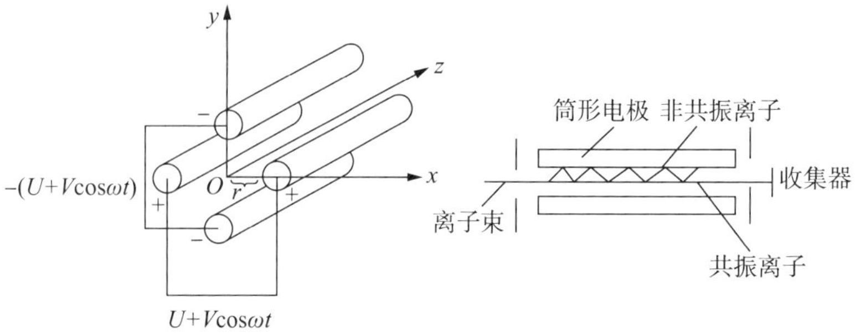

图 1.8 四极滤质器示意图

将交流电压的频率固定,而连续改变直流电压和交流电压的大小(保持 U/V 比值不变),称为电压扫描;保持电压不变而连续改变交流电压的频率,称为频率扫描。用这两种方法都可以使不同质荷比的离子依次到达检测器,记录质谱图。

用四极杆代替了笨重的电磁铁作为质量分析器,使这类质谱计具有体积小、质量轻、价格低的突出优点,成为最为广泛使用的质谱计。另外,四极质量分析器通过扫描电场(电压或频率)记录质谱,其扫描速度远快于磁偏转质量分析器中磁场的扫描速度,更适合与色谱联用。

● 飞行时间质谱计(Time of Flight, TOF)。这种质量分析器的工作原理是:获得相同能量的离子在无场的空间漂移,不同质量的离子速度不同,行经同一距离后到达检测器的时间不同,从而得到分离。该仪器的构造见图 1.9。

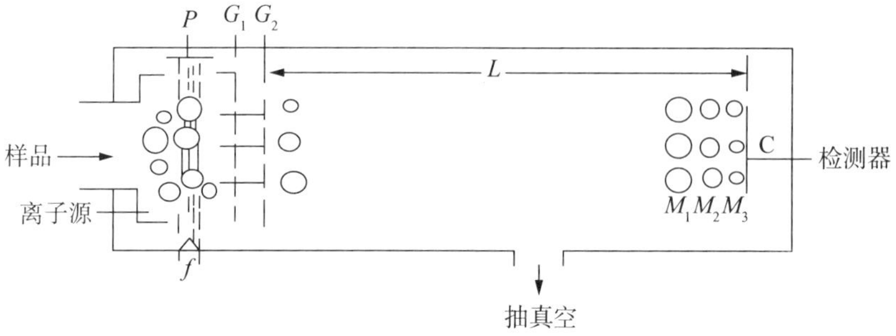

图 1.9 飞行时间质谱计的结构示意图

在栅极 G_1 上加一个不大的负脉冲电压(如 −270 V),将离子源中生成的各种正离子同时引出离子源。然后在加速极 G_2 上施加直流负高压 V(如 −3 kV),使离子加速而获得动能,以速度 v 飞过长度为 L 的无场漂移空间(既无电场,又无磁场),最后到达离子检测器。离子从 G_2 获得的动能可由式(1-1)得到

$$mv^2/2=zV$$

离子的飞行速度为

$$v=(2zV/m)^{1/2} \tag{1-5}$$

离子飞经长度为 L 的漂移空间所需的时间为

$$t=L/v=L\left[m\,\frac{1}{2}/(zV)\right]^{1/2}=L\left(\frac{1}{2V}\right)^{1/2}(m/z)^{1/2} \tag{1-6}$$

由式(1-6)可知,当L、V等参数不变时,离子从离子源到检测器的飞行时间t与离子质荷比(m/z)的平方根成正比。

飞行时间质谱计有不少突出的优点:质量分析器既不需要磁场,又不需要电场,只需直线漂移的空间,因此仪器结构比较简单;扫描速度快,扫描一张质谱约需$10^{-6}\sim10^{-5}$ s,故适合与色谱联用;可测定的质量范围取决于飞行时间,因此实际测定离子质荷比没有上限,特别适合生物大分子的测定;仪器中不存在聚焦狭缝,检测灵敏度很高。

近年来,新的离子光学系统的研究解决了一些技术关键,使飞行时间质谱计具有高分辨率,得到广泛使用,成为质谱仪器发展的一个新的热点。

除了上述介绍的磁偏转、四极杆和飞行时间质量分析器之外,还有离子阱(Ion Trap)、傅里叶变换离子回旋共振(Fourier Transform Ion Cyclotron Resonance)等质量分析器用于商品质谱计。

3) 检测器

检测器用于检测各种质荷比离子的强度。质谱计所用的检测器应具有稳定性好、响应速度快、增益高、检测的离子流宽、无质量歧视效应(即对不同质荷比离子有相同的响应)等特点。有机质谱计中最常用的是二次电子倍增器。

用于质谱计的电子倍增器一般有10～20个二次电极可获得$10^6\sim10^8$增益。电子倍增器的检测灵敏度非常高,可检测到$10^{-19}\sim10^{-18}$ A的微弱电流(相当于几个离子),这是质谱计具有高灵敏度的原因之一。微通道板检测器是近年来应用日益增多的一种检测器,它主要和飞行时间质量分析器匹配,具有高灵敏度的特点。

4) 真空系统

质谱仪器必须在高真空条件下工作,一般要求在$10^{-6}\sim10^{-4}$ Pa。其中质量分析器对真空的要求最为严格。因为无论哪一种类型的质量分析器都是利用不同质荷比的离子运动状态不同而将它们分开的,所以离子在从离子源到检测器的整个运动过程中应避免与其他粒子(气体分子)相互作用,以免引起离子运动轨道的偏离或能量、动量的变化而影响质荷比测量的准确性。离子与别的粒子相互作用前所飞过的平均距离称为"离子平均自由程",它与体系中的气体压强成反比。仪器的尺寸越大,要求离子平均自由程越大,对真空的要求就越高。

质谱计的一些其他工作条件对高真空也有要求。例如,在电子轰击离子源中,灯丝通电流发射电子时温度高达2 000℃,离子源中的氧气分压达到10^{-4} Pa就会严重影响灯丝的寿命;离子源内高的气压可能引起具有高达数千伏加速电压的电离盒与狭缝及聚焦电极之间的高压放电,造成仪器高压供电系统损坏。另外,高的气压会产生高的本底信号,会导致离子-分子反应,从而改变质谱图形,干扰质谱解析。

5) 进样系统

质谱仪器在高真空条件下工作,而被分析样品则处于常压环境下,如何将样品无分馏、快速、方便送入离子源,同时又不破坏仪器的真空状态是进样系统的任务。有几种不同的进样装置适应不同性质的样品和特殊的分析要求。

气体和低沸点液体样品的进样比较简单,只需用注射针穿过密封垫圈将样品注入加热的真空储存器,液体样品进入后立即汽化,并维持一定的样品气压。样品储存器与离子源由一个带有分子漏孔的管道相连。分子漏孔是一个极细的通道,只允许物质以分子流的形式通过,因此它既能限制进入离子源的样品量,又能维持离子源的高真空。

固体和高沸点液体样品的进样采用直接进样系统。直接进样系统由直接进样探头、样品坩埚、预抽真空室和闸阀等组成。放有样品的坩埚置于直接进样探头的前端,进样探头可通过预抽真空室和闸阀直接将样品坩埚送到电离盒的进样口,在那里样品被加热汽化进入电离盒。预抽真空室和闸阀用于保障进样探头将样品坩埚送入或退出离子源时不破坏离子源的真空状态。

混合物的质谱分析一般采用色谱进样。气相色谱-质谱(GC－MS)和液相色谱-质谱(LC－MS)联用技术实际上是将气相色谱和液相色谱当作质谱的特殊进样器。这种进样器具有成分分离功能。凡沸点较低、热稳定性较好的适合于气相色谱分离的样品均可用气相色谱-质谱联用;而难汽化的、热不稳定的化合物,只要能被液相色谱分离的就可采用液相色谱-质谱联用。有关色谱-质谱联用的内容请参阅 1.8 节。

2. 质谱仪器的主要性能指标

1) 质量范围

质量范围(Mass Range)是指质谱仪器所检测的离子质荷比范围。对于单电荷离子,离子的质量等于其质荷比值;对于多电荷离子,实际检测的离子质量范围扩大了离子所带电荷数的相应倍数。

2) 分辨率

分辨率(Resolution)是指质谱仪器分开相邻两个质谱峰的能力,它是对不同质量离子分离和对相同离子聚焦两种能力的综合表征。如果有两个相邻的强度近似相等的离子峰正好分开,则质谱仪的分辨率 R 可定义为

$$R = M/\Delta M \tag{1-7}$$

式中,M 为两个离子的平均质量;ΔM 为两个离子质量之差。

所谓正好分开,国际上通常采用 10%谷的定义:若两峰重叠后形成的谷高为峰高的 10%,则认为两峰正好分开(图 1.10)。在实际测量时,很难找到两个离子峰等高,并且重叠后的谷高正好为峰高的 10%,为此把式(1－7)转换为式(1－8)

$$R = (M/\Delta M) \cdot a/b \tag{1-8}$$

式中,a 是两峰的中心距离;b 为峰高 5%处的峰宽;其余同式(1－7)。

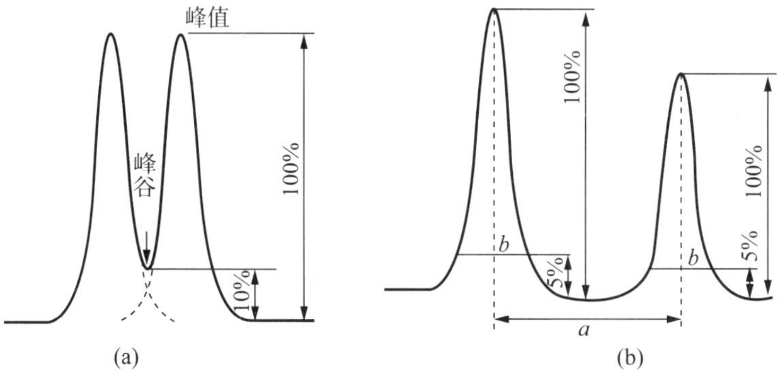

图 1.10 两峰分开的标准(10%谷)

(a) 10%的定义;(b) 实际常见情况

例如,有质量数为 200 和 201 的两峰,使之正好分开,即满足 10%谷的要求,此时仪器的分辨率为

$$R = 200/(201-200) = 200$$

若要求分开 1 000 和 1 001 两个离子，则所需的仪器分辨率应为

$$R=1\ 000/(1\ 001-1\ 000)=1\ 000$$

可见分离质量数越大的离子所需的分辨率越高。

分辨率是衡量仪器性能的一个重要指标。高的分辨率不仅可以保证高质量数离子以整数质量分开，而且当分辨率足够高时可以精确检测离子的质量，然后借助于计算机获得离子元素组成的信息(参见 1.4.2 节)。

3) 灵敏度

灵敏度(Sensitivity)显示仪器对样品在量的方面的检测能力，灵敏度有各种不同的表示法。总的来说，可分为绝对灵敏度和相对灵敏度两个大类，前者指在记录仪上得到可检测的质谱信号所需的样品量(g)；后者指可检测到的微量物质的最小浓度(如 $\mu g\cdot mL^{-1}$)。灵敏度与测试条件关系甚密，如离子化方式、仪器分辨率、信噪比的要求以及所用的标准样品不同，测得的灵敏度有很大差别。只有在测试条件相同的情况下所测得的灵敏度才有可比性。

质谱仪器还有一些其他的性能指标，如精密度、准确度、扫描速度等。

1.3 离子的主要类型

有机分子在质谱计离子源中发生的电离和碎裂是一个复杂的过程，能生成各种各样的离子，从质谱解析的角度对离子进行分类有分子离子、碎片离子、同位素离子、多电荷离子、负离子、离子-分子反应生成的离子和亚稳离子等，下面一一进行介绍。

1.3.1 分子离子

分子失去一个价电子而生成的离子称为分子离子，通常用 $M^{+\cdot}$ 表示。M 右上角的"+"表示分子离子带一个电子电量的正电荷，"·"表示它有一个不成对电子，是个游离基。由于在有机化合物中电子都是成对存在的，即有偶数个电子，分子电离失去一个电子后就有了一个不成对电子。可见分子离子既是一个正离子，又是一个游离基，这样的离子称为奇电子离子。

分子离子是质谱中最重要的和最有价值的离子。首先，因为它的质荷比值等于相对分子质量。一旦在质谱图中确定了分子离子峰，便可以得知该化合物的相对分子质量。用质谱法测得的是物质准确的相对分子质量；其次，分子离子是质谱中所有碎片离子的先驱，它的质量和元素组成限定了所有碎片离子。

必须注意的是，并不是每一个有机物的电子轰击质谱(EIMS)中都有分子离子峰。因为某一些类型的有机物分子离子的稳定性很差，它们几乎全部断裂成碎片离子。

1.3.2 碎片离子

碎片离子是由分子离子在离子源中碎裂生成的。在 EI 源中，常规使用的轰击电子能量为 70 eV，远远大于有机物的电离电位，故分子离子具有较大的剩余能量，处于激发态，会使某些化学键断裂，生成质量较小的碎片，其中带正电荷的就是碎片离子。碎片中还有一些不带电荷的游离基或小分子，由于它们不带电荷，不能被仪器检测到。

分子离子的碎裂是一个复杂的过程，如图 1.3 有机分子电离和碎裂过程所表示的，它是一个多途径、多级的碎裂，生成许多碎片离子。有的碎片离子是通过一根化学键断裂直接生成的，另外一些碎片离子则是通过多键断裂或同时伴随有原子或原子团的重排生成的，还有一些碎片离子是经过二级或多级碎裂形成的。碎片离子的质荷比和相对强度与有机物的分子结构密切相关，是我们关注的重点之一。有关碎片离子和分子结构的关系主要通过离子碎裂机理来研究(详见 1.5 节)。

1.3.3 同位素离子

在组成有机化合物的常见元素中，许多元素有一个以上丰度不等的稳定同位素。例如，^{12}C 和^{13}C，它们的丰度比约为 100∶1.1，^{1}H 和^{2}H 的丰度比约为 100∶0.015 等。表 1.2 列出了有机化合物常见元素的同位素及丰度。我们通常说的纯物质仅指“化学纯”，不考虑其组成元素的同位素，假如考虑同位素，则“化学纯”的物质变成了“混合物”。例如，纯甲烷 CH_4 实际上是由$^{12}C\,^{1}H_4$、$^{13}C^{1}H_4$、$^{12}C\,^{2}H^{1}H_3$、$^{12}C\,^{2}H_2\,^{1}H_2$ 等“同位素纯”的甲烷以一定比例组成的“混合物”。由于质谱测定质荷比大小，因此能够区分各种同位素组成的离子。如组成为$^{12}C\,^{1}H_4$ 的离子 m/z 16，而组成为$^{13}C^{1}H_4$的离子 m/z 17 等。

在质谱中我们规定以元素最大丰度的同位素质量计算分子离子和碎片离子的质荷比。其他同位素组成的离子称为同位素离子。在上述甲烷的例子中，$^{12}C\,^{1}H_4$(m/z 16)离子是分子离子，$^{13}C\,^{1}H_4$(m/z 17)离子是同位素离子，$^{12}C^{2}H^{1}H_3$等其余离子也是同位素离子，但因它们的丰度非常低，在质谱图上很难出现，故可忽略不计。从表 1.2 可以看到，在组成有机化合物的那些常见元素中，最大丰度的同位素正好都是质量最小的，所以在质谱图中，同位素离子峰都出现在分子离子或碎片离子峰的高质量一侧，比较容易辨认。同位素离子的丰度是与组成该离子的元素种类及原子数目有关的。仍以甲烷为例，分子中只有一个 C 原子，由于^{13}C 的天然丰度只有^{12}C 的 1.1%，因此，m/z 17 的离子强度仅为 m/z 16 的 1.1%。所以可通过测定同位素离子峰与分子离子峰的相对强度来推算分子离子的元素组成，具体方法在 1.4.2 节详细讨论。

表 1.2 有机物中常见元素的同位素丰度

元 素	丰度/%	元 素	丰度/%	元 素	丰度/%
^{1}H	100	^{2}H	0.015		
^{12}C	100	^{13}C	1.1		
^{14}N	100	^{15}N	0.37		
^{16}O	100	^{17}O	0.04	^{18}O	0.2
^{28}Si	100	^{29}Si	5.1	^{30}Si	3.4
^{32}S	100	^{33}S	0.8	^{34}S	4.4
^{35}Cl	100			^{37}Cl	32.5
^{79}Br	100			^{81}Br	98
^{19}F	100				
^{31}P	100				
^{127}I	100				

1.3.4 多电荷离子

在EI源中生成的绝大部分离子只带一个电子电量，即为单电荷离子。例如，分子失去一个电子成为分子离子，分子离子碎裂生成单电荷的碎片离子。但某些非常稳定的分子能够失去两个甚至更多电子，生成双电荷离子（$z=2$）或多电荷离子。双电荷离子在质谱图中出现在相同质量的单电荷离子质荷比的二分之一处。例如，苯的分子离子峰 m/z 78，苯分子的双电荷离子出现在 m/z 39 的位置上。芳香族和含共轭体系的分子有离域 π 电子系统，能使两个或多个电荷稳定地处于同一离子中。但总的说来，双电荷离子的相对丰度较低。

某一些特殊的离子化方式，如电喷雾电离（ESI），因其电离机理不同，易产生多电荷离子，所带电荷数高达十几至几十。具有相同质量 m 的离子，由于 z 增大，m/z 大大下降，这就有效扩展了质谱计所能测定的相对分子质量范围。

1.3.5 负离子

质谱计中的负离子是通过电子捕获及电离时形成离子对等机理产生的。在EI源中生成的负离子概率很小，约为正离子的 10^{-4}，因此没有利用价值，常规质谱均测定正离子。

在化学电离源（CI）的应用过程中，发现含F、Cl、O、N等电负性原子的化合物在化学电离时生成产率很高的负离子，而不含电负性原子的化合物负离子产率很低。这使得负离子化学电离成为一种高选择性的、有实际应用价值的质谱技术。例如，用它可以快速、方便地检测农产品或土壤中残留的含氯农药的品种和含量。在电喷雾电离（ESI）和大气压化学电离（APCI）过程中，某些化合物（如羧酸）也会形成负离子。

1.3.6 离子-分子反应生成的离子

由于质谱计在高真空条件下工作，离子、分子碰撞的机会很少，在正常的EI条件下，离子-分子反应不会发生。当进样量大时，离子源局部区域可能出现样品“浓度”过大，发生离子-分子碰撞，结果分子离子能从中性分子取得一个原子或原子基团，生成一个较重的离子，这个离子就称为离子-分子反应生成的离子。例如，醚、酯、胺、腈类化合物的质谱中有时会出现 $[M+H]^+$。在EI测定时，应尽量避免离子-分子反应生成的离子，因为这些离子会对谱图解析产生干扰。

CI（化学电离）则与EI完全不同，CI就是利用离子-分子反应使样品分子电离。绝大部分化合物在化学电离中不产生 $M^{+\cdot}$，而产生 $[M+H]^+$ 或 $[M-H]^+$。由于这些离子与分子离子有简单的关系，它们被称为准分子离子。有关化学电离的原理请参见1.8节。

1.3.7 亚稳离子

亚稳离子是相对稳定离子和不稳定离子而言的。在离子源中形成，并在到达检测器时还没有发生进一步碎裂的离子就是稳定离子；如果某个离子在离子源中就已经发生碎裂，那么它就是不稳定离子。自然还有第三种情况，即某个离子在从离子源到检测器的运动过程中发生了碎裂，这种离子称作亚稳离子。亚稳离子的平均寿命为 5×10^{-6} s，介于稳定离子和不稳定离子之间。

亚稳离子是研究质谱碎裂机理的重要手段,它能指示发生碎裂的离子(母离子)与产物离子(子离子)之间的关联。亚稳离子必须用特殊的实验技术才能检测。

上面介绍了七种离子,但在常规的EI谱中最常见到的只有三种,即分子离子、碎片离子和同位素离子。有许多化合物,如支化度高的烷烃、仲醇、叔醇、多元醇、缩醛等连分子离子都很难出现。多电荷离子、离子-分子反应生成的离子只有在特定的化合物或特殊情况下才会出现。而亚稳离子和负离子在正常的EI谱中不能出现,必须用特殊的实验技术才能检测。在图1.1正戊烷的质谱图中,m/z 72是正戊烷的分子离子,m/z 57、43、42、41、29、27等都是碎片离子,m/z 73、58(丰度非常低)以及m/z 44、30等则是对应分子离子和碎片离子的同位素离子,它们主要是因^{13}C而产生的。

1.4 相对分子质量和分子式的确定

1.4.1 相对分子质量的确定

1. 分子离子峰的判别

在有机物结构分析的各种技术中,质谱最突出的作用就是测定物质的准确相对分子质量。相对分子质量的准确数值对测定物质结构和正确解释质谱都非常重要。分子离子峰的质荷比在数值上等于相对分子质量,因此只要在质谱图上确定了分子离子峰,就可获得被测物的相对分子质量。这种方法的关键是分子离子峰的判别。

对一个纯化合物来说,分子离子峰应该是EI质谱图中最高质量的离子,这一点是显而易见的。但仍须说明两点:一是所谓最高质量的离子是不考虑同位素离子和可能发生离子-分子反应所生成的离子;二是“分子离子应该是谱图中最高质量的离子”是一个必要条件,而不是充分条件,因为有一部分化合物的分子离子在EI电离时全部碎裂,这时谱图中最高质量的离子是碎片离子。例如,2,2-二甲基丙烷(相对分子质量为72)的质谱中(图1.11),质荷比最大的离子是m/z 57,它是分子离子失去甲基游离基生成的碎片离子($[M-CH_3]^+$)。

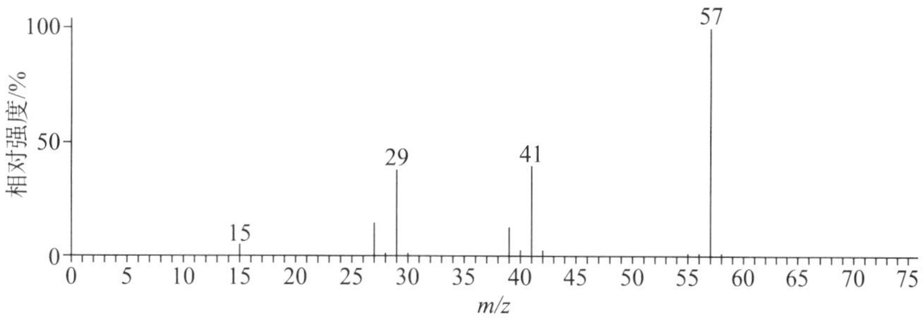

图1.11 2,2-二甲基丙烷的EIMS

解析时一般把谱图中最高质荷比的离子假设为分子离子,然后用分子离子的判别标准一一衡量,如果被检查的离子不符合其中任何一条标准,则它不是分子离子;如果被检查的离子符合所有条件,则它可能是分子离子,但也可能仍不是分子离子。分子离子的判别标准如下。

1) 分子离子必须是一个奇电子离子

由于有机分子都是偶电子，因此失去一个电子生成的分子离子必定是奇电子离子。由于质谱是按离子质荷比大小排列而成的谱图，在谱图上并不指示离子所带电子的奇偶性，所以这一判别条件不能直接使用。如果确定了离子的元素组成(见 1.4.2 节)，则可以通过不饱和度 f 来判断离子所含电子的奇偶性。不饱和度是指一个化合物或离子中所有的双键数目(一个三键相当于两个双键)和环数目之和，所以也称作环加双键数。例如，乙烯和环己烷的不饱和度均为 1，乙炔为 2，苯为 4 等。不饱和度可用公式(1-9)计算：

$$\text{不饱和度 } f = 1 + n_4 + 1/2(n_3 - n_1) \tag{1-9}$$

式中，n_1、n_3、n_4分别为分子中一价、三价和四价原子的数目。若环加双键的计算值为整数，则该离子一定是奇电子离子，若环加双键值为半整数，则该离子为偶电子离子。例如，化学式为 $C_{10}H_{22}$、C_7H_6O 的离子，按式(1-9)计算得 f 分别为 0 和 5，所以是奇电子离子；而化学式为 $C_{10}H_{21}$、C_7H_5O 的离子，f 分别为$\frac{1}{2}$和 5 $\frac{1}{2}$，所以是偶电子离子。

2) 分子离子的质量奇偶性必须符合氮规则

对于组成有机化合物的常见元素来说，它们最大丰度的同位素质量和化合价之间有一个巧合，即除了氮之外，两者或均为偶数，或均为奇数。由此而产生的氮规则可陈述如下：

假如一个化合物中不含氮或含有偶数个氮原子，则其分子离子的质量(即相对分子质量)一定是偶数；如果分子中含有奇数个氮原子，则其分子离子的质量必定是奇数。

例如，甲烷(CH_4)、甲醇(CH_3OH)、乙二胺($NH_2CH_2CH_2NH_2$)、苯(C_6H_6)分子离子质量分别为 16、32、60、78；甲胺(CH_3NH_2)、吡啶(C_5H_5N)的分子离子质量分别为 31、79 等。

3) 合理的中性丢失

在分子离子的碎裂过程中，通常只有少数几种低质量的中性碎片被丢失，它们有着特殊的质量数。例如，丢失一个甲基(CH_3)，就丢掉了 15 amu；失去一个羟基(OH)，就丢掉了 17；丢失一个氢原子(H)，就丢掉 1 等。所以分子离子与最靠近它的一些碎片离子之间应有一个合理的质量差，如果这个质量差落在 4～14 和 21～25 就是不合理的。凡是与最高质量离子相差一个异常质量的地方出现重要离子时，表明前者不可能是分子离子。因为你无法拼出一个由合理元素组成的基团符合这些质量数并能从分子离子中丢失。例如，质量差为 5，只可能解释为丢失 5 个氢原子(也可能是 2 个氢分子和一个氢原子)，但同时连续失去 5 个 H 的反应是不可能发生的；又如质量差 14，虽然很容易想到它具有 CH_2的组成，但它在烷基中处于链段中间，必须断两个键才能被丢失，这种情况不会首先发生。CH_2假如在烯烃中，它虽处于端基，但以双键与另一个碳原子相连，也不容易因双键首先断裂而丢失。因此质量差为 14 也属于不合理的。

下面举例说明分子离子的判别方法。

例 1-1 试判别图 1.12 三张质谱图中质荷比最大的离子是否为分子离子，已知三个化合物均不含氮原子。

① 图 1.12(a) 可以看到，谱图中质荷比最大的离子是 m/z 114，为偶数，符合氮规则；但与 m/z 114 最靠近的离子 m/z 101，它们的差值为 13，落在不合理范围内，所以 m/z 114 肯定不是分子离子。

② 图 1.12(b) 可以看到，在谱图的分子离子区域有两个丰度相近的离子峰 m/z 120 和

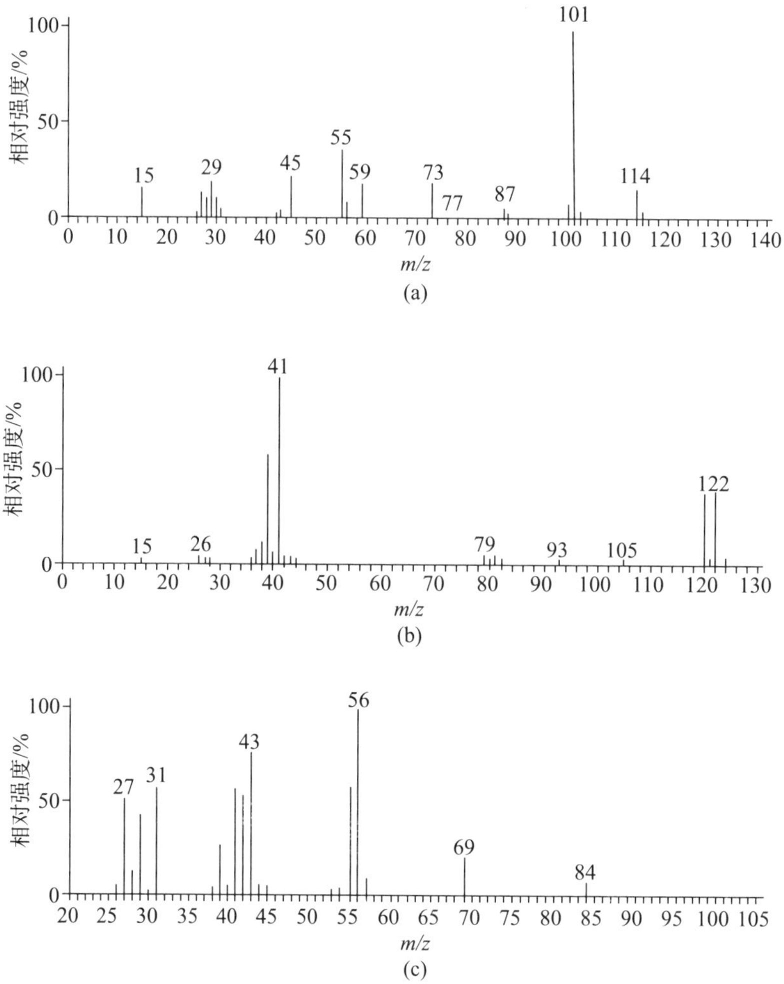

图 1.12 例 1－1 的质谱图

122。注意，应该将 m/z 120 假设为分子离子峰，m/z 122 是同位素离子峰。这种相隔 2 个质荷比，丰度几乎相等的同位素峰是由 ^{79}Br 和 ^{81}Br 造成的(表 1.2)。m/z 120 是偶数，符合氮规则；高质量的碎片离子有 m/z 105 和 107，93 和 95，79 和 81(它们也都含有溴原子)，它们分别与 m/z 120 和 122 相差 15、27 和 41，这些数值均落在合理的中性丢失范围内，所以 m/z 120 可能是分子离子峰。如果进一步考察碎裂情况，可以发现 m/z 41 乃是$[M-Br]^+$，是一个烯丙基离子，所以该化合物是溴代丙烯。从溴代丙烯的丙烯基丢失 15($CH_3\cdot$)、27($C_2H_3\cdot$)都是合理的。因此，m/z 120 确实是分子离子。

③ 图 1.12(c)　可以看到，谱图中质荷比最大的离子是 m/z 84，符合氮规则；最靠近它的是 m/z 69 离子，它们的质量差为 15，也符合分子离子的判别标准，但实际上 m/z 84 不是分子离子。图 1.12(c)是己醇(相对分子质量为 102)的质谱图，其中 m/z 84 是分子离子失去一个水分子生成的奇电子碎片离子($[M-H_2O]^{+\cdot}$)。

从上述三个例子可以看到，当我们得出某一个离子不是分子离子峰时，结论是肯定的，但是，当我们判断某一离子是分子离子峰时，却在前面加上“可能”两个字。这说明上述三个判别分子离子峰的标准实际上仍然是必要条件而不是充分条件。对分子离子峰的判断到底正确与否，还需要与质谱碎片离子的解析结合起来考虑。

表 1.3 一些典型化合物分子离子峰的相对强度

化合物名称	$M^{+\cdot}$ 相对强度/%	化合物名称	$M^{+\cdot}$ 相对强度/%
萘、喹啉	100	正壬烷	6
四氢萘	90	3-乙基庚烷	1
甲基己基硫醚	45	二丁胺	11
4-壬烯	20	辛胺	0.5
3-辛酮	8	庚酸	0.5
2-辛酮	3	辛醇	0.1
二丁醚	2	二乙醇缩乙醛	0

分子离子的稳定性与产生它的化合物类型和结构密切相关。各类有机物按其分子离子稳定性下降的次序排列如下：芳香族化合物、共轭烯烃、脂环化合物、硫醚、直链烃、硫醇、酮、胺、酯、醚、羧酸、支链烃和醇。表 1.3 列出了相对分子质量在 130 左右的一些化合物在 EI 质谱图中分子离子峰的相对强度。化合物类型不同，它们的分子离子峰相对强度有很大差别；相同类型而结构不同的化合物，它们的分子离子峰的相对强度也会有差别，如表 1.3 中的 3-辛酮和 2-辛酮；二丁胺和辛胺。如果解析质谱时，已知被测物的类型，则质荷比最大的离子的相对强度可作为判断分子离子的辅助证据。

2. 测定相对分子质量的特殊实验技术

从上述例子可以看到，有相当部分的化合物分子离子峰的相对强度非常小，甚至为零。这种情况下无法从质谱图直接得到相对分子质量信息。有时通过对质谱碎片离子的解析可以推测出相对分子质量，但难度较大。这里介绍的是用于测定相对分子质量的特殊实验技术。

1）制备衍生物

这是一个间接方法，即在测定质谱之前，用化学方法将待测物转变为适当的衍生物。这些衍生物的极性较小，挥发性或稳定性优于待测物，比较适合于 EI 质谱。例如，用甲基化、酰化、三甲基硅烷化法将醇转化为醚、酯和三甲基硅醚；用酯化法将羧酸转变为酯等。一般情况衍生物在质谱中的分子离子稳定性也较原物质有所改善。

2）降低轰击电子能量

轰击电子能量降低可使生成的分子离子的剩余能量减少，从而减少分子离子的进一步碎裂，在一定程度上提高其本身的强度。但轰击电子能量降低时，总电离效率下降，影响仪器的检测灵敏度。

3）使用“软电离”技术

如化学电离(CI)、快原子轰击电离(FAB)、电喷雾电离(ESI)等。在条件允许时，这是最有效的办法，因为这些软电离技术提供给被测物的能量远远低于电子轰击电离，谱图中的分子离子或准分子离子峰强度很高，易于辨认。图 1.13 和图 1.14 是软电离技术的两个例子。有的软电离技术还可以使液相或固相分子不经汽化直接电离，解决了难汽化和热不稳定化合物的电离问题，扩展了质谱的应用范围。

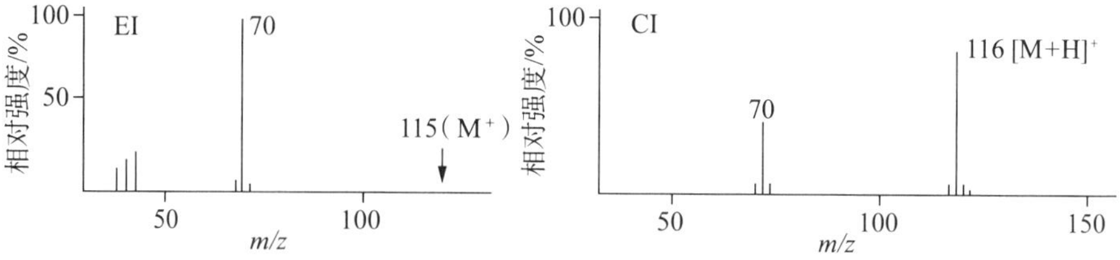

图 1.13　脯氨酸的电子轰击(EI)和化学电离(CI)质谱

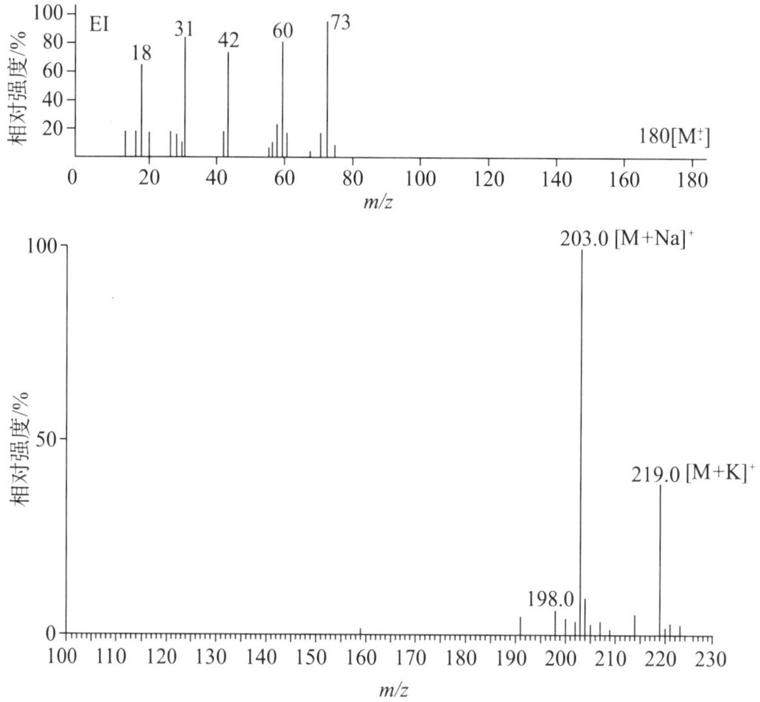

图 1.14　D-葡萄糖的电子轰击(EI)和电喷雾电离(ESI)质谱

1.4.2　分子式的确定

质谱法不仅能测定分子离子及碎片离子的质量,而且还能推导出它们的元素组成,其中分子离子的元素组成尤为重要,它代表了分子式。在没有确定分子式的情况下,就试图推测一个未知物的完整结构,在绝大部分情况下是不可能的。

用质谱推导分子式有两种不同的方法,一种是利用分子离子及其同位素离子丰度比的统计规律,另一种是利用高分辨质谱精确测定相对分子质量。

1. 利用同位素离子丰度推导分子式

不同元素的同位素种类和丰度都不相同,根据表 1.2 的数据可将有机分子中常见元素按它们的同位素组成特点分成三类。第一类为“A”,即只有一个天然稳定的同位素的元素,如 F、P、I;第二类为“A+1”,即有两个同位素的元素,其中丰度较小的同位素比最丰富的同位素重一个质量单位,如 C、N、H;第三类为“A+2”,这类元素中有一个比最丰富的同位素大两个质量单位的重同位素,Cl、Br、S、Si、O 均属于这一类。在有机分子的质谱图中,总有一些

M+1、M+2、M+3 等峰伴随着分子离子峰 M。M+1 峰是由于分子中含有 A+1 类元素的一个重同位素；M+2 峰是由于含有一个 A+2 类元素的重同位素或含有两个 A+1 类元素的重同位素…… M+1、M+2 等同位素峰的强度取决于分子中同位素原子的数目和它们的天然丰度。因此我们可以通过 M+1、M+2 等同位素离子峰的相对丰度来推导分子的元素组成。这种方法也适用于推导碎片离子的元素组成，但要注意碎片同位素离子有时会受到质荷比大于 1 或 2 的其他碎片离子的干扰。

1）分子中氯、溴元素的识别和原子数目的确定

氯、溴均是 A+2 类元素，且它们的重同位素丰度特别高，^{35}Cl ∶ ^{37}Cl 为 100 ∶ 32.5，近似于 3 ∶ 1；^{79}Br ∶ ^{81}Br 为 100 ∶ 98，近似于 1 ∶ 1。如果分子中含有一个氯或溴原子，其质谱图分子离子区域就有相隔两个质量单位的 M 和 M+2 峰，它们的强度比分别约为 3 ∶ 1 或 1 ∶ 1。例如 2-溴代丙烯的质谱图(图 1.12(b))中，m/z 120 和 122 即为 M 和 M+2 峰，分别对应于 $C_3H_5{}^{79}Br$ 和 $C_3H_5{}^{81}Br$，它们的强度比近似于 1 ∶ 1。如果分子中含有两个或两个以上的氯或溴原子，其质谱图分子离子区域则出现多个相隔两个质量单位的 M、M+2、M+4 ……这些峰的个数和强度比与分子中氯、溴原子数有关。例如二氯甲烷的质谱图(图 1.15)中，m/z 84、86 和 88 三个峰分别对应于 $CH_2{}^{35}Cl_2$、$CH_2{}^{35}Cl^{37}Cl$ 和 $CH_2{}^{37}Cl_2$，它们的强度比可通过下面的分析得到。

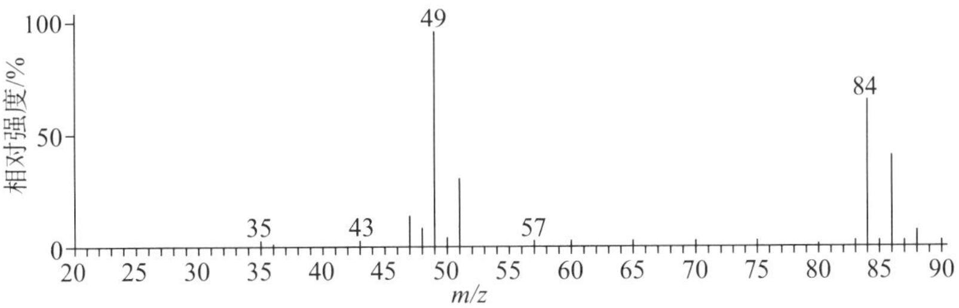

图 1.15 二氯甲烷的 EIMS

^{35}Cl 和 ^{37}Cl 的丰度比约为 3 ∶ 1，说明 ^{35}Cl 进入分子的概率是 ^{37}Cl 的 3 倍。如果将二氯甲烷中的两个氯原子编为 1# 和 2#，它们是相互独立的，即它们以哪种同位素构成分子只与同位素丰度比有关，而与另一编号的原子状态无关。这时构成 CH_2Cl_2 的每一种可能性及概率如下。

	质量(出现概率)			
1# Cl 原子	35(3)	37(1)	35(3)	37(1)
2# Cl 原子	35(3)	35(3)	37(1)	37(1)
CH_2Cl_2 分子	84(3×3)	86(1×3)	86(3×1)	88(1×1)

第二和第三种情况在质谱图上是等同的，均出现 m/z 86 峰，其强度是这两种情况的加和。因此在质谱图上显示的 m/z 84 (M)、m/z 86 (M+2)、m/z 88 (M+4)的强度比为 9 ∶ 6 ∶ 1。按统计学的规律，对含多个氯、溴原子的化合物，其质谱分子离子区域间隔两个质量数的质谱峰丰度比可以用二项式$(a+b)^n$的展开式来计算，式中 a、b 分别是两种同位素的丰度，对氯来说 $a=3$，$b=1$；对溴来说，a、b 均为 1，n 为分子中氯或溴原子的个数。如果化合物中既含氯又含

溴，则可以用$(a+b)^n \cdot (c+d)^m$的展开式来计算。其中，a、b 为氯原子的同位素丰度，n 为氯原子个数，c、d 为溴的同位素丰度，m 为溴原子个数。

2）分子中硫、硅原子的识别和数量确定

硫、硅也是 A+2 类元素，但与氯、溴比起来它们的丰度比 A+2：A 小得多。如果谱图中出现明显的 M+2 峰，但 M+2：M 的丰度比远远小于 1：3，此时应考虑分子中可能含有硫或硅原子。应该注意的是高碳数化合物中，两个碳原子同时为^{13}C的可能性大大增加，当氢原子数目很多时，分子中含^{2}H的可能性也增大，因此$^{13}C^{2}H$的组合也会增加，这两种情况都使 M+2 峰的强度变大，不过在相对分子质量小于 300 时还不会干扰对硫、硅的判断。图 1.16 是二乙基硫醚($C_2H_5SC_2H_5$)的 EIMS，注意其中的 M+2(m/z 92)峰有明显可以观察到的丰度。

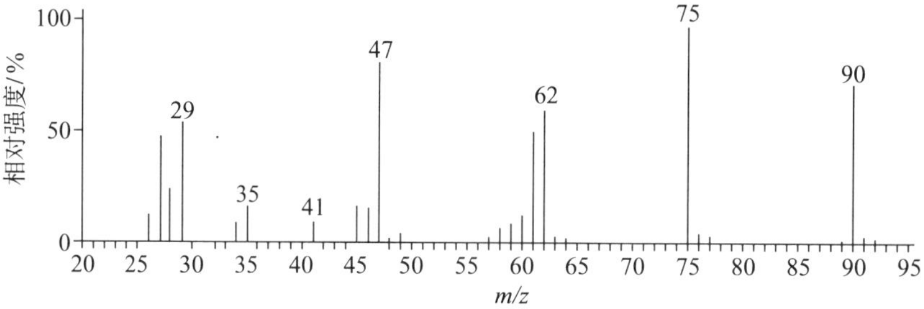

图 1.16　二乙基硫醚

含硫或硅的化合物中，M、M+2、M+4……峰的丰度也可用$(a+b)^n$展开式来计算。如^{32}S：^{34}S为 100：4.4(表 1.2)，当分子中只含一个硫原子时，[M]：[M+2]为 100：4.4(注：[M]、[M+2]表示方括号内的离子的强度)；当分子中含两个硫原子时，[M]：[M+2]：[M+4]可由$(100+4.4)^2$算出，等于 10 000：880：19.36 (100：8.8：0.19)，[M+4]仅为[M]的 0.19%，可以忽略不计。由这个计算结果可知对含硫或硅的化合物，一般只需要考虑 M+2 峰的强度。分子中硫、硅原子的数目可由下列公式分别计算：

$$\text{S 原子数目} = ([M+2]/[M]) \div 4.4\%(\text{取整数}) \quad (1-10)$$

$$\text{Si 原子数目} = ([M+2]/[M]) \div 3.4\%(\text{取整数}) \quad (1-11)$$

由于硫、硅的同位素丰度比相差不大，且质谱峰强度的测量可能产生误差，碳和氢元素的两个重同位素原子同时存在造成的干扰等因素，仅根据质谱数据使我们有时难以区别到底是含硫还是含硅。尚需结合待测物的化学、物理性质以及其来源、用途等信息加以判别。

3）分子中碳原子数目的确定

在 2-溴代丙烯质谱图(图 1.12(b))中，可以发现在分子离子区域除了 m/z 120 和 122 峰之外，还有两个强度很小的 m/z 121 和 123 峰。它们是由^{13}C同位素引起的，分别对应于$^{13}C^{12}C_2H_5{}^{79}Br$和$^{13}C^{12}C_2H_5{}^{81}Br$。在图 1.15 二氯甲烷的质谱图中，$m/z$ 85、87、89 也有离子峰存在，只是强度更小，几乎看不到，它们也是由^{13}C同位素引起的。

碳是 A+1 元素中最重要的一种。一方面因为^{13}C：^{12}C的丰度比为 1.1：100，是 A+1 类元素中最大的。另一方面，碳是组成有机化合物最基本和最重要的元素。一个离子中，随着碳原子数的增加，出现^{13}C同位素原子的概率也随之增加。只含一个碳原子的离子[M]：[M+1]为 100：1.1，而含 10 个碳原子的离子[M]：[M+1]为 100：(1.1×10)，即 100：11。根据这个规律可以估计分子离子中的碳原子数的上限：

$$C原子数上限=([M+1]/[M])\div 1.1\%(取整数) \quad (1-12)$$

用上述公式计算得到的是分子中可能含有的最多碳原子数，因为其他的 A+1 元素，如 N、H 等，也会对[M+1]有贡献。但是^{2}H的丰度仅仅是^{1}H的 0.015%，因而可以忽略不计。$^{15}N:^{14}N$为0.37∶100，因而氮对[M+1]的贡献比氢显著。另外一些对[M+1]产生影响的是硫、硅和氧。虽然分类时它们属于 A+2 类元素，但它们同时存在着比最丰富的同位素重一个质量单位的同位素^{33}S、^{29}Si和^{17}O。^{17}O的丰度很小(0.04%)，可以忽略。但^{33}S和^{29}Si的丰度分别为 0.8%和 5.1%，解析时必须考虑。在利用同位素丰度比推导分子式时，一般先检查分子中是否含 A+2 类元素，如果已经排除了 A+2 类元素，那么[M+1]主要来自^{13}C(1.1%)和^{15}N(0.37%)。这样我们就可以列出一个比公式(1-12)更精确一点的式子：

$$[M+1]/[M]=1.1\%\,x+0.37\%\,z \quad (1-13)$$

式中，x 为分子离子中碳原子的个数；z 为氮原子的个数。

如果我们从谱图上准确测量 M 和 M+1 峰的强度，便可以估算出分子中碳和氮原子数。这里之所以说“估算”，是因为式(1-13)中有两个未知数 x 和 z，必须从相对分子质量、氮规则、价键理论等方面综合考虑才能得出合理的结果。在实际工作中，可以先把氮看作 A 类元素，用公式(1-12)计算分子中碳原子数的上限，然后通过相对分子质量和碳原子的总相对原子质量之差额估计其他元素的原子数。下面以两个例子具体说明推导方法。

例 1-2 试根据分子离子区域的离子质荷比和相对丰度推导未知物的分子式。

① 某化合物质谱分子离子区域的离子质荷比和强度如下。

m/z	132($M^{+\cdot}$)	133	134
相对强度	100	9.9	0.7

解：因[M+2]∶[M]为 0.7∶100，故分子中不含 Cl、Br、S、Si 等 A+2 类元素。

根据式(1-12)，C 原子数上限=[M+1]/[M]÷1.1%=9.9/100÷1.1%=9。

若分子中含C_9，则其余组成元素的相对原子质量总和为：132−12×9=24。由 N、O、H 的相对原子质量可以推导出可能的分子式：(a) C_9H_{24}；(b) $C_9H_{10}N$；(c) C_9H_8O。其中(a)不符合价键理论，予以排除；(b)含奇数个氮原子，根据氮规则它的相对分子质量应为奇数，与所给的条件不符，也应排除；(c)为该化合物合理的分子式。

② 某化合物质谱分子离子区域的离子质荷比及强度如下。

m/z	140($M^{+\cdot}$)	141	142	143
相对强度	25	2.5	1.2	0.1

解：先判断是否有 A+2 类元素，因[M+2]∶[M]=1.2∶25=4.8∶100，由此可见分子中含一个硫原子。

从表 1.2 可知$^{34}S:^{33}S:^{32}S$为 4.4∶0.8∶100。^{33}S对[M+1]有 0.8%的贡献，因此在利用式(1-12)计算分子中碳原子数上限时，必须先扣除^{33}S对[M+1]的贡献。

$$C原子数上限=([M+1]/[M]-0.8\%)\div 1.1\%=(2.5/25-0.8\%)\div 1.1\%\approx 8$$

这样我们已确定了分子中含C_8S，分子的其余部分质量为 140−(12×8+32)=12，故分子中不可能含 N、O 原子，分子式只可能是$C_8H_{12}S$。由于上述计算得到的是分子中碳原子数的上限，所以分子也可能只含 7 个碳原子，即可以确定C_7S。此时其余部分的质量为 140−(12×7+32)=24，可能的元素组成为：(a) $C_7H_{24}S$；(b) C_7H_8OS；(c) $C_7H_{10}NS$。其中(a)不符合价键理论,(c)不符合氮规则,应予排除。通过上述推导可以得到两种可能的合理分子式 $C_8H_{12}S$ 和 C_7H_8OS。随着对质谱碎片离子的解析可以排除其中之一。

当相对分子质量增大或分子中氧、氮原子数目增加时,计算工作量以及推导出的可能结构将会大大增加。为了便于使用同位素丰度法推导分子式,Beynon 等详细计算了只含 C、H、O、N 元素的各种组合的[M]∶[M+1]∶[M+2]的理论值,制成了 Beynon 表供查阅。

4) 氟、磷、碘等 A 类元素的识别

上述氯、溴、硫、硅以及碳元素的识别和原子数目的确定是利用 M+2 或 M+1 峰的存在以及相对丰度来判别和计算的。A 元素不存在重同位素,故对 M+2 和 M+1 峰都没有贡献,因而不能用上述方法。但是对同位素峰没有贡献的 A 类元素却占据了相对分子质量的一部分,使得用上述方法推出的 A+1、A+2 类元素的原子质量总和与相对分子质量之间产生一个大的空额。这个空额说明 A 类元素的存在。下面的例子有助于理解这一点。癸烷 $C_{10}H_{22}$(相对分子质量为 142)中有 10 个碳原子,故[M]∶[M+1]为 100∶11。与其有相同相对分子质量的碘代甲烷 CH_3I,因分子中只有一个碳原子[M]∶[M+1]为 100∶1.1。如果反推的话,从[M]∶[M+1]为 100∶1.1,可得知分子中只含一个碳原子,而相对分子质量却高达 142,其中有 130 个质量单位的空额,仅用 N、O、H 原子是无法填补这个空额的。因此可以推断必定存在 A 类元素。碘的相对原子质量很大(127),最容易用这种方法确定它的存在。^{19}F 相对原子质量较小,分子中只含一个氟原子时,可能发生漏判。好在 ^{19}F 的相对原子质量很特殊,由 C、H、N、O 组成的基团质量都不可能等于 19。因此,从碎片离子或丢失的中性碎片的特殊质量可以判断氟原子的存在。

上述推导分子式的方法是利用分子离子与同位素离子峰的丰度比,因此准确测定离子丰度是该法的基础。另外,上述方法也是一种近似方法,因为它没有仔细考虑分子中两个 ^{13}C 和 $^{13}C\,^{2}H$ 对[M+2]的贡献,因此这种方法的应用范围有一定局限,下列 3 种情况因产生误差较大,不宜选用此法:第一,分子离子峰的丰度很低,丰度测量的相对误差大大增加;第二,由于离子-分子反应而生成 M+H 离子,使 M+1 峰丰度变大;第三,相对分子质量大于 300。相对分子质量增大时,分子式的可能组成大大增加,且低丰度的重同位素,如 ^{2}H 对[M+1]以及两个 ^{13}C 同时存在或 $^{13}C^{2}H$ 的组合对[M+2]的贡献不可忽略,若不加考虑会造成较大的计算误差。虽然从统计学方法考虑能够精确计算 M+1、M+2 等同位素丰度,但离子丰度的实际测量误差可能成为主要障碍。

2. 利用离子精密质量推导分子式

到目前为止,我们讨论的质谱都是测定离子质荷比的整数部分,即精确到一个原子质量单位。实际上任何一种元素的同位素相对原子质量并不正好等于整数。在计算相对原子质量时,人为规定 ^{12}C 的质量为 12.000 000 00,其余同位素相对原子质量是与 ^{12}C 相比较的相对原子质量。例如,^{1}H 的相对原子质量为1.007 825 06,^{14}N 为 14.003 074 07,^{16}O 为 15.994 914 75。由于除了 ^{12}C 之外,其他同位素原子的相对原子质量不是整数,每一种同位素都具有唯一的、特征的"质量亏损",因而不同同位素原子组合可能有相同的整数质量,而小数点之后的尾数不同。最简单的一个例子是氮气(N_2)、一氧化碳(CO)和乙烯(C_2H_4)三种物质。通常认为它们的相对分子质量都是 28,如果用同位素的精确相对原子质量去计算它们的相对分子质量(即分子离子的质量)则得到 N_2=28.006 148 14,CO=27.994 914 75,C_2H_4=28.031 300 24。

如果有一个未知的气体样品,在低分辨质谱中测得它的分子离子质荷比为 28,我们无法根据相对分子质量确定它是上述三种物质中的哪一个。若用高分辨质谱技术测定其精密质量，如实测值为28.005 8。将实测值与上述三种物质的精确相对分子质量比较并计算差值，对 N_2、CO 和 C_2H_4 分别为−0.000 3、+0.010 9 和−0.025 5。由于实测值与 N_2 的精确相对分子质量最为接近，可以确定该气体是 N_2，−0.000 3 为测量误差。由分辨率的定义(见1.2.3节式(1-7))可以计算出将上述三种气体分开所需要的最低仪器分辨率。

$$R(N_2,CO)=M/\Delta M=28/(28.006\,1-27.994\,9)=28/0.011\,2\approx 2\,500$$

$$R(N_2,C_2H_4)=28/(28.031\,3-28.006\,1)=28/0.025\,2\approx 1\,111$$

$$R(C_2H_4,CO)=28/(28.031\,3-27.994\,9)=28/0.036\,4\approx 769$$

分辨率越高，测量误差越小，得到的结果越可靠。离子的质量越大或者两个离子之间的质量差越小，要将它们分开所需的仪器分辨率越高。一般质谱仪器的分辨率达到 10 000 以上就可测定离子的精密质量。由此可见，利用高分辨质谱，精确测量离子的质荷比，并借助于计算机，可以快速、准确地确定离子的元素组成以及误差值。这种测定元素组成的方法有几个优点：一是不受样品中所含杂质的干扰；二是可以同时测定分子离子和碎片离子的元素组成，这对质谱解析特别有用；三是测定结果比同位素丰度计算法准确。

1.5 离子碎裂机理

碎片离子的质荷比和丰度能提供有关该碎片及其在分子中所处环境的宝贵信息，是推导和确定有机物结构的重要依据。每一类化合物和官能团有其特征的质谱碎裂行为，因此根据碎片离子的质量、丰度和元素组成就能够推测出它们母体分子的结构。对于一些单官能团和比较简单的化合物，我们确实可以做到这一点。但对多官能团和比较复杂的有机物，问题的解决就不那么容易了。因为，官能团之间的相互影响会改变它们原有的碎裂行为，一些官能团的碎裂行为可能掩盖另一些官能团的碎裂行为。目前，对于一些比较复杂的分子单凭质谱数据还难以确定它们的结构。

研究离子碎裂机理大致应考虑以下问题：一是碎裂发生在何处，是怎样进行的；二是碎裂产物是什么；三是影响碎裂以及碎片离子丰度的因素有哪些。在正式讨论这些问题之前，先介绍几个基本概念。

1.5.1 基本概念和术语

1. 离子的单分子分解

由于质谱计是在高真空条件下工作的，EI 离子源中样品的蒸气压很低，约为 10^{-2} Pa。在这种情况下可以忽略双分子反应、离子-分子反应和其他碰撞反应，所以离子发生的是单分子分解反应。大量研究工作证明，这种分解反应与有机物的热分解、光分解及辐射分解等高能反应非常相似，因此有机化学中的许多有关理论和知识都能用来解释质谱现象。

2. 离子碎裂是一个多途径、多级反应

可以用离子碎裂示意式(图 1.17)来讨论。分子离子 $ABCD^{+\cdot}$ 通过并行的几种途径碎裂，得到不同的碎片离子 ABC^+、AB^+、$AD^{+\cdot}$ 等。因为各个碎裂反应的速度常数 k_1、k_2、k_3 等不同，这些碎片离子的生成速度各异。又因为串级反应的存在，某一种离子的丰度，如 ABC^+ 不仅与生成它的速率(k_1)有关,而且还与它的分解速率(k_1')有关。有的离子,如 AB^+ 是由几个不同途径产生的,它的丰度取决于几个反应的速率 k_1'、k_2 和 k_1''。这些情况造成了质谱的复杂性。

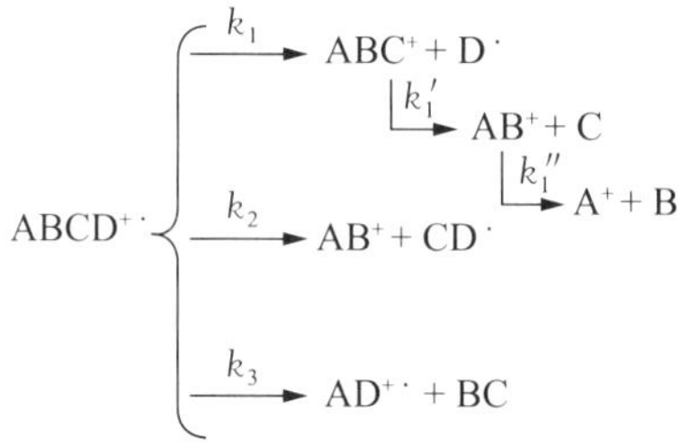

(1 - 14)
(1 - 14 - 1)
(1 - 14 - 1 - 1)
(1 - 15)
(1 - 16)

图 1.17 离子碎裂示意图

3. 化学键的均裂和异裂

在化学键断裂时,成键的两个电子可以分别属于生成的两个碎片,也可以同时属于某一个碎片。前者叫作化学键的均裂,断键时只涉及一个电子的转移,通常用鱼钩状符号"⌒"表示一个电子的转移。碳碳 σ 键常发生均裂,例如,乙烷分子离子中的碳碳键均裂及其产物可以表达如下:

断键时涉及两个电子转移就是化学键的异裂,用正常的箭头"⌒"表示一对电子的转移。卤代烃中,碳卤键常常发生异裂。例如,溴代乙烷分子离子中碳溴键的异裂及其产物可表示如下:

4. 奇电子离子($OE^{+\cdot}$)和偶电子离子(EE^+)

带有一个不成对电子的离子称为奇电子离子(Odd-Electron Ion,简称 $OE^{+\cdot}$),如前所述分子离子就是奇电子离子。没有不成对电子的离子称为偶电子离子(Even-Electron Ion,简称 EE^+)。奇电子离子有不成对电子,比较不稳定,容易发生碎裂。它们通过简单的一根化学键断裂丢掉游离基生成偶电子的碎片离子,如图 1.17 中的式(1 - 14)和式(1 - 15),这一过程在质谱中大量发生。奇电子离子也可能通过重排反应丢掉一个中性小分子,生成奇电子碎片离子,如图 1.17 中的式(1 - 16)。由于重排反应只有在特定结构中才能发生,所以这种奇电子碎片离子(重排离子)在质谱解析中常常具有特别重要的作用。偶电子碎片离子比较稳定,发生二级碎裂时,只能生成偶电子离子,如图 1.17 中的式(1 - 14 - 1)和式(1 - 14 - 1 - 1),而不可能生成不稳定的奇电子碎片离子和新的游离基。因此,质谱图中大部分是偶电子离子。上述规律可用示意式表示如下:

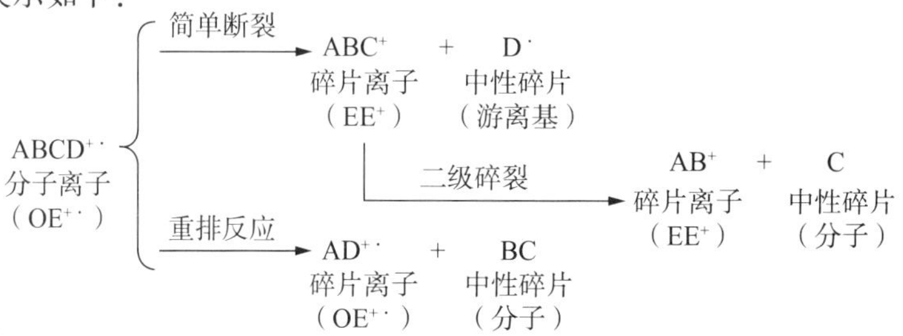

离子所带电子的奇偶性不能从质谱图中直接得到，但借助于氮规则可以从离子的质荷比奇偶性来推测。表 1.4 表达了一个扩展了的氮规则的内容。

表 1.4　氮规则的通用表述

离子组成	奇电子离子($OE^{+\cdot}$)	偶电子离子(EE^{+})
不含氮或含偶数个氮原子	m/z 为偶数	m/z 为奇数
含奇数个氮原子	m/z 为奇数	m/z 为偶数

根据表 1.4 可知，在一个不含氮的化合物质谱中，凡质荷比是偶数的就是奇电子离子，也许是分子离子，也许是奇电子碎片离子(重排反应产物)；质荷比是奇数的则一定是偶电子碎片离子。对于含氮化合物情况比较复杂一些，因为碎裂之后，部分碎片含氮，另一部分碎片不含氮。对于上述规律，初学者很容易弄混，关键是要记住分子离子是奇电子离子和氮规则(参见 1.4.1 节)的基本陈述，其他情况都可以由此推导出来。

5. 离子结构式

离子结构式类似于分子结构式，但除了包含原子排列次序、空间位置之外，还涉及电子结构，即电荷和游离基的位置。当电荷和游离基的位置无法确定时，可在结构式的右上角用“$\urcorner^{+\cdot}$”和“$\urcorner^{+}$”分别表示奇电子离子和偶电子离子。离子结构式主要用于研究质谱碎裂机理，描述碎裂发生过程。

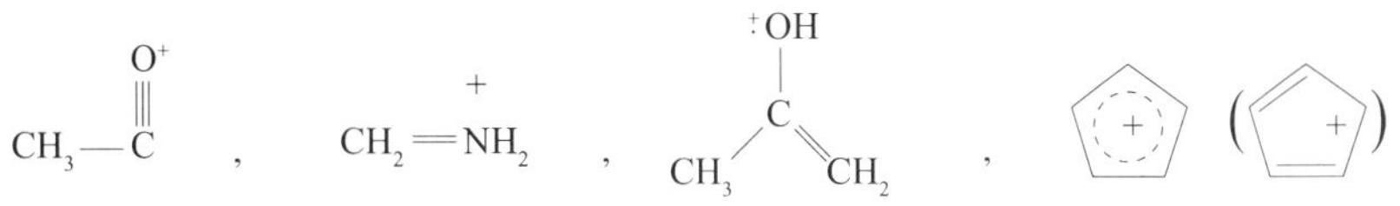

1.5.2　质谱碎裂的一般规律和影响因素

1. 质谱碎裂的一般规律

在电子轰击电离时，各种质谱碎裂反应有以下一些共同的特点和共同遵循的一般规律。

第一，分子中电离电位最低的电子最容易丢失，生成的正电荷和游离基就定域在丢失电子的位置上。分子中不同类型电子的电离电位不同，n 电子的电离电位最低，π 电子其次，σ 电子最高。因此，当分子中含有 n 电子时，分子主要丢失 n 电子而电离，正电荷和不成对电子“$+\cdot$”就定域在该 n 电子原来的位置上。如果分子中没有 n 电子，而有 π 电子，电离时将丢失 π 电子，“$+\cdot$”就定域在 π 轨道上。当分子中既无 n 电子，又无 π 电子时，分子电离只能丢失 σ 电子。由于各种 σ 电子的电离电位很相近。“$+\cdot$”可能出现在分子的各个位置上。例如，丙酮的羰基氧上的 n 电子在电离时最容易丢失，生成的“$+\cdot$”定域在氧原子上，所以丙酮分子离子的离子结构式可表示为 $CH_3-\overset{\overset{\displaystyle O^{+\cdot}}{\|}}{C}-CH_3$；丁烷分子中只有 σ 电子，电离后“$+\cdot$”不能确定出现在某一具体位置上，其离子结构一般可表示为 $CH_3CH_2CH_2CH_3\urcorner^{+\cdot}$。

第二，离子具有过剩的能量以及带有的正电荷或不成对电子是它发生碎裂的原因和动力。离子具有的过剩能量超过它的化学键键能时，就可能发生键的断裂，而定域在离子某个位置上的正电荷或游离基能引发邻近的化学键断裂。正电荷能吸引一对电子，所以常使邻近键发生异裂；游离基有强烈的电子成对倾向，故常常引发邻近键的均裂。如丙酮分子离子的“$+\cdot$”能引发两种碎裂,生成不同的碎片离子。

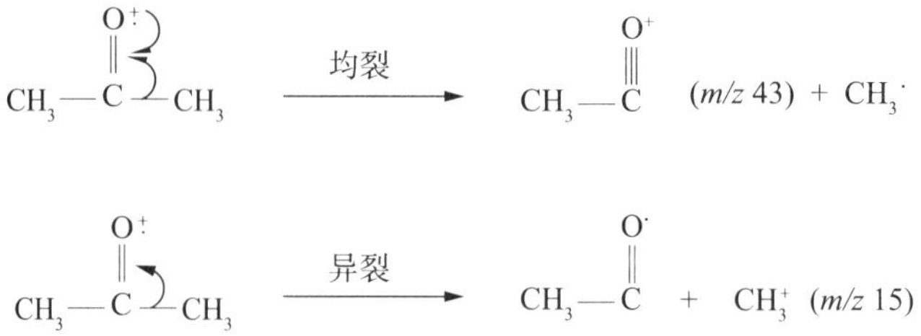

在异裂时,一对电子的转移使正电荷的位置从羰基氧上转移到甲基上,所以上述两种碎裂虽然断裂同一根化学键,但生成两个不同的离子:均裂时生成乙酰基离子,异裂时生成甲基离子。

第三,产物离子的相对丰度主要由它的稳定性决定。质谱碎裂是多途径、多级的,在几个并行的碎裂反应中,能生成稳定产物(包括正离子和丢失的中性碎片)的反应总是占优势。如上述丙酮的两个碎裂反应中,由于生成乙酰基正离子的稳定性高于甲基正离子,因此前一个反应占优势,在谱图中 m/z 43 的离子峰为基峰,强度远远大于 m/z 15 的离子峰。在多级碎裂反应中,稳定离子不易发生进一步碎裂,也使它们的相对丰度比较大。

2. 影响离子碎裂的因素

每一个离子中都有许多化学键,在研究质谱碎裂机理时必须考虑到,其中有哪些键容易断裂,在并行的竞争反应中占优势,并生成比较丰富的碎片离子。下面我们介绍影响离子碎裂的一些因素。

1) 化学键的相对强度

当分子离子中的剩余能量大于化学键的键能时,分子离子就会发生碎裂。表 1.5 列出了有机化合物中常见化学键的键能,键能大的化学键强度大,不容易断裂。从这些数据可以预测许多质谱现象。例如,C—C 键的强度比 C—H 键弱,在仅含 C—C 和 C—H 键的烷烃中,显然以 C—C 键的断裂为主,生成 $C_nH_{2n+1}]^+$ 系列离子。这种推测与烷烃质谱的实际情况相符。图 1.18 是正癸烷的电子轰击质谱,图中 m/z 29、43、57……离子就是 C—C 键断裂生成的系列离子,它们是正癸烷质谱中的主要离子峰。

表 1.5 有机化合物的键能/($kJ \cdot mol^{-1}$)

键类型	C—C	C—N	C—O	C—S	C—H	C—F	C—Cl	C—Br	C—I	O—H
单键	345	304	359	272	409	485	338	284	213	462
双键	607	615	748	535						
三键	835	889								

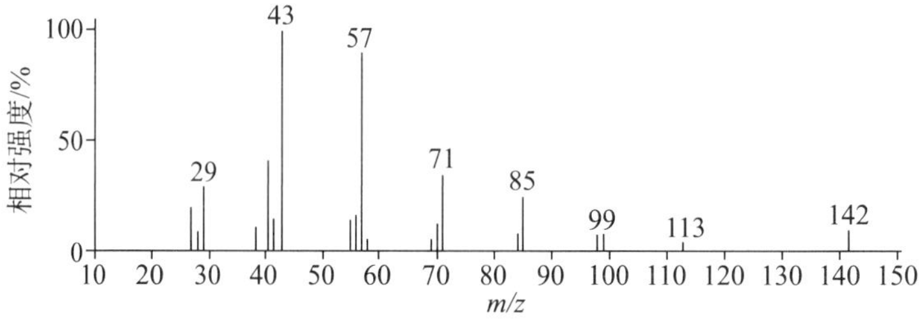

图 1.18 正癸烷的电子轰击质谱

又如，对氯甲苯，由于苯环是环状共轭体系不易碎裂，谱图（图 1.19a）中碎片离子很少，其中两个主要碎片离子 m/z 91 和 125 分别对应于$[M-Cl]^+$和$[M-H]^+$。C—Cl 的键能小于 C—H的，相对比较容易断裂，所以 m/z 91 为基峰，而 m/z 125 的相对强度约为 20%。如果用氟替代氯，则 C—F 的键能大于 C—H 的，在对氟甲苯谱图（图 1.19b）中$[M-H]^+$（m/z 109）为基峰，而$[M-F]^+$（m/z 91）不出现。

上述这两个例子中，有一个特殊情况应引起注意，即甲基与苯环之间的 C—C 键。从表 1.5 可知 C—C 与 C—Cl 键的键能相差不大，均小于 C—H 键的。若仅考虑键能大小，则可预测上述两个化合物均应出现丰度可观的$[M-CH_3]^+$（两个化合物分别为 m/z 111 和 95），而实际谱图中却找不到对应的峰。这说明除了键能之外还有其他因素会影响质谱碎裂。

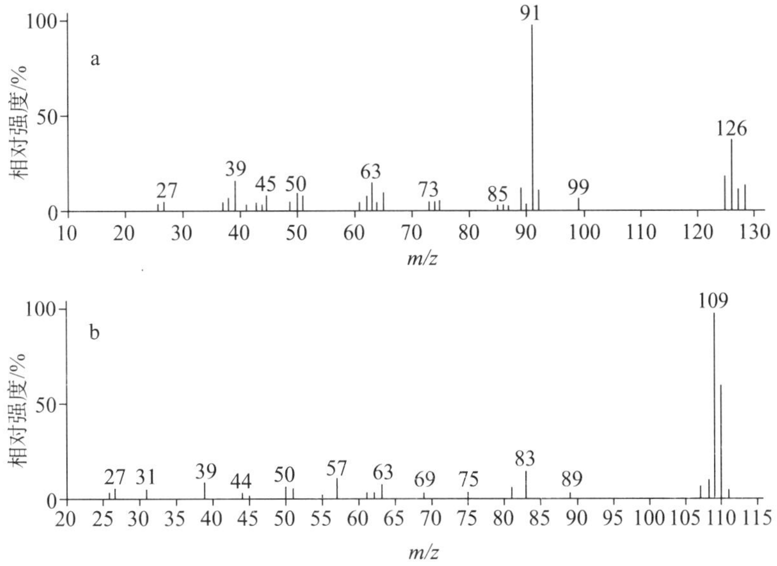

图 1.19 对氯甲苯(a)和对氟甲苯(b)的 EIMS

2) 碎裂产物的稳定性

质谱碎裂时，常常存在许多并行的碎裂反应。在这些竞争反应中，能生成稳定碎裂产物的反应就是优势反应。碎裂产物包括碎片离子和丢失的中性碎片，前者在质谱图中看得见，而后者只能从分子离子和碎片离子，或两个碎片离子之间质荷比的差值中体现出来。碎裂产物的稳定性会影响离子的碎裂过程和生成的碎片离子的相对丰度。诱导和共轭等电子效应都能影响碎裂产物的稳定性。下面举例说明。

● 由于烷基的推电子诱导效应，使伯、仲、叔碳正离子的稳定性依次上升，即它们的稳定性次序为

$$R-\overset{+}{\underset{|\atop R'}{C}}-R'' > R-\overset{+}{\underset{|\atop R'}{C}H} > R-\overset{+}{C}H_2 > \overset{+}{C}H_3$$

图 1.20 是 5-甲基壬烷的 EIMS。该化合物是正癸烷的同分异构体，分子中也只有 C—C 和 C—Hσ 键。如果只考虑键强度对碎裂反应的影响，这两个同分异构体应该有相同的质谱。这与实际情况不符，仔细比较两个化合物的质谱（图 1.18 和图 1.20）可以发现，它们有着几乎

完全相同的碎片离子峰,但是个别离子的相对丰度有较大差别。在5-甲基壬烷的质谱图中 m/z 85和127两个离子峰的丰度比正癸烷中相应离子峰的丰度大,而这两个离子正是支化点上的C—C键断裂生成的仲碳正离子,它们的稳定性比伯碳正离子的大,因此在所有的C—C键断裂中,它们占有一定优势。

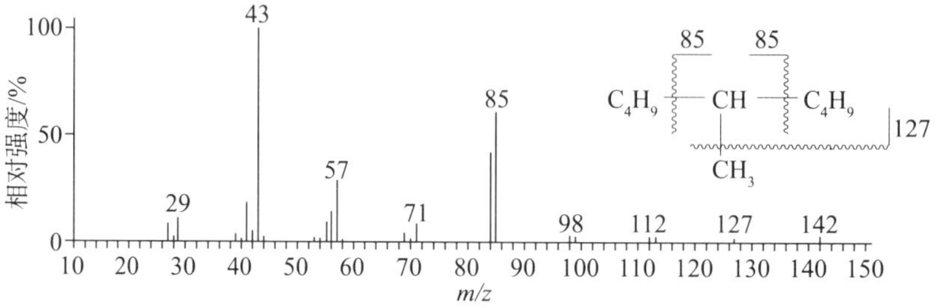

图1.20　5-甲基壬烷的EIMS

● 碳原子相邻有 π 电子系统时,易产生相对稳定的正离子,这是因为正电荷被离域 π 电子分散。例如正戊苯的EIMS,若仅考虑化学键强度的话,苯环不易碎裂,而戊基中的C—C键应以相同概率断裂生成丰度相似的 m/z 91、105、119、133离子。但实际情况完全不同,谱图中 m/z 91为基峰,其余碎片离子丰度非常小(见图1.21)。这是因为苯环上共轭的 π 电子能使苄基正离子稳定,因此苄基断裂在烷基并行的多个C—C键断裂反应中占绝对优势。苄基离子还能形成一个稳定的七元环䓬鎓离子。

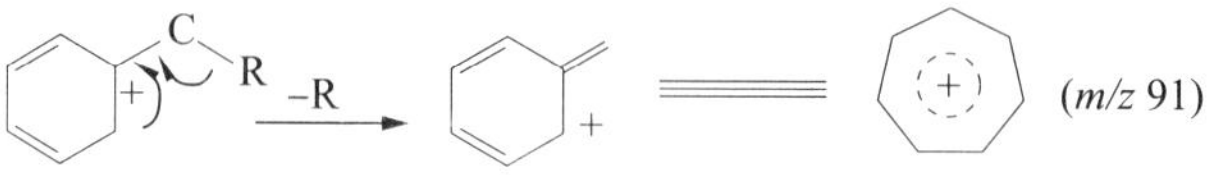

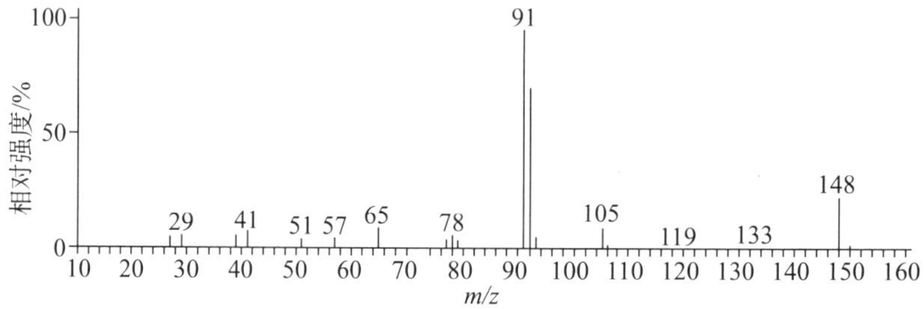

图1.21　正戊苯的EIMS

前面讨论的对氯甲苯和对氟甲苯实际上也是分别丢失氯、氢生成稳定的䓬鎓离子(m/z 91)和氟代䓬鎓离子(m/z 109)。可以看到,碎裂产物稳定性的影响超过了化学键强度所能产生的影响。

● 碳原子相邻有杂原子存在时,易产生相对稳定的正离子。这是因为杂原子上未成键的孤对电子使碳原子上的正电荷比较稳定。如脂肪胺

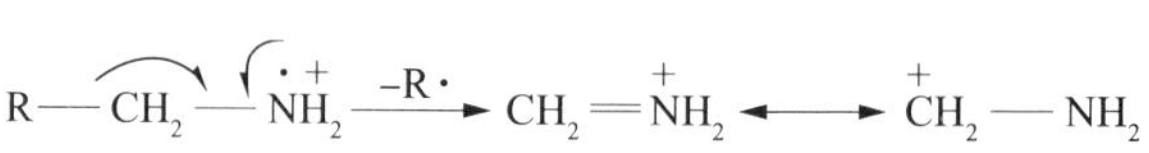

杂原子使碳原子上正电荷稳定的能力以氮为最强,其次是以硫、氧和卤素的次序减弱。下

面几个典型有机物质谱中的离子相对丰度很能说明问题。

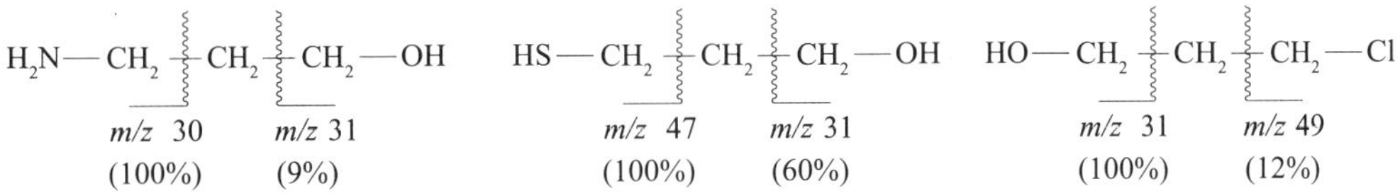

3）立体化学因素

在一些复杂分子中，质谱碎裂常常涉及一个以上键的断裂，同时发生原子或基团的重排和新的化学键生成。这种发生重排的碎裂反应一般通过一个有一定空间要求的过渡状态来完成，而与原子或基团间的相对位置对能否形成必要的过渡状态非常重要。例如，在一些二取代苯的衍生物中，当两个取代基处于邻位时，有关原子能形成一个六元环状过渡态而发生重排，生成有重要结构信息的奇电子碎片离子，同时丢失一个中性小分子。当两个取代基处在间、对位时，这类反应很难发生。如邻羟基苯甲酸甲酯（水杨酸甲酯）就能发生如下碎裂反应，生成 m/z 120 离子为基峰（图 1.22），而间、对位异构体中，m/z 120 的离子丰度很低。

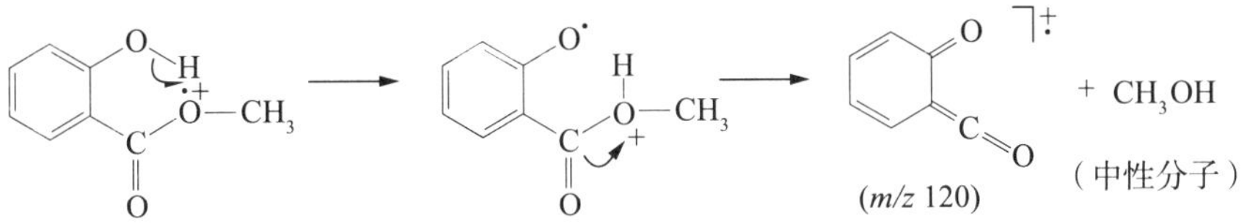

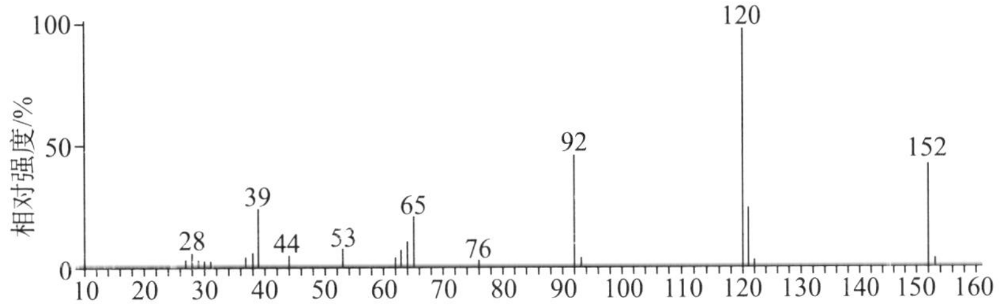

图 1.22 邻羟基苯甲酸甲酯的 EIMS

1.5.3 正离子碎裂类型

1. 简单碎裂

简单碎裂是指正离子中只有一根化学键发生断裂，生成一个新的正离子和一个中性碎片。最常见的是奇电子分子离子断一根键，失去一个游离基生成偶电子碎片离子。偶电子碎片离子也能通过简单地断裂一根键发生二级或更高级碎裂，丢失一个中性分子，生成新的偶电子离子，这样的断裂反应在质谱中也是大量发生的。由分子离子一级碎裂得到的产物离子比较容易解释，在结构鉴定中具有比较重要的价值，是我们讨论的重点。常见的简单断裂有三种。

1）σ 键的均裂

有两种不同的情况：一是正电荷和游离基的位置不确定，如在烷烃分子离子中，电离时丢失的 σ 电子来自于任一个 C—C 键，此键断裂生成的两个碎片都可以保留正电荷，结果生成通

式为 $C_nH_{2n+1}]^+$ 的系列离子。这是质谱中大量发生的 σ 断裂

$$R_1—CH_2 \overset{+\cdot}{\vdots} CH_2—R_2 \xrightarrow{\sigma} R_1—\overset{+}{C}H_2 \quad 和 \quad \overset{+}{C}H_2—R_2$$

二是分子中有杂原子，正电荷和游离基定域在某一位置，此时的 σ 均裂结果正电荷保留在原位，如

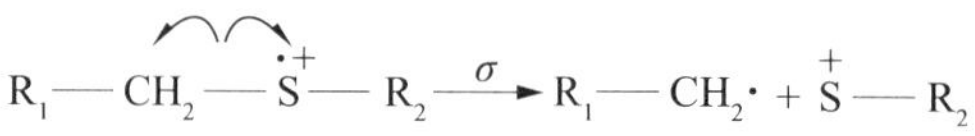

下面要讨论的游离基引发的 α 断裂似乎与上述所讨论的情况很相似，但实际上 α 断裂键的位置不同，且同时生成新键，在能量上较为有利，是更为常见的断裂。

2) α 断裂

α 断裂是指由游离基引发在 α 位的化学键均裂所造成的碎裂过程。由于化学键均裂转移的一个电子与游离基组成新键时能得到能量补偿，因此容易发生。它广泛存在于各类有机化合物的质谱碎裂过程中。如上述提到过的丙酮生成乙酰基正离子的碎裂就是 α 断裂，在其他含羰基的化合物以及醚、醇、胺、烯等化合物中也会发生 α 断裂。例如

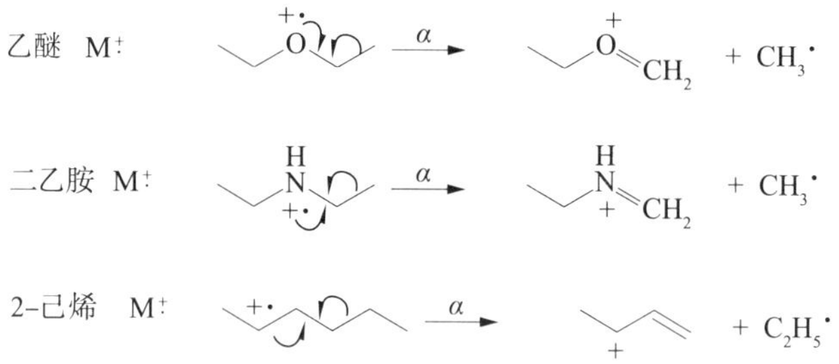

在许多情况下，化合物有一个以上的 α 位化学键，它们都能因游离基引发均裂，生成不同的碎片离子。如 3-甲基-3-庚醇可以发生三种 α 断裂，生成的 m/z 73、101 和 115 离子在质谱图中均可观测到。三种离子的相对丰度不同，m/z 73 是基峰，而 m/z 101 约为 35%，m/z 115 仅 15%左右。较大的烷基比较容易丢失，生成稳定性较高的碎片离子，这在质谱碎裂中也是一个普遍规律，称为“Stevenson 规则”。

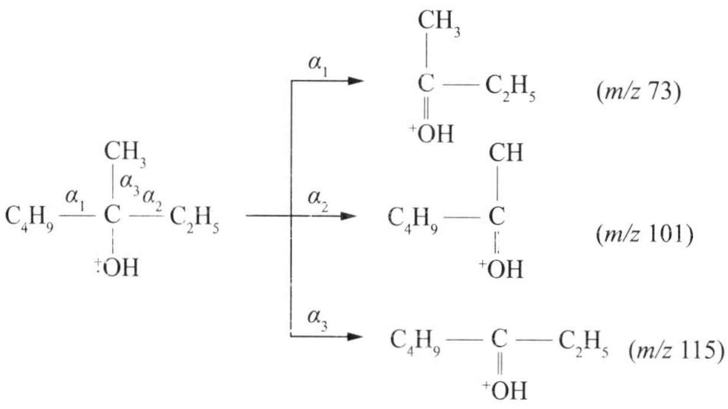

3) i 断裂

由正电荷引发的断裂过程，它涉及一对电子的转移，是化学键异裂的，同时正电荷位置发

生转移。i 断裂也是广泛存在的碎裂过程，例如前面提到的丙酮生成 CH_3^+ 的碎裂过程。另外还如

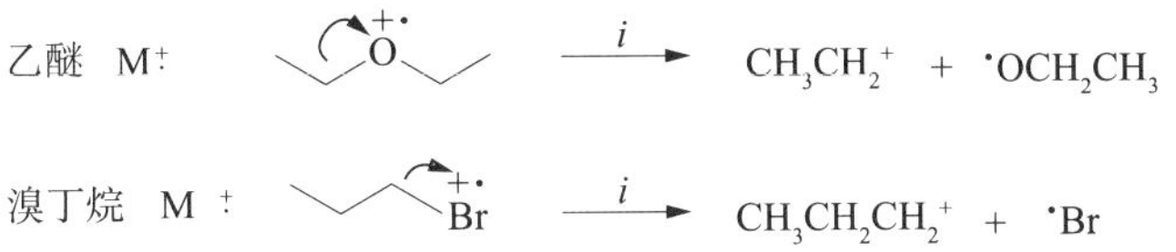

偶电子碎片离子也能由正电荷引发 i 断裂，例如酮 α 断裂生成的酰基离子和乙醚 α 断裂生成的偶电子离子可发生如下断裂

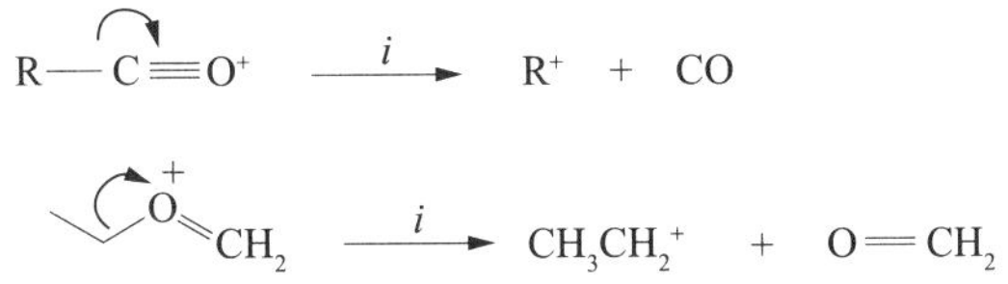

由 $RY^{+\cdot}$（Y 为杂原子）形成 R^+ 的倾向为卤素＞氧、硫≫氮、碳。

i 断裂和 α 断裂常常同时存在。至于哪一种碎裂过程占据优势，主要受碎裂产物稳定性制约，凡是能生成稳定产物的过程总是占优势。例如将丙酮和二叔丁酮做比较

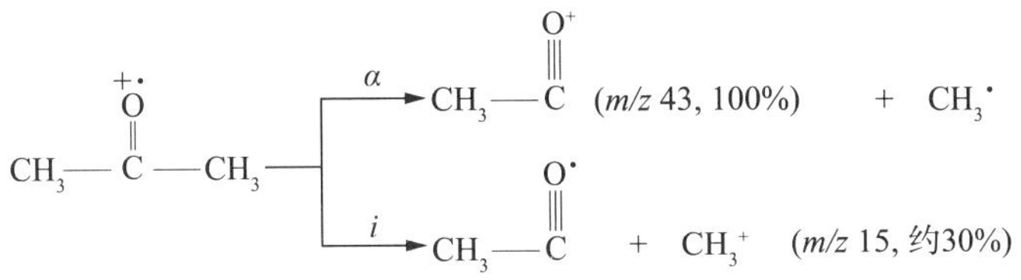

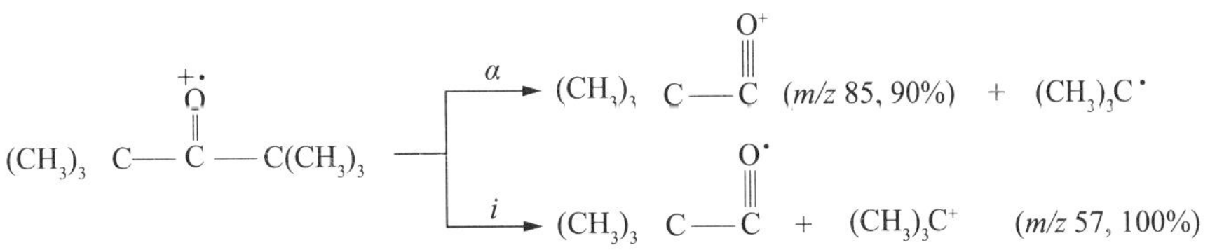

在丙酮中，i 断裂生成的甲基离子（m/z 15）稳定性小于 α 断裂生成的乙酰基离子（m/z 43）。因而 α 断裂占优势，质谱中 m/z 15 和 43 两个离子的相对丰度比约为 30∶100。在二叔丁酮中，i 断裂生成的叔丁基离子（m/z 57）稳定性很高，其丰度超过了 α 断裂生成的酰基离子（m/z 85）的相对丰度。

2. 涉及原子或基团重排的碎裂反应

有一些重要的质谱反应，离子在碎裂时处于某一位置的原子或基团与离子中的另一部分发生反应而改变了位置，反应生成的碎片离子没有保持分子或离子中原子的排列次序。这样的质谱反应叫"重排反应"。通过特定机理发生的重排反应所产生的离子在有机物结构解析中非常有用，是我们讨论的内容。但质谱过程中还存在许多随机重排。随机重排产生的离子对结构推断没有用处，但使质谱变得复杂，增加了解析的难度。

1）涉及氢重排的反应

所谓"氢重排"是指正离子碎裂过程中，离子内部发生了氢原子的转移。最重要的一种氢重排反应叫作麦氏重排，它是美国著名质谱学家麦克拉弗蒂（F. W. Mclafferty）发现和提出

的。我们通过下面的例子具体说明麦氏重排的机理。

在一个含有羰基的化合物中，比如一个长链的脂肪酸甲酯，羰基 γ 位上的氢原子通过立体化学有利的六元环过渡态转移到羰基氧上。这个过程虽然有一个 C—H 键断裂，但同时生成了一个新的 O—H 键，离子中没有任何一部分丢失，但是游离基上的单电子所在位置改变了。新的游离基引发 α 断裂，导致羰基 β 位的 C—C 键断裂，失去一个烯烃，生成一个奇电子碎片离子。图 1.23 是癸酸甲酯的 EIMS。m/z 74 即为麦氏重排产生的奇电子离子，它是长链脂肪酸甲酯的特征离子。

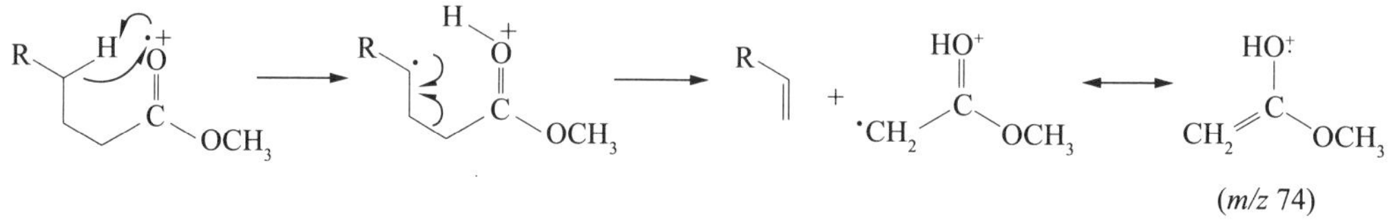

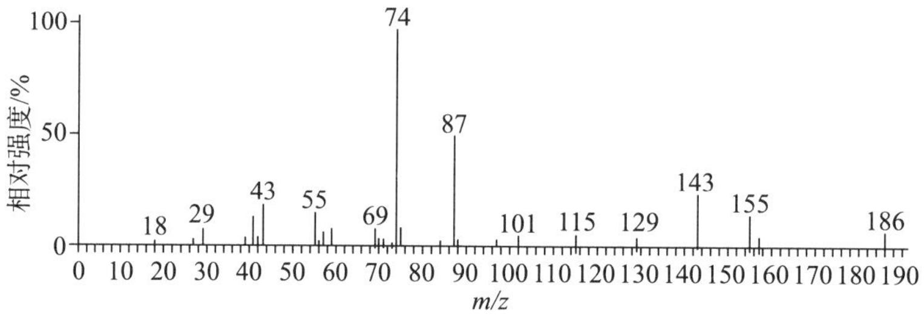

图 1.23 癸酸甲酯的 EIMS

凡是分子中有不饱和基团，且在该基团的 γ 位碳原子上连有氢原子(称为 γH)，都能发生麦氏重排，生成与分子结构有直接关联的特征的奇电子碎片离子。醛、酮、酸、酯、酰胺、碳酸酯、磷酸酯、肟、腙、烯、炔和烷基苯等有机物，只要存在 γH 就能发生麦氏重排。

氢重排反应有好几种，在 1.5.2 节中提到的邻羟基苯甲酸甲酯失去甲醇分子生成m/z 120 离子的反应，就是称作“邻位效应”的一种氢重排反应。一般具有以下通式的化合物能发生邻位效应。

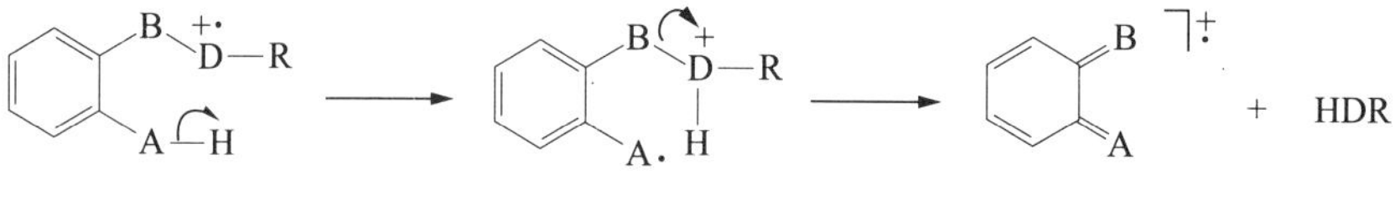

其中，D 为杂原子，如 N、O、S 等；A 为杂原子或碳原子。与麦氏重排不同的是重排的氢在邻位效应中转移到中性分子被消除。

其他一些重要的氢重排反应，我们将在 1.6 节中结合各类有机化合物的质谱进行讨论。

2) 涉及基团重排的反应

在这类反应中重排的不是氢原子而是一个基团，常见的是烷基。例如在长链的氯代烷烃质谱中，总有 m/z 91、93 和 m/z 105、107 离子峰，它们就是烷基被置换而环化成一个二价氯离子。但烷基重排的反应远远没有氢重排反应那么普遍和重要。

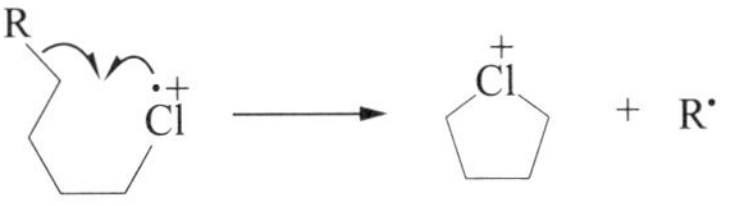

(m/z 91/93)

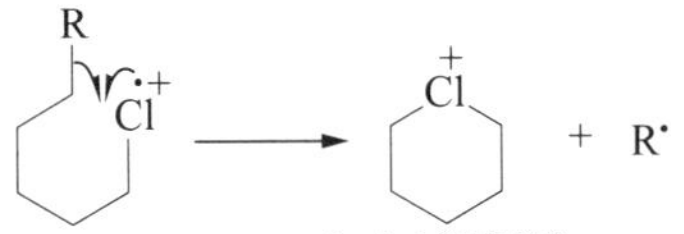

(m/z 105/107)

3. 复杂断裂

在质谱中常有离子中两个或两个以上化学键连续断裂才生成碎片的过程。除了前面提到的重排反应之外，环状化合物的质谱碎裂也是这种情况。环状化合物一根键断裂只能生成一个异构离子。要生成碎片离子至少必须有两根键断裂，有时因为还涉及氢原子转移，必须有三根键断裂。复杂断裂一般是指环状化合物的质谱断裂。如环己烯和环己醇的碎裂过程如下：

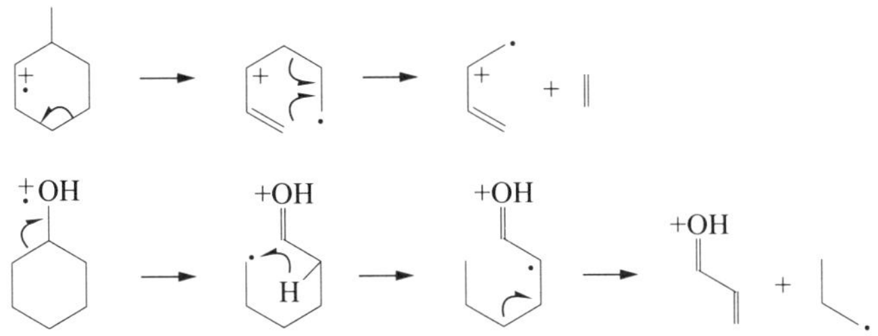

1.6　常见有机化合物的质谱

人们通过系统研究各类有机化合物的质谱碎裂方式总结出一些规律，对质谱解析具有一定的指导意义。现结合已经讨论过的质谱碎裂机理和碎裂类型，对各类有机化合物的碎裂方式以及质谱特点简述如下。

1.6.1　碳氢化合物

1. 烷烃

烷烃的质谱有以下几个特点。

第一，主要发生C—C键的σ断裂，生成m/z 15＋14n ($C_nH_{2n+1}\urcorner^{+}$)系列离子。如正癸烷的碎裂如下：

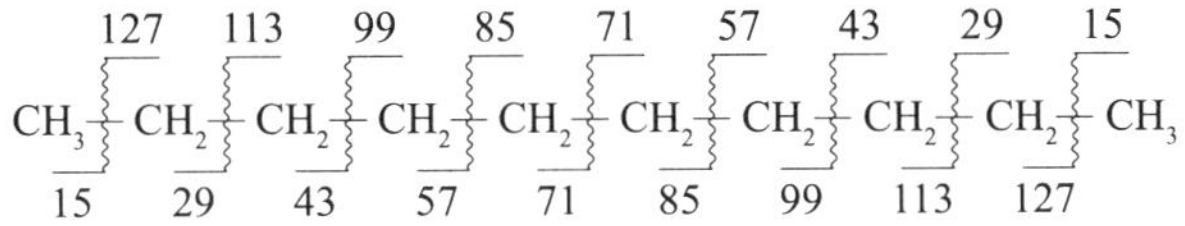

第二，质荷比大的碎片离子易发生进一步碎裂，系列离子中一般$C_3H_7^+$(m/z 43)和$C_4H_9^+$(m/z 57)丰度最大。直链烷烃谱图中随着m/z的增大，离子丰度呈平滑曲线下降

(图 1.18)。支化点碳原子上的 C—C 键容易断裂,优先失去最大的烷基,生成稳定性较高的仲碳或叔碳离子,谱图上表现出 $C_nH_{2n+1}^{\urcorner +}$ 系列离子的丰度分布与直链烷烃不同(图 1.19)。

第三,直链烷烃的质谱中显示弱的但清晰可辨的分子离子峰。支链烷烃分子离子峰的丰度明显下降或不出现。

2. 环烷烃

环的碎裂必须断裂两个或两个以上的化学键,同时还经常伴随有氢原子重排,属于复杂断裂,所以环烷烃的质谱解析比较困难。但环烷烃的质谱还是有几个明显特点:一是环烷烃的分子离子峰丰度比对应的非环烷大,很容易确定;二是环上的侧链烷基容易丢失,生成丰度较大的碎片离子,如果有一个以上的侧链,则优先丢失大的烷基侧链;三是环烷烃的低质谱端有 $C_nH_{2n-1}^{\urcorner +}$ 系列,而不是 $C_nH_{2n+1}^{\urcorner +}$ 系列。图 1.24 是 1-甲基-3-戊基环己烷的 EIMS。图中,m/z 168 是分子离子,m/z 97 是分子离子丢失戊基侧链生成的碎片离子 $C_7H_{13}^+$,m/z 27、41、55、69 等就是 $C_nH_{2n-1}^{\urcorner +}$ 系列离子。

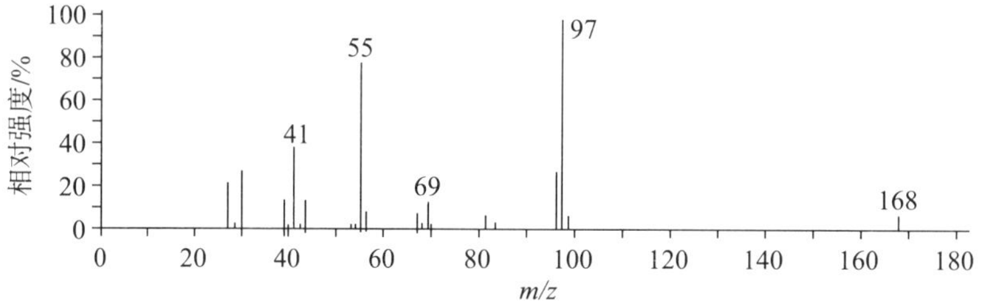

图 1.24 1-甲基-3-戊基环己烷的 EIMS

3. 烯烃和炔烃

烯烃的质谱有以下几个特点。

第一,分子离子的丰度比同碳数的烷烃稍强。

第二,与烷烃相似,有间隔 14 个质量单位的系列离子,但因一个双键引入,特征系列离子的通式为 $C_nH_{2n-1}^{\urcorner +}$,与环烷烃相同。

第三,易发生烯丙基断裂(即 α 断裂),长链烯烃会发生麦氏重排。但因烯烃易通过双键迁移发生异构化,这两个反应都不能用于确定烯烃中双键的位置。

图 1.25 是 1-十二碳烯的电子轰击质谱图。

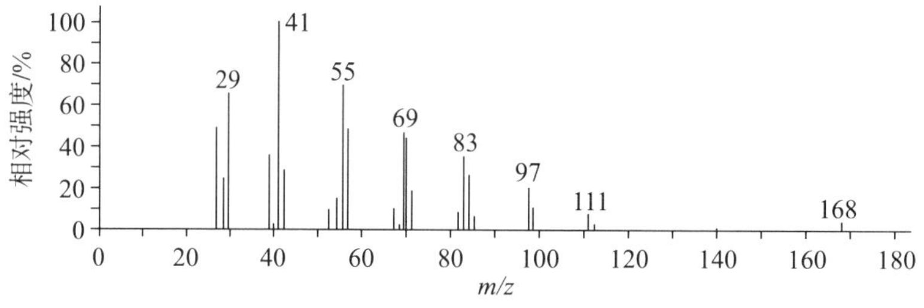

图 1.25 1-十二碳烯的 EIMS

炔烃的质谱碎裂特征类似于烯烃,但生成的系列离子通式为 $C_nH_{2n-3}^{\urcorner +}$。

环状烯烃的分子离子丰度较大,在低质量端出现与炔烃相同的 $C_nH_{2n-3}^{\urcorner +}$ 系列离子。环状烯烃的特殊质谱碎裂称为逆狄尔斯-阿耳德反应(Retro - Diels - Alder,简称 RDA)。Diels - Alder 反应是有机合成中常用的环化反应,是由共轭双烯与双键经 1,4 -加成生成六元环己烯的反应。而质谱正相反,是环己烯碎裂为共轭双烯和烯烃,其中一个是奇电子离子,另一个是中性分子。正电荷在哪一个碎片上是由它们的相对稳定性决定的,如

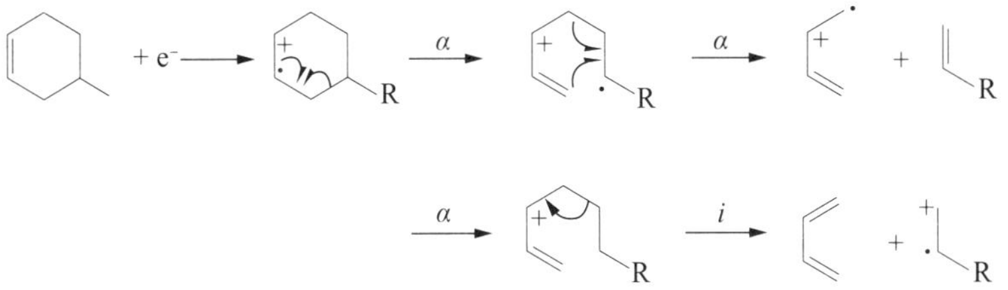

4. 芳烃

一个共轭的芳香环引入分子中,会使其质谱图形发生很大变化。与烷烃、烯烃等脂肪烃的质谱相比,芳烃质谱有以下特点。

● 分子离子的丰度很大。没有取代的苯或稠环芳烃或杂环芳烃,分子离子峰均为基峰,即使有多个取代基存在,芳烃的分子离子也明显强于脂肪烃。

● 碎片离子少,低质量端的碎片离子丰度小。通常可以看到强度很弱的 m/z 39、50～52、63～65、75～78 的芳香族特征碎片离子。

● 烷基取代的芳烃有两个主要特征碎裂,一是 α 断裂生成稳定的苄基(䓬鎓)离子;二是如果取代烷基上有 γH 存在时,可发生麦氏重排。两种碎裂过程如下:

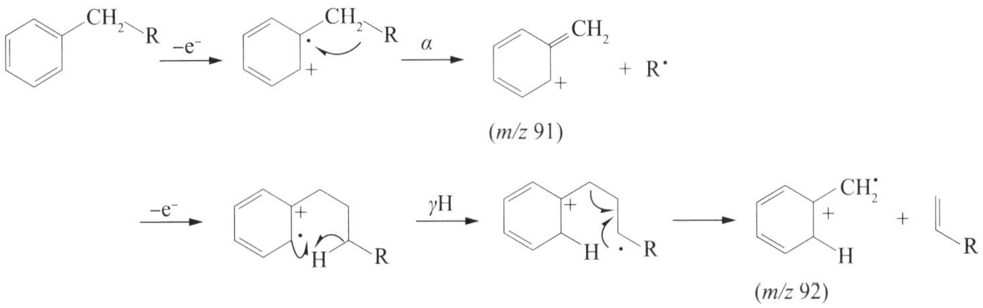

如正戊基苯质谱中(图 1.21)m/z 91($C_7H_7^+$)和 92($C_7H_8^{+\cdot}$)分别是两种碎裂的产物。如果苯环上另有取代基或烷基链的 α 碳上有取代基时,无论苄基还是重排离子均发生相应的位移。如乙基甲苯(图 1.26)苄基断裂的产物移到了 m/z 105 处。

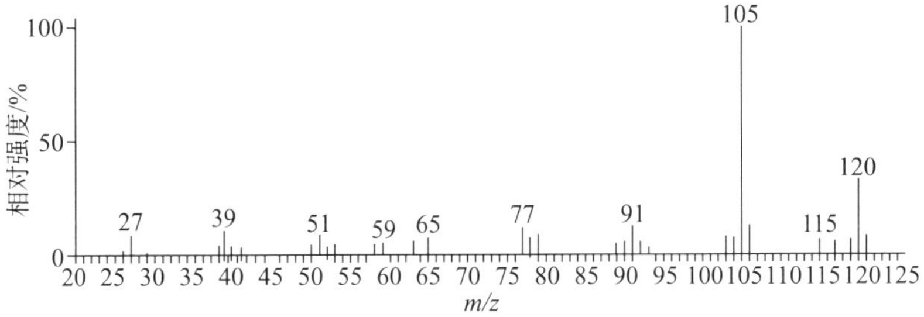

图 1.26 乙基甲苯的 EIMS

由于形成𬭩镓离子时消除了芳烃邻、间、对位不同取代类型的区别，质谱很难区分芳烃的位置异构体。

1.6.2 醇、酚、醚

1. 脂肪醇

脂肪醇的质谱有以下特点。

● 分子离子峰丰度很低，除了低级伯醇之外，绝大多数醇在电子轰击质谱中不出现分子离子峰。

● 高级的伯、仲醇易通过五元或六元环过渡状态发生氢重排生成$[M-H_2O]^{+\cdot}$ 如图1.12(c)已醇(相对分子质量为102)的 m/z 84 和图 1.27 1-十二醇(相对分子质量为 186)的 m/z 168。该离子能进一步发生 i 断裂，失去烯烃小分子。叔醇不易发生这一反应。这种氢重排反应，因重排的氢原子在丢失的中性分子中，所以称为消除反应。

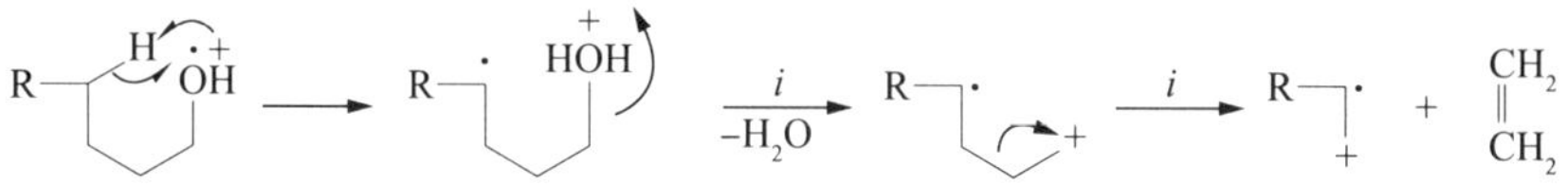

● 高级醇有 $C_nH_{2n-1}]^+$ 系列离子，谱图的形貌与烯烃极为相似。这是因为高级醇发生消除反应生成的奇电子碎片离子具有类似烯烃的结构，二级碎裂得到相同的系列离子。请比较图 1.27 和图 1.25。

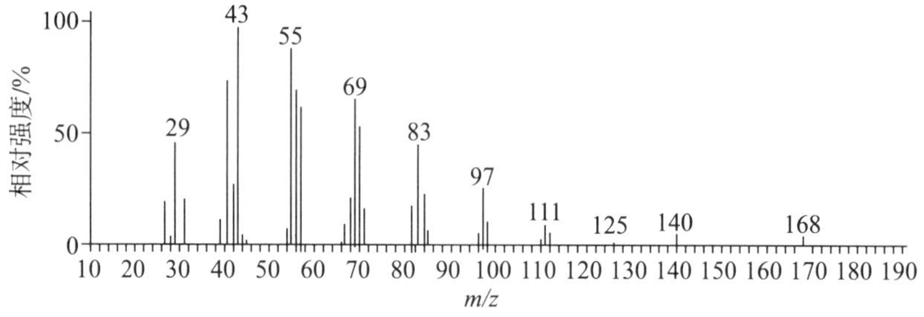

图 1.27　1-十二醇的 EIMS

● 易发生 α 断裂，生成特征的氧鎓离子。伯醇生成 m/z 31，这一离子是判断图 1.27 为醇而不是烯烃的关键。仲、叔醇能生成一个以上的氧鎓离子，质荷比与分子结构密切相关。如3-甲基-3 庚醇产生 m/z 73、101 和 115 三个特征离子。

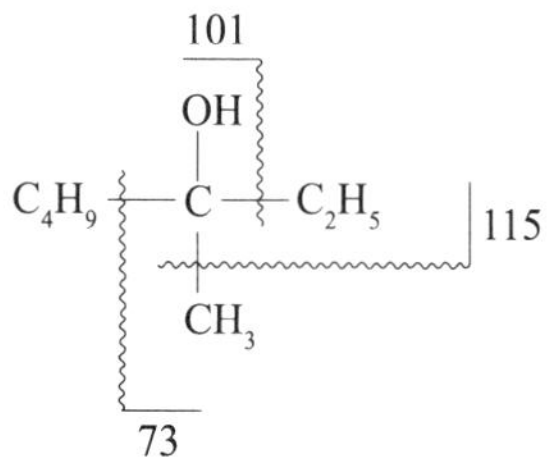

● 有时出现低质量端系列离子 m/z 31+14n。仲、叔醇 α 断裂产物 $RR'C{=}O^+H$ 中，如果 R 或 R′足够长，则氢原子可发生重排并消除 C_nH_{2n}。

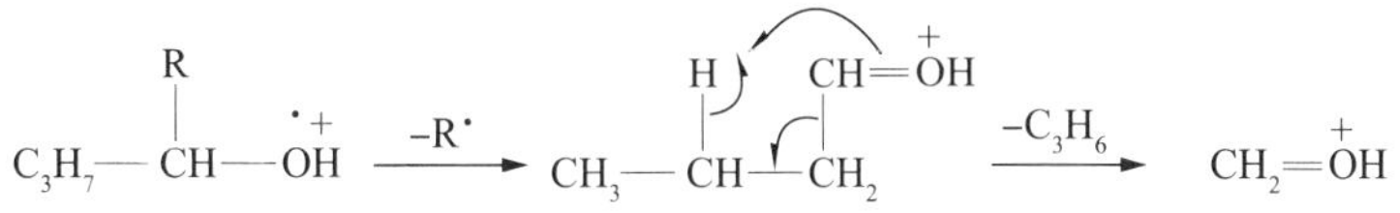

2. 酚和芳香醇

● 分子离子峰较强。

● 易丢失 CO 和 CHO，生成[M−28]$^{+\cdot}$ 和[M−29]$^{+\cdot}$。

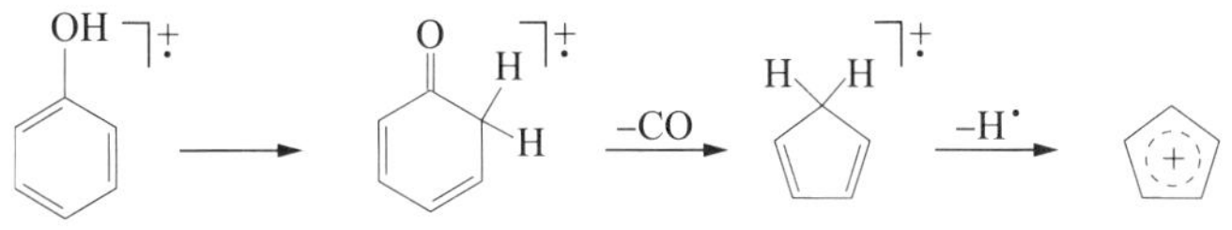

● 邻位有适当取代基团的酚，如邻甲酚、邻苯二酚等，因邻位效应产生失水峰。

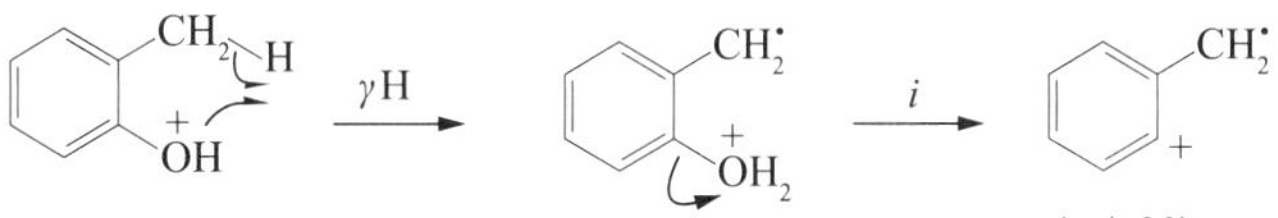
(m/z 90)

● 甲酚、苄醇等有强的[M−1]$^+$。

在邻甲酚质谱图(图 1.28)中上述碎裂产物都能找到。

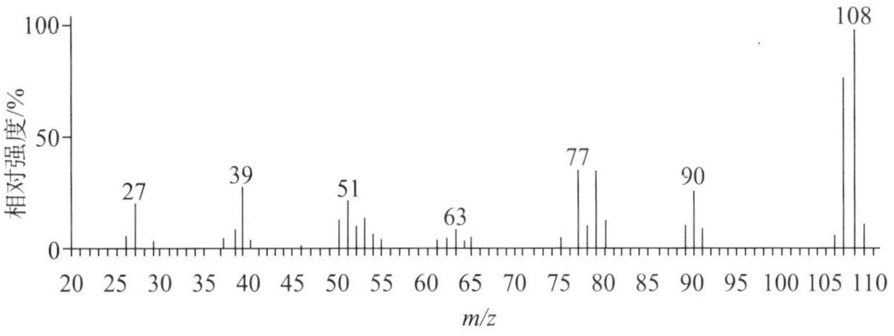

图 1.28 邻甲酚的 EIMS

3. 脂肪醚

● 分子离子的丰度比较小，但比相对分子质量相当的醇高。

● 能发生两种以上的 α 断裂，生成通式为 $R{—}O^+{=}CH_2$ 的离子，较大的烷基易丢失，相应的离子丰度较大。

● 易发生 i 断裂，生成烷基离子。

α 断裂和 i 断裂产物是脂肪醚质谱中的主要碎片离子。例如丙基丁基醚（相对分子质量 116）的质谱(图 1.29)，m/z 73、87 就是 α 断裂形成的，m/z 43 和 57 来自 i 断裂。

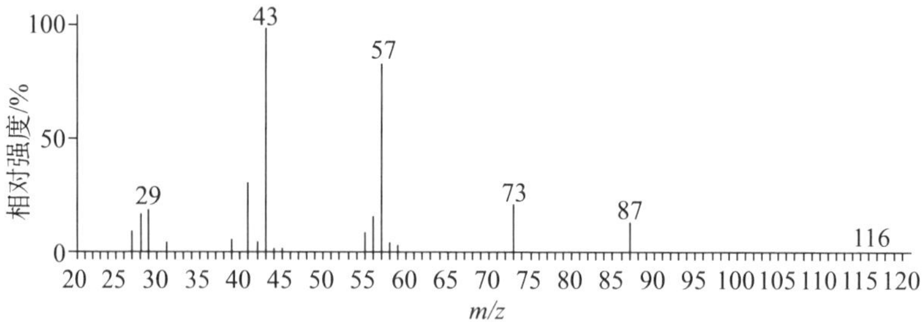

图 1.29 丙基丁基醚的 EIMS

4. 芳香醚

与其他芳香族化合物一样,芳香醚的分子离子峰丰度较大。其主要碎裂如下:

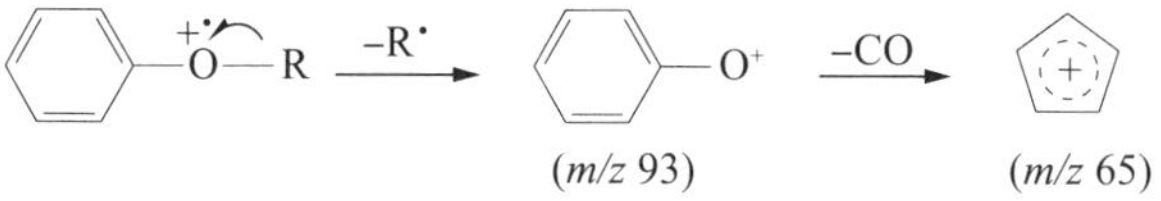

如果 R 为乙基或更长的烷基链,则能如烷基苯一样发生麦氏重排,若苯环上没有其他取代基,生成 m/z 94 的奇电子碎片离子。

1.6.3 羰基化合物

如 1.5 节所述,如果化合物中含有羰基,则羰基氧上的 n 电子最容易失去,游离基和正电荷定位在氧原子上。由游离基引发的 α 断裂和正电荷引发的 i 断裂是羰基化合物的主要碎裂方式,可由下列通式表示:

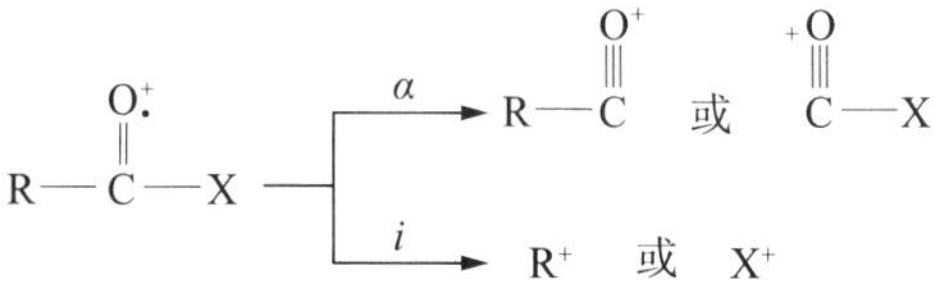

其中,R 为脂肪链或芳基,X 可以是烃基(酮)、氢(醛)、羟基(酸)和醚基(酯)。因 R 和 X 的结构不同,生成的两对离子的质荷比和相对丰度有很大差别。当 R 为长链且有 γH 存在时,会发生麦氏重排,生成的奇电子离子质荷比因 X 基团的差异而不同。下面分别讨论各种不同羰基化合物的质谱特点。

1. 脂肪酮

● 饱和脂肪酮的 R 和 X 都是烷基,上述两对离子都能生成。酰基离子具有 $C_nH_{2n-1}O]^+$ 通式,烷基离子具有 $C_nH_{2n+1}]^+$ 通式。在低分辨质谱中它们显示的质荷比产生重叠而不易区别。离子的相对丰度由它们的稳定性决定,其规律为:在形成酰基离子时,较大的烷基容易丢失,生成丰度较大的离子;烷基离子的稳定性遵循叔碳离子>仲碳离子>伯碳离子的次序,同时大的烷基离子可能发生二级碎裂,逐步丢失乙烯分子,而本身丰度下降。

● 若 X 为甲基,即甲酮,若发生麦氏重排生成 m/z 58 的重排离子。如果 R 和 X 结构上均符合麦氏重排条件,则会发生连续两次重排,最终生成 m/z 58 离子。

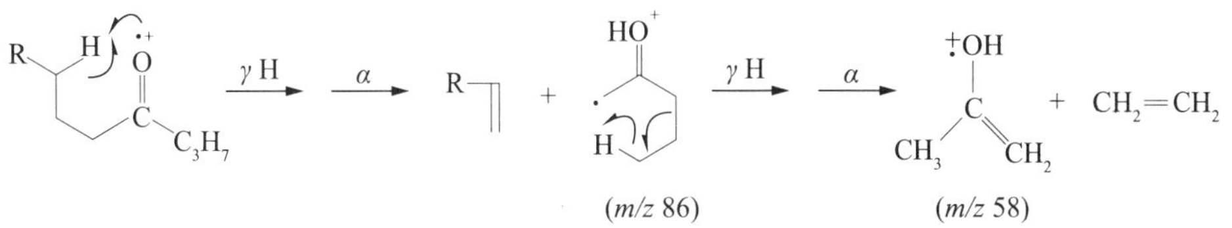

● 脂肪酮的分子离子峰明显，即使相对分子质量较大或 R 是支链时，分子离子峰仍可辨别。

从 5-甲基-3-庚酮的质谱（图 1.30）可以看到上述主要碎裂，谱图中 m/z 72 为麦氏重排产物，m/z 43 是二级碎裂产物。

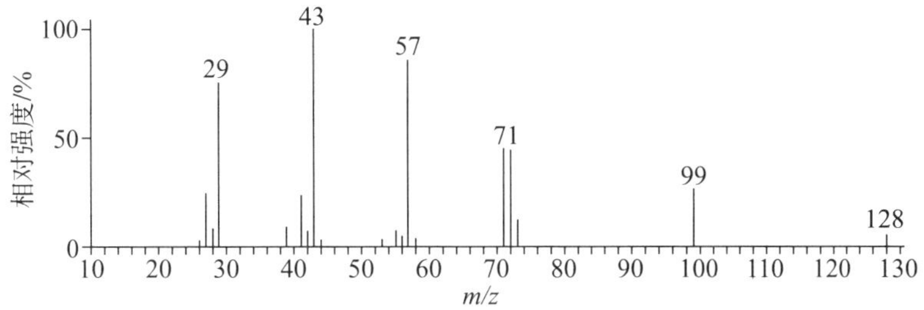

图 1.30 5-甲基-3-庚酮的 EIMS

2. 芳香酮

与其他芳香族化合物一样，芳酮的分子离子峰很强。

芳基与羰基相连形成共轭，因此在 α 和 i 断裂生成的两对离子中，芳酰基离子（$Ar-C\equiv O^+$）的稳定性远远超过其他离子，其丰度在质谱中占绝对优势。芳酰基离子进一步脱去 CO 生成芳基离子。例如，苯环上没有取代的甲基苯基酮、乙基苯基酮的质谱，其基峰 m/z 105 离子就是苯酰基离子。

3. 醛

● 脂肪醛都有明显的分子离子，但在同系列中 C_4 以上随相对分子质量增大分子离子的强度迅速下降。芳香醛的分子离子很强。

● 无论是脂肪醛还是芳香醛，通式中的 X 都是 H，所以 α 断裂生成的一对酰基离子总是 $[M-1]^+$ 和 $HC\equiv O^+$（m/z 29）。芳香醛和低相对分子质量的脂肪醛 $[M-1]^+$ 丰度大，是醛的重要特征（图 1.31）。m/z 29 离子的重要性较小，因为 $C_2H_5^+$ 也具有该质荷比，凡是分子中有乙基以上的烷基存在时，均可出现 m/z 29 离子，除非高分辨质谱或仔细研究其同位素丰度比之后才有可能区分 CHO^+ 和 $C_2H_5^+$。

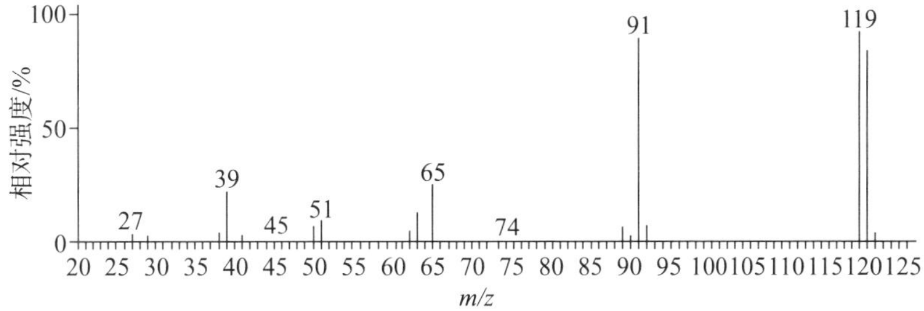

图 1.31 对甲基苯甲醛的 EIMS

● i 断裂生成的[M－29]$^+$只有在相对分子质量较大的醛中才比较重要。

● 若醛基 α 碳上没有取代基,麦氏重排总是生成 m/z 44。

4. 羧酸和羧酸酯

● 直链脂肪族羧酸及酯有明显的分子离子峰,且随着相对分子质量增加丰度有所增大。芳香族羧酸分子离子峰丰度很强。

羧酸及酯的 X 为 OH 或 OR。氧原子的加入使羰基 α 和 i 断裂倾向发生一些变化。

● i 断裂重要性降低,谱图中几乎见不到 X^+,较强的 R^+ 也只有在低级酸和酯中才有。

● α 断裂对于羧酸生成[M－OH]$^+$和 $^+O{\equiv}C{-}OH$ (m/z 45)一对离子,是低级酸的主要离子,较高相对分子质量羧酸只有 m/z 45,重要性也明显下降。对于酯生成的酰基离子[M－OR]$^+$和酯基离子[COOR]$^+$在谱图上均能见到。

● 麦氏重排生成丰度高、特征性强的重排离子,对于羧酸来说为 m/z 60,对于酯而言为 m/z $60+14n$(n 为正整数,由酯的类型决定,如甲酯 $n=1$,乙酯 $n=2$,等)。如果醇和酸部分都有足够的长度,能发生二次连续的重排,若 α 位没有取代基,生成 m/z 60、61 离子(图 1.33)。

● 随着链长的增加,烷基链的 C—C 键依次断裂的倾向增大,正电荷留在带羧基或酯基一边的碳链上。生成 m/z $59+14n$ 系列离子,具有 $C_nH_{2n-1}O_2{}^{\neg +}$ 通式。

● 乙酸高级酯能发生双氢重排,生成 m/z 61 离子。该离子因质荷比值比较特殊,容易辨认。

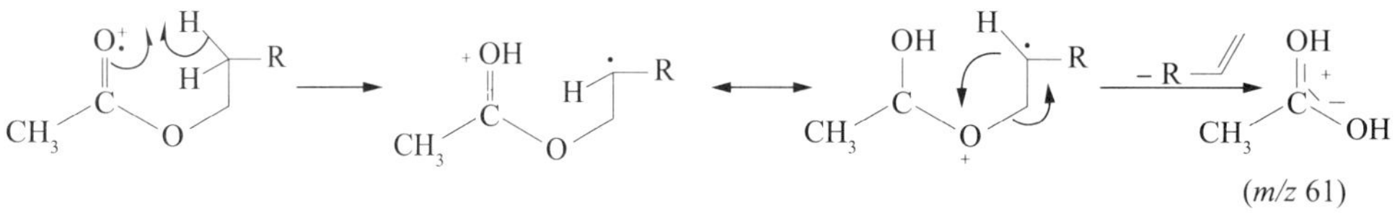

图 1.32 和图 1.33 为癸酸和壬酸乙酯的质谱图。

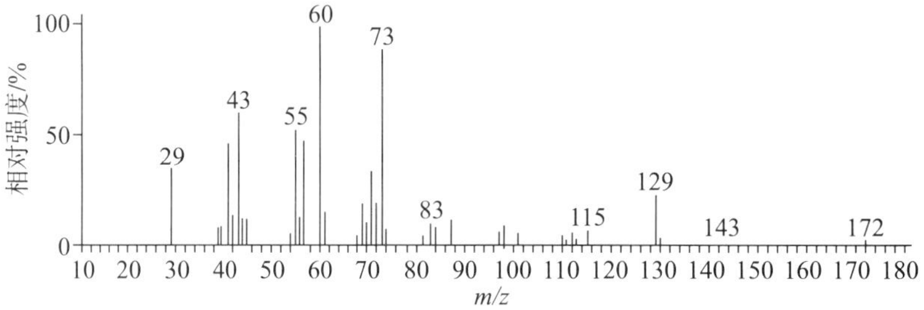

图 1.32 癸酸的 EIMS

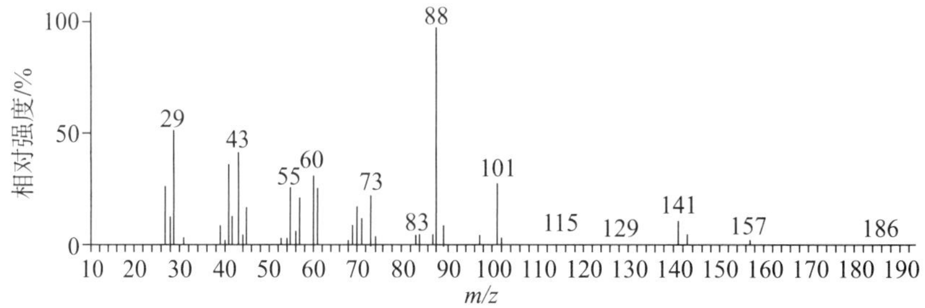

图 1.33 壬酸乙酯的 EIMS

芳香羧酸和酯的质谱碎裂与芳香醛、酮相似，由 α 断裂生成的芳酰基 $Ar—C≡O^+$ 是谱图中最突出的碎片离子。芳环邻位有 CH_3、OH 等取代基时，易发生邻位效应失去水和醇等小分子，生成奇电子碎片离子（见 1.5.2 节，图 1.22 邻羟基苯甲酸甲酯的 EIMS）。

1.6.4 含氮化合物

1. 胺

● 脂肪胺的分子离子较弱，而芳香胺则强得多。

● 质谱碎裂与醇相似，易发生 α 断裂，生成胺的特征离子（m/z 30＋14n，n 为正整数）。断裂的位置不止一个，其中优先丢失较大的烷基，生成丰度较大的碎片离子。由于氮对相邻正碳原子的稳定能力大于氧，所以胺的上述特征离子比醇更为明显。

● α 断裂生成的偶电子碎片离子可进一步发生类似麦氏重排的过程，消除一分子烯烃，形成二级碎裂的偶电子离子。如乙丙胺谱图中（图 1.34）的 m/z 30 由下列过程生成：

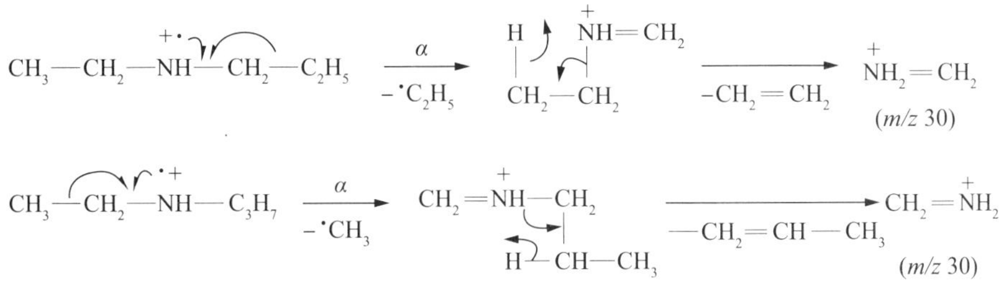

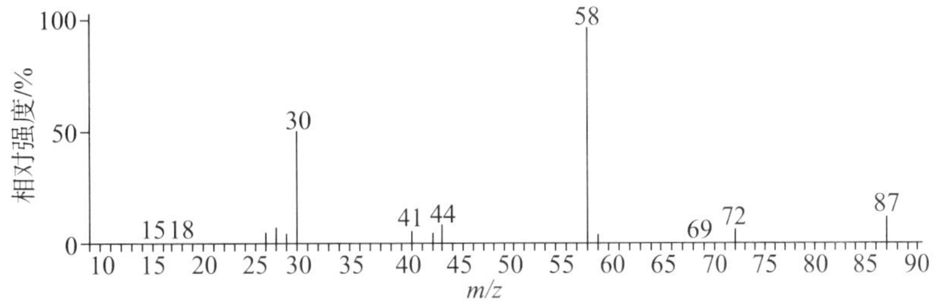

图 1.34　乙丙胺的 EIMS

● 芳香胺的碎裂类似酚，依次失去 HCN 和 H˙ 形成一个五元环离子。芳香胺还可直接失去 H˙，生成很强的$[M-H]^+$。

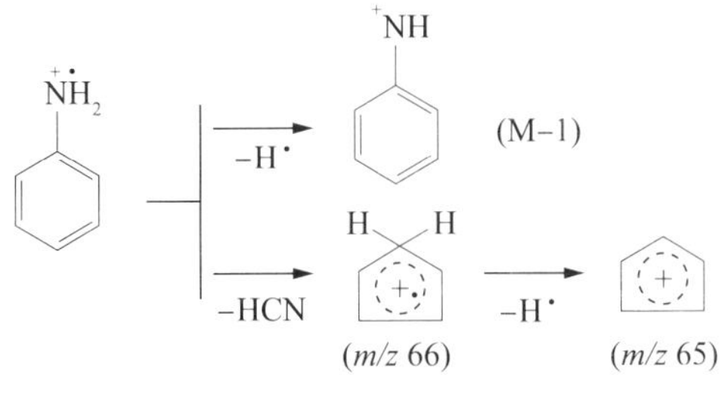

2. 酰胺

酰胺的碎裂行为与相应的羧酸或酯非常相似，有以下特点。

● 易发生 α 断裂生成 $R—C≡O^+$ 和 $^+O≡C—NR_2$ 一对离子，对于伯酰胺而言，后者的质荷比总是 44。

● 长链的脂肪族酰胺易发生麦氏重排，生成 m/z 59＋14n（n 为正整数）的奇电子离子非常突出，对 α 断裂有所抑制。

● 随烷基链增长，C—C 键依次断裂生成 $C_nH_{2n}ON^{\urcorner +}$系列离子。

以上这些碎裂产物在月桂酰胺（$C_{11}H_{23}CO_2NH_2$）谱图（图 1.35）中都能看到。

● 芳香族酰胺与其他芳香族羰基化合物类似，分子离子峰丰度大，由 α 断裂形成的芳酰基（$Ar—C≡O^+$）在谱图中非常突出。

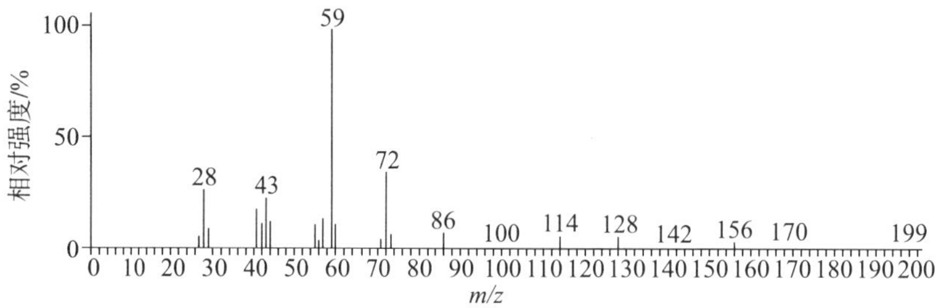

图 1.35 月桂酰胺的 EIMS

3. 腈

● 脂肪腈的分子离子峰很弱甚至看不见。碎裂时失去 αH，生成$[M-1]^+$峰，有助于确定相对分子质量。

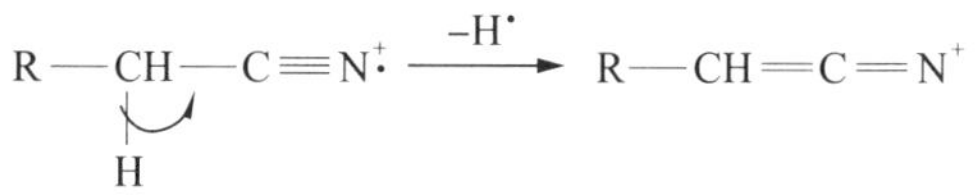

● 脂肪腈易发生离子-分子反应，生成$[M+1]^+$准分子离子，在解析谱图时应小心。

● 长链的脂肪腈能发生麦氏重排生成 $CH_2=C=NH^+$（m/z 41）；碳链断裂形成 40＋14n（n 为正整数）的离子系列。

● 芳香腈的分子离子峰较强，碎裂主要生成$[M-CN]^+$和$[M-HCN]^+$。

4. 硝基化合物

脂肪族硝基化合物通常没有分子离子峰。低相对分子质量的硝基化合物有强的 m/z 30 和 46，对应于 NO^+ 和 NO_2^+。相对分子质量较大时，$[M-NO_2]^+$成为主要碎片离子。

芳香族硝基化合物分子离子峰很强，主要碎片是$[M-NO_2]^+$和$[M-NO]^+$以及进一步的芳环碎裂生成的 m/z 65、51 等离子。

在含氮化合物质谱中，质荷比为偶数的离子很多(图 1.34 和图 1.35)。这些离子绝大部分是含一个 N 原子的偶电子离子。低质量端的偶数质荷比离子系列，如 m/z 30、44、58 等有助于判断分子中含 N；质荷比为奇数的离子虽然不多，但情况比较复杂，一是含奇数个 N 原子的奇电子离子，包括分子离子和重排离子，如图 1.35 中，m/z 199 是分子离子，m/z 59 是麦氏重排形成的离子。二是不含 N 的偶电子碎片离子；m/z 57、55、43、41 等则是烷基碎裂产物，是偶电子离子。掌握表 1.4 氮规则的通用表述，对理解和记忆含氮化合物的质谱特征大有益处。

1.6.5 含卤素的化合物

● 由于氯、溴的特殊同位素丰度，利用分子离子区域 M、M+2、M+4 等离子的丰度比可以推测分子含氯、溴原子的数目。图 1.36 是 1,3-二溴丙烷的 EIMS，图中分子离子区域 m/z 200,202 和 204 三个峰的强度比为 1∶2∶1 表明分子离子有两个 Br 原子，m/z 121、123 的强度比近似1∶1，表明该离子含一个 Br，是分子离子丢失一个 Br 生成的碎片离子。利用碘和氟对同位素丰度没有贡献却占据相对分子质量的一部分，也可以推测它们的存在。具体方法见 1.4.2 节。

● 含 Cl、Br、I 的烃类化合物易发生 i 断裂，生成$[M-X]^+$为主要碎片峰；对氟代烃，由于 C—F 键特别强，一般不出现$[M-F]^+$，若分子中有 H，常出现$[M-H]^+$。

● 长链卤代烃能像醇那样发生 1,3-消除反应，丢失一分子 HX。

● 长链卤代烃还能发生基团重排反应，形成环状二价卤素离子，详见 1.5.3 节。

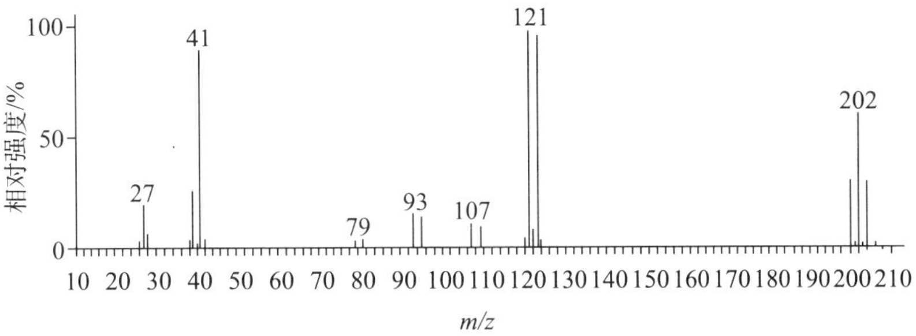

图 1.36 1,3-二溴丙烷的 EIMS

1.6.6 含硫化合物

硫是 A+2 元素，$^{34}S/^{32}S$ 仅为 4.4/100，在相对分子质量不很大时，足以正确判断分子中含 S 的个数。^{33}S 有 0.8%的丰度，在用同位素丰度法推测 C 原子数时，要注意先从[M+1]中扣除^{33}S 丰度的贡献(详见 1.4.2 节)。

硫醇、硫醚的分子离子明显。质谱碎裂行为与醇、醚类似，但生成的含 S 离子系列 m/z 值比较特殊，为 $33+14n$。

1. 硫醇

● 易发生 α 断裂，如伯硫醇生成 $CH_2=SH^+$ (m/z 47) 的特征离子。仲、叔硫醇有一个以上的 α 断裂，优先失去大的烷基。

● 伯硫醇发生 1,4-消除反应，生成$[M-H_2S]^+$，并进一步失去 C_2H_4，形成$[M-H_2S-(C_nH_{2n})]^+$系列离子。仲、叔硫醇则易失去 $HS^\cdot$ 生成烷基离子。

图 1.37 是丁硫醇的 EIMS，其中 m/z 47 和 56 就是上述两种断裂生成的特征离子。

2. 硫醚

● S 原子两侧的烷基均易发生 α 断裂，较大的烷基优先失去，生成丰度不同的两个离子 $R-S^+=CH_2$，它们通过一个类似麦氏重排的过程失去一分子烯烃，生

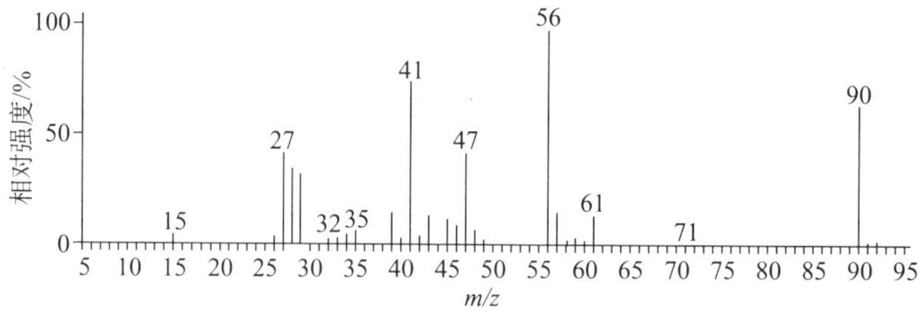

图 1.37 丁硫醇的 EIMS

成 $^+S{=}CH_2$(m/z 47)。

- 能发生 i 断裂,生成两个烷基离子,重要性一般不如 α 断裂。
- C—S 键发生 σ 断裂,生成 RS^+。见图 1.16 二乙硫醚的电子轰击质谱图。

1.7 质谱图解析和分子结构推测

1.7.1 质谱图解析的一般步骤

从质谱可以获得相对分子质量、分子式、组成分子的结构单元及连接次序等信息,因此与紫外、红外光谱不同,质谱可独立用于确定有机物结构。对于简单的有机物,这一点比较容易做到。对于比较复杂的有机物,单凭质谱数据推测结构相当困难,一般需要辅之以其他波谱信息。但不论哪种情况,通过质谱图解析获取分子结构信息的基本思路是相同的,一般有以下步骤。

第一,根据同位素丰度或高分辨质谱数据确定分子离子和重要碎片离子的元素组成,并计算不饱和度。

第二,核查分子离子峰以确定相对分子质量。

第三,标出重要的奇电子碎片离子峰,并研究它们的来历。

第四,研究质谱的概貌,判断分子的稳定性,对化合物类型进行归属。

第五,根据下列信息列出可能的结构:重要的低质量离子系列;重要的高质量端离子及丢失的中性碎片;特征离子。

第六,对列出的可能结构进行确认。确认办法有:与标准谱图进行对照;测定标准化合物的质谱,然后进行对照;在无标准可对照时,可根据离子碎裂机理验证谱图中的主要碎片离子。

上述步骤中,许多具体内容在 1.4~1.6 节已详细讨论,在此再做一些补充和归纳。

1. 离子元素组成的确定

用高分辨质谱法确定离子的元素组成是一个理想的方法,分子离子和碎片离子的元素组成可一次完成。当只有低分辨质谱数据时,应用同位素丰度法十分重要。除了可用 1.4.2 节中所介绍的数据分析方法之外,还可以利用 Beynon 表。Beynon 等利用同位素离子峰丰度[M+1]、[M+2]和分子离子峰丰度[M]之比值[M+1]∶[M]、[M+2]∶[M]与含 C、H、O、N 等元素的化合物分子式之间的关系,制成 Beynon 表,供质谱解析时查阅。

下面所示的是 Beynon 表的 m/z 93、94、129 和 130 的数据。

m/z 93	$M+1$	$M+2$	m/z 94	$M+1$	$M+2$
CH_3NO_4	1.67	0.81	CH_4NO_4	1.68	0.81
$CH_5N_2O_3$	2.04	0.61	$CH_6N_2O_3$	2.06	0.62
$CH_7N_3O_2$	2.42	0.42	$C_2H_6O_4$	2.41	0.82
$C_2H_5O_4$	2.40	0.82	$C_3H_2N_4$	4.80	0.09
$C_2H_7NO_3$	2.77	0.63	$C_4H_2N_2O$	5.16	0.31
C_3HN_4	4.78	0.09	$C_4H_4N_3$	5.53	0.13
C_4HN_2O	5.14	0.31	$C_5H_2O_2$	5.51	0.52
$C_4H_3N_3$	5.52	0.13	C_5H_4NO	5.89	0.34
C_5HO_2	5.50	0.52	$C_5H_6N_2$	6.26	0.17
C_5H_3NO	5.87	0.34	C_6H_6O	6.62	0.38
$C_5H_5N_2$	6.25	0.16	C_6H_8N	6.99	0.21
C_6H_5O	6.60	0.38	C_7H_{10}	7.72	0.26
C_6H_7N	6.98	0.21			
C_7H_8	7.71	0.26			

m/z 129	$M+1$	$M+2$	m/z 130	$M+1$	$M+2$
$C_3HN_2O_4$	4.18	0.87	$C_3H_2N_2O_4$	4.19	0.87
$C_3H_3N_3O_3$	4.55	0.69	$C_3H_4N_3O_3$	4.57	0.69
$C_3H_5N_4O_2$	4.93	0.50	$C_3H_6N_4O_2$	4.94	0.50
$C_4H_3NO_4$	4.91	0.90	$C_4H_4NO_4$	4.92	0.90
$C_4H_5N_2O_3$	5.28	0.72	$C_4H_6N_2O_3$	5.30	0.72
$C_4H_7N_3O_2$	5.66	0.54	$C_4H_8N_3O_2$	5.67	0.54
$C_4H_9N_4O$	6.03	0.36	$C_4H_{10}N_4O$	6.05	0.36
$C_5H_5O_4$	5.64	0.93	$C_5H_6O_4$	5.66	0.93
$C_5H_7NO_3$	6.01	0.75	$C_5H_8NO_3$	6.03	0.75
$C_5H_9N_2O_2$	6.39	0.57	$C_5H_{10}N_2O_2$	6.40	0.58
$C_5H_{11}N_3O$	6.76	0.40	$C_5H_{12}N_3O$	6.78	0.40
$C_5H_{13}N_4$	7.14	0.22	$C_5H_{14}N_4$	7.15	0.22
C_6HN_4	8.03	0.28	$C_6H_2N_4$	8.04	0.29
$C_6H_9O_3$	6.75	0.79	$C_6H_{10}O_3$	6.76	0.79
$C_6H_{11}NO_2$	7.12	0.62	$C_6H_{12}NO_2$	7.14	0.62
$C_6H_{13}N_2O$	7.49	0.44	$C_6H_{14}N_2O$	7.51	0.45
$C_6H_{15}N_3$	7.87	0.27	$C_6H_{16}N_3$	7.88	0.27
C_7HN_2O	8.38	0.51	$C_7H_2N_2O$	8.40	0.51
$C_7H_3N_3$	8.76	0.34	$C_7H_4N_3$	8.77	0.34
$C_7H_{13}O_2$	7.85	0.67	$C_7H_{14}O_2$	7.87	0.67
$C_7H_{15}NO$	8.23	0.50	$C_7H_{16}NO$	8.24	0.50
$C_7H_{17}N_2$	8.60	0.33	$C_7H_{18}N_2$	8.62	0.33
C_8HO_2	8.74	0.74	$C_8H_2O_2$	8.76	0.74
C_8H_3NO	9.11	0.57	C_8H_4NO	9.13	0.57
$C_8H_5N_2$	9.49	0.40	$C_8H_6N_2$	9.50	0.40
$C_8H_{17}O$	8.96	0.55	$C_8H_{18}O$	8.97	0.56
$C_8H_{19}N$	9.33	0.39	C_9H_6O	9.86	0.63
C_9H_5O	9.85	0.63	C_9H_8N	10.24	0.47
C_9H_7N	10.22	0.47	$C_{10}H_{10}$	10.97	0.54
$C_{10}H_9$	10.95	0.54			

下面举例说明该表的用法。

例 1-3 根据分子离子区域的离子质荷比和相对丰度，利用 Beynon 表推测未知物的分子式。

▲某化合物在质谱分子离子区域有三个峰，它们的质荷比和相对丰度如下。

m/z 129(M,27%)，130(M+1,2.54%)，131(M+2,0.11%)

解：先将相对丰度换算成以 M 为 100%时的百分比，即

m/z 129(M,100%)，130(M+1,9.41%)，131(M+2,0.41%)

从[M+2]/[M]=0.41 可知这个化合物不含 S、Si、Cl、Br。在 Beynon 表中相对分子质量为 129 的分子式中[M+1]/[M]的百分比在 8.4%～10.4%的式子有以下 9 个。

	分子式	[M+1]	[M+2]
①	$C_7H_3N_3$	8.76	0.34
②	$C_7H_{17}N_2$	8.60	0.33
③	C_8HO_2	8.74	0.74
④	C_8H_3NO	9.11	0.57
⑤	$C_8H_5N_2$	9.49	0.40
⑥	$C_8H_{17}O$	8.96	0.55
⑦	$C_8H_{19}N$	9.33	0.39
⑧	C_9H_5O	9.85	0.63
⑨	C_9H_7N	10.22	0.47

根据氮规则，分子离子峰 m/z 129 为奇数，分子中应含奇数氮，因而②③⑤⑥⑧五个式子可以排除。在剩余的四个式子中，①④⑨的不饱和度特别大，估计应为芳香族或高度共轭的化合物，这与分子离子的丰度(27%)不匹配，也可排除。因此推测分子式为⑦ $C_8H_{19}N$。

▲某化合物的质谱分子离子区域的离子峰质荷比和相对丰度如下。

m/z 172(M,98%)，173(M+1,6.7%)，174(M+2,100%)，175(M+3,6.5%)，176(M+4,0.5%)

解：从[M+2]∶[M]≈1∶1 可知此化合物含有一个 Br 原子，从相对分子质量 172 减去 Br 原子质量 79，余 93。在 Beynon 表中相对分子质量为 93 的式子中，[M+1]∶[M]的值在 5.5%～7.5%的式子有以下 6 个(由于其他元素对[M+2]的贡献被 ^{81}Br 掩盖，所以用 m/z 174、175 和 176 的丰度比表示 M、[M+1]、[M+2])。

	分子式	[M+1]	[M+2]
①	$C_4H_3N_3$	5.52	0.13
②	C_5HO_2	5.50	0.52
③	C_5H_3NO	5.87	0.34
④	$C_5H_5N_2$	6.25	0.16
⑤	C_6H_5O	6.60	0.38
⑥	C_6H_7N	6.98	0.21

根据氮规则，分子离子峰 m/z 172 是偶数，分子中不含氮或含偶数个氮。因此可排除①③⑥三个式子。余下的三个式子为可能的元素组成，但因式②[M+1]丰度误差较大，式④

[M+2]的误差较大，所以式⑤是化合物分子式的一部分可能性最大，加上一个 Br 原子，分子式应为 C_6H_5OBr。最终是否正确还应看质谱图解析的结果。

2. 谱图中奇电子碎片离子的识别方法

离子所带电子的奇、偶性识别比较困难，因为谱图只提供离子的质荷比，而不提供其所带电子的信息。识别奇电子离子的方法有以下两个。

第一，依据氮规则，从离子质荷比的奇、偶性推导。根据表 1.4 氮规则的通用表述，不含 N 或含偶数个 N 的奇电子离子，质荷比为偶数；含奇数个 N 的奇电子离子质荷比为奇数。对于不含 N 的化合物，其所有碎片离子均不含 N，所以凡是具有偶数质荷比的均为奇电子离子。含 N 的化合物情况比较复杂，因为分子离子碎裂时部分碎片离子含 N，另一部分不含 N，必须首先判断离子中是否含 N，才能运用氮规则。

第二，用不饱和度来判断。若已知离子的元素组成，可计算不饱和度，凡是不饱和度为整数的即奇电子离子。

3. 谱图的概貌

有经验的质谱工作者粗略看一下质谱图，就能获得有关未知物的许多结构信息。例如，从分子离子的质量和相对丰度，就可知分子的大小和稳定性；从谱图中丰度大的离子数量及其在质谱中的分布情况，就可知道化合物的类型和所含官能团等。下面举例说明。

● 未知物 A 的质谱图(图 1.38)　图中质荷比最大的离子(m/z 178)是基峰，低质量端碎片离子的丰度很小，说明该化合物有一个高度稳定的结构，估计是稠环芳烃及其衍生物。

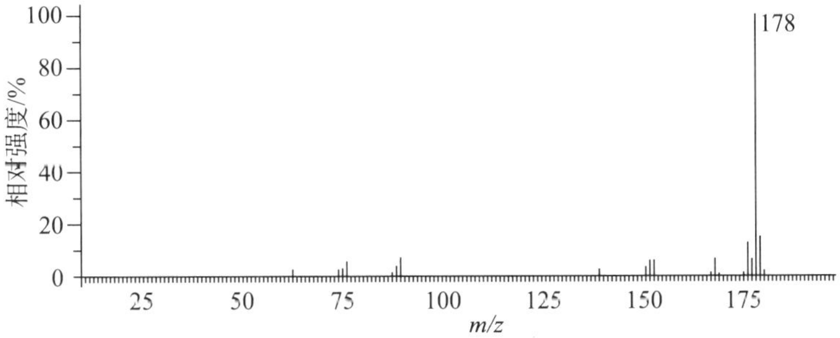

图 1.38　未知物 A 的质谱图

● 未知物 B 的质谱图(图 1.39)　图中质荷比最大的离子(m/z 182)丰度很强，低质量端碎片离子少，强度也弱。这一点与未知物 A 相似，不同的是在 m/z 182 和 105(基峰)之间有一个很大的间隔。这样的谱图概貌指示该分子有两个稳定结构单元，它们由较弱的键连接起来。

● 图 1.18、图 1.20、图 1.24、图 1.25　这些谱图的概貌与图 1.38、图 1.39 完全不同，高质量端的离子丰度很低，而低质量端的离子又多又强，且还有相同间隔的一系列离子峰。这说明它们都是脂肪族化合物，可能有一个长的烷基链。

● 未知物 C 的质谱图(图 1.40)　这张谱图的概貌十分特殊，谱图中的离子峰显得非常“孤单”，质荷比大的一侧同位素峰丰度非常小，质荷比小的一侧也没有伴随峰。从前者可以推测该化合物含有 A 类元素(单同位素)，而后一现象指示分子中没有或只有很少的氢。

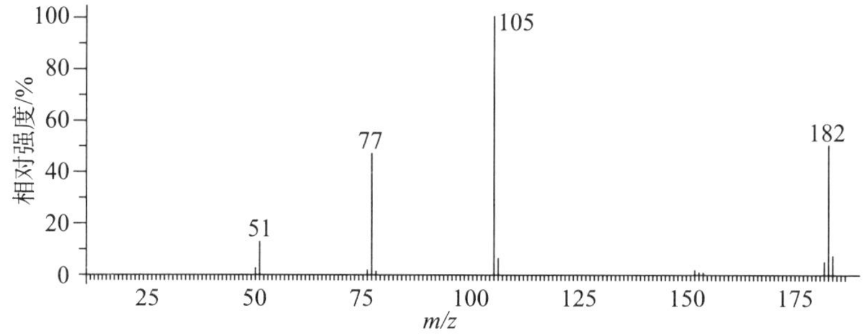

图 1.39 未知物 B 的质谱图

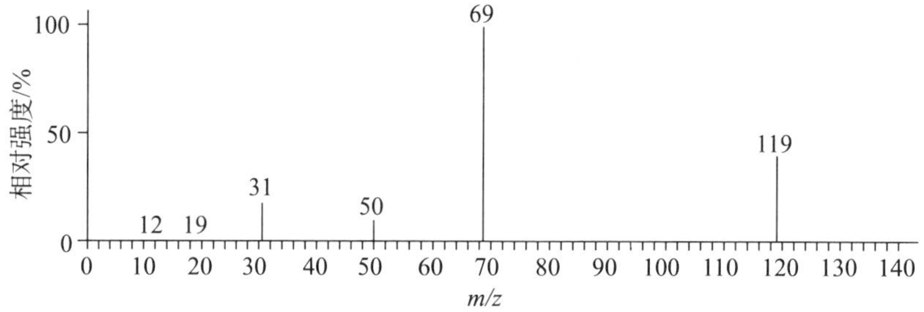

图 1.40 未知物 C 的质谱图

4. 重要的低质量离子系列

研究低质量离子系列的意义在于,一个特定的低质量离子只有少数几种可能的元素组成和离子结构,例如 m/z 15 只可能是 CH_3^+;m/z 29 可能是 $C_2H_5^+$ 或 CHO^+。随着质量增大,可能的元素组成和离子结构呈指数增长。因此只有低质量区的离子才容易得到确定的元素组成和离子结构。而从低质量离子系列得到的信息可以估计高质量离子的可能组成。例如,在质谱低质量端发现 m/z 31、45 等 $C_nH_{2n+1}O\urcorner^{+}$ 系列离子,但在推测的分子离子元素组成中不含 O,那就说明或是判断的分子离子有误,或是推测的分子式不正确。

质谱图的低质量端有许多离子,尤其是脂肪族化合物,有间隔 14 个质量数(即相差一个 CH_2 单元)的几个离子系列,如图 1.18 正癸烷和图 1.25 十二碳烯的谱图中都可以看到 m/z 29、43、57、71 等 $C_nH_{2n+1}\urcorner^{+}$,m/z 27、41、55、69 等 $C_nH_{2n-1}\urcorner^{+}$ 和 m/z 28、42、56、70 等 $C_nH_{2n}\urcorner^{+}$ 三个离子系列。在解析时,需要特别关注的是重要的低质量离子系列。评价离子系列重要性的标准是丰度最强的或质荷比最大的为重要。在正癸烷中显然 $C_nH_{2n+1}\urcorner^{+}$ 最重要;在十二碳烯中,则应该是 $C_nH_{2n-1}\urcorner^{+}$ 和 $C_nH_{2n+1}\urcorner^{+}$ 重要。表 1.6 列出了常见低质量离子系列及它们所指示的结构信息。

在研究低质量离子系列时应注意以下几点。

● 不同离子系列的丰度有很大差异,如芳烃的 $C_nH_{\leqslant n}\urcorner^{+}$ 总是丰度很低。

● 同一离子系列在不同化合物质谱中表现出来的离子丰度会相差很大。如烷基系列,在烷烃中特别突出,但在长链脂肪酸及其衍生物、烷基苯等的谱图中重要性明显下降。

● 有一些离子系列在谱图中只出现几个离子,而不是如表 1.6 列出的所有离子。例如醛、酮的 $C_nH_{2n-1}O\urcorner^{+}$ 系列主要是羰基 α 碎裂生成的两个离子。

表 1.6 常见的低质量离子系列

官能团	元素组成	质荷比(m/z)
烷基	$[C_nH_{2n+1}]^+$	15、29、43、57、71、85 等
醛、酮	$[C_nH_{2n-1}O]^+$	29、43、57、71、85 等
胺	$[C_nH_{2n+2}N]^+$	30、44、58、72、86 等
酰胺	$[C_nH_{2n}NO]^+$	44、58、72、86 等
醚、醇	$[C_nH_{2n+1}O]^+$	31、45、59、73、87 等
酸、酯	$[C_nH_{2n-1}O_2]^+$	45、59、73、87 等
硫醇、硫醚	$[C_nH_{2n+1}S]^+$	33、47、61、75、89 等
烯基、环烷	$[C_nH_{2n-1}]^+$	27、41、55、69、83 等
芳烃	$[C_nH_{\leqslant n}]^+$	38、39、50～52、63～65、75～78

● 有一些不同的离子系列具有相同的质荷比，如烷基和醛酮，它们都有 m/z 29＋14n 系列，所以不能孤立运用表 1.6 的内容，需要同时考虑谱图的形貌、特征离子等其他信息，必要时还须用同位素丰度法推测离子系列的元素组成，以便区别它们。

5. 高质量端离子的研究——小的中性丢失

质谱中高质量端的碎片离子总是由分子离子直接碎裂产生的，其来历可以有明确的解释，因而对谱图解析有较大的意义。直接研究高质量端的离子很困难，一般总是通过考察分子离子丢失的中性碎片间接进行研究。例如，$[M-1]^+$、$[M-15]^+$、$[M-18]^+$、$[M-20]^+$ 等总是代表了从分子离子失去 $H^{\cdot}$、$CH_3^{\cdot}$、H_2O 和 HF。表 1.7 列出了一些常见的中性碎片以及它们所提供的主要结构信息。

表 1.7 常见的中性碎片

丢失的质量	中性碎片的组成	提供的结构信息
1	$H^{\cdot}$	不稳定的 H，醛、氟化物、烷基腈等
15	$CH_3^{\cdot}$	易丢失的甲基，如 α 断裂或支链
17	$HO^{\cdot}$	羧酸、肟
18	H_2O	醇、二元酸、较高级的醛酮
19	$F^{\cdot}$	氟代烷烃
20	HF	氟代烷烃
26	$C{\equiv}N^{\cdot}$	脂肪腈
	$CH{\equiv}CH$	芳香族化合物
27*	HCN	含 N 杂环、芳胺、脂肪腈
	$CH_2{=}CH^{\cdot}$	羧酸酯的特殊重排
28*	$CH_2{=}CH_2$	麦氏重排、逆 Diels - Alder 重排等
	CO	酚、芳香醛、二酮、环酮等

续表

丢失的质量	中性碎片的组成	提供的结构信息
29*	$C_2H_5\cdot$	易丢失的乙基、α断裂或支链
	HCO	醛、酚
30	NO	芳香族硝基化合物、硝酸酯
	CH_2O	环醚
31*	OCH_3	醚、酯等
32	CH_3OH	能发生消除反应的醚、酯
	S	硫化物、多硫化物
33*	$HS\cdot$	硫醚、芳香硫醇、异硫氢酸酯
	H_2O+CH_3	醇
34*	H_2S	硫醇
35*	$Cl\cdot$	含氯化合物
36	HCl	1-氯代烷烃
	$2H_2O$	多元醇、多元酸
39	C_3H_3	烯丙酯、炔烃、丙二烯衍生物等
40	$CH_3C{\equiv}CH$	芳香族化合物
44	$\cdot CONH_2$	酰胺
45	$\cdot COOH$	羧酸
46	NO_2	芳香族硝基化合物、硝酸酯
48	H_3SiOH	带不稳定 H 的甲基硅醚
51、65	C_3HN、C_4H_3N	含 N 杂环
64	SO_2	砜
77	$C_6H_5\cdot$	含苯环化合物
79	$Br\cdot$	溴化物
91	$C_7H_7\cdot$	含苄基的化合物

* 加 $14n$ 的中性碎片提供类似的结构信息。

6. 特征离子

质谱图中有许多离子，它们的重要性各不相同。有许多离子是由随机碎裂过程产生的，在结构解析上没有意义。另外一些离子有明确的来历，只有特定的化合物、特定基团或特定的原子排列次序才能产生这些离子，因此它们能给出明确的结构信息，这种离子称为特征离子。大部分特征离子的形成机理在 1.5.2 节和 1.5.3 节讨论离子碎裂机理时已涉及。例如，烷基苯的苄基断裂生成 m/z 91 莘鎓离子；长链烷基苯的麦氏重排生成 m/z 92 离子；伯醇 α 断裂生成的 m/z 31 离子等。经麦氏重排、消除反应等重排反应生成的奇电子碎片离子一般都属于特征离子。表 1.8 列出了最常见的特征离子以及它们所提供的结构信息。

表 1.8　常见的质谱特征离子

质荷比	离子组成	涉及化合物
30	CH_2NH_2	伯胺（α 断裂）
31	CH_2OH	伯醇（α 断裂）
33	SH	硫醇
34	H_2S	硫醇
44*	CH_2CHO+H	脂肪醛（麦氏重排）
	NH_2CO 或 C_2H_6N	酰胺（α 断裂）、仲胺
45*	COOH 或 C_2H_5O	羧酸、仲醇
46	NO_2	脂肪族硝基化合物
47*	CH_3S	硫醇
50	CF_2	氟代烃
51	CHF_2	氟代烃
54	$C_2H_4C{\equiv}N$	脂肪腈
58*	CH_3COCH_2+H	脂肪族甲酮（麦氏重排）
59*	CH_2CONH_2+H	长链脂肪酰胺（麦氏重排）
60	$CH_2COOH+H$	长链脂肪酸（麦氏重排）
61	$CH_3COO+2H$	乙酸酯（双氢重排）
	C_2H_4SH 或 CH_3SCH_2	硫醇或硫醚
74*	CH_2COOCH_3+H	长链脂肪酸甲酯（麦氏重排）
75	$C_2H_5COO+2H$	丙酸酯（双氢重排）
77	C_6H_5	苯衍生物
80	$C_4H_4N—CH_2$	烷基吡咯（α 断裂）
81	$C_4H_3O—CH_2$	烷基呋喃（α 断裂）
91*	$C_6H_5—CH_2$	烷基苯
92*	$C_6H_5—CH_2+H$	长链烷基苯（麦氏重排）
93*	$C_6H_5—O$	芳香族醚、酯（α 断裂）
	C_7H_9	萜烯
	$C_4H_3N—CO$	吡咯基醛、酮、酸、酯等
94	$C_6H_5—O+H$	芳香族醚、酯（麦氏重排）
	$C_4H_4N—CO$	吡咯基醛、酮、酸、酯等
95	$C_4H_3O—CO$	呋喃基醛、酮、酸、酯等
97	$C_4H_3S—CH_2$	噻吩衍生物
105	$C_6H_5—CO$	苯基醛、酮、酸及其衍生物
149	$C_6H_4(CO)_2OH$	邻苯二甲酸及其酯

* 加 $14n$ 的离子可能是同系物提供的。例如，m/z 74 是长链脂肪酸甲酯麦氏重排产物，m/z 88 则是由长链脂肪酸乙酯麦氏重排产生的。

1.7.2 质谱图解析实例

在1.7.1节中，介绍了质谱图解析的一般步骤，它告诉我们如何从质谱图纷繁、复杂的离子中选择、获取与化合物结构密切相关的信息。下面通过几个实际解析的例子做进一步的说明。

例1-4 根据质谱数据推测未知物**B**的结构，其质谱数据见表1.9，质谱图见图1.39。

表1.9 未知物B的质谱数据

m/z	相对丰度	m/z	相对丰度	m/z	相对丰度	m/z	相对丰度
38	0.4	64	0.6	105	100	153	1.8
39	1.1	74	2.0	106	7.8	154	1.4
50	6.2	75	1.7	107	0.5	181	7.4
51	19	76	4.3	126	0.6	182	55
52	1.4	77	62	127	0.4	183	8.3
53	0.3	78	4.2	151	1.1	184	0.6
63	1.3	104	0.4	152	3.4		

解：1.7.1节曾讨论过未知物**B**的概貌，认为它是两个稳定结构单元以一个较弱的键相连。如果注意两个结构单元的质量大小，可以发现两者之和(77+105)正好等于谱图中质荷比最大的离子(182)。因此m/z 182很可能是分子离子峰。

用同位素丰度法计算m/z 182、105和77的元素组成，得到以下符合价键理论的结果，计算所得的各个离子的不饱和度列入括号中。

质荷比	离子的元素组成(不饱和度)
182	$C_{13}H_{12}N$ (8.5)，$C_{13}H_{10}O$ (9)，$C_{13}H_{26}$ (1)，$C_{14}H_{14}$ (8)
105	C_7H_7N (5)，C_7H_5O (5.5)
77	C_6H_5 (4.5)

由于碎片离子m/z 105的两个可能组成均含杂原子，所以不含杂原子的$C_{13}H_{26}$和$C_{14}H_{14}$不可能是分子离子，又因$C_{13}H_{12}N$的不饱和度为非整数，证明它不是奇电子离子，所以它也不是分子离子，故未知物**B**的分子式应为$C_{13}H_{10}O$，相对分子质量为182，不饱和度为9。谱图低质量端有m/z 50、51、76、77以及丰度极低的38、39、63等为芳香族离子系列。由表1.8可知，m/z 77为单取代的苯环；m/z 105可能为苯酰基或苯乙基，因为分子式中含O，只可能是前者。因此未知物应为苯基和苯酰基相连生成的二苯基酮。因该化合物为一对称结构，羰基α断裂生成的苯酰基离子和i断裂生成的苯基离子为谱图中两个主要碎片。

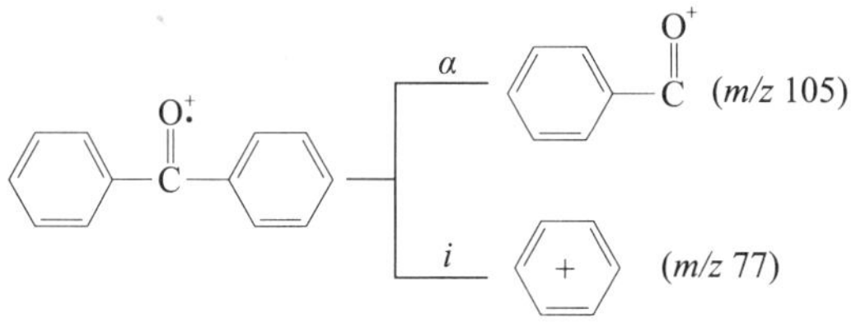

例 1-5 根据未知物 D 的质谱数据(图 1.41 和表 1.10)推测其结构。

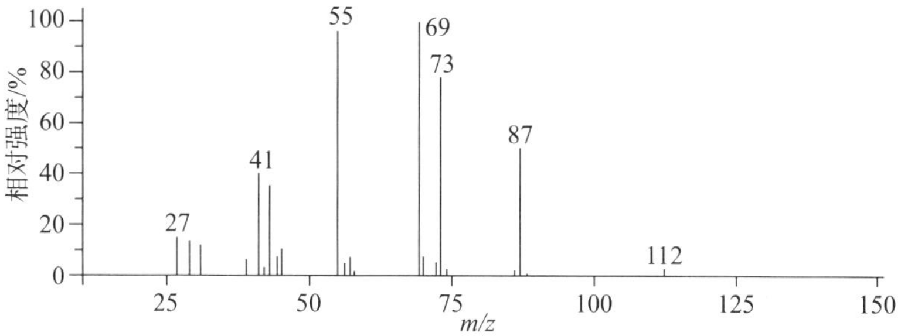

图 1.41 未知物 D 的质谱图

表 1.10 未知物 D 质谱高质量端数据

m/z	相对丰度	m/z	相对丰度
87	57	127	0.3
88	3.4	128	0.5
96.5①	0.1	129②	0.9
112②	7.4	130	0.1
113	1.0		

① 96.5 为亚稳离子。

② 用高分辨质谱测得 m/z 112 和 129 离子的元素组成分别为 C_8H_{16} 和 $C_8H_{17}O$。

解:已知 m/z 129 的元素组成为 $C_8H_{17}O$,根据氮规则可判断它不是分子离子。分子离子的确定可利用亚稳离子的信息

$$m^*=96.5=m_2^2/m_1$$

用试探法可得到 $m_2=112$ 时,$m_1=130$。m_1 的元素组成应为 $C_8H_{18}O$,m_2 即为 m_1 失去一分子 H_2O 的奇电子碎片离子,故 m/z 130 为分子离子。

质谱图高质量端有 $[M-H_2O]^{+\cdot}$,低质量端有 m/z $31+14n$ 离子系列,故能判断该化合物为醇。由于 m/z 31 的强度远小于 m/z 73、87,不可能是伯醇。因叔醇一般不发生失水的碎裂,所以未知物 **D** 应是仲醇。根据醇易发生 α 断裂生成特征的氧鎓离子列出可能结构为

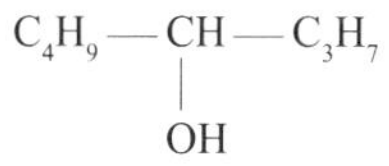

因为谱图中没有 $[M-15]^+$ 和 $[M-29]^+$,所以丁基和丙基应是正构烷基,未知物 **D** 为 4-辛醇。下面根据醇的碎裂机理做一验证。

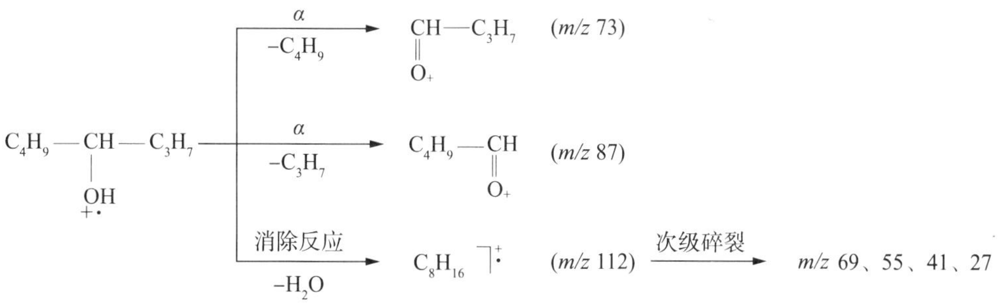

验证结果与图 1.41 给出的质谱图相符。

例 1-6 根据图 1.42 和表 1.11 提供的信息推测未知物 **E** 的结构。

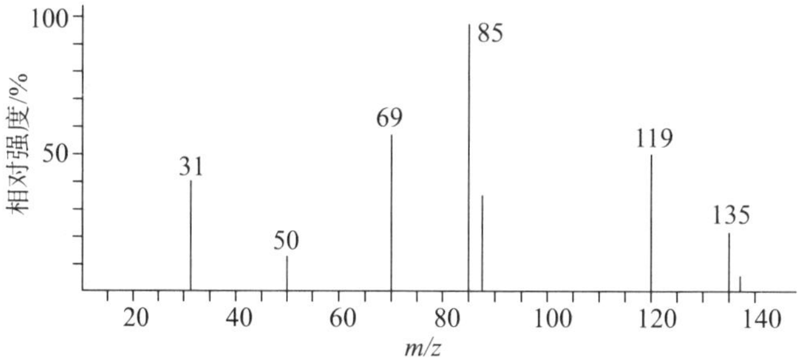

图 1.42 未知物 E 的质谱图

表 1.11 未知物 E 的质谱数据

m/z	相对丰度	m/z	相对丰度	m/z	相对丰度	m/z	相对丰度
31	42	47	1.7	85	100	119	52
32	0.5	49	0.6	86	1.1	120	1.2
35	2.5	50	11	87	33	135	24
37	0.7	69	57	88	0.4	136	0.5
43	0.5	70	0.7	100	2.8	137	7.7

解：图 1.42 的概貌与图 1.40 的相似，所有离子的[A+1]同位素丰度都非常小，估计含单同位素原子。由 m/z 135 和 136 的丰度比可以推算出该离子只含 2 个碳原子。从 m/z 135 和 137 以及 m/z 85 和 87 的丰度比近似为 3∶1 可知这两个离子中均含一个氯原子。由低质量端 m/z 31、50、69 离子的质量差均为 19 可知，该化合物含有多个氟原子。谱图中每一个峰都没有低质量的伴随峰，说明分子中不含氢或含很少个氢原子。用同位素丰度法推出谱中每一个离子峰的元素组成如下。

m/z	135	119	85	69	50	31
元素组成	C_2F_4Cl	C_2F_5	CF_2Cl	CF_3	CF_2	CF

由氮规则可知 m/z 135 不是分子离子，而是分子离子丢失某一基团后的碎片离子，比较与之最靠近的 m/z 119 离子的元素组成 $C_2F_5^+$，可肯定它不是来自 m/z 135(C_2F_4Cl)。因为后者只含 4 个氟原子。由此可以设想 m/z 135 离子是分子离子失去 $F^\cdot$ 生成的碎片离子，而 m/z 119 则是分子离子失去 $Cl^\cdot$ 的碎片。即存在下列过程：

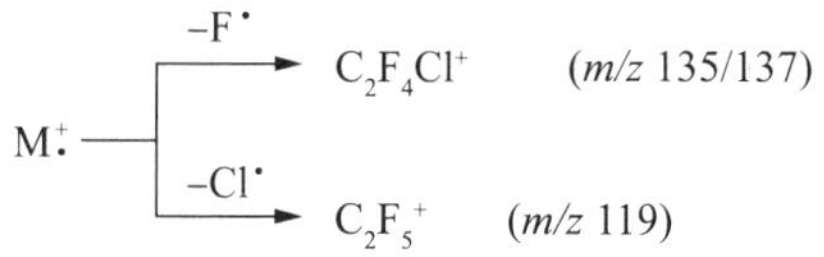

由此可以确定未知物 E 的分子式为 C_2F_5Cl，相对分子质量为 154，结构式为 CF_3-CF_2Cl。

验证：由分子离子失去 $Cl^\cdot$ 生成 m/z 119；由分子离子失去 $F^\cdot$ 生成 m/z 135/137。虽然 C—F 键的键能较大，但因分子中 C—F 键较多，每一个 C—F 键都能断裂，增加了生成

m/z 135/137 的概率；丰度很低的 m/z 100 是上述两个离子次级碎裂的产物；C—C 键断裂生成 m/z 85/87 和 69 一对碎片离子，m/z 50 和 31 则是它们次级碎裂的产物。谱图中所有离子都得到合理的解释。最后查阅一氯五氟乙烷的质谱标准谱图，与未知物 **E** 的谱图一致，证明解析结果是正确的。

1.8 质谱特殊实验技术及应用

1.8.1 质谱软电离技术及应用

如前所述，电子轰击质谱存在两个不足，一是电离能量太高以至于部分化合物分子离子峰检测不到；二是不能测定难汽化和热不稳定化合物。这些不足大大限制了质谱的应用范围。因此质谱学家一直致力于新的质谱电离技术的研究，并卓有成效地开发出多种软电离技术。在此仅介绍目前应用较为广泛的几种。

1. 化学电离

化学电离(Chemical Ionization，CI)是利用离子-分子反应使样品分子电离的。如果在一个密闭性较好的电子轰击离子源中通入大量称作反应气(或反应试剂)的气体，使电离盒的气压达到 10^2 Pa(正常电子轰击时电离盒气压约为 10^{-2} Pa)，其中样品蒸气压仅为反应气的 0.1%左右。此时，轰击电子主要使反应气电离，生成大量反应气离子。在 10^2 Pa 的气压下，离子-分子反应非常容易发生，通过一系列的离子-分子反应使样品分子电离。下面以甲烷作反应气为例，说明化学电离的基本原理。

首先，甲烷反应气受轰击电子作用发生电离和碎裂：

$$CH_4 + e^- \longrightarrow CH_4^{+\cdot} + 2e^-$$
$$CH_4^{+\cdot} \longrightarrow CH_3^+ + H^\cdot$$
$$CH_4^{+\cdot} \longrightarrow CH_2^{+\cdot} + H_2$$

然后，甲烷电离生成的离子与尚未电离的甲烷分子之间发生离子-分子反应，生成反应离子，如 CH_5^+、$C_2H_5^+$ 等。

$$CH_4^{+\cdot} + CH_4 \longrightarrow CH_5^+ + CH_3^\cdot$$
$$CH_3^+ + CH_4 \longrightarrow C_2H_5^+ + H_2$$
$$\cdots\cdots$$

最后，反应离子与样品分子发生离子-分子反应，经过质子交换使样品电离

$$CH_5^+ + M \longrightarrow CH_4 + [M+H]^+$$
$$C_2H_5^+ + M \longrightarrow C_2H_4 + [M+H]^+$$
$$\cdots\cdots$$

或

$$CH_5^+ + M \longrightarrow CH_4 + H_2 + [M-H]^+$$
$$C_2H_5^+ + M \longrightarrow C_2H_4 + H_2 + [M-H]^+$$
$$\cdots\cdots$$

如果样品分子的质子亲和势大于反应气的质子亲和势，样品分子作为质子接受体生成 $[M+H]^+$；如果样品分子比反应气的质子亲和势小，则样品作为质子给予体生成 $[M-H]^+$。

$[M+H]^+$ 和 $[M-H]^+$ 均称作准分子离子(Quasi-Molecular Ion),通过它们可以确定相对分子质量。与电子轰击电离生成的分子离子不同,这些准分子离子是偶电子离子,因此它们的碎裂规律也与 EI 有所差别。

除了甲烷之外,其他气体,如异丁烷、氨、丙酮等也可用作反应气。

含电负性原子的化合物在化学电离时能通过电子捕获等方式生成负离子,负离子的生成产率比电子轰击条件下高出几个数量级。所以负离子化学电离是一种有实际应用价值的质谱分析方法,在环境检测、土壤及农产品含氯农药分析等方面十分有用。

与 EI 相比,CI 是一种比较温和的电离方式。虽然都用 70 eV 的轰击电子,在 EI 中,轰击电子直接与样品分子作用,将大部分能量传递给样品分子,致使分子电离后的剩余能量过高,生成大量碎片,有相当一部分化合物得不到分子离子。而在 CI 中,轰击电子的能量主要用于反应气的电离,然后通过多级离子-分子反应才将少量的能量传递给样品分子,所以大部分化合物都能得到一个强的准分子离子,碎片离子较少(见图 1.13 脯氨酸的 EI 和 CI 谱图的比较)。

CI 的主要用途是通过准分子离子确定相对分子质量。同时也可以作为电子轰击质谱的补充用于结构解析,因为有机分子在 CI 时的碎裂行为与 EI 时不尽相同。另外,一些特殊化学反应气的化学电离用于区分同分异构体以及测定光学异构体的绝对构型也有不少报道。例如,用一氧化氮等作化学反应气鉴别烯烃的顺反异构体,用二羟基硼基甲烷($CH_3B[OH]_2$)作反应气鉴别环戊二醇、环己二醇的几何异构体等。

CI 具有操作方便、灵敏度高,可进行正负离子检测等优点。但化学电离时样品必须先汽化,所以它也没有解决难汽化和热不稳定化合物的质谱分析问题。另外,CI 的重复性差,谱图形状不仅与反应气的种类有关,而且还与电离盒内反应气的气压密切相关,所以至今未能建立起可供检索的标准谱库。

2. 快原子轰击电离(Fast Atom Bombardment, FAB)和二次离子质谱(Second Ion Mass Spectrometry, SIMS)

FAB 是用一定能量(约几千 eV)的原子,如氙(Xe)原子轰击涂布在金属靶上的样品,引起样品分子的"溅射"电离。涂布在金属靶上的样品需事先溶解或分散在称作基质(Matrix)的高沸点极性溶剂中。常用的基质有甘油、硫代甘油、三乙醇胺等。如果用一定能量的离子,如铯离子(Cs^+)代替原子轰击样品靶,就是二次离子质谱。SIMS 与 FAB 的电离机理、应用范围和谱图特征十分相似。

有关溅射电离的机理并不十分清楚。一种解释认为样品在极性基质中形成缔合离子,当初级粒子(原子或离子)轰击样品靶时,处于表面的离子获得动能,溅射到气相中,液体基质使样品表面不断更新,使离子流得以稳定并维持较长时间。

在快原子轰击和二次离子质谱中,生成一系列准分子离子,如 $[M+H]^+$、$[M+H+G]^+$、$[M+H+2G]^+$ 等(G 为基质分子),根据这些准分子离子的质荷比可以推测相对分子质量。此外,谱图中还有一定数量的碎片离子,可提供部分结构信息。在谱图的低质量端有基质形成的 $[G+H]^+$、$[2G+H]^+$ 等离子,如果体系中含有金属 Na、K 离子,则还会形成 $[G+Na]^+$、$[G+K]^+$ 等离子,在测定低相对分子质量化合物时会造成较大干扰。

FAB 特别适合于高极性、难汽化、相对分子质量大以及热稳定性差的样品分析。由于它不仅能提供被测物的相对分子质量,而且还可提供结构信息,并且操作简便、重复性好、信号持续时间长可供高分辨质谱测定或质谱-质谱联用分析,自 20 世纪 80 年代出现之后得到广泛重视，在各个领域均有许多研究论文发表，其中在生物大分子分析方面的成果备受瞩目。例如测定多肽和蛋白质的相对分子质量及氨基酸序列。

肽链中的酰胺基团在FAB或SIMS中有特定的碎裂规律，能在谱图中形成特殊质荷比的两组离子。图1.43表示出有关多肽的结构通式，肽键特征的质谱碎裂位置和形成相应的离子也标注在其中。图中R_1、R_2等代表了各种氨基酸在形成肽键后剩余的部分；A、B、C表示有关键断裂后，正电荷保留在氨基端（N-端）一侧时生成的一组离子，下标数字代表从N-端开始第n个肽键。离子B的质量数总是比离子A的大28，离子C的总是比离子B的大15；X、Y、Z表示有关键断裂后正电荷保留在羧基端（C-端）一侧时生成的一组离子，其中离子X的质量数比离子Y的大28，离子Y的比离子Z的大15，下标数字表示从C-端开始第n个肽键。根据离子A、B、C和离子X、Y、Z的质量数可以逐个计算出R_1、R_2等的质量数。由于组成蛋白质的氨基酸只有20多种，若编制适当的软件，利用计算机进行解析很容易推测出对应的氨基酸。图1.44是Cs^+的SIMS测得的一个十一肽谱图，按上述方法确定其氨基酸序列为

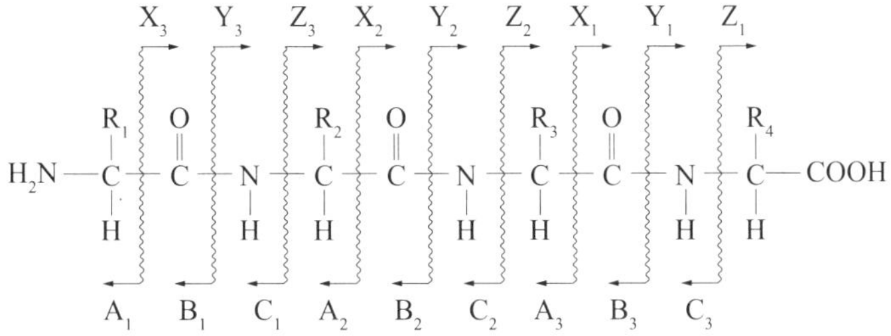

图1.43　多肽断裂命名原则

NH_2—Met—Lys—Arg—Pro—Pro—Gly—Phe—Ser—Pro—Phe—Arg—COOH，Met为蛋氨酸，Lys为赖氨酸，Arg为精氨酸，Pro为脯氨酸，Gly为甘氨酸，Phe为苯丙氨酸，Ser为丝氨酸。

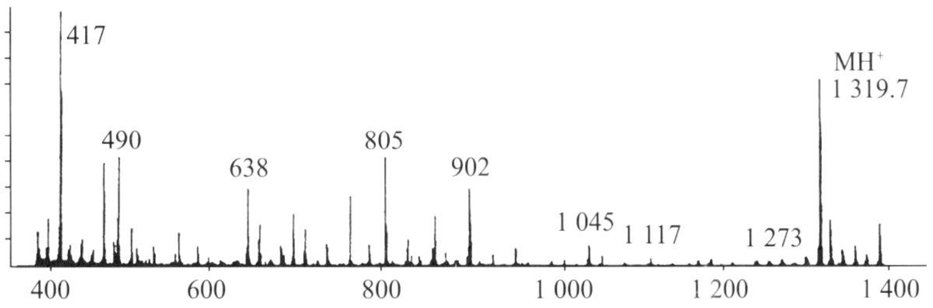

图1.44　某十一肽的Cs^+ SIMS谱

3. 电喷雾电离（Electrospray Ionization，ESI）和大气压化学电离（Atmospheric Pressure Chemical Ionization，APCI）

电喷雾和大气压化学电离是随着液相色谱-质谱联用技术（HPLC-MS）的发展而出现的新电离技术。它们既能用作HPLC-MS的接口，又是软电离技术。

电喷雾电离的简要原理如下：样品溶液从一根加有数千伏电压的不锈钢毛细管中喷出形成静电喷雾，雾滴带有电荷。当雾滴通过一个逆向的热氮气帘时，雾滴中的溶剂逐渐蒸发。随着溶剂的蒸发，雾滴体积变小，表面电荷密度增加，形成强静电场使极性样品分子离子化，最终离子从雾滴表面"发射出来"。电喷雾是一种非常温和的软电离技术，在正离子检测时一般只

形成准分子离子$[M+H]^+$，若溶液中含有 Na^+、K^+、NH_4^+ 等，还会形成$[M+Na]^+$、$[M+K]^+$、$[M+NH_4]^+$簇离子，有时还会生成双分子甚至多分子簇离子，如$[2M+H]^+$、$[2M+Na]^+$ 等(图 1.45)。在负离子检测时则生成$[M-H]^-$、$[M+CH_3COO]^-$等。

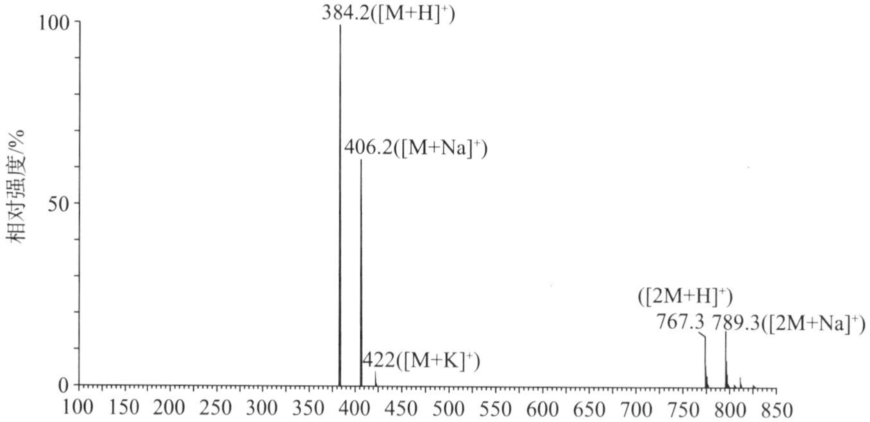

图 1.45 某化合物的电喷雾质谱

对于一些生物大分子，ESI 还能形成多电荷离子。由于质谱测定的是离子的质荷比，所以多电荷离子的形成对扩大质谱所能测定的相对分子质量范围特别有意义。图 1.46 是细胞色素 C 的 ESI 质谱，从图中可以看到一系列离子峰，它们就是带有不同电荷数的多电荷离子。从中任取两个相邻峰的质荷比值 m_1 和 m_2，通过解下列联立方程就可计算出每个离子峰所带的电荷数(如图中所标)以及细胞色素 C 的相对分子质量

$$\begin{cases} m_1=(M+n+1)/(n+1) \\ m_2=(M+n)/n \end{cases}$$

式中，M 是相对分子质量；n 是质荷比较高的 m_2 所带的电荷数；1 表示 H 的质量数。

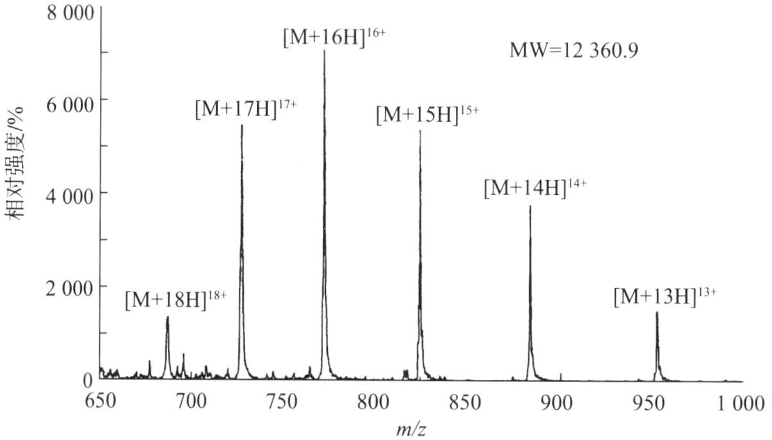

图 1.46 细胞色素 C 的 ESI 质谱

ESI 适用于强极性有机物的电离，当被测物的极性较弱时，电离效率可能大大降低，此时采用大气压化学电离(APCI)会获得较好的结果。

APCI 的电离原理与 ESI 不同。从一根不加电压的毛细管流出的样品溶液受到放电针发射的电子作用，溶剂分子(大量的)首先电离生成反应离子，然后通过离子-分子反应使样品分

子电离。这一过程类似于化学电离，且发生在气压较高的区域内，所以称之为大气压化学电离。APCI 也是一种软电离技术，通常产生$[M+H]^+$（正离子检测时）、$[M-H]^-$（负离子检测时）等准分子离子。

4. 基质辅助激光解吸电离（Matrix - Assisted Laser Desorption - Ionization, MALDI）

MALDI 使用某种波长的脉冲激光束，以 $10^6 \sim 10^8$ W/cm^2 的功率密度辐照离子源内的待测样品，使其解吸电离，随后用飞行时间质谱仪（TOF - MS）或傅里叶变换质谱仪（FT - MS）进行质量分析和数据处理。由于脉冲激光束的功率很大，以极快速度将能量传递给样品，使它们瞬间被解吸和电离，避免了热不稳定物质的分解。被分析样品事先与某种液体基质混合，常用基质有尼古丁酸、2,5 -二羟基苯甲酸等。

MALDI 是继 CI、FAB 等之后发展起来的一种新的软电离技术，它成功地应用于大量难挥发和易热分解的有机物分析，如多肽、多糖、核酸、有机金属化合物、类脂、类固醇等的相对分子质量测定。并在高分子化合物的研究，包括相对分子质量分布测定、单体组分的鉴别方面等有独特的优点。由于飞行时间质谱仪检测质量范围没有限制，MALDI - TOF 特别适合于大分子的分析，现已获得最高相对分子质量为 2 740 000 的蛋白质分子离子。MALDI 谱图中碎片很少，基本上没有基质物的干扰，灵敏度高，操作简便。

1.8.2 色谱-质谱联用技术及其在混合物分析中的应用

质谱法是一种重要的定性鉴定和结构分析方法，但没有分离能力，不能直接分析混合物。色谱法则相反，它是一种有效的分离分析方法，特别适合于复杂混合物的分离，但对组分的定性鉴定有一定困难。如果把这两种方法结合起来，将色谱仪作为质谱仪的进样和分离系统，或者是把质谱仪作为色谱仪的检测器，那么就可以发挥两者的优点，解决复杂混合物的分离和鉴定。这种设想 1957 年首先在气相色谱-磁偏转质谱仪的联用上得到实现。现在不仅气相色谱-质谱联用（Gas Chromatography - Mass Spectrometry, GC - MS）已成为一种极为重要的分析手段，而且液相色谱-质谱联用（High Performance Liquid Chromatography - Mass Spectrometry, HPLC - MS）也快速发展起来。

1. 气相色谱-质谱联用

气相色谱-质谱联用的主要困难是两者的工作气压匹配问题。质谱仪器必须在高真空条件下工作，而气相色谱仪的流出物处于常压，因此需要有一个硬件接口来协调两者的工作条件。早期使用的填充柱气相色谱载气流速较大（几十 $mL \cdot min^{-1}$）与质谱联用时必须使用接口以去除大部分载气降低气压。常用的接口是喷射式分子分离器。随着气相色谱和质谱技术本身的发展，目前已经实现了毛细管色谱与质谱的直接联用。因为质谱仪本身为了快速达到和维持高真空采用了大功率真空泵，抽速可达每秒几百升，而毛细管柱气相色谱的载气流速仅每分钟几毫升。

气相色谱-质谱联用解决了复杂混合物的快速分离、鉴定，广泛应用于化工、食品、药物、法医鉴定、环境监测等领域。

2. 液相色谱-质谱联用

在已知的有机化合物中，可以直接用 GC 或 GC - MS 分析的大约只有 20%。许多大分子、强极性、难挥发或热不稳定的有机物只有用 HPLC 才能分离，例如，大部分药物及其代谢产物，一些有生物活性的物质等，这就促进了 HPLC - MS 的发展。

HPLC－MS联用的困难比GC－MS大得多：其一，质谱计常规电离方式要求样品汽化，而液相色谱的分析对象为难挥发和热不稳定的化合物，这是一对主要矛盾；其二，液相色谱的流动相是液体，常规流速约为1 mL/min，在常压下汽化后气体流速约为500～1 000 mL/min（因液体的种类而异），因此要求接口降低气压能力大大强于GC－MS的接口；其三，液相色谱的流动相中常常添加有缓冲剂等物质，易对质谱测定产生干扰。经过长期研究，现已开发出各种不同类型的HPLC－MS接口，目前最为流行的是电喷雾接口（Electrospray Ionization，ESI）和大气压化学电离接口（Atmospheric Pressure Chemical Ionization，APCI）。

1.8.3 质谱-质谱联用技术

质谱-质谱联用（MS－MS）是另一种类型的联用技术，它既可用于复杂化合物的直接分析，又是质谱碎裂机理研究的重要手段。

MS－MS联用仪器有多种不同的配置形式，一般都有两个或两个以上质量分析器，每一个都可以独立进行操作，所以也称为串级质谱（tandem MS）。用于混合物分离分析时，第一个质量分析器（MS－Ⅰ）的作用与色谱-质谱联用中的色谱仪的作用相似，是将欲测组分与其他组分分离。根据样品的性质选择合适的离子化方式，通常采用软电离方式，使混合物中的各个组分生成分子离子或准分子离子。MS－Ⅰ设定在某一状态下，使欲测组分的分子离子或准分子离子能够通过，而其他离子不能通过。第二个质量分析器（MS－Ⅱ）像正常的质谱计那样扫描，就可以获得通过MS－Ⅰ的那个组分的质谱图。这种扫描方式称为"子离子扫描"。这样得到的质谱图实际上是MS－Ⅰ和MS－Ⅱ之间无场区的亚稳离子谱，信号很弱。因此，MS－MS联用通常都采用碰撞诱导活化技术（Collision Induced Dissociation，CID），即在MS－Ⅰ和MS－Ⅱ之间的无场区设置碰撞室，引入中性气体，如He、N_2等。当气压到达10^{-3}～10^{-2} Pa时，碰撞使离子的部分动能转换为内能，从而大大增加离子碎裂概率，提高了检测灵敏度和重现性，使得CID谱图可以用作定性分析的依据。图1.47简要说明MS－MS用于混合物分离分析过程。与色谱-质谱联用相比，由于整个分析过程都在质谱计中进行，MS－MS具有以下优点：第一，不需要接口，样品利用率高；第二，避免了色谱流动相或固定相对质谱仪器可能造成的污染以及对样品测定产生的干扰；第三，样品不需要复杂、烦琐的前处理，不经过色谱保留，所以操作简便，分析速度快。

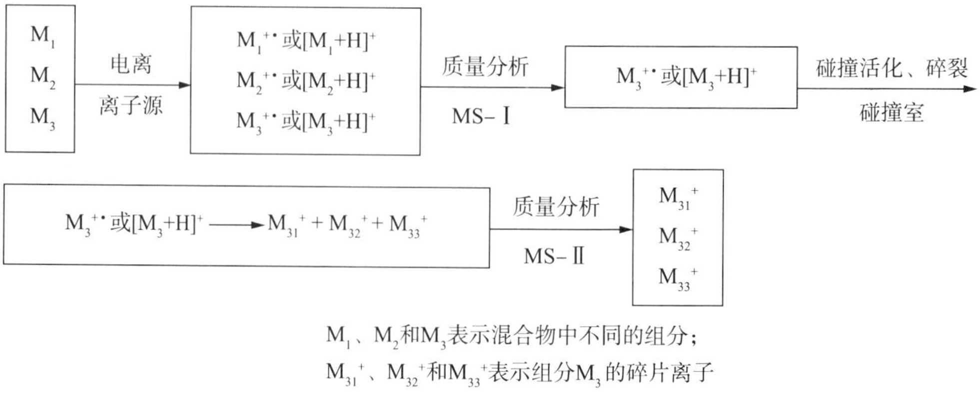

图1.47 MS－MS联用分离分析混合物的示意图

除了上述"子离子扫描"模式之外，MS－MS联用中的两个质量分析器还可以有其他操作模式。例如，MS－Ⅰ采用扫描方式，而MS－Ⅱ则选定让某一质荷比的离子通过。MS－Ⅰ扫描的结果可以找出选定质荷比离子的所有母体离子，所以这种扫描方式称为"母离子扫描"。两个质量分析器还可以保持某一质荷比差值同步扫描。例如，设定的质荷比差值为18，能够同时通过两个质量分析器的离子，一定在CID碰撞室中丢失一个质量数为18的中性碎片，即丢失一分子水。因此这种扫描方式可以检测出若干成对离子，它们有相同的中性碎片丢失，所以称为"中性丢失扫描"。使用这种扫描方式可以在复杂混合物中迅速检测出同一类化合物。由此可见MS－MS联用的这些不同扫描方式对分析复杂混合体系中的各种目标物、推测未知离子的结构以及探讨质谱碎裂机理都非常有用。

思考题与习题

1－1 根据化合物在分子离子(M)区域的质谱信息推测化合物的可能分子式。

(1) 72(M^+,100%)，73(3.5%)，74(0.5%)

(2) 已知不含F、P，164(M^+,100%)，165(11.1%)，166(1.04%)

(3) 182(M^+,55.0%)，183(8.3%)，184(0.6%)

(4) 146(M^+,37.0%)，147(3.7%)，148(1.8%)

(5) 96(M^+,67%)，97(2.4%)，98(43%)，99(1.1%)，100(7.0%)，101(0.1%)

(6) 172(M^+,98%)，173(6.7%)，174(100%)，175(6.5%)，176(0.5%)

1－2 根据碎裂机理预言下列化合物的质谱中有哪些主要碎片离子？它们是怎样产生的？

(1) $CH_3CH_2OCH_2CH_2CH_3$

(2) $CH_3CH_2CH_2CH_2\overset{O}{\overset{\|}{C}}CH_3$

(3) 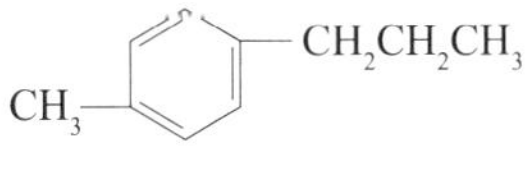

(4) 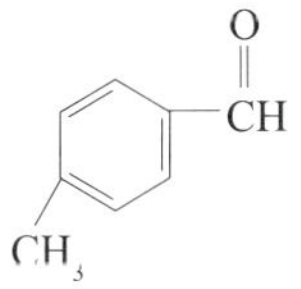

1－3 下列化合物中哪些能发生麦氏重排？写出重排过程并计算重排产物离子的质荷比。

(1) 癸酸乙酯　　(2) 异丁酸

(3) 戊酰胺　　(4) 异丁苯

1－4 下列化合物哪些能发生邻位效应？写出氢重排的过程和重排产物离子的质荷比。

(1) 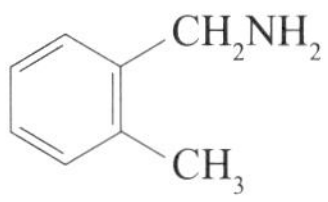

(2) 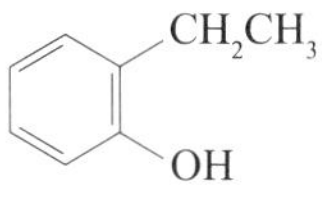

(3) 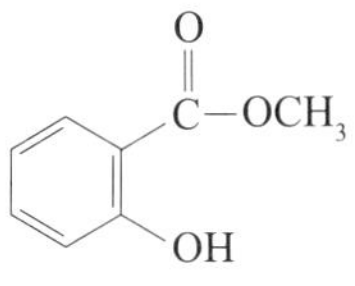

(4) 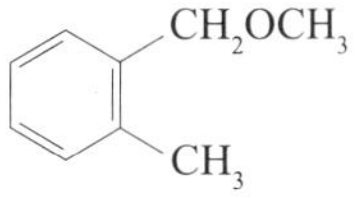

1－5 下列每一题中给出两个化合物和两张质谱图，请指认哪一个化合物对应哪一张谱图，并说明原因。

(1) 二正丙胺和二异丙胺

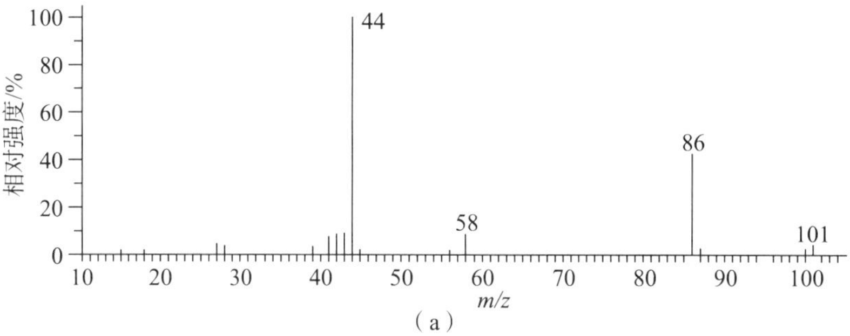

(a)

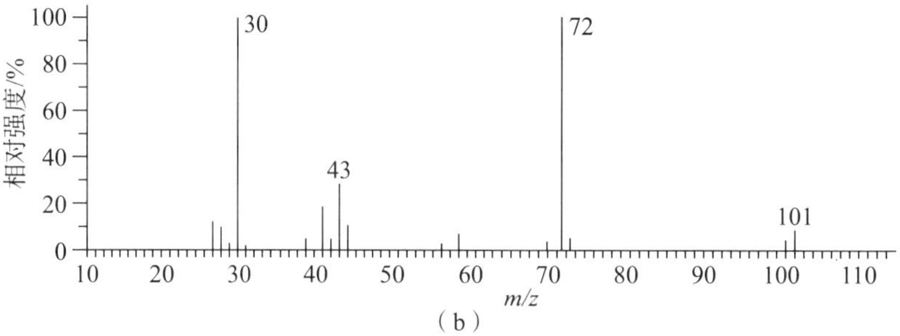

(b)

(2) 2-戊醇和 3-戊醇

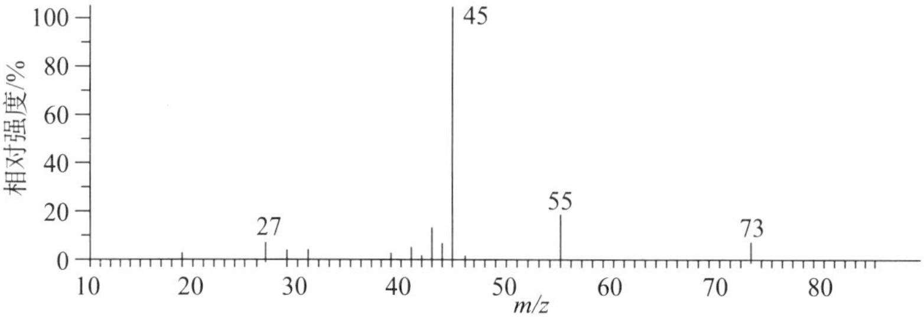

(c)

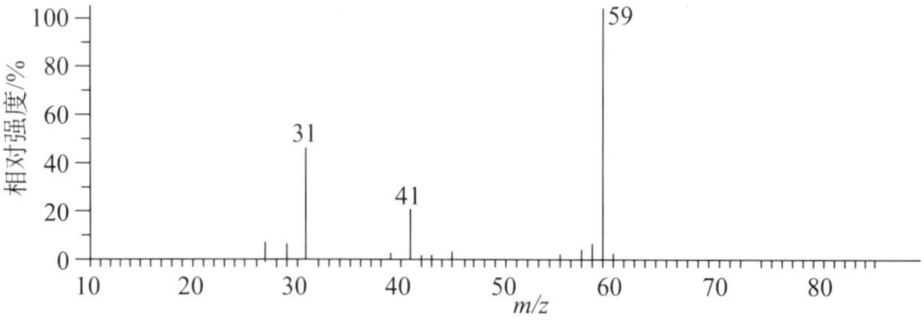

(d)

（3）薄荷酮 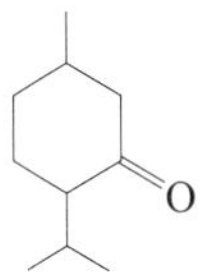 和香芸酮 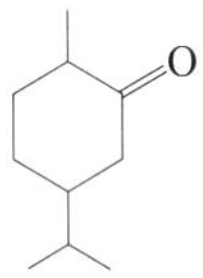

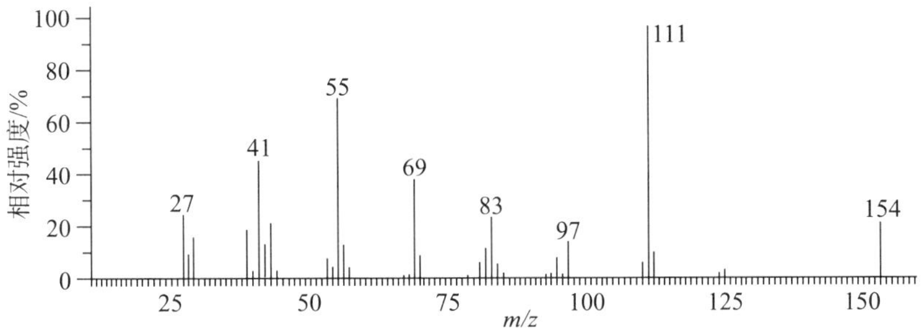

（e）

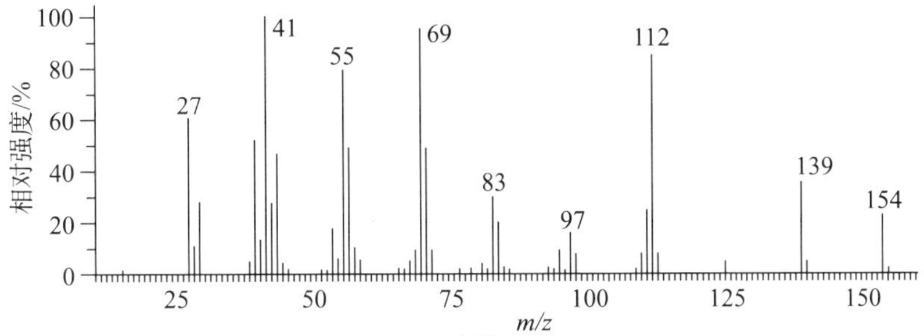

（f）

1-6 下列化合物中哪一个与给出的谱图相符?

（1）

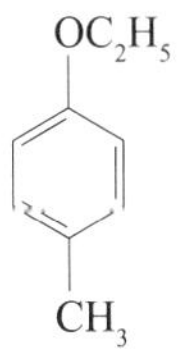
(a)

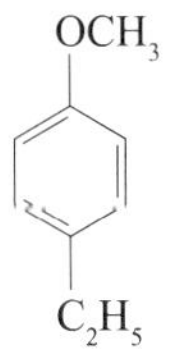
(b)

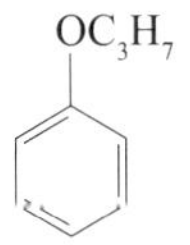
(c)

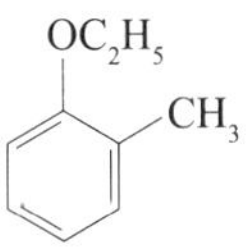
(d)

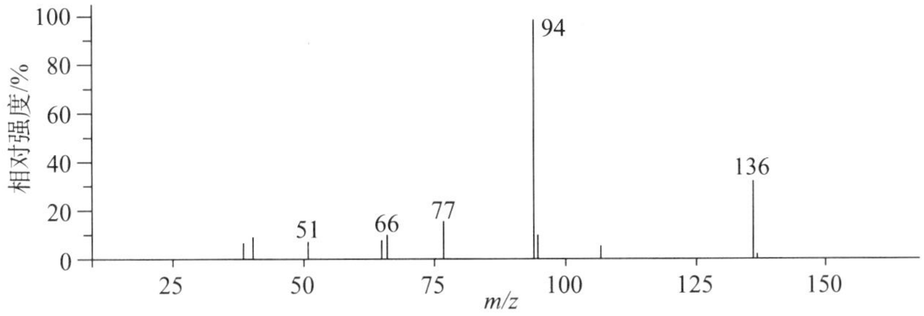

（2）

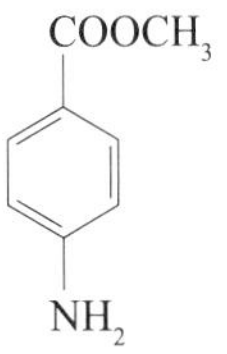
(a)

(b)

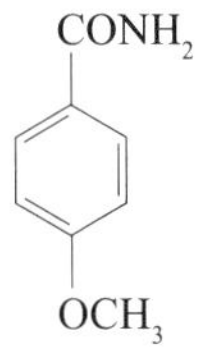
(c)

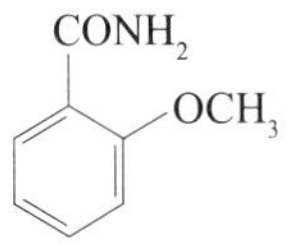
(d)

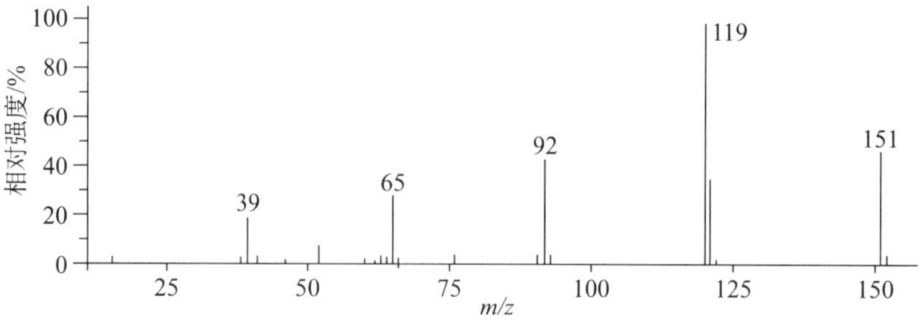

(3) C_3H_7COOH $C_2H_5COOCH_3$ $(CH_3)_2CHCOOH$ $CH_3COOC_2H_5$

(a) (b) (c) (d)

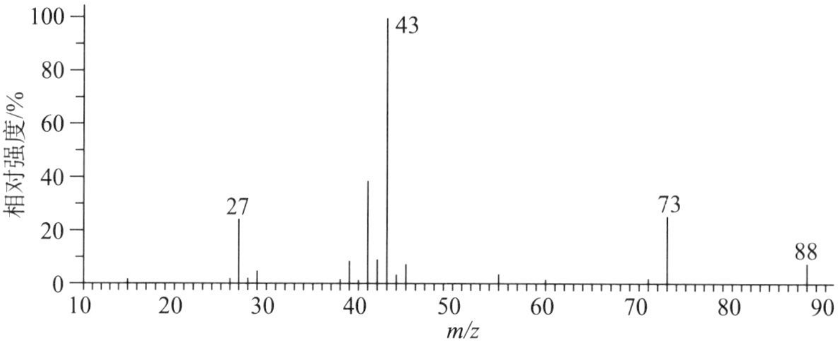

1-7 根据给出的质谱图解析未知物的可能结构(简要写出推测过程)。

(1)

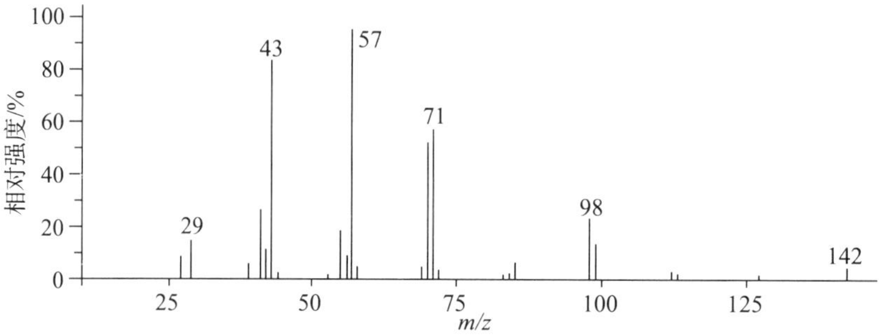

(2) 图中高质量端的离子相对强度为:m/z 148(34.5%);m/z 149(4.2%);m/z 150(0.23%)。

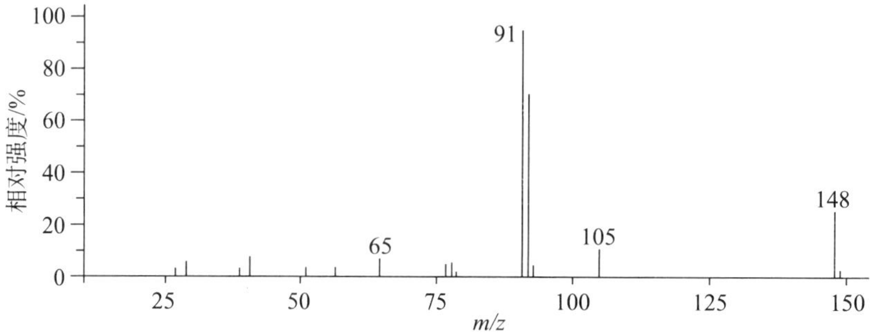

(3)(提示:谱图中质荷比最大离子不是分子离子峰)

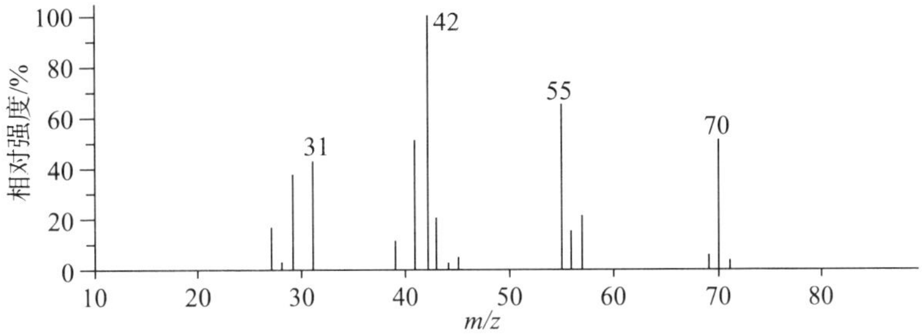

(4) 已知分子离子区域的质谱峰相对强度为：*m*/*z* 88(28.0%)；*m*/*z* 89(1.2%)；*m*/*z* 90 (0.1%)。

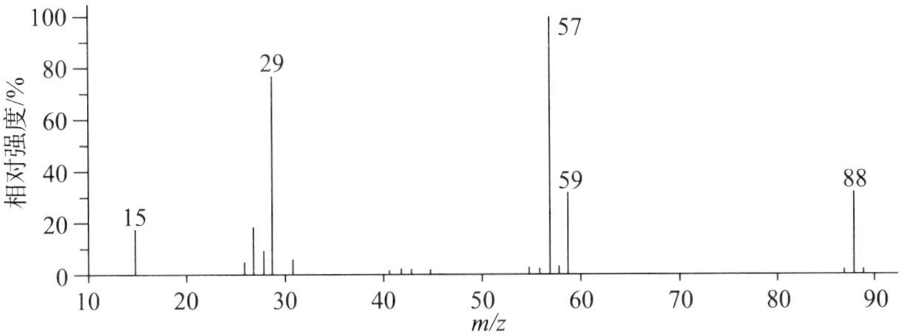

(5) 未知物质谱中高质量端各离子峰的相对强度如下

m/*z* 105(100%)；　*m*/*z* 106(7.8%)；　*m*/*z* 107(0.5%)；　*m*/*z* 122(17.0%)；　*m*/*z* 123(68.0%)；　*m*/*z* 124(5.3%)；　*m*/*z* 125(0.5%)；　*m*/*z* 178(2.0%)；　*m*/*z* 179(0.3%)。

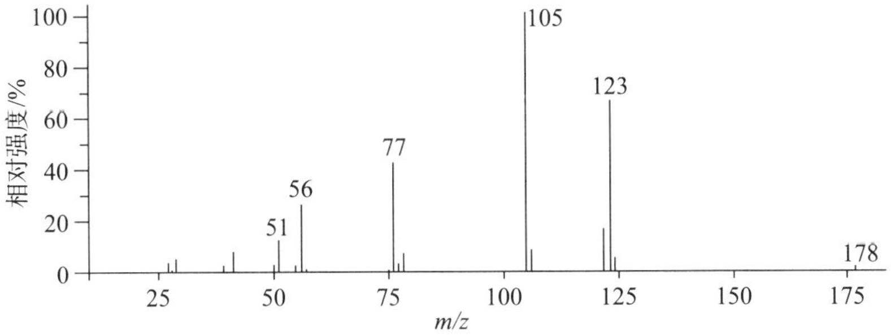

(6) 未知物质谱中分子离子区域各离子峰的相对强度为 *m*/*z* 151(48.0%)、*m*/*z* 152(4.4%)、*m*/*z* 153 (0.4%)。

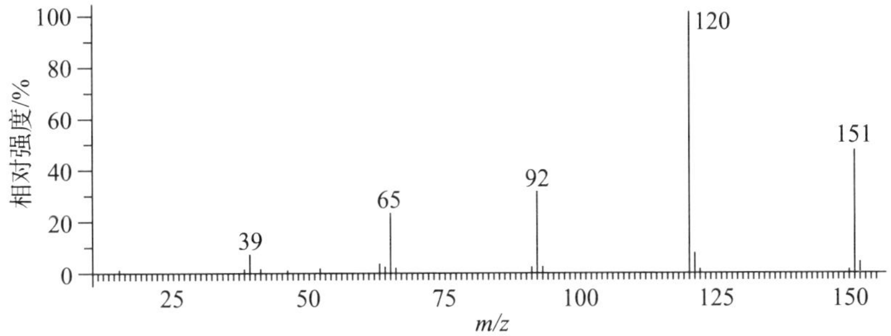

(7) 根据图 1.41 推测未知物的结构。谱图高质量端离子峰的相对强度如下

m/*z* 119(42.8%)；　*m*/*z* 120(1.0%)；　*m*/*z* 69(100%)；　*m*/*z* 70(1.2%)。

(8) 未知物质谱中分子离子区域各离子峰的相对强度为 m/z 104(61.0%)、m/z 105(3.9%)、m/z 106 (3.0%)。

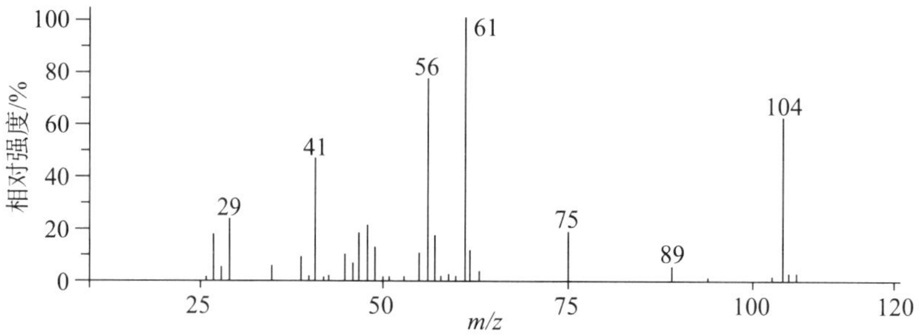

(9) 未知物质谱中分子离子区域各离子峰的相对强度为 m/z 114(14.0%)、m/z 115 (1.0%)。

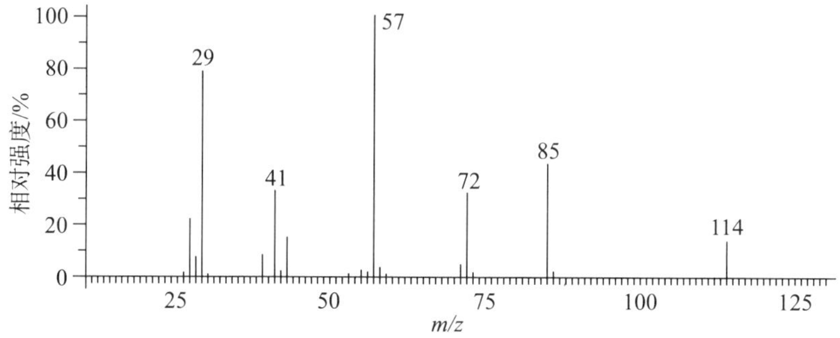

(10) 未知物质谱中分子离子区域各离子峰的相对强度为 m/z 156(41.0%)、m/z 157 (3.7%)、m/z 158(13.0%)、m/z 159(1.2%)。

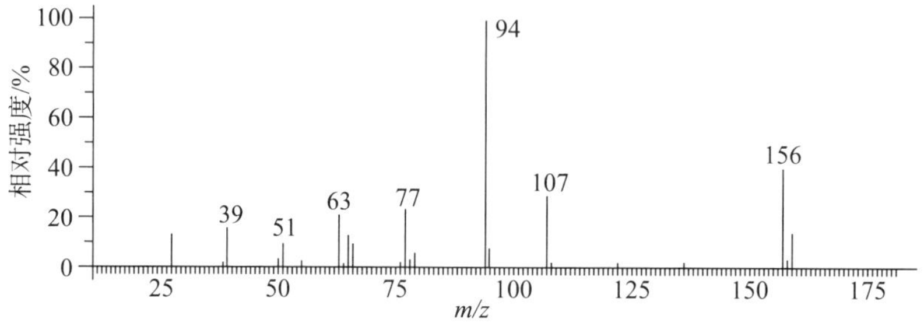

2 紫外吸收光谱

2.1 波(光)谱分析的一般原理

一定频率或波长的电磁波(光)与物质内部分子、电子或原子核等相互作用,物质吸收电磁波的能量,从低能级跃迁到较高能级。被吸收的电磁波频率(或波长)取决于高低能级的能级差(图 2.1)。通过测量被吸收的电磁波的频率(或波长)和强度,可以得到被测物质的特征波谱,特征波谱的频率(或波长)反映了被测物质的结构特征,被用来做定性分析,波谱的强度则与物质的含量有关,可用于定量分析。利用物质对电磁波的选择性吸收对其进行分析的方法统称为波(光)谱分析。

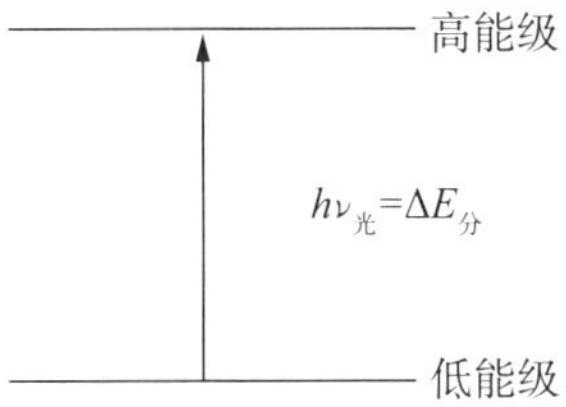

图 2.1 波谱分析的一般原理

2.1.1 电磁波的基本性质和分类

电磁波具有波粒两象性。光的衍射、干涉及偏振等现象证明了其波动性,电磁波的波动性还体现在它有波长、频率等类似于机械波的特性。电磁波的波长、频率与光速存在着特定的关系如下:

$$\nu \cdot \lambda = c \qquad (2-1)$$

式中,ν 为频率;λ 为波长;c 为光速。频率一般用赫兹(Hz)为单位;波长用长度单位表示,例如纳米(nm)、微米(μm)、厘米(cm)、米(m)等,视波长大小选择其中的某一种。光速等于$3\times10^{10}\ \mathrm{cm\cdot s^{-1}}$。

电磁波的粒子性早已为量子理论所证明,而光电效应则是粒子性的最有力的实验证明。量子理论认为光(即电磁波)是由称作光子或光量子的微粒组成的,光子具有能量,其能量大小由下式决定

$$E = h\nu = hc/\lambda \qquad (2-2)$$

式中,E 为光子的能量;h 为普朗克(Planck)常数,其值为 $6.624\times10^{-34}\ \mathrm{J\cdot s}$;其余同式(2-1)。由式(2-2)可知光子的能量与频率成正比,与波长成反比。波长越长,频率越低,能量越小。已知电磁波的波长后,很容易求出其光子的能量,例如 $\lambda=300$ nm 的紫外光的光子能量为

$$E=hc/\lambda=6.624\times10^{-34}\,J\cdot s\times3\times10^{10}\,cm\cdot s^{-1}/(300\times10^{-7}\,cm)=6.62\times10^{-19}\,J$$

电磁波的波长从 10^{-3} nm～1 000 m,覆盖了非常宽的范围,为了便于研究,根据波长大小将电磁波划分为若干个区域(表 2.1)。不同区域的电磁波对应于分子内不同层次的能级跃迁。

表 2.1 电磁波的分区

区 域	波 长	原子或分子的跃迁能级
γ 射线	10^{-3}～0.1 nm	原子核
X 射线	0.1～10 nm	内层电子
远紫外	10～200 nm	中层电子
紫外	200～400 nm	外层(价)电子
可见光	400～760 nm	外层(价)电子
红外光	0.76～50 μm	分子振动和转动
远红外	50～1 000 μm	分子振动和转动
微波	0.1～100 cm	分子转动
无线电波	1～1 000 m	核磁共振

2.1.2 分子吸收光谱的产生

物质内部存在着多种形式的微观运动,每一种微观运动都有许多种可能的状态,不同的状态具有不同的能量,属于不同的能级。当分子吸收电磁波能量受到激发,就要从原来能量较低的能级(基态)跃迁到能量较高的能级(激发态),从而产生吸收光谱。分子吸收电磁波的能量具有量子化的特征,即分子只能吸收等于两个能级之差的能量 ΔE。

$$\Delta E=E_2-E_1=h\nu=hc/\lambda \tag{2-3}$$

式中,E_1、E_2 分别为分子跃迁前和跃迁后的能量;其余同式(2-2)。不同分子的内部能级间的能量差是不同的,因而分子的特定跃迁能与分子结构有关,所产生的吸收光谱形状取决于分子的内部结构,不同物质呈现不同的特征吸收光谱,通过分子吸收光谱可以研究分子结构。

分子内部的微观运动可分为价电子运动、分子内原子在其平衡位置附近的振动、分子本身绕其重心的转动。因此,分子的能量 E 是这三种运动能量的总和,如式(2-4)所表示

$$E=E_e+E_v+E_r \tag{2-4}$$

式中,E_e 为分子的电子能量;E_v 为分子的振动能量;E_r 为分子的转动能量。分子的每一种微观运动状态都是量子化的,都属于一定的能级。因此,分子具有电子能级、振动能级和转动能级。图 2.2 是一个双原子分子内运动能级示意图。

图 2.2 中 E 表示能级,它的下标字母 e、v 和 j 分别表示能级类型为电子能级、振动能级和转动能级;下标数字表示能级的状态(即相应运动的量子数)。如 $E_{e,0}$ 表示电子基态,$E_{e,1}$ 表示电子第一激发态,等等。从图中可以看到在同一电子能级中有若干个振动能级,在同一振动能级中还有若干个转动能级。从图中还能看出电子能级的间隔最大,振动能级的间隔比电子能级的间隔小得多,转动能级的能级差则更小。

相邻的两个电子能级间的能量差 ΔE_e 一般在 1～20 eV。若用式(2-3)计算可得相应能量的电磁波波长约为 1 000～50 nm,处于紫外和可见光区域。换言之,用紫外或可见光照射

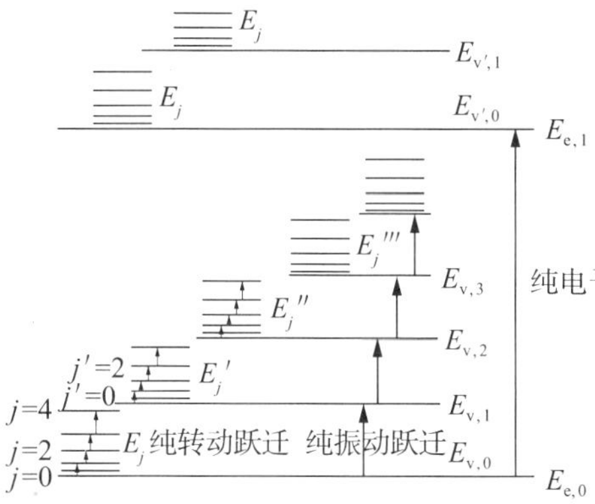

图 2.2 双原子分子内运动能级示意图

物质可以引起分子内部电子能级的跃迁，紫外吸收光谱(包括可见光谱)实际上就是紫外光(包括可见光)与分子中电子能级相互作用产生的吸收光谱。因此紫外及可见光谱又称为电子光谱。

相邻的振动能级差 ΔE_v 一般在 0.05～1 eV，相应的电磁波波长约为 25～1 μm，属于红外光区域；转动能级的 ΔE_j 小于 0.05 eV，相应的电磁波波长大于 25 μm，落在远红外区域。由此可知，用红外光照射分子只能引起分子振动能级和转动能级跃迁，而不足于引起电子能级跃迁，红外光谱是红外光与分子振动和转动能级相互作用的结果，所以红外光谱又称作分子振转光谱。

在电子能级跃迁的同时，总是伴随着多个振动和转动能级跃迁，即

$$\Delta E = \Delta E_e + \Delta E_v + \Delta E_j \tag{2-5}$$

所以紫外光谱并不是一个纯电子光谱，而是电子-振动-转动光谱。由于 ΔE_v 和 ΔE_j 相对 ΔE_e 小得多，伴随有不同振动和转动能级跃迁的电子能级跃迁能量稍有差别。用低分辨率仪器测定时，一般不能分辨因振动和转动能级跃迁产生的差别，测得的有机物紫外光谱大都是很宽的吸收带。如果用高分辨率的仪器，并且在气态情况下测定(此时分子转动是自由的)，则可看到伴随的振动和转动能级跃迁所产生的吸收带精细结构。图 2.3 是在不同条件下测定 1,2,4,5-四唑的紫外及可见光谱的一部分。在极性溶剂中测得的(d)是一个很宽的吸收带，

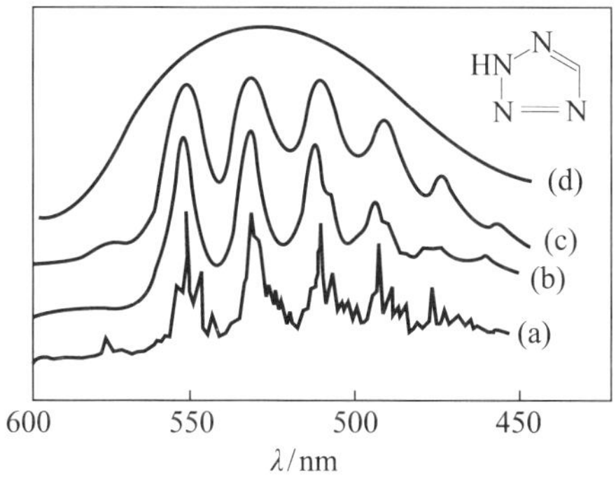

(a) 室温，气相；(b) 77 K，异戊烷和甲基环己烷混合溶剂；

(c) 室温，环己烷；(d) 室温，水

图 2.3 1,2,4,5-四唑的紫外光谱(部分)

其中包含了伴随的多种振动和转动能级跃迁信息,但这些信息没有被分开;从非极性溶剂中测得的(c)中可清楚地看到因伴随振动能级跃迁产生的吸收带精细结构;而在气相条件下测得的(a)中,不仅可看到伴随的振动能级跃迁产生的精细结构,而且还可以看到因伴随转动能级跃迁产生的更为精细的结构。

2.1.3 分子吸收光谱的获得和表示方法

用于检测紫外或红外等分子吸收光谱的仪器称为分光光度计。尽管紫外吸收光谱和红外吸收光谱原理不同,且又涉及不同波长范围的光,紫外和红外分光光度计的总体设计、各部分的结构和材料也不尽相同,但它们的工作原理十分相似。图 2.4 是分光光度计的结构和工作原理示意图。

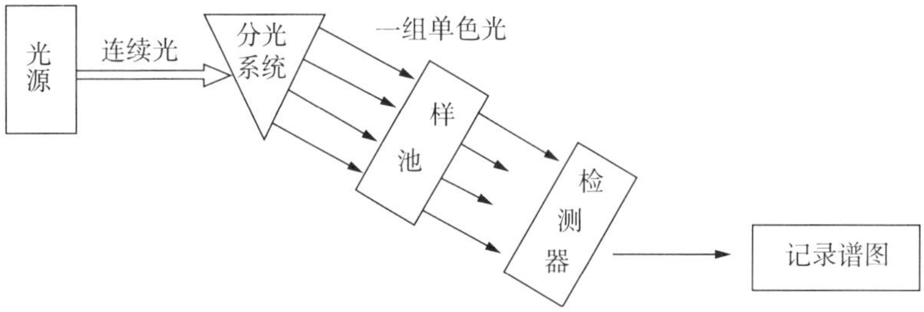

图 2.4 分光光度计的结构和工作原理示意图

分光光度计由光源、分光系统、样品池、检测器、记录仪等组成。光源提供一定波长范围的连续光,例如紫外光谱仪用氢灯或氘灯作光源得到 200～400 nm 的紫外光,红外光谱仪则是用能斯特(Nernst)灯或硅碳棒等为光源得到 2.5～25 μm 的红外光。分光系统由单色器(如棱镜、光栅)和一系列狭缝、反射镜和透射镜等组成,用于将光源发出的连续光色散成具有一定带宽的一组单色光。样品池放置样品。单色器和样品池等部件的制作材料应对工作区域波长的光没有吸收,如用于紫外区测定的必须是对紫外光没有吸收的石英制的光栅和样品池等。检测器和记录仪分别用于检测透过样品的光强度和记录检测信号。紫外光谱仪常用的检测器是光电倍增管和光电池。

由光源发出一定波长范围的连续光,经过分光系统转变为一组单色光。不同波长的单色光依次透过被测样品,如果某些波长的光能量正好等于被测样品分子的某一个能级差,即符合式(2-3)的条件,就被吸收,因此透过样品到达检测器的光强度减弱,产生吸收信号。另外一些波长的光因不符合吸收条件,不被样品吸收,透过样品的光强度不变。分光系统每扫描一次,就能检测记录一张吸收信号-波长(或频率)的曲线,即吸收光谱图。

吸收光谱图(图 2.5)的横坐标是波长或频率,纵坐标是吸收强度。吸收强度一般可用两种方法表示,一是透过率(Transmittancy, T)或百分透过率($T\%$),其定义如下

$$T = I_l / I_0 \tag{2-6}$$

式中,I_0是入射光强度;I_l是透过光强度。

二是吸光度(Absorbance, A),其定义为

$$A = \lg(I_0 / I_l) \tag{2-7}$$

因此

$$A=\lg(1/T) \tag{2-8}$$

两种不同的表示方法得到不同形状的吸收光谱图。用百分透过率表示时，没有被吸收的那些波长的光全部透过样品被检测，处于100%透过的位置；被样品吸收的那些波长的光，光强度减弱，因此在谱图上显示为一个倒峰，光被样品吸收得越多，透过样品的部分就越少，倒峰就越大。用吸光度表示时，峰形向上，样品吸收的光越多，吸收峰的强度越大。吸收光谱图中吸收带的强度与检测时样品浓度有关，为了定量描述物质对光的吸收程度，提出摩尔吸光系数 ε 概念。所谓摩尔吸光系数是指样品浓度为 1 mol·L^{-1}的溶液置于 1 cm 样品池中，在一定波长下测得的吸光度值。它表示物质对光的吸收能力，是物质的特征常数。在相对分子质量未知的情况下，常用百分吸收系数或比吸收系数 $E_{1cm}^{1\%}$ 表示物质对光的吸收能力。它是指溶液浓度为 1%(1 g/100 mL)，液层厚度为 1 cm 时，在一定波长下的吸光度值。百分吸收系数和摩尔吸光系数有如下关系

$$\varepsilon=E_{1cm}^{1\%}\times\frac{M}{10} \tag{2-9}$$

式中，M 为摩尔质量。

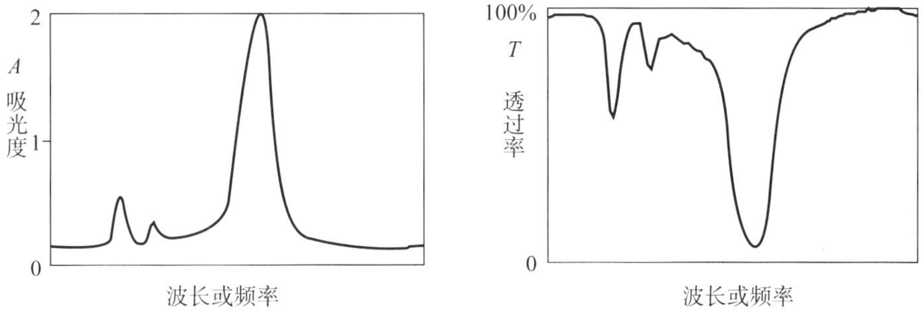

图 2.5　分子吸收光谱的表示方法

2.2　紫外吸收光谱的基本原理

2.2.1　紫外吸收光谱与电子跃迁

1. 电子跃迁的类型

从 2.1.2 节的讨论可知紫外吸收光谱不是一个纯电子光谱，而是电子-振动-转动光谱。但为了便于说明紫外吸收光谱的原理，我们讨论有机化合物的纯电子跃迁原理和过程。

有机化合物中有三种不同性质的价电子。根据分子轨道理论，当两个原子结合成分子时，两个原子的原子轨道线性组合成两个分子轨道。其中一个具有较低的能量叫作成键轨道，另一个具有较高的能量叫作反键轨道。电子通常在成键轨道上，当分子吸收能量后可以激发到反键轨道上。有机化合物中的共价键有 σ 键和 π 键，它们的成键轨道用 σ 和 π 表示，反键轨道用 σ^* 和 π^* 表示，处在相应轨道上的电子称作 σ 电子和 π 电子；氧、氮、硫和卤素等杂原子还常有未成键的孤对电子，称作 n 电子，它们处在非键轨道上。在羰基($>$C=O)中 σ、π 和 n 这三种类型的电子都存在。这些电子所处的能级轨道和可能发生的能级跃迁如图 2.6 所示。

电子跃迁主要有四种：$\sigma\rightarrow\sigma^*$、$\pi\rightarrow\pi^*$、$n\rightarrow\sigma^*$ 和 $n\rightarrow\pi^*$。前两种属于电子从成键轨道向

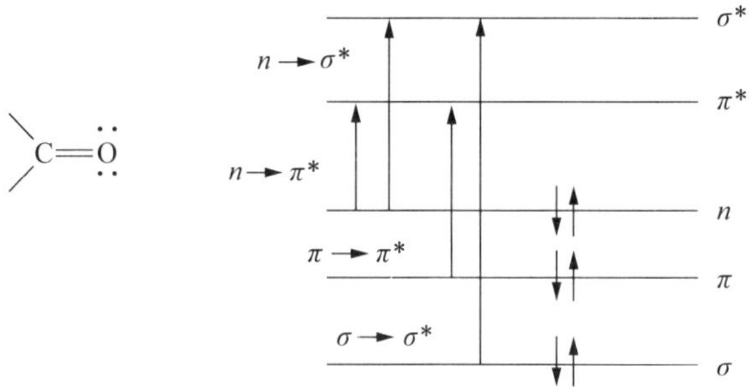

图 2.6 羰基电子能级跃迁示意图

对应的反键轨道的跃迁,后两种是杂原子的未成键电子从非键轨道被激发到反键轨道的跃迁。由图2.6可知,不同轨道之间的跃迁所需的能量不同,即需要不同波长的光激发,因此形成的吸收光谱谱带位置也不同。下面分别进行讨论。

● $\sigma \to \sigma^*$ 跃迁是单键中的 σ 电子在 σ 成键和反键轨道间的跃迁。σ 与 σ^* 之间的能级差最大,$\sigma \to \sigma^*$ 跃迁需要较高的能量,相应的激发光波长较短,在 150～160 nm,落在远紫外光区域,超出了一般紫外分光光度计的检测范围。

● $\pi \to \pi^*$ 跃迁是不饱和键中的 π 电子吸收能量跃迁到 π^* 反键轨道。$\pi \to \pi^*$ 跃迁所需能量较 $\sigma \to \sigma^*$ 跃迁的小,吸收峰波长较大。孤立双键的 $\pi \to \pi^*$ 跃迁产生的吸收带位于160～180 nm,仍在远紫外区。但在共轭双键体系中,吸收带向长波方向移动(红移)。共轭体系越大,$\pi \to \pi^*$ 跃迁产生的吸收带波长越长。例如乙烯的吸收带位于 162 nm,丁二烯为217 nm,1,3,5-己三烯的吸收带红移至 258 nm。这种因共轭体系增大而引起的吸收谱带红移是因为处于共轭状态下的几个 π 轨道会重新组合,使得成键电子从最高占有轨道到最低空轨道之间的跃迁能量大大降低(图 2.7)。

● $n \to \sigma^*$ 跃迁是氧、氮、硫、卤素等杂原子的未成键 n 电子向 σ 反键轨道跃迁。当分子中含有—NH_2、—OH、—SR、—X 等基团时,就能发生这种跃迁。n 电子的 $n \to \sigma^*$ 跃迁所需能量较 $\sigma \to \sigma^*$ 跃迁的小,所以相应吸收带的波长较 $\sigma \to \sigma^*$ 长,一般出现在 200 nm 附近,受杂原子性质的影响较大。

● $n \to \pi^*$ 跃迁。当不饱和键上连有杂原子(如 >C=O、—NO_2)时,杂原子上的 n 电子能跃迁到 π^* 轨道。$n \to \pi^*$ 跃迁是四种跃迁中所需能量最小的,它所对应的吸收带位于 270～300 nm的近紫外区。如果带杂原子的双键基团与其他双键基团形成共轭体系,其 $n \to \pi^*$ 跃迁产生的吸收带将红移,如共轭的 $\pi \to \pi^*$ 产生红移一样。例如丙酮的 $n \to \pi^*$ 在276 nm,$\pi \to \pi^*$ 在 166 nm,而 4-甲基-3-戊烯酮的两个相应吸收带分别红移至 313 nm 和 235 nm。

以上讨论的是跃迁所需的能量,即紫外吸收带的位置问题。四种跃迁中,只有 $n \to \pi^*$、共轭体系的 $\pi \to \pi^*$ 和部分 $n \to \sigma^*$ 产生的吸收带位于紫外区域,能被普通的紫外分光光度计所检测。由此可见紫外吸收光谱的应用范围有很大的局限性。

吸收带的强度(一般用摩尔吸光系数 ε 定量表示)与跃迁概率有关。跃迁概率与跃迁偶极矩的平方成正比。跃迁偶极矩与基态跃迁到激发态过程中所发生的电子电荷分布的变化成正比。由成键轨道向反键轨道的跃迁概率大,所以 $\pi \to \pi^*$ 跃迁产生的是强吸收,ε 值约为 10^4;由非键轨道向反键轨道的跃迁概率小,所以 $n \to \sigma^*$ 和 $n \to \pi^*$ 跃迁产生的吸收带 ε 值仅 100 左

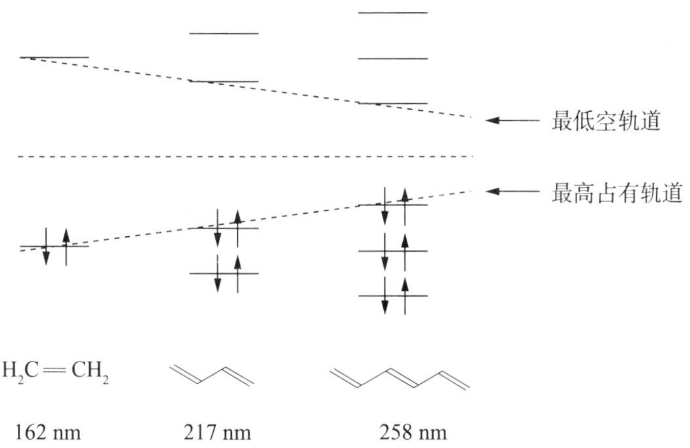

图 2.7 $\pi \rightarrow \pi^*$ 共轭引起的吸收带红移

右，为弱吸收。

2. 生色团和助色团

在前一部分中，我们讨论了有机分子中电子跃迁的类型以及对应的吸收谱带的波长范围。从有机化合物的宏观结构出发，也可以将有机分子中的基团与紫外吸收谱带联系起来。通常把在紫外及可见光区域产生吸收带的基团称为生色团或发色团(Chromophore)；把那些本身在紫外或可见光区域不产生吸收带，但与生色团相连后，能使生色团的吸收带向长波方向移动的基团称为助色团(Auxochrome)。常见的生色团有 >C═C< 、>C═O、>C═S、—C≡N、—NO_2、—C_6H_5等，它们都是不饱和基团，都含有 π 电子，都能发生 $\pi \rightarrow \pi^*$ 或 $n \rightarrow \pi^*$ 跃迁，所以能在紫外光区域产生吸收带。常见的助色团有—OH、—OR、—NH_2、—NHR、—NR_2、—SH、—Cl 等，它们都含有饱和的杂原子。当助色团与生色团相连时，饱和杂原子上的 n 电子能影响相邻生色团的 π 轨道状态和能级大小，使吸收带向长波方向移动。

在紫外光谱研究中还有两个常用的术语——红移和蓝移。所谓红移(Red Shift 或 Bathochromic Shift)是指取代基或溶剂效应引起吸收带向长波方向的移动；而吸收带向短波方向移动就称为蓝移或紫移(Blue Shift 或 Hypsochromic Shift)。

2.2.2 紫外吸收光谱的特点和表示方法

紫外吸收光谱是由分子中电子能级的跃迁而产生的，由上述讨论可以看到有机化合物中电子能级跃迁的种类很少，而且有一部分跃迁所需能量太大，吸收波长位于远紫外区，不能为一般的紫外光谱仪所检测。这就决定了紫外光谱的吸收谱带很少。由于电子能级跃迁的同时会伴随着多种振动能级和转动能级的跃迁，这就造成了紫外光谱的吸收谱带很宽。在一定条件下，伴随的振动和转动亚能级跃迁能被检测，可以在谱图上看到谱带的精细结构。

紫外光谱主要通过谱带位置和吸收强度提供有机分子的结构信息。紫外谱带很宽，所以通常以谱带吸收强度最大处的波长表示谱带位置，称为最大吸收波长(λ_{max}或$\lambda_{最大}$)；λ_{max}是分子的特征常数，与化合物的电子结构密切相关，可用于推测化合物中生色团的类型和共轭体系大小等结构信息。谱带的吸收强度通常用最大吸收波长处的摩尔吸光系数(ε_{max}和$\varepsilon_{最大}$)表示。ε_{max}也是分子的特征常数和鉴定化合物的重要依据。当化合物的结构尚未确定之前，无法得知其相对分子质量,此时可用百分吸收系数 $E^{1\%}$ 代替 ε_{max}。

文献上常用 $\lambda_{max}(\varepsilon_{max})$ 的格式报道化合物的紫外光谱特征,如萘有三个吸收带:221 nm(117 000)、275 nm(5 600)和 311 nm(250)。也有用紫外光谱图来表示的。习惯上采用吸光度(A)-波长(nm)曲线表示紫外光谱图,如图 2.8 所示萘的紫外光谱图。

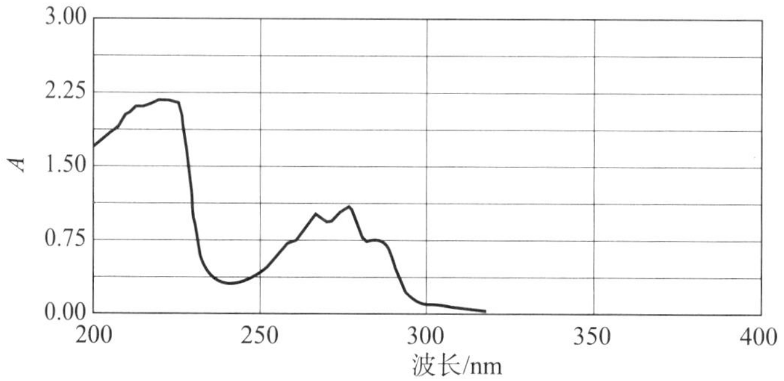

图 2.8 萘的紫外光谱图

2.3 有机化合物的紫外吸收光谱

由于紫外吸收光谱是吸收紫外光引起分子内电子能级跃迁的结果,所以化合物的电子分布和结合情况决定其紫外吸收光谱的特征。下面我们按化合物分类进行讨论。

2.3.1 饱和化合物

1. 烷烃

烷烃中只有 σ 键和 σ 电子,所以只有 $\sigma\rightarrow\sigma^*$ 一种电子跃迁。这种跃迁产生的吸收峰在远紫外区,超出了一般紫外分光光度计的检测范围。所以烷烃不能用紫外光谱来研究。

2. 含杂原子的饱和化合物

这类化合物除了 σ 电子外还有杂原子上的 n 电子,所以有 $\sigma\rightarrow\sigma^*$ 和 $n\rightarrow\sigma^*$ 两种跃迁。后者虽然所需能量低于 $\sigma\rightarrow\sigma^*$,但大部分化合物的吸收带仍处于远紫外区,只有部分含硫、氮以及卤素原子的化合物在近紫外区有弱的吸收(表 2.2),在分析方面的用处不大。

表 2.2 部分含杂原子的饱和化合物 $n\rightarrow\sigma^*$ 的吸收特征

化合物	λ_{max}/nm	ε_{max}	溶剂
甲醇	177	200	己烷
1-己硫醇	224	126	环己烷
二正丁基硫醚	210/229(S)*	1 200	乙醇
三甲基胺	199	3 950	己烷
N-甲基哌啶	213(S)*	1 600	乙醚
氯代甲烷	173(S)*	200	己烷
溴代丙烷	208	300	己烷
碘代甲烷	259	400	己烷

* (S)为肩峰或拐点。

由上述讨论可知，一般饱和化合物在近紫外区没有吸收，不能直接用紫外光谱进行分析。但正是因为饱和化合物在近紫外区没有吸收，对其他物质的紫外检测不会造成干扰，因此可用作紫外光谱测定时的溶剂。

2.3.2 非共轭的不饱和化合物

1. 非共轭的烯烃和炔烃

孤立 $\pi\rightarrow\pi^*$ 跃迁产生的吸收带波长虽然大于 $\sigma\rightarrow\sigma^*$，但仍落在远紫外区。如乙烯的吸收带在 162 nm，乙炔的吸收带在 173 nm。所以 $>C=C<$、$-C\equiv C$虽然列为生色团，但当它们不处于共轭体系中时，在紫外区并没有吸收。

2. 含不饱和杂原子的化合物

含羰基、硝基等生色团的化合物既有 σ 电子，又有 π 电子和 n 电子，所以 $\sigma\rightarrow\sigma^*$、$n\rightarrow\sigma^*$、$\pi\rightarrow\pi^*$、$n\rightarrow\pi^*$ 四种跃迁方式都存在。前三种绝大部分在紫外区没有吸收，仅 $n\rightarrow\pi^*$ 跃迁的吸收带在紫外区。这种由 $n\rightarrow\pi^*$ 跃迁产生的吸收带称为 *R* 带（源于德文 radikal，基团）。*R* 带的特征是吸收波长较长，大都在 270～300 nm；吸收强度弱，ε_{max}通常在 100 左右。表 2.3 列出一些简单化合物的 *R* 吸收带。

表 2.3 含不饱和杂原子化合物的 *R* 吸收带

化合物	丙酮	乙醛	乙酸	乙酸乙酯	乙腈	硝基甲烷	硝酸乙酯	偶氮甲烷	甲基环己亚砜	二甲亚砜
λ_{max}/nm	279	290	204	207	<160	271	270	347	210	<180
ε_{max}	15	16	60	69	—	18.6	12	45	1 500	—
溶剂	己烷	庚烷	水	石油醚	—	乙醇	二氧六环	二氧六环	醇	—

从这一部分讨论可以看到，孤立的生色团有时不能在紫外区产生吸收。例如，$-C\equiv N$、$-C\equiv C$、$>C=C<$、$>SO_2$等；有的生色团处在某一些化合物中，其吸收带落在紫外区，而当它在另一些化合物中，吸收带向短波方向大幅度移动。如醛、酮的羰基 $n\rightarrow\pi^*$ 跃迁在 270～300 nm出现 *R* 吸收带，而酸、酯羰基的 *R* 吸收带出现在 200 nm 附近。因此，在实际应用紫外光谱时应注意具体情况。

2.3.3 含共轭体系的脂肪族化合物

许多情况下孤立的生色团在紫外区不产生吸收或只产生很弱的吸收。当生色团之间相连形成共轭体系时，最高占有轨道和最低空轨道之间的能级差变小，无论 $\pi\rightarrow\pi^*$ 或 $n\rightarrow\pi^*$ 跃迁所需的能量均下降，吸收带红移（见 2.2.1 节），波长总是大于 200 nm，吸收强度也有所增强，一般的紫外分光光度计都能检测，所以具有共轭体系的化合物是紫外吸收光谱的研究重点。由共轭 $\pi\rightarrow\pi^*$ 跃迁产生的吸收带称作 *K* 带（源于德文 konjugation，共轭作用）。*K* 带的特点是吸收强度强，$\varepsilon_{max}\geqslant10^4$，吸收波长与共轭体系的大小密切相关，一般每增加一个双键 λ_{max} 大约红移 30 nm。

在理论分析和大量实验数据归纳总结基础上建立的经验公式常用于预测比较复杂有机化合物的紫外光谱。下面介绍常见的几种经验公式。

1. 共轭烯烃

共轭烯烃 *K* 吸收带的位置可以用表 2.4 给出的经验方法计算。这一方法是 Woodward 首先提出的,后经其他研究者修正,因此称为 Woodward 规则。使用该经验方法计算的要点是:以给出的母体结构吸收波长为基本值,然后将结构改变部分对吸收带波长的贡献一一加上。应该注意只有共轭体系以及与其相连部分的结构改变时,吸收带波长才会发生变化。下面举例说明。

表 2.4 共轭烯烃吸收带波长的计算法

基团	对吸收带波长的贡献
共轭双烯的基本骨架 C=C—C=C	217 nm
环内双键	36 nm
每增加一个共轭双键	30 nm
每一个烷基或环烷取代基	5 nm
每一个环外双键	5 nm
每一个助色团取代:RCOO—	0 nm
RO—	6 nm
RS—	30 nm
—Cl 或 Br—	5 nm
R_2N—	60 nm

例 2-1 计算 2,3-二甲基-1,3-丁二烯 $CH_2{=}C(CH_3){-}C(CH_3){=}CH_2$ *K* 带位置(λ_{max})。

解:

母体基本值	217 nm	
烷基取代两个	2×5	
λ_{max} 计算值	227 nm	(实测值 226 nm)

例 2-2 计算下面一个甾类化合物的 *K* 带最大吸收波长。

解:

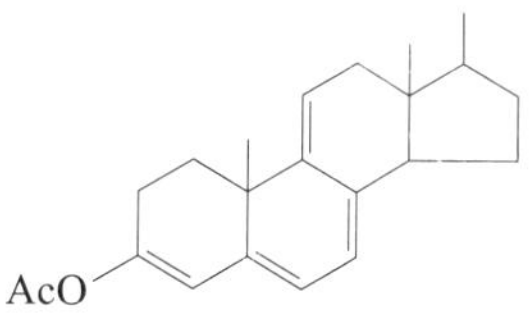

母体基本值	217 nm	
共轭双键增加 2 个	2×30	
环内双键 1 个	36	
烷基取代 5 个	5×5	
环外双键 3 个	3×5	
RCO_2-取代 1 个	0	
λ_{max} 计算值	353 nm	(实测值 353 nm)

用该规则计算四个或四个以下双键的共轭烯烃 K 吸收带位置时，计算结果与实测值相当吻合。超过四个双键的共轭多烯可以使用 Fieser－Kuhn 规则。这个规则不仅可用于预测 λ_{max}，还可预测 ε_{max}。式(2－10)和式(2－11)是 Fieser－Kuhn 规则的计算方程。

$$\lambda_{max}=114+5M+n(48.0-1.7n)-16.5R\text{endo}-10R\text{exo} \quad (2-10)$$

$$\varepsilon_{max}=(1.74\times10^4)n \quad (2-11)$$

式中，n 为共轭双键的数目；M 为共轭体系上烷基或类似烷基的取代基；Rendo 是共轭体系中带有桥环双键的环数目；Rexo 是环外双键的数目。

例 2－3 用 Fieser－Kuhn 规则计算番茄红素的 λ_{max} 和 ε_{max}。

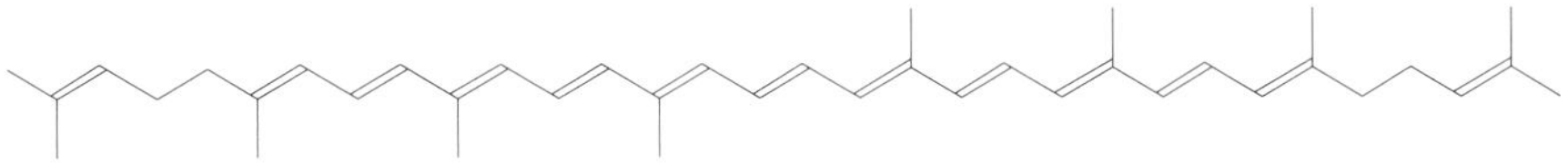

解：番茄红素共有 13 个双键，但只有 11 个双键是共轭的，$n=11$；在这个共轭链上有 8 个烷基取代，$M=8$；分子中既没有桥环双键，又没有环外双键，Rendo$=R$exo$=0$，因此计算值为

$$\lambda_{max}=114+5\times8+11\times(48.0-1.7\times11)-16.5\times0-10\times0=476\ \text{nm}$$

$$\varepsilon_{max}=(1.74\times10^4)\times11=19.1\times10^4$$

番茄红素以己烷为溶剂时的实测值 $\lambda_{max}=474$ nm，$\varepsilon_{max}=18.6\times10^4$。

2. α，β－不饱和羰基化合物

分子中含有一个与烯基共轭的羰基就构成了 α，β－不饱和羰基化合物，如 α，β－不饱和酮、醛、酸、酯等。它们的紫外光谱特征是在 250～200 nm 有一个强的 K 吸收带($\varepsilon_{max}=1\sim2\times10^4$)，是由共轭的 $\pi\rightarrow\pi^*$ 跃迁产生的；另外在 300 nm 以上有一个 $n\rightarrow\pi^*$ 产生的弱的 R 带(ε_{max}小于 100)。后者强度太弱，一般很不清晰，因此经验方法主要是用于预测 K 吸收带的位置(表 2.5)。计算方法与共轭烯烃的 Woodward 规则相似。下面举几个例子加以说明。

表 2.5 α，β－不饱和羰基化合物* K 吸收带波长 的计算法**

基　　团	对吸收带波长的贡献
基本值：	
链状和六元环 α，β－不饱和酮	215 nm
五元环 α，β－不饱和酮	202 nm
α，β－不饱和醛	210 nm
α，β－不饱和酸和酯	195 nm
增量：	
每增加一个共轭双键	30 nm
同环共轭双键	39 nm
环外双键	5 nm
烷基或环烷取代基　α	10 nm
β	12 nm
γ 及更高	18 nm

续表

基　　团		对吸收带波长的贡献
助色团取代：—OH	α	35 nm
	β	30 nm
	δ	50 nm
—OAc	α,β,δ	6 nm
—OR	α	35 nm
	β	30 nm
	γ	17 nm
	δ	31 nm
—SR	β	85 nm
—Cl	α	15 nm
	β	12 nm
—Br	α	25 nm
	β	30 nm
—NR_2	β	95 nm
溶剂校正(表 2.7)		可变数

* α,β-不饱和羰基化合物的母体结构 $\overset{\beta}{\text{C}}=\overset{\alpha}{\text{C}}—\text{C}=\text{O}$ 和 $\overset{\delta}{\text{C}}=\overset{\gamma}{\text{C}}—\overset{\beta}{\text{C}}=\overset{\alpha}{\text{C}}—\text{C}=\text{O}$ 。

* * 本表数据适合乙醇为溶剂的情况，若用其他溶剂时需作校正。校正方法是计算值减去表 2.7 中相应溶剂的校正值，然后再与实测值比较。

例 2-4 计算化合物 $CH_3—CH=C(CH_3)—C(=O)—CH_3$ K 带的最大吸收波长。

解：这是一个 α,β-不饱和酮，基本值是 215 nm。

基本值		215 nm
烷基取代	α 位 1 个	10
	β 位 1 个	12
计算值 λ_{max}		237 nm　　(实测值 236 nm)

例 2-5 计算地奥酚 K 吸收带的 λ_{max}。

解：

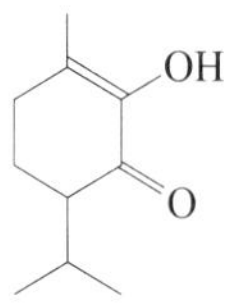

基本值		215 nm
OH 取代	α 位 1 个	35
烷基取代	β 位 2 个	2×12
计算值 λ_{max}		274 nm　　(在乙醇中的实测值 270 nm)

例 2-6 计算胆甾 1,4-二烯-3-酮 K 吸收带的 λ_{max}。

解：

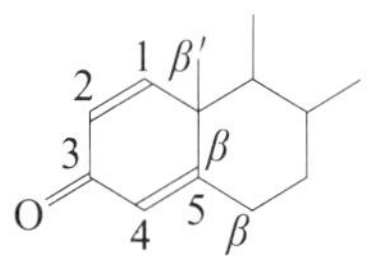

基本值		215 nm
烷基取代	β 位 2 个	2×12
环外双键	1 个	5
计算值 λ_{max}		244 nm　　(在乙醇中的实测值 245 nm)

注意这是一个交叉共轭，计算按烯酮（β,β-双取代）进行，不需要对 1，2 位的双键和 β' 基团进行校正。如果按烯酮（β' 取代）进行计算得到 λ_{max} 为 227 nm，与实测值差别较大。这说明当存在几种选择时，从较多取代的体系可以得到更为可靠的预测。

羰基化合物有极性，所以 α,β-不饱和羰基化合物的 K 带和 R 带位置均与溶剂有关，以 4-甲基-3-戊烯-2-酮〔$CH_3COCH=C(CH_3)_2$〕为例，在不同极性溶剂中测得吸收带位置列入表 2.6。

表 2.6 溶剂极性对 4-甲基-3-戊烯-2-酮吸收带的影响

吸收带名称	在不同溶剂中的 λ_{max}/nm				吸收带移动规律
	正己烷	氯仿	甲醇	水	
K 带	230	238	237	243	红移
R 带	329	315	309	305	蓝移

由表 2.6 提供的信息可知，溶剂极性增强使 α,β-不饱和羰基化合物的 K 带红移，R 带蓝移。孤立羰基也有同样的溶剂效应。如丙酮在正己烷中测得 R 带 λ_{max} 为 280 nm，在水溶液中蓝移至 265 nm。共轭烯烃因为极性很小，溶剂效应可以忽略。

正因为溶剂极性不同会使 α,β-不饱和羰基化合物的吸收带位移，所以实际使用表 2.5 时需作溶剂校正。不同溶剂对 α,β-不饱和羰基化合物 K 带的校正值列于表 2.7。

表 2.7 溶剂校正表

溶剂	甲醇、乙醇	氯仿	二氧六环	乙醚	正己烷	水
校正值/nm	0	1	5	7	11	−8

2.3.4 芳香族化合物

芳香族化合物均含环状共轭体系，有共轭的 $\pi\rightarrow\pi^*$ 跃迁，因此也是紫外吸收光谱研究的重点之一。下面对芳香族化合物主要类型苯及取代苯、稠环芳烃和杂环芳烃的紫外光谱特征做一简要介绍。

1. 苯和取代苯

苯分子有三个共轭双键，因此有三个成键轨道和三个反键轨道，$\pi\rightarrow\pi^*$ 跃迁时情况比较复杂，可以有不同的激发态。苯有三个吸收谱带：E_1 带位于 184 nm（ε 约为 6×10^4），E_2 带在 204 nm（ε 为 7 900），B 带（源于德文 benzenoid，苯的）位于 256 nm（ε 约为 200）。由于 E_1 带在远紫外区，仪器检测不到。E_2 带在紫外区的边缘，对苯而言意义不大。当苯环上连有助色团或生色团时，E_2 带红移，且强度较大，重要性大大提高。B 带的吸收强度虽然较弱，但因在气相或非极性溶剂中测定时呈现出精细结构，使之成为芳香族化合物的重要特征。这种精细结构是因为在电子能级跃迁产生的吸收上叠加振动能级跃迁吸收造成的。在极性溶剂中，溶质与溶剂分子的相互作用使这种精细结构减弱或消失。

当助色团与苯环直接相连时，取代苯的 E_2 和 B 带红移，吸收强度也有所增强，但 B 带的精细结构消失，这是由于 $p \to \pi$ 共轭所致。分子中共轭体系的电子分布和结合情况影响紫外吸收带。如苯酚在碱性水溶液中测定时，E_2 和 B 带红移；而苯胺在酸性水溶液中测定时，E_2 和 B 带均紫移(表 2.8)。这是因为存在下列过程：

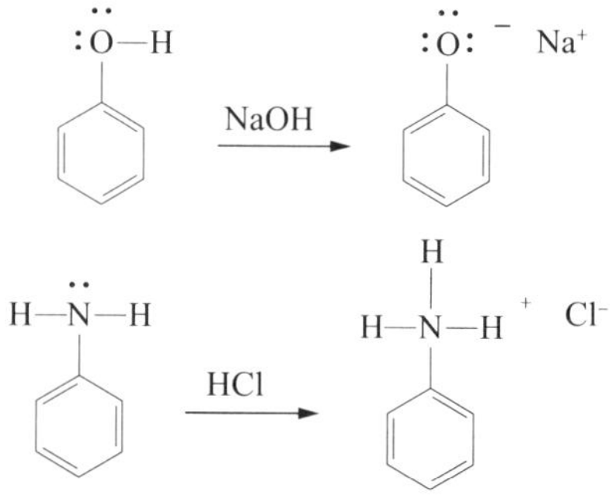

苯酚在碱性条件下变为阴离子，氧原子上增加了一个能与苯环共轭的孤对电子，而苯胺的氮原子上唯一的孤对电子在形成铵盐时与 H^+ 构成了阳离子，不再与苯环共轭，所以出现一个与苯几乎相同的紫外光谱。

当生色团与苯环相连时，B 带有较大的红移，同时在 200～250 nm 出现强的 K 带，$\varepsilon > 10^4$。有时会将 B 带、E_2带(如果同时有助色团存在)淹没，对光谱带的完整解释较为困难。表 2.8 列举了苯和一些取代苯的紫外吸收光谱数据。

表 2.8　苯及其简单衍生物的紫外光谱特征

化合物	E_2 带或 K 带	B 带	R 带	溶剂
	λ_{max}/nm(ε_{max})	λ_{max}/nm(ε_{max})	λ_{max}/nm(ε_{max})	
苯	204(7 900)	256(200)	—	己烷
甲苯	206(7 000)	261(225)	—	己烷
氯苯	210(7 600)	265(240)	—	乙醇
苯甲醚	217(6 400)	269(1 480)	—	2%甲醇
苯酚	210(6 200)	270(1 450)	—	水
苯酚盐阴离子	235(9 400)	287(2 600)	—	水(碱性)
苯胺	230(8 600)	280(1 430)	—	水(pH11)
苯铵阳离子	203(7 500)	254(160)	—	水(pH3)
苯硫酚	236(1×10^4)	269(700)	—	己烷
苯乙烯	244*(1.2×10^4)	282(450)	—	醇
苯甲醛	244*(1.5×10^4)	280(1 500)	328(20)	醇
苯乙酮	240*(1.3×10^4)	278(1 100)	319(50)	醇
苯甲酸	230*(1×10^4)	270(800)	—	水
硝基苯	252*(1×10^4)	280(1 000)	330(125)	醇
联苯	246*(2×10^4)	淹没	—	醇

* 生色团与苯环相连时产生的 K 吸收带。

也有一些经验公式可用于预测苯衍生物的紫外吸收波长。这里仅介绍计算苯酰基化合物 K 吸收带最大吸收波长的经验公式(表 2.9 和例 2-7)。

例 2-7 用表 2.9 的经验公式计算 6-甲氧基萘满酮的 λ_{max}。

解： 基本值 246 nm

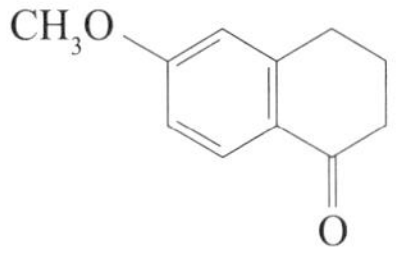

邻位 R 取代 3

对位 OR 取代 25

计算值 λ_{max} 274 nm （在乙醇中的实测值 276 nm）

表 2.9 苯酰基化合物 $\mathrm{X{-}C_6H_4{-}\overset{\overset{O}{\|}}{C}{-}Y}$ 的 *K* 带位置计算法

苯基酮(Y:R) 基本值/nm		246	
苯甲醛(Y:H) 基本值/nm		250	
苯甲酸及其酯(Y:OH 或 OR)基本值/nm		230	
苯环上的取代基(X)增值/nm	邻	间	对
R	3	3	10
OH 或 OR	7	7	25
O^-(氧负离子)	11	20	78
Cl	0	0	10
Br	2	2	15
NH_2	13	13	58
NHR	0	0	73
NR_2	20	20	85
$NHCOCH_3$	20	20	45

2. 稠环芳烃

与苯环相似，稠环芳烃也有 E_1、E_2 和 B 三个吸收带，三个带都伴随有振转能级跃迁的精细结构。随着稠环环数的增加，共轭体系增大，三个吸收带的波长均红移，E_1 带出现在 200 nm 以上，E_2 或 B 带可能进入可见光区域，吸收强度也大大增加。线性排列的稠环（如萘、蒽、并四苯等）三个吸收带红移的幅度不同，E_2 带的移动幅度较大，因此常常出现 B 带被 E_2 带淹没的情形。角型稠环（如菲等）三个吸收带移动幅度相似，保持 E_1、E_2、B 带波长增大的次序。表 2.10列出了部分稠环芳烃的吸收带数据。

表 2.10 部分稠环芳烃的吸收特征

化合物	环数	E_1 吸收带	E_2 吸收带	B 吸收带	溶剂
		λ_{max}/nm(ε_{max})	λ_{max}/nm(ε_{max})	λ_{max}/nm(ε_{max})	
萘	2	221 (1.17×10^5)	275 (5 600)	311 (250)	己烷
蒽	3	252 (2.2×10^5)	356 (8 500)	淹没	己烷
菲*	3	251 (9×10^4)	292 (2×10^4)	345 (390)	乙醇
并四苯	4	280 (1.8×10^5)	474 (1.2×10^4)	淹没	乙醇
1,2-苯并蒽*	4	290 (1.3×10^5)	329 (8 000)	385 (1 100)	乙醇
䓛(1,2-苯并菲)	4	267 (1.6×10^5)	306 (1.5×10^4)	360 (1 000)	乙醇

* 角型稠环芳烃。

3. 芳香族杂环化合物

芳香族杂环化合物可分为五元杂环、六元杂环以及含杂原子的稠环。它们的紫外光谱与苯系芳烃的有相似之处。如吸收带常有精细结构,环上有助色团或生色团时吸收带红移等。

2.4 紫外光谱的应用

2.4.1 紫外光谱在定性分析中的应用

有机物定性分析可以分为两类:一类是有机物结构分析,其任务是确定相对分子质量、分子式、所含基团的类型、数量以及原子间连接顺序、空间排列等,最终提出整个分子结构模型并进行验证;另一类是有机物的定性鉴定,即判断未知物是否是已知结构。有机物结构分析是一个十分复杂的任务,单靠一种方法,尤其是紫外光谱很难完成。因为紫外光谱仅与分子中的生色团和助色团有关,只涉及电子结构中与 π 电子有关的那一部分。因此,在结构分析中紫外光谱的作用主要是提供有机物共轭体系大小及与共轭体系有关的骨架。有机物的定性鉴定相对比较简单,尤其是有标准物质或标准谱图时,可用比较法。即在相同条件下测定未知物和标准物的波谱图,然后进行比较;也可按标准谱图的测定条件测得未知物谱,然后与标准谱进行比较。如果两张谱图完全相同,则认为两个化合物结构相同。这种方法在质谱、核磁共振和红外光谱中可以得到比较肯定的结果,但用在紫外光谱中应特别小心。具有相同结构的两种分子,在相同条件下测得的紫外光谱完全相同,但反之,不同结构的两种分子,在相同的条件下测得的紫外光谱也可能完全相同。例如,4-甲基-3-戊烯-2-酮与胆甾-4-烯-3-酮的紫外光谱非常相近(图 2.9),难以区别。但它们是完全不同的分子,整体结构相差很大。它们能产生相同紫外光谱的原因是它们都是 α,β-不饱和酮,且在共轭链上的取代情况也相同,而胆甾-4-烯-3-酮的其他部分是对紫外吸收没有贡献的饱和结构。尽管紫外光谱用于定性分析有较大局限,但解决分子中有关共轭体系部分的结构时有其独特的优点,加之紫外光谱仪器价格相对低廉,易于普及,所以仍不失为定性分析的一种重要工具。

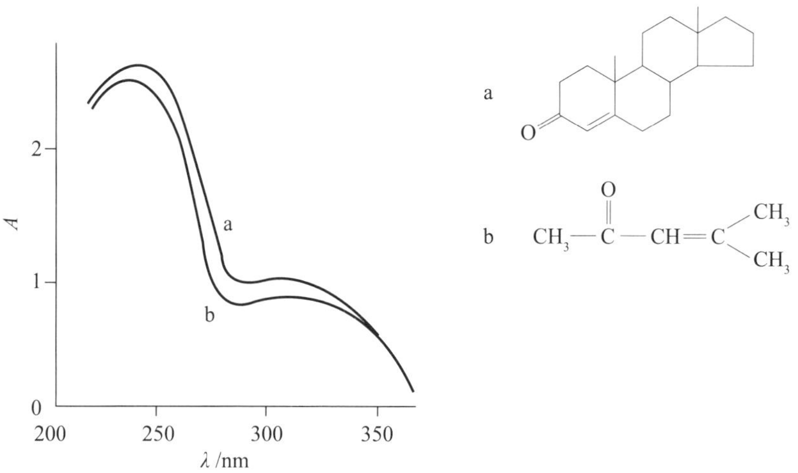

图 2.9 胆甾-4-烯-3-酮(a)和 4-甲基-3-戊烯-2-酮(b)的紫外光谱图

1. 紫外光谱用于定性分析的依据和一般规律

利用紫外光谱定性分析应同时考虑吸收谱带的个数、位置、强度以及形状。从吸收谱带位置可以估计被测物结构中共轭体系的大小;结合吸收强度可以判断吸收带的类型,以便推测生色团的种类。注意所谓吸收带的形状主要是指其可反映精细结构,因为精细结构是芳香族化合物的谱带特征。其中吸收带位置(λ_{max})和吸收强度(ε_{max})是定性分析的主要参数。根据紫外光谱原理和吸收带波长经验计算方法,可以归纳出有机物紫外吸收与结构关系的一般规律如下。

- 如果在紫外谱图 220～250 nm 有一个强吸收带(ε_{max}约 10^4)表明分子中存在两个双键形成的共轭体系,如共轭二烯烃或 α,β-不饱和酮,该吸收带是 K 带;300 nm 以上区域有高强吸收带则说明分子中有更大的共轭体系存在。一般共轭体系中每增加一个双键,吸收带红移约 30 nm。
- 如果在谱图 270～350 nm 出现一个低强度吸收带(ε_{max}为 10～100),则应该是 R 带,可以推测该化合物含有带 n 电子的生色团。若同时在 200 nm 附近没有其他吸收带,则进一步说明该生色团是孤立的,不与其他生色团共轭。
- 如果在谱图 250～300 nm 出现中等强度的吸收带(ε_{max}约为 10^3)有时能呈现精细结构,且同时在 200 nm 附近有强吸收带,说明分子中含有苯环或杂环芳烃。根据吸收带的具体位置和有关经验计算方法还可进一步估计芳环是否与助色团或其他生色团相连。
- 如果谱图呈现出多个吸收带,λ_{max}较大,甚至延伸到可见光区域,则表明分子中有长的共轭链;若谱带有精细结构则是稠环芳烃或它们的衍生物。
- 若 210 nm 以上检测不到吸收谱带,则被测物为饱和化合物,如烷烃、环烷烃、醇、醚等,也可能是含有孤立碳碳不饱和键的烯、炔烃或饱和的羧酸及酯。

利用这些一般规律可以预测化合物类型以限定研究范围,结合其他波谱方法或化学、物理性质进一步推测结构。

2. 紫外光谱用于定性分析实例

例 2-8 紫罗兰酮是重要的香料,稀释时有紫罗兰花香气。它有 α-和 β-两种异构体,其中,α-型异构体的香气比 β-型好,常用于化妆品中,而后者一般只用作皂用香精。用紫外光谱比其他波谱方法更容易区别它们。因为 α-型是两个双键共轭的 α,β-不饱和酮,其 K 吸收带 λ_{max}为 228 nm,而 β-型异构体是三个双键共轭的 α,β-不饱和酮,λ_{max}为 298 nm。

α-紫罗兰酮　　β-紫罗兰酮

例 2-9 历史上曾将莎草酮的结构定为(a)。按表 2.5 经验计算法预测(a)的紫外光谱 λ_{max}=215+12=227(nm),而实测的为 251 nm。两者相差甚大,说明结构(a)应做部分调整。若将双键位置做一改变,如结构(b),则(b)的 λ_{max}=215+10+12×2+5=254(nm),与实测值接近。如果将双键调整到其他位置,分子中没有共轭体系,不可能在 251 nm 处出现吸收带。后经其他方法证明莎草酮的结构确实为(b)。

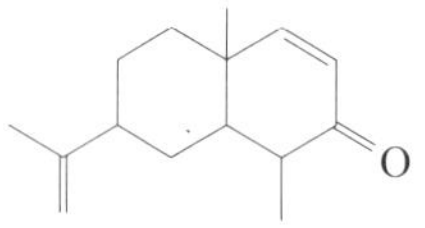

(a)

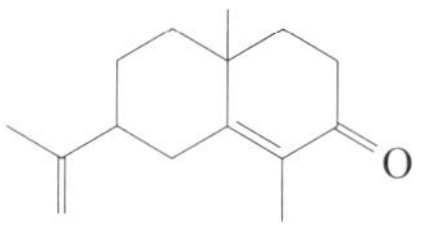

(b)

2.4.2 紫外光谱在定量分析中的应用

紫外光谱在定量分析中远比其在定性分析中的应用广泛。它具有方法简便、样品用量少、准确程度较高、既可做单组分分析又可做多组分分析等优点。对于那些在紫外或可见光区域有高吸收系数的化合物,紫外光谱是最简便的微量定量方法之一。紫外光谱定量分析的依据是朗伯-比尔(Lambert - Beer)定律和吸光度加和性。

朗伯-比尔定律为

$$A=\varepsilon \cdot c \cdot l \qquad (2-12)$$

式中,A 为吸光度;ε 为摩尔吸光系数;c 为溶液浓度;l 为液层厚度。式(2 - 12)表明物质的吸光度与浓度成正比。

吸光度加和性可表达为

$$\begin{aligned} A_{总}^{\lambda} &= A_1^{\lambda}+A_2^{\lambda}+A_3^{\lambda}+\cdots+A_n^{\lambda} \\ &= \varepsilon_1 c_1+\varepsilon_2 c_2+\varepsilon_3 c_3+\cdots+\varepsilon_n c_n \end{aligned} \qquad (2-13)$$

式中,符号同式(2 - 12),下标数字为组分编号。该式表示若溶液含有多种对光有吸收的物质,那么该溶液对波长为 λ 光的总吸收度($A_{总}^{\lambda}$)等于溶液中每一组分对该波长光的吸光度之和。吸光度加和性是多组分同时测定的理论依据。

定量分析时,一般先测定待测物的紫外光谱,从中选择合适的吸收波长作为定量分析时所用的波长。选择的原则,一是吸收强度较大,以保证测定灵敏度;二是没有溶剂或其他杂质的吸收干扰。大部分情况下选择最大吸收波长 λ_{max} 作为定量分析的波长。如果试样的紫外光谱中有一个以上的吸收带,则选强吸收带的 λ_{max}。

下面介绍几种紫外光谱定量分析的基本方法。

1. 单一组分的测定

单一组分的定量分析有几种不同方法,可根据具体情况进行选择。

● 绝对法　如果样品池厚度 l 和待测物的摩尔吸光系数 ε 是已知的,从紫外分光光度计上读出吸光度值 A,就可以根据朗伯-比尔定律,即公式(2 - 12),直接计算出待测物的浓度 c_X

$$c_X=A/(\varepsilon \cdot l) \qquad (2-14)$$

由于样品池的厚度和待测物的摩尔吸光系数不易准确测定,采用文献资料上查得的摩尔吸光系数时,必须保证测定条件完全相同,所以这种方法实际上较少使用。

● 直接比较法　这种方法是采用一已知浓度 c_S 的待测化合物标准溶液,测得其吸光度 A_S。然后在同一样品池中测定未知浓度样品的吸光度。由于两次测定中,摩尔吸光系数和样品池厚度均相同,根据朗伯-比尔定律

$$A_S=\varepsilon \cdot c_S \cdot l$$

$$A_X=\varepsilon \cdot c_X \cdot l$$

$$A_S/c_S=A_X/c_X$$

$$c_X=(A_X/A_S)c_S \tag{2-15}$$

这种方法不需要测量摩尔吸光系数和样品池厚度，但必须有纯的或含量已知的标准物质用以配制标准溶液。

● 工作曲线法　首先，配制一系列浓度不同的标准溶液，分别测量它们的吸光度，将吸光度与对应浓度作图（$A-c$ 图）。在一定的浓度范围内，可得一条直线，称为工作曲线或标准曲线。然后，在相同的条件下测量未知溶液的吸光度，再从工作曲线上查得其浓度。

当测试样品较多，且浓度范围相对较接近的情况下，例如产品质量检验等，这种方法比较适合。制作工作曲线时，标准溶液的浓度范围应选择在待测溶液的浓度附近。这种方法与直接比较法一样也需要标准物质。

2. 多组分同时测定

如果在一个试样中需要同时测定两个以上组分的含量，就是多组分同时测定。多组分同时测定的依据是吸光度加和性，即公式（2－13）。现以两组分为例做一介绍。

● 两个组分的吸收带互不重叠　如果混合物中 X、Y 两个组分的吸收曲线互不重叠，则相当于两个单一组分。可以用单一组分测定的方法，分别测得 X、Y 组分的含量。由于紫外吸收带很宽，吸收带互不重叠的情况很少见。

● 两个组分的吸收带相互重叠　如果 X、Y 两组分的吸收带相互重叠，如图 2.10 所示，则可用多组分同时测定方法。首先在光谱图中选择用于定量分析的两个波长 λ_1 和 λ_2。根据吸光度加和性可以列出一个联立方程

$$\begin{cases} A_{总}^{\lambda_1}=A_X^{\lambda_1}+A_Y^{\lambda_1}=\varepsilon_X^{\lambda_1}\cdot c_X+\varepsilon_Y^{\lambda_1}\cdot c_Y \\ A_{总}^{\lambda_2}=A_X^{\lambda_2}+A_Y^{\lambda_2}=\varepsilon_X^{\lambda_2}\cdot c_X+\varepsilon_Y^{\lambda_2}\cdot c_Y \end{cases} \tag{2-16}$$

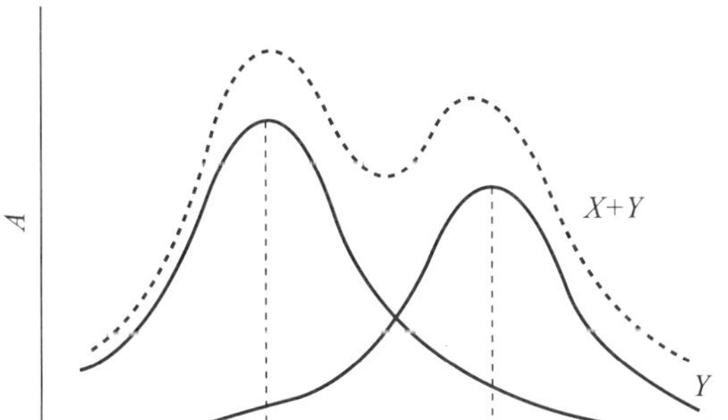

图 2.10　两组分吸收带相互重叠

式中，$A_{总}^{\lambda_1}$、$A_{总}^{\lambda_2}$ 表示 X 和 Y 两个组分在波长 λ_1、λ_2 的总吸光度，可以在实验中测得；$\varepsilon_X^{\lambda_1}$、$\varepsilon_X^{\lambda_2}$ 表示 X 组分在 λ_1、λ_2 的摩尔吸光系数，$\varepsilon_Y^{\lambda_1}$、$\varepsilon_Y^{\lambda_2}$ 表示 Y 组分在对应波长的摩尔吸光系数，它们可以用已知浓度的 X 和 Y 标准溶液测出。所以式（2－16）是典型的二元一次方程组，解该方程组即可得 X 和 Y 组分的浓度 c_X 和 c_Y。

这种建立联立方程的方法可以推广到两个以上的多组分体系。要测定 n 个组分的含量，就需要选择 n 个不同的波长，分别测量对应的吸光度值，然后建立 n 个方程。

3. 差示光度法

要求较高的定量分析准确度时，常采用差示光度法。所谓差示法，就是用一已知浓度的标

准溶液作参比溶液,测定未知试样溶液的吸光度值 $A_{相对}$。由朗伯-比尔定律可以证明

$$A_{相对}=A_X-A_S=\varepsilon\cdot(c_X-c_S)l \tag{2-17}$$

式中,c_X、c_S分别为未知试样和标准溶液的浓度;A_X、A_S是以溶剂为参比时未知试样和标准溶液的吸光度值,其余符号同前。

根据式(2-17)即可计算出未知试样的浓度 c_X。差示光度法是从经典的分光光度法基础上派生出来的一种定量分析方法,对某些在溶液中不稳定或有背景干扰的试样比较适用。在前面介绍过的单一组分测定方法,如工作曲线法等定量分析法中均可使用。

4. 物质纯度检查

作为定量分析的一个特殊类型,用紫外光谱法测定物质纯度有其独特的优点。因为含共轭体系的化合物有很高的紫外检测灵敏度,而饱和或某些含孤立双键的化合物没有紫外吸收,利用这种选择性,在下列两种情况下紫外光谱可方便地检查物质纯度。

一是需检查化合物在紫外区一定波长范围内没有吸收,而杂质在该波长范围有特征吸收。如试剂级正己烷和环己烷中所含的微量或痕量苯就可以用这一方法直接测定;二是如果需检查的物质在紫外或可见光区有吸收,杂质没有吸收,则可通过比较等浓度的待测物和其纯物质的吸收强度确定被待测物的纯度。

2.4.3 紫外光谱在固体样品中的应用

在前面的几节中主要讲了液体样品的应用,接下来介绍一些固体样品的紫外测试。

检测固体样品时,首先需要一个叫积分球的附件。如图 2.11 所示,它主要由两部分组成,前面部分是一个被称为积分球的器件,后面部分是由几个光学元件组成的器件。

积分球又称为光通球,是一个中空的完整球壳。内壁涂白色漫反射层,且球内壁各点漫反射均匀。积分球的基本工作原理如图 2.12 所示,光源 S 在球壁上任意一点 B 上产生的光照度是由多次反射光产生的光照度叠加而成的。由积分学原理可得,球面上任意一点 B 的光照度 E 为

$$E=E_1+\frac{\Phi}{4\pi R^2}\cdot\frac{\rho}{1-\rho} \tag{2-18}$$

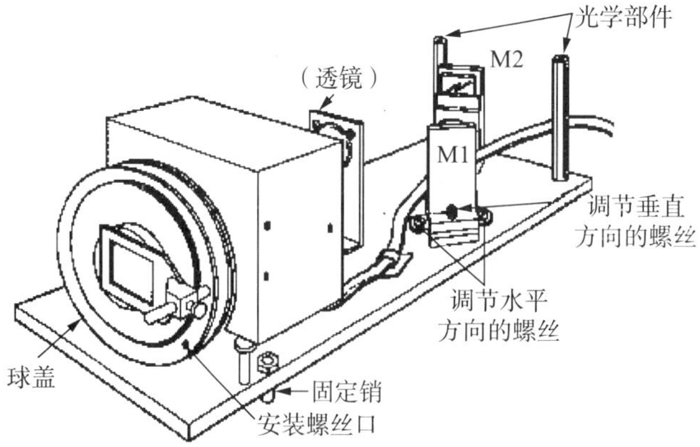

图 2.11 漫反射积分球附件

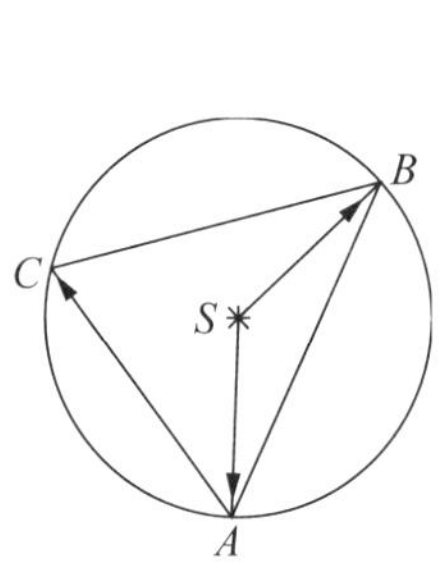

图 2.12 积分球原理图

式中,E_1 为光源 S 直接照在 B 点上的光照度;R 为积分球半径;ρ 为积分球内壁反射率;Φ 为

光通量；R 和 ρ 均为常数。E_1 的大小不仅与 B 点的位置有关，也与光源在球内的位置有关。如果在光源 S 和 B 点间放一挡屏，挡去直接射向 B 点的光，则 $E_1=0$，因而在 B 点的光照度为

$$E=\frac{\Phi}{4\pi R^2}\cdot\frac{\rho}{1-\rho} \tag{2-19}$$

因此在球壁上任意位置的光照度 E（挡去直接光照后）与灯的光通量 Φ 成正比。通过测量球壁窗口上的光照度 E，就可求出光源的光通量 Φ。

1. 固体粉末样品的测试

对于某些不溶解的固体粉末样品，可以把固体粉末样品加入如图 2.13 所示的固体粉末样品池中，用一光滑瓶盖压紧粉末样品，使粉末样品与样品池的表面石英玻璃紧密地贴在一起，然后盖好固体粉末样品池的盖板，再将样品池安装在积分球附件上即可测定。

图 2.13 固体粉末样品池

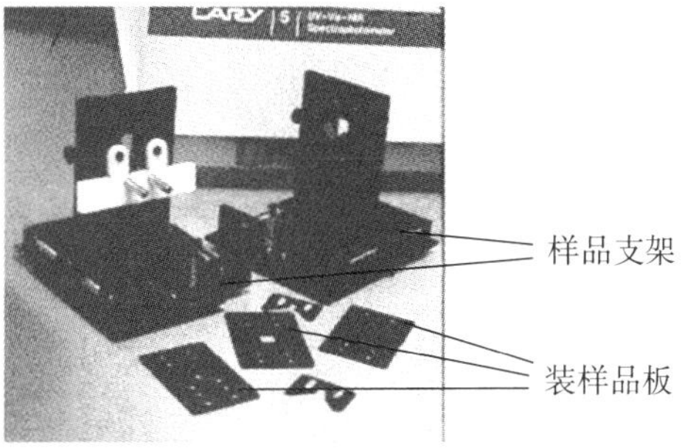

图 2.14 薄膜样品附件

2. 固体薄膜样品的测试

固体薄膜一般分两种情况，一是膜比较厚，紫外及可见光不能透过膜，这类样品可直接用积分球附件进行检测，只要将膜直接安装在积分球附件上即可测定。二是膜比较薄，紫外及可见光能透过膜，这类样品可以用类似于做液体样品那样用光的吸收的方法进行检测。只要将如图 2.14 所示的薄膜样品附件安装在仪器上，然后根据样品的大小选择不同的装样品板，把样品粘贴在装样品板上，最后把装样品板插入样品支架上即可进行测定。

思考题与习题

2-1 下列化合物有哪些电子跃迁类型？在紫外光谱中可能产生什么吸收带？请估计这些吸收带的 λ_{max} 和 ε_{max}。

(1) $CH_3CH_2CH_2CH_2OH$

(2) $CH_3CH_2\overset{\overset{\large O}{\|}}{C}H$

(3) $CH_3—CH=CH—\overset{\overset{\large O}{\|}}{C}—CH_3$

(4) 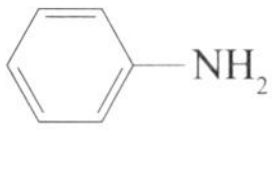

(5) 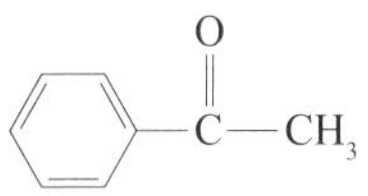

(6) 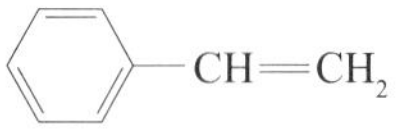

2－2 萜烯是一类重要的天然产物，广泛存在于植物精油中，萜烯有许多同分异构体，试用紫外光谱区分它们。

(1) α－松油烯 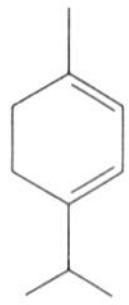 和 β－松油烯 

(2) α－菲兰烯  和 β－菲兰烯 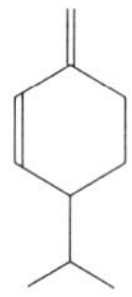

(3) 香芹烯酮 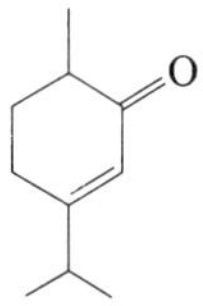 、薄荷烯酮 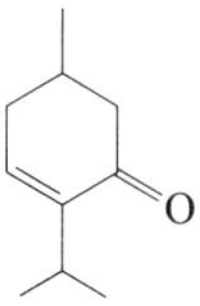 和 辣薄荷酮 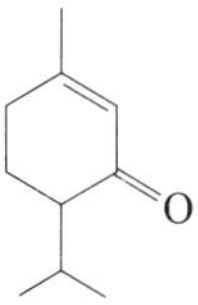

(4) 番薄荷酮 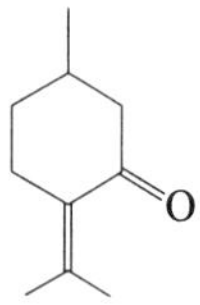 和 莳萝艾菊酮 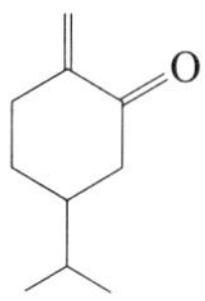

2－3 用有关经验公式计算下列有机物 *K* 吸收带的最大吸收波长。

(1) 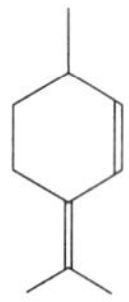

(2) 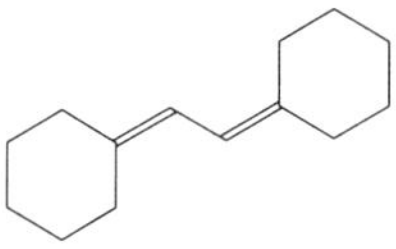

(3) 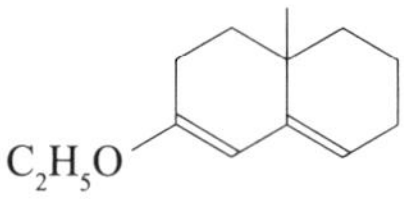

(4) 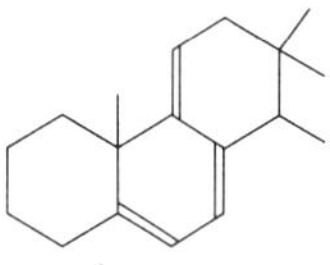

(5) 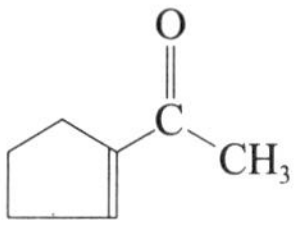

(6) $(CH_3)_2C{=}CH—COOH$

(7) 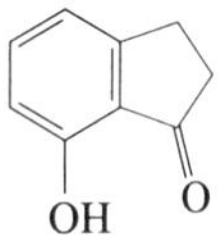

(8) 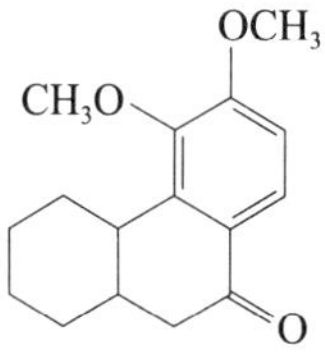

(9) 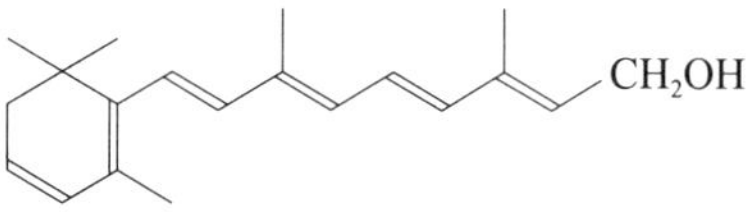

(10) 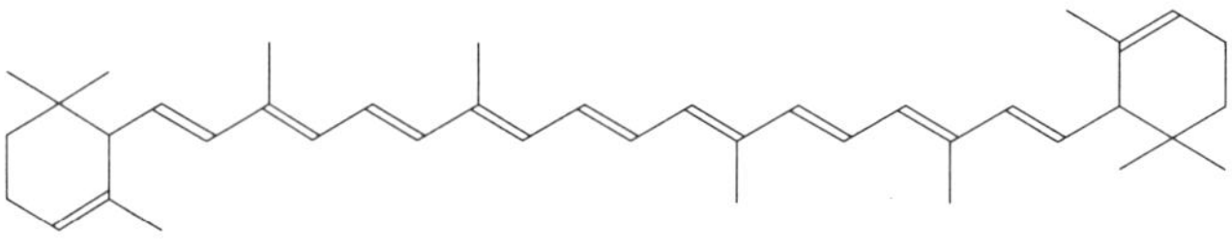

2-4 用紫外光谱能否区别下列化合物？请说明理由。

(1) 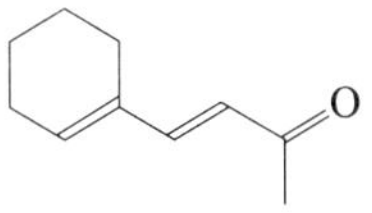

和 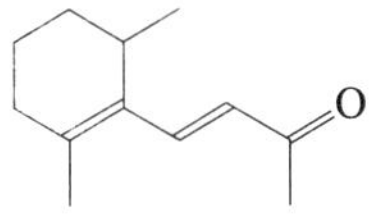

(2) 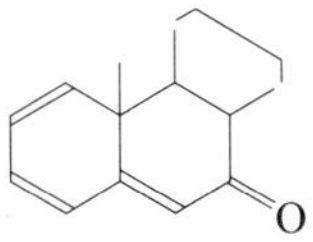

和 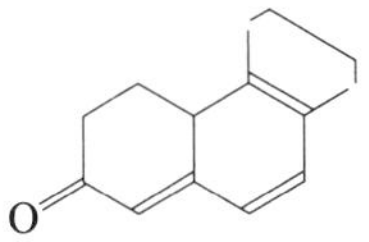

(3) 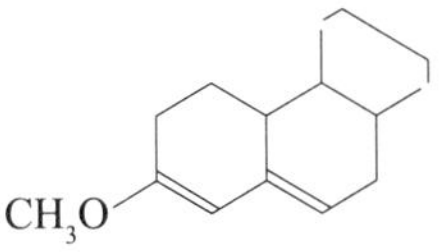

和 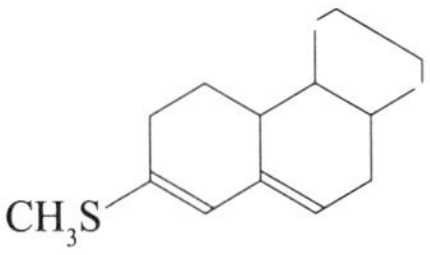

(4) 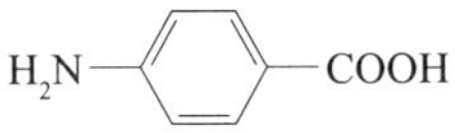

和 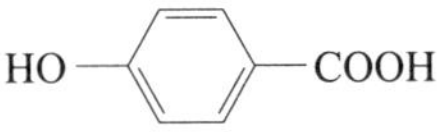

2-5 1,2-二苯基乙烯有顺、反两种异构体。在乙醇溶液中测得的紫外光谱数据顺式为 λ_{max} 280 nm(ε 约为 1×10^4)，反式为 λ_{max} 294 nm(ε 约为 2.8×10^4)。试解释这一现象。

2-6 乙酰丙酮以水为溶剂时测得其紫外吸收带 λ_{max} 274 nm(ε 约为1500)；以已烷为溶剂测得的结果是 λ_{max} 271 nm(ε 约为 1.2×10^4)。试解释这一现象。

3 红外吸收光谱和拉曼光谱

3.1 概 述

红外吸收光谱和拉曼光谱(Infrared Absorption Spectroscopy and Raman Spectroscopy)都起源于分子的振动和转动。但产生两种光谱的机理有本质的差别。红外吸收光谱(以下简称"红外光谱")是分子对红外光源的吸收所产生的光谱,拉曼光谱是分子对单色光的散射所产生的光谱。红外光谱适用于研究不同原子间的极性键振动,而拉曼光谱则适用于研究同原子间的非极性键的振动,可以研究分子振动的对称情况。红外光谱和拉曼光谱都是研究分子结构的重要工具,两者的横坐标均用波数表示。因此,两者互为补充可获得分子结构的完整资料,能避免判断的错误。表 3.1 列出了红外光谱和拉曼光谱的各自特点,便于比较。目前红外光谱无论从仪器的普及程度,还是从数据和标准谱图的累积程度都高于拉曼光谱。本章将着重讨论红外光谱,简单介绍拉曼光谱的原理及其应用。

表 3.1 红外光谱和拉曼光谱的特点

红外光谱	拉曼光谱
分子振动和转动光谱	分子振动和转动光谱
吸收,直接过程,发展较早	散射,间接过程,自激光技术后才发展
平衡位置附近偶极矩变化不为零	平衡位置附近极化率变化不为零
测试一般在中红外进行	测试在紫外、可见、近红外波段进行
实验仪器是以干涉仪为色散组件	实验仪器是以光栅为色散组件
低波数(远红外)困难,需大于 400 cm^{-1}	低波数没有问题,一般 100 cm^{-1}左右
微区测试较难	共焦显微可测试微区
仪器分辨率一般在 0.5 cm^{-1}(FT)	仪器分辨率一般在 1～2 cm^{-1}(光栅)
多数需制备样品	无需制备样品
不受样品荧光干扰,大多数有机化合物可以检测	有时受样品荧光干扰,须用近红外激光器激发
不容易测量含水样品	没有水吸收的干扰
对黑色样品测试困难	测量黑色样品没有问题

3.2　红外吸收光谱的基本原理

3.2.1　波长和波数

红外光的波长覆盖 0.76～1 000 μm 的宽广区域。通常将红外区域分为近红外区(0.76～2.5 μm)、中红外区(2.5～25 μm)和远红外区(25～1 000 μm)三个区域。由于绝大部分的有机化合物基团的振动频率处于中红外区,人们对中红外光谱研究得最多,仪器和实验技术最为成熟,积累的资料最为丰富,自然应用也最为广泛。本章涉及的内容仅限于中红外光谱。

当物质分子中某个基团的振动频率和红外光的频率一样时,分子就要吸收能量,从原来的基态振动能级跃迁到能量较高的振动能级。将分子吸收红外光的情况用仪器记录下来,就得到红外光谱图。红外光谱图多用透光率 T %为纵坐标,表示吸收强度;以波长 λ (μm)或波数(Wave Number)σ (cm^{-1})为横坐标,表示吸收峰的位置,现在主要以波数作横坐标。波数是频率的一种表示方法(表示每厘米长的光波中波的数目),它与波长的关系为

$$波数(cm^{-1})=\frac{10^4}{波长(\mu m)}$$

红外光谱图是红外光谱最常用的表示方法,它通过吸收峰的位置,相对强度以及峰的形状提供化合物的结构信息,其中以吸收峰的位置最为重要。如环戊烷的红外光谱图(图 3.1)中可以看到四个吸收峰,其峰位为 2 955 cm^{-1}、2 870 cm^{-1}、1 458 cm^{-1}、895 cm^{-1},这说明环戊烷对这四种频率的红外光有吸收。不同吸收峰的透过率不同,说明它们对不同频率光的吸收程度不同。除了用谱图形式之外也可用文字形式表示红外光谱信息。例如环戊烷的红外光谱可表示为:2 955 cm^{-1}(s)为 CH_2 的反对称伸缩振动(υ_{asCH_2}),2 870 cm^{-1}(m)为 CH_2 的对称伸缩振动(υ_{sCH_2}),1 458 cm^{-1}(m)为 CH_2 的面内弯曲振动($\delta_{面内CH_2}$)等(括号内的英文字母表示吸收峰强度)。这种表示方法指出了吸收峰的归属,带有谱图解析的作用。

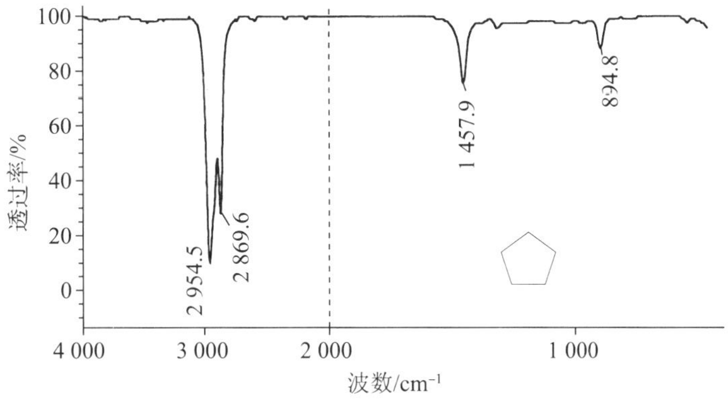

图 3.1　环戊烷的红外光谱图

3.2.2　红外光谱产生的基本条件

在 2.1 节中已经介绍了,当外界电磁波照射分子时,如果电磁波的能量与分子某能级差相等时,电磁波可能被吸收,从而引起分子对应能级的跃迁。所以用红外光照射分子时,只要符

合下述条件，就可能引起分子振动能级的跃迁。

$$E_{红外光}=\Delta E_{分子振动} \qquad (3-1)$$

这就是红外吸收光谱产生的第一个条件，这个条件也可从另一个角度来表达，即

$$\nu_{红外光}=\nu_{分子振动} \qquad (3-2)$$

式中，ν 为频率。

物质处于基态时，组成分子的各个原子在自身平衡位置附近做微小振动。当红外光的频率正好等于原子的振动频率时，就可能引起共振，使原有的振幅加大，振动能量增加，分子从基态跃迁到较高的振动能级。

红外吸收光谱产生的第二个条件是红外光与分子之间有耦合作用，为了满足这个条件，分子振动时其偶极矩(μ)必须发生变化，即 $\Delta\mu \neq 0$。

分子的偶极矩是分子中正、负电荷中心的距离(r)与正、负电荷中心所带电荷(δ)的乘积，它是分子极性大小的一种表示方法。

$$\mu=\delta r \qquad (3-3)$$

图 3.2 以 H_2O 和 CO_2 分子为例具体说明偶极矩的概念。H_2O 是极性分子，正、负电荷中心的距离为 r。分子振动时，r 随着化学键的伸长或缩短而变化，μ 随之变化，即 $\Delta\mu\neq0$。CO_2 是一个非极性分子，正、负电荷中心重叠在 C 原子上(因负电荷中心应在两个氧原子的连线中心)，$r=0$，$\mu=0$。发生振动时，如果两个化学键同时伸长或缩短，则 r 始终为 0，$\Delta\mu=0$；如果是不对称的振动，即在一个键伸长的同时，另一个键缩短，则正、负电荷中心不再重叠，r 随振动过程发生变化，所以 $\Delta\mu \neq0$。

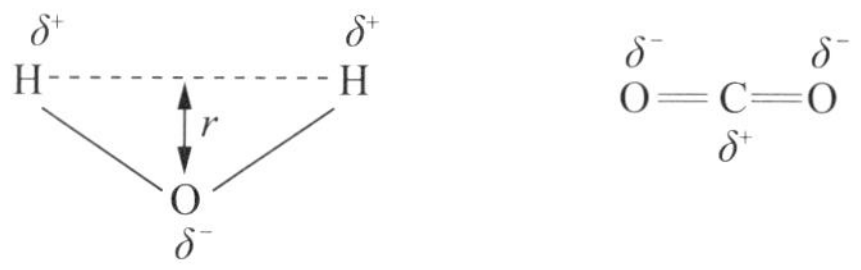

图 3.2 H_2O 和 CO_2 的偶极矩

红外光谱产生的第二个条件，实际上是保证红外光的能量能传递给分子。这种能量的传递是通过分子振动偶极矩的变化来实现的。电磁辐射(在此是红外光)的电场做周期性变化，处在电磁辐射中的分子偶极子经受交替的作用力而使偶极矩增加或减小(图 3.3)。由于偶极子具有一定的原有振动频率，只有当辐射频率与偶极子频率相匹配时，分子才与电磁波发生相互作用(振动耦合)而增加它的振动能，使振动振幅加大，即分子由原来的基态振动跃迁到较高的振动能级。可见，并非所有的振动都会产生红外吸收，只有发生偶极矩变化($\Delta\mu \neq0$)的振动才能引起可观测的红外吸收谱带，我们称这种振动为红外活性(Infrared Active)的，反之则称为非红外活性(Infrared Inactive)的。所以上面提到的 CO_2 不对称伸缩振动是红外活性的，对称伸缩振动是红外非活性。

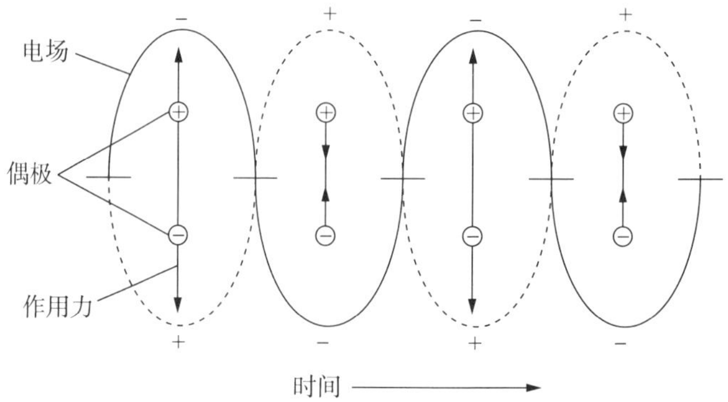

图 3.3 偶极子在交变电场中的作用

另外，由于能级跃迁有一定的选律，当振动量子数变化($\Delta\nu$)为±1时，跃迁概率最大。常温条件下绝大部分分子处于基态(振动量子数 $\nu=0$)。因此它们吸收红外光能量后跃迁到第一振动激发态(振动量子数 $\nu=1$)，是最重要的跃迁，产生的吸收频率称为基频。红外光谱中出现的绝大部分吸收峰是基频峰。由振动能级的基态跃迁到第二，甚至第三激发态虽然也能发生，但概率很小，产生的吸收称为倍频。

3.2.3　分子的振动光谱及方程式

最简单的分子是双原子分子，如在理论上能搞清双原子分子的振转光谱，就可以把多原子分子看成是双原子的集合而加以讨论。

为了便于理解和讨论，暂先忽略分子的转动，并把双原子分子看成是一个谐振子，即把两个原子看成质量为 m_1 与 m_2 的两质点，其间的化学键看成是无质量的弹簧，当分子吸收红外光时，两个原子将在连接的轴线上做振动，就如谐振子所做的简谐振动(图 3.4)。

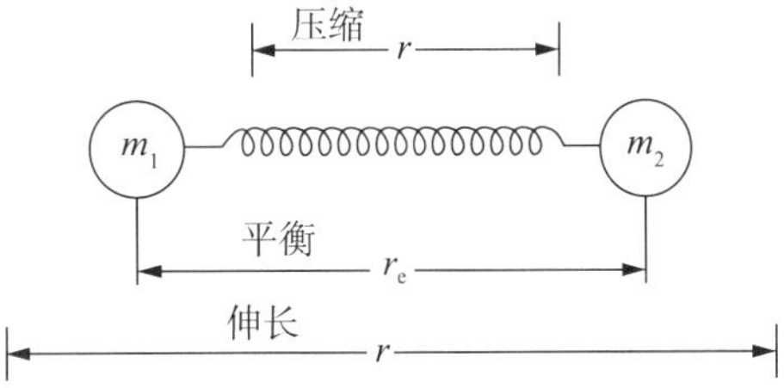

图 3.4　双原子分子的振动

在弹簧伸长或受压缩时将产生一线性恢复力 f，这力与两个质点之间的平衡距离 r_e 的位移 Δr 成正比，即

$$f=-K\Delta r$$

式中，K 为弹性系数，即化学键的力常数；负号表示力与位移的方向相反。

根据简谐振动的定义和力学中的力、质量以及加速度之间的关系($f=ma$)，可用下列的微分方程表示

$$m\frac{d^2(\Delta r)}{dt^2}=-K\Delta r \tag{3-4}$$

简谐振动中质点的位移被考虑为匀速圆周运动在其直径上的投影，因而与时间的关系可用式(3－5)表示。

$$\Delta r=A\cos(2\pi\nu t) \tag{3-5}$$

式中，ν 为振动频率；A 为投影常数。

$$\frac{d^2(\Delta r)}{dt^2}=-4\pi^2\nu^2A\cos(2\pi\nu t) \tag{3-6}$$

将式(3－5)及式(3－6)代入式(3－4)得

$$4\pi^2\nu^2m=K$$

$$\nu=\frac{1}{2\pi}\sqrt{\frac{K}{m}} \tag{3-7}$$

如果频率用波数单位，则式(3－7)变为

$$\sigma=\frac{1}{2\pi c}\sqrt{\frac{K}{m}} \tag{3-8}$$

式中，c 为光速，即 $3\times10^{10}\,cm\cdot s^{-1}$；$\sigma$ 为波数，cm^{-1}；m 为分子的折合质量，g；K 为化学键力常数，10^{-3} N/m。

对双原子分子来说其折合质量 m 为

$$m=\frac{1}{\frac{1}{m_1}+\frac{1}{m_2}}=\frac{m_1\times m_2}{m_1+m_2}$$

如果知道原子质量和化学键力常数 K ,就可利用式(3－7)或式(3－8)求出做谐振动的双原子分子的伸缩振动频率。反之,由振动光谱的振动频率也可求出化学键力常数 K。

以上仅限于把双原子分子作为谐振子模型并用经典力学的方法加以讨论。它较圆满地解释了振动光谱的强吸收谱带(基本振动谱带),但对一些弱的吸收谱带不能给予解释。其原因是它将微观粒子(电子、质子等)当作经典粒子来描述,而对微观粒子波动性未给予考虑的结果。

为了研究物质波动这一运动状态,必须引入量子力学的概念。依据量子力学的观点,当分子吸收红外光,引起分子振动与转动能级间的跃迁,要满足一定的量子化条件(选律)。对于双原子的振动,我们可以从振动势能和原子间距离变化的关系加以讨论。

当原子处于最低能量状态时,两个原子以平衡点为中心进行振动。当振动的两个原子间距大于其平衡距离时,核引力便发生作用,使其向靠近的方向移动,当小于其平衡距离时,斥力增加,又一次向原来方向移动。双原子经常是以引力与斥力处于平衡时的平衡距离 r_e为中心进行振动。这时,动能和势能的总和是一定的。例如在图 3.5 中进行 AB 振动的双原子分子处于曲线(a)上的 A 时原子间距离为 r_A,其总能只有势能而动能是零。原子相互排斥势能沿曲线(a)下降,在平衡点 r_e时,动能和原子移动速度成为最大,势能最低。随着原子再次离开,势能上升,在 B 点和 A 点的势能相同,动能成为零。

由于分子的振动能量是量子化的,只可取某些特定的分立值,如图 3.5 中 AB 直线那样的横线表示某分子可能取的振动能态。而根据振动量子数(ν =0,1,2,…),可区别各自的振动能级。

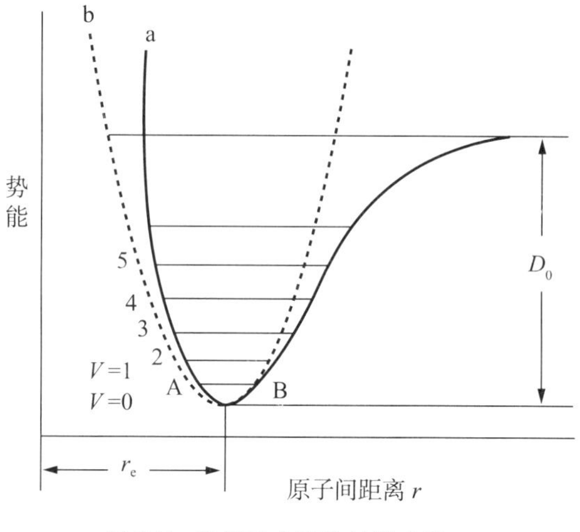

图 3.5 双原子分子的势能曲线

如果双原子间的振动是谐振动,则势能曲线如图 3.5 中 b(虚线)所示的抛物线。实际分子中的原子间振动只有在振幅非常小时,才可以大致认为是简谐振动。振幅较大时,原子间的振动已不是谐振动,势能曲线如图 3.5 中 a(实线)所示。当原子间距离增加到某一程度以上时,核引力趋于零,最终使两原子完全离开,已经没有恢复力,分子就离解了。这时势能与原子间距离变化无关,再增加其距离,势能也不变化,能量曲线显示出一条水平线。从这个位置到相当 ν =0 的能量高度 D_0是分子的离解能。

依据量子力学的观点,描述做谐振动粒子的波动方程是薛定谔(Schrödinger)波动方程

$$\frac{d^2\varphi}{d(\Delta r)^2}+\frac{8\pi^2 m}{h^2}\left[E-\frac{1}{2}K(\Delta r)^2\right]\varphi=0 \tag{3-9}$$

式中,φ 为波函数;Δr 为振动粒子偏离平衡位置;m 为振动粒子的折合质量;h 为普朗克(Planck)常数;E 为振动能量;K 为化学键力常数。

根据数学理论,要使上列方程的解满足单值、有限、连续的自然条件,则其振动能量应具有下列形式

$$E_{振}=\left(V+\frac{1}{2}\right)h\nu=\frac{h}{2\pi}\sqrt{\frac{K}{m}}\left(V+\frac{1}{2}\right) \tag{3-10}$$

式中，$V=0,1,2,\cdots$为振动量子数。

由此可见，从量子的观点看来，谐振动粒子的能量，并不像经典力学那样可以取任意的、连续变化的数值，它应该是一些分立的、不连续的能量。这就是所谓能量的量子化。而量子化就是粒子波动性的产物。

当振动量子数 $V=0$ 时，代入式(3-10)，则其对应的振动能量为

$$E_{V=0}=\frac{h}{2\pi}\sqrt{\frac{K}{m}}\left(0+\frac{1}{2}\right)=\frac{h}{4\pi}\sqrt{\frac{K}{m}} \tag{3-11}$$

式(3-11)给出的振动能量，就是前面提到的零点能量，亦即谐振子处于最低能级或基态。假如双原子分子的振动，满足其量子化条件即振动量子数由 $V=0\rightarrow1$ 改变，则其对应能级跃迁的能量差 $\Delta E_{振}$

$$\Delta E_{0\rightarrow1}=\frac{h}{2\pi}\sqrt{\frac{K}{m}}\left(1+\frac{1}{2}\right)-\frac{h}{4\pi}\sqrt{\frac{K}{m}}=\frac{h}{2\pi}\sqrt{\frac{K}{m}} \tag{3-12}$$

将式(3-12)代入式(2-3)，即 $\Delta E=h\nu$，则其振动频率 ν

$$\nu=\frac{1}{2\pi}\sqrt{\frac{K}{m}} \tag{3-13}$$

用波数表示，即

$$\sigma=\frac{1}{2\pi c}\sqrt{\frac{K}{m}} \tag{3-14}$$

比较式(3-13)与式(3-7)看出，如将双原子分子视作谐振子模型，无论是用经典力学或是量子力学的方法进行讨论，都得到相同的结果，说明了振动光谱的主要特征。但实际分子振动时，其振幅较大，不能看作是谐振动。

在非谐振子中，各种不同振动能级的能量一般是低于对应的谐振子，求得的非谐振子的振动能量 $E_{振}$ 可用下列公式表示：

$$E_{振}=\left(V+\frac{1}{2}\right)h\nu-\left(V+\frac{1}{2}\right)^2 Xh\nu+\cdots \tag{3-15}$$

$$(V=0,1,2,\cdots)$$

式中，X 为非谐性常数，它表示非谐性大小的一个量。分子振动的振幅越大，则非谐性越大。而构成分子的原子质量增大，振幅变小，非谐性亦小。反之亦然。

式(3-15)表明非谐振的双原子分子跃迁时吸收的能量不是 $h\nu$，而略小于 $h\nu$，也说明振动能级间不是等距离的，它较好地解释了红外光谱中吸收强度较弱的倍频不是正好等于基频的2倍，而稍低于基频的2倍。

多原子的振动情况比较复杂，一般可用式(3-14)来粗略地计算多原子分子中的双原子的振动频率，亦能反映分子振动光谱的特性。在举例说明以前先将式(3-14)化简，根据两原子的折合质量 m 与相对原子质量 M 之间的关系($M=m\cdot N$)，N 为阿伏伽德罗常数$=6.022\times10^{23}\,mol^{-1}$，同时将$c=3\times10^{10}\,cm\cdot s^{-1}$代入，化简式(3-14)得

$$\sigma=4.12\sqrt{\frac{K}{M}} \tag{3-16}$$

例 3-1 计算碳氢化合物中 C—H 键的伸缩振动频率，已知 $K=5\times10^5\ \mathrm{dyn\cdot cm^{-1}}$。

$$M=\frac{M_1M_2}{M_1+M_2}=\frac{12}{13}=0.923$$

代入式(3-16)中，则

$$\sigma=4.12\times\sqrt{\frac{5\times10^5}{0.923}}=3\ 032\ \mathrm{cm^{-1}}$$

实际上脂肪族化合物中的甲基吸收的伸缩振动频率在 2 962 $\mathrm{cm^{-1}}$(反对称)，2 872 $\mathrm{cm^{-1}}$(对称)，而烯烃或芳香族中的 C—H 键伸缩振动频率在 3 030 $\mathrm{cm^{-1}}$附近。

例 3-2 计算 C═O 双键的伸缩振动频率，已知 $K=12\times10^5\ \mathrm{dyn\cdot cm^{-1}}$。

$$M=\frac{M_1M_2}{M_1+M_2}=\frac{12\times16}{12+16}=6.86$$

$$\sigma=4.12\times\sqrt{\frac{12\times10^5}{6.86}}=1\ 723\ \mathrm{cm^{-1}}$$

羰基化合物实际上的伸缩振动频率：酮基约为 1 715 $\mathrm{cm^{-1}}$，醛基约为 1 725 $\mathrm{cm^{-1}}$，羧基约为 1 760 $\mathrm{cm^{-1}}$。

3.3 红外光谱与分子结构的关系

3.3.1 分子的振动形式

分子的振动形式可分为两大类：伸缩振动和弯曲振动(也称变形)。前者是指原子沿键轴方向往复运动，振动过程中键长发生变化。后者是指原子垂直于化学键方向的运动。根据振动时原子所处的相对位置还可将这两种振动形式分为不同的类型。为了便于表述，通常用不同符号表示不同的振动形式。例如，伸缩振动可分为对称伸缩振动和反对称伸缩振动，分别用 υ_s和 υ_{as}表示。弯曲振动可分为面内弯曲振动(δ)和面外弯曲振动(γ)，它们还可细分为摇摆、卷曲等振动形式。同一基团的不同振动形式，振动频率也有所不同。图 3.6 列出了亚甲基(CH_2)的各种振动形式和相应的振动频率。

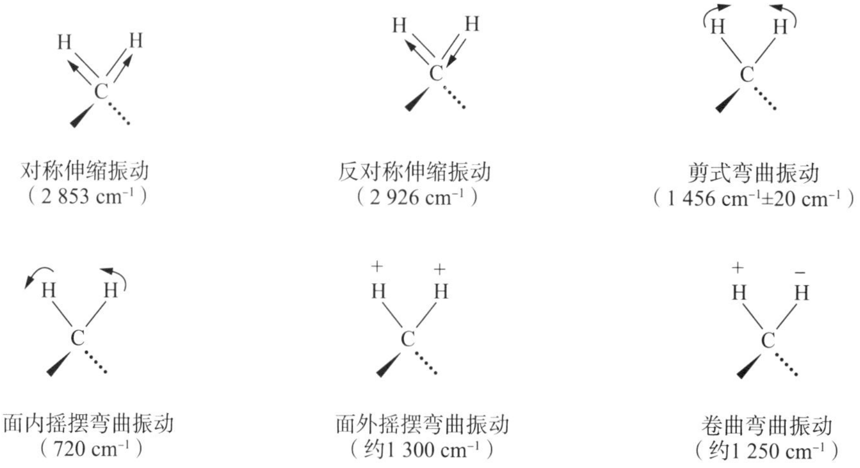

(+和-表示垂直于纸面方向的前后振动)

图 3.6 亚甲基的振动方式及振动频率

一个双原子分子只有对称伸缩振动一种振动形式，而从图 3.6 可以看到一个 CH_2 基团就有 6 种不同的振动形式。对于一个多原子的有机化合物来说，可以想象其振动方式之多。可以用统计方法计算多原子分子的振动形式数目。确定一个原子在空间的位置需要三个坐标。对于 n 个原子组成的分子，要确定其空间位置需要 $3n$ 个坐标，分子有 $3n$ 个自由度。当所有原子同时朝一个方向运动时，分子并不发生振动而是平移，所以分子有三个平移的自由度。与此类似非线形分子还有三个转动自由度，线形分子只有两个转动自由度。由此可见非线形分子有 $3n-6$ 个振动自由度，即有 $3n-6$ 个基本振动，而线形分子有 $3n-5$ 个基本振动。从理论上说每一基本振动都能吸收与其频率相同的红外光，在红外光谱图对应的位置上出现一个吸收峰。但实际上因为有一些振动分子没有偶极矩变化是红外非活性的；另外有一些不同振动的频率相同，发生简并；有一些频率十分接近，仪器无法将它们分辨；还有一些振动频率超出了仪器可检测的范围；所有这些使得红外谱图中的吸收峰大大低于理论值。

在红外光谱中，除上述基本振动产生的基本频率吸收峰之外，还有一些其他振动吸收峰存在。

● 倍频：它是分子吸收红外光后，由振动能级基态跃迁到第二、第三激发态时所产生的吸收峰，由于振动能级间隔不是等距离的，所以倍频不是基频的整数倍。如图 3.9 所示，在 3 408 cm^{-1} 处的吸收峰是 1 713 cm^{-1} 的倍频峰。

● 组合频：所谓的组合频是一种频率红外光，同时被两个振动所吸收，即光的能量用于两种振动能级的跃迁。组合频和倍频统称为泛频。由于它们不符合跃迁选律，发生的概率很小，在谱图中均显示为弱峰。

● 振动耦合：当相同的两个基团相邻，且振动频率相近时，会发生振动耦合裂分，结果引起吸收频率偏离基频，一个移向高频方向，另一个移向低频方向。典型的例子是 CH_3 的对称弯曲振动频率为 1 380 cm^{-1}。当两个甲基连在同一个碳原子上，形成异丙基—$CH(CH_3)_2$ 时发生振动耦合，1 380 cm^{-1} 的吸收峰消失，1 387 cm^{-1} 和 1 375 cm^{-1} 附近各出现一个峰，见图 3.7。

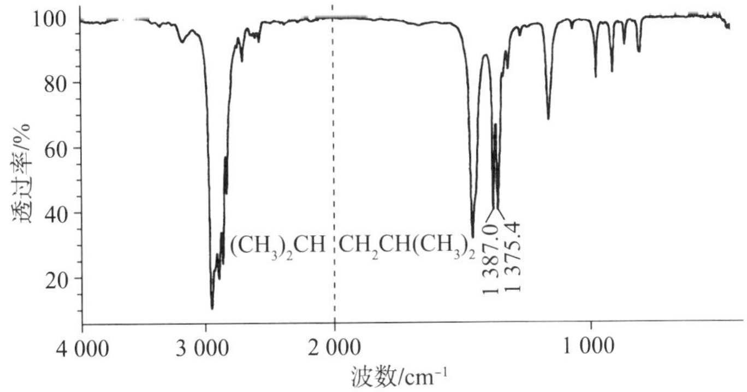

图 3.7 2,4-二甲基戊烷的红外光谱

● 费米共振：费米共振也是一种振动耦合现象，只不过它是基频与倍频或组合频之间发生的振动耦合。当倍频峰或组合频峰与某基频峰相近时，发生相互作用。使原来很弱的倍频或组合频吸收峰增强。典型的例子是苯甲酰氯，苯甲酰氯 C—Cl 的伸缩振动在 874 cm^{-1}，其倍频峰位于 1 730 cm^{-1}左右，正好落在 $\upsilon_{C=O}$附近，发生费米共振从而使倍频峰增加，见图 3.8。

含氢基团的振动耦合或费米共振都可以通过氘代加以证实。当氢原子被氘代后，基团的折合质量发生较大变化，振动频率也随之改变，氘代前的耦合条件不再能满足，故因耦合或费

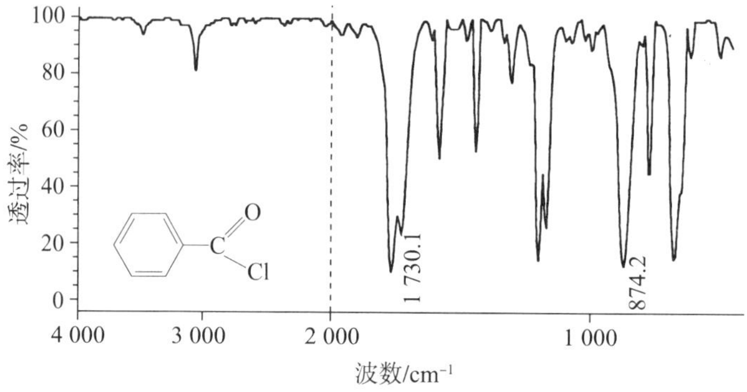

图 3.8 苯甲酰氯的红外光谱

米共振出现的吸收峰不复出现。

3.3.2 红外光谱的分区

1. 基团结构与振动频率的关系

分子的振动方程式(3.13)建立了基团振动频率与基团化学结构之间的关联,指出影响基团频率的直接因素是组成该基团的原子折合质量和化学键的力常数。

对于具有相同(或相似)质量的原子基团,振动频率 σ 与化学键的力常数 K 的平方根成正比。以 C≡C、C═C 和 C—C 基团为例,它们的折合质量相同,$m=6$,表 3.2 列出了它们的化学键力常数及振动频率,当折合质量相同时,随化学键力常数减弱,基团的振动频率减小。

表 3.2 基团振动频率与化学键力常数的关系

基　团	化学键力常数 $K/(\text{N}\cdot\text{cm}^{-1})$	振动频率 σ/cm^{-1}
C≡C	12～18	2 262～2 100
C═C	8～12	1 600～1 680
C—C	4～6	1 000～1 300(弱)

对于化学键相似的基团,σ 与组成的原子折合质量 m 的平方根成反比。

例如,同样具有单键的 C—H、C—C、C—Cl 和 C—I 基团,它们的化学键力常数(K)相差不是很大,但是折合质量(m)则有很大的差别,因此基团振动频率完全不同(表 3.3)。

表 3.3 基团振动频率与原子折合质量的关系

基　团	折合质量 m	振动频率 σ/cm^{-1}
C—H	0.9	2 800～3 100
C—C	6	约 1 000
C—Cl	7.3	约 625
C—I	8.9	约 500

2. 基团频率区的划分

有机化合物的数目非常大,但是组成有机化合物的常见元素只有 10 种左右,组成有机化合物的结构单元,即称为基团的原子组合数目也不多,常见的约有几十种。根据上述讨论可知，基团的振动频率主要取决于组成基团原子质量(即原子种类)和化学键力常数(即化学键的种类)。因此处在不同化合物中的同种基团的振动频率相近，总是出现在某一范围内。根据这一规律，可以把红外光谱范围划分为若干个区域，每个区域对应一类或几类基团的振动频率，这样对红外光谱进行解析时就十分方便。最常见的红外光谱分区是将 400～4 000 cm^{-1}分为氢键区、三键和累积双键区、双键区及单键区四个区域，对应的频率范围和涉及的基团及振动形式见表 3.4。

表 3.4 红外光谱的分区

区域名称	氢键区	三键和累积双键区	双键区	单键区
频率范围	2 500～4 000 cm^{-1}	2 000～2 500 cm^{-1}	1 500～2 000 cm^{-1}	400～1 500 cm^{-1}
基团及振动形式	O—H、C—H、N—H 等的含氢基团的伸缩振动	C≡C、C≡N、N≡N 等三键和 C═C═C、N═C═O 等累积双键基团的伸缩振动	C═O、C═C、C═N、NO_2、苯环等双键基团的伸缩振动	C—C、C—O、C—N、C—X(X 为卤素)等单键的伸缩振动及 C—H、O—H 等含氢基团的弯曲振动

氢键区是含氢基团的伸缩振动频率区。因氢是单价元素，且相对原子质量为 1，氢与其他元素的原子只能以单键形成基团，不论另一个原子的相对原子质量是有多大，基团的折合质量总是小于 1，所以含氢基团的伸缩振动处在红外光谱的最高频。依次往低频方向的是三键区、双键区和单键区。因为在组成有机物的常见元素中，除溴和碘的相对原子质量特别大之外，其余元素的相对原子质量相差不大，由它们组成基团的折合质量差别更小，振动频率的大小主要取决于化学键力常数。

根据红外光谱四个区域的特征及应用功能，通常又把前三个区域，即 1 500～4 000 cm^{-1}区域称为特征频率区，把小于 1 500 cm^{-1}的区域称为指纹区(有些文献中以 1 350 cm^{-1}作为两者的界线)。出现在特征频率区中的吸收峰数目不是很多，但具有很强的特征性。处于不同化合物的同种基团，振动频率总是出现在一个窄的波数范围内。例如羰基(C═O)，不论是在酮、酸、酯或酰胺等哪类化合物中，其伸缩振动总是在双键区 1 700 cm^{-1}左右出现一个强吸收峰。反过来，如果在红外光谱的 1 700 cm^{-1}左右有一个强吸收峰，就可以判断分子中含有羰基。特征频率区的信息主要用于鉴定官能团。指纹区的情况不同，该区的吸收峰多而复杂，没有强的特征性，其原因有以下几个方面。

- C—C 单键是有机化合物的骨架，大量存在，它们的伸缩振动产生一部分的吸收峰。
- N、O 的相对原子质量与 C 相差很小，C—O、C—N 的伸缩振动与 C—C 伸缩振动很难区别。
- C—H(大量)、N—H、O—H 的弯曲振动也处在这一区域，又增加了该区域的复杂性。
- C 和 N 是多价元素，通过多个化学键与其他原子或基团相连，易受周围的化学环境影响，使基团振动频率改变，造成吸收峰特征性不强。

在指纹区中，单个吸收峰的特征性不强，对它们进行归类很难，但是它对整个分子结构十分敏感。分子结构的微小变化，如苯环取代基的位置，烷基链支化的情况等都会引起这一区域吸收峰的变化，就像人的指纹一样因人而异，因此我们可以利用这一特点，通过与红外光谱的标准谱图比较来鉴定化合物。图 3.9 和图 3.10 分别为异丙基乙基酮和甲基丁基酮。从图中可以看到在特征频率区(1 500～4 000 cm^{-1})，两个谱图的峰位基本相同，而在指纹区(1 500 cm^{-1}以下)差别比较大，这是因为这两个化合物是同分异构体，都含有羰基、甲基、次甲基等基团,故它们在特征区具有相同的特征频率,但由于它们的结构不同,C—C 键及 C—H 键所处的化学环境也各不相同,所以在指纹区它们的差别就比较明显。

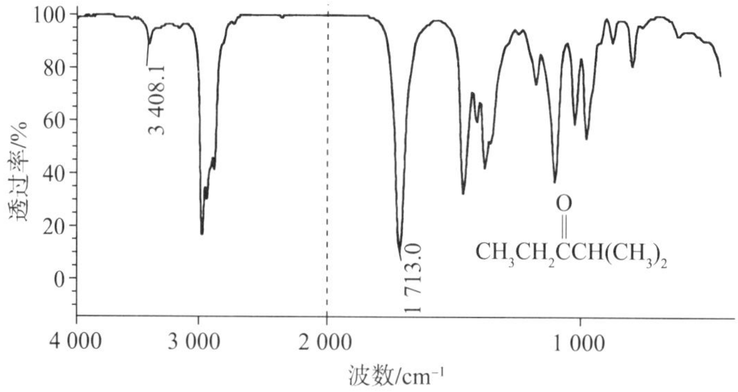

图 3.9 异丙基乙基酮的红外光谱

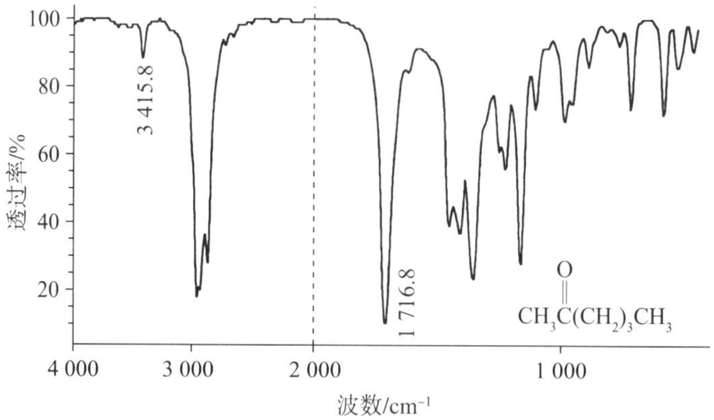

图 3.10 甲基丁基酮的红外光谱

3.3.3 影响基团频率位移的因素

基团处于分子中某一特定的环境,因此它的振动不是孤立的。基团确定后,组成该基团的相对原子质量不会变,但相邻的原子或其他基团可以通过电子效应、空间效应等影响化学键的力常数,从而使其振动频率发生位移。上一节提到在特征频率区不同化合物中的同一种官能团的吸收振动总是出现在一个窄的波数范围内,但它不是出现在一个固定波数上,具体出现在哪一波数与基团在分子中所处的环境有关,这也是红外光谱用于有机分子结构分析的依据。下面详细讨论影响基团频率的因素。

1. 电子效应

1) 诱导效应

由于取代基的不同电负性,通过静电诱导作用,使分子中电子云分布发生变化从而引起化学键力常数的变化,影响基团振动频率,这种作用称为诱导效应。例如在一些化合物中,羰基伸缩振动($\upsilon_{C=O}$)频率,随着取代基电负性增大,吸电子诱导效应增加,使羰基双键性加大,$\upsilon_{C=O}$向高波数移动。

1 715 cm⁻¹　　1 735 cm⁻¹　　1 800 cm⁻¹　　1 870 cm⁻¹

2）共轭效应

当两个或更多的双键共轭时，因 π 电子离域增大，即共轭体系中电子云密度平均化，使双键的键强降低，双键基团的振动频率随之降低，仍以 $\upsilon_{C=O}$ 为例加以说明。

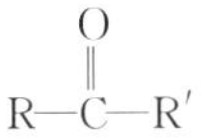

1 715 cm^{-1}

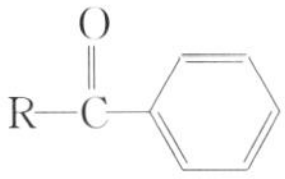

1 690 cm^{-1}

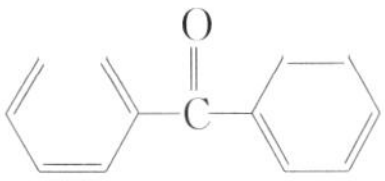

1 665 cm^{-1}

而对共轭体系中的单键而言，则键强有所增强，相应的振动频率增大。如脂肪醇的红外光谱中，C—O—H 基团中的 C—O 反对称伸缩振动（υ_{asC-O}）频率位于 1 050～1 150 cm^{-1}，在酚中，因为氧与芳环的 $p-\pi$ 共轭，使 C—O 键强增大，其 υ_{C-O} 蓝移到 1 200～1 230 cm^{-1}。

有些时候诱导效应和共轭效应同时存在，应具体分别哪一种效应的影响更大。例如酰胺 $R-\overset{O}{\overset{\|}{C}}-NH_2$，氮原子上的孤对电子与羰基形成 $p-\pi$ 共轭，使 $\upsilon_{C=O}$ 红移；氮的电负性比碳大，吸电子诱导效应使 $\upsilon_{C=O}$ 蓝移，因共轭效应大于诱导效应，总结果 $\upsilon_{C=O}$ 红移到 1 689 cm^{-1} 左右，而在脂肪族酯中也同时存在共轭和诱导两种效应，但诱导效应占主导地位，所以酯的 $\upsilon_{C=O}$ 出现在较高频率处。

2. 空间效应

1）空间位阻

共轭体系具有共平面的性质，如果因邻近基团体积大或位置太近而使共平面性偏离或破坏，就使共轭体系受到影响。原来因共轭效应而处于低频的振动吸收向高频移动，仍以 $\upsilon_{C=O}$ 为例，当苯乙酮的苯环邻位有甲基或异丙基存在时，$\upsilon_{C=O}$ 发生蓝移。

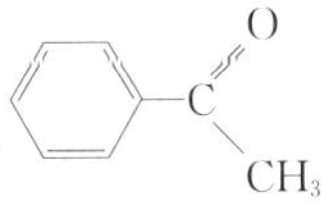

1 663 cm^{-1}

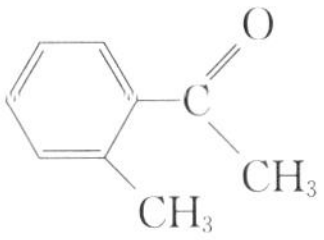

1 686 cm^{-1}

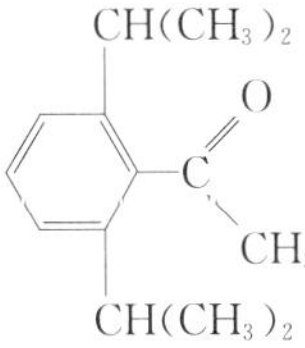

1 693 cm^{-1}

2）环的张力

环张力的大小会影响环上有关基团的振动频率。基本规律是随着环张力增大环外基团伸缩振动频率增加，而环内基团则振动频率反而下降。表 3.5 列出了一些典型例子。

表 3.5 环的张力对基团振动频率的影响

	基团*	六元环	五元环	四元环	三元环
环外基团	环酮 $\upsilon_{C=O}$ 的频率/cm^{-1}	1 715	1 745	1 780	1 850
	环外烯 $\upsilon_{C=C}$ 的频率/cm^{-1}	1 651	1 657	1 678	1 781
	环烷烃 υ_{C-H} 的频率/cm^{-1}	2 925	—	—	3 050
环内基团	环内烯 $\upsilon_{C=C}$ 的频率/cm^{-1}	1 639	1 623	1 566	—

* 环　酮：如 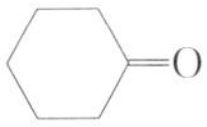　环外烯：如 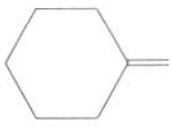

环烷烃：如 　环内烯：如 

3. 氢键

氢键的形成使参与形成氢键的原有化学键力常数降低,吸收频率向低频移动。氢键形成程度不同,对力常数的影响不同,使吸收频率有一定范围,即吸收峰展宽。形成氢键后,相应基团振动时偶极矩变化增大,因此吸收强度增大。

例如醇、酚的 υ_{OH},当分子处于游离状态时,其振动频率为 3 640 cm^{-1}左右,呈现一个中等强度的尖锐吸收峰;当分子因氢键而形成缔合状态时,振动频率红移到 3 300 cm^{-1}附近。谱带增强加宽。胺类化合物的 NH_2 或 NH 也能形成氢键,有类似现象。除伸缩振动外,OH、NH 的弯曲振动受氢键影响也会发生谱带位置的移动和峰形展宽。还有一种氢键是发生在 OH 或 NH 与 C═O 之间的,如羧酸以这种方式形成二聚体。

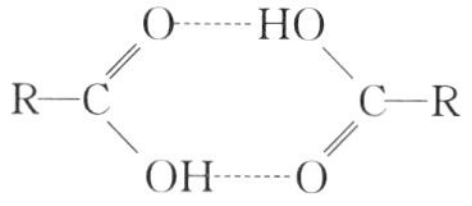

这种氢键比 OH 自身形成的氢键作用更大,不仅使 υ_{OH}移向更低频,在 2 500～3 200 cm^{-1}区域,而且也使 $\upsilon_{C=O}$红移。游离羧酸的 $\upsilon_{C=O}$约为 1 760 cm^{-1},而缔合状态(如固、液体)时,因氢键作用 $\upsilon_{C=O}$移到 1 700 cm^{-1}附近。

氢键对振动频率的影响是能用实验证明的。如在气相或非极性的稀溶液中测定醇或酸的红外光谱,得到的是游离分子的红外光谱,此时没有氢键的影响。如果以液态的纯物质或浓溶液测定,得到的是由氢键缔合分子的红外光谱,两者有较大的差别(图 3.11)。有些化合物能形成分子内氢键,如邻羟基苯甲酸,其 υ_{OH}、$\upsilon_{C=O}$不会受到浓度变化的影响。

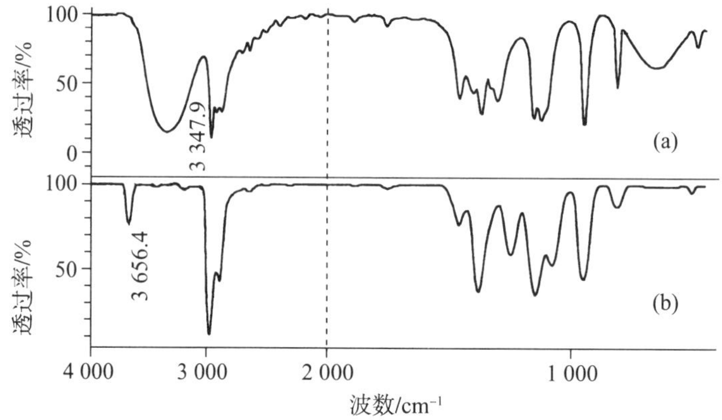

图 3.11 异丙醇的液膜(a)和气相(b)红外光谱

除上述讨论的电子效应、空间效应以及氢键效应的影响能导致基团振动频率位移之外,在 3.3.1 节曾经讨论过的振动耦合、费米共振等也会使振动频率位移。同时因测定红外光谱时的制样方法等条件不同,也在某种程度上影响谱图的形状。

3.3.4 影响谱带强度的因素

谱带强度与基团振动时偶极矩变化的大小有关,偶极矩变化越大,谱带强度越大。偶极矩没有变化,谱带强度为 0,即为红外非活性。而偶极矩的变化和分子(或基团)本身固有的偶极矩有关,极性较强的基团,振动中偶极矩变化较大,对应的吸收谱带也较强。例如 C═O 和

C═C 伸缩振动频率相差不大，都在双键区，但吸收强度差别很大，C═O 的吸收很强，而 C═C 的吸收较弱。单键也一样，C—O，C—X(X 为卤素原子)这样的极性基团在谱图中总是产生强吸收，而 C—C 基团的吸收峰较弱。

基团的偶极矩还与结构的对称性有关，对称性越强，振动时偶极矩变化越小，吸收谱带越弱。例如 C═C 双键在下面三种结构中，吸收强度差别很明显(ε 为摩尔吸光系数)。

$$R—CH═CH_2(\varepsilon=40) \qquad R—CH═CH—R'(顺式\ \varepsilon=10,反式\ \varepsilon=2)$$

端烯烃的对称性较差，顺式烯烃其次，反式烯烃的对称性最强，因此它们的 C═C 吸收峰强度依次递减，在反式烯烃中几乎常常检测不到。

3.4 各类化合物的红外光谱特征

3.4.1 烃类化合物

1. 烷烃

烷烃的结构简单，直链烷烃分子中只有甲基(CH_3)和亚甲基(CH_2)，支链烷烃中还可能有次甲基(CH)或季碳原子存在。这些基团的伸缩振动和弯曲振动产生的吸收峰是烷烃红外光谱的主要吸收峰，它们大体在三个区域内。

● 饱和 C—H 的伸缩振动位于氢键区 3 000～2 800 cm^{-1}，其中包括 CH_3、CH_2不对称和对称伸缩振动以及 CH 基团的伸缩振动。它们的振动频率相差不大，在分辨率低时发生重叠，在谱图上只能见到两个吸收峰。表 3.6 列出了各基团不同振动方式的具体频率，由这些数据可知，同一基团的不对称伸缩振动比对称伸缩振动频率高，而对同一类型的振动而言，甲基频率最高，在高分辨率的谱图中，通过检测 2 960～2 950 cm^{-1}的峰可以推测分子中是否有 CH_3存在。

表 3.6 烷烃类化合物的特征基团频率

基 团	振动形式	吸收峰位/cm^{-1}	强度*	备 注
—CH_3	υ_{asCH}	2 962±10	s	异丙基和叔丁基在 1 380 cm^{-1}附近裂分为双峰
	υ_{sCH}	2 872±10	s	
	δ_{asCH}	1 450±10	m	
	δ_{sCH}	1 380～1 370	s	
>CH_2	υ_{asCH}	2 926±5	s	
	υ_{sCH}	2 853±10	s	
	δ_{CH}	1 465±20	m	
—CH< (次甲基)	υ_{sCH}	2 890±10	w	
	δ_{CH}	约 1 340	w	
—$(CH_2)_n$—	CH_2的 δ_{CH}	约 720	w	$n\geq4$

* 吸收强度表示：s：强，m：中强，w：弱。

● CH_3、CH_2的弯曲振动频率位于 1 500～1 300 cm^{-1}。其中 δ_{asCH_3} 和 δ_{sCH_2} 都出现在 1 460 cm^{-1}附近，δ_{sCH_3}在 1 380 cm^{-1}附近，这是甲基的又一个特征峰。当分子中有异丙基时，因振动耦合作用使 1 380 cm^{-1}的峰发生裂分在 1 375 cm^{-1}和 1 385 cm^{-1}左右出现强度接近的两个峰(图 3.7)，叔丁基也会有类似现象发生，但出现的两个裂分峰强度不等，其中处于低波数的峰强度约为高波数的两倍。

● 当分子含有四个以上—CH_2—所组成的长链时，在 720 cm^{-1}附近出现较稳定的$(CH_2)_n$面内摇摆振动弱吸收峰，峰强度随相连的 CH_2个数增加而增强。如图 3.12 正癸烷的红外光谱所示。

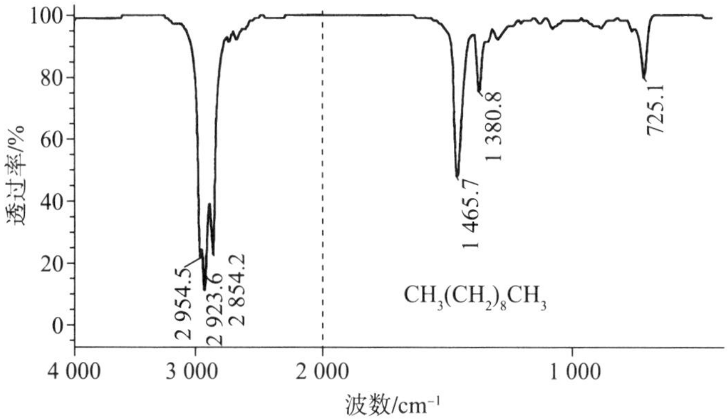

图 3.12 正癸烷的红外光谱

2. 烯烃

烯烃与烷烃的结构差别只是前者多了一个或几个 C═C 双键，所以烯烃与烷烃的红外光谱主要差别均与 C═C 有关，主要有以下三个特征。

● C═C 双键的伸缩振动($\upsilon_{C=C}$)位于双键区 1 680～1 600 cm^{-1}。不同类型烯烃的 $\upsilon_{C=C}$稍有差别，见表 3.7。共轭的 C═C，振动频率较低，靠近 1 600 cm^{-1}。C═C 伸缩振动是一个中等强度或较弱的吸收峰，其强度受分子对称性影响。在一个完全对称的结构中，C═C 伸缩振动时没有偶极矩的变化，是红外非活性的，因此在这区域不出现 $\upsilon_{C=C}$吸收峰。

● 不饱和 C—H 的伸缩振动($\upsilon_{=C-H}$)，即烯碳原子上的 C—H 伸缩振动位于 3 100～3 000 cm^{-1}，比烷烃中的饱和 C—H 伸缩振动频率稍高。一般以 3 000 cm^{-1}为界线来区分饱和 C—H 和不饱和 C—H。

● 不饱和 C—H 的面外弯曲振动($\gamma_{面外=C-H}$)位于 1 000～650 cm^{-1}区域。$\gamma_{面外=C-H}$虽然位于指纹区，但它们的强度大，特征性较强，吸收峰的位置与烯烃的取代类型密切相关(表 3.7)，是鉴别烯烃类型的最重要信息。$\gamma_{面外=C-H}$的倍频出现在 1 800 cm^{-1}附近。

表 3.7 烯烃类化合物的特征基团频率

烯烃类型	$\upsilon_{=C-H}$的频率/cm^{-1}(强度)	$\upsilon_{C=C}$的频率/cm^{-1}(强度)	$\gamma_{面外=C-H}$的频率/cm^{-1}(强度)
R—CH═CH_2	3 080(m)，2 975(m)	1 645(m)	990(s) 910(s)
R_2C═CH_2	3 080(m)，2 975(m)	1 655(m)	890(s)
RCH═CHR′(顺式)	3 020(m)	1 660(m)	760～730(m)
RCH═CHR′(反式)	3 020(m)	1 675(w)	1 000～950(m)
R_2C═CHR′(三取代)	3 020(m)	1 670	840～790(m)
R_2C═CR_2′(四取代)	3 020(m)	1 670	无

上述烯烃的特征吸收峰在 1-辛烯的红外光谱中(图 3.13)均十分明显。同时在谱中还可

见到烷基链产生的各吸收峰。

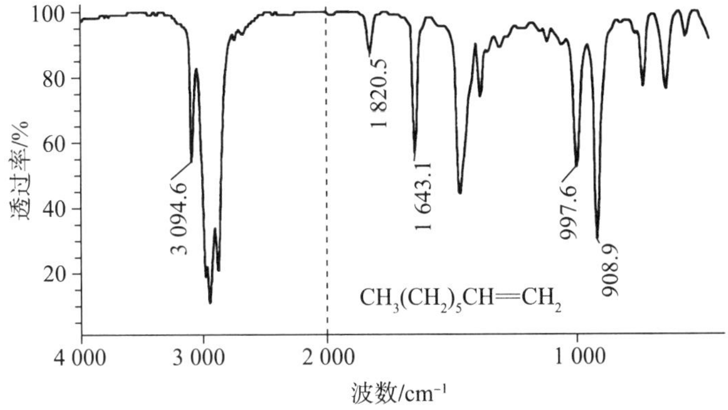

图 3.13　1-辛烯的红外光谱

3. 炔烃

炔烃的红外光谱比较简单。端基炔烃有两个主要特征吸收峰，一是三键旁的不饱和 C—H 伸缩振动 $\upsilon_{\equiv C-H}$约在 3 300 cm^{-1}处产生一个中强的尖锐峰，二是 C≡C 伸缩振动 $\upsilon_{C\equiv C}$吸收峰在 2 140～2 100 cm^{-1}(图 3.14)。C≡C 位于碳链中间的炔烃红外光谱更为简单，只有 $\upsilon_{C\equiv C}$在 2 200 cm^{-1}左右的一个尖峰，强度较弱，在对称结构中该峰不出现(图 3.15)。

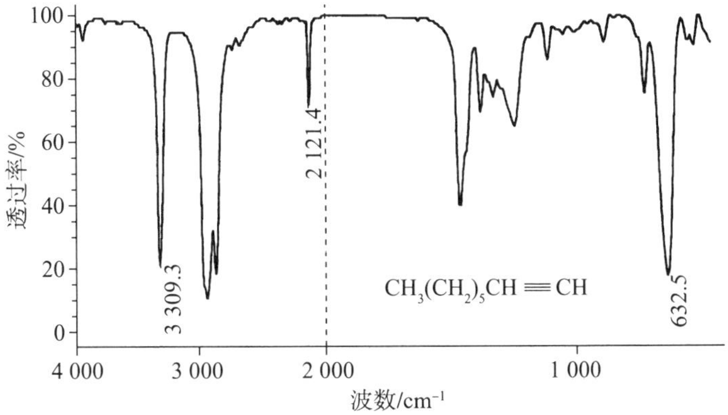

图 3.14　1-辛炔的红外光谱

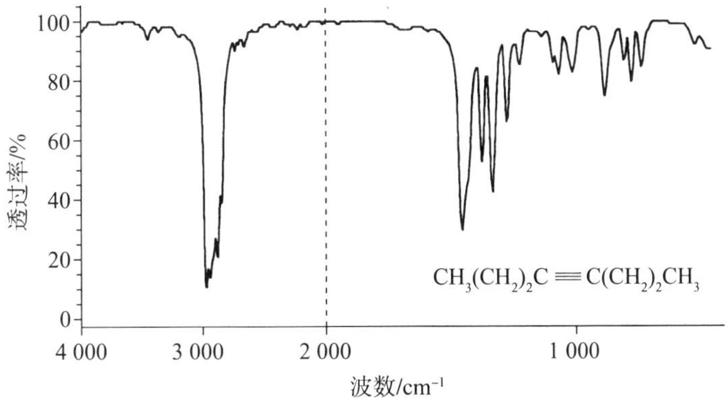

图 3.15　4-辛炔的红外光谱

4. 芳烃

芳烃的红外吸收光谱与烯烃类似，有以下特征吸收：

- 芳环的骨架振动($\upsilon_{C=C}$)在 1 650～1 450 cm^{-1}出现 2～4 个吸收峰。由于芳环是一个共轭体系，所以其 C═C 伸缩振动频率位于双键区的低频一端。
- 芳环上的 C—H 伸缩振动($\upsilon_{=C-H}$)与烯烃的不饱和 C—H 伸缩振动类似，出现在 3 100～3 000 cm^{-1}，但常常有数个吸收峰。
- 芳环上 C—H 的面外弯曲振动($\gamma_{\text{面外}=C-H}$)在 900～650 cm^{-1}有强吸收。这一区域的吸收峰位置与芳环上取代基性质无关，而与芳环上相连 H 的个数有关，相连的 H 越多，振动频率越低，吸收强度越大(表 3.8)。因此，它们能用于鉴别芳环的取代类型。这点也与烯烃类似。图 3.16 中 731 cm^{-1}和 694 cm^{-1}的峰，可鉴别为芳环的单取代类型。
- $\gamma_{\text{面外}=C-H}$的倍频在 2 000～1 600 cm^{-1}出现一组弱峰。不同取代苯在这一区域的倍频峰具有不同的个数和形状(表 3.8)，可作为判断苯环取代类型的佐证。倍频峰很弱，为了清楚显示它们，应在制样时加大样品的厚度来测定。

表 3.8 芳香烃的特征吸收及其倍频

相邻氢的数目	苯环上取代情况	γ 吸收峰	2 000～1 600 cm^{-1} γ 的倍频
5	一取代	770～730 cm^{-1} 710～690 cm^{-1}	
4	邻位二取代	770～735 cm^{-1}	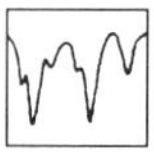
(1+3)	间位二取代	810～750 cm^{-1} 725～680 cm^{-1}	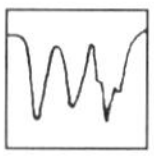
3	1,2,3-三取代	800～700 cm^{-1} 720～685 cm^{-1}	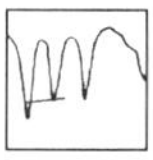
(1+2)	不对称三取代	900～860 cm^{-1} 860～800 cm^{-1}	
2	对位二取代 1,2,3,4-四取代	860～780 cm^{-1}	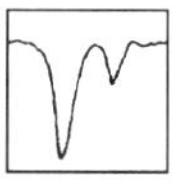
1	1,3,5-三取代 1,2,3,5-四取代 1,2,4,5-四取代 五取代	850～800 cm^{-1}，730～690 cm^{-1} 900～840 cm^{-1} 900～840 cm^{-1} 900～840 cm^{-1}	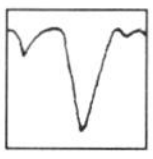
0	六取代		

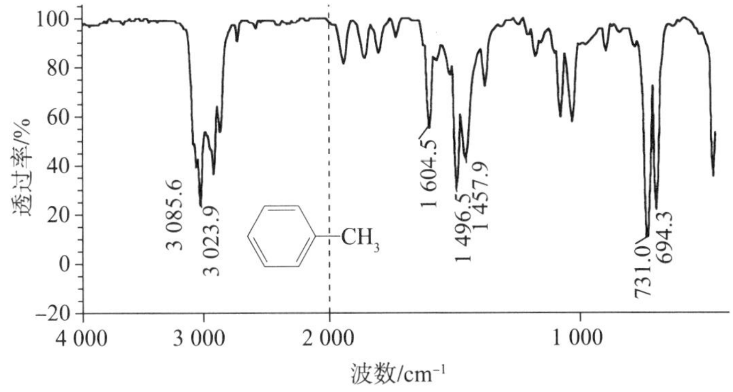

图 3.16 甲苯的红外光谱

3.4.2 醇、酚及醚

1. 醇和酚

在氢键区的 υ_{O-H}是醇、酚红外光谱最显著的特征，游离 OH 伸缩振动出现在较高频的 3 600 cm^{-1}，是一尖峰。形成氢键缔合状态的 OH 则在 3 300 cm^{-1}左右呈现一个又宽又强的吸收峰(图 3.17)。

醇和酚第二个主要吸收峰 υ_{C-O}，位于 1 250～1 000 cm^{-1}，通常是谱图中的最强吸收峰之一。伯、仲、叔醇的 υ_{C-O}频率有些差别，而酚的则处于较高频(表 3.9)。这是因为在酚中芳环与羟基的氧有 $p-\pi$ 共轭，使 C—O 键力常数增大。

表 3.9 羟基化合物的特征基团频率

基　团	振动形式	吸收峰位/cm^{-1}	强度	备　注
OH	$\upsilon_{OH(游离)}$	3 600	m	峰形尖锐
	$\upsilon_{OH(缔合)}$	3 300	s	宽峰
C—OH(伯醇)	υ_{C-O}	1 050	s	峰形较宽
C—OH(仲醇)	υ_{C-O}	1 100	s	峰形较宽
C—OH(叔醇)	υ_{C-O}	1 150	s	峰形较宽
C—OH(酚)	υ_{C-O}	1 200～1 300	s	峰形较宽

另外，醇和酚的 OH 面内弯曲振动 $\delta_{面内OH}$在 1 500～1 300 cm^{-1}，面外弯曲振动 $\gamma_{面外OH}$在 650 cm^{-1}左右产生吸收峰。由于氢键缔合作用的影响，峰形宽而位置却变化大，因此在结构鉴定时用处不大。图 3.17 是 2-乙基苯酚的红外光谱。图中 756 cm^{-1}峰位是苯环上邻位二取代的特征峰。

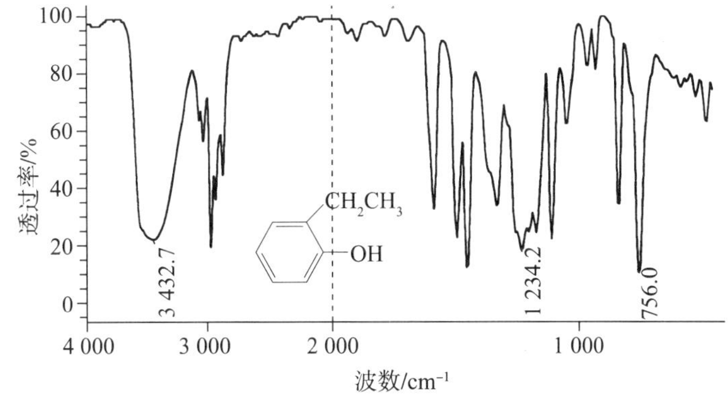

图 3.17 2-乙基苯酚的红外光谱

2. 醚

醚类的特征是含有C—O—C的结构,有对称和反对称两种伸缩振动吸收,均位于指纹区。由于氧的质量和碳的质量很接近,使醚键的C—O伸缩振动吸收位置和C—C的接近,但C—O的振动时偶极矩变化较大,因此吸收强度较大,有利于与C—C键的区别,但任何含有C—O键的分子(例如醇、酚、酯、酸等)都对醚键的特征吸收产生干扰,因此用红外光谱确定醚键的存在与否是比较困难的。与酚类似,芳香醚的 υ_{C-O-C} 频率比脂肪族的醚高,表3.10是醚的特征吸收峰频率数据。图3.18是正丁醚的红外光谱。

表 3.10　醚类化合物的特征基团频率

基　团	振动形式	吸收峰位/cm^{-1}	强度	备　注
R—O—R′	$\upsilon_{asC-O-C}$	1 210～1 050	s	特征性不强
—O—R	$\upsilon_{asC-O-C}$ υ_{sC-O-C}	1 300～1 200 1 055～1 000	s m	特征性不强

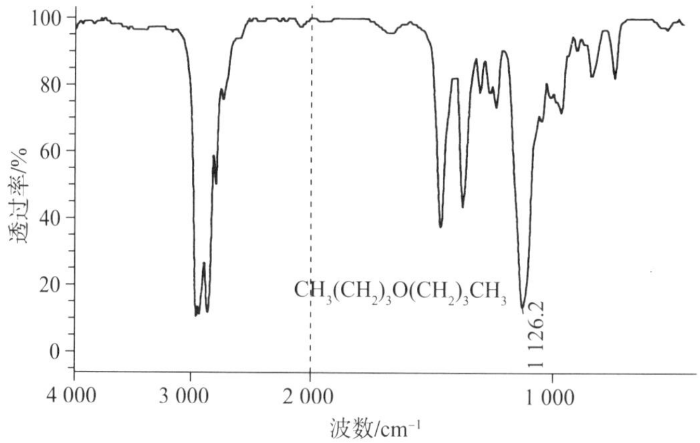

图 3.18　正丁醚的红外光谱

3.4.3 胺和铵盐

胺分为伯胺、仲胺和叔胺三类,它们的红外光谱有较大差别。伯胺和仲胺分子中有 NH_2 或NH基团,红外吸收类似于醇,主要由 υ_{N-H}、δ_{N-H} 和 υ_{C-N} 三种振动产生的吸收峰,但重要性各不相同。对于伯胺,NH_2 伸缩振动有对称和反对称两种。一般在3 500～3 300 cm^{-1} 出现双峰;其剪式振动在1 600 cm^{-1} 附近,面外弯曲振动在900～650 cm^{-1},特征性均较强(图3.19)。仲胺除了 υ_{N-H} 在3 400 cm^{-1} 出现一个峰之外,NH弯曲振动特征性差,很少利用。υ_{C-N} 位于指纹区与 υ_{C-C} 重叠难以辨别。叔胺与醚类似,因无N—H基团在官能团特征频率区没有吸收峰。C—N键的极性不很大,不像C—O—C能产生强吸收,所以叔胺的红外光谱没有明显特征。

胺的碱性较强,易与酸形成铵盐,成盐之后,伯胺和仲胺的 υ_{N-H} 均向低频移动,叔铵盐因有了N—H基团而在氢键区2 700～2 250 cm^{-1} 出现吸收峰,同样 δ_{N-H} 也有变化(图3.20)。观察成盐前后谱图的变化有助于不同胺的区别和鉴定。表3.11列出了胺及相应铵盐特征性较强的振动频率。

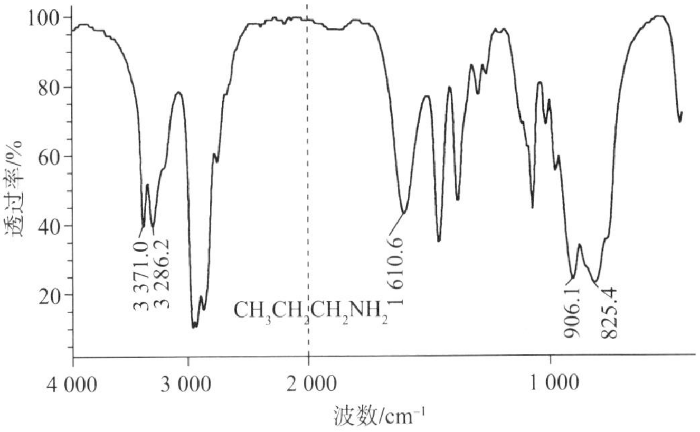

图 3.19 丙胺的红外光谱

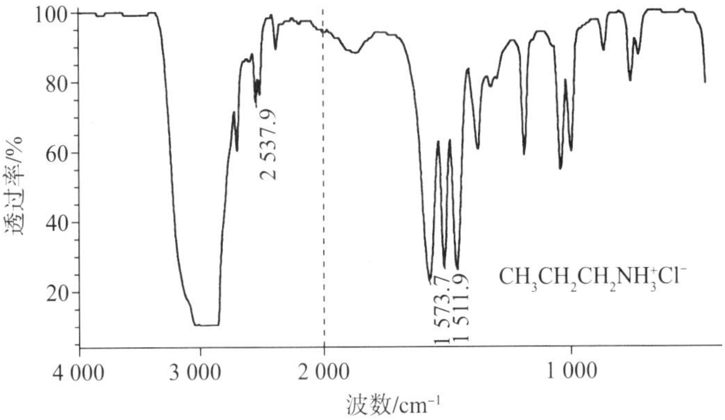

图 3.20 丙铵盐酸盐的红外光谱

表 3.11 胺及铵盐的主要特征基团频率

基 团	振动形式	吸收峰位/cm^{-1}	强度	备 注
$—NH_2$（伯胺）	υ_{N-H} $\delta_{剪N-H}$ $\gamma_{外N-H}$	3 500～3 300 1 640～1 560 900～650	w m～s m	有两个峰
$—NH_3^+$（伯铵盐）	υ_{N-H} δ_{asN-H} δ_{sN-H}	3 000 附近 1 600～1 570 1 500	m s m	较宽与 υ_{C-H} 重叠
＞NH（仲胺）	υ_{N-H} δ_{N-H}	3 350～3 310 1 580～1 490	w w	一个峰 难判断
＞NH^+（仲铵盐）	υ_{N-H} δ_{N-H}	2 700～2 250 1 600～1 570	s m	宽峰或一组尖锐峰
—NH^+（叔铵盐）	υ_{N-H}	2 700～2 250	s	较宽与 υ_{C-H} 重叠 δ很弱。无价值

3.4.4 羰基化合物

羰基化合物的种类很多，有酮、醛、羧酸、酯、酰胺、酰卤、酸酐等。它们的红外光谱有一个共同特征，在双键区 1 700 cm^{-1}附近有强的 $\upsilon_{C=O}$吸收峰。因此含羰基的化合物用红外光谱非常容易识别。不同类型的羰基化合物中，C═O 所处的化学环境不同，受邻近原子或基团的电子效应、空间效应或氢键缔合的影响，$\upsilon_{C=O}$的频率各有差异(详见表 3.12)。另外不同羰基化合物中其他基团还有各自的特征吸收峰，结合 $\upsilon_{C=O}$的频率，可以将它们相互分开。下面一一讨论。

1. 酮

酮的 $\upsilon_{C=O}$吸收峰通常是谱带的第一强峰，几乎是酮的唯一特征峰。典型的脂肪酮 $\upsilon_{C=O}$为 1 715 cm^{-1}，芳酮或 α,β-不饱和酮的 $\upsilon_{C=O}$向低频位移 20～40 cm^{-1}。酮羰基旁的碳的骨架振动 C—C(═O)—C 在 1 300～1 100 cm^{-1}有数个吸收峰，但与其他单键伸缩振动较难区别。图 3.21 是丙酮的红外光谱图。

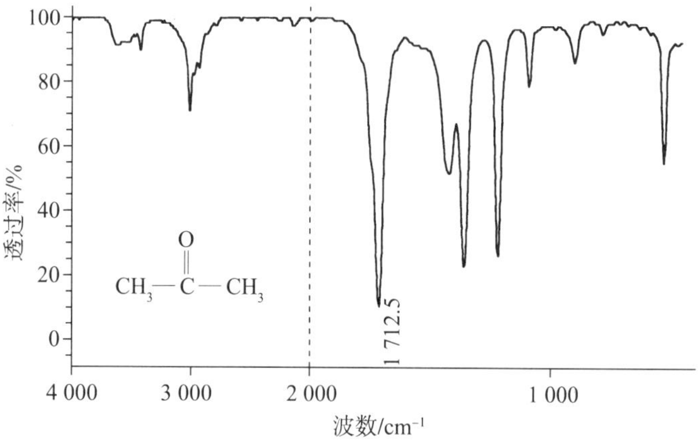

图 3.21 丙酮的红外光谱

2. 醛

醛的 $\upsilon_{C=O}$比相应酮的吸收峰高 10 cm^{-1}左右。单凭这点差别，不足以区别醛酮。所幸醛基碳氢的伸缩振动 υ_{C-H}与其弯曲振动 δ_{C-H}的倍频发生费米共振，在 2 846 cm^{-1}和 2 738 cm^{-1}出现双峰。该双峰的强度不大，却有较大的鉴定价值，因为一般的 υ_{C-H}均在 2 800 cm^{-1}以上，不会干扰它们的识别，这是醛区别于其他羰基化合物的特征吸收峰。图 3.22 是丙醛的红外光谱图。

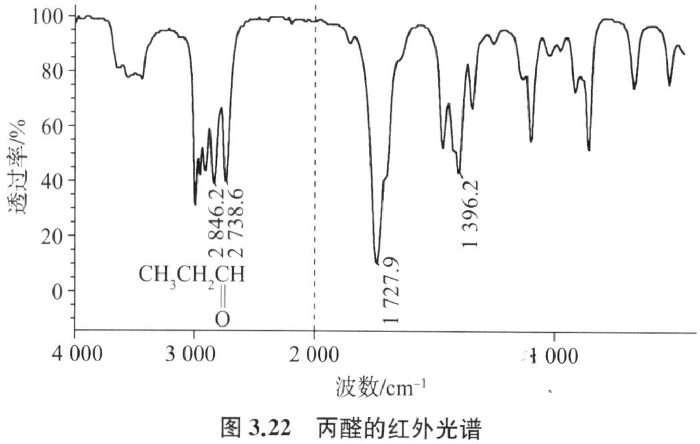

图 3.22 丙醛的红外光谱

3. 羧酸和羧酸盐

游离羧酸的 $\upsilon_{C=O}$ 位于 1 760 cm^{-1}，然而固、液态羧酸以二聚体形式存在，一分子的羰基与另一分子的羟基形成氢键，此时 $\upsilon_{C=O}$ 移到 1 700 cm^{-1} 附近，羧酸中的羟基也因此移到 3 200～2 500 cm^{-1}，形成一个很宽的峰，此峰与 υ_{C-H} 重叠。分子的碳链短时，υ_{C-H} 完全被掩盖，随着碳链增长，可以看到 υ_{C-H} 能从展宽的 υ_{O-H} 峰中逐渐显露出来（图 3.23）。缔合的 OH 伸缩振动产生的宽峰是羧酸的最主要特征，它既能用于与其他羰基化合物区别，又能用于与其他羟基化合物如醇、酚的区别，后者的 υ_{O-H} 出现在中心 3 300 cm^{-1} 的较宽峰。羧酸其他一些振动有：υ_{C-O} 位于 1 400～1 200 cm^{-1}，$\delta_{面内O-H}$ 在 1 420 cm^{-1} 附近，$\gamma_{面外O-H}$ 在 930 cm^{-1}，其中 $\gamma_{面外O-H}$ 特征性较强。

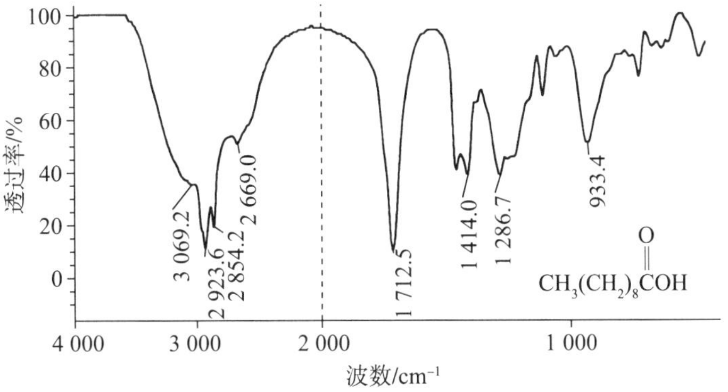

图 3.23 癸酸的红外光谱

羧酸具有一定的酸性，与碱作用成为羧酸盐之后，红外光谱有很大的变化。羧酸原有 $\upsilon_{C=O}$、υ_{O-H} 和 $\gamma_{面外O-H}$ 产生的三个特征峰消失，新出现—CO_2^- 的反对称和对称伸缩振动分别位于 1 580 cm^{-1} 和 1 400 cm^{-1} 左右。试将图 3.24 丙酸的红外光谱和图 3.25 丙酸钠的红外光谱进行比较。加碱使羧酸转化为羧酸盐，然后测定其红外光谱的办法，可进一步确证羧酸官能团。

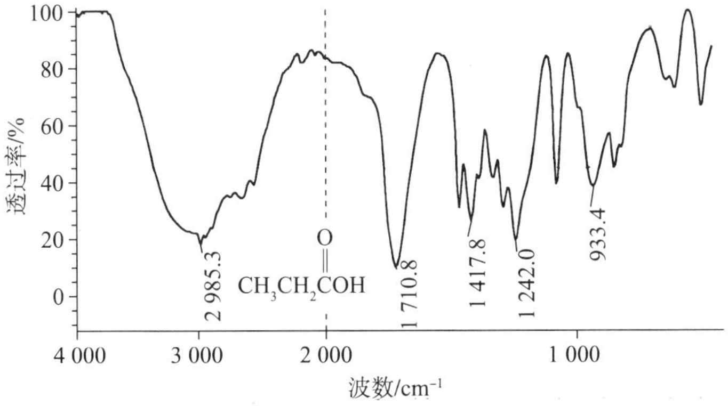

图 3.24 丙酸的红外光谱

4. 酯

酯的特征吸收峰是酯基（$-\overset{O}{\overset{\|}{C}}-O-C$）中 $-\overset{O}{\overset{\|}{C}}-$ 及 C—O—C 吸收。酯羰基的伸缩振动频

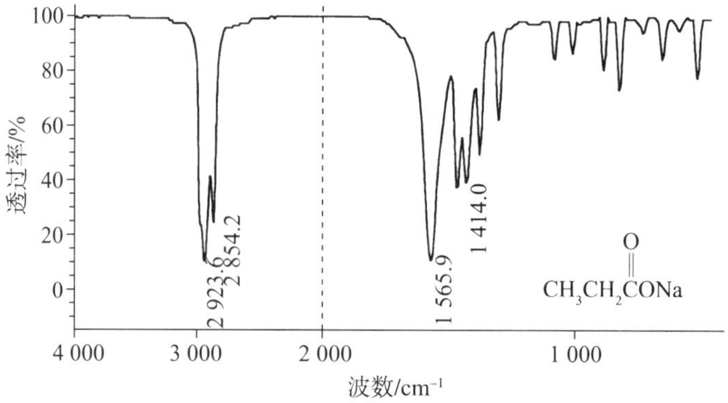

图 3.25 丙酸钠的红外光谱

率高于相应的酮类约 20 cm^{-1}，也是强吸收峰。在 1 300～1 000 cm^{-1} 区有 C—O—C 的不对称伸缩振动(1 300～1 150 cm^{-1}附近较强峰)和对称伸缩振动(1 140～1 030 cm^{-1}附近较弱峰)，此两个峰与酯羰基吸收峰是判断化合物是否具有酯类结构的重要依据，图 3.26 是丁酸乙酯的红外光谱图。

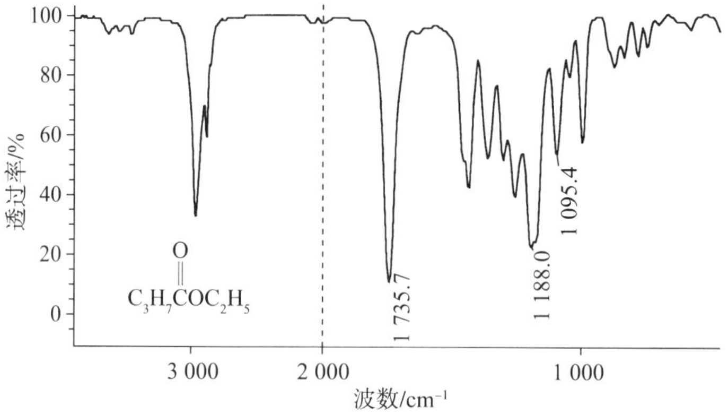

图 3.26 丁酸乙酯的红外光谱

5. 酸酐

酸酐类化合物的红外光谱是最具有特性的红外光谱之一，因为它在羰基区域高波数处呈现两个强吸收峰。这两个吸收峰是酸酐中两个羰基的反对称伸缩振动(1 800 cm^{-1}左右)和对称伸缩振动(1 750 cm^{-1}左右)，彼此相隔约 50 cm^{-1}。线形酸酐的两峰强度接近相等，高波数峰稍强于低波数峰，但环状酸酐的低波数峰却较高波数峰强，这是环状酸酐的两个羰基不在同一平面所导致的结果。可根据这两个峰的相对强度来判断酸酐是线形的还是环状的。在指纹区有酸酐的 C—O—C 伸缩振动吸收，线形酸酐的 υ_{C-O-C}在 1 170～1 050 cm^{-1}产生强而宽的吸收峰，而环状的酸酐 υ_{C-O-C}往往在 950～890 cm^{-1}出现强吸收。图 3.27 和图 3.28 分别为丙酸酐及 1,2 -环己基酸酐的红外光谱图。

6. 酰胺

酰胺的红外光谱兼有胺和羰基化合物的特点。第一，它与胺一样分为伯酰胺、仲酰胺和叔酰胺；第二，伯酰胺、仲酰胺又与羧酸类似，因氢键缔合形成二聚体或多聚体，因此谱图特征与测定条件密切相关。

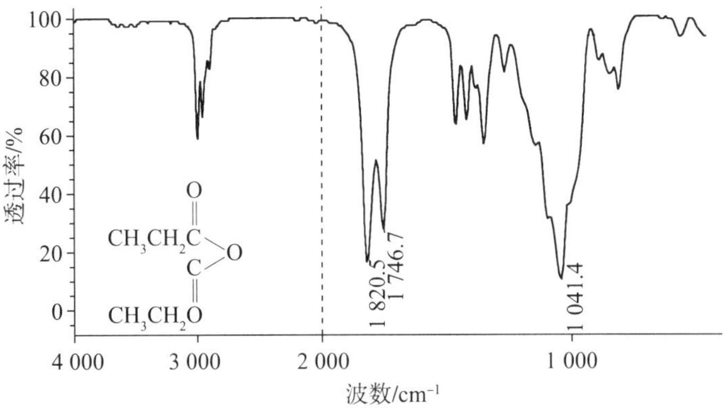

图 3.27 丙酸酐的红外光谱

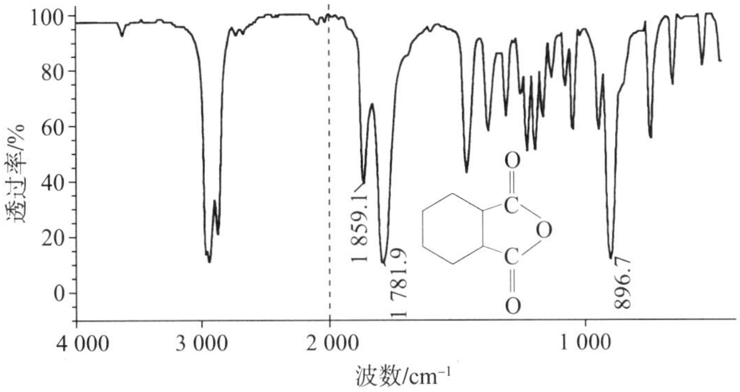

图 3.28 1,2-环己基酸酐的红外光谱

酰胺红外光谱的特征主要是由 $\upsilon_{C=O}$、υ_{N-H}、$\delta_{面内N-H}$ 和 υ_{C-N} 产生的。其中位于 1 650～1 690 cm^{-1} $\upsilon_{C=O}$的强吸收峰是各种酰胺都有的特征峰，常称为“酰胺Ⅰ带”，其频率低于相应的酮，原因是 N 和 C═O 的 $p-\pi$ 共轭使 C═O 的键力常数减少的缘故。

υ_{N-H}位于 3 500～3 050 cm^{-1}。与伯胺一样，伯酰胺在此区域有两个吸收峰，分别对应于 NH_2的反对称和对称伸缩振动；与仲胺不同，仲酰胺在此区域也会出现多重谱带，这是因为仲酰胺中的氮与羰基能形成 $p-\pi$ 共轭，使 C—N 键旋转受阻，因此会出现顺反异构现象的关系，顺式易缔合为二聚体，而反式易形成多聚体。叔酰胺在此区域没有吸收峰。

（顺式） （反式）

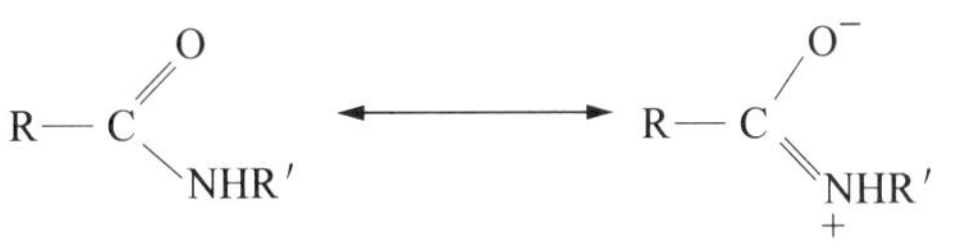

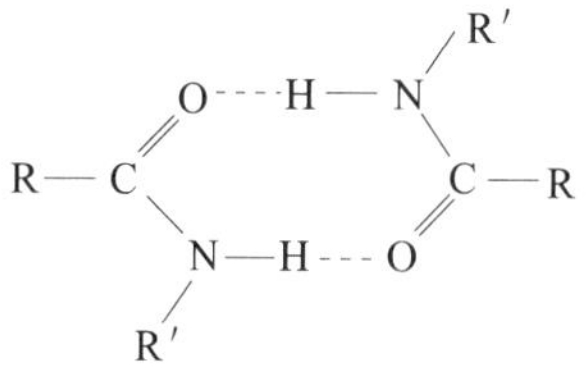

（二聚体）

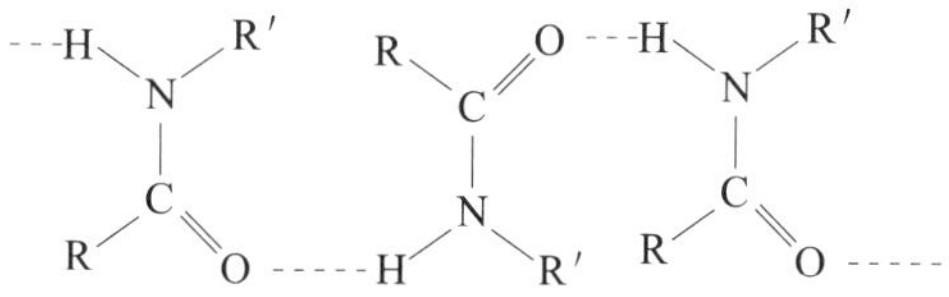

（多聚体）

$\delta_{\text{面内}N-H}$产生的吸收峰常常称为“酰胺Ⅱ带”，不同类型的酰胺吸收峰位置不同。游离态的伯酰胺在 1 600 cm^{-1}附近，缔合态时蓝移到 1 640 cm^{-1}附近，常被酰胺Ⅰ带覆盖。而仲酰胺不论是游离态还是缔合态，它的δ_{N-H}吸收都在 1 600 cm^{-1}以下，所以仲酰胺的酰胺Ⅰ峰和Ⅱ峰能够分开。利用此特点，可以区别伯、仲酰胺。

υ_{C-N}（酰胺Ⅲ峰）仅伯酰胺在 1 400 cm^{-1}有比较强的吸收峰。仲、叔酰胺的υ_{C-N}频率无实际使用价值。图 3.29 和图 3.30 分别为丙酰胺和 *N*-甲基乙酰胺的红外光谱图。

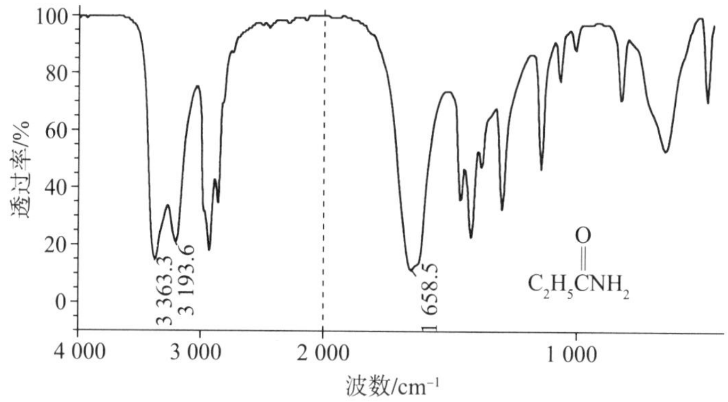

图 3.29 丙酰胺的红外光谱

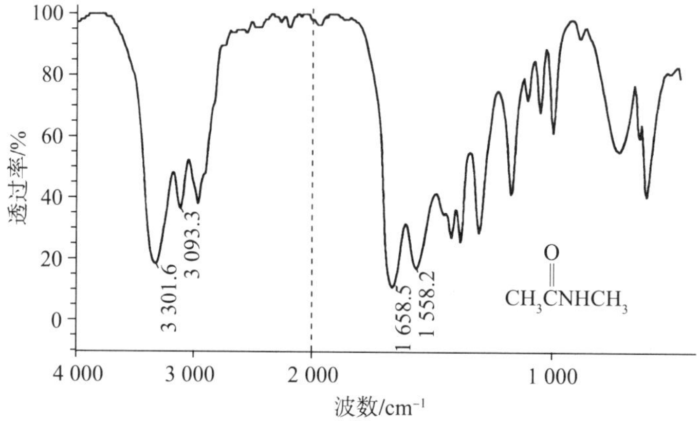

图 3.30 *N*-甲基乙酰胺的红外光谱

7. 酰卤

酰卤的红外特征主要是$\upsilon_{C=O}$频率高，酰氟的$\upsilon_{C=O}$约为 1 840 cm^{-1}，酰氯在 1 800 cm^{-1}附近，参见图 3.8 苯甲酰氯的红外光谱图。酰溴和酰碘的波数较低。另外υ_{C-X}在指纹区还有一个强吸收，位置与卤素的种类有关。

常见羰基化合物的特征吸收峰归纳于表 3.12，其中$\upsilon_{C=O}$的频率是常见的脂肪族化合物的数据。若羰基与芳环或碳碳双键处于共轭位置时，$\upsilon_{C=O}$会向低波数移动。

表 3.12 常用羰基化合物的特征频率

化合物类型	$\upsilon_{C=O}$的频率/cm^{-1}	其他基团特征频率/cm^{-1}	备 注
脂肪酮	1 730～1 700		$\upsilon_{C=O}$为第一强吸收峰
脂肪醛	1 740～1 720	2 850、2 740(m)醛基 C—H 费米共振 2 个峰	
羧酸	1 720～1 680(缔合)	υ_{OH} 3 200～2 500(宽) δ_{OH} ～930(宽)	
羧酸盐	无	1 650～1 550，1 440～1 350 $—CO_2^-$ 的 υ_{as} 和 υ_s	
酯	1 750～1 730	1 300～1 000 两个峰 C—O—C 的 υ_{as} 和 υ_s	$\upsilon_{as\,C-O-C}$常为第一强吸收峰
酸酐	1 825～1 815 1 755～1 745		$\upsilon_{C=O}$位于高频两个峰
酰胺	1 690～1 650	υ_{NH} 3 500～3 050 双峰 δ_{NH} 1 649～1 570	叔酰胺无 υ_{NH} 和 δ_{NH}
酰卤	1 819～1 790		$\upsilon_{C=O}$位于高频只有一个峰

3.4.5 有机卤化物

卤素原子质量较大，碳卤键的伸缩振动出现在小于 1 400 cm^{-1}的低波数处。一般来说，如果碳原子上只有一个卤素原子，C—X 键的伸缩振动频率较低，当同一个碳原子上连有多个卤素原子时，则随着卤素原子数的增加，该峰向高波数方向移动(表 3.13)，如四氯化碳的 C—Cl 吸收峰出现在 797 cm^{-1}处。图 3.31 是 1-氟戊烷的红外光谱。

表 3.13 常见的碳卤化合物的特征基团频率

基 团	振动形式	吸收峰位/cm^{-1}	强 度
C—F	υ_{as} υ_s	1 150～1 050 1 100～1 000	s s
CF_2、CF_3	υ_{as} υ_s	1 350～1 200 1 200～1 080	s s
C—Cl	υ	750～700	s
CCl_2	υ_{as} υ_s	840～790 620	s m
C—Br	υ	670～400	m
C—I	υ	550～400	m

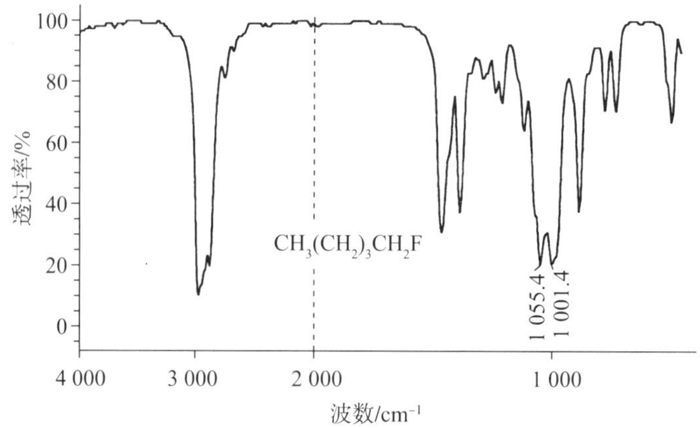

图 3.31 1-氟戊烷的红外光谱

由于卤素原子的电负性较强,与其相连的其他官能团红外频率往往发生移动。例如当卤素与脂肪族化合物相连时,$—CH_2X$ 中,$—CH_2—$的面内弯曲振动产生的红外吸收频率为:$—CH_2—Cl$ 在 1 300～1 250 cm^{-1},$—CH_2—Br$ 在 1 230 cm^{-1}附近,$—CH_2—I$ 在 1 170 cm^{-1}附近。当卤原子直接和芳环相连时,由于 C—X 的伸缩振动和芳环振动相互作用,故看不到单纯的芳环 C—X 键的伸缩振动吸收峰,而只能看到的是包含 C—X 键伸缩振动吸收的环振动峰。例如

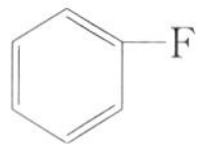

1 250～1 100 cm^{-1}

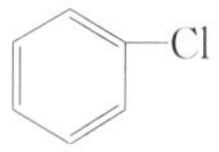

1 100～1 040 cm^{-1}

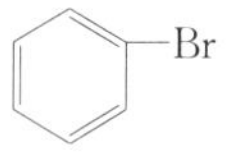

1 070～1 020 cm^{-1}

此外,多卤代芳烃的苯环骨架振动吸收峰往往变得难以确认(图 3.32 和图 3.33)。

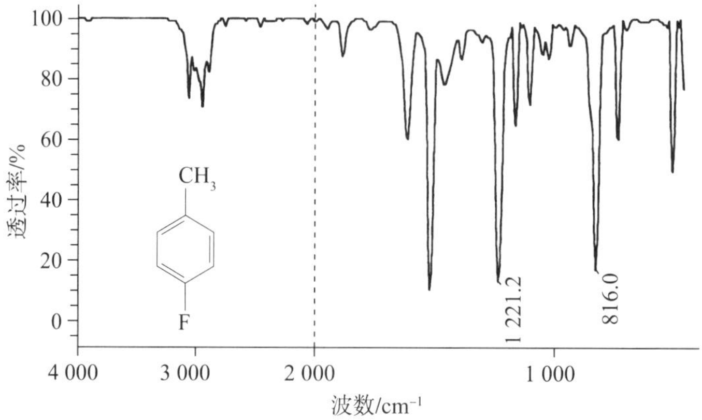

图 3.32 对氟甲苯的红外光谱

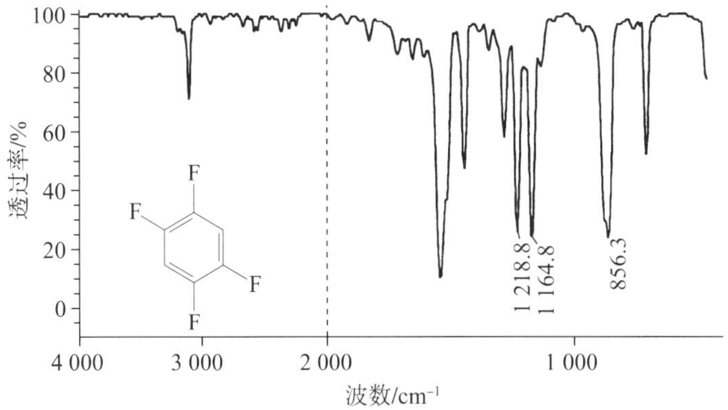

图 3.33 1,2,4,5-四氟苯的红外光谱

3.4.6 三键和累积双键基团

三键和累积双键的频率范围一般在 1 900～2 500 cm^{-1}，由于这一区域主要来自于 X≡Y 或 X═Y═Z 型基团的吸收，没有其他吸收峰的干扰，解析比较容易，但应注意 2 340 cm^{-1}左右空气中二氧化碳的吸收峰。在这一区域中比较常见的基团除了 3.4.1 节提到炔烃—C≡C—基团外，还有—N═C═O、—N≡N^+、—C═C═C、—C═C═O、—C≡N 等基团。它们的振动频率及峰形特点见表 3.14。图 3.34 和图 3.35 列出了对甲苯异氰酸酯和邻甲基苯腈的红外光

表 3.14 常见三键和累积双键基团的吸收频率

基 团	振动形式	吸收峰位/cm^{-1}	强度	备 注
—N═C═O（异氰酸酯）	υ	2 250～2 275	vs	强度高，峰形较宽，吸收峰频率不受共轭影响
—N≡N^+（重氮盐）	υ	2 260±20	m	峰位与配对的负离子有关
—C═C═C（丙二烯）	υ	1 930～1 950	s	与—COOH、—COR 等相连时易发生裂分
—C═C═O（烯酮）	υ	2 150 附近	vs	吸收峰强度高、峰形较宽
—C≡N（腈类）	υ	2 210～2 220	可变	尖细峰

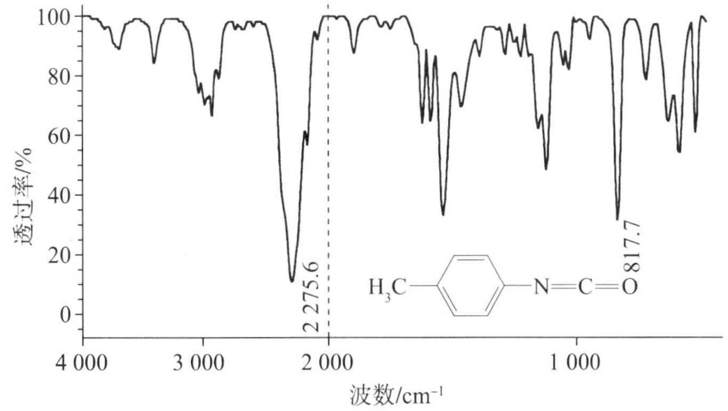

图 3.34 对甲苯异氰酸酯的红外光谱

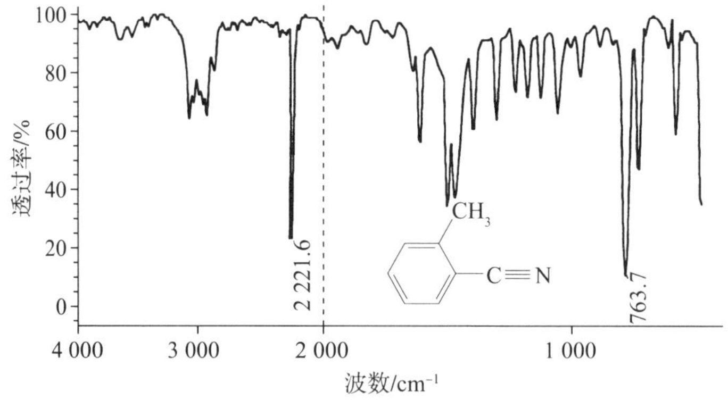

图 3.35 邻甲基苯腈的红外光谱

谱图,图中 2 276 cm^{-1}和 2 221 cm^{-1}分别为—N═C═O 和—C≡N 的伸缩振动,它们之间不仅峰位置有差异,而且峰形状完全不同。另外图中 817.7 cm^{-1}和 763.7 cm^{-1}分别指示了芳环的对位和邻位的取代类型。

3.4.7 其他化合物

1. 硝基化合物

硝基(—NO_2)有对称和反对称伸缩振动,强度较高,在红外光谱图中比较容易识别。对于脂肪族的硝基化合物,—NO_2的对称伸缩振动位于 1 370～1 300 cm^{-1},反对称伸缩振动则位于 1 600～1 500 cm^{-1},通常后者强于前者。在芳香族硝基化合物中,因共轭作用其对称和反对称伸缩振动频率均低于脂肪族硝基化合物,两者强度相差不大(图 3.36)。当硝基的邻位有大取代基时,由于位阻效应降低了硝基与苯环共轭,其伸缩振动向高波数移动。常见的硝基化合物的特征基团频率见表 3.15。

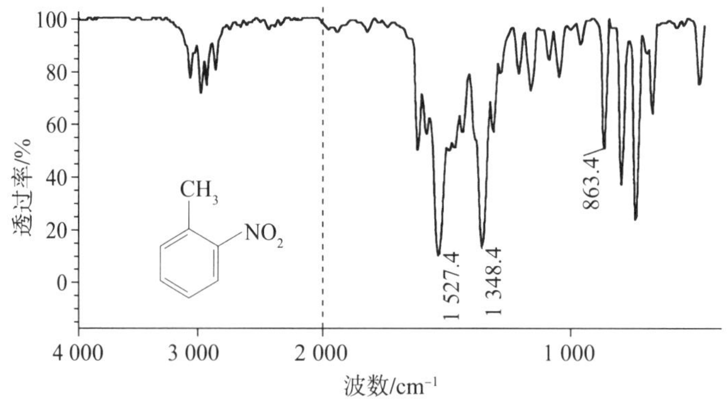

图 3.36 邻硝基甲苯的红外光谱

表 3.15 硝基化合物的特征基团频率

基　团	振动形式	吸收峰位/cm^{-1}	强度
$R—NO_2$（脂肪族）	υ_{asNO_2}	1 600～1 500	s
	υ_{sNO_2}	1 370～1 300	s
	$\upsilon_{C—N}$	900～830	w
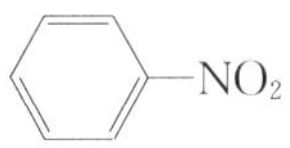（芳香族）	υ_{asNO_2}	1 530～1 500	s
	υ_{sNO_2}	1 360～1 330	s
	$\upsilon_{C—N}$	880～845	s

2. 有机硅化合物

有机硅化合物红外光谱的特征吸收强度特别大，通常可达到碳氢化合物对应吸收的 5 倍左右。除形成氢键外，吸收峰的波数变化很小，不受物态的影响，故其红外光谱被充分利用于有机硅化合物的研究工作中，并推动了有机硅材料工业的成熟和发展。有机硅化合物主要吸收峰见表 3.16，图 3.37 为六甲基二硅氧烷的红外光谱图。

表 3.16 有机硅化合物的主要特征基团频率

基　团	振动形式	吸收峰位/cm^{-1}	强度	备注
Si—H	υ	2 157～2 095	vs	尖峰
	δ	947～800	vs	
Si—C	υ	840～670	s	
$Si(CH_3)_3$	υ	840,755	s	
Si—O	υ	1 090～920	s	
Si—F	υ	1 000～800	s	
Si—Cl	υ_{as}	650～500	s	

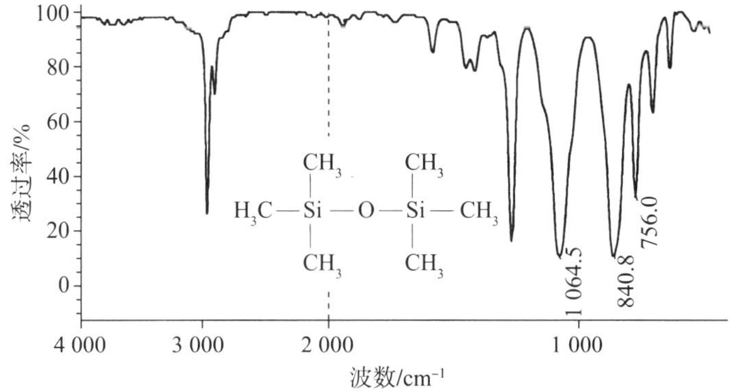

图 3.37 六甲基二硅氧烷的红外光谱

3. 有机含硫化合物

有机含硫化合物种类较多，各种含硫基团的主要吸收峰见表 3.17。图 3.38 为对甲苯磺酸甲酯的红外光谱图。

表 3.17 主要硫化合物的特征基团频率

基团	振动形式	吸收峰位/cm^{-1}	强度
亚砜 R_1—SO—R_2	υ_{SO}	1 110～1 000	s
亚磺酸 R_1—SO—OH	υ_{SO}	～1 090	s
亚磺酸酯 R_1—SO—OR_2	υ_{SO}	1 135～1 125	s
亚硫酸酯 R_1—O—SO—OR_2	υ_{SO}	～1 200	s
砜 R_1—SO_2—R_2	υ_{as} υ_s	1 350～1 300 1 160～1 120	s m
磺酸 R_1—SO_2—OH	υ_{as} υ_s	1 345±5 1 155±5	s s
磺酸酯 R_1—SO_2—OR_2	υ_{as} υ_s	1 370～1 335 1 200～1 170	s m
硫酸酯 R_1—O—SO_2—OR_2	υ_{as} υ_s	1 415～1 380 1 200～1 165	s m

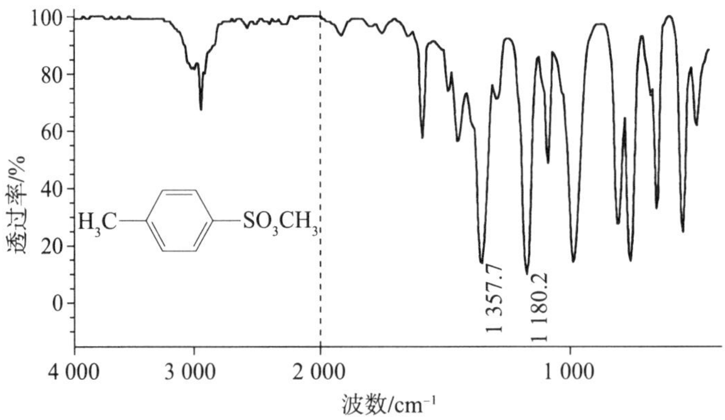

图 3.38 对甲苯磺酸甲酯的红外光谱

4. 有机磷化合物

有机磷化合物在生物化学、农用化学等领域的应用十分重要，现将重要的有机磷基团的红外吸收峰列于表 3.18。图 3.39 为二苯基膦酸酯的红外光谱图。

表 3.18 主要有机磷化合物的特征基团频率

基团	振动形式	吸收峰位/cm^{-1}	强度	备注
膦酸酯：$(RO)_2$—P(=O)—H	υ_{P-H} $\upsilon_{P=O}$	2 450～2 420 1 315～1 160	w m	常出现双峰
亚膦酸酯：RO—P(=O)H_2	υ_{P-H} $\upsilon_{P=O}$	2 380～2 280 1 220～1 180	w m	常出现双峰
膦氧化物：R—P(=O)H_2	υ_{P-H} $\upsilon_{P=O}$	～2 327 1 185～1 150	w m	常出现双峰

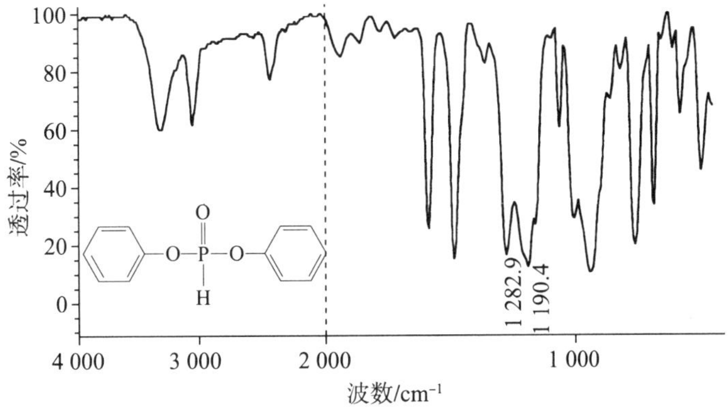

图 3.39 二苯基膦酸酯的红外光谱

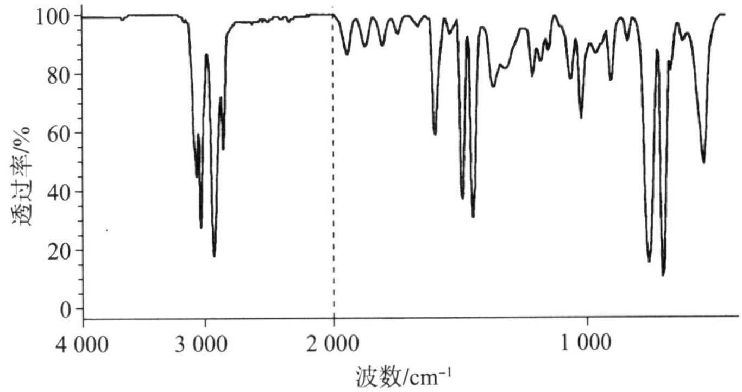

图 3.40 聚苯乙烯的红外光谱

5. 高分子化合物

高分子化合物的相对分子质量较大，似乎应有非常大数目的振动形式和复杂的红外光谱。但实际上大多数高分子化合物的红外光谱却比较简单。例如聚苯乙烯的红外光谱(图 3.40)并不比苯乙烯的红外光谱复杂。这是因为高分子链是由许多重复的单元组成的，每个重复单元的原子振动几乎都相同，对应的振动频率也相同，故对于重复单元的每一个基团的振动可以近似地按低分子来考虑。正是这些特点，加上高分子化合物相对分子质量比较大，其他的分析仪器如质谱、核磁共振等很难对其进行检测，所以红外光谱法在研究高分子化合物的组成结构方面有广泛的应用。

6. 无机化合物

与有机物相比无机化合物的红外光谱中吸收峰数目少得多，峰形大多较宽。无机化合物在中红外区的吸收主要是由阴离子的晶格振动引起的，与阳离子的关系不大。阳离子的质量增加仅使吸收峰位置稍向低波数方向移动。例如，K_2SO_4的两个吸收峰位于 1 118 cm^{-1}和 617 cm^{-1}处，而Cs_2SO_4的吸收峰在 1 103 cm^{-1}和 609 cm^{-1}处。常见的无机盐阴离子的特征频率见表 3.19。

表 3.19 常见的无机盐阴离子的特征频率

基 团	谱带/cm^{-1}	强 度
CO_3^{2-}	1 450～1 410、880～860	vs、m
HCO_3^-	2 600～2 400、1 000、850、700、650	w、m、m、m、m
SO_3^{2-}	1 000～900、700～625	s、vs

续表

基 团	谱带/cm^{-1}	强 度
SO_4^{2-}	1 150～1 050、650～575	s、m
ClO_3^-	1 000～900、650～600	m→s、s
ClO_4^-	1 100～1 025、650～575	s、m
NO_3^-	1 380～1 350、840～815	vs、m

3.5 红外光谱图的解析

3.5.1 谱图解析的一般步骤

第一，根据分子式，从公式(1－9)可计算未知物的不饱和度 f。(参见 1.4.1 节)

通过计算不饱和度可估计分子结构式中是否有双键、三键或芳香环等，并可验证光谱解析结构是否合理。

第二，根据未知物的红外光谱图找出主要的强吸收峰。按照由简单到复杂的顺序，习惯上把中红外区分成如下五个区域来分析：

- 4 000～2 500 cm^{-1}。这是 X—H(X 包括 C、N、O、S 等)伸缩振动区。主要的吸收基团有羟基、氨基、烃基等。
- 2 500～2 000 cm^{-1}。这是三键和累积双键(—C≡C—、—C≡N、—C=C=C—、—N=C=O、—N=C=S 等)的伸缩振动区。
- 2 000～1 500 cm^{-1}。这是双键伸缩振动区，也是红外光谱图中很主要的区域。在这个区域中有重要的羰基(C=O)吸收、碳-碳(C=C)双键吸收、苯环的骨架振动及 C=N、N=O 等基团的吸收。
- 1 500～1 300 cm^{-1}。该区主要提供 C—H 弯曲振动的信息。
- 1 300～400 cm^{-1}。这个区域中有单键的伸缩振动频率、分子的骨架振动频率及反映取代类型的苯环和烯烃面外碳氢弯曲振动频率等的吸收。

在解析谱图时，可先从 4 000～1 500 cm^{-1}的官能团区入手，找出该化合物存在的官能团，然后有的放矢到指纹区找这些基团的吸收峰，再根据指纹区的吸收情况进一步验证该基团及该基团与其他基团的结合方式。例如在样品光谱的 1 735 cm^{-1}有吸收，另外在 1 300～1 150 cm^{-1}出现两个强吸收峰，可判断此化合物为酯类化合物。又如一化合物在 1 600～1 500 cm^{-1}有吸收峰(苯环的骨架振动)，在 3 100～3 000 cm^{-1}有吸收峰(苯环的 C—H 伸缩振动)，可判断为芳环化合物，再根据 900～600 cm^{-1}的吸收峰位置可确定芳环的取代情况。

第三，通过标准图谱验证解析结果的正确性。

3.5.2 红外光谱解析要点及注意事项

1. 解析时应兼顾红外光谱的三要素，即峰位、强度和峰形

在解析红外光谱图时，要同时注意红外吸收峰的位置、强度和峰形。吸收峰的位置(即吸收峰的波数值)无疑是红外光谱吸收最重要的特点。但同时必须将吸收峰强度和峰形综合来分析。我们已经知道每一种有机化合物均显示若干吸收峰，因而容易对各吸收峰强度进行相互比较。从大量的红外光数据可归纳出各种官能团红外吸收的强度变化范围，所以，只有当吸收峰的位置及强度都处于一定范围时，才能准确地推断出某官能团的存在。以羰基为例，羰基的吸收峰比较强，如果在 1 680～1 780 cm^{-1}有吸收峰，但其强度很低，这并不表明所研究的化合物存在羰基，而是说明该化合物中存在少量含羰基的杂质。吸收峰的形状也决定于官能团的种类，从峰形可辅助判断官能团。以缔合羟基、缔合伯氨基为例，它们的吸收峰位置略有差别，但注意差别在于吸收峰形不一样：缔合羟基峰圆滑而宽阔；缔合伯氨基吸收峰有一个或小或大的分岔。总之，只有同时注意吸收峰的位置、强度、峰形才能得出较为可靠的结论。

2. 注意同一基团的几种振动吸收峰的相互映证

对任意一个官能团来讲，由于存在伸缩振动和多种弯曲振动，因此在红外谱图的不同区域显示出几个相关的吸收峰。所以，只有当几处应该出现吸收峰的地方都呈现吸收峰时，方能得出该官能团存在的结论。以长链 CH_2为例，在 2 920 cm^{-1}、2 850 cm^{-1}、1 470 cm^{-1}、720 cm^{-1}处都应出现吸收峰。当分子中存在酯基时，应能同时出现 1 700 cm^{-1}左右的羰基峰和 1 050～1 300 cm^{-1}的 C—O—C 对称和反对称的伸缩振动峰。

3. 判断化合物是饱和还是不饱和

以 3 000 cm^{-1}为界，可判断化合物是饱和的还是不饱和的，芳烃、烯烃、炔烃的 υ_{C-H}在 3 000 cm^{-1}以上，而烷烃的 υ_{C-H}在 3 000 cm^{-1}以下。

4. 注意区别和排除非样品谱带的干扰

要区别和排除可能出现的非样品本身吸收的假谱带（如水、CO_2的吸收等）及微量杂质存在而对样品红外光谱造成的影响。

从谱图中主要吸收峰得到组成分子的各基团及它们的互相间的连接情况后，就可以推测可能的结构式。然后将样品谱图与标准谱图集中相关的化合物谱图进行对照，核对推测的结构是否正确。如果样品是新化合物，在标准谱图集中找不到它的标准图，则需要与核磁共振、质谱图等结合起来进行综合光谱解析才能确定其结构。值得一提的是在红外光谱图中不是每一个峰都能找到其归属，有许多谱峰，特别是指纹区的谱峰，是很难找到它们的归属的。

3.5.3　谱图解析的示例

例 3-3　某未知物的分子式为 C_3H_6O，测得其红外光谱图如 3.41 所示，试推测其化学结构式。

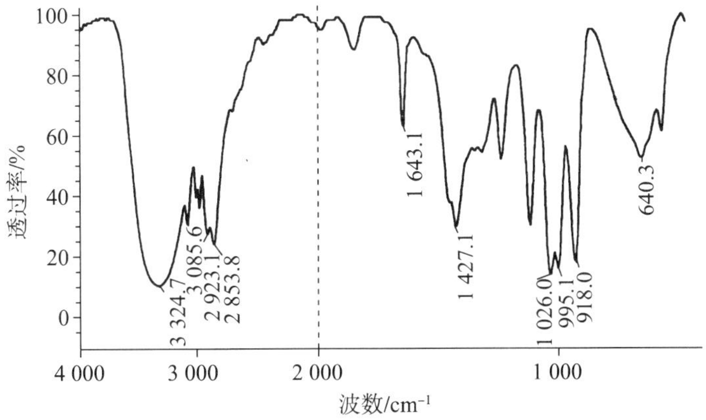

图 3.41　未知的 C_3H_6O 的红外光谱

解：(1) 根据分子式计算其不饱和度 f

$$f=1+3+\frac{1}{2}\times(0-6)=1$$

说明该化合物有一个双键或一个环。

(2) 谱图解析

3 325 cm^{-1} 处的吸收峰，说明化合物中存在缔合的—OH(υ_{OH})基团。

3 085 cm^{-1} 处的吸收峰，表明化合物存在不饱和碳氢，即═CH 基团($\upsilon_{=CH}$)。

2 923 cm^{-1}、2 854 cm^{-1} 处的吸收峰为饱和的 υ_{CH}，表明化合物中有—CH_3 或—CH_2，但从 1 427 cm^{-1} 处的吸收峰和 1 380 cm^{-1} 附近没有吸收峰，说明化合物只有—CH_2。

1 643 cm^{-1} 处的峰位为 C═C 双键($\upsilon_{C=C}$)的伸缩振动，表明化合物存在—C═C 基团。

1 026 cm^{-1} 处的峰位是 υ_{C-O} 伸缩振动吸收峰。

995 cm^{-1}、918 cm^{-1} 处的峰位是烯烃 R—CH═CH_2 类型面外弯曲振动($\gamma_{=CH}$)。

640 cm^{-1} 处的吸收峰为羟基的面外弯曲振动 γ_{OH}，进一步证明化合物中存在—OH 基团。

综合上述可推测，未知物可能为烯丙醇 CH_2═CH—CH_2OH。验证不饱和度为 1，再查标准光谱核对也完全一致。

例 3-4 某未知物的分子式为 C_7H_8O，测得其红外光谱图如图 3.42 所示，试推测其化学结构式。

解：(1) 根据分子式计算其不饱和度 f

$$f=1+7+\frac{1}{2}\times(0-8)=4$$

说明未知物中可能含有一个苯环。

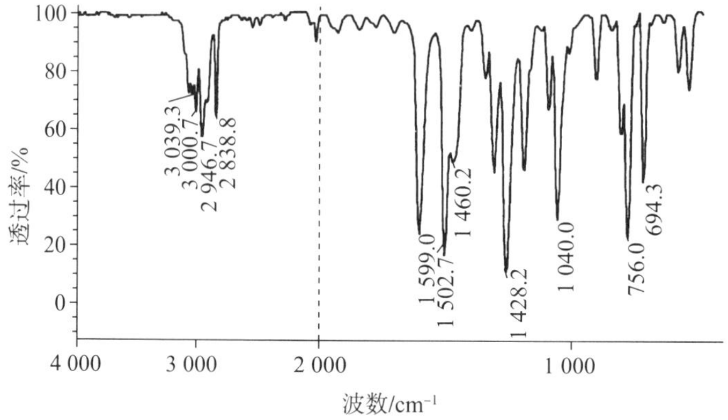

图 3.42 未知物 C_7H_8O 的红外光谱

(2) 谱图解析

3 039 cm^{-1}、3 001 cm^{-1} 为不饱和的 C—H 伸缩振动($\upsilon_{=C-H}$)。

2 947 cm^{-1} 为饱和的 C—H 伸缩振动(υ_{C-H})。

2 839 cm^{-1} 为 O—CH_3 基中的 C—H 伸缩振动(υ_{C-H})，说明化合物中存在—O—CH_3 基团。

1 599 cm^{-1}、1 503 cm^{-1} 为芳环的骨架振动，表明化合物中存在苯环。

1 460 cm^{-1}处的吸收峰，是由于甲氧基中氧原子的电负性导致甲基弯曲振动 δ_{C-H}移向高波数，进一步证明化合物中存在—O—CH_3。

1 248 cm^{-1}、1 040 cm^{-1}处的吸收峰分别为芳族的═C—O—C 反对称伸缩振动和对称伸缩振动 $\upsilon_{asC-O-C}$，υ_{sC-O-C}。

756 cm^{-1}、694 cm^{-1}处的吸收峰为芳环的单取代的面外弯曲振动 $\gamma_{=C-H}$。

综上所述可推测，未知物可能为苯甲醚 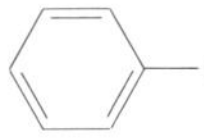OCH_3。验证不饱和度为 4，再查标准光谱核对也完全一致。

例 3－5 推测化合物 C_8H_7N 的结构。其红外光谱图如图 3.43 所示。

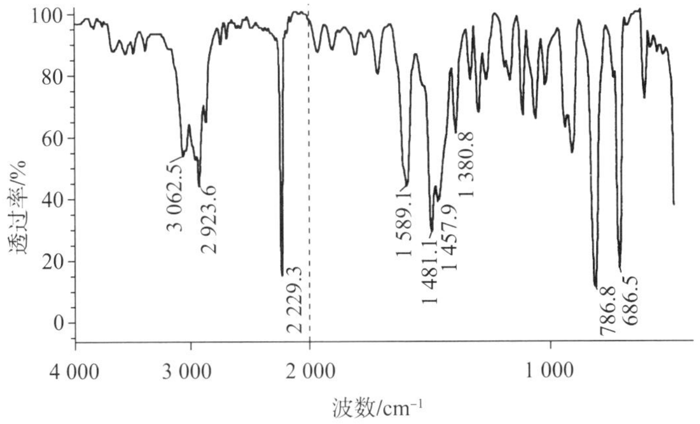

图 3.43 未知物 C_8H_7N 的红外光谱

解：(1) 根据分子式计算其不饱和度 f

$$f=1+8+\frac{1}{2}\times(1-7)=6$$

说明未知物中可能含有一个苯环两个双键或一个苯环一个三键。

(2) 谱图解析

3 063 cm^{-1}处的吸收峰为不饱和 C—H 伸缩振动 $\upsilon_{=C-H}$。

2 924 cm^{-1}处的吸收峰为饱和 C—H 伸缩振动 υ_{C-H}。

2 229 cm^{-1}处的吸收峰为三键 C≡N 的伸缩振动 $\upsilon_{C\equiv N}$，表明化合物中存在—C≡N 基团。

1 589 cm^{-1}、1 481 cm^{-1}、1 458 cm^{-1}处的吸收峰为芳环的骨架振动($\upsilon_{C=C}$)。

1 381 cm^{-1}处的吸收峰为甲基的面内弯曲振动 δ_{CH}，表明化合物中存在—CH_3。

787 cm^{-1}、687 cm^{-1}处的吸收峰为芳环的间位二取代的面外弯曲振动 γ_{C-H}。

综合上述可推测，未知物的结构可能为间甲基苯腈，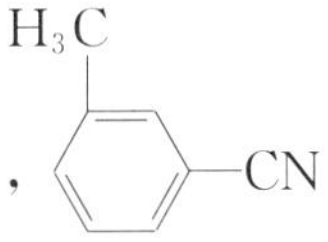验证不饱和度为 6，再对照标准光谱也完全一致。

例 3－6 某一化合物分子式为 $C_6H_4FNO_2$，其红外光谱图如图 3.44 所示，推测其结构。

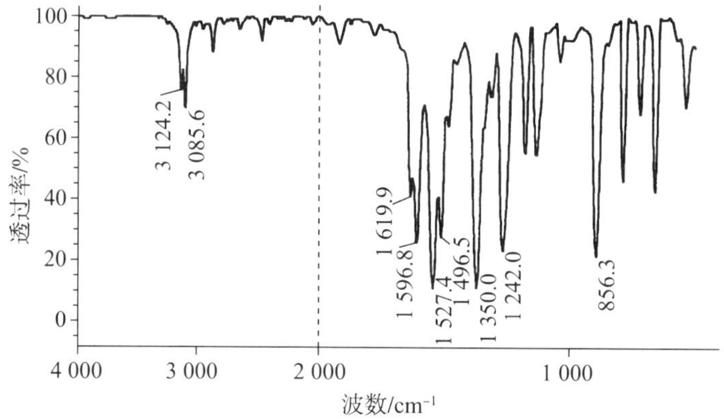

图 3.44 未知物 $C_6H_4FNO_2$ 的红外光谱

解：(1) 根据分子式计算其不饱和度 f

$$f=1+6+\frac{1}{2}\times(1-5)=5$$

不饱和度为 5，结构式可能有一个苯环（不饱和度是 4），另有一个双键或环。

(2) 谱图解析

3 124 cm^{-1}、3 086 cm^{-1} 处的吸收峰为不饱和 C—H 反对称和对称伸缩振动 $\upsilon_{=C-H}$。

1 620 cm^{-1}、1 597 cm^{-1}、1 497 cm^{-1} 处的吸收峰为芳环的骨架振动（$\upsilon_{C=C}$）。

1 527 cm^{-1}、1 350 cm^{-1} 处的吸收峰为硝基的反对称和对称伸缩振动 υ_{NO_2}，表明化合物中存在硝基—NO_2。

1 242 cm^{-1} 处的吸收峰为不饱和的═C—F 伸缩振动。

856 cm^{-1} 处的吸收峰为芳环的对位二取代的面外弯曲振动 $\gamma_{=C-H}$，所以该化合物为苯环的对位取代物。

综合上述可推测，未知物的结构可能为 4-氟硝基苯 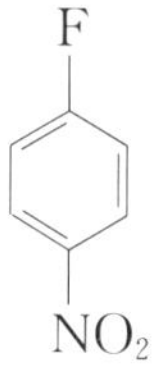 ，核对标准光谱也完全一致。

例 3-7 某一化合物分子式为 $C_{10}H_{10}O_4$，其红外光谱图如图 3.45 所示，推测其结构。

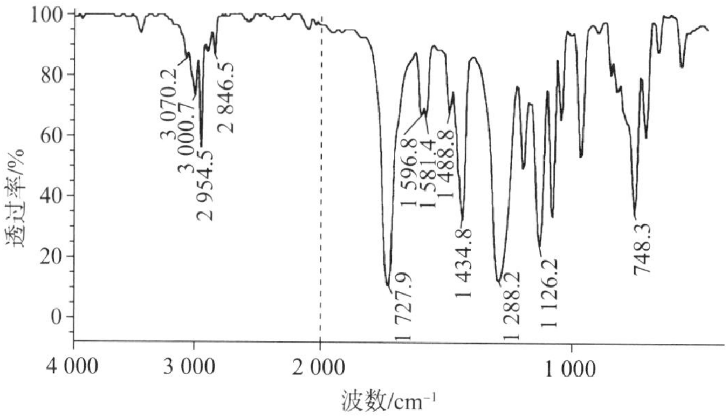

图 3.45 未知物 $C_{10}H_{10}O_4$ 的红外光谱

解：(1) 计算不饱和度

$$f=1+10+\frac{1}{2}\times(0-10)=6$$

不饱和度为 6，结构式可能含一个苯环和一个三键或两个双键。

(2) 谱图解析

3 070 cm^{-1}、3 001 cm^{-1}处的吸收峰为不饱和 C—H 反对称和对称伸缩振动($\upsilon_{=C-H}$)。

2 954 cm^{-1}处的吸收峰为饱和的 C—H 反对称伸缩振动(υ_{C-H})。

2 847 cm^{-1}处的吸收峰为与芳族相连甲氧基的对称伸缩振动(υ_{C-H})，表明化合物中存在甲氧基。

1 728 cm^{-1}处的吸收峰为羰基 C═O 的伸缩振动($\upsilon_{C=O}$)，说明化合物中存在羰基—C═O。

1 597 cm^{-1}、1 581 cm^{-1}、1 489 cm^{-1}处的吸收峰为芳环的骨架振动($\upsilon_{C=C}$)。

1 435 cm^{-1}处的吸收峰为甲氧基中的 C—H 的面内弯曲振动 δ_{C-H}，进一步说明甲氧基的存在。

1 288 cm^{-1}、1 126 cm^{-1}处的吸收峰为 C—O—C 的反对称和对称伸缩振动 υ_{C-O-C}。

748 cm^{-1}处的吸收峰为芳环的邻位二取代的面外弯曲振动 γ_{C-H}，表明该化合物为苯环的邻位取代物。

综合上述可推测，未知物的结构可能为邻苯二甲酸二甲酯

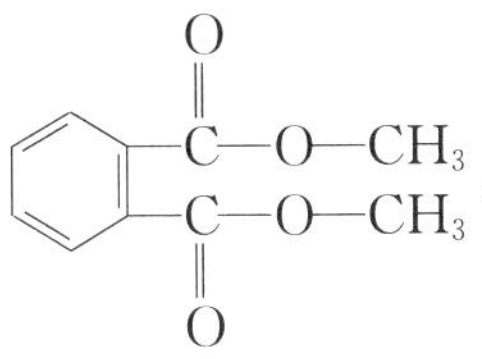

，验证不饱和度为 6，再查标准光谱也完全一致。

3.6 红外光谱仪器及测定技术

3.6.1 红外光谱仪

由于红外光谱用途广泛，仪器制造工艺的进步和电子技术及计算机技术的大量应用，红外光谱仪已成为实验室的常规仪器，红外光谱仪可分为色散型红外光谱仪及傅里叶变换红外光谱仪两大类型，目前常用的多为傅里叶变换红外光谱仪。

1. 傅里叶变换红外光谱仪

傅里叶变换红外光谱仪(Fourier transform infrared spectrophotometer，FTIR)是用来获得物质的红外吸收光谱。在傅里叶变换红外光谱仪中，光源发出的光首先经干涉仪变成干涉光，干涉光照射样品后经检测器检测，检测器得到的是干涉图，而不是我们常见的红外吸收光谱图，实际吸收光谱是由计算机把干涉图进行傅里叶变换后得到的。图 3.46 是傅里叶变换红外光谱仪的结构框图，其主要由光源、干涉仪、检测器和数据处理系统等组成。

图 3.46 FTIR 光谱仪的结构框图

1) 光源

20 世纪 70—80 年代的傅里叶变换红外光谱仪,通常采用硅碳棒作为光源,但由于其工作温度较高,产生的高辐射热会影响干涉仪的稳定性,必须加冷却套消除多余的热量,加上硅碳棒本身质地很脆,多次加热、冷却时常因应力较大造成断裂,使用寿命受到限制。到 80 年代末相继出现了输出功率较大的金属陶瓷光源,广泛用于中低档的仪器中。到 90 年代,各大仪器制造商也先后设计了一些性能更好的专利光源,比如美国 Nicolet 公司采用航天技术,设计了一种 EVERGLO 专利光源。采用新材料制作的光源,发光产生热量部分体积很小,无用热辐射低,无需用水冷却套冷却。

2) 干涉仪

傅里叶变换红外光谱仪的主要部件是获得干涉图的设备,称之为干涉仪,应用最广的是麦克逊干涉仪。它主要由光源、固定反射镜、移动反射镜、分束器及检测器组成,图 3.47 是它的示意图。其中分束器的作用是将光源射出的光分为两束,其中 50%透过分束器射向移动镜,另外 50%反射到达固定镜。设有一单色光源。产生一无限窄完全准直的光束,其波长为 λ,频率为 ν,经过一个完全无吸收的分束器,被分为两束,检测器同时检测到两个反射镜的信号,此信号强度与移动镜的位置有关。两束反射光的光程差 $\delta=2(OM-OF)$,其中 OM 与 OF 分别为两束光线的光程。当移动镜及固定镜与分束器距离相等,即固定镜处于平衡位置时,光程差为零。此时两束光的相位完全相同,检测器测得的光线强度为两束光强度之和。如不考虑其他损失,测得的强度即为光源的强度,见图 3.48(a)。当移动镜移动 $\frac{\lambda}{4}$ 时,光程差 $\delta=\frac{\lambda}{2}$,到达检测器的两束光线的相位相差 180 ℃,产生彼此完全抵消的效应,检测信号强度为一恒定值,见图 3.48(b)。移动镜作恒速移,当光程差为 λ 的整数倍时,即光程差 $\delta=n\lambda$ (n 为 1,2,3,…),检测信号强度等于光源强度,见图 3.48(c)。在其他光程差时,检测到的光强度介于两者之间。检测信号的强度与光源强度有以下关系

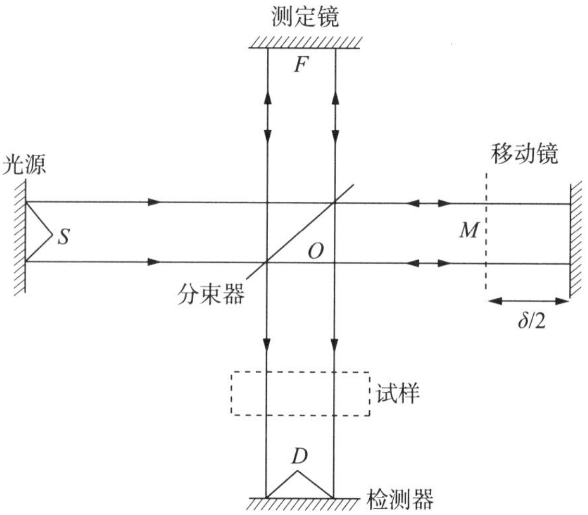

图 3.47 麦克逊干涉仪示意图

$$I'(\delta)=0.5I(\sigma)\left(1+\cos 2\pi\frac{\delta}{\lambda}\right)$$

式中,I' 为检测信号强度;I 为光源强度;σ 为光频率(cm^{-1});δ 为两束光的光程差。

由于 $\sigma=\frac{1}{\lambda}$,所以

$$I'(\delta)=0.5I(\delta)(1+\cos 2\pi\sigma\delta) \tag{3-17}$$

从上式可以看出:检测信号由两部分组成,即恒定(DC)部分 $0.5I(\sigma)$ 及调制(AC)部分 $0.5I(\sigma)\cos 2\pi\sigma\delta$ 组成。这是因为两相干光束相位相同时,信号最大,反相时信号抵消,可等效认为在一直流成分上叠加一交流成分。实际上需要测得的有效部分是 AC 成分,此即干涉谱 $I(\delta)$。

对于单色光源,理想的干涉仪(即无任何其他损失),所得的干涉图强度为

$$I(\delta)=0.5I(\sigma)\cos 2\pi\sigma\delta \tag{3-18}$$

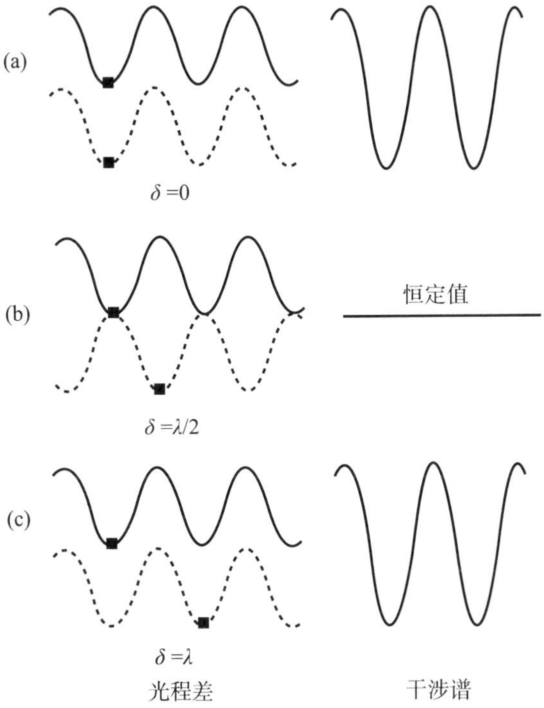

图 3.48 三种不同光程差的干涉图

实际上干涉仪不可能是绝对理想的,干涉光谱强度会受到一些因素的影响。这些因素主要有下列两点:一是分束器不够理想,一部分光线从分束器反射返回光源,且分束器效率与光的频率有关,因而 $I(\delta)$项需乘一小于 1 且与频率有关的因子;二是放大器的放大倍数不成线性,它不仅与光的强度有关,亦与频率、分束器效率、检测器响应及放大器自身特性有关。

实际红外光源发出的是连续光,所以测得的干涉谱相当于每个频率的干涉谱之和,也就是说连续光谱的干涉谱为各频率所贡献的余弦干涉谱之和。在零光程差处它们是全部相加,因而可得干涉谱的最大强度。其他光程差处均有不同程度的相互抵消最后达到噪声水平,见图 3.49(a),这种现象可由图 3.49(b)所示的三种不同频率对应的等强度干涉图谱的叠加结果得到清楚的显示。从图中可以看到存在一个零光程差强度很高的信号,移动镜离开平衡位置,强度迅速减小,由于动镜做正负方向移动时产生的光程差的绝对值相等,因此测得的干涉谱是左右对称的。

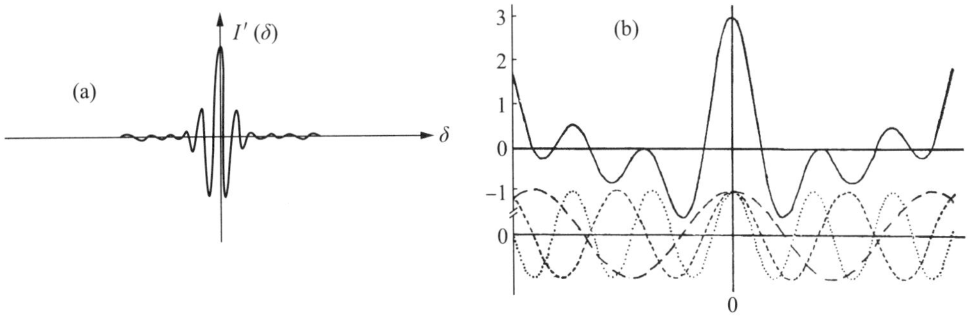

图 3.49 连续波的干涉图(a)和三种等振幅不同频率的干涉图(b)

连续光谱的干涉谱可由余弦积分值获得

$$I(\delta)=\int_{0}^{+\infty}B(\sigma)\cos 2\pi\sigma\,\mathrm{d}\sigma \qquad (3-19)$$

其中

$$B(\delta)=\int_{-\infty}^{+\infty}I(\delta)\cos 2\pi\sigma\delta\mathrm{d}(\delta) \qquad (3-20)$$

$I(\delta)$与$B(\sigma)$存在傅里叶变换与反变换的转换关系。

由于干涉谱在零光程差的左右两侧是对称的,故$I(\delta)$为偶函数,上式可写为

$$B(\delta)=2\int_{0}^{+\infty}I(\delta)\cos 2\pi\sigma\delta\mathrm{d}(\delta) \qquad (3-21)$$

由$I(\delta)$的积分值可以看出,理论上当动镜移动无限长的距离时,每隔无限小光程差取样一次,即可得到波长从 0 到$+\infty$ cm^{-1}的光谱。但实际上是不可能的,一般动镜只能移动有限的距离,而且是在有限间隔取样,因此只能测量有限的频率范围和有限的分辨率。

由于光源输出各频率的强度分布不相同,分束器的透过率、检测器的灵敏度以及大气组分透过率也有所不同,因此首先应在所需要的范围内测量背景光谱,然后换以试样,同样测定其干涉谱,以聚苯乙烯为例见图 3.50。图 3.50(a)、(b)分别为背景和聚苯乙烯试样的干涉谱,(c)、(d)是两者经傅里叶变换得到的图谱,称之为单光束图谱,只有将聚苯乙烯试样的单光束图谱扣除背景的单光束图谱,才能获得真正的聚苯乙烯红外光谱图,见图 3.50(e)。

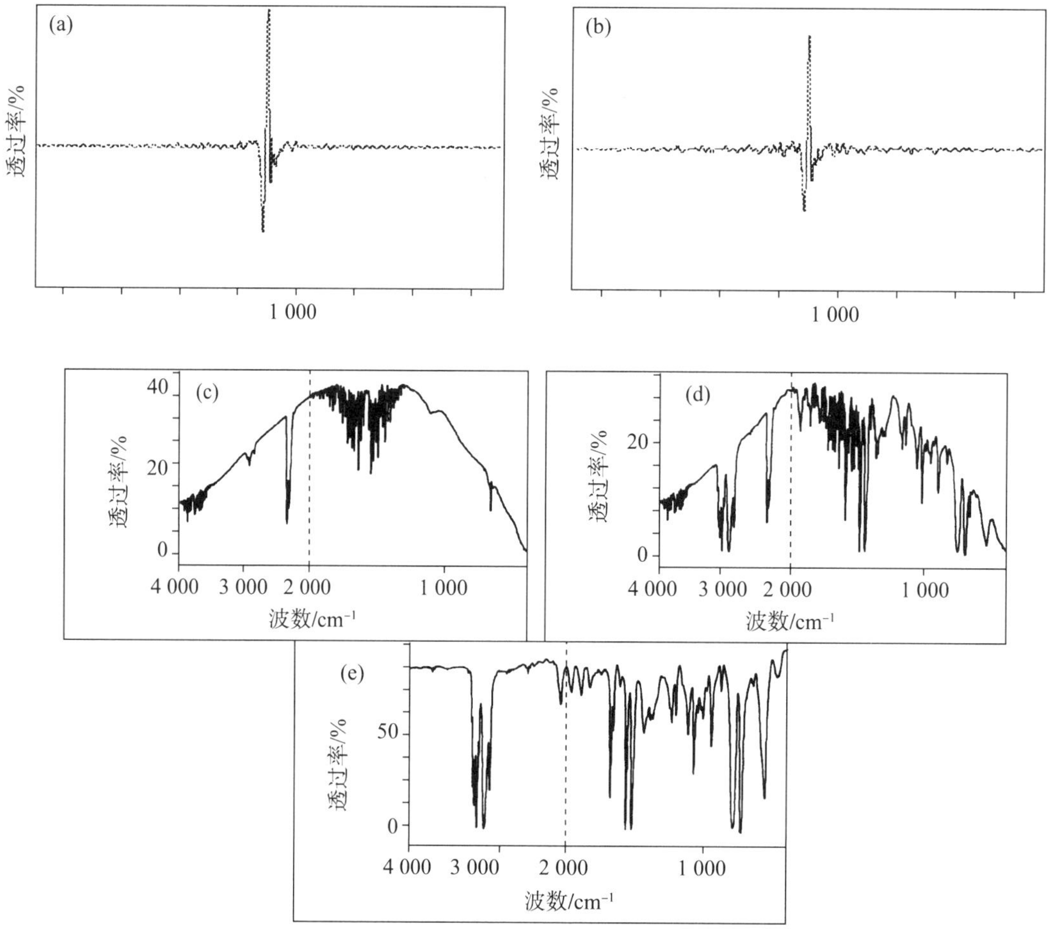

图 3.50 傅里叶变换红外光谱采集光谱的示意图

3）分速器

傅里叶变换光谱仪另一主要部件是分束器。一般是在透红外的基板上镀一层极薄的膜。常用分束器的基板材料有氯化钠，它可用到 650 cm^{-1} 以上，碘化铯则可用到远红外区。但由于它们的硬度不够不易保持其平坦度。最为常用的材料是溴化钾，其特点是具有良好的物理性能和合适的波长透过范围。常用的镜膜材料为锗及硅，锗易于加工，故为首选材料。

4）检测器

傅里叶变换红外光谱仪所用的检测器除要求灵敏度高外，还要求有快速的响应。常用的检测器有三甘氨酸硫酸酯（TGS）及氘代三甘氨酸硫酸酯（DTGS），这是在室温下工作的热电检测器，它们具有快的响应速度，但灵敏度较热电偶要低。在液氮低温下工作的检测器为碲镉汞（MCT），是由 Hg－Te 和 Cd－Te 两种半导体混合制成的，该检测器具有极快的响应速度和很高的检测灵敏度，这种检测器特别适合气相色谱-傅里叶变换红外光谱仪联用时的光谱检测。

5）计算机

傅里叶变换红外光谱仪都配有一定容量的计算机，该计算机除了用作傅里叶变换外，还可以进行图谱的基线校正、标尺扩展和缩小、曲线平滑、差示光谱、标准光谱的检索等，通过专门软件还可以实施各种定量的计算。

2. 傅里叶变换红外光谱仪的优点

傅里叶变换红外光谱仪具有很多显著的优点。

第一，输出功率大，灵敏度高。FTIR 仪器的分辨率与傅里叶变换时数据取样间隔和计算机的速度有关，而不是靠狭缝控制的，所以仪器中没有狭缝，光通量大，光源的能量绝大部分得到了利用，信噪比大为改善，这样也就大大提高了仪器检测的灵敏度和分辨率。这对弱辐射的研究和微量样品的测定非常有利。

第二，检测速度快。对于 FTIR 仪器，由于采用的干涉仪相当于一个多通道的发射机，干涉光中包含了检测范围内所有频率的光，检测器可同时检测它们的信息。FTIR 仪可以在 1 s 不到的时间内测得一张分辨率好、低噪声水平的红外光谱图。其扫描速度是色散型的数百倍。它不仅可用于快速化学反应过程的跟踪，而且使得色谱（气相色谱，高效液色谱）与红外的联机得以实现。

第三，测量波数精度高。傅里叶变换红外光谱仪用单色性非常好的激光校正，因此波数标尺的精度高。

另外，由于傅里叶变换红外光谱仪应用了计算机技术，并带有许多应用软件，使得操作更为灵活方便。

3.6.2 红外光谱的测定技术

1. 气体样品测定

气体样品是在气体池（图 3.51）中进行测定，先把气体池中的空气抽掉，然后注入被测气体进行测定。

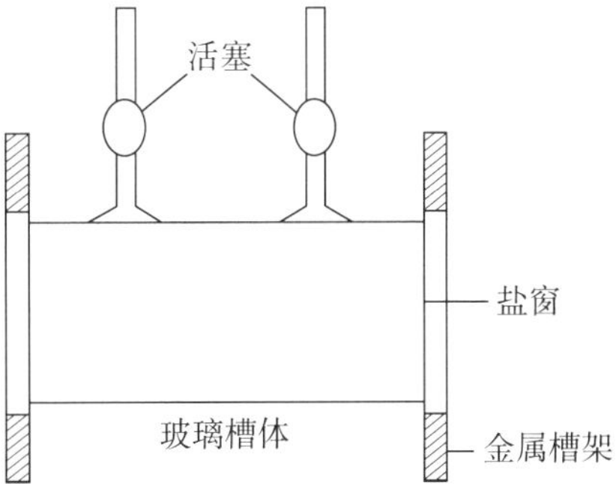

图 3.51 气体吸收池

2. 液体样品测定

液体样品有几种不同的制样方法，常用的是液膜法和涂膜法。

1）液膜法

将少量(1～2 滴)液体样品加到一块抛光的溴化钾晶体上，再将另一块晶体与之对合，液体在两块晶体面之间展开成一液膜层，然后进行测定。此法比较适用于那些沸点相对较高的液体样品。对于那些低沸点的液体或溶液样品，可采用液体池，将液体样品从液体池的进样口注入，使液体样品在两晶体窗片间有一厚度(应与池厚垫片的厚度一样)，然后进行测定。用液体池检测样品，样品的厚度比较容易控制，在红外光谱定量分析中经常使用。

2）涂膜法

取少量样品直接涂于晶体窗片上，使其在红外灯下，慢慢挥发溶剂待呈膜后进行测定，但要注意某些样品不能加热，只能在大气中自然挥发溶剂。此法比较适用于样品黏度比较大且含有低沸点溶剂的样品。

3. 固体样品测定

1）压片法

把 1～2 mg 固体样品放在玛瑙研钵中，加入 100～200 mg 的磨细干燥的碱金属卤化物(常用溴化钾)粉末，混合均匀并研细后，加入压模具内，在压片机上加压，制成厚度约 1 mm 的透明片子，然后进行测定。此法比较适用于低分子固体粉末样品。

2）糊状法

将固体样品研成细末，与糊剂(如液体石蜡、四氯化碳等)混合成糊状，然后涂在两窗片之间进行测定。此法常用来检测固体粉末样品中是否含有羟基。由于糊剂本身在红外光谱中产生吸收峰，使用时应格外小心，例如石蜡作糊剂不能用来测定饱和碳氢键的吸收情况。

3）熔融(或溶解)成膜法

此法是把固体样品制成薄膜来测定，通常用两种方法：一种是直接将样品放在晶体窗片上加热，熔融样品后再涂成薄膜，进行测定；另一种是先把样品溶解在挥发性溶剂中制成溶液，然后将溶液滴在晶体窗片上待溶剂挥发后，样品遗留在窗片上而形成薄膜进行测定。此法经常用于高分子化合物的测定。

4）裂解法

裂解法主要用于高分子化合物的测定。取一定量样品置于 10～15 cm 长的小试管中，加热使其裂解汽化，待汽化的气体在试管壁上形成冷凝液时，取出冷凝液涂在晶体窗片上，然后进行测定。此法的缺点较多，首先是裂解产物受多种因素影响。其次裂解产生的碎片十分复杂，所测得的红外光谱呈现严重的叠合而难以解析。因此往往是不能用其他制样方法时，才采用此法。

4. 全反射附件

衰减全反射(Attenuated Total Reflectance，ATR)是一种特殊的红外光谱检测方法，特别适合于聚合物分析，下面简要介绍其原理。在通常情况下，光透射样品时是从光疏介质的空气射向光密介质样品的。如果两者的折射率相差不大，则光以原方向透射，见图 3.52(a)。但如折射率差别较大，则会产生折射现象，见图 3.52(b)。

设 n_1 和 n_2 分别为光密介质和光疏介质的折射率，当 n_1 与 n_2 有足够的差值(0.5 以上)，且入射光从光密介质射向光疏介质、入射角 θ 大于一定数值时，光线会产生全反射现象。这时 θ 的角度称为临界角，也就是当折射角 φ 等于 90°时的入射角称为临界角，见图 3.52(c)。

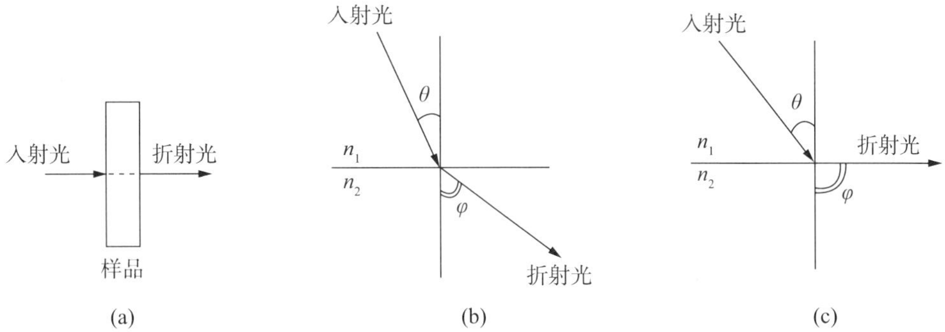

图 3.52 ATR 中临界角的示意图

按照折射定律 $n_1 \sin\theta = n_2 \sin\varphi$

当全反射时 $\varphi = 90°, \sin\varphi = 1$

所以 $\sin\theta = \dfrac{n_2}{n_1}$

图 3.53 为 ATR 附件简易示意图，它主要是一个由折射率很高的材料，如 ZnSe 或 Ge 等晶体制成的全反射棱镜构成，测定时，样品紧贴在晶体表面，当入射角大于临界角时，入射光在透入光疏介质(被测样品)一定深度，会折回输入全反射棱镜中。进入样品的光，在样品有吸收的频率范围内因被样品吸收而强度减弱，在样品无吸收的频率范围内被全部反射。因此对整个频率范围而言，入射光被衰减，除穿透深度外，其衰减的程度与样品的吸收系数有关。由于 ATR 的信号很弱，许多 ATR 附件都设计为可多次内反射的形式，如图 3.53所示，使光多次接触样品以改善信噪比。这一衰减程度在全反射光谱上就是它的吸收强度。

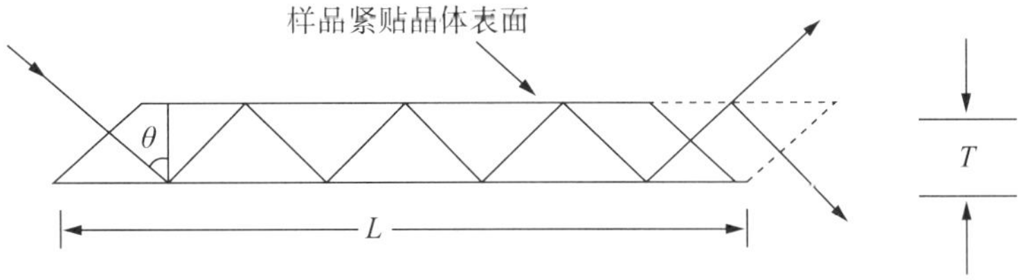

θ 为光的入射角；L 为晶体长度；T 为晶体厚度

图 3.53 多次内反射 ATR 附件示意图

ATR 附件的应用面很广，它为许多无法进行红外常规分析的样品如织物、橡胶、涂料、纤维、纸质、塑料等提供了独特的测样技术。在高分子材料鉴定以及有机材料的表面研究中尤其显得重要。例如某未知材料的透明薄膜，用透射法测得红外谱图如图 3.54 所示，计算机标准红外谱库检索未得满意结果。用 ATR 附件对此未知薄膜的正反两面分别进行红外光谱检测，得到如图 3.55 所示的未知物 B 和未知物 C 两张红外谱图，经计算机的检索，分别得知未知物 B 为间苯二甲酸类聚酯，未知物 C 是聚乙烯＋滑石粉。证明该薄膜是一复合膜。

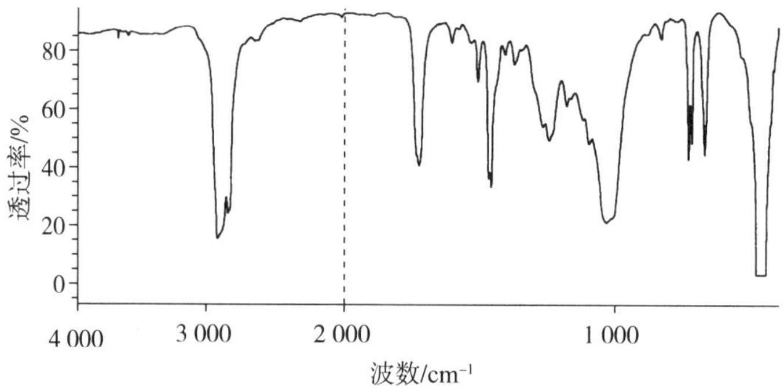

图 3.54 未知物用透射法测得的红外谱图

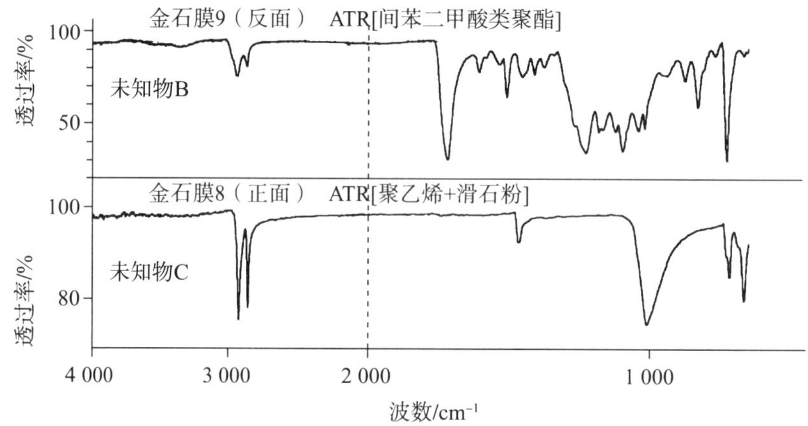

图 3.55 未知物用 ATR 附件测得的红外谱图

3.7 红外光谱的应用

红外光谱除了可用于有机物结构分析之外，在化工、食品、医药、材料、环境及司法鉴定等众多领域有着广泛的应用，可对所测物质进行定性和定量分析。

3.7.1 定性分析

红外光谱是物质定性的最重要方法之一。它不仅适用于有机物，也广泛用于聚合物和无机物，而且对所鉴定物质的形态、性质没有特殊要求。利用红外光谱法鉴定物质通常采用比较法，即把相同条件下测得的被测物质与标准纯物质的红外光谱图进行比较。一般来说，如果这两个物质的制样方法、测试光谱条件都相同，得到的红外光谱图在吸收峰位置、强度及吸收峰形状都一样，则此两物基本上是同一物质。

纯物质不易获得，因此这种比较更多地用于与红外标准谱图进行，但样品测试条件（如制样方法、溶剂、浓度及仪器工作参数等）应尽可能与标准谱图上标注的一致。目前的红外光谱仪大多带有标准谱库，所以首先可以通过计算机对储存的标准谱库进行检索和比较。如果检索不到，再用人工查谱的方法进行分析。

对于没有标准物质及标准红外光谱图的未知样品，则需要借助于包括红外光谱在内的多种仪器分析方法才能推测其化学结构。

利用红外光谱推测化合物结构的方法已在 3.5 节“红外光谱图的解析”中讨论过。这里再举一个杂环芳香族化合物的例子，在对杂环芳族化合物进行取代类型的分析测定时，可简单地把杂原子看作为一个取代基。

例 3-8　图 3.56 是分子式为 C_7H_9NO 的红外光谱图，其盐酸盐的红外谱图中，铵谱带与 C—H 伸缩谱带分离较好，试推导该化合物的结构。

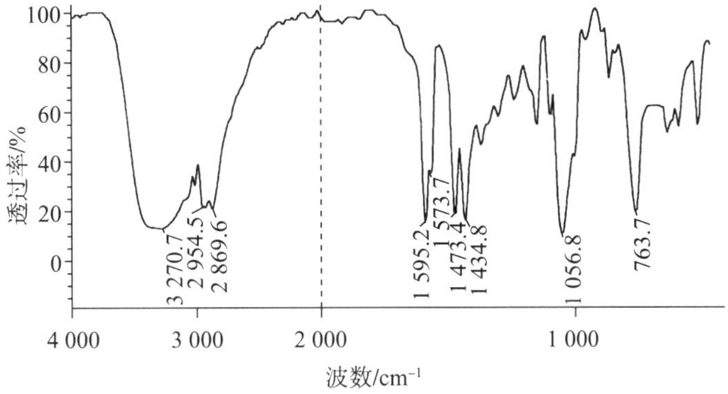

图 3.56　分子式 C_7H_9NO 红外光谱图

解：(1) 不饱和度计算

$$f=1+7+\frac{1}{2}\times(1-9)=4$$

不饱和度为 4，1 057 cm^{-1}谱带表明羟基可能为伯羟基(表 3.9)。同时 764 cm^{-1}提示芳香族基团上有四个相邻的氢(表 3.8)。由此可推导出结构是 2-(2-吡啶基)乙醇或是 α-氨基苄醇。但由于后者是伯胺，其铵盐谱带应与 C—H 伸缩振动谱带重叠(表 3.11)，因此可以排除后一结构。

(2) 谱图解析

3 270 cm^{-1}、1 057 cm^{-1}处的吸收峰为伯羟基的 υ_{O-H}的伸缩振动和 υ_{C-O}的伸缩振动。

2 955 cm^{-1}、2 870 cm^{-1}处的吸收峰为饱和的 C—H 反对称和对称伸缩振动 υ_{C-H}。

1 595 cm^{-1}、1 574 cm^{-1}、1 473 cm^{-1}处的吸收峰为吡啶环的骨架振动 $\upsilon_{C=C}$(与芳环的骨架振动类似)。

1 435 cm^{-1}处的吸收峰为 υ_{C-C}、υ_{N-C}等振动的共同贡献。

764 cm^{-1}处的吸收峰为吡啶环上相邻四氢的面外变形 γ_{C-H}振动(与芳环的邻位取代类似)。

综合上述可推测，未知物的结构可能是 2-(2-吡啶基)乙醇，即 

，再查标准光谱也完全一致。

3.7.2　定量分析

红外定量分析是研究样品的量(包括浓度和厚度)与吸收入射光之间的关系。与紫外光谱相似，在一定浓度范围内，红外光谱的谱峰强度与被测样品的含量符合朗伯-比尔定律，即在某一定波长的单色光作用下，吸光度与物质的浓度呈线性关系，可用如下公式表示

$$A = \lg \frac{I_0}{I} = \varepsilon c L \quad (3-22)$$

式中，A 为吸光度；I_0为入射光强度；I 为透过光强度；ε 为消光系数；c 为样品浓度；L 为样品厚度。

红外光谱图中吸收带很多，因此定量分析时特征吸收谱带的选择尤为重要，除应考虑 ε 较大之外还应注意以下几点。

- 谱带的峰形应有较好的对称性。
- 没有其他组分在所选择特征谱带区产生干扰。
- 溶剂或介质在所选择特征谱带区应无吸收或基本没有吸收。
- 所选溶剂不应在浓度变化时对所选择特征谱带的峰形产生影响。
- 特征谱带不应存在对二氧化碳、水蒸气有强吸收的区域。

谱带强度的测量方法主要有峰高(即吸光度值)测量和峰面积测量两种，而定量分析方法很多，视被测物质的情况和定量分析的要求可采用直接计算法、工作曲线法、吸收度比法和内标法等，下面逐一介绍。

1. 直接计算法

这种方法适用于组分简单、特征吸收谱带不重叠，且浓度与吸收呈线性关系的样品。直接从谱图上读取吸光度 A 值，再按式(3-22)算出组分含量 c。这一方法的前提是应先测出样品的厚度 L 及 ε 值，分析精度不高时，可用文献报道的 ε 值。

2. 工作曲线法

这种方法适用于组分简单、样品厚度一定(一般在液体样品池中进行)、特征吸收谱带重叠较少，而浓度与吸光度不呈线性关系的样品。

将一系列不同浓度的标准样品溶液，在同一液体吸收池内测得需要的特征谱带，以吸光度 A 作为纵坐标，以浓度 c 为横坐标，作出相应的 $A-c$ 工作曲线。由于工作曲线是从实际测定中获得的，它真实地反映了被测组分的浓度与吸光度的关系，因此即使被测组分在样品中不服从朗伯-比尔定律，只要浓度在所测的工作曲线范围内，也能得到比较准确的结果。

3. 吸收度比法

该法适用于厚度难以控制或不能准确测定其厚度的样品，例如厚度不均匀的高分子膜、糊状法的样品等。这一方法要求各组分的特征吸收谱带相互不重叠，且服从朗伯-比尔定律。

如有二元组分 X 和 Y，根据式(3-22)，应存在下列关系

$$A_X = \varepsilon_X c_X L_X$$
$$A_Y = \varepsilon_Y c_Y L_Y$$

由于是在同一被测样品中，故厚度是相同的，$L_X = L_Y$

其吸光度比 R 应为

$$R = \frac{A_X}{A_Y} = \frac{\varepsilon_X c_X L_X}{\varepsilon_Y c_Y L_Y} = k\frac{c_X}{c_Y} \quad (3-23)$$

式中的 k 称为吸收系数比。

实验时，应用 X、Y 纯物质配制一系列不同比例的标样，测定它们的吸光度，求出比值 R，并对浓度比$\frac{c_X}{c_Y}$作一工作曲线，该曲线是一经过原点的直线，其斜率即为吸收系数比 k。

对于二元体系而言，$c_X+c_Y=1$

所以
$$c_X=\frac{R}{k+R} \qquad c_Y=\frac{k}{k+R}$$

只要测出未知样品的 R 值，就可以计算出二元组分的各自浓度 c_X 和 c_Y。这种方法简便实用，但前提是不允许含其他杂质。吸收度比法也适合多元体系。

4. 内标法

此法适用于厚度难以控制的糊状法、压片法等的定量工作，可直接测定样品中某一组分的含量。具体做法如下：首先，选择一个合适的纯物质作为内标物。用待测组分标准品和内标物配制一系列不同比例的标样，测量它们的吸光度，并用式(3-24)计算出吸收系数比 k。

根据朗伯-比尔定律，待测组分 S 的吸光度

$$A_S=\varepsilon_S c_S L_S$$

内标物 I 的吸光度
$$A_I=\varepsilon_I c_I L_I$$

因内标物与待测组分的标准品配成标样后测定，故 $L_S=L_I$

$$k=\frac{\varepsilon_S}{\varepsilon_I}=\frac{A_S}{c_S L_S}\cdot\frac{c_I L_I}{A_I}=\frac{A_S}{A_I}\cdot\frac{c_I}{c_S} \qquad (3-24)$$

在配制的标样中，c_S、c_I 都是已知的，A_S、A_I 可以从图谱中得到，故可求得 k 值。

然后，在样品中配入一定量的内标物，测量它们的吸光度，即可计算出待测组分的含量 c_S。

$$c_S=c_I\frac{A_S}{A_I}\cdot\frac{1}{k} \qquad (3-25)$$

式中，k 值由标样求得；c_I 是配入样品的内标物量；A_S、A_I 可以从图谱中得到。

如果被测组分的吸光度与浓度不呈线性关系，即 k 值不恒定时，应先作出 A_S/A_I 与 c_S/c_I 工作曲线，在未知样品中测定吸光度比值后，就可以从工作曲线上得出相应的浓度比值。由于加入的内标物量是已知的，因此就可求得未知组分的含量。

5. 定量分析的计算机处理

以上介绍的几种方法对标准品的纯度及实验条件的一致性的要求都同样重要，它们所依据的都是朗伯-比耳定律所确定的量度关系。我们所探求的是寻找理想的实验条件和计算方法使所得的结果误差最小。在计算机已广泛用于分析化学领域的今天，红外光谱也配备多种定量软件。图 3.57 显示了称之为 QUANT 软件的六种定量计算法的示意图。这六种不同的处理方法如下。

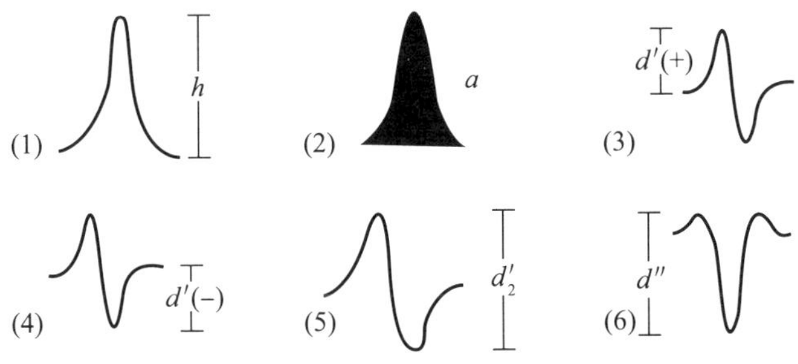

图 3.57 QUANT 软件的定量示意图

第一，峰高：h

第二,峰面积:a

第三,一级导数光谱最大:$d'(+)$

第四,一级导数光谱最小:$d'(-)$

第五,一级导数光谱全幅:d_2'

第六,二级导数光谱全幅:d''

3.8 拉曼光谱

3.8.1 拉曼光谱的基本原理

1. 光散射现象

当一束光照射到物质时,大部分光被物质反射或透过物质,一部分光被介质向四面八方散射。如晴朗的天空呈蓝色、早晚东西方的空中出现红色霞光、广阔大海是一幅深蓝色的景象,等等,这些都是自然界常见的光散射现象。

1) 瑞利散射

当来自光源的光照射到物质上时,除被吸收的光之外,绝大部分光沿入射方向穿过样品,极少部分光则改变方向,即发生了光的散射。散射光的波长与入射光波长基本相同(即频率基本相同),这种散射称之为瑞利散射(Rayleigh Scattering)。瑞利散射的强度与波长的四次方成反比,波长越长,散射越弱;波长越短,散射越强烈。故可见光比红外光散射强烈,蓝光又比红光散射强烈,这就可以解释上述所提到的自然现象。我们知道太阳光是由不同波长光组合而成的白光,当太阳光进入大气层时,大部分短波长的蓝光被散射而布满天空,也有大部分长波长的红光进入地球表面,所以在晴朗天气的中午天空是呈蓝色的,而早晚看到的是掠过地球表面含有较多长波长的红光而呈现红霞。同样,当太阳光射入大海时,短波长的蓝光被海水散射而布满海水表层,而长波长的红光射入较深海水中,因此海面就呈现深蓝色。

2) 拉曼散射

当光照射物质时,除有频率不变的瑞利散射之外,还有一小部分频率不同于入射光频率的散射光,这种散射称为拉曼散射(Raman Scattering)。拉曼散射是由印度物理学家拉曼在1928年发现的。拉曼散射遵守如下规律:散射光中在每条原始入射谱线(频率为ν_0)两侧对称地伴有频率为$\nu_0 \pm \nu_i (i=1,2,3,\cdots)$的谱线,其中频率较小的成分$\nu_0-\nu_i$又称为斯托克斯线(Stoxes)拉曼散射,频率较大的成分$\nu_0+\nu_i$又称为反斯托克斯线(anti-Stoxes)拉曼散射。图3.58是瑞利散射和拉曼散射的示意图。

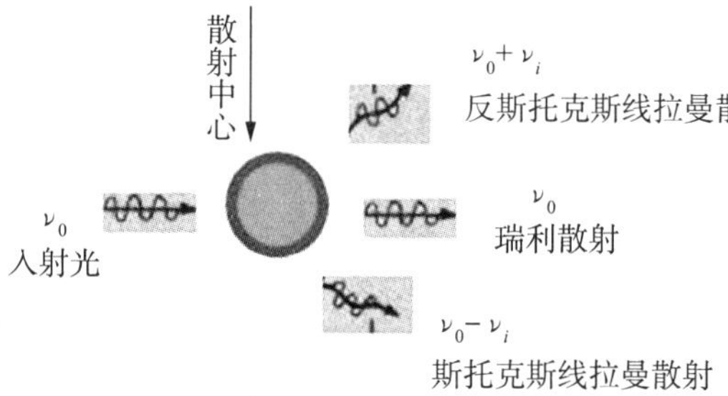

图 3.58 瑞利散射和拉曼散射的示意图

拉曼散射的强度比瑞利散射要弱得多。瑞利散射强度大约只有入射光强度的千分之一,拉曼散射的强度大约只有瑞利线的千分之一。

2. 分子变形性和极化率

在外电场作用下，分子内部的电荷分布将发生相应的变化。分子中带正电荷的核将被引向负极板，而带负电荷的电子云将被引向正极板。结果，正核和电子云产生相对位移，分子发生变形，称为分子的变形性。这样，非极性分子原来重合的正、负电荷中心，在电场影响下互相分离，产生了偶极，此过程称为分子的变形极化，所形成的偶极称为诱导偶极（$p_{诱导}$）。电场越强，分子变形越大，诱导出来的偶极长度也越长。若取消外电场，$p_{诱导}$即消失，此时分子重新变为非极性分子，所以 $p_{诱导}$与外电场强度 E 成正比

$$p_{诱导}=a \cdot E$$

式中，a 为比例常数，表示 $p_{诱导}$与 E 的比值，称为极化率。如 E 一定，则 a 越大，$p_{诱导}$越大，分子的变形性也越大，所以分子的 a 可表征分子外层电子云的可移动性或可变形性。

3. 拉曼散射的量子理论

单色光与分子相互作用所产生的散射现象可以用光量子（粒子）与分子的碰撞来解释。按照量子理论，频率为 ν_0 的单色光可以视为具有能量为 $h\nu_0$ 的光粒子，h 是普朗克（Planck）常数。当光粒子 $h\nu_0$ 作用于分子时，可能发生弹性和非弹性两种碰撞。在弹性碰撞过程中，光子与分子之间不发生能量交换，光子仅仅改变其运动方向，而不改变其频率。这种弹性碰撞过程对应的散射就是瑞利散射。在非弹性碰撞过程中，光子与分子之间发生能量交换，光子不仅改变其运动方向，同时还发生光子的一部分能量传递给分子，转变为分子的振动或转动能，或者光子从分子的振动或转动得到能量，从而使分子的极化率发生变化。这种非弹性碰撞过程对应的散射也就是上述提到的拉曼散射。在拉曼散射过程中，光子得到能量的过程对应的散射是频率增加的反斯托克斯线拉曼散射；光子失去能量的过程对应的散射是频率减小的斯托克斯线拉曼散射。

拉曼散射的量子理论能级如图 3.59 所示。处于基态 $E_{\nu=0}$的分子受入射光子 $h\nu_0$ 的激发而跃迁到一个能量较高激发态，图中用虚线表示，被称之为虚态能级，由于这个虚态是不稳定的，所以分子立即又返回到基态 $E_{\nu=0}$，此过程对应于弹性碰撞，其返回能量等于 $h\nu_0$，为瑞利散射线。处于虚态能级的分子也可能返回到激发态 $E_{\nu=1}$，此过程对应于非弹性碰撞，其返回能量等于 $h(\nu_0-\nu)$，光子的部分能量传递给分子，为拉曼散射的斯托克斯线。类似的过程也可能发生在处于激发态 $E_{\nu=1}$的分子受入射光子 $h\nu_0$ 的激发而跃迁到更高的激发态（图中虚线表示），同理因为这个虚态能级是不稳定的，分子立即回到激发态 $E_{\nu=1}$，此过程对应于弹性碰撞，返回能量等于 $h\nu_0$，为瑞利散射线。同样处于虚态能级的分子也可能返回到基态 $E_{\nu=0}$，此过程对应于非弹性碰撞，光子从分子的振动中得到部分能量，返回能量等于$h(\nu_0+\nu)$，为拉曼散射

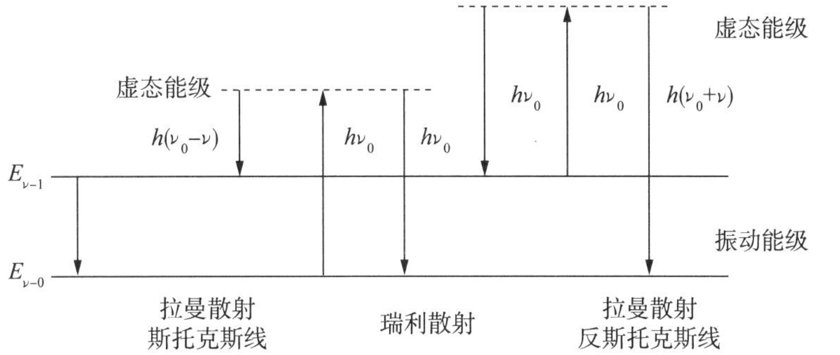

图 3.59 拉曼散射的量子理论能级图

的反斯托克斯线，从图 3.59 可以看出，斯托克斯线和反斯托克斯线于瑞利线之间的能量差分别为 $h(\nu_0-\nu)-h\nu_0=-h\nu$ 和 $h(\nu_0+\nu)-h\nu_0=h\nu$，其数值相等，符号相反，说明拉曼谱线对称地分布在瑞利线的两侧，同时也可以看出，$h\nu=E_{\nu=1}-E_{\nu=0}$，同红外光谱的能级差相同。

红外吸收频率和拉曼位移频率都等于分子振动频率，但有红外吸收的分子振动是分子振动时有偶极矩变化的振动，而拉曼散射的分子振动则是分子振动时有极化率改变的振动。一般来说，若红外吸收是活性的，则拉曼散射是非活性的；反之，若红外吸收是非活性的，则拉曼散射是活性的。当然有些分子常常同时具有红外活性和拉曼活性，只是两种谱图中各峰之间的强度不同，也有些分子既无红外活性也无拉曼活性，因其振动时既未改变偶极矩也未改变极化率。

4. 拉曼光谱图

散射光相对于入射光的频率位移与散射光强度形成的光谱图称为拉曼光谱(Raman Spectroscopy)。拉曼光谱是一种分子光谱，它和红外光谱均属于分子振动光谱。但是，红外光谱是吸收光谱，拉曼光谱是散射光谱。拉曼散射是粒子之间的非弹性碰撞，发生了能量交换，粒子运动方向也改变，因此，拉曼散射线的波长不同于入射光波长。图 3.60 为环戊烷的拉曼光谱图。

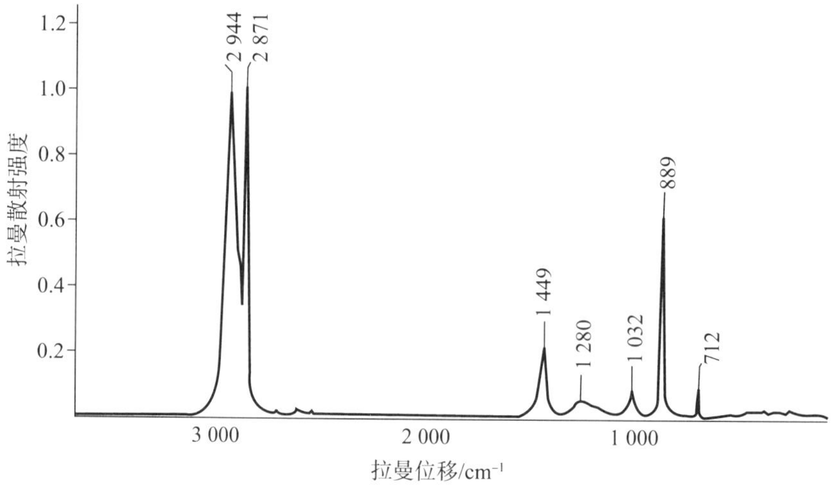

图 3.60 环戊烷的拉曼光谱图

图 3.60 纵坐标是散射强度，可用任意单位表示；横坐标是拉曼位移，通常用相对于瑞利线的位移表示其数值，单位为波数(cm^{-1})。瑞利线的位置为零点。位移为正数的是斯托克斯线，位移为负数的是反斯托克斯线，通常由于斯托克斯线与反斯托克斯线是完全对称地分布在瑞利线的两侧，所以一般记录的拉曼光谱只取斯托克斯线。

拉曼光谱的特点有以下几个方面。

第一，每一种物质(分子)有自己的特征拉曼光谱，因此可以作为表征这一物质之用。

第二，每一种物质的拉曼频率位移(即入射频率与散射频率之差)与入射光的频率无关。

第三，拉曼频率位移的数值可从几个波数到几千个波数。

第四，一般地，拉曼频率是分子内部振动或转动频率，有时与红外吸收光谱所得的频率部分重合，波数范围也是相同的，但强度不同。

第五，拉曼光谱应用于除金属以外的绝大部分物质。

拉曼光谱法特别是激光拉曼光谱在有机化学、生物化学、环境化学、医学、材料科学等领域得到广泛应用，成为鉴定分子结构的有力工具。

3.8.2 拉曼光谱仪的类型

1. 色散型激光拉曼光谱仪

传统的色散型激光拉曼光谱仪主要由光源、样品装置、单色器和检测记录系统等组成。

1）激光器

为了激发拉曼光谱，对光源最主要的要求是有高单色性，即具有窄的线宽，并能在样品上给出高辐射度。色散型激光拉曼光谱仪一般使用可见的激光激发样品产生拉曼散射。最常用的是 Ar^{+} 离子激光器的 514.5 nm 绿线和 488.0 nm 的蓝紫线。还有 He－Ne 激光器 632.8 nm 红线。由于气体激光器的寿命比较短，固体激光器 532 nm 是 Nd：YAG 激光器，即掺钕钇铝石榴石红宝石激光器的倍频，正逐渐取代 514.5 nm 的气体激光器。此外，还有激发波长在近红外区的 785 nm 半导体激光器。

2）单色器

经样品散射的激光，其绝大部分为瑞利散射光，拉曼散射光强度仅为瑞利散射光强度的 10^{-9}～10^{-6}。散射光由反射镜等光学元件收集，经狭缝照射到光栅上经光栅散射，连续地转动光栅使不同波长的散射光依次通过出口狭缝进入 CCD 检测器，最后经数据处理系统进行处理。单色器是色散型拉曼光谱仪的心脏部分，它应具有杂散光小，色散度高等特点。为了降低瑞利散射光对检测器强度较弱的拉曼散射光的影响，通常采用双单色器，有的甚至采用三单色器来进一步降低杂散光，提高分辨率，但光栅的散射率不可能达到 100％，使用多光栅必然要降低光通量，而光栅之间的狭缝也会进一步降低光通量。

3）检测和记录系统

激光拉曼光谱一般采用电荷耦合器件 CCD 作为检测器。开放电极式 CCD 探测器的响应范围在 200～1 100 nm，能对紫外，可见和近红外波段的激发器激发得到的光谱进行响应。

2. FT－Raman 光谱仪

FT－Raman 光谱仪是在傅里叶变换红外光谱仪的基础上发展起来的，它主要由光源、光学过滤器、迈克尔逊干涉仪和检测器组成。在采集样品信号时，激发光源经过衰减器照射到样品上，经样品散射后进入迈克尔逊干涉仪，再经过滤光器后进入检测器。

1）激光器

目前，大多数 FT－Raman 光谱仪都采用 Nd：YAG 激光器，即掺钕钇铝石榴石红宝石激光器（近红外，1 064 nm）。低能量近红外激光的使用可避免样品受激光辐射而产生的分解，其最大的优点是避免了荧光的产生，因为近红外单光子的能量为可见光单光子能量的 1/2，当近红外光激发样品时，很难将分子激发到第一电子激发态。

2）过滤器

在散射光到达检测器之前，必须用光学过滤器将其中的瑞利散射滤去，至少需将其减少 3～7 个数量级，才能在检测器中观察到拉曼散射，光学过滤器必须刚好将波长为瑞利散射的光滤去，又能使波长比瑞利散射长或短的拉曼散射光通过。常见的光学过滤器有 Chevron 滤光器和介电滤光器，它们的波数范围为 3 600～100 cm^{-1}。

3）干涉仪

目前,FT-Raman 光谱仪使用的干涉仪都是利用 FTIR 仪器常用的干涉仪,将分束器换成石英的,以利于近红外光透过。

4) 检测器

FT-Raman 光谱仪常用的检测器是 InGaAs 检测器,室温下高波数可达到 3 600 cm^{-1}。

3. 色散型激光拉曼光谱仪与 FT-Raman 光谱仪的比较

(1) 色散型仪器的激光光源在可见光区,光子能量较高,易导致样品荧光的产生;FT-Raman 使用波长较长的近红外光源,光子辐射的能量较低,可以适当地避免荧光干扰,适合在可见光激发下有荧光的物质。由于光的散射强度 $I\propto 1/\lambda^4$,近红外波长 1 064 nm 产生的散射光截面比可见光激发小很多,抵消了光通量大的优点,因此信噪比不高。

(2) 色散型光谱仪由于使用了狭缝,在高分辨时,狭缝必须变小,光栅刻线变密和焦距变长,进入的光通量受到限制并且降低了光子的收集效率,因而大大降低了光谱的信号,使信噪比明显下降。为了获得好的信噪比,则需要牺牲分辨率。FT-Raman 光谱仪的分辨率由迈克尔逊干涉仪的动镜距离长短决定,增加动镜的移动距离,将可以提高 FT-Raman 光谱的分辨率。

FT-Raman 光谱仪所使用的光学过滤器的可用波数范围只能低至 50 cm^{-1},因此不能得到 50 cm^{-1}以下的低频拉曼光谱,色散型的拉曼可以低至几个波数。另外水在近红外有很强的吸收,刚好相应于 3 600～2 200 cm^{-1}拉曼位移的散射光,因为样品被激发光源照射后产生的散射光在此波数区域内基本上被水吸收,严重影响样品的拉曼光谱;当加热样品时,样品产生的黑体辐射背景限制了可获得拉曼光谱的温度,使用 1 064 nm 时,这一温度为 180～200 ℃。此外,有机液体也可因中红外振动的倍频和组频而呈现出自吸收。

3.8.3 拉曼光谱的应用

1. 拉曼光谱在有机化学研究中的应用

拉曼光谱在有机化学方面主要是用作结构鉴定和分子相互作用的手段,它与红外光谱互为补充,可以鉴别特殊的结构特征或特征基团。拉曼位移的大小、强度及拉曼峰形状是鉴定化学键、官能团的重要依据。利用偏振特性(选择不同方向入射光),拉曼光谱还可以作为分子异构体判断的依据。对于像 S—S、C═C、N═N、C≡C、C≡N、C═S、C═NR 等这类基团,如果分子中这些基团的环境接近对称,它的振动在红外光谱中极为微弱,但具有拉曼活性。环状化合物也具有很强的拉曼峰。本章节着重讨论在拉曼光谱中具有较强特征的拉曼频率,其他拉曼特征频率将在附录中列出。

1) 环烷烃

环烷烃在 700～1 200 cm^{-1}有一重要的拉曼特征峰,称为环的对称伸缩(环呼吸)振动(υ_{C-C}),这一特征峰可以证明环的存在和大小。表 3.20 列出了环烷烃的拉曼特征频率,可以看出环烷烃的 CH 伸缩振动(υ_{CH})3 100～2 845 cm^{-1}和环的对称振动(υ_{C-C})频率,都随着环的减小而增加,但 C_{12}以上的环的对称振动将变得很弱,没有鉴别价值。图 3.61 为环己烷的拉曼光谱图。

表 3.20 环烷烃化合物拉曼特征基团频率

环的类型	振动形式	谱带位置/cm^{-1}	强 度
C_3H_6	υ_{asCH}	3 100～3 090	s
	υ_{sCH}	3 040～3 020	s
	δ_{asCH}	1 450	m
	υ_{C-C}	1 188	s
C_4H_6	υ_{asCH}	2 987～2 975	s
	υ_{sCH}	2 895～2 887	s
	δ_{asCH}	1 450	m
	υ_{C-C}	1 001	s
C_5H_{10}	υ_{asCH}	2 960～2 942	s
	υ_{sCH}	2 876～2 853	s
	δ_{asCH}	1 449	m
	υ_{C-C}	889	s
C_6H_{12}	υ_{asCH}	2 943～2 915	s
	υ_{sCH}	2 871～2 851	s
	δ_{asCH}	1 445	m
	υ_{C-C}	802	s
C_7H_{14}	υ_{asCH}	2 935～2 917	s
	υ_{sCH}	2 962～2 951	s
	δ_{asCH}	1 445	m
	υ_{C-C}	733	s
C_8H_{16}	υ_{asCH}	2 925～2 910	s
	υ_{sCH}	2 855～2 845	s
	δ_{asCH}	1 445	m
	υ_{C-C}	700	s

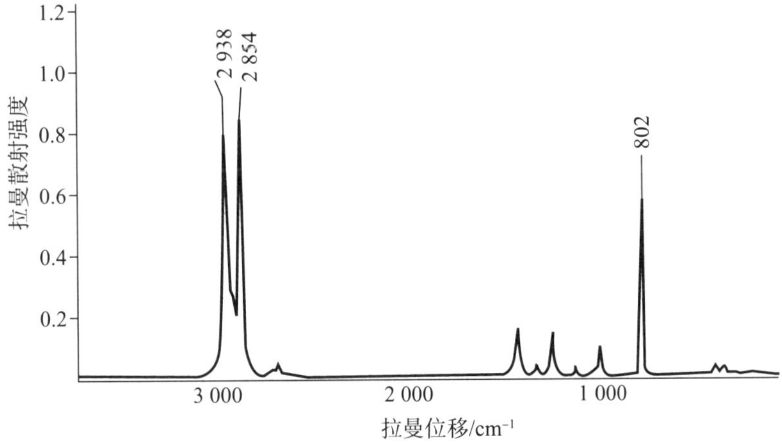

图 3.61 环己烷的拉曼光谱

2) 不饱和碳氢化合物

在烯烃类化合物中，碳碳双键(C═C)在拉曼光谱的 1 570～1 650 cm^{-1}附近(图 3.62)产生强或很强的特征频率(在红外光谱中这个频率是弱的)。在炔烃类化合物中碳碳三键的伸缩振动，在 2 120～2 250 cm^{-1}附近有很强的拉曼谱带(图 3.63)，特别是当三键位于链的中间位置时，在红外光谱中它是很弱的，难以检测到这个谱带(图 3.15)，而在拉曼光谱中可以检测到

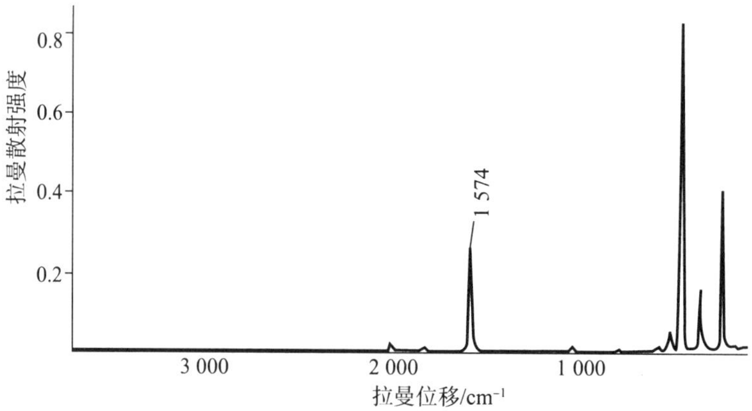

图 3.62　四氯乙烯的拉曼光谱

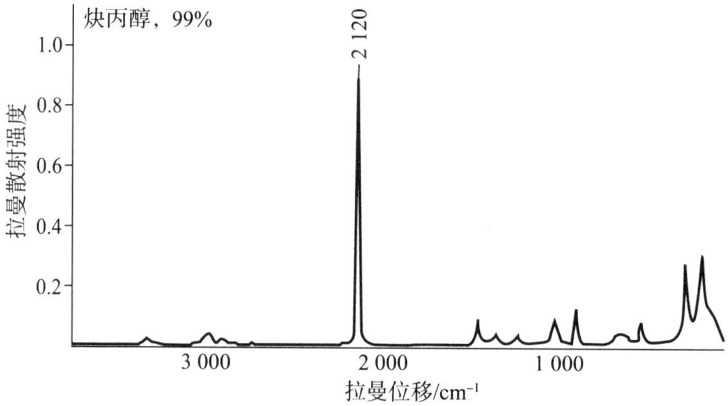

图 3.63　炔丙醇的拉曼光谱

此峰。在芳烃类化合物中，不饱和碳氢伸缩振动产生的谱带出现在 3 100～3 000 cm^{-1}，通常有三个谱带，其数目随着环上取代基的数目增多而减小，这些谱带在拉曼光谱中为强谱带。识别单取代苯最有价值的是拉曼光谱中 1 030 cm^{-1}附近的 C—H(δ_{CH})变形振动和伴随出现在 1 000 cm^{-1}附近很强的环呼吸振动谱带(图 3.64)，1,2 -二取代苯衍生物的特征谱带出现在拉曼光谱中的 1 040 cm^{-1}，1,3 -二取代和 1,3,5 -三取代衍生物的拉曼光谱中，在1 005～990 cm^{-1}的谱带是环的对称伸缩(呼吸)振动，这个谱带是很强的。表 3.21 给出了各种取代苯拉曼特征基团频率。

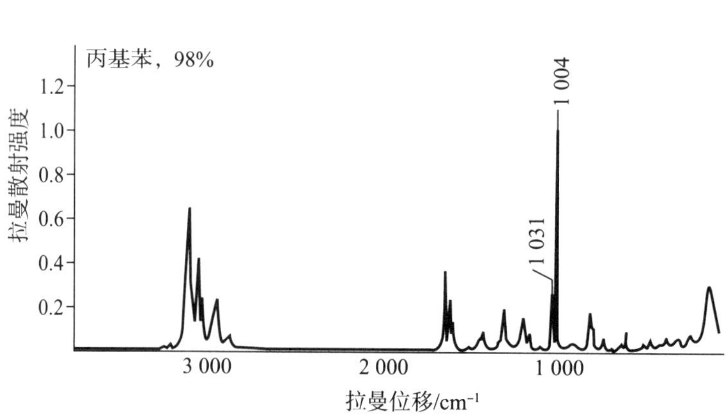

图 3.64　丙基苯的拉曼光谱

表 3.21 各种取代苯拉曼特征基团频率

苯的取代类型	振动形式	谱带位置/cm^{-1}
未取代	υ_{C-C}	995
单取代	δ_{C-C} δ_{C-H} υ_{C-C}	770～730 1 030 1 000
1,2-二取代	δ_{C-H} $\upsilon_{骨架}$	1 040 1 230～1 210 740～715 680～650 600～560 560～540
1,3-二取代	υ_{C-C} $\upsilon_{骨架}$	1 000 1 260～1 210 1 180～1 150 650～630
1,4-二取代	υ_{C-C} $\upsilon_{骨架}$	830～720 1 230～1 200 1 180～1 150 650～630
1,2,3-三取代	δ_{C-H} δ_{C-C}	1 100～1 050 670～500
1,2,4-三取代	δ_{C-C} $\upsilon_{骨架}$	750～650 1 280～1 200
1,3,5-三取代	υ_{C-C} δ_{C-C}	1 000 570～510

3）含氮化合物

伯胺和仲胺在 3 500～3 300 cm^{-1}均有一较强 υ_{N-H}拉曼谱带，芳胺的 υ_{C-N}振动在 1 380～1 260 cm^{-1}有较强的拉曼谱带(图 3.65)，脂肪仲胺和叔胺的 υ_{C-N}振动分别在 900～850 cm^{-1}和 830 cm^{-1}附近有较强的拉曼谱带。亚胺(C═N—H)中的(C═N)伸缩振动在 1 685～1 610 cm^{-1}有拉曼谱带。脂肪族和芳香族偶氮化合物中的 N═N 伸缩振动($\upsilon_{N=N}$)分别在 1 580 cm^{-1}附近和 1 430～1 400 cm^{-1}有较强的拉曼特征谱带。硝基化合物在 1 380～1 330 cm^{-1}有一较强的拉曼特征谱带(芳香族的强于脂肪族的)。其他含氮类化合物的拉曼特征频率见表 3.22。

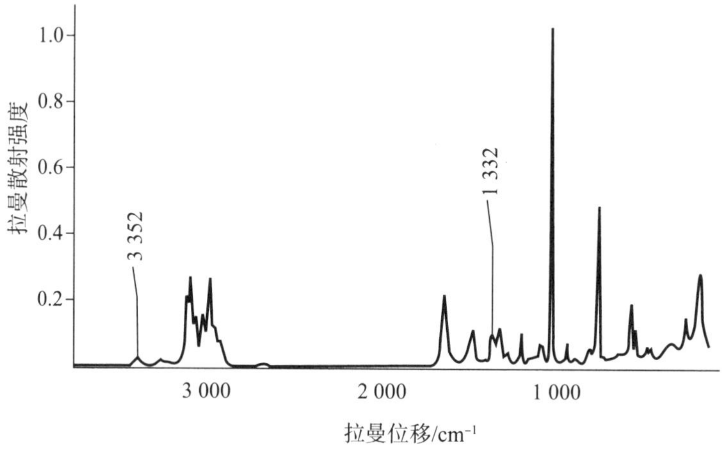

图 3.65 3-乙基苯胺的拉曼光谱

表 3.22 含氮化合物拉曼特征基团频率

基 团	振动形式	谱带位置/cm^{-1}
RNH_2	υ_{N-H}	3 450～3 300
$ArNH_2$	υ_{N-H} υ_{C-N}	3 400～3 300 1 350～1 260
R_2NH	υ_{N-H} υ_{C-N}	3 500～3 300 900～850
ArNHR	υ_{N-H} υ_{C-N}	3 500～3 300 1 340～1 320
$ArNR_2$	υ_{C-N}	1 380～1 310
R_3N	υ_{C-N}	830
$R_2N—CH_3$	υ_{C-H}	2 810～2 770
$R_2N—CH_2R$	υ_{C-H}	2 820～2 760
$R_2C═NR$	$\upsilon_{C=N}$	1 685～1 610
RN═NR	$\upsilon_{N=N}$	1 580
ArN═NAr	$\upsilon_{N=N}$	1 430～1 400
$R_2C—NO_2$	υ_{NO_2}	1 380～1 330

4）含硫化合物

—SH、C—S 和 S—S 基团在拉曼光谱中有较强的谱带，特别是—SH 基团，它在拉曼光谱中的出峰位置在 2 590～2 560 cm^{-1}，因为在这个光谱范围内没有其他的有机化合物的谱带，所以这个拉曼谱带是鉴别—SH 基团存在的极好依据。C—S 的伸缩振动在 735～590 cm^{-1}（图 3.66），S—S 的伸缩振动在 542～507 cm^{-1}均有较强的拉曼谱带。表 3.23 列出了部分含硫化合物拉曼特征基团频率。

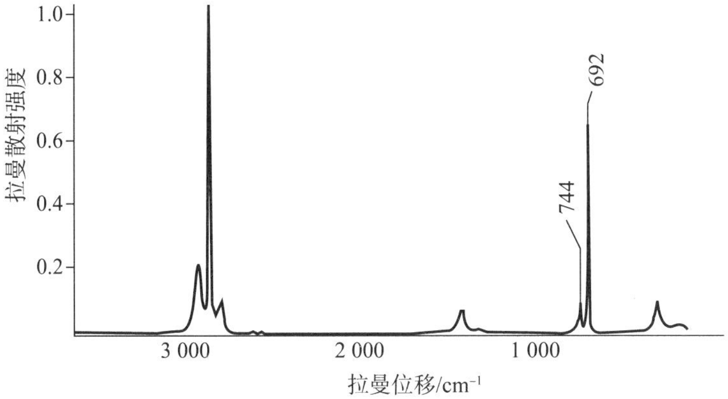

图 3.66 甲硫醚的拉曼光谱

表 3.23 含硫化合物拉曼特征基团频率

基 团	振动形式	谱带位置/cm^{-1}
R—SH	υ_{S-H}	2 590～2 560
Ar—SH	υ_{S-H}	2 580～2 560
CH_3—SH	υ_{C-S}	704
Me_2CH—SH	υ_{C-S}	620
Me_3C—SH	υ_{C-S}	587
CH_3—S—CH_3	υ_{C-S}	744,692
CH_3—S—R	υ_{C-S}	750～690
噻唑烷	υ_{C-S}	705，674
四氢噻吩	υ_{C-S}	664
Me—S—S—Me	υ_{C-S} υ_{S-S}	694 510
Me_3C—S—S—CMe_3	υ_{C-S} υ_{S-S}	566 544
$PhCH_2$—S—S—CH_2Ph	υ_{C-S}	662
$(PhCH{=}CH—S)_2$	υ_{C-S}	662
$(Ph—S)_2$	υ_{C-S}	692
$(Ar—S)_2$	υ_{S-S}	540～520
R—SO_2—R	υ_{SO_2}	1 152～1 125
R—SO_2—OR	υ_{SO_2}	1 172～1 165
Ar—SO_2—OR	υ_{SO_2}	1 192～1 185

2. 拉曼光谱在无机化学研究中的应用

1）催化剂

催化剂研究是拉曼光谱的一个主要研究领域。通过拉曼光谱分析，可对催化剂的组成、表面状态、表面催化活性等各种情况提供信息，并可对催化过程中吸附在催化剂表面的吸附物进行分析，阐明吸附物的结构和成键情况，揭示催化机理，提高催化效率等。

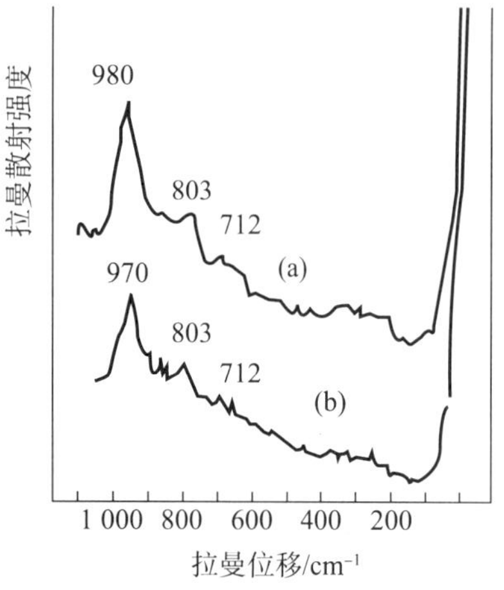

图 3.67 拉曼光谱

(a) $MO_3/\gamma-Al_2O_3$ 催化剂;(b) 加入 NO_3^- 后的 $MO_3/\gamma-Al_2O_3$ 催化剂

在研制催化剂的工程中,常常需要改变催化剂的制备条件。了解制备条件的变化对催化剂性能的影响,从而可以指导人们合成性能优良的催化剂。例如,催化剂 $WO_3/\gamma-Al_2O_3$ 是一种用于芳烃饱和、加氢裂化、加氢脱氮等反应的催化剂。在研究硝酸盐中的 NO_3^- 对 $WO_3/\gamma-Al_2O_3$ 的结构影响时,发现 NO_3^- 的存在对二维聚钨酸的聚合度有影响。当不加有 NO_3^- 的 $WO_3/\gamma-Al_2O_3$ 催化剂经 550 ℃焙烧后进行拉曼光谱测定时,催化剂表面的拉曼光谱的主要强谱带的频率为 980 cm^{-1}(图 3.67(a)),而当加有 NO_3^- 时,催化剂表面的拉曼光谱的主要强谱带的频率变为 970 cm^{-1}(图 3.67(b)),出现了明显的差异。这表明催化剂表面上聚钨酸的聚合度及端基 W═O 键的键长发生了变化。NO_3^- 的加入使催化剂的二维聚钨酸的聚合度下降,同时硫化后催化剂的加氢脱氮催化率也有所下降,因此可知,随着聚钨酸的聚合度升高,端基 W═O 键的键长缩短,催化剂的活性得到提高。这是拉曼光谱在催化剂领域应用的一个简单的例子。

2) 碳纳米管

碳元素作为自然界最普遍的要素之一,形成了丰富多彩的碳价族:金刚石、石墨和无定形碳。人们在石墨电弧放电产物中发现了碳纳米管。碳纳米管不仅具有奇特的物理性质,而且具有广泛的应用前景,研究和表征碳纳米管的性能、结构等引起人们极大的关注。由于拉曼光谱可获得碳纳米管的许多结构信息,已逐渐成为研究和表征碳纳米管的一种有效的方法。

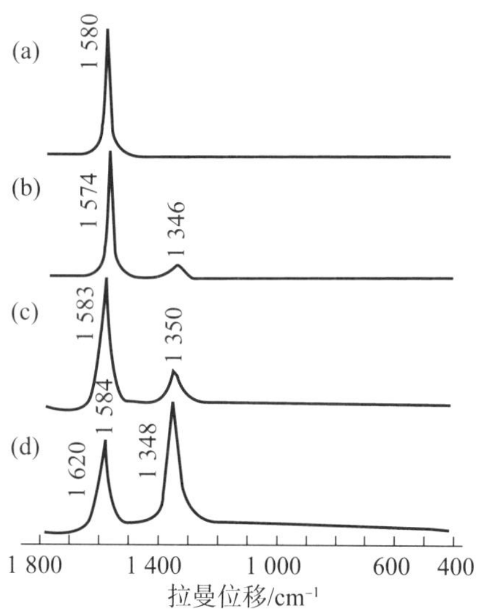

图 3.68 不同形态石墨的拉曼光谱

(a) 高取向热解石墨(HOPG);
(b) 沉积物内芯(含碳纳米管和碳纳米粒子);
(c) 沉积物外壳;(d) 玻璃碳的拉曼光谱

图 3.68 是不同形态石墨的拉曼光谱图:沉积物内芯(包含碳纳米管和碳纳米粒子)的拉曼光谱图(b)与高取向热解石墨(HOPG)拉曼光谱图(a)比较相似。反映两者在结构上的相似;碳纳米管主峰(1 574 cm^{-1})同 HOPG 主峰(1 580 cm^{-1})相比,峰加宽而且稍微下移,被认为是因为 HOPG 是二维层状结构,而碳纳米管是由石墨片弯曲而成的管状封闭结构,C—C 的成键键长发生变化。峰加宽则是由于碳纳米管的直径有一定的分布。(b)中还有一个在1 346 cm^{-1}附近的弱峰,被认为是由碳纳米粒子造成的,沉积物外壳的拉曼光谱图(c)则与玻璃碳的拉曼光谱图(d)相似,表明外壳主要包含的是碳纳米粒子。

3) 石墨烯

拉曼光谱能够高效率、无损表征石墨烯的质量。通过研究拉曼谱线的形状、宽度和峰位等可以分析出石墨烯结晶质量的优劣。文献中经常采用拉曼光谱中 I_{2D}/I_G 的值、2D 峰的半高宽以及 2D 峰中心峰位的变化来表征石墨烯的层数。图 3.69 中 1 580 cm^{-1}附近出现的 G 峰来源于一阶 E2g 声子平面振动,反映材料的对称性和有序度;2 670 cm^{-1}附近的 2D 峰是双声子共振拉曼峰,其强度反映石墨烯的堆叠程度。石墨烯层数越多,碳原子的 sp^2 振动越强,G 峰越高,因此图 3.69 中,随着石墨烯层数的增加,G 峰越来越高。五层以下的石墨层可以用拉曼光谱进行判定,尤其是可以利用 2D 峰区分单层石墨烯片和多层石墨烯片。单层石墨烯片的 2D 峰宽约 30 cm^{-1},双层石墨烯片的 2D 峰宽约 50 cm^{-1},石墨烯层数在三层以上时 2D 峰的半高宽更宽,但是层数增加到三层以上时,2D 峰的半高宽差别已经不大。图 3.69 中 2D 峰半高宽分别为 27 cm^{-1}(a),46 cm^{-1}(b),50 cm^{-1}(c),64 cm^{-1}(d)和 68 cm^{-1}(e)。对于 2D 峰的峰位,2D 峰会随着石墨烯层数的增加而朝着高频方向移动,单层石墨烯的 2D 峰为位于 2 678 cm^{-1}左右的单峰,双层石墨烯的 2D 峰中心增加到 2 692 cm^{-1}左右,四层和六层石墨烯薄膜的 2D 峰都包含两个分解峰中心,分别位于2 695 cm^{-1}和 2 768 cm^{-1}左右,十层时 2D 峰的位置已经非常接近 HOPG 标样的 2D 峰 2 716 cm^{-1}处。

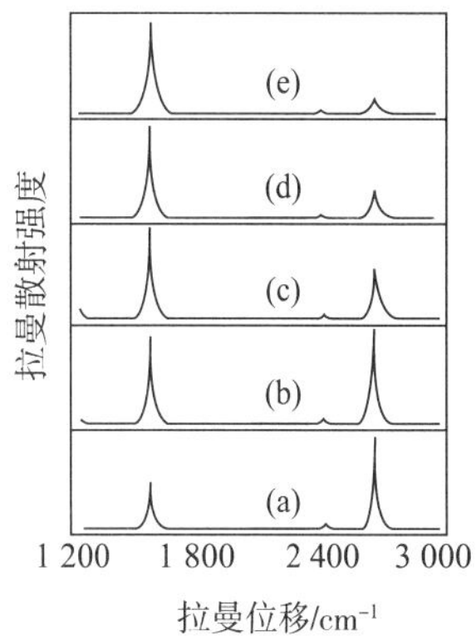

图 3.69 不同层数石墨烯的拉曼光谱

(a) 单层;(b) 双层;(c) 三层;(d) 四层;(f) 五层

4) 宝石

拉曼光谱可提供矿物晶体结构的多种信息,且谱带尖锐,数据准确,重复性好,容易比对,又具有非破坏性、非接触性检测等特点。宝石饰品或玉石雕刻的表面一般经过打磨抛光,进行拉曼测试时不必专门制样。因此,拉曼光谱用于鉴定宝石能发挥独特的作用,成为传统宝玉石鉴定方法的一个主要的补充。

宝石的拉曼鉴定一般采用谱图比对法。例如,市场常有将经过漂白注胶的所谓翡翠 B 货冒充天然翡翠 A 货,以次充好,甚至有以非翡翠的马来玉、澳洲玉或绿色玻璃等外观或某些物理性质与翡翠有些相似的赝品来仿冒翡翠。在翡翠 B 货的制作工艺中,为了尽量掩盖翡翠曾遭受强酸漂白而引起结构破坏的痕迹,往往采用环氧树脂将疏松和粗糙的结构胶结,以改善制品的光泽。因此,在这些部分必然有环氧树脂存在。环氧树脂是一种带苯环结构的有机物,它有 1 116 cm^{-1}、1 189 cm^{-1}、1 611 cm^{-1}和 3 069 cm^{-1}四条苯环所特有的拉曼谱峰,而这些谱峰是天然翡翠所不可能存在的,所以只要通过拉曼光谱检测,很快就能鉴定翡翠的 A、B 货(图 3.70 和图 3.71)。马来玉、澳洲玉及绿色脱玻化玻璃等又各自有自己的特征拉曼谱。它们与翡翠的拉曼光谱图截然不同,更容易准确鉴别。

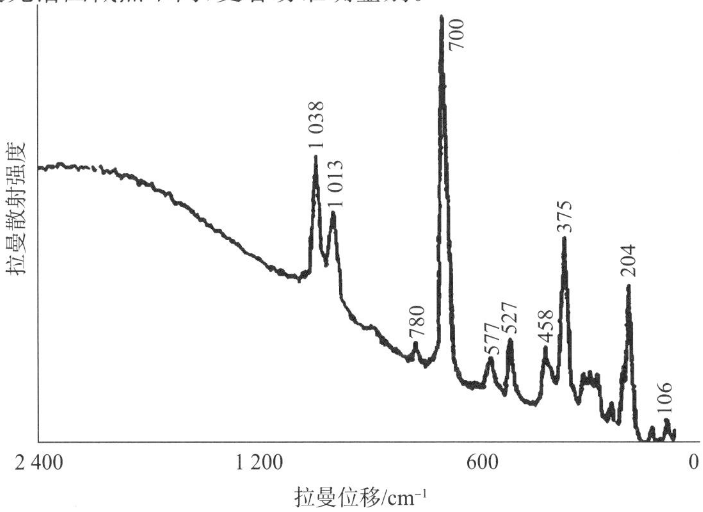

图 3.70 翡翠的拉曼光谱

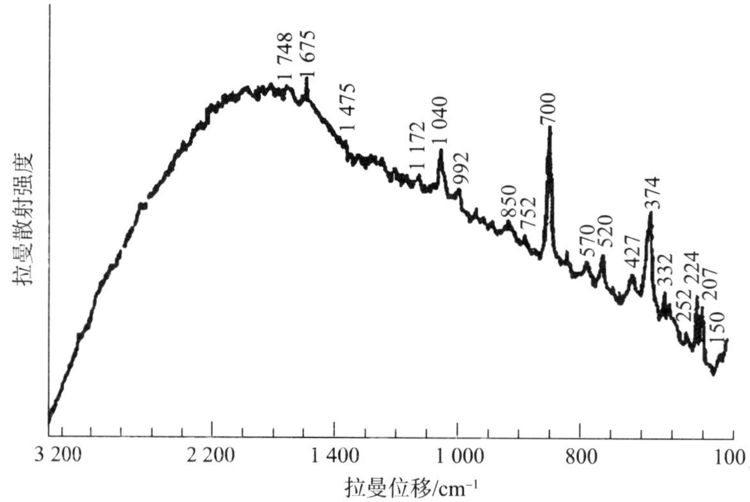

图 3.71 翡翠 B 货的拉曼光谱

5）半导体

半导体是应用极广泛的一种材料，拉曼光谱对半导体膜晶格损伤、晶向、晶态及热退火行为的研究已取得了一些成果。例如在热退火行为方面，要用到离子注入工艺，用离子注入法向单晶硅材料掺杂时由于注入离子与硅原子的相互作用，会引入各类型的损伤，从而改变了硅材料的电学和光学性质。在离子注入层中制作器件之前，通常采用热退火的方法，消除注入损伤，恢复状态。图 3.72 是注钕硅单晶随退火温度变化的拉曼光谱图。从图 3.72 中可以看出未经退火处理注钕硅单晶的拉曼谱带在 488 cm^{-1}左右，说明此时注钕硅单晶基本上是无定形的，退火温度在 400～550 ℃时，谱带随温度的升高基本不变，说明在此温度范围内热退火，不能使无序注入层再结晶、消除损伤。退火温度在 550～600 ℃时，拉曼谱带的位置由 488 cm^{-1}变到 520 cm^{-1}，并且谱带的强度随温度的升高而增强。可以断定，在此温度范围内热退火，能发生再结晶，使大量损伤消除。当温度大于 600 ℃时，拉曼谱带基本不变，说明损伤基本消除，实现了再结晶。

表 3.24 为常见无机官能团的拉曼位移数据表。

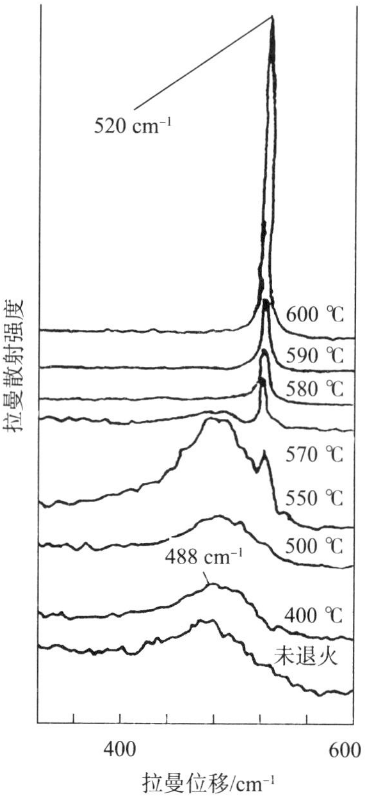

图 3.72 注钕硅单晶随退火温度变化时的拉曼光谱

表 3.24 常见无机官能团的拉曼位移数据表

无机官能团	拉曼位移/cm^{-1}
NH_4^+	3 100 w,1 410 w
NCO^-	2 170 m, 1 300 s, 1 260 s
NCS^-	2 060 s
CN^-	2 080 s
CO_3^-	1 065 s
HCO_3^-	1 270 m, 1 030 s
NO_3^-	1 040 s
NO_2^-	1 320 s
SO_4^{2-}	980 s
HSO_4^-	1 040 s, 870 m
SO_3^{2-}	980 s
PO_4^{3-}	940 s

注：s=强，m=中强，w=弱

3. 拉曼光谱在生物学和公安法学领域中的应用

1）生物学

拉曼光谱与用于生物研究的其他分析手段相比，是一种大信息含量的研究手段。例如，生物分子的几何性质、化学键力的大小以及环境对它们的影响都能在拉曼光谱上得到信息。概括地说，用拉曼光谱进行生物学研究有以下优点。

- 可以对含水的活体条件进行研究，研究样品不用制备成晶体。一般情况下，测量不会造成样品的破坏。
- 用共焦增强拉曼光谱，可以对复杂分子和生物体系的某一特定部分进行有选择的研究。
- 利用显微或共焦显微拉曼，可以得到样品体积只有 1 μL 或面积 1 μm^2 大小和不同深度的光谱信息。
- 利用显微拉曼成像技术可以对同一样品上不同组分或同一组分的不同基元进行有选择的平面或立体成像。

图 3.73 是核糖核酸酶 A(32～70 ℃浓度 7%，pH=5)的拉曼光谱图。在 1 263 cm^{-1}和 1 239 cm^{-1}有两个中等强度的谱带，它们分别属于 α -螺旋和 β -折叠结构的酰胺Ⅲ谱带。其中 1 263 cm^{-1}的谱带还有介于 α -螺旋和 β -折叠中间状态结构贡献。S—S 键的谱带出现在 516 cm^{-1}。C—S—S—C 结构中的 C—S 键谱带出现在 657 cm^{-1}附近。蛋氨酸残基的 C—S 键在724 cm^{-1}附近出现一个很弱的谱带。1 003 cm^{-1}的强谱带属于苯丙氨酸残基。在 1 603 cm^{-1}、1 210 cm^{-1}、1 180 cm^{-1}和 1 013 cm^{-1}可观察到苯丙氨酸残基的谱带。酪氨酸残基的特征谱带出现在 854 cm^{-1}和 834 cm^{-1}。酰胺Ⅰ谱带与溶剂水的谱带重叠，出现在 1 688 cm^{-1}附近。

从图 3.73 可以看到，核糖核酸酶 A 的光谱随温度的升高而缓慢地变化，表明其热变性是随温度而逐步发生的。在 55 ℃以下，其拉曼光谱不随温度变化。

2）公安法学

由于拉曼光谱仪除了具有测试样品非接触性、非破坏性以外，还具有检测灵敏度高、样品

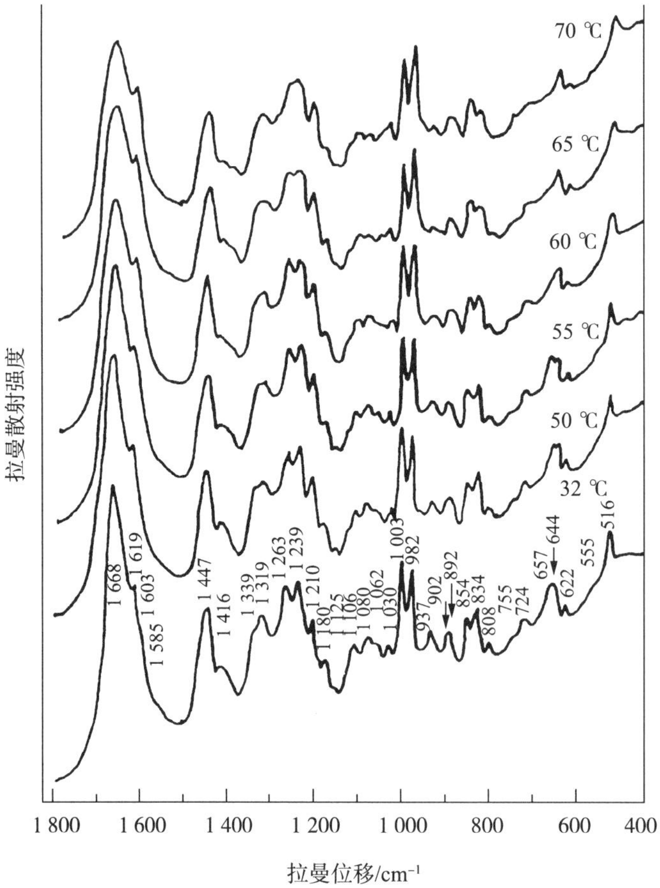

图 3.73 核糖核酸酶 A 的拉曼光谱(浓度 7%,温度 32～70 ℃,pH=5)

所需量小、样品无需制备等特点。已有人开始将拉曼光谱应用于公安法学。如对枪击残留物、爆炸物、汽车碰撞后的残留漆、笔迹以及其他痕量物质的检测分析。例如在某一案件中,测试三组样品:第一组为浅绿色衣领上的泥土水印和三个不同地方采取的三种泥土样品。第二组为袖口的可疑枪击残留物和模拟相同型号的枪、子弹枪击后留下的颗粒。第三组是三把使用过的可疑镰刀和采集到的烟草植物样品。在不接触和不破坏实物样品的前提下,对以上三组实物上的痕迹残留物进行拉曼光谱检测。

图 3.74 为第一组样品测试的拉曼光谱图,三种泥土样品分别为 a1、a2 和 a3,衣领上的泥土水印为 a0。从外观上可以看到泥土水印的痕迹,大小约为 $3\times10\ mm^2$,在显微镜中可以清晰地看到附着的泥土物质,从测试结果可看出衣领水印 a0 样品中含有 a3 的成分,经分析为 $\alpha-Fe_2O_3$。

图 3.75 为第二组样品即袖口上痕迹物 d1 和模拟枪击后的残留物 d2 的拉曼光谱图。在显微镜中看到,衣服袖口衬底是黄绿色的纤维形态,袖口上有多个黑点,大小在 μm 数量级。对这些点进行逐点测试,其中一个尺寸大的约 3 μm 点的拉曼光谱图与 d2 的一样。经分析为非晶碳的拉曼光特征峰。其他点的拉曼光谱与衣服衬底的拉曼光谱是一样的。

图 3.76 和图 3.77 为第三组样品测试的拉曼光谱图,三把镰刀 b1、b2、b3 和烟草叶上绿色区域 c1 的拉曼光谱图。由于烟草植物样品搁置时间过长,烟叶上一些部位是绿色,其他地方已变黄或变黑。为此对烟草叶上不同颜色的点做了测试。其编号是 :绿色点 c1,黄绿色点 c2,黄色点 c3,黑色点 c4 和烟草茎秆的中央 c5。肉眼无法确定三把镰刀是否有烟草的痕迹,在显

微镜下只能看到红色和蓝色的锈迹，没有观察到任何具有绿色烟叶的痕迹。但从图 3.76 的拉曼光谱中很容易看出样品 b2 的拉曼光谱同烟叶样品的拉曼光谱完全一样。图 3.77 是烟叶上不同的区域和烟草茎秆中央的拉曼光谱，为植物中 β－胡萝卜素分子的拉曼光谱，根据对植物拉曼散射的研究结果，环境因素如强光、温度等对植物有一定的破坏作用。因此有可能通过分

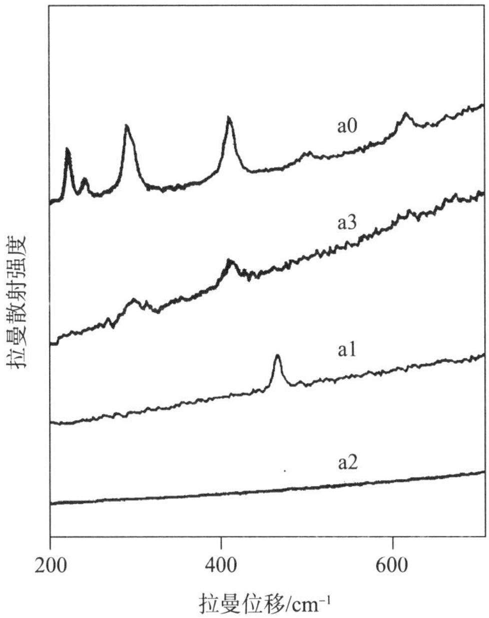

图 3.74　三种泥土样品 a1、a2、a3 和衣领泥土水印 a0 的拉曼光谱

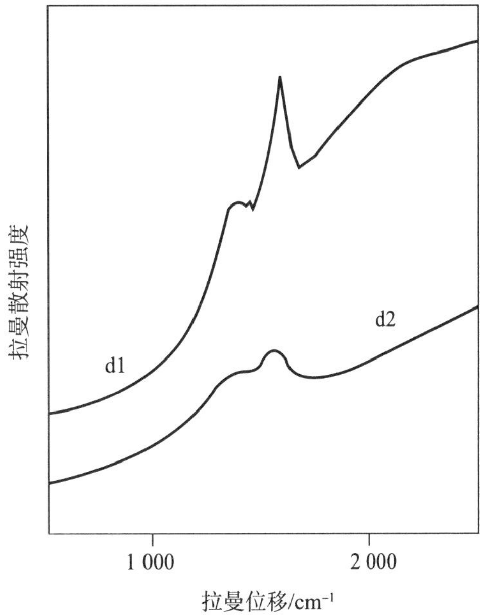

图 3.75　袖口痕迹物 d1 和模拟枪击残留物 d2 的拉曼光谱

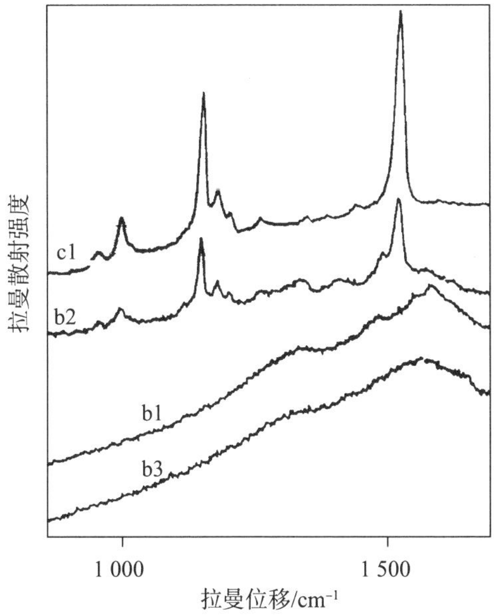

图 3.76　三把镰刀 b1、b2、b3 和烟草叶上绿色区域 c1 的拉曼光谱

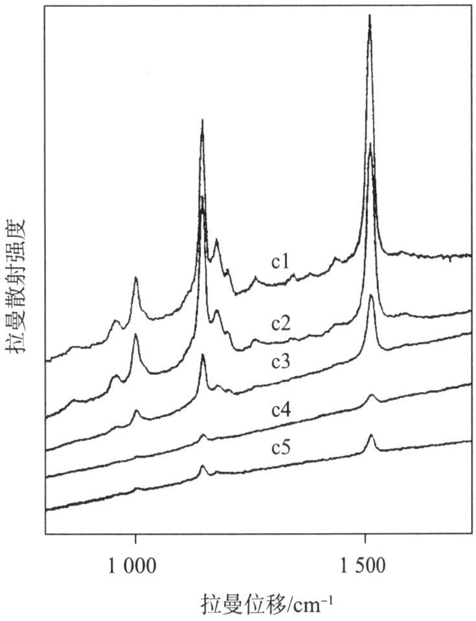

图 3.77　c1、c2、c3 和 c4 分别为烟草叶上绿色、黄绿色、黄色和黑色，c5 为烟草茎秆中央的拉曼光谱

析 β－胡萝卜素分子特征峰 965 cm^{-1}、1 004 cm^{-1}、1 155 cm^{-1}和 1 522 cm^{-1}强度变化来推断残留在镰刀上 DID 复合物痕迹物质的时间。

拉曼光谱的应用非常广泛，除了上述的应用之外，还可以应用于地质、药物、高分子材料等，这里就不一一介绍了。总之拉曼光谱可以检测除纯金属外的所有样品。

附录 常用的拉曼特征频率

频率/cm^{-1}	振动类型	基团	化合物
3 400～3 330	υ_{N-H}(反对称)	—NH_2	伯胺
3 380～3 340	υ_{O-H}	—OH	脂肪醇
3 374	υ_{C-H}	≡CH	乙炔
3 355～3 325	υ_{N-H}(反对称)	—NH_2	伯酰胺
3 350～3 300	υ_{N-H}	—NH	仲胺
3 335～3 300	υ_{C-H}	≡CH	烷基乙炔
3 300～3 250	υ_{N-H}	—$CONH_2$	伯酰胺
3 310～3 290	υ_{N-H}	—NH_2	伯胺
3 175～3 145	υ_{N-H}	—NH	吡唑
3 103	υ_{C-H}(反对称)	=CH_2	乙烯(气体)
3 100～3 020	υ_{C-H}	—CH_2	环丙烷
3 100～3 000	υ_{C-H}	=CH	苯衍生物
3 095～3 070	υ_{C-H}(反对称)	=CH	C=CH_2 衍生物
3 062	υ_{C-H}	=CH	苯
3 057	υ_{C-H}	=CH	烷基苯类
3 040～3 000	υ_{C-H}	=CH	C=CHR 衍生物
3 026	υ_{C-H}	=CH_2	乙烯(气体)
2 990～2 980	υ_{C-H}	=CH_2	C=CH_2 衍生物
2 986～2 974	υ_{C-H}	—NH_3^+	烷基氯化胺类(水溶液)
2 969～2 965	υ_{C-H}(反对称)	—CH_3	正烷烃
2 929～2 912	υ_{C-H}(反对称)	—CH_2	正烷烃
2 884～2 883	υ_{C-H}	—CH_3	正烷烃
2 861～2 849	υ_{C-H}	—CH_2	正烷烃
2 850～2 700	υ_{C-H}	—(OH)—H	脂肪醇
2 590～2 560	υ_{S-H}	—SH	硫醇
2 316～2 233	$\upsilon_{C≡C}$	—C≡C—	R—C≡C—CH_3
2 301～2 231	$\upsilon_{C≡C}$	—C≡C—	R—C≡C—R′
2 300～2 250	$\upsilon_{N=C=O}$(反对称)	R—N=C=O	异氰酸酯
2 264～2 251	$\upsilon_{C≡C}$	—C≡C—C≡C—	烷基连二炔
2 259	$\upsilon_{C≡N}$	—C≡N	氨基氰
2 251～2 232	$\upsilon_{C≡N}$	—C≡N	脂肪腈
2 220～2 100	$\upsilon_{N=C=S}$(反对称)	R—N=C=S	异硫氰酸酯
2 220～2 000	$\upsilon_{C≡N}$	—C≡N	二烷基氨基氰
2 172	$\upsilon_{C≡C}$	—C≡C—C≡C—	二乙炔
2 160～2 100	$\upsilon_{C≡C}$	RC≡CH	烷基乙炔
2 156～2 140	$\upsilon_{C≡N}$	R—S—C≡N	硫氰酸烷基酯
2 104	$\upsilon_{N=N=N}$(反对称)	—N=N=N—	CH_3N_3

续表

频率/cm^{-1}	振动类型	基团	化合物
2 094	$\upsilon_{C\equiv N}$伸缩	—C≡N—	HCN
2 049	$\upsilon_{C=C=O}$(反对称)	—C=C=O—	乙烯酮
1 974	$\upsilon_{C\equiv C}$	—C≡C—	乙炔(气体)
1 964～1 958	$\upsilon_{C=C=C}$(反对称)	—C=C=C—	丙二烯
1 870～1 840	$\upsilon_{C=O}$	—C(O)—	饱和五元环酐类
1 820	$\upsilon_{C=O}$	—C(O)—	醋酸酐
1 810～1 788	$\upsilon_{C=O}$	—C(O)—	酰卤类
1 807	$\upsilon_{C=O}$	—C(O)—	光气
1 805～1 799	$\upsilon_{C=O}$	—C(O)—	链状酐类
1 800	$\upsilon_{C=C}$	—C=C—	$F_2C=CF_2$
1 795	$\upsilon_{C=O}$	—C(O)—	碳酸乙二醇酯
1 792	$\upsilon_{C=C}$	—C=C—	$F_2C=CFCH_3$
1 782	$\upsilon_{C=O}$	—C(O)—	环丁酮
1 780～1 730	$\upsilon_{C=O}$	—C(O)—	卤代醛
1744	$\upsilon_{C=O}$	—C(O)—	环戊酮
1 743～1 729	$\upsilon_{C=O}$	—C(O)—OH	α-氨基酸阳离子(水溶液)
1 741～1 734	$\upsilon_{C=O}$	—C(O)R	饱和醋酸酯
1 740～1 720	$\upsilon_{C=O}$	—C(O)H	脂肪醛
1 739～1 714	$\upsilon_{C=C}$	—C=C—	$C=CF_2$ 衍生物
1 736	$\upsilon_{C=C}$	—C=C—	亚甲基环丙烷
1 734～1 727	$\upsilon_{C=O}$	—C(O)—	饱和丙酸酯
1 725～1 700	$\upsilon_{C=O}$	—C(O)—	脂肪酮
1 720～1 715	$\upsilon_{C=O}$	HC(O)—	饱和甲酸酯
1 712～1 694	$\upsilon_{C=C}$	—C=C—	RCF=CFR
1 695	$\upsilon_{C=O}$	—C(O)—	尿嘧啶衍生物
1 689～1 644	$\upsilon_{C=C}$	—C=C—	单氟代烯烃
1 687～1 651	$\upsilon_{C=O}$	—C=C—	亚烷基环戊烷
1 686～1 636	$\upsilon_{C=O}$	RC(O)N	伯酰胺类(固体)
1 680～1 665	$\upsilon_{C=C}$	—C=C—	四烷基乙烯
1 679	$\upsilon_{C=C}$	—C=C—	亚甲基环丁烷
1 678～1 664	$\upsilon_{C=C}$	—C=C—	三烷基乙烯
1 676～1 665	$\upsilon_{C=C}$	—C=C—	反式二烷基乙烯
1 675	$\upsilon_{C=O}$(环二聚体)	—C(O)—	醋酸
1 673～1 666	$\upsilon_{C=N}$	—C=N—	醛亚胺
1 672	$\upsilon_{C=O}$(环二聚体)	—C(O)—	甲酸(水溶液)
1 670～1 655	$\upsilon_{C=O}$(共轭)	—C(O)—	尿嘧啶胞嗪和尿嘌呤衍生物(水溶液)
1 670～1 630	$\upsilon_{C=O}$	$R_3CC(O)$—	叔酰胺
1 666～1 652	$\upsilon_{C=N}$	—C=N—	酮肟
1 665～1 650	$\upsilon_{C=N}$	—C=N—	缩氨脲(固体)
1 660～1 654	$\upsilon_{C=C}$	—C=C—	顺式二烷基乙烯
1 660～1 650	$\upsilon_{C=O}$	—C=O—	仲酰胺

续表

频率/cm^{-1}	振动类型	基团	化合物
1 660～1 649	$\upsilon_{C=N}$	—C=N—	醛肟
1 660～1 610	$\upsilon_{C=N}$	—C=N—	脎(固体)
1 658～1 644	$\upsilon_{C=C}$	—C=C—	$R_2C=CH_2$
1 656	$\upsilon_{C=C}$	—C=C—	环己庚烯
1 654～1 649	$\upsilon_{C=O}$(环二聚体)	—C(O)—	羧酸
1 652～1 612	$\upsilon_{C=N}$	—C=N—	硫代缩氨脲(固体)
1 650～1 590	υ_{N-H}	$—NH_2$	伯胺
1 649～1 625	$\upsilon_{C=C}$	—C=C—	烯丙基衍生物
1 648～1 640	$\upsilon_{N=O}$	—N=O	亚硝酸烷基酯
1 648～1 638	$\upsilon_{C=C}$	—C=C—	$H_2C=CHR$
1 647	$\upsilon_{C=C}$	—C=C—	环丙烯
1 637	$\upsilon_{C=O}$	—C=C—	异戊二烯
1 634～1 622	υ_{NO2}(反对称)	$—NO_2$	硝酸烷基酯类
1 630～1 250	$\upsilon_{C=C}$(环、双峰)	—C=C—	苯衍生物
1 623	$\upsilon_{C=C}$	—C=C—	乙烯(气体)
1 620～1 540	$\upsilon_{C=C}$(多个耦合峰)	—C=C—	多烯
1 616～1 571	$\upsilon_{C=C}$	—C=C—	氯代烯
1 611	$\upsilon_{C=C}$	—C=C—	环戊烯
1 596～1 517	$\upsilon_{C=C}$	—C=C—	溴代烯
1 581～1 565	$\upsilon_{C=C}$	—C=C—	碘代烯
1 575	$\upsilon_{C=C}$	—C=C—	1,3-环己二烯
1 573	$\upsilon_{N=N}$	—N=N—	偶氮甲烷(溶液)
1 566	$\upsilon_{C=C}$	—C=C—	环丁烯
1 560～1 550	υ_{NO2}(反对称)	$—NO_2$	伯硝基烷
1 555～1 550	υ_{NO2}(反对称)	$—NO_2$	仲硝基烷
1 548	$\upsilon_{N=N}$	—N=N—	1-吡唑啉基
1 545～1 535	υ_{NO2}(反对称)	$—NO_2$	叔硝基烷类
1 515～1 490	$\upsilon_{环}$(环伸缩)	呋喃环	2-甲基呋喃
1 500	$\upsilon_{C=C}$	—C=C—	环戊二烯
1 480～1 470	δ_{C-H}	$—OCH_3$,$—OCH_2$	脂肪醚
1 480～1 460	$\upsilon_{环}$(环伸缩)	呋喃环	呋喃亚甲基或呋喃甲酰基
1 473～1 446	δ_{C-H}	$—CH_3$,$—CH_2$	正烷烃
1 450～1 400	$\upsilon_{N=C}$(反对称)	—N=C=O	异氰酸酯
1 443～1 398	$\upsilon_{环}$(环伸缩)	噻吩环	2-取代噻吩
1 442	$\upsilon_{N=N}$	—N=N—	偶氮苯
1 440～1 340	υ_{CO2^-}	$—CO_2^-$	羧酸盐离子类(水溶液)
1 415～1 400	υ_{CO2^-}	$—CO_2^-$	α-氨基酸偶极离子和阳离子(水溶液)
1 415～1 385	$\upsilon_{环}$(环伸缩)	蒽环	蒽
1 395～1 380	υ_{NO2}	$—NO_2$	伯硝基烷
1 390～1 370	$\upsilon_{环}$(环伸缩)	萘环	萘
1 385～1 368	δ_{C-H}	$—CH_3$	正烷烃

续表

频率/cm^{-1}	振动类型	基团	化合物
1 375～1 360	υ_{NO_2}	—NO_2	仲硝基烷
1 355～1 345	υ_{NO_2}	—NO_2	叔硝基烷
1 350～1 330	δ_{C-H}	—$CH(CH_3)_2$	异丙基
1 320	$\upsilon_{环}$(环伸缩)	环丙烷环	1,1-二烷基环丙烷
1 314～1 290	δ_{C-H} 变形	—CH_2	反式二烷基乙烯
1 310～1 250	υ_{N-C}	$R_2N—C(O)R$	仲酰胺
1 310～1 175	δ_{C-H}	—CH_2	正烷烃
1 305～1 295	δ_{C-H}	—CH_2	正烷烃
1 300～1 280	υ_{C-C}	—C—C—	联苯
1 282～1 275	υ_{NO_2}	—NO_2	硝酸烷基酯
1 280～1 240	$\upsilon_{环}$(环伸缩)	环氧环	环氧衍生物
1 276	$\upsilon_{N=N=N}$	—N═N═N—	CH_3N_3
1 270～1 251	δ_{C-H}	—CH	顺式二烷基乙烯
1 266	$\upsilon_{环}$(环呼吸)	环氧环	环氧乙烷
1 230～1 200	$\upsilon_{环}$(环振动)	苯环	对位二取代苯
1 220～1 200	$\upsilon_{环}$(环振动)	环丙烷环	单-或 1,2-二烷基环丙烷
1 212	$\upsilon_{环}$(环呼吸)	环丙烷环	氮杂环丙烷
1 205	υ_{C-C}	—$C—C_6H_5$	烷基苯类
1 196～1 188	υ_{SO_2}	—SO_2	硫酸烷基酯
1 188	$\upsilon_{环}$(环呼吸)	环丙烷环	环丙烷
1 172～1 165	υ_{SO_2} 对称的伸缩	—SO_2	硫酸烷基酯
1 150～950	υ_{C-C}	—C—C—	正烷烃
1 145～1 125	υ_{SO_2}	—SO_2	二烷基砜类
1 144	$\upsilon_{环}$(环呼吸)	吡咯环	吡咯
1 140	$\upsilon_{环}$(环呼吸)	呋喃环	呋喃
1 130～1 100	$\upsilon_{C=C=C}$(双峰)	—C═C═C—	丙二烯
1 130	$\upsilon_{C=C=O}$	—C═C═O	乙烯酮
1 112	$\upsilon_{环}$(环呼吸)	硫杂环	硫杂环丙烷
1 111	$\upsilon_{N=N}$	—N═N—	肼
1 070～1 040	$\upsilon_{S=O}$(一个或两个谱带)	R—S(O)—R	脂肪亚砜
1 060～1 020	$\upsilon_{环}$(环振动)	苯环	邻位二取代苯
1 010～990	$\upsilon_{环}$(环振动)	吡唑	吡唑类
1 030～1 015	δ_{C-H}	Ph(C)—H	单取代苯
1 030～1 010	$\upsilon_{环}$(环呼吸)	吡啶环	3-取代吡啶类
1 030	$\upsilon_{环}$(环呼吸)	吡啶环	吡啶
1 029	$\upsilon_{环}$(环呼吸)	氧杂环	氧杂环丁烷
1 026	$\upsilon_{环}$(环呼吸)	氮杂环	氮杂环丁烷
1 001	$\upsilon_{环}$(环呼吸)	环丁烷环	环丁烷
1 000～985	$\upsilon_{环}$(环呼吸)	吡啶环	2-和 4-取代吡啶
992	$\upsilon_{环}$(环呼吸)	吡啶环	苯
992	$\upsilon_{环}$(环呼吸)	吡啶环	吡啶
939	$\upsilon_{环}$(环呼吸)	二氧杂环	1,3-二氧杂环戊烷

续表

频率/cm^{-1}	振动类型	基团	化合物
933	$\nu_{\text{环}}$(环振动)	环丁烷环	烷基环丁烷
930～830	$\nu_{\text{C—O—C}}$	—C—O—C—	脂肪醚
914	$\nu_{\text{环}}$(环呼吸)	四氢呋喃环	四氢呋喃
906	$\nu_{\text{O—N}}$	—N— OH	羟胺
905～837	$\nu_{\text{C—C}}$(骨架)	—C—C—	正烷烃
900～890	$\nu_{\text{环}}$(环振动)	环戊烷环	烷基环戊烷类
900～850	$\nu_{\text{C—N—C}}$	C—N—C	仲胺
899	$\nu_{\text{环}}$(环呼吸)	四氢吡咯环	四氢吡咯
866	$\nu_{\text{环}}$(环呼吸)	环戊烷环	环戊烷
877	$\nu_{\text{O—O}}$	HO—OH	过氧化氢
851～840	$\nu_{\text{C—O—N}}$	—C—O—NH_2	*O*-烷基羟胺
836	$\nu_{\text{环}}$(环呼吸)	哌嗪环	哌嗪
835～749	$\nu_{\text{C—C}}$(骨架)	—C—C—	异丙基
834	$\nu_{\text{环}}$(环呼吸)	二氧六环	1,4—二氧六环
832	$\nu_{\text{环}}$(环呼吸)	噻吩环	噻吩
832	$\nu_{\text{环}}$(环呼吸)	吗啉环	吗啉
830～720	$\nu_{\text{环}}$(环振动)	苯环	对位二取代苯
825～820	$\nu_{\text{C—C—O}}$(骨架)	R_2CH—OH	仲醇
818	$\nu_{\text{环}}$(环呼吸)	四氢呋喃环	四氢呋喃
815	$\nu_{\text{环}}$(环呼吸)	哌啶环	哌啶
802	$\nu_{\text{环}}$(环呼吸)	环己烷环	环己烷
785～700	$\nu_{\text{环}}$(环振动)	环己烷环	烷基环己烷
760～730	$\nu_{\text{C—C—O}}$(骨架)	R_3C—OH	叔醇
760～650	$\nu_{\text{C—C—O}}$(骨架)	R_3C—	叔丁基
740～585	$\nu_{\text{C—S}}$(一个或多个谱带)	—C—S—	烷基硫化物
733	$\nu_{\text{环}}$(环呼吸)	环庚烷环	环庚烷
730～720	$\nu_{\text{C—Cl}}$	—C—Cl	伯氯代烷
715～620	$\nu_{\text{C—S}}$(一个或多个谱带)	—C—S—S—C—	二烷基二硫化物
709	$\nu_{\text{C—Cl}}$	—C—Cl	CH_3Cl
703	$\nu_{\text{环}}$(环呼吸)	环辛烷环	环辛烷
703	$\nu_{\text{C—Cl}}$	—C—Cl	CH_2Cl_2
688	$\nu_{\text{环}}$(环呼吸)	四氢噻吩环	四氢噻吩
668	$\nu_{\text{C—Cl}}$	—C—Cl_3	$CHCl_3$
660～650	$\nu_{\text{C—Cl}}$	RCH_2—Cl	伯氯代烷
659	$\nu_{\text{C—S—C}}$	—C—S—C	硫杂环己烷
655～610	$\nu_{\text{C—Br}}$	RCH_2—Br	伯溴代烷
630～615	$\delta_{\text{hu环}}$(环变形)	苯环	单取代苯
615～605	$\nu_{\text{C—Cl}}$	R_2CH—Cl	仲氯代烷
609	$\nu_{\text{C—Br}}$	—C—Br_3	$CHBr_3$
577	$\nu_{\text{C—Br}}$	—CH—Br_2	CH_2Br_2
570～560	$\nu_{\text{C—Cl}}$	R_3C—Cl	叔氯代烷
565～560	$\nu_{\text{C—Br}}$	RCH_2—Br	伯溴代烷类

续表

频率/cm^{-1}	振动类型	基团	化合物
540～535	υ_{C-Br}	R_2CH-Br	仲溴代烷类
539	υ_{C-Br}	$-C-Br_3$	$CHBr_3$
525～510	υ_{S-S}	RS—SR	二烷基二硫化物
523	υ_{C-I}	CH_3I	CH_3I
520～510	υ_{C-Br}	R_3C-Br	叔溴代烷
510～500	υ_{C-I}	RCH_2-I	伯碘代烷
495～485	υ_{C-I}	R_2CH-I	仲碘代烷
495～485	υ_{C-I}	R_3C-I	叔碘代烷
483	υ_{C-I}	$-CHI_2$	CH_2I_2
459	υ_{C-Cl}	CCl_4	CCl_4
437	υ_{C-I}	$-C-I_3$	CHI_3(溶液)
267	υ_{C-Br}	CBr_4	CBr_4(溶液)
178	υ_{C-I}	CI_4	CI_4 固体

思考题与习题

3-1 产生红外吸收的条件是什么？是否所有的分子振动都会在红外谱图上产生吸收峰？为什么？

3-2 如何利用红外光谱区分 $RCH=CHR'$ 顺反异构体？

3-3 某红外光谱在 3 300 cm^{-1}、2 950 cm^{-1}、2 860 cm^{-1}、2 120 cm^{-1}、1 465 cm^{-1} 和 1 382 cm^{-1} 有吸收峰，它与下述化合物中哪一个相符？

(1) $CH_3-CH_2-C\equiv C-CH_2-CH_2-CH_2-CH_3$

(2) $CH_3-CH_2-CH=CH-CH-CH=CH-CH_2-CH_3$

(3) $CH_3-CH_2-CH_2-CH_2-CH_2-CH_2-C\equiv CH$

3-4 什么叫“指纹区”？它有什么特点和用途？

3-5 某化合物在 4 000～1 300 cm^{-1} 的红外吸收光谱如下图所示，问此化合物的结构是(a)还是(b)？

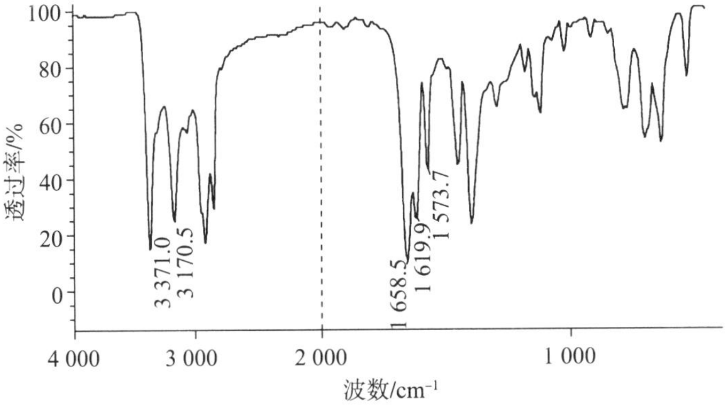

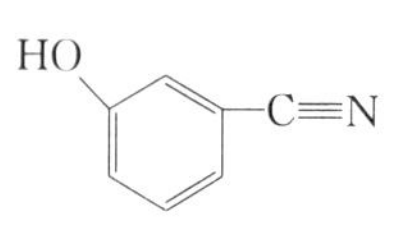

(a)

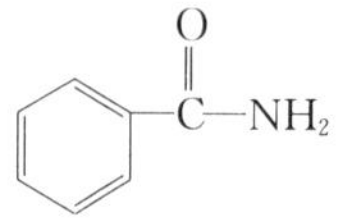

(b)

3-6 某未知化合物,分子式为 C_9H_{18},测得其红外光谱图如下图所示,试推测其结构式。

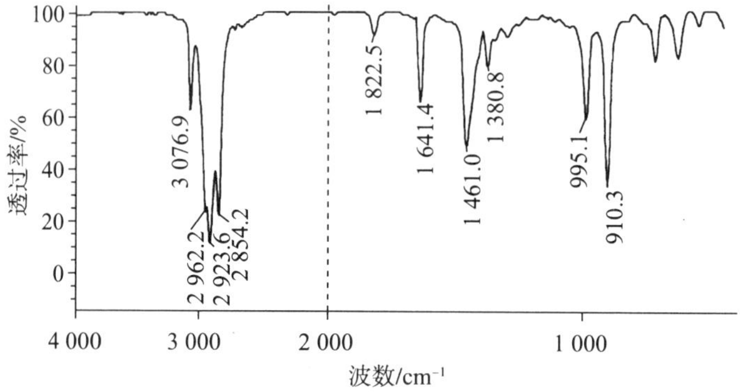

3-7 某未知化合物,分子式为 C_4H_8O,测得红外光谱图如下图所示,试推测其化合物结构式。

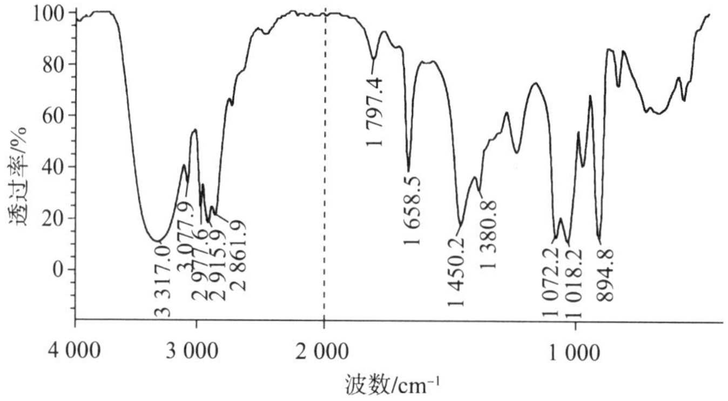

3-8 某未知物分子式为 C_8H_8O,测得红外光谱图如下图所示,试推测其化合物结构式。

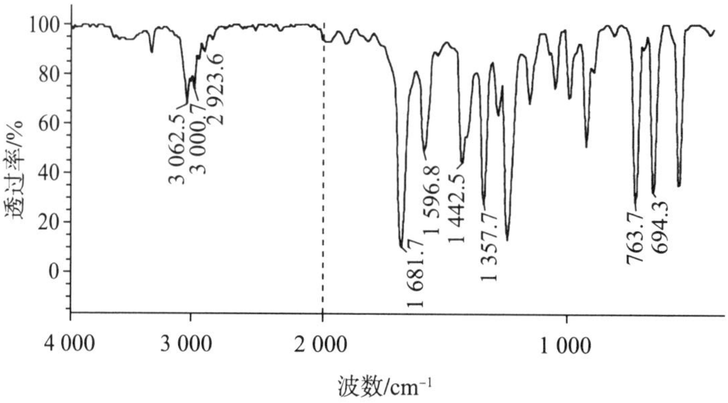

3－9 推测化合物 $C_4H_6O_2$ 的结构，其红外光谱图如下图所示。

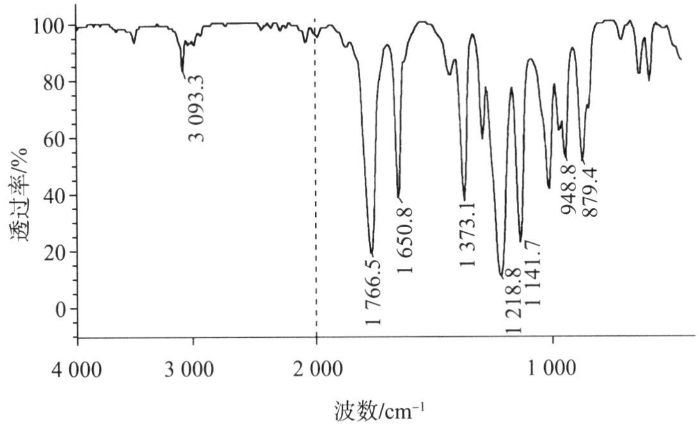

3－10 推导 C_8H_7N 的结构，其红外光谱图如下图所示。

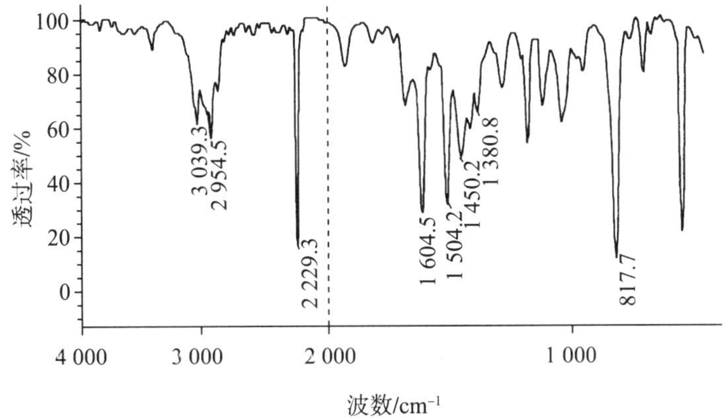

3－11 某化合物分子式为 C_8H_6，其红外光谱图如下图所示。

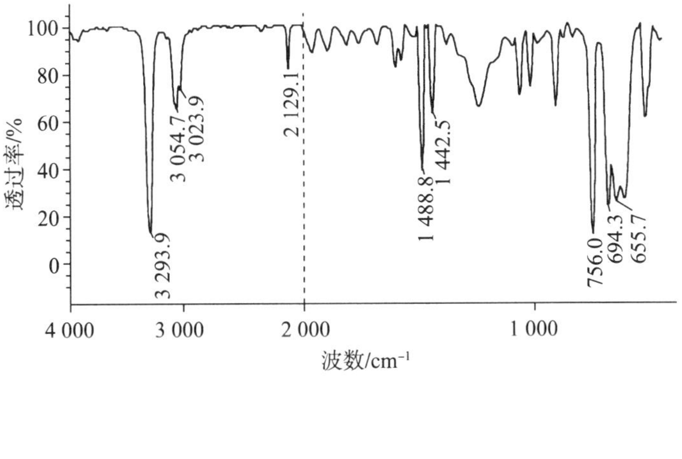

3-12 推测分子式为 C_9H_{10} 的未知化合物的结构式，测得其红外光谱图如下图所示。

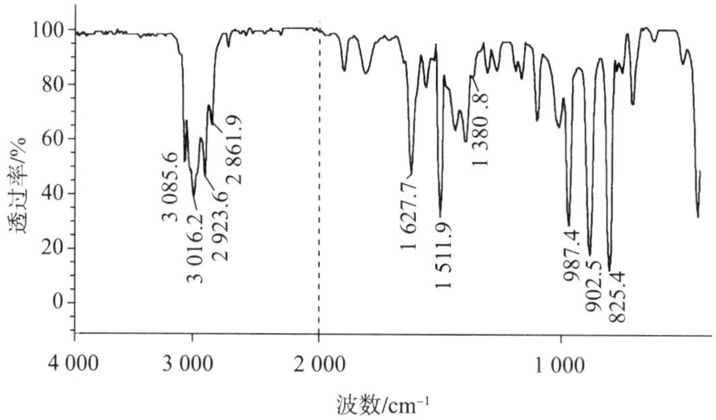

3-13 拉曼光谱和红外光谱都属于振动光谱，两者的基本原理是否也相同？为什么？

3-14 要用拉曼光谱鉴别下列哪些化合物比较合适？

(1)2-丁烯；(2)丁烷；(3)正戊醇；(4)间二甲苯；(5)间甲硫酚；(6)苯乙酸；(7)苯乙烷。

4 核磁共振波谱

核磁共振波谱(Nuclear Magnetic Resonance Spectroscopy)是又一种有机物结构分析的重要方法。

所谓核磁共振(简称为 NMR)是指处于外磁场中的物质原子核系统受到相应频率(兆赫数量级的射频)的电磁波作用时,在其磁能级之间发生的共振跃迁现象。检测电磁波被吸收的情况就可以得到核磁共振波谱。因此,就本质而言,核磁共振波谱与红外及紫外吸收光谱一样,是物质与电磁波相互作用而产生的,属于吸收光谱(波谱)范畴。根据核磁共振波谱图上共振峰的位置、强度和精细结构可以研究分子结构。

1946 年美国斯坦福大学的 F.Bloch 和哈佛大学 E.M.Purcell 领导的两个研究组首次独立观察到核磁共振信号,由于该重要的科学发现,他们两人共同荣获 1952 年诺贝尔物理学奖。NMR 发展最初阶段的应用局限于物理学领域,主要用于测定原子核的磁矩等物理常数。1950 年前后W.G.Proctor 等发现处在不同化学环境的同种原子核有不同的共振频率,即化学位移。接着又发现因相邻自旋核而引起的多重谱线,即自旋-自旋耦合,这一切开拓了 NMR 在化学领域中的应用和发展。20 世纪 60 年代,计算机技术的发展使脉冲傅里叶变换核磁共振方法和谱仪得以实现和推广,引起了该领域的革命性进步。随着 NMR 和计算机的理论与技术不断发展并日趋成熟,NMR 无论在广度和深度方面均出现了新的飞跃性进展,具体表现在以下几方面。

● 仪器向更高的磁场发展,以获得更高的灵敏度和分辨率,现已有 300～500 MHz 仪器已广为使用,并出现 1 000 MHz 的超导 NMR 谱仪。

● 利用各种新的脉冲系列,发展了 NMR 的理论和技术,在应用方面做了重要的开拓。

● 提出并实现了二维核磁共振谱以及三维和多维核磁谱、多量子跃迁等 NMR 测定新技术,在归属复杂分子的谱线方面非常有用。瑞士核磁共振谱学家 R.R.Ernst 因在这方面所做出的贡献,而获得 1991 年诺贝尔化学奖。

● 固体高分辨 NMR 技术,HPLC-NMR 联用技术,碳、氢以外核的研究等多种测定技术的实现大大扩展了 NMR 的应用范围。

● 核磁共振成像技术等新的分支学科出现,可无损测定和观察物体以及生物活体内非均匀体系的图像,在许多领域有广泛应用,也成为当今医学诊断的重要手段。

核磁共振好似一棵常青树,枝繁果硕,迄今为止相关研究成果已获得 5 次诺贝尔奖。

第 1 次,美国科学家 Rabi 发明了研究气态原子核磁性的共振方法,获 1944 年诺贝尔物理学奖。

第 2 次,美国科学家 Bloch(用感应法)和 Rurcell(用吸收法)各自独立地发现宏观核磁共振现象,因此荣获 1952 年诺贝尔物理学奖。

第 3 次,瑞士科学家 Ernst 因对 NMR 波谱方法、傅里叶变换、二维谱技术的杰出贡献,而获 1991 年诺贝尔化学奖。

第 4 次,瑞士核磁共振波谱学家 Kurt Wüthrich,由于用多维 NMR 技术在测定溶液中蛋白质结构的三维构象方面的开创性研究,而获 2002 年诺贝尔奖。

第 5 次,美国科学家 Paul Lauterbur 于 1973 年发明在静磁场中使用梯度场,能够获得磁共振信号的位置,从而可以得到物体的二维图像;英国科学家 Peter Mansfield 进一步发展了使用梯度场的方法,指出磁共振信号可以用数学方法精确描述,从而使磁共振成像技术成为可能,他发展的快速成像方法为医学磁共振成像临床诊断打下了基础。他俩因在磁共振成像技术方面的突破性成就,获 2003 年诺贝尔医学奖。

另据统计,全世界每年发表的科技文章中,有关核磁共振方面的文章较多,常排名第一。

核磁共振谱学长盛不衰地快速发展,使它在有机化学、生物化学、药物化学、物理学、临床医学以及众多工业部门中得到广泛应用,成为化学家、生物化学家、物理学家以及医学家等研究者不可缺少的重要工具。

4.1 核磁共振波谱的基本原理

4.1.1 核磁共振现象的产生

1. 原子核的基本属性

1) 原子核的质量和所带电荷

原子核由质子和中子组成,其中质子数目决定了原子核所带电荷数,质子与中子数之和是原子核的质量。原子核的质量和所带电荷是原子核最基本的属性。原子核一般的表示方法是在元素符号的左上角标出原子核的质量数,左下角标出其所带电荷数(有时也标在元素符号右边),如${}_1^1H$、${}_1^2D$(或${}_1^2H$)、${}_6^{12}C$ 等。

由于同位素之间有相同的质子数,而中子数不同,即它们所带电荷数相同而质量数不同,所以原子核的表示方法可简化为只在元素符号左上角标出质量数,如${}^1H$、${}^2D$(或${}^2H$)、${}^{12}C$等。

2) 原子核的自旋和自旋角动量

原子核有自旋运动,在量子力学中用自旋量子数 I 描述原子核的运动状态。而自旋量子数 I 的值又与核的质量数和所带电荷数有关,即与核中的质子数和中子数有关(表 4.1)。由表中可见质量数和质子数均为偶数的原子核,如${}^{12}C$、${}^{16}O$、${}^{32}S$ 等,自旋量子数 $I=0$,它们没有自旋运动。质量数是偶数、质子数是奇数的原子核自旋量子数为整数,质量数为奇数的核自旋量子数为半整数。

表 4.1 各种核的自旋量子数

质量数	质子数	中子数	自旋量子数 I	典型核
偶 数	偶 数	偶 数	0	^{12}C、^{16}O、^{32}S
偶 数	奇 数	奇 数	$n/2(n=2,4,\cdots)$	^{2}H、^{14}N
奇 数	偶 数 奇 数	奇 数 偶 数	$n/2(n=1,3,5,\cdots)$	^{13}C、^{17}O、^{1}H、^{19}F、^{31}P、^{15}N、^{11}B、^{35}Cl、^{79}Br、^{81}Br、^{127}I

与宏观物体旋转时产生角动量(或称为动力矩)一样,原子核在自旋时也产生角动量。角动量 $\boldsymbol{P}$ 的大小与自旋量子数 I 有以下关系

$$\boldsymbol{P}=\frac{h}{2\pi}\sqrt{I(I+1)}=\hbar\sqrt{I(I+1)} \tag{4-1}$$

式中,h 为普朗克常数,等于 6.624×10^{-34} J·s;I 为核的自旋量子数,$\hbar=\frac{h}{2\pi}$。

自旋角动量 $\boldsymbol{P}$ 是一个矢量,不仅有大小,而且有方向。它在直角坐标系 z 轴上的分量 $\boldsymbol{P}_z$ 由下式决定

$$\boldsymbol{P}_z=\frac{h}{2\pi}m=\hbar m \tag{4-2}$$

式中,m 是原子核的磁量子数,其他符号同式(4-1)的。磁量子数 m 的值取决于自旋量子数 I,可取 I、$I-1$、$I-2\cdots-I$,共 $2I+1$ 个不连续的值。这说明 $\boldsymbol{P}$ 是空间方向量子化的。

3) 原子核的磁性和磁矩

带正电荷的原子核做自旋运动,就好比是一个通电的线圈,可产生磁场。因此自旋核相当于一个小的磁体,其磁性可用核磁矩 μ 来描述。μ 也是一个矢量,其方向与 $\boldsymbol{P}$ 的方向重合,大小由下式决定

$$\mu=g_N\cdot\frac{e\hbar}{2m_p}\sqrt{I(I+1)}=g_N\mu_N\sqrt{I(I+1)} \tag{4-3}$$

式中,g_N 称为 g 因子或朗德因子,是一个与核种类有关的因数,可由实验测得;e 为核所带的电荷数;m_p 为核的质量;$\mu_N=e\hbar/2m_p$ 称作核磁子,是一个物理常数,常作为核磁矩的单位。

和自旋角动量一样,核磁矩也是空间方向量子化的,它在 z 轴上的分量 μ_z 也只能取一些不连续的值

$$\mu_z=g_N\cdot\mu_N\cdot m \tag{4-4}$$

式中,m 为磁量子数,可取 $m=I$、$I-1$、$I-2\cdots-I$;其余符号同式(4-3)的。

从式(4-1)和式(4-3)可知自旋量子数 $I=0$ 的核,如 ^{12}C、^{16}O、^{32}S 等,自旋角动量 $\boldsymbol{P}=0$,磁矩 $\mu=0$,是没有自旋,也没有磁矩的核。

4) 原子核的旋磁比

根据式(4-1)和式(4-3),原子核磁矩 μ 和自旋角动量 $\boldsymbol{P}$ 之比为一常数

$$\gamma=\frac{\mu}{\boldsymbol{P}}=\frac{eg_N}{2m_p}=\frac{g_N\mu_N}{\hbar} \tag{4-5}$$

γ 称为旋磁比,由式(4-5)可知 γ 与核的质量、所带电荷以及朗德因子有关。因此,γ 也是原子核的基本属性之一,它在核磁共振研究中特别有用。不同的原子核的 γ 值不同,例如,^{1}H 的 $\gamma=26.752\times10^{7}\ T^{-1}\cdot s^{-1}$(T:特斯拉,磁场强度的单位);$^{13}C$ 的 $\gamma=6.728\times10^{7}\ T^{-1}\cdot s^{-1}$。

表 4.2 列出了一些有机物中常见磁核的磁矩和旋磁比等性质。核的旋磁比 γ 越大,核的磁性越强,在核磁共振中越容易被检测。

表 4.2　一些磁核的性质

同位素	自旋量子数	天然丰度/%	磁矩/核磁子	旋磁比/($T^{-1}\cdot s^{-1}$)	绝对灵敏度	共振频率①/MHz
^{1}H	1/2	99.98	2.79	26.75×10^{7}	1.00	300
^{2}H	1	1.5×10^{-2}	0.86		1.45×10^{-6}	46.05
^{13}C	1/2	1.11	0.70	6.73×10^{7}	1.76×10^{-4}	75.43
^{14}N	1	99.63	0.40		1.01×10^{-3}	21.67
^{15}N	1/2	0.37	−0.28	-2.71×10^{7}	3.85×10^{-6}	30.40
^{17}O	5/2	3.7×10^{-2}	−1.89		1.08×10^{-5}	40.67
^{19}F	1/2	100	2.63	25.18×10^{7}	0.83	282.23
^{31}P	1/2	100	1.13	10.84×10^{7}	6.63×10^{-2}	121.44

① 磁场强度为 7.0463 T 时的共振频率。

2. 磁性核在外磁场($\boldsymbol{B_0}$)中的行为

如果 $I\neq0$ 的磁性核处于外磁场 B_0 中,B_0 作用于磁核将产生以下现象。

1) 原子核的进动

当磁核处于一个均匀的外磁场 B_0 中,核因受到 B_0 产生的磁场力作用围绕着外磁场方向做旋转运动,同时仍然保持本身的自旋。这种运动方式称为进动或拉摩进动(Larmor Process),它与陀螺在地球引力作用下的运动方式相似(图 4.1)。原子核的进动频率由下式决定

$$\omega=\gamma\cdot B_0 \tag{4-6}$$

式中,γ 为核的旋磁比;B_0 为外磁场强度;ω 为核进动的圆频率,它与线频 ν 的关系为 $\omega=2\pi\nu$。因此核进动频率也可表示为

$$\nu=\frac{\gamma}{2\pi}B_0 \tag{4-7}$$

式中,ν 为线频;其余符号同式(4-6)的。对于指定核,旋磁比 γ 是固定值,其进动频率 ν 与外磁场强度 B_0 成正比;在同一外磁场中,不同核因 γ 值不同而有不同的进动频率(表 4.2)。

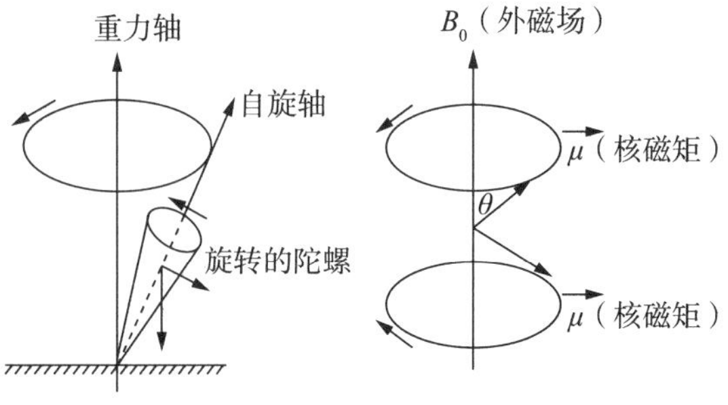

图 4.1　磁核的进动

2) 原子核的取向和能级分裂

处于外磁场中的磁核具有一定能量。设外磁场 B_0 的方向与 z 轴重合，核磁矩 μ 与 B_0 间的夹角为 θ（图 4.1），则磁核的能量为

$$E=-\mu\cdot B_0=-\mu B_0\cos\theta=-\mu_z B_0=-g_N\mu_N m B_0 \tag{4-8}$$

与小磁针在磁场中的定向排列类似，自旋核在外磁场中也会定向排列（取向）。只不过核的取向是空间方向量子化的，取决于磁量子数的取值。对于 ^1H、^{13}C 等 $I=1/2$ 的核，只有两种取向 $m=+1/2$ 和 $m=-1/2$；对于 $I=1$ 的核，有三种取向，即 m 等于 1、0、−1。现以 $I=1/2$ 的核为例进行讨论。

取向为 $m=+1/2$ 的核，磁矩方向与 B_0 方向一致，根据式（4－8）和式（4－5），其能量为

$$E_{+1/2}=-\frac{1}{2}g_N\mu_N B_0=-\frac{h}{4\pi}\gamma B_0$$

取向为 $m=-1/2$ 的核，磁矩方向与 B_0 相反，其能量为

$$E_{-1/2}=\frac{1}{2}g_N\mu_N B_0=\frac{h}{4\pi}\gamma B_0$$

这就表明，磁核的两种不同取向代表了两个不同的能级，$m=+1/2$ 时，核处于低能级；$m=-1/2$ 时，核处于高能级。它们之间的能级差为

$$\Delta E=E_{-1/2}-E_{+1/2}=g_N\mu_N B_0=\gamma\hbar B_0 \tag{4-9}$$

由式（4－8）和式（4－9）可知，E 和 ΔE 均与 B_0 的大小有关。图 4.2 是磁能级与外磁场 B_0 的关系图。从图 4.2 中可以看到，当 $B_0=0$ 时，$\Delta E=0$，即外磁场不存在时，能级是简并的，只有当磁核处于外磁场中原来简并的能级才能分裂成（$2I+1$）个不同能级。外磁场越大，不同能级间的间隔越大。

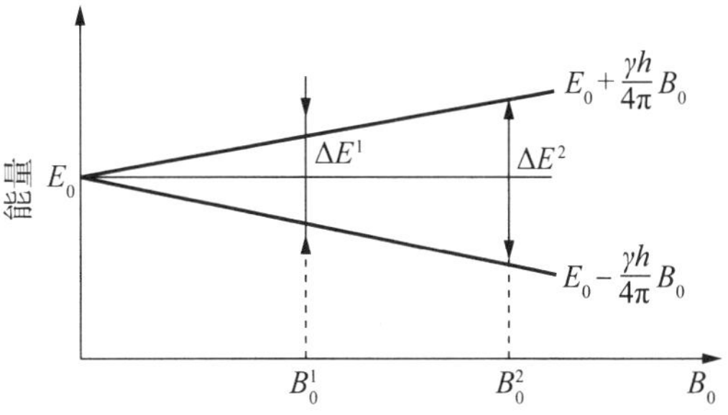

图 4.2　$I=1/2$ 的磁核能级与外磁场 B_0 的关系

不同取向的磁核，它们的进动方向相反，$m=+1/2$ 的核进动方向为逆时针，$m=-1/2$ 的核进动方向为顺时针（图 4.1）。

3. 核磁共振产生的条件

由上面的讨论得知，自旋量子数为 I 的磁核在外磁场的作用下原来简并的能级分裂为（$2I+1$）个能级，其能量大小可从式（4－8）得到。由于核磁能级跃迁的选律为 $\Delta m=\pm1$（m 是磁量子数），所以相邻能级间的能量差为

$$\Delta E=g_N\mu_N B_0=\gamma\hbar B_0 \tag{4-10}$$

当外界电磁波提供的能量正好等于相邻能级间的能量差时，即 $E_{外}=\Delta E$ 时，核就能吸收电磁波的能量从较低能级跃迁到较高能级，这种跃迁称为核磁共振，被吸收的电磁波频率为

$$h\nu=\Delta E=\gamma\hbar B_0$$

$$\nu=\frac{\Delta E}{h}=\frac{1}{2\pi}\gamma B_0 \tag{4-11}$$

利用公式（4－11）可以计算出 $B_0=2.350\ 0$ T 时，^1H 的吸收频率为

$$\nu=26.753\times10^7\,T^{-1}S^{-1}\times2.35T/(2\pi)=100\ MHz$$

^{13}C 的吸收频率为

$$\nu=6.728\times10^7\,T^{-1}S^{-1}\times2.35T/(2\pi)=25.2\ MHz$$

这个频率范围属于电磁波分区中的射频(即无线电波)部分(表 2-1)。检测电磁波(射频)被吸收的情况就可得到核磁共振波谱(NMR)。自旋量子数 $I=0$ 的原子核因为没有自旋运动,因而没有磁性,不受外磁场的作用,所以没有核磁共振现象。最常用的核磁共振波谱是氢核磁共振谱(^{1}H NMR)和碳核磁共振谱(^{13}C NMR),简称氢谱和碳谱。但必须记住,碳谱是^{13}C 核磁共振谱,因为^{12}C 的 $I=0$,是没有核磁共振现象的。

也可以用另一种方式来描述核磁共振产生的条件:磁核在外磁场中做拉摩进动,进动频率由式(4-7)所示。如果外界电磁波的频率正好等于核进动频率,那么核就能吸收这一频率电磁波的能量,产生核磁共振现象。

由上述讨论可知,外磁场的存在是核磁共振产生的必要条件,没有外磁场,磁核不会做拉摩进动,不会有不同的取向,简并的能级也不发生分裂,因此就不可能产生核磁共振现象。

4. 弛豫

所有的吸收光谱(波谱)具有共性,即外界电磁波的能量 $h\nu$ 等于分子中某种能级的能量差 ΔE 时,分子吸收电磁波从较低能级跃迁到较高能级,相应频率的电磁波强度减弱。与此同时还存在另一个相反的过程,即在电磁波作用下,处于高能级的粒子回到低能级,发出频率为 ν 的电磁波,因此电磁波强度增强,这种现象称为受激发射。吸收和发射具有相同的概率。如果高低能级上的粒子数相等,电磁波的吸收和发射正好相互抵消,观察不到净吸收信号。Boltzmann 分布表明,在平衡状态下,高低能级上的粒子数分布由式(4-12)决定

$$\frac{N_l}{N_h}=e^{\Delta E/(kT)} \tag{4-12}$$

式中,N_l和 N_h分别是处于低能级和高能级上的粒子数;ΔE 是高、低能级的能量差;T 是绝对温度;k 是常数,$k=1.380\ 66\times10^{-23}\,\mathrm{J\cdot K^{-1}}$。

由此可见,低能级上的粒子数总是多于高能级上的粒子数,所以在波谱分析中总是能检测到净吸收信号。为了要持续接收到吸收信号,必须保持低能级上粒子数始终多于高能级。这在红外和紫外吸收光谱中并不成问题,因为处于高能级上的粒子可以通过自发辐射回到低能态。自发辐射的概率与能级差 ΔE 成正比,电子能级和振动能级的能级差很大,自发辐射的过程足以保证低能级上的粒子数始终占优势。但在核磁共振波谱中,因外磁场作用造成能级分裂的能量差比电子能级和振动能级差小 4~8 个数量级,自发辐射几乎为零。因此,若要在一定的时间间隔内持续检测到核磁共振信号,必须有某种过程存在,它能使处于高能级的原子核回到低能级,以保持低能级上的粒子数始终多于高能级。这种从激发状态回复到 Boltzmann 平衡的过程就是弛豫(Relaxation)过程。

弛豫过程对于核磁共振信号的观察非常重要,因为根据 Boltzmann 分布,在核磁共振条件下,处于低能级的原子核数只占极微的优势。下面以^{1}H 核为例做一计算。将公式(4-9)代入式(4-12),并设外磁场强度 B_0为 1.409 2 T(相当于 60 MHz 的核磁共振谱仪),温度为 27℃(300 K)时,两个能级上的氢核数目之比为

$$\frac{N_{+1/2}}{N_{-1/2}}=e^{\Delta E/(kT)}=e^{(\gamma\hbar B_0)/(kT)}=1.000\ 009\ 9$$

即在设定的条件下,每一百万个^{1}H 中处于低能级的^{1}H 数目仅比高能级多十个左右。如果没有弛豫过程,在电磁波持续作用下^{1}H 吸收能量不断由低能级跃迁到高能级,这个微弱的多数很快会消失,最后导致观察不到 NMR 信号,这种现象称为饱和。在核磁共振中若无有效的弛豫过程,饱和现象是很容易发生的。

弛豫过程一般分为两类：自旋-晶格弛豫和自旋-自旋弛豫。

● 自旋-晶格弛豫(Spin - Lattice Relaxation)　自旋核与周围分子(固体的晶格，液体则是周围的同类分子或溶剂分子)交换能量的过程称为自旋-晶格弛豫，又称为纵向弛豫。核周围的分子相当于许多小磁体，这些小磁体快速运动产生瞬息万变的小磁场——波动磁场。这是许多不同频率的交替磁场之和。若其中某个波动场的频率与核自旋产生的磁场的频率一致时，这个自旋核就会与波动场发生能量交换，把能量传给周围分子而跃迁到低能级。纵向弛豫的结果是高能级的核数目减少，就整个自旋体系来说，总能量下降。纵向弛豫过程所经历的时间用 T_1 表示，T_1 越小、纵向弛豫过程的效率越高，越有利于核磁共振信号的测定。一般液体及气体样品的 T_1 很小，仅几秒钟。固体样品因分子的热运动受到限制，T_1 很大，有的甚至需要几小时。因此测定核磁共振谱时一般多采用液体试样。

● 自旋-自旋弛豫(Spin - Spin Relaxation)　核与核之间进行能量交换的过程称为自旋-自旋弛豫，也称为横向弛豫。一个自旋核在外磁场作用下吸收能量从低能级跃迁到高能级，在一定距离内被另一个与它相邻的核觉察到。当两者频率相同时，就产生能量交换，高能级的核将能量交给另一个核后跃迁回到低能级，而接受能量的那个核跃迁到高能级。交换能量后，两个核的取向被调换，各种能级的核数目不变，系统的总能量不变。横向弛豫过程所需时间以 T_2 表示，一般的气体及液体样品 T_2 为 1 s 左右。固体及黏度大的液体试样由于核与核之间比较靠近，有利于磁核间能量的转移，因此 T_2 很小，只有 $10^{-5} \sim 10^{-4}$ s。自旋-自旋弛豫过程只是完成了同种磁核取向和进动方向的交换，对恢复 Boltzmann 平衡没有贡献。

弛豫时间决定了核在高能级上的平均寿命 T，因而影响 NMR 谱线的宽度。由于

$$\frac{1}{T}=\frac{1}{T_1}+\frac{1}{T_2}$$

所以 T 取决于 T_1 及 T_2 之较小者。由弛豫时间(T_1 或 T_2 之较小者)所引起的 NMR 信号峰的加宽，可以用海森伯测不准原理来估计。从量子力学知道，微观粒子能量 E 和测量的时间 t 这两个值不可能同时精确的确定，但两者的乘积为一常数，即

$$\Delta E \Delta t \approx h \tag{4-13}$$

因为

$$\Delta E \approx h \cdot \Delta \nu$$

所以

$$\Delta \nu \approx \frac{1}{\Delta t}=\frac{1}{T} \tag{4-14}$$

式中，$\Delta \nu$ 为由于能级宽度 ΔE 所引起的谱线宽度(单位：周/秒)，它与弛豫时间成反比，固体样品的 T_2 很小，所以谱线很宽。因此，常规的 NMR 测定，需将固体样品配制成溶液后进行。

下面，用一个示意图(图 4.3)来归纳上述核磁共振基本原理的要点。

核磁共振实际处理的自旋体系是一大群核，在此仅以 $I=1/2$ 的核为讨论对象，图中"↑"代表原子核磁矩 μ。

(a) 外磁场 B_0 不存在时，每一个核磁矩 μ 的方向是任意的，体系处于"混乱"状态。

(b) 当自旋体系处于外磁场 B_0 中，μ 有不同的取向，并且围绕 B_0 做进动。其中一部分 μ 的取向与 B_0 方向相同，处于低能级。它们围绕 B_0 做逆时针进动，形成一个圆锥面；另一部分 μ 与 B_0 方向相反，处于高能级。它们围绕 B_0 做顺时针进动，形成一个反方向的圆锥面。按照 Boltzmann 分布，前者的数量略多于后者。

(c) 由于矢量具有加和性，大量核在两个圆锥面上进动的总效果是一定数量的 μ(两种取向 μ 的数目之差)沿着与 B_0 相同方向的圆锥面进动。这些核磁矩 μ 的矢量和称为宏观磁化矢

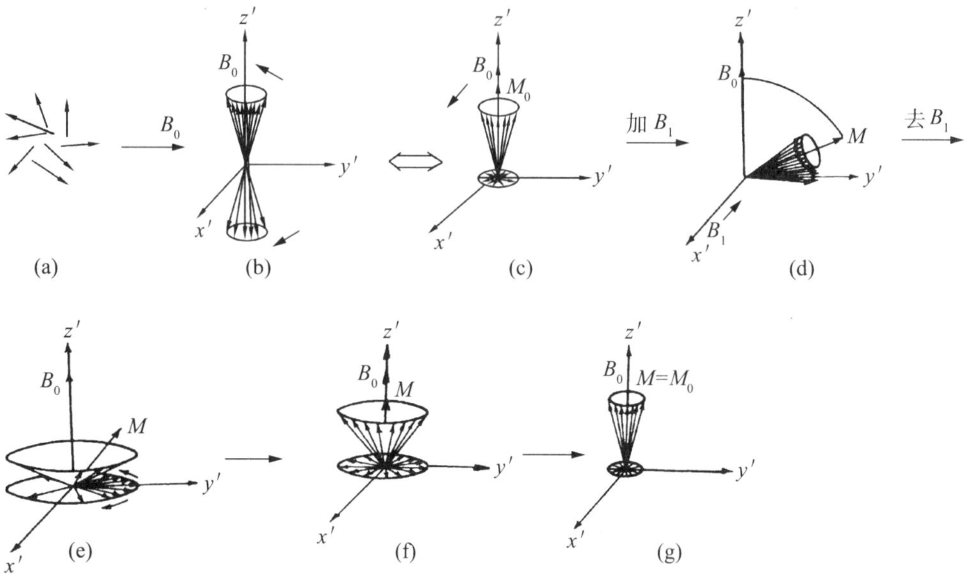

图 4.3 核磁共振基本原理示意图

量,以 M 表示。M 处于平衡位置时,即为 M_0。

(d) 如果在垂直于 B_0 的方向上施加射频场 B_1,处于低能级的核吸收 B_1 的能量发生共振,从低能级跃迁到高能级,宏观磁化矢量 M 偏离平衡位置,向 Y 轴倾倒。若持续不断施加 B_1,直到 M 倾倒在 Y 轴上时,高低能级上的核数目相等,达到饱和。

(e)、(f)、(g) 当射频场 B_1 的作用停止后,弛豫过程开始;由于横向弛豫时间 T_2 较小,经过一定时间,横向弛豫结束,纵向弛豫还在进行(f);最后,纵向弛豫也结束,M 回复到平衡状态(g)。

4.1.2 化学位移

由公式(4-11)可知,某一种原子核的共振频率只与该核的旋磁比 γ 及外磁场 B_0 有关。例如,当 B_0=1.409 2 T 时,^1H 的共振频率为 60 MHz,^{13}C 的共振频率为 15.1 MHz。也就是说,在一定条件下,化合物中所有的 ^1H 同时发生共振,产生一条谱线,所有的 ^{13}C 也只产生一条谱线,这样对有机物结构分析就没有什么意义了。但实际情况并非如此。1950 年间 W.G. Proctor 等在研究硝酸铵的 ^{14}N NMR 时发现两条谱线,一条谱线是铵氮产生的,另一条则是硝酸根中的氮产生的。这说明核磁共振可以反映同一种核(^{14}N)的不同化学环境。在高分辨仪器上,化合物中处于不同化学环境的 ^1H 也会产生不同的谱线,例如乙醇有三条谱线,分别代表了分子中 CH_3、CH_2 和 OH 三种不同化学环境的质子。谱线的位置不同,说明共振条件(共振频率)不同。处于不同化学环境的原子核有不同共振频率的现象,为有机物结构分析提供了可能。

1. 化学位移的产生

在 4.1.1 节讨论核磁共振基本原理时,我们把原子核当作孤立的粒子,即裸露的核,就是说没有考虑核外电子,没有考虑核在化合物分子中所处的具体环境等因素。当裸露核处于外磁场 B_0 中,它受到 B_0 所有的作用。而实际上,处在分子中的核并不是裸露的,核外有电子云存在。核外电子云受 B_0 的诱导产生一个方向与 B_0 相反，大小与 B_0 成正比的诱导磁场。它使原子核实际受到的外磁场强度减小。也就是说核外电子对原子核有屏蔽作用。如果用屏蔽常数 σ 表示屏蔽作用的大小，那么处于外磁场中的原子核受到的不再是外磁场 B_0 而是 $B_0(1-\sigma)$ 的作用。所以，实际原子核在外磁场 B_0 中的共振频率不再由公式(4-11)决定，而应该将其修正为

$$\nu=\frac{1}{2\pi}\gamma B_0(1-\sigma) \quad (4-15)$$

屏蔽作用的大小与核外电子云密度有关，核外电子云密度越大，核受到的屏蔽作用越大，而实际受到的外磁场强度降低越多，共振频率降低的幅度也越大。如果要维持核以原有的频率共振，则外磁场强度必须增强得越多。电子云密度和核所处的化学环境有关，这种因核所处化学环境改变而引起的共振条件(核的共振频率或外磁场强度)变化的现象称为化学位移(Chemical Shift)。由于化学位移的大小与核所处的化学环境有密切关系，因此就有可能根据化学位移的大小来了解核所处的化学环境，即了解有机化合物的分子结构。

屏蔽常数 σ 与原子核所处的化学环境有关，其中主要包括以下几项影响因素

$$\sigma=\sigma_d+\sigma_p+\sigma_\alpha+\sigma_s \quad (4-16)$$

式中，σ_d 表示抗磁(Diamagnetic)屏蔽的大小；σ_p 表示顺磁(Paramagnetic)屏蔽大小；σ_α 表示相邻核的各向异性(Anisotropic)的影响；σ_s 表示溶剂、介质等其他因素的影响。

抗磁屏蔽 σ_d 是指核外球形对称的 s 电子在外磁场感应下产生的对抗性磁场，它使原子核实际受到的磁场稍有降低，所以这种屏蔽作用称为抗磁性屏蔽。顺磁屏蔽 σ_p 是指核外非球形对称的电子云产生的磁场所起的屏蔽作用，它与抗磁屏蔽产生的磁场方向相反，所以起到增强外磁场的作用。s 电子是球形对称的，对顺磁性屏蔽没有贡献，而 d、p 电子是各向异性的，对这一项都有贡献。有时分子中其他原子或化学键的存在使所讨论的原子核核外电子运动受阻，电子云呈非球形，也会对 σ_p 有贡献。除了核外电子类型的影响之外，相邻基团的各向异性以及溶剂、介质的性质对屏蔽常数也有影响，但相比之下，σ_d 和 σ_p 比 σ_α 和 σ_s 的影响大；对于 ^1H，核外只有 s 电子，所以 σ_d 是主要影响因素，而对于 ^1H 以外的所有其他原子核，σ_p 都比 σ_d 要重要得多。

2. 化学位移的表示方法

处于不同化学环境的原子核，由于屏蔽作用不同而产生的共振条件差异很小，难以精确测定其绝对值。例如在 100 MHz 仪器中(即 ^1H 的共振频率为 100 MHz)，处于不同化学环境的 ^1H 因屏蔽作用引起的共振频率差别在 0～1 500 Hz 内，仅为其共振频率的百万分之十几。故实际操作时采用一标准物质作为基准，测定样品和标准物质的共振频率之差。

另外，从式(4-15)共振方程式可以看出，共振频率与外磁场强度 B_0 成正比；磁场强度不同，同一种化学环境的核共振频率不同。若用磁场强度或频率表示化学位移，则使用不同型号(即不同照射频率)的仪器所得的化学位移值不同。例如，1，2，2-三氯丙烷($CH_3CCl_2CH_2Cl$)有两种化学环境不同的 ^1H，在氢谱中出现两个吸收峰。其中 CH_2 与电负性大的 Cl 原子直接相连，核外电子云密度较小，即受到的屏蔽作用较小，故 CH_2 吸收频率比 CH_3 大。在 60 MHz 核磁共振仪器上测得的谱图中 CH_3 与标准物质的吸收峰相距 134 Hz，CH_2 与标准物质的吸收峰相距 240 Hz。而在 100 MHz 仪器测定其 NMR 谱图，对应的数据为 223 Hz 和 400 Hz(图 4.4)。从此例可以看出，同一种化合物在不同仪器上测得的谱图若以共振频率表示的话将没有简单、直观的可比性。

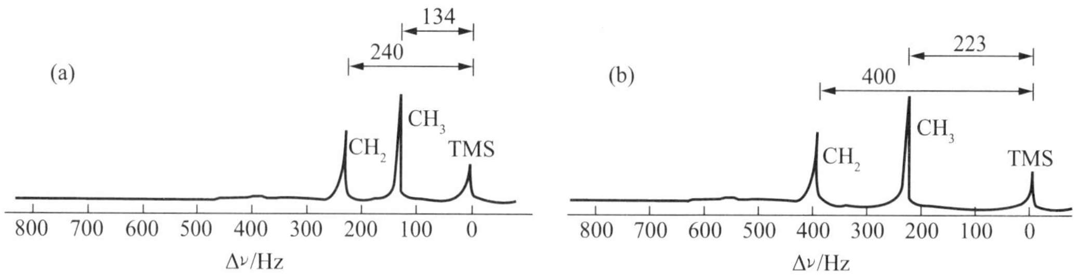

图 4.4　在(a)60 MHz 和(b)100 MHz 仪器测定的 1,2,2-三氯丙烷的[1]H NMR 谱

为了解决这个问题,采用位移常数 δ 来表示化学位移,化学位移常数 δ 的定义如公式(4－17)所示

$$\delta=\frac{(\nu_{样}-\nu_{标})}{\nu_{标}}\times10^6=\frac{\Delta\nu}{振荡器频率}\times10^6 \qquad (4-17)$$

式中,$\nu_{样}$、$\nu_{标}$ 分别为样品中磁核与标准物中磁核的共振频率;$\Delta\nu$ 为样品分子中磁核与标准物中磁核的共振频率差,即样品峰与标准物峰之间的差值。因为 $\Delta\nu$ 的数值相对于 $\nu_{标}$ 来说是很小的,而 $\nu_{标}$ 与仪器的振荡器频率非常接近,故 $\nu_{标}$ 常常可用振荡器频率代替。可以看出,位移常数 δ 是量纲为 1 单位。由于 $\nu_{样}$ 和 $\nu_{标}$ 的数值都很大(MHz 级),它们的差值却很小(通常不过几十至几千 Hz),因此位移常数 δ 的值非常小,一般在百万分之几的数量级,为了便于读、写,在式(4－17)中乘以 10^6,因此,在一些文献和书本中,可以看到所标示的 δ 的值是以 ppm(即百万分之一)来表示的,但 ppm 不是 IS 制标准允许使用的物理量单位,故本书不再使用。

公式(4－17)的定义适合于固定磁场改变射频的扫频式仪器。对于固定射频频率而改变外磁场强度的扫场式仪器,化学位移的定义为

$$\delta=\frac{B_{标}-B_{样}}{B_{标}}\times10^6 \qquad (4-18)$$

式中,$B_{样}$ 和 $B_{标}$ 分别为样品中的磁核和标准物中的磁核产生共振吸收时的外磁场强度。

1,2,2-三氯丙烷中 CH_3 的化学位移如用 δ 值表示,在 60 MHz 和 100 MHz 仪器上测定时分别为

60 MHz 仪器　　$\delta=\frac{134}{60\times10^6}\times10^6=2.23$

100 MHz 仪器　　$\delta=\frac{223}{100\times10^6}\times10^6=2.23$

同样可以计算出 CH_2 的化学位移值均为 4.00。由此可见,用 δ 值表示化学位移,同一个物质在不同规格型号的仪器上所测得的数值是相同的。

在化学位移测定时,常用的标准物是四甲基硅烷〔Tetramethylsilane,$(CH_3)_4Si$,简称 TMS〕。

TMS 用作标准物质的优点有以下几个方面。

● TMS 化学性质不活泼,与样品之间不发生化学反应和分子间缔合。

● TMS 是一个对称结构,四个甲基有相同的化学环境,因此无论在氢谱还是在碳谱中都只有一个吸收峰。

● 因为 Si 的电负性(1.9)比 C 的电负性(2.5)小,TMS 中的氢核和碳核处在高电子密度区,产生大的屏蔽效应,它产生 NMR 信号所需的磁场强度比一般有机物中的氢核和碳核产生 NMR 信号所需的磁场强度都大得多,与绝大部分样品信号之间不会互相重叠干扰。

● TMS 沸点很低(27℃),容易去除,有利于回收样品。

但 TMS 是非极性溶剂,不溶于水。对于那些强极性试样,必须用重水为溶剂测谱时要用其他标准物,如 2,2-二甲基-2-硅戊烷-5-磺酸钠[$(CH_3)_2SiCH_2CH_2CH_2SO_3Na$,又称 DSS],叔丁醇、丙醇等。这些标准物在氢谱和碳谱中都出现一个以上的吸收峰,使用时应注意与试样的吸收峰加以区别。

在^1H 谱和^{13}C 谱中都规定标准物 TMS 的化学位移值 $\delta=0$,位于图谱的右边。在它的左边 δ 为正值,在它的右边 δ 为负值,绝大部分有机物中的氢核或碳核的化学位移都是正值。当外磁场强度自左至右扫描逐渐增大时,δ 值却自左至右逐渐减小。凡是 δ 值较小的核,就说它处于高场。不同的同位素核因屏蔽常数 σ 变化幅度不等,δ 值变化的幅度也不同,如^1H 的 δ 值小于 20,^{13}C 的 δ 大部分在 0～250,而^{195}Pt 的 δ 可达 13 000。

3. 化学位移的测定

化学位移是相对于某一标准物而测定的,测定时一般都将 TMS 作为内标和样品一起溶解于合适的溶剂中。在溶液中进行测定,纵向弛豫时间 T_1 较小,有利于核磁共振吸收信号的持续检测;而横向弛豫时间 T_2 较大,测得的谱线宽度较小。

氢谱和碳谱测定所用的溶剂一般是氘代溶剂,即溶剂中的^1H 被^2D 所取代。常用的氘代溶剂有氘代氯仿($CDCl_3$)、氘代丙酮(CD_3COCD_3)、氘代甲醇(CD_3OD)、重水(D_2O)等。表 4.3 列出了常用氘代溶剂^1H 和^{13}C NMR 的化学位移值和峰形。

表 4.3　常用氘代溶剂中残留质子的^1H信号及它们的^{13}C信号

溶　剂	分子式	$^1H\delta$ 值	峰的多重性	$^{13}C\delta$ 值	峰的多重性	备　注
氘代丙酮	CD_3COCD_3	2.04	5	206 29.8	(13) 7	含微量水
氘代苯	C_6D_6	7.15	1(宽)	128.0	3	
氘代氯仿	$CDCl_3$	7.24	1	77.7	3	含微量水
重水	D_2O	4.60	1			
氘代二甲亚砜	CD_3SOCD_3	2.49	5	39.5	7	含微量水
氘代甲醇	CD_3OD	3.50 4.78	5 1	49.3	7	含微量水
氘代二氯甲烷	CD_2Cl_2	5.32	3	53.8	5	
氘代吡啶	C_5D_5N	8.71 7.55 7.19	1(宽) 1(宽) 1(宽)	149.9 135.5 123.3	3 3 3	

测定化学位移有两种实验方法:一种是固定照射的电磁波频率,连续改变磁场强度 B_0,从低场(低磁场强度)向高场(高磁场强度)变化,当 B_0正好与分子中某一种化学环境的核的共振频率 ν 满足公式(4－15)的共振条件时,就产生吸收信号,在谱图上出现吸收峰。这种方式称为扫场。另一种是采用固定磁场强度 B_0而改变照射频率 ν 的方法,称为扫频。这两种测定方法分别对应式(4－18)和式(4－17)化学位移的定义。一般仪器采用扫场的方法。

4.1.3 自旋-自旋耦合

Gutowsty 等在 1951 年发现 $POCl_2F$ 溶液中的^{19}F 核磁共振谱中存在两条谱线。由于该分子中只有一个 F 原子,这种现象显然不能用化学位移来解释,由此发现了自旋-自旋耦合现象。

在讨论化学位移时,我们考虑了磁核的电子环境,即核外电子云对核产生的屏蔽作用,但忽略了同一分子中磁核间的相互作用。这种磁核间的相互作用很小,对化学位移没有影响,而对谱峰的形状有着重要影响。例如乙醇的^{1}H NMR,在较低分辨率时,出现三个峰,从低场到高场分别为 OH、CH_2和CH_3三种基团的^{1}H 产生的吸收信号[图 4.5(a)];在高分辨率时,CH_2和CH_3的吸收峰分别分裂为四重峰和三重峰[图 4.5(b)]。裂分峰的产生是由于CH_2和CH_3两个基团上的^{1}H 相互干扰引起的。这种磁核之间的相互干扰称为自旋-自旋耦合(Spin - Spin Coupling),由自旋耦合产生的多重谱峰现象称为自旋裂分。耦合是裂分的原因,裂分是耦合的结果。

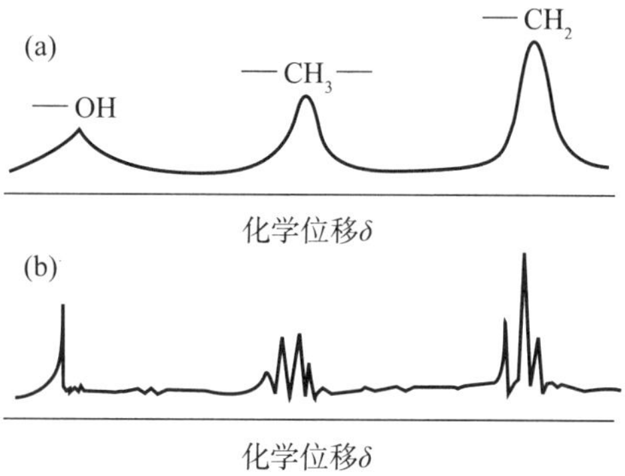

图 4.5 在(a)低分辨率和(b)高分辨率仪器中测得的乙醇的核磁共振氢谱

1. 自旋耦合的简单原理

考察一个自旋核 A,如果 A 核相邻没有其他自旋核存在,则 A 核在核磁共振谱图中出现一个吸收峰。峰的位置,即共振频率由式(4 - 15)决定。如果 A 核邻近有另一个自旋核 X 存在,则 X 核自旋产生的小磁场 ΔB 会干扰 A 核。若 X 核的自旋量子数 $I=1/2$,在外磁场 B_0 中 X 核有两种不同取向 $m=+1/2$ 和 $m=-1/2$,它们分别产生两个强度相同(ΔB),方向相反的小磁场,其中一个与外磁场方向 B_0 相同,另一个与 B_0 相反。这时 A 核实际受到的磁场强度不再是 $B_0(1-\sigma)$,而是$[B_0(1-\sigma)+\Delta B]$或$[B_0(1-\sigma)-\Delta B]$,因此 A 核的共振频率也不再由式(4 - 15)决定,而应该修正为

$$\nu_1=\frac{\gamma}{2\pi}[B_0(1-\sigma)+\Delta B] \quad 和 \quad \nu_2=\frac{\gamma}{2\pi}[B_0(1-\sigma)-\Delta B] \tag{4-19}$$

这就是说,A 核原来应在频率 ν 位置出现的共振吸收峰不再出现,而在这一位置两侧各出现一个吸收峰 ν_1 和 ν_2(图 4.6),即 A 核受到邻近自旋量子数为 1/2 的 X 核干扰后,其吸收峰被裂分为两重峰。由于在外磁场中 X 核两种取向的概率近似相等,所以两个裂分峰的强度近似相等。在 A 核受到 X 核干扰的同时,X 核也受到来自 A 核同样的干扰,也同样被裂分成两重峰,所以自旋-自旋耦合是磁核之间相互干扰的现象和结果。

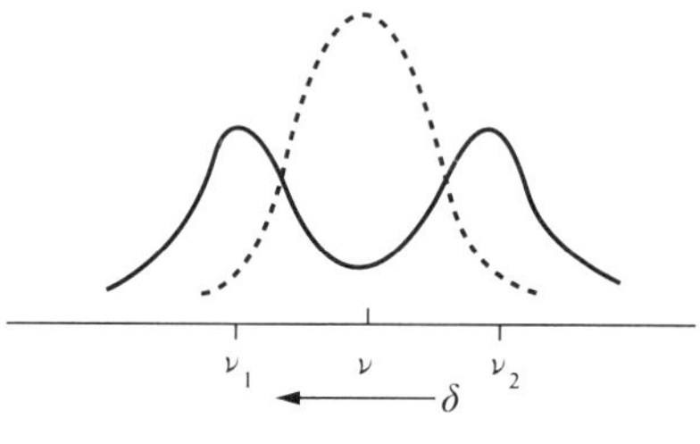

图 4.6 相邻自旋核 X 对 A 核的影响

如果与 A 核相邻的有两个相同的自旋核 X_1 和 X_2,它们在外磁场中各自有两种自旋取向,故出现四种不同的组合(表 4.4)。

表 4.4 相邻两个同种自旋核 X_1 和 X_2 对 A 核的影响

组合类别	X_1核的取向	X_2核的取向	A 核实际受到的磁场强度	概率
(1)	+1/2	+1/2	$[B_0(1-\sigma)+2\Delta B]$	1
(2)	+1/2	−1/2	$B_0(1-\sigma)$	2
(3)	−1/2	+1/2		
(4)	−1/2	−1/2	$[B_0(1-\sigma)-2\Delta B]$	1

磁核 X_1 和 X_2 是等价，因此(2)和(3)没有差别，结果只产生三种局部磁场。A 核实际受到三种不同的磁场强度作用，在三个不同的位置分别出现吸收峰，即裂分为三重峰。上述四种自旋取向的概率都一样，因此，三重峰中各峰的强度比为 1∶2∶1。

用同样的方法可以分析相邻存在三个相同的自旋核时，A 核实际受到四种不同磁场强度的作用而裂分为四重峰。四重峰的强度比为 1∶3∶3∶1。

原子核之间的自旋耦合作用是通过成键电子传递的。耦合机制的解释是 Remsey 提出的 Fermi 接触机制。设两个由单键连接的原子 A 和 X(自旋量子数 I 均为 1/2)，形成化学键的两个电子围绕 A、X 核快速运动，但其中任一电子与 A 核或 X 核在空间某一点上可以存在一定时间。电子与核靠近时，如果两者的自旋取向相反，它们就成为比较稳定的一对。如果 A 核的取向 $m=+1/2$，则靠近它的电子自旋应为 $-1/2$。根据 Pauli 不相容原理，成键的轨道上的另一个电子自旋必定为 $+1/2$，于是 X 核的自旋取向为 $m=-1/2$ 时，体系能量降低，而 X 核的取向为 $m=+1/2$ 时体系能量升高。这就是说，X 核的两种自旋取向会影响 A 核的能级状态，进而影响跃迁能量。同样 A 核的两种自旋取向也影响 X 核的能级状态和跃迁能量。这个传递机制可由图 4.7 表示。图中，α 表示核或电子的自旋取向 $m=+1/2$，β 表示 $m=-1/2$ 取向。当 A 核和 X 核的自旋取向相同时(即两核均为 $\alpha\alpha$ 或 $\beta\beta$ 取向时)，能级上升，相应于无耦合时增加的数值以 $J/4$ 表示。当 A 核和 X 核的自旋取向相反时(即两核的取向为 $\alpha\beta$ 或 $\beta\alpha$ 时)，能级下降，相应于无耦合时能级下降的数值等于 $J/4$。因此，无耦合时 A 核由低能级向高能级跃迁所需能量为 ΔE_A，X 核对其有耦合作用时跃迁能量为 ΔE_{A1} 和 ΔE_{A2}，与无耦合时相比分别改变了 $-J/2$ 和 $+J/2$；同样无耦合时 X 核由低能级跃迁到高能级时所需的能量为 ΔE_X，而相邻的 A 核对其有耦合作用时跃迁能量改变为 ΔE_{X1} 和 ΔE_{X2}，与无耦合时相差 $-J/2$ 和 $+J/2$。在核磁共振谱图上表现出来无耦合时 A 核和 X 核各为一条谱线，而 A 核和 X 核有耦合时，在原谱线左右各出现一条谱线，与原谱线均相距 $J/2$，而原谱线消失，即原谱线裂分为两条谱线(二重峰)。由此可见 A 核和 X 核之间的耦合作用是相互的，A 核受 X 核的干扰，同时又干扰了 X 核。两条谱线之间的距离为 J，称作耦合常数(Coupling Constant)。

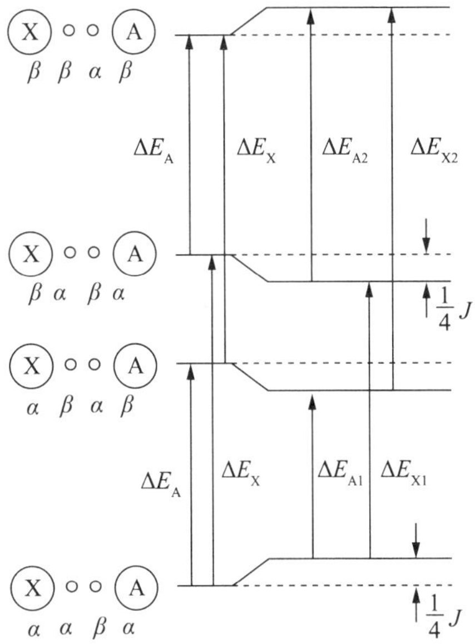

图 4.7 由化学键的电子传递的自旋-自旋相互作用

耦合常数 J 表示耦合的磁核之间相互干扰程度的大小，以赫兹(Hz)为单位。耦合常数与外加磁场无关，而与两个核在分子中相隔的化学键的数目和种类有关。所以通常在 J 的左上角标以两核相距的化学键数目，在 J 的右下角标明相互耦合的两个核的种类。如 $^{13}C—^{1}H$ 之间的耦合只相隔一个化学键，故表示为 $^{1}J_{C-H}$，而 $^{1}H—C—C—^{1}H$ 中两个 ^{1}H 之间相隔三个化学键，其耦合常数表示为 $^{3}J_{H-H}$。J 的大小还与化学键的性质以及立体化学因素有关，是核磁共振谱提供的极为重要的参数之一。

以上讨论的是相互耦合的 A 核和 X 核仅相隔一个化学键。如果 AX 之间相隔两个化学键，即 A 与 X 之间还有一个原子，例如 C 原子，那么根据 Hund 原理，在稳定体系中，C 原子附近的两个成键电子自旋取向应当相同，即

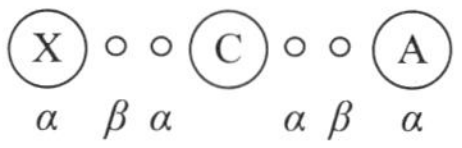

在这个体系中,当 X 核取向为 α 时,即 A 和 X 核取向相同时,能量较低;X 核取向为 β 时,即 A 和 X 取向相反时,能量较高。这与前面讨论的情况正好相反。在核磁共振研究中约定:若耦合的两个核取向相同时能量较高,则 $J>0$,为正值;反之,取向相反时能量较低,$J<0$,为负值。按上述分析可知,^1J、^3J、^5J 具有正值,而 ^2J、^4J、^6J 具有负值,这基本符合实际情况。但 J 值的正负在 NMR 谱图中并不能显示出来,所以一般情况下,只考虑 J 值的大小。

4.2 核磁共振谱仪简介

核磁共振谱仪是检测和记录核磁共振现象的仪器。用于有机物结构分析的谱仪因为要检测不同化学环境磁核的化学位移以及磁核之间自旋耦合产生的精细结构,所以必须具有高的分辨率,这类仪器称为高分辨核磁共振波谱仪。高分辨核磁共振谱仪的型号、种类很多,按产生磁场的来源不同,可分为永久磁铁、电磁铁和超导磁体三种;按外磁场强度不同而所需的照射频率不同可分为 60 MHz、100 MHz、200 MHz、300 MHz、500 MHz 等型号。但最重要的一种分类是根据射频的照射方式不同,将仪器分为连续波核磁共振谱仪(CW - NMR)和脉冲傅里叶变换核磁共振谱仪(PFT - NMR)两大类。目前检测有机物结构的多为 300 MHz 以上的脉冲傅里叶变换核磁共振波谱仪,下面仅对该类仪器做一简单介绍。

4.2.1 脉冲傅里叶变换核磁共振波谱仪(PFT - NMR)

脉冲傅里叶变换核磁共振波谱仪基本结构见图 4.8。它主要由磁体、探头、射频发生器、射频接收器、前置放大器及场频连锁系统等部件组成。

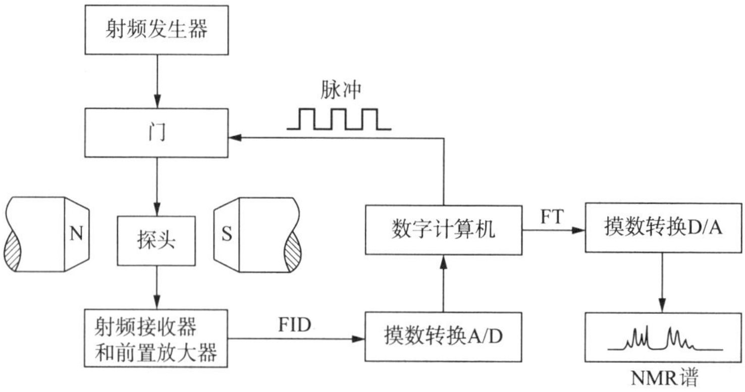

图 4.8 脉冲傅里叶变换核磁共振波谱仪基本结构图

1. 磁体

磁体是所有类型的核磁共振波谱仪都必须具备的最基本组成部分,其作用是提供一个强的稳定均匀的外磁场。永久磁铁、电磁铁和超导磁体都可以用作核磁共振波谱仪的磁体,但前两者所能达到的磁场强度有限,最多只能用于制作 100 MHz 的谱仪。超导磁体的最大优点是可达到很高的磁场强度,因此可以制作 200 MHz 以上的高频谱仪,目前世界上已经制成了高达1 000 MHz的核磁共振波谱仪。超导磁体是用铌-钛超导材料绕成螺旋管线圈，置于液氦杜瓦瓶中，然后在线圈上逐步加上电流（俗称升场），待达到要求后撤去电源。由于超导材料在液氦温度下电阻为零，电流始终保持原来的大小，形成稳定的永久磁场。为了减少液氦的蒸发，通常使用双层杜瓦瓶，在外层杜瓦瓶中装入液氮，以利于保持低温。由于运行过程中消耗液氦和液氮，超导磁体的维持费用较高。

核磁共振波谱仪对磁场的稳定和均匀性要求非常高，因此除了磁铁之外还有许多辅助装置用于微调，消除因温度或电流（对电磁铁而言）等变化所产生的对磁场强度的影响。

2.射频发生器（也称射频振荡器）

射频发生器用于产生一个与外磁场强度相匹配的射频频率，它提供能量使磁核从低能级跃迁到高能级。因此，射频发生器的作用相当于红外或紫外光谱仪中的光源，所不同的是，根据核磁共振的基本原理，即公式（4－11），在相同的外磁场中，不同的核种因旋磁比不同而有不同的共振频率。所以，同一台仪器用于测定不同的核种需要有不同频率的射频发生器。例如，某仪器的超导磁体产生7.046 3 T的磁场强度，则测定^{1}H谱所用的射频发生器应产生频率为300 MHz的电磁波；而测定^{13}C谱所用的射频发生器则应产生75.432 MHz的电磁波；如果还要测定其他磁核的共振信号，则应配备相应的射频发生器。故核磁共振波谱仪中通常使用的是频率综合器，由石英晶振产生基频，经倍频调谐得到所需的射频频率，以便在需要时可发射不同的射频频率。核磁共振波谱仪的型号习惯上用^{1}H共振频率表示，而不是用磁场强度或其他核种的共振频率来表示。例如，300 MHz的核磁共振波谱仪是指^{1}H共振频率为300 MHz，即外磁场强度为7.046 3 T的仪器。

3.射频接收器

射频接收器用于接收携带样品核磁共振信号的射频输出，并将接收到的射频信号传送到放大器放大。射频接收器相当于红外或紫外光谱仪中的检测器。

4. 前置放大器

由于在高、低能级上磁核的数目的差距非常小，因此所产生的共振吸收信号很弱。前置放大器的作用是将信号在进入射频接收器之前预先放大，并作为射频输出。

5. 探头

探头中有样品管座、发射线圈、接收线圈、预放大器和变温元件等。发射线圈和接收线圈相互垂直，并分别与射频发生器和射频接收器相连。样品管座处于线圈的中心，用于承放样品管。样品管座还连接有压缩空气管，压缩空气驱动样品管快速旋转，使其中的样品分子感受到的磁场更为均匀。变温元件可用于控制探头温度。整个探头置于磁体的磁极之间。

探头种类很多，根据被测核的种类可分为专用探头、多核探头及宽带探头。宽带探头可测定元素周期表中大部分磁性核的NMR谱，是目前较常用的一种探头。探头根据检测方式等还可分为正相探头和反相探头。正相探头是杂核（非氢核）的线圈在内部，氢核的线圈在外围，故检测杂核的灵敏度较高，氢核的灵敏度较低。反相探头则与之相反。另外还有梯度探头、超低温探头等。前者是通过在探头上加上梯度线圈，改变磁场的均匀性从而缩短检测时间，后者则是利用了超低温技术来大大提高探头的灵敏度。

6. 场频连锁系统

场频连锁系统用于保证磁场对频率的比值恒定。目前常用的“锁”（Lock）系统多为氘（^{2}H）锁，一方面以氘（^{2}H）的共振频率作为控制点，利用调制技术，自动补偿磁场或频率的漂移，保证磁场对频率的比值恒定；另一方面则是将氘信号作为观察对象，以显示磁场的均匀性。

因此在进行液体核磁共振谱测定时,须事先将样品溶解到合适的氘代试剂中。

除上述部件外,核磁共振波谱仪中还包括计算机控制单元、数据输出设备以及一些辅助设备如空气压缩机、变温单元等。

4.2.2 脉冲傅里叶变换核磁共振波谱仪工作原理

当样品被放在外磁场中,此时原子核群处于 Boltzmann 平衡状态,在外磁场保持不变的条件下,使用一个强而短的射频脉冲照射样品,这个射频脉冲中包括所有不同化学环境的同类磁核(比如^{1}H)的共振频率。在这样的射频脉冲照射下所有这类磁核同时被激发,从低能级跃迁到高能级,然后通过弛豫逐步恢复 Boltzmann 平衡。在这个过程中,射频接收线圈中可以接收到一个随时间衰减的信号,称为自由感应衰减信号(Free Induction Decay,FID)。FID 信号中虽然包含所有激发核的信息,但是这种随时间改变而变化的信号(称作时间域信号)很难识别,所以要将 FID 信号通过傅里叶变换转化为我们熟悉的以频率为横坐标的谱图,即频率域谱图。以上即为 PFT - NMR 的工作原理,可用图 4.9 示意。

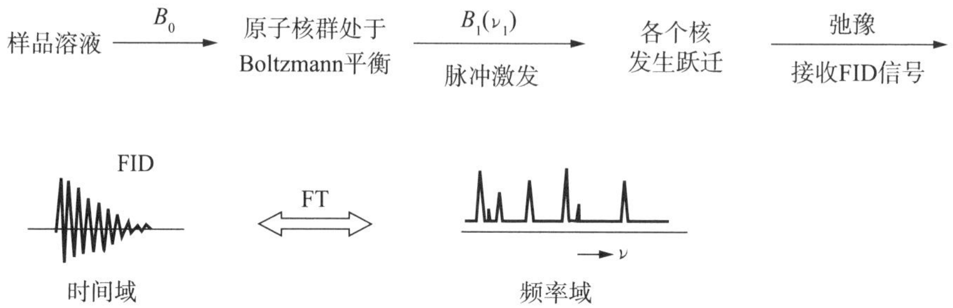

图 4.9 PFT - NMR 的工作原理示意图

在 PFT - NMR 中,强而短的射频脉冲相当于是一个多通道的发射机,而傅里叶变换则相当于是一个多通道的接收机。每施加一个脉冲,就能接收到一个 FID 信号,经过傅里叶变换便可得到一张常规的核磁共振谱图。脉冲的作用时间非常短,仅为微秒级。如果做累加测量,脉冲需要重复,时间间隔一般也少于几秒钟,加上计算机快速傅里叶变换,用 PFT - NMR 测定一张谱图只需要几秒到几十秒的时间,这使得为提高信噪比而做累加测量的时间大大缩短。故采用脉冲傅里叶变换核磁共振波谱仪,不仅改善了^{1}H 等天然丰度高的核种的核磁共振谱图质量,而且使天然丰度小、绝对灵敏度低的同位素核,如^{13}C 等的核磁共振测定得以实现。

4.3 核磁共振氢谱

核磁共振氢谱(^{1}H NMR),也称为质子磁共振谱(Proton Magnetic Resonance,PMR),是发展最早、研究得最多、应用最为广泛的核磁共振波谱。在较长一段时间里核磁共振氢谱几乎是核磁共振谱的代名词。究其原因,一是质子的旋磁比 γ 较大,天然丰度接近 100%,核磁共振测定的绝对灵敏度是所有磁核中最大的。在 PFT - NMR 出现之前,天然丰度低的同位素,如^{13}C 等的测定很困难。原因之二是^{1}H 是有机化合物中最常见的同位素,^{1}H NMR 谱是有机物结构解析中最有用的核磁共振谱之一。

典型的^{1}H NMR 谱如图 4.10 所示。图中，横坐标为化学位移值 δ，它的数值代表了谱峰的位置，即质子的化学环境，是^{1}H NMR 谱提供的重要信息。$\delta=0$ 处的峰为内标物 TMS 的谱峰。图的横坐标自左到右代表了磁场强度增强的方向，即频率减小的方向，也是 δ 值减小的方向。因此，将谱图右端称为高场(Upfield)，左端称为低场(Downfield)，以便于讨论核磁共振谱峰位置的变化。谱峰强度的测量是依据谱图上台阶状的积分曲线，每一个台阶的高度代表其下方对应的谱峰面积。在^{1}H NMR 中谱峰面积与其代表的质子数目成正比，因此谱峰面积也是^{1}H NMR 谱提供的一个重要信息。图中有的位置上谱峰呈现出多重峰形，这是自旋-自旋耦合引起的谱峰裂分，它是^{1}H NMR 谱提供的第三个重要信息。如图 4.10 乙苯的谱图中，从低场到高场共有三组峰：$\delta\approx7.2$ 的较宽的单峰是烷基单取代的苯环上 5 个质子产生的共振信号，$\delta\approx2.6$ 的四重峰是亚甲基产生的信号，$\delta\approx1.2$ 的三重峰则是甲基产生的。它们的峰面积之比(即积分曲线高度之比)为 5∶2∶3，等于相应三个基团中的质子数之比。

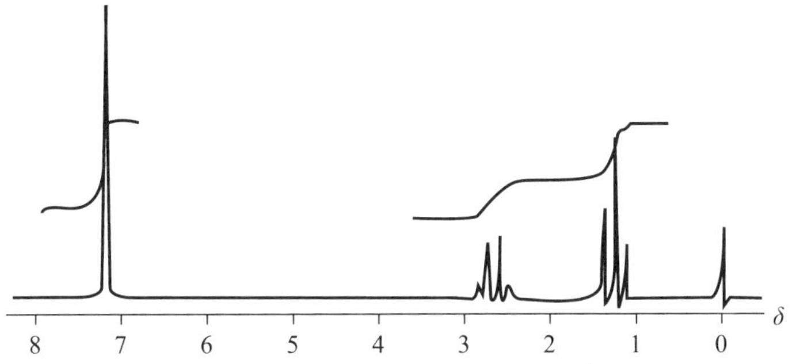

图 4.10 乙苯的^{1}H NMR 谱

4.3.1 ^{1}H 的化学位移

化学位移值能反映质子的类型以及所处的化学环境，与分子结构密切相关，因此很有必要对其进行比较详细的研究。

1. 影响化学位移的因素

1) 诱导效应

核外电子云的抗磁性屏蔽是影响质子化学位移的主要因素(4.1.2 节)。核外电子云密度与邻近原子或基团的电负性大小密切相关，电负性强的原子或基团吸电子诱导效应大，使得靠近它们的质子周围电子云密度减小，质子所受到的抗磁性屏蔽(σ_d)减小，所以共振发生在较低场，δ 值较大。表 4.5 列出一些甲烷衍生物的化学位移值以及相应取代基的电负性数据。这是典型的诱导效应的例子。

表 4.5 取代甲烷的化学位移值和取代基电负性

取代甲烷 CH_3X	CH_3F	CH_3OCH_3	CH_3Cl	CH_3Br	CH_3CH_3	CH_3H	CH_3Li
化学位移 δ	4.26	3.24	3.05	2.68	0.88	0.2	−1.95
取代基 X 电负性	4.0	3.5	3.1	2.8	2.5	2.1	0.98

电负性基团越多，吸电子诱导效应的影响越大，相应的质子化学位移值越大，如一氯甲烷、二氯甲烷和三氯甲烷的质子化学位移分别为 3.05、5.30 和 7.27。

电负性基团的吸电子诱导效应沿化学键延伸，相隔的化学键越多，影响越小。例如，在甲醇、乙醇和正丙醇中的甲基随着离—OH 基团的距离增加化学位移向高场移动，分别为 3.39、1.18和0.93。可见取代基对 α 位上的质子影响很大，对 β 位上的质子虽有影响，但影响程度大大降低，而对 γ 位质子影响可以忽略不计。

2）相连碳原子的杂化态影响

碳碳单键是碳原子 sp^3 杂化轨道重叠而成的，而碳碳双键和三键分别是 sp^2 和 sp 杂化轨道形成的。s 电子是球形对称的，离碳原子近，而离氢原子较远。所以杂化轨道中 s 成分越多，成键电子越靠近碳核，而离质子较远，对质子的屏蔽作用较小。sp^3、sp^2 和 sp 杂化轨道中的 s 成分依次增加，成键电子对质子的屏蔽作用依次减小，δ 值应该依次增大。实际测得的乙烷、乙烯和乙炔的质子 δ 值分别为 0.88、5.23 和 2.88。乙烯与乙炔的次序颠倒了。这是因为下面将要讨论的非球形对称的电子云产生各向异性效应，它比杂化轨道对质子化学位移的影响更大。

3）各向异性效应

化合物中非球形对称的电子云，如 π 电子系统，对邻近质子会附加一个各向异性的磁场，即这个附加磁场在某些区域与外磁场 B_0 的方向相反，使外磁场强度减弱，起抗磁性屏蔽作用，而在另外一些区域与外磁场 B_0 方向相同，对外磁场起增强作用，产生顺磁性屏蔽的作用。通常抗磁性屏蔽作用简称为屏蔽作用，产生屏蔽作用的区域用“＋”表示，顺磁性屏蔽作用也称作去屏蔽作用，去屏蔽作用的区域用“－”表示。下面讨论几个典型的各向异性效应。

● 芳烃的各向异性效应　以苯环为例进行讨论。苯环中的 6 个碳原子都是 sp^2 杂化的，每一个碳原子的 sp^2 杂化轨道与相邻的碳原子形成 6 个 C—C σ 键，每一个碳原子又以 sp^2 杂化轨道与氢原子的 s 轨道形成 C—H σ 键，由于 sp^2 杂化轨道的夹角为 120°，所以 6 个碳原子和 6 个氢原子处于同一平面上。每一个碳原子上还有一个垂直于此平面的 p 轨道，6 个 p 轨道彼此重叠，形成环状大 π 键，离域的 π 电子在平面上下形成两个环状电子云。当苯环平面正好与外磁场 B_0 方向垂直时，在外磁场的感应下，环状电子云产生一个各向异性的磁场。在苯环平面的上下，感应磁场的方向与外磁场方向相反，造成较强的屏蔽作用(＋)；而在苯环平面的四周则产生一个与外磁场方向相同的顺磁性磁场，其作用可以替代部分外磁场，造成了去屏蔽作用(－)，见图 4.11(a)。苯环上的氢正好都处于去屏蔽区域，所以在低场共振，$\delta \approx 7.3$。

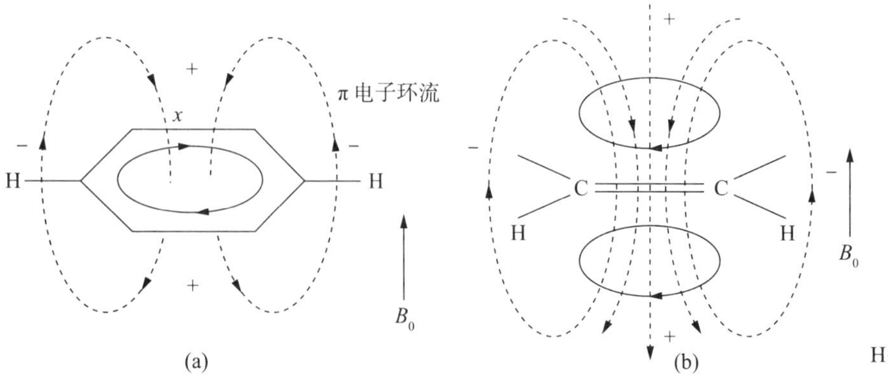

图 4.11　(a)苯环和(b)烯烃中双键的各向异性效应

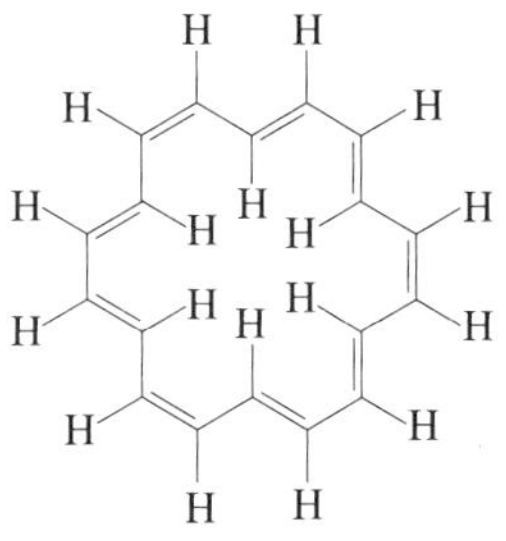

1

从上述讨论中可以推测，若环内或环的上下存在质子，一定会受到强的屏蔽作用，共振吸收峰将出现在高场。[18]轮烯 1 的 ^{1}H NMR 证实了这一点。[18]轮烯 1 有 18 个 H，其中 12 个在环外，因受到强的去屏蔽作用 $\delta_{环外氢} \approx 8.9$；另外 6 个 H 在环内，受到高度的屏蔽作用，故

$\delta_{环内氢}\approx-1.8$。

● 双键的各向异性效应　碳碳双键的情况与芳烃十分相似，碳原子的 sp^2 杂化形成平面分子，π 电子在平面上下形成环电流，见图 4.11(b)。在外磁场作用下，π 电子产生的感应磁场对分子平面上下起屏蔽作用，对平面四周去屏蔽，烯氢正好是处于去屏蔽区域，所以在低场共振。但与苯环相比，一个双键的 π 电子形成的环电流比较弱，化学位移大约为 5～6。醛基氢也处于去屏蔽区，同时邻近还有电负性较强的氧原子存在，吸收峰出现在更加低场，δ 值约为 9～10。

● 三键的各向异性效应　三键是一个 σ 键(sp 杂化)和两个 π 键组成。sp 杂化形成线性分子，两对 p 电子相互垂直，并同时垂直于键轴，此时电子云呈圆柱状绕键轴运动。该电子云受外磁场感应产生的附加磁场见图 4.12。炔氢正好处于屏蔽区域内，所以在高场共振。同时炔碳是 sp 杂化轨道，C—H 键成键电子更靠近碳，使炔氢去屏蔽而向低场移动，两种相反的效应共同作用使炔氢的化学位移为 2～3。

● 单键的各向异性效应　碳碳单键是由碳原子的 sp^3 杂化轨道重叠而成的。sp^3 杂化轨道是非球形对称的，所以也会产生各向异性效应。在沿着单键键轴方向的圆锥是去屏蔽区，而键轴的四周为屏蔽区。但是与双键、三键形成的环电流相比，单键各向异性效应弱得多，而且因为单键在大部分情况下能自由旋转，使这一效应平均化，只有当单键旋转受阻时才能显示出来。例如环己烷(图 4.13)，若考虑 C(1)上的平伏氢(H_{eq})和直立氢(H_{ax})，C(1)—C(6)键与 C(1)—C(2)键均分别对它们产生屏蔽和去屏蔽作用，两种作用相互抵消。而 C(2)—C(3)键和 C(5)—C(6)键的作用使直立氢(H_{ax})处于屏蔽区，在较高场共振，而平伏氢(H_{eq})处于去屏蔽区，在较低场共振。两者的化学位移差很小，约 0.5。

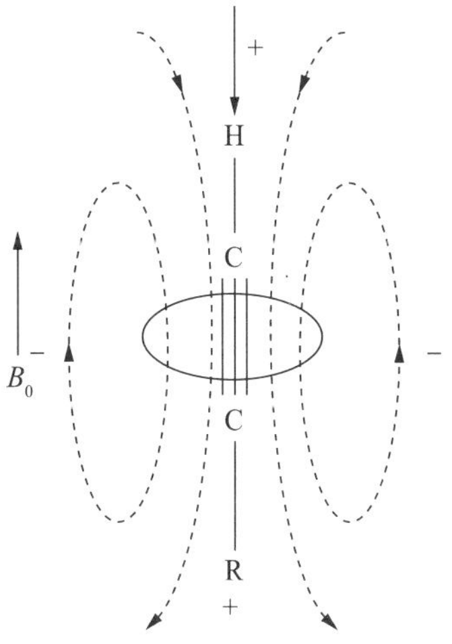

图 4.12　三键的各向异性效应图

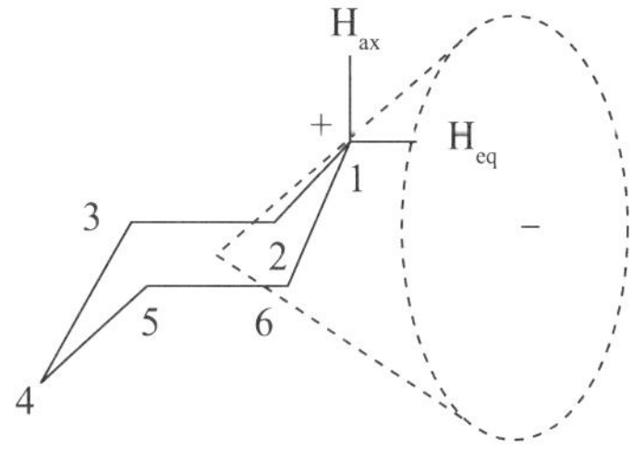

图 4.13　环己烷中单键的各向异性效应

4) 范德瓦尔斯效应

当两个原子相互靠近时，由于受到范德瓦尔斯力作用，电子云相互排斥，导致原子核周围的电子云密度降低，屏蔽减小，谱线向低场方向移动，这种效应称为范德瓦尔斯效应。这种效应与相互影响的两个原子之间的距离密切相关，当两个原子相隔 0.17 nm(即范德瓦尔斯半径之和)时，该作用对化学位移的影响约为 0.5；距离为 0.20 nm 时影响约为 0.2；当原子间的距离大于 0.25 nm 时可不再考虑。

5) 氢键的影响

—OH、—NH_2 等基团能形成氢键。例如，醇形成的分子间氢键和 β-二酮的烯醇式形成的分子内氢键。

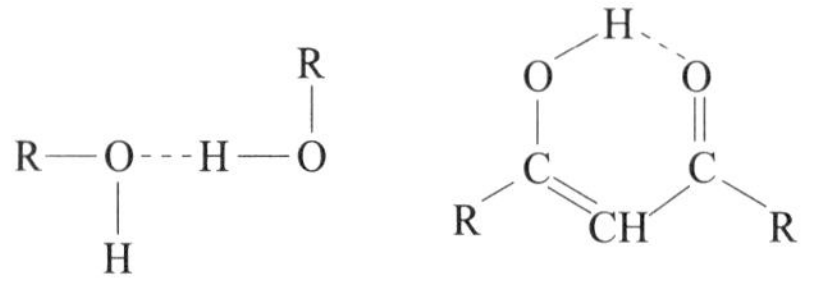

因为有两个电负性基团靠近形成氢键的质子，它们分别通过共价键和氢键产生吸电子诱导作用，造成较大的去屏蔽效应，使共振发生在低场。分子间氢键形成的程度与样品浓度、测定时的温度以及溶剂类型等有关，因此相应的质子化学位移值不固定，随着测定条件的改变在很大范围内变化。如醇羟基和脂肪胺的质子化学位移一般在0.5～5变动，酚羟基质子则在4～7变动。氢键形成对质子化学位移的影响规律大致如下。

第一，温度的影响。氢键缔合是一个放热过程，温度升高不利于氢键形成。因此在较高的温度下测定会使这一类质子谱峰向高场移动，化学位移值变小。在核磁共振测定时，可以通过改变测定温度，观察谱峰位置改变情况确定OH或NH等产生的信号。

第二，溶液浓度的影响。在非极性溶剂中，浓度越稀，越不利于形成氢键。因此随着浓度逐渐减小，能形成氢键的质子共振向高场移动。所以也可以用改变浓度的办法确定这一类质子的核磁共振信号，但分子内氢键的生成与浓度无关。

6) 溶剂效应

同一化合物在不同溶剂中的化学位移会有所差别，这种由于溶质分子受到不同溶剂影响而引起的化学位移变化称为溶剂效应。溶剂效应主要是因溶剂的各向异性效应或溶剂与溶质之间形成氢键而产生的。下面举一例子加以说明。

N,*N*-二甲基甲酰胺分子中，因氮原子上的孤对电子与羰基形成 $p-\pi$ 共轭，使C—N单键具有某些双键性而不能自由旋转，因此两个甲基处于不同的化学环境。

在氘代氯仿溶剂中，样品分子与溶剂分子没有作用，处于羰基氧同一侧的甲基(β)因空间位置靠近氧原子，受到电子云的屏蔽较大，在较高场共振，$\delta_\beta\approx2.88$；处于另一侧的甲基(α)在较低场，$\delta_\alpha\approx2.97$。在该体系中逐步加入溶剂氘代苯，随着加入量增多，α和β甲基的化学位移逐渐靠近，然后交换位置，即α甲基的谱峰出现在较高场，而β甲基的谱峰出现在较低场。其原因是苯与*N*,*N*-二甲基甲酰胺形成了复合物。苯环的π电子云吸引二甲基甲酰胺的正电一端，而尽可能排斥负电一端(图4.14)。由于苯环是磁各向异性的，α甲基正好处于屏蔽区，所以共振向高场移动，而β甲基却处于去屏蔽区，因此共振吸收向低场移动，结果是两个吸收峰位置发生互换。

由于存在溶剂效应，在查阅或报道化合物的核磁共振数据时应该注意标明测试时所用的溶剂。如果使用的是混合溶剂，则还应说明两种溶剂的比例。

7) 交换反应

当一个分子有两种或两种以上的形式，且各种形式的转换速度不同时，会影响谱峰位置和形状。例如环已烷因单键各向异性效应的影响，平伏和直立氢的化学位移相差0.5，但是常温下只出现一个谱峰。这是因为常温下环已烷的构象快速翻转，平伏和直

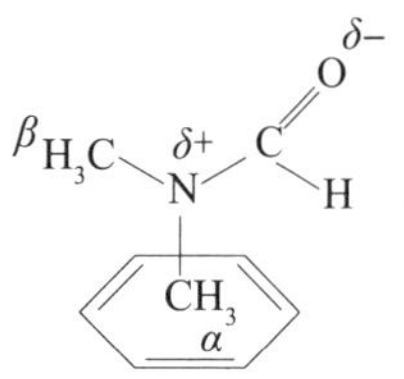

图4.14 苯环与*N*,*N*-二甲基甲酰胺形成的复合物

立氢快速交换；当测定温度降低到－89 ℃以下时，环已烷的构象基本固定，就可以观察到两个吸收峰。又如上面提到的 N,N-二甲基甲酰胺，两个甲基具有不同的化学位移值，在谱图上可以观测到两个谱峰。但是随着温度提高，C—N 键的自由旋转速度加快，两个甲基将逐渐处于相同的化学环境，这时观测到的就是一个谱峰。这种变化是渐进的，在不同的温度条件下，可以观测到一系列过渡状态（图 4.15）。产生这种现象的原因是核磁共振仪有一定的"时标"（Time Scale），即检测速度，相当于照相机的快门。若分子的两种形式交换速度远远快于仪器的时标，仪器测量到的只是一个平均信号；若交换速度远慢于仪器时标，仪器能检测某一瞬间的现象。

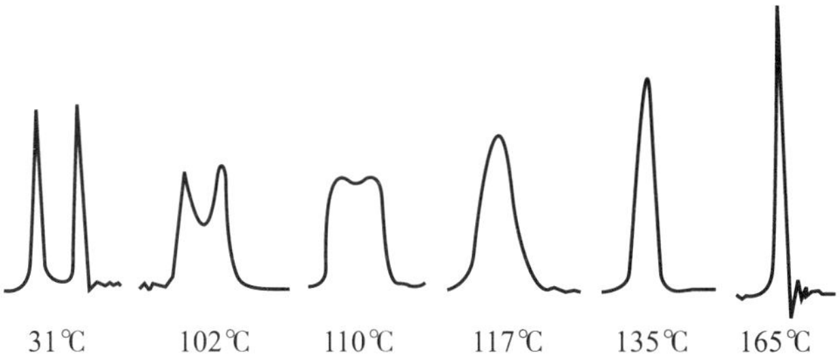

图 4.15　温度变化时 N,N-二甲基甲酰胺[1]H 核磁共振信号的线形变化

上述交换反应也可以在不同分子之间发生。分子中的—OH、—NH_2 等活泼氢可在分子间相互交换。例如在羧酸水溶液中可发生如下交换反应

$$RCOOH_a + HOH_b \longleftrightarrow RCOOH_b + HOH_a$$

结果在核磁共振谱图上，羧酸水溶液既不显示纯羧酸的信号，也不显示纯水的信号，而只能观测到一个平均的活泼氢信号，信号的位置与溶液中羧酸和水的物质的量的比有关，可用公式（4－20）计算

$$\delta_{观测} = N_a \cdot \delta_a + N_b \cdot \delta_b \qquad (4-20)$$

式中，N_a、N_b 分别为 II_a、II_b 两种活泼氢的摩尔分数，即两种纯物质的摩尔分数；δ_a、δ_b 分别为纯物质中 H_a、H_b 两种活泼氢的化学位移值。

当体系中存在多种活泼氢时，同样也只能观测到一个平均的活泼氢信号。

2. 各类[1]H 的化学位移

在归纳大量[1]H NMR 谱测定数据基础上，人们已经对处于不同化学环境下的各类质子化学位移值有了较为完善的总结，并以各种图形、表格或经验公式等形式表示。

1）各种基团中质子化学位移值的范围

了解并记住各种类型质子化学位移分布的大致情况，对于初步推测有机物结构类型十分必要。图 4.16 是各类质子化学位移的分布范围，图中可以看到从高场到低场依次为饱和碳上的氢（δ 约为 0～2），相邻有电负性基团的饱和碳上的氢（δ 约为 2～4.5），炔氢（δ 约为 2～3），烯氢（δ 约为 4.5～6.5），芳氢（δ 约为 6～8），醛氢（δ 约为 9～10），羧基上的氢（δ 约为 10～13）和烯醇中的氢（δ 约为 11～16）。表 4.6 为氢原子在各种化学环境下的化学位移范围一览表。

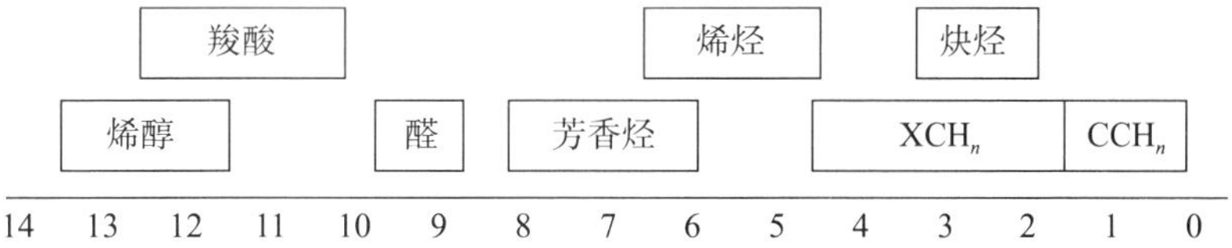

图 4.16　有机物中各类质子的化学位移分布范围（n 为 1～3，X 为杂原子）

表 4.6 氢原子在各种化学环境下的化学位移范围一览表

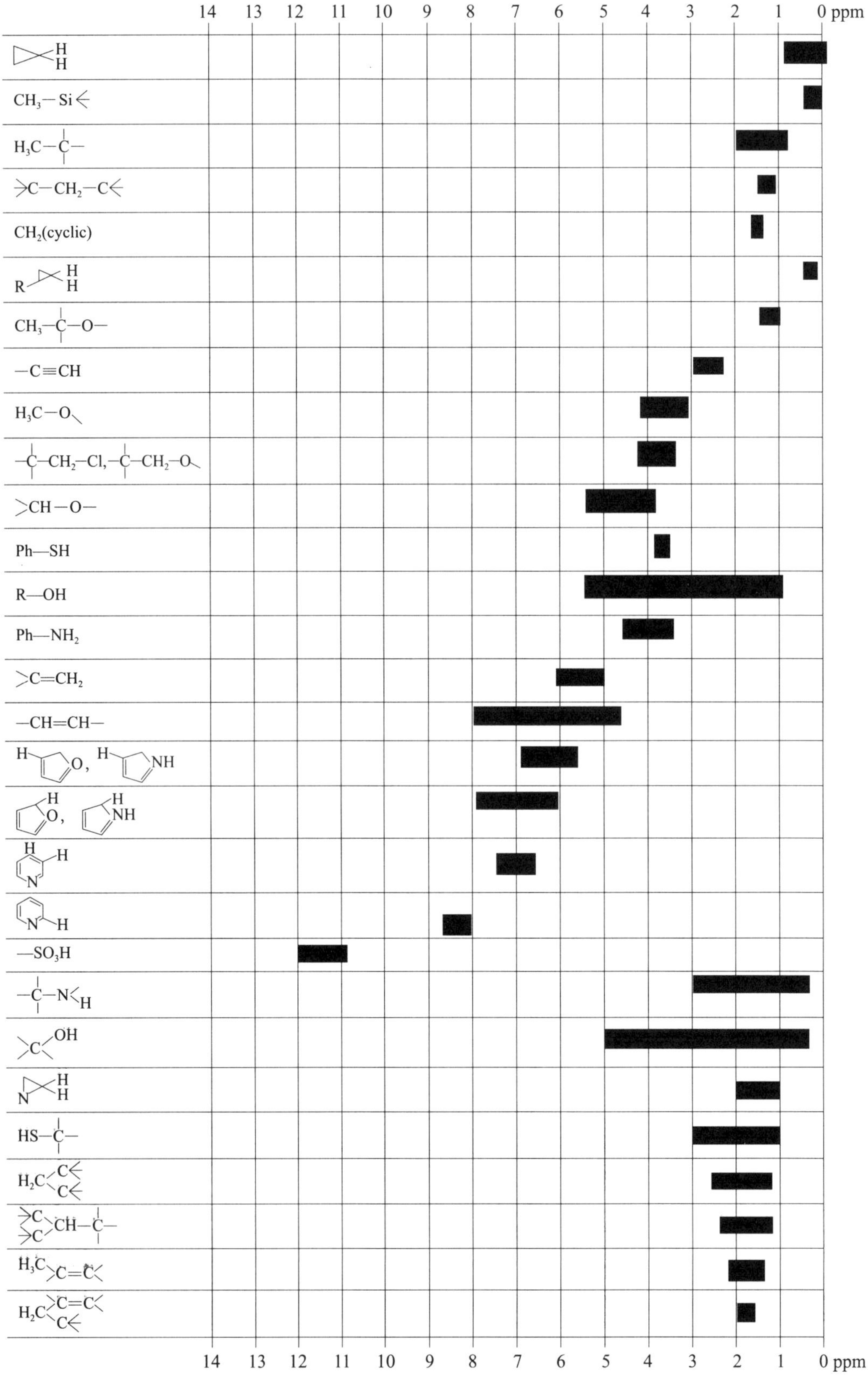

续表

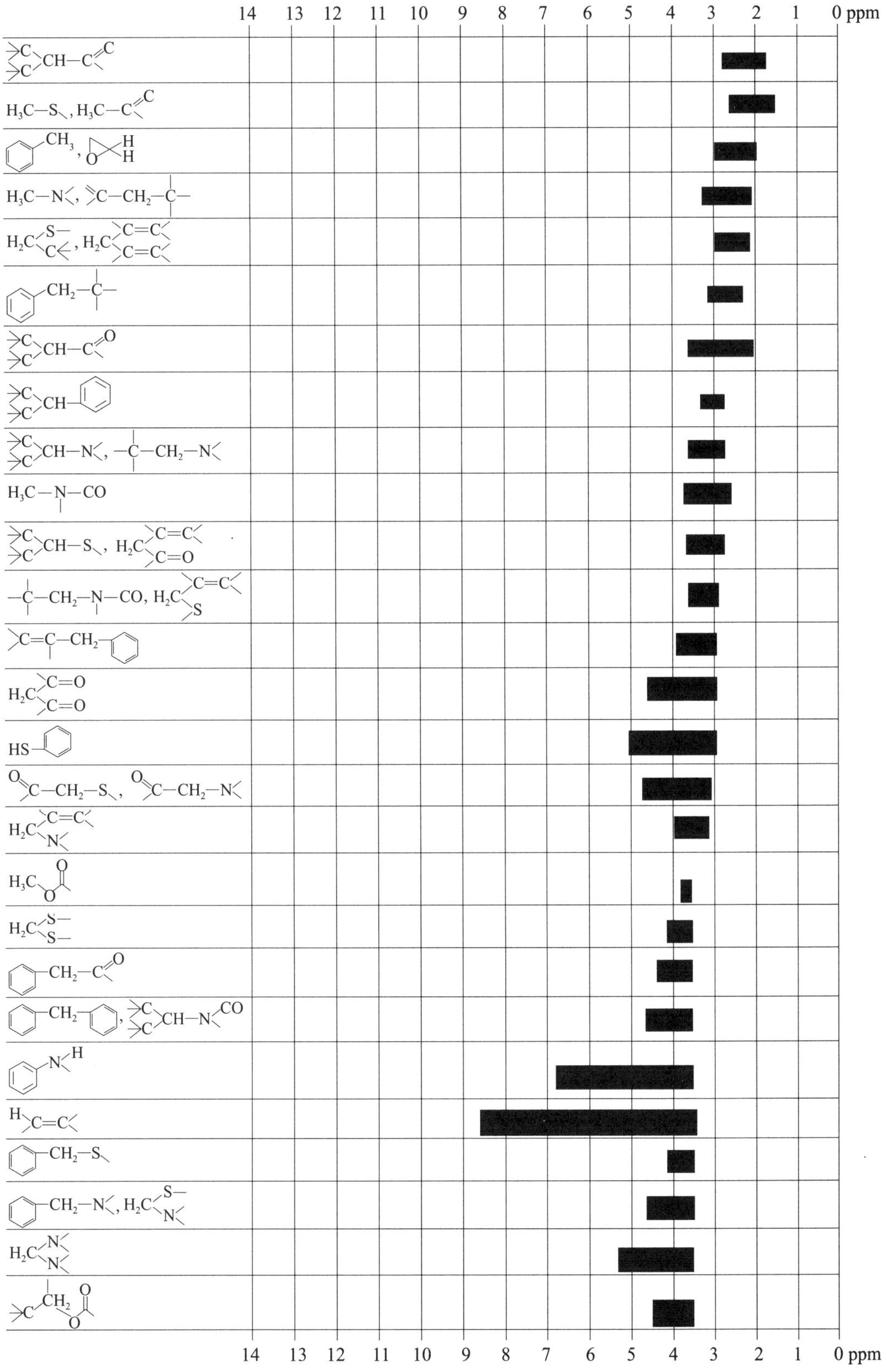

续表

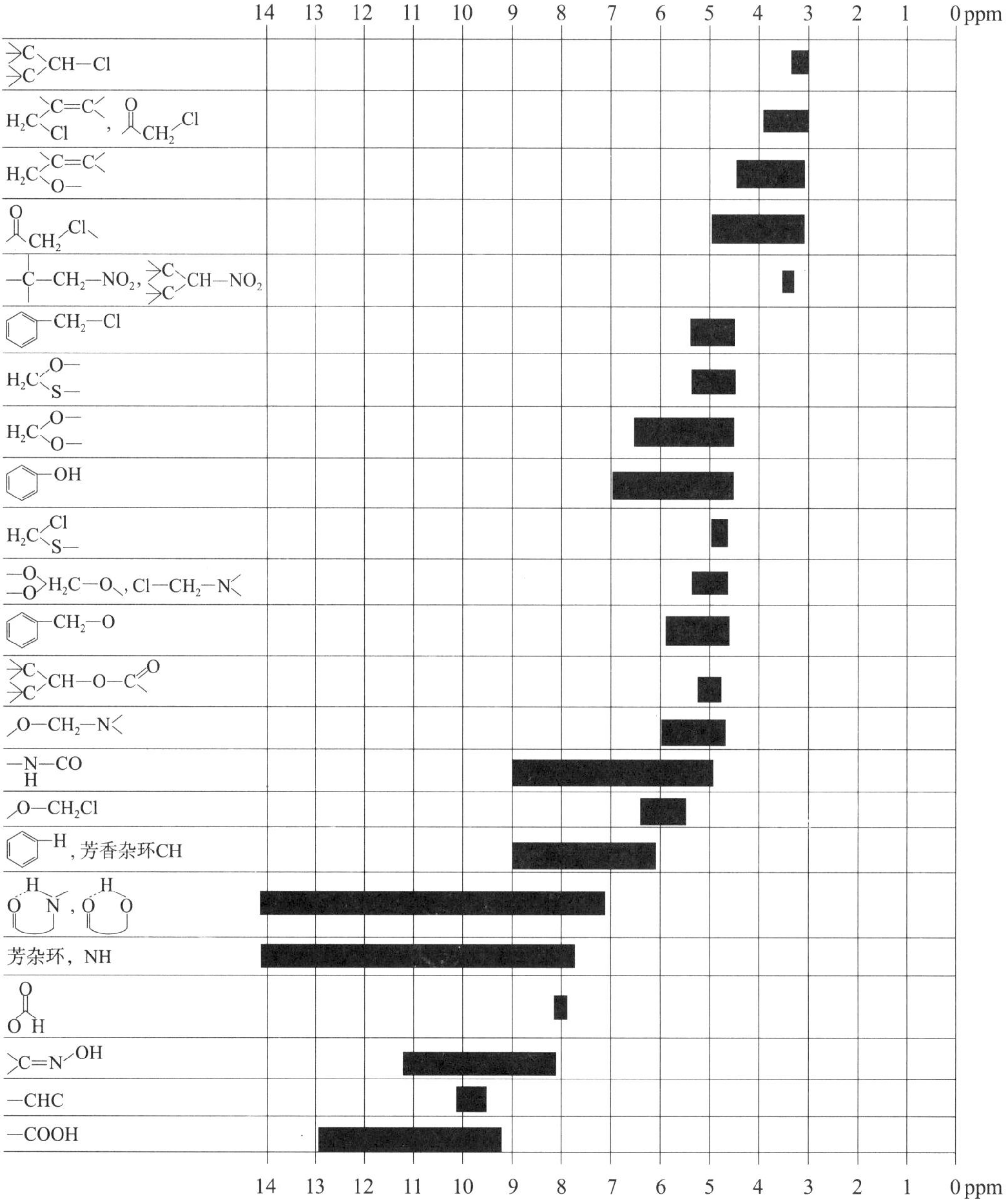

2) [1]H 化学位移的数据表和经验公式(供自学)

与图 4.16 和表 4.6 不同,利用数据表和经验公式可以得到某一化学环境中质子化学位移比较准确的数值。

● 烷烃和取代烷烃中[1]H 的化学位移　表 4.7 可用于查阅取代基 α 碳上的质子化学位移值。表中第 1 列是取代基 X 的类型;第 2 列是与 X 直接相连的 CH_3 的化学位移值;第 3,4 列分别是与 X 直接相连的 CH_2 和 CH 的化学位移值,应注意除 X 之外,其余与它们相连的都是 C 原子。取代基对 β 碳上的质子化学位移也有一定影响,各种取代基的影响程度列入表 4.8。在计算 β 碳上的质子化学位移值时,应将表 4.8 中 β 位的影响值加到表 4.7 中的化学位移值上。下面举两个例子说明表 4.7 和表 4.8 的用法。

例 4-1 计算异丁醇 $\overset{1}{C}H_3—\overset{3}{C}H(CH_3)—\overset{2}{C}H_2—OH$ 各种质子的化学位移值。

解:分子结构中不同化学环境的质子以阿拉伯数字或英文字母标注,后同。查阅表 4.7 可知 $\delta_{H(1)}=0.9$(X 为—R),实测值 0.92;$\delta_{H(2)}=3.6$(X 为—OH),实测值 3.39;CH 因 β 位有—OH 基团,故 $\delta_{H(3)}=1.5$(由表 4.7 查得,X 为—R)+0.2(由表 4.8 查得 X 为—OH)=1.7,实测值1.75。

例 4-2 计算乙酸乙酯 $\overset{1}{C}H_3—\overset{O}{\overset{\|}{C}}—O—\overset{2}{C}H_2—\overset{3}{C}H_3$ 各种质子的化学位移值。

解:直接查阅表 4.7 可得 $\delta_{H(1)}$ 和 $\delta_{H(2)}$ 分别为 2.0 和 4.1,实测值分别为 2.04 和 4.12;H(3)因 β 位有—OCOR 基团,故 $\delta_{H(3)}=0.9$(由表 4.7 查得)+0.4(由表 4.8 查得)=1.3,实测值 1.26。

表 4.7 不同取代基时 CH_3X、CH_2X 和 CHX 的质子化学位移(δ)

X	CH_3X	CH_2X	CHX
—R	0.9	1.3	1.5
$—CH{=}CH_2$	1.7	1.9	2.6
$—CH{=}CH—CH{=}CH_2$	1.8	—	—
$CH_2{=}CH—\overset{\vert}{C}{=}CH_2$	2.0	2.2	2.3
—CH=N—	2.0	—	—
—C≡CH	2.0	2.2	—
—COOR, —COOAr	2.0	2.1	2.2
—CN	2.0	2.5	2.7
$—CONH_2$, $—CONR_2$	2.0	2.0	2.1
—COOH	2.1	2.3	2.6
—COR	2.1	2.4	2.5
—SH, —SR	2.1	2.4	2.5
—I	2.2	3.1	4.2
$—NH_2$, $—NR_2$	2.1	2.5	2.9
—CHO	2.2	2.2	2.4
—Ph	2.3	2.6	2.9
—Br	2.6	3.3	4.1
—NHCOR, —NRCOR	2.9	3.3	3.5
—Cl	3.0	3.4	4.0
—OCOR	3.6	4.1	5.0
—OR	3.3	3.3	3.8
$—N^+R_3$	3.3	3.4	3.5
—OH	3.4	3.6	3.8
—OAr	3.7	3.9	4.0
—OCOAr	3.9	4.2	5.1
$—NO_2$	4.3	4.4	4.6

注:表中 R 表示烷基;Ar 表示芳香基。

表 4.8 取代基 X 对 β 位 CH_3、CH_2、CH 质子化学位移值的影响*

X	CH_3—C—X	CH_2—C—X	CH—C—X	X	CH_3—C—X	CH_2—C—X	CH—C—X
—C═C—	0.1	0.1	0.1	—Br	0.8	0.6	0.25
—COOH、COOR	0.2	0.2	0.2	—NHCOR	0.1	0.1	0.1
—CN	0.5	0.4	0.4	—Cl	0.6	0.4	0
—$CONH_2$	0.25	0.2	0.2	—OH、—OR	0.3	0.2	0.2
—COR、—CHO	0.3	0.2	0.2	—OCOR	0.4	0.3	0.3
—SH、—SR	0.45	0.3	0.2	—OPh	0.4	0.35	0.3
—NH_2、—NHR、—NR_2	0.1	0.1	0.1	—F	0.2	0.4	0.1
—I	1.0	0.5	0.4	—NO_2	0.6	0.8	0.8
—Ph	0.35	0.3	0.3				

* 此表必须与表 4.7 一起使用。将此表中查得的数据与表 4.7 中查得的相关数据相加。

烷烃和取代烷烃中质子化学位移还可以用经验公式来计算,常用的有 Shoolery 公式(4－21)

$$\delta_H = 0.23 + \Sigma\sigma \tag{4-21}$$

式中,0.23 为 CH_4 的 δ 值;$\Sigma\sigma$ 为各取代基团的屏蔽常数之和,σ 值列于表 4.9。Shoolery 公式最适合于计算 X—CH_2—Y 的化学位移,对于 CH_3 可以看作是 H—CH_2—X。对三取代的次甲基(CH)计算值与实测值的误差较大。下面举一例子。

例 4－3 用 Shoolery 公式计算例 4－2 中乙酸乙酯中各类质子的化学位移值。

解:$\delta_{H(1)} = 0.23 + 0.17 + 1.55 = 1.95$

$\delta_{H(2)} = 0.23 + 0.47 + 3.13 = 3.83$

$\delta_{H(3)} = 0.23 + 0.17 + 0.67 = 1.07$

表 4.9 Shoolery 公式中各取代基的 σ 值

取代基	σ 值	取代基	σ 值	取代基	σ 值	取代基	σ 值
—H	0.17	Ar—C≡C	1.65	—I	1.82	—OH	2.56
—CH_3	0.47	—NR_2	1.57	—Ph	1.85	—N═C═S	2.86
—CH_2R	0.67	R—C≡C—C≡C	1.65	—S—C≡N	2.30	—OCOR	3.13
—CF_3	1.14	—$CONR_2$	1.59	—Br	2.33	—OPh	3.23
—C═C—	1.32	—SR	1.64	—OR	2.36	—F	3.60
R—C≡C	1.44	—CN	1.70	—NO_2	2.46		
—COOR	1.55	—COR	1.70	—Cl	2.53		

● 烯氢的化学位移值。烯烃的结构通式可以表示如下,其中双键碳原子上的质子化学位移值可用公式(4－22)计算。

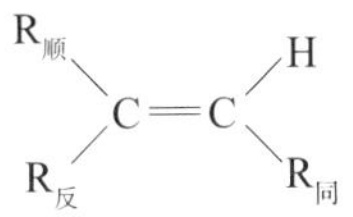

$$\delta_{C=C-H}=5.28+\Sigma S \tag{4-22}$$

式中，5.28 是乙烯质子的 δ 值；ΣS 是乙烯基上各取代基 $R_{同}$、$R_{顺}$ 和 $R_{反}$ 对烯氢化学位移影响之和。$R_{同}$、$R_{顺}$ 和 $R_{反}$ 的值见表 4.10。

表 4.10 取代基对烯氢化学位移值的影响

取代基	$R_{同}$	$R_{顺}$	$R_{反}$	取代基	$R_{同}$	$R_{顺}$	$R_{反}$
—H	0	0	0	—COOH	1.00	1.35	0.74
烃	0.44	−0.26	−0.29	—COOH(共轭)	0.69	0.97	0.39
环烃	0.71	−0.33	−0.30	—COOR	0.84	1.15	0.56
—CH_2O	0.67	−0.02	−0.07	—COOR(共轭)	0.68	1.02	0.33
—CH_2I	0.67	−0.02	−0.07	—CHO	1.03	0.97	1.21
—CH_2S	0.53	−0.15	−0.15	—CON<	1.37	0.93	0.35
—CH_2Cl	0.72	0.12	0.07	—COCl	1.10	1.41	0.99
—CH_2Br	0.72	0.12	0.07	—OR	1.18	−1.06	−1.28
—CH_2N<	0.66	−0.05	−0.23	—OCOR	2.09	−0.40	−0.67
—C≡C—	0.50	0.35	0.10	—Ph	1.35	0.37	−0.10
—C≡N	0.23	0.78	0.58	—Br	1.04	0.40	0.55
—C=C—	0.98	−0.04	−0.21	—Cl	1.00	0.19	0.03
—C=C—(共轭)	1.26	0.08	−0.01	—F	1.03	−0.89	−1.19
—C=O	1.10	1.13	0.81	—NR_2	0.69	1.19	−1.31
—C=O(共轭)	1.06	1.01	0.95	—SR	1.00	−0.24	−0.04

例 4-4 计算下列化合物中烯氢的化学位移值。

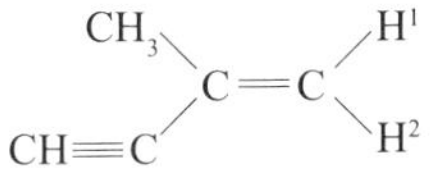

解：$\delta_{H(1)}=5.28+0+(-0.26)+0.10=5.12$（实验值 5.27）

$\delta_{H(2)}=5.28+0+0.35+(-0.29)=5.34$（实验值 5.37）

● 苯环上质子的化学位移值。苯环上质子的化学位移值可用公式(4-23)计算

$$\delta=7.26+\Sigma Z_i \tag{4-23}$$

式中，7.26 是没有取代的苯环上质子的 δ 值；ΣZ_i 是取代基对苯环上的剩余质子化学位移影响之和，Z_i 不仅与取代基的种类有关，而且与取代基的相对位置有关。各种取代基的 Z_i 值列入表 4.11中。

表 4.11 取代基对苯环上质子化学位移值的影响

取代基	Z_2	Z_3	Z_4	取代基	Z_2	Z_3	Z_4
—H	0	0	0	$—NHCH_3$	−0.80	−0.22	−0.68
$—CH_3$	−0.20	−0.12	−0.22	$—N(CH_3)_2$	−0.66	−0.18	−0.67
$—CH_2CH_3$	−0.14	−0.06	−0.17	$—NHNH_2$	−0.60	−0.08	−0.55
$—CH(CH_3)_2$	−0.13	−0.08	−0.18	—N═N—Ph	0.67	0.20	0.20
$—C(CH_3)_3$	0.02	−0.08	−0.21	—NO	0.58	0.31	0.37
$—CF_3$	0.32	0.14	0.20	$—NO_2$	0.95	0.26	0.38
$—CCl_3$	0.64	0.13	0.10	—SH	−0.08	−0.16	−0.22
$—CHCl_2$	0	0	0	$—SCH_3$	−0.08	−0.10	−0.24
$—CH_2OH$	−0.07	−0.07	−0.07	—S—Ph	0.06	−0.09	−0.15
$—CH═CH_2$	0.06	−0.03	−0.10	$—SO_3CH_3$	0.60	0.26	0.33
—CH═CH—Ph	0.15	−0.01	−0.16	$—SO_2Cl$	0.76	0.35	0.45
—C≡CH	0.15	−0.02	−0.01	—CHO	0.56	0.22	0.29
—C≡C—Ph	0.19	0.02	0	$—COCH_3$	0.62	0.14	0.21
—Ph	0.37	0.20	0.10	$—COC(CH_3)_3$	0.44	0.05	0.05
—F	−0.26	0	−0.20	—CO—Ph	0.47	0.13	0.22
—Cl	0.03	−0.02	−0.09	—COOH	0.85	0.18	0.27
—Br	0.18	−0.08	−0.04	$—COOCH_3$	0.71	0.11	0.21
—I	0.39	−0.21	0	—COO—Ph	0.90	0.17	0.27
—OH	−0.56	−0.12	−0.45	$—CONH_2$	0.61	0.10	0.17
$—OCH_3$	−0.48	−0.09	−0.44	—COCl	0.84	0.22	0.36
—O—Ph	−0.29	−0.05	−0.23	—COBr	0.80	0.21	0.37
$—OCOCH_3$	−0.25	0.03	−0.13	—CH═N—Ph	~0.6	~0.2	~0.2
—OCO—Ph	−0.09	0.09	−0.08	—CN	0.36	0.18	0.28
$—OSO_2CH_3$	−0.05	0.07	−0.01	$—Si(CH_3)_3$	0.22	−0.02	−0.02
$—NH_2$	−0.75	−0.25	−0.65	$—PO(OCH_3)_2$	0.48	0.16	0.24

例 4-5 利用公式(4-23)和表 4.11 计算下列化合物中苯环上的质子 H_a 和 H_b 的化学位移值。

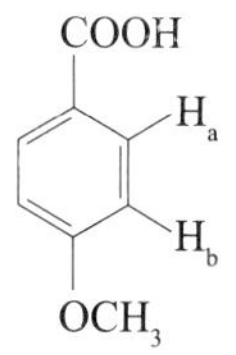

解：$\delta_{H_a}=7.26+(0.85-0.09)=8.02$（实测值 8.08）

$\delta_{H_b}=7.26+(0.18-0.48)=6.96$（实测值 6.93）

● 活泼氢的化学位移。活泼氢是指与氧、氮及硫原子直接相连的氢。它们能形成氢键和发生交换反应，因此化学位移值受测定时温度、样品浓度以及所用溶剂等因素影响，在一定范围内变化。表 4.12 中列出各类活泼氢 δ 值的范围。

表 4.12 活泼氢的化学位移值

化合物类型	δ 值	化合物类型	δ 值
醇	0.5～5.5	硫酚	3～4
酚（分子内缔合）	10.5～16	磺酸（RSO_3H）	11～12
其他酚	4～8	脂肪族伯胺、仲胺	0.4～3.5
烯醇	15～19	芳香族伯胺、仲胺	2.9～4.8
羧酸	10～13	伯酰胺（$RCONH_2$，$ArCONH_2$）	5～6.5
肟	7.4～10.2	仲酰胺（RCONHR，ArCONHR）	6～8.2
硫醇	0.9～2.5	仲酰胺（RCONHAr，ArCONHAr）	7.8～9.4

4.3.2 耦合作用的一般规则和一级谱图

1. 核的等价性

在讨论耦合作用的一般规则之前，必须搞清楚核的等价性质。在核磁共振中核的等价性分为两个层次：化学等价和磁等价。

1）化学等价

又称化学位移等价。如果分子中有两个相同的原子或基团处于相同的化学环境时，称它们是化学等价。化学等价的核具有相同的化学位移值。

通过对称性操作可以来判断原子或基团的化学等价性。如果两个基团可通过二重旋转轴互换，则它们在任何溶剂中都是化学等价的。例如，X、Y 对位取代苯 2，以通过 X、Y 取代基的直线为对称轴，旋转 180°后 H_a 和 $H_{a'}$ 互换，H_b 和 $H_{b'}$ 互换，所以 H_a 和 $H_{a'}$，H_b 和 $H_{b'}$ 都是化学等价的。化合物 3 是 X、Y、Y 间位三取代苯，同样可以通过对称性操作确定 H_a 和 $H_{a'}$ 是化学等价的；如果两个相同基团是通过对称面互换的，则它们在非手性溶剂中是化学等价的，而在手性溶剂中不是化学等价的。以化合物 4 为例，其中 R′和 R″是两个相同的基团，但为了讨论方便分别标注为 R′和 R″以示区别。从 R′方向观察另外三个基团，按顺时针方向的次序为 X—R″—Y；若从 R″方向观察，这三个基团按顺时针方向的次序为 X—Y—R′，这就像对映异构体通过对称面可以互换一样。所以在手性溶剂中 R′和 R″是化学不等价的，它们的化学位移差值与 X、Y 取代基的性质以及手性溶剂的种类有关。但是 R′和 R″在非手性溶剂中是化学等价的。由于通常情况下不使用手性溶剂，所以不太注意这种情况；如果不能通过上述两种对称操作互换的相同基团都不是化学等价的。

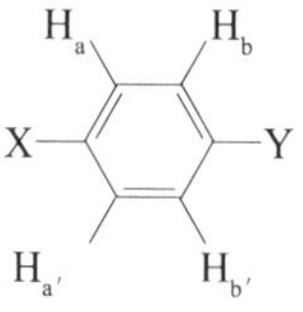

2

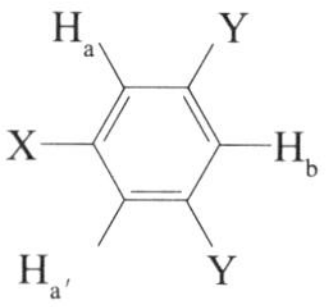

3

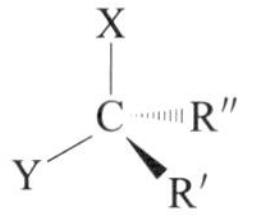

4

化学等价与否的一般情况如下

因单键的自由旋转,甲基上的三个氢或饱和碳原子上三个相同基团都是化学等价的。亚甲基(CH_2)或同碳上的两个相同基团情况比较复杂,须具体分析。一般情况如下:固定环上 CH_2 两个氢不是化学等价的,如环己烷或取代的环己烷上的 CH_2;与手性碳直接相连的 CH_2 上两个氢不是化学等价的(例 4-8);单键不能快速旋转时,同碳上的两个相同基团可能不是化学等价的,如 *N*,*N*-二甲基甲酰胺中的两个甲基因 C—N 键旋转受阻而不等价,谱图上出现两个信号。但是,当温度升高,C—N 旋转速度足够快时,它们变成化学等价,在谱图上只出现一个谱峰(见 4.3.1 节中的“溶剂效应”和“交换反应”)。

2) 磁等价

如果两个原子核不仅化学位移相同(即化学等价),而且还以相同的耦合常数与分子中的其他核耦合,则这两个原子核就是磁等价的。可见磁等价比化学等价的条件更高。

例如,乙醇分子中甲基的三个质子有相同的化学环境,是化学等价的,亚甲基的两个质子也是化学等价的。同时,甲基的三个质子与亚甲基每个质子的耦合常数都相等,所以三个质子是磁等价的,同样的理由,亚甲基的两个质子也是磁等价的。又如,X、Y 对位取代苯 2,H_a 和 $H_{a'}$,H_b 和 $H_{b'}$ 是化学等价的,但 H_a 与 H_b 是间隔三个键的邻位耦合(^3J),$H_{a'}$ 与 H_b 是间隔五键的对位耦合(^5J),所以它们不是磁等价的;同样,H_b 和 $H_{b'}$ 也是化学等价,但不是磁等价的。如果是对称的三取代苯 3,则 H_a 和 $H_{a'}$ 是磁等价的,因为它们与 H_b 都是间位耦合(^4J),耦合常数相等。

2. 耦合作用的一般规则

● 一组磁等价的核如果与另外 n 个磁等价的核相邻时,这一组核的谱峰将被裂分为 $2nI+1$ 个峰,I 为自旋量子数。对于 ^1H 以及 ^{13}C、^{19}F 等核种来说,$I=1/2$,裂分峰数目等于 $n+1$ 个,因此通常称为“$n+1$ 规律”。例如乙醇(图 4.5)和乙苯(图 4.12)的氢谱中,都有一个三重峰和一个四重峰。这是因为甲基受相邻亚甲基 2 个磁等价的质子的耦合作用裂分成三重峰;而亚甲基受相邻甲基的三个磁等价质子的耦合,裂分为四重峰。

● 如果某组核既与一组 n 个磁等价的核耦合,又与另一组 m 个磁等价的核耦合,且两种耦合常数不同,则裂分峰数目为 $(n+1)(m+1)$。

● 因耦合而产生的多重峰相对强度可用二项式 $(a+b)^n$ 展开的系数表示,n 为磁等价核的个数。即相邻有一个耦合核时($n=1$),形成强度基本相等的二重峰;相邻有两个磁等价的核时($n=2$),因耦合作用形成三重峰强度为 1∶2∶1;相邻有三个磁等价核时($n=3$),形成四重峰强度为1∶3∶3∶1等。

● 裂分峰组的中心位置是该组磁核的化学位移值。裂分峰之间的裂距反映耦合常数 J 的大小(确切地说是反映 J 的绝对值,因为 J 值有正负之分,只是 J 值的正负在核磁共振谱图上反映不出来,一般可以不予考虑)。在测量耦合常数时应注意 J 是以赫兹(Hz)为单位,而核磁共振谱图的横坐标是化学位移值,直接从谱图上量得的裂分峰间距($\Delta\delta$)必须乘以仪器的频率才能转化为 Hz。

● 磁等价的核相互之间也有耦合作用，但没有谱峰裂分的现象。

符合上述规则的核磁共振谱图称为一级谱图。一般认为相互耦合的两组核的化学位移差 $\Delta\nu$（以频率表示，即等于 $\Delta\delta\times$仪器频率）至少是它们的耦合常数的 6 倍以上，即 $\frac{\Delta\nu}{J}>6$ 时所得到的谱图为一级谱图。而 $\frac{\Delta\nu}{J}<6$ 时测得的谱图称为高级谱图。$\frac{\Delta\nu}{J}>6$ 的耦合称为弱耦合，而 $\frac{\Delta\nu}{J}<6$ 的耦合称为强耦合。高级谱图中磁核之间耦合作用不符合上述规则。关于高级谱图稍后将做简要介绍。

3. 影响耦合常数的因素

耦合起源于自旋核之间的相互干扰，耦合常数 J 的大小与外磁场强度无关。耦合是通过成键电子传递的，J 的大小与发生耦合的两个（组）磁核之间相隔的化学键数目有关，也与它们之间的电子云密度以及核所处的空间相对位置等因素有关。所以 J 与化学位移值一样是有机物结构解析的重要依据。根据核之间间隔的距离常将耦合分为同碳耦合、邻碳耦合和远程耦合三种。

1）同碳质子耦合常数

连接在同一碳原子上的两个磁不等价质子之间的耦合常数称为同碳耦合常数。因为通过两个化学键的传递，所以用 $^2J_{\text{H-H}}$ 或 ^2J 表示。^2J 是负值，大小变化范围较大，与结构密切相关。总体上同碳质子耦合种类较少。在 sp^3 杂化体系中由于单键能自由旋转，同碳上的质子大多是磁等价的，只有构象固定或其他特殊情况才有同碳耦合发生。在 sp^2 杂化体系中双键不能自由旋转，同碳质子耦合是常见的。表 4.13 列出常见的 ^2J。

表 4.13　常见的同碳耦合常数

结构	$^2J_{\text{H-H}}$/Hz	结构	$^2J_{\text{H-H}}$/Hz
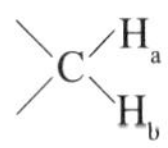	−12～−16	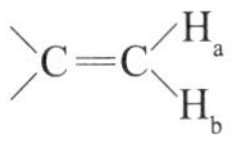	−0.5～−3
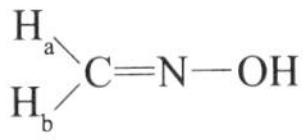	−7.63～−9.95（与溶剂有关）	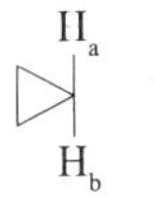	−3.9～−8.8
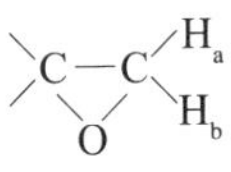	−5.4～−6.3	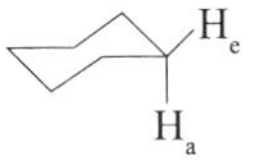	−12.6

2）邻碳质子耦合常数

相邻碳原子上的两个质子之间的耦合常数称为邻碳耦合常数，用 ^3J 表示。在氢谱中 ^3J 是最为常见和最为重要的一种耦合常数。

在 sp^3 杂化体系中，当单键能自由旋转时，$^3J\approx7$ Hz。例如乙醇、乙苯和氯代乙烷中甲基与亚甲基之间的耦合常数分别为 7.90 Hz、7.62 Hz 和 7.23 Hz。当构象固定时，^3J 是两面角 θ 的函数。它们之间的关系可以用 Karplus 公式（4－24）表示

$$
\begin{aligned}
{}^3J &= J_0\cos^2\theta + C \qquad (0^\circ<\theta<90^\circ)\\
{}^3J &= J_{180}\cos^2\theta + C \qquad (90^\circ<\theta<180^\circ)
\end{aligned}
\tag{4-24}
$$

式中,J_0表示$\theta=0°$时的 J 值,J_{180}表示$\theta=180°$时的 J 值,$J_{180}>J_0$;C 为常数。对于乙烷(H—C—C—H)$J_0=8.5$ Hz,$J_{180}=11.5$ Hz,$C=0.28$ Hz。这种关系也可用图 4.17 表示。

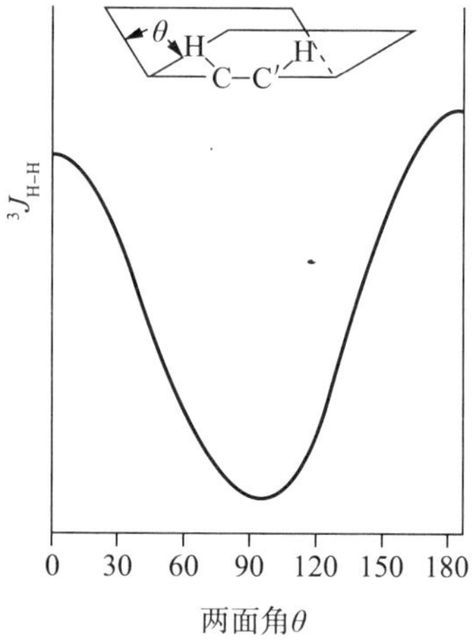

图 4.17 ^3J 与两面角 θ 的关系

利用实验所得^3J 值和 Karplus 公式可以推测分子结构。表 4.14 是常见邻碳质子的耦合常数。

表 4.14 常见邻碳质子的耦合常数

结构类型	^3J/Hz	结构类型	^3J/Hz
CH_aCH_b 自由旋转	6~8	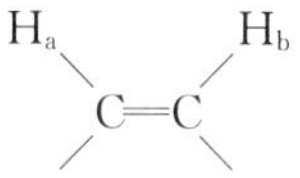	6~15
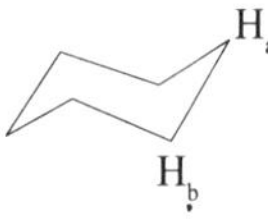 ax-ax ax-eq eq-eq	7~13 2~5 2~5	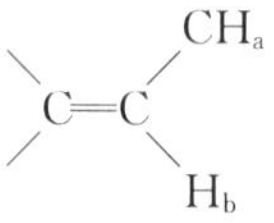	5~11
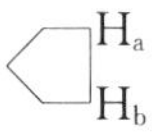 顺式或反式	0~7		10~13
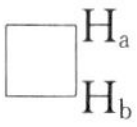 顺式或反式	5~10	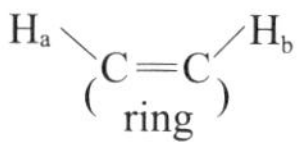 五元环 六元环 七元环	3~4 6~9 10~13
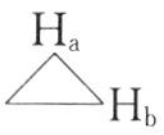 顺式 反式	7~12 4~8	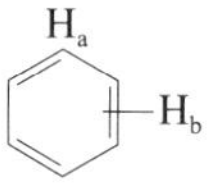 J(邻) J(间) J(对)	7~9 1~3 0~0.6
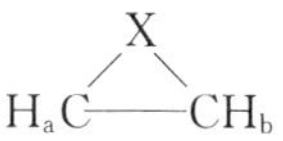 R=NO 或 S 顺式 反式	4~7 2~6	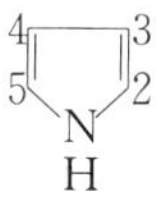 $J_{(1-2)}$ $J_{(1-3)}$ $J_{(2-3)}$ $J_{(3-4)}$ $J_{(2-4)}$ $J_{(2-5)}$	2~3 2~3 2~3 3~4 1~2 1.5~2.5
CH_aOH_b 无交换反应时	4~10		
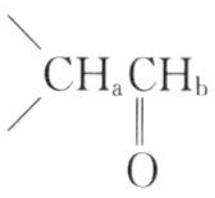	1~3		
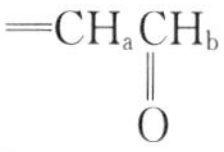	5~8	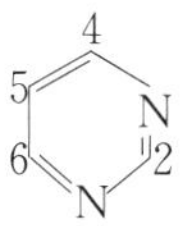 $J_{(4-5)}$ $J_{(2-4)}$ $J_{(2-5)}$ $J_{(4-6)}$	4~6 0~1 1~2 ?
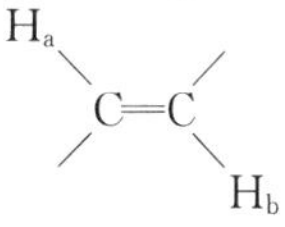	12~20		

对乙烯型的^{3}J 而言，因为分子是一平面结构，处于顺位的两个质子，对应的$\theta=0°$，而处于反位的两个质子，对应的$\theta=180°$，所以$^{3}J_{反}$总是大于$^{3}J_{顺}$。两者均与取代基的电负性有关，随着电负性增加耦合常数减小。下面有几个典型例子。

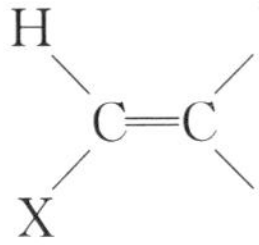

取代基 X	—Li	$—CH_3$	—F
$^{3}J_{顺}$	19.3	10.0	4.7
$^{3}J_{反}$	23.9	16.8	12.7

3）远程耦合

远程耦合是指超过三个化学键以上的核间耦合作用。一般情况下，这种耦合作用很小，可以忽略。但当两个核处于特殊空间位置时，跨越四个或四个以上化学键的耦合作用仍可以检测到。这种现象在烯烃、炔烃和芳香烃中比较普遍，因为 π 电子的流动性大，使耦合作用可以传递到较远的距离。下面介绍几种常见的远程耦合。

● 烯丙基型耦合

例如，跨越四键的 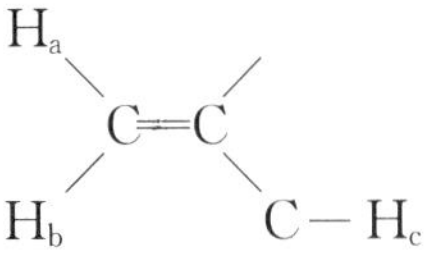

和跨越五键的 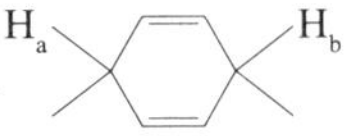

的耦合常数为 1～2 Hz。

● 芳环和杂芳环上质子耦合　苯环上邻位质子的耦合是三键耦合，间位和对位质子的耦合就是跨越四键和五键的远程耦合。它们的耦合常数按邻、间、对位的顺序减小：$J_{邻}$为 6～10 Hz，$J_{间}$为 1～3 Hz，$J_{对}$为 0～1 Hz。

● 折线形的远程耦合　下面列出几种跨越四键或五键的折线形耦合例子，它们的耦合常数在 0.4～1 Hz。

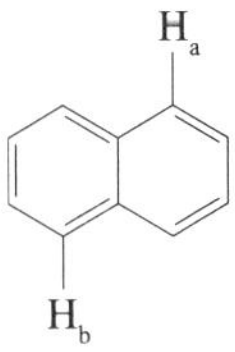

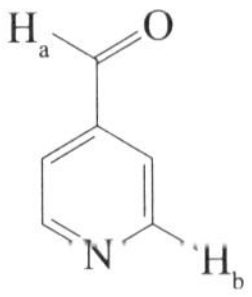

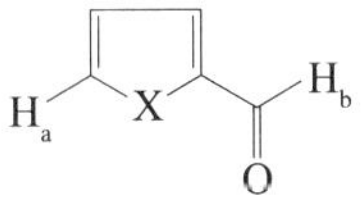

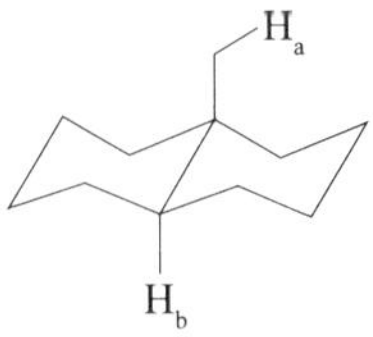

在一些手册和参考书中可以查得更为详细的各种官能团的耦合常数值。

4. 质子与其他核的耦合

有机化合物中常含有其他的自旋量子数不等于零的核，如^{2}D、^{13}C、^{14}N、^{19}F、^{31}P 等，它们与^{1}H 也会发生耦合作用。其中，^{2}D 与^{1}H 的耦合很小，仅为^{1}H 和^{1}H 之间耦合的 1/6.5，而且^{2}D与^{1}H 的耦合也较少遇到，主要出现在氘代溶剂中。例如，使用氘代丙酮作溶剂时，常常能在 2.05 处发现一个裂距很小的五重峰，这就是氘代不完全的丙酮（CHD_2COCD_3）中^{2}D 与^{1}H 的耦合，因为^{2}D 的自旋量子数为 1，根据 $2nI+1$ 规律，^{1}H 被裂分成五重峰；^{13}C 因天然丰度仅 1%左右，所以它与^{1}H 的耦合在一般情况下看不到，只有在放大很多倍时，才比较明显；^{14}N 的自旋量子数为 1，有电四极弛豫，它与^{1}H 的耦合比较复杂；^{19}F、^{31}P 与^{1}H 的耦合比较重要，^{19}F、^{31}P 的自旋量子数均为 1/2，所以它们对^{1}H 的耦合符合 $n+1$ 规律。

1）^{19}F 对^{1}H 的耦合

^{19}F 与 ^{1}H 之间从相隔 2 个键到 5 个键的耦合都能观测到，耦合常数随相隔化学键数目增加而减小，取代基的类型及与 F 的相对位置也会影响耦合常数的大小。

① 饱和链状化合物中 $^{2}J_{F-H}$ 为 45～80 Hz，$^{3}J_{F-H}$ 为 0～30 Hz，$^{4}J_{F-H}$ 为 0～4 Hz，例如 CH_3F 中 $^{2}J_{F-H}$＝81 Hz，CH_3CH_2F 中 $^{2}J_{F-H}$＝46.7 Hz，$^{3}J_{F-H}$＝25.2 Hz。

② 烯烃中，$^{2}J_{F-H}$(即同碳上的 F 和 H)为 70～90 Hz，$^{3}J_{F-H(反)}$ 为 10～50 Hz，$^{3}J_{F-H(顺)}$ 为 −3～20 Hz。例如氟代乙烯同碳、反位和顺位的 F—H 耦合常数依次为 85 Hz、52 Hz 和 20 Hz。

③ 在芳烃中，$^{3}J_{F-H(邻位)}$ 为 6～9 Hz，$^{4}J_{F-H(间位)}$ 为 4～8 Hz，$^{5}J_{F-H(对位)}$ 为 0～3 Hz；例如，氟代苯中，F 与邻、间、对位的 H 的耦合常数分别为 9.0 Hz、5.7 Hz 和 0.2 Hz。

2) ^{31}P 对 ^{1}H 的耦合

总体来说 ^{31}P 比 ^{19}F 对 ^{1}H 的耦合弱，相隔同样化学键数目时 $^{31}P—^{1}H$ 的耦合常数较小。下面举一些典型的含 P 化合物的耦合常数。

当 H 与 P 直接相连时，J_{P-H} 为 180～200 Hz。

$(CH_3CH_2)_3P$：$^{2}J_{P-H}$＝13.7 Hz，$^{3}J_{P-H}$＝0.5 Hz。

$(CH_3CH_2)_3P{=}O$：$^{2}J_{P-H}$＝16.3 Hz，$^{3}J_{P-H}$＝11.9 Hz。

$(CH_3CH_2O)_3P{=}O$：$^{3}J_{P-H}$＝8.4 Hz，$^{4}J_{P-H}$＝0.8 Hz。

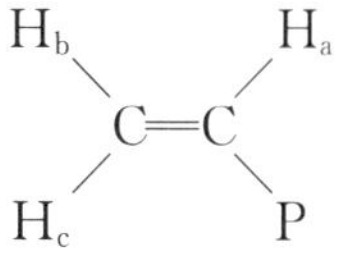

：$^{2}J_{P-H_a}$＝10～40 Hz，$^{3}J_{P-H_b}$＝30～60 Hz，$^{3}J_{P-H_c}$＝10～30 Hz。

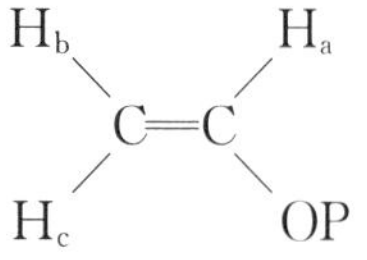

：$^{3}J_{P-H_a}$＝～7 Hz，$^{4}J_{P-H_b}$＝～3 Hz，$^{4}J_{P-H_c}$＝～1 Hz。

4.3.3 一级谱图的解析

由前所述可知，一张 ^{1}H NMR 谱图能够提供三个方面的信息：化学位移值 δ、耦合(包括耦合常数 J 和自旋裂分峰形)及各峰面积之比(积分曲线高度比)。这三方面的信息都与化合物结构密切关联，所以，^{1}H NMR 谱图的解析就是具体分析和综合利用这三种信息来推测化合物中所含的基团以及基团之间的连接顺序、空间排布等，最后提出分子的可能结构并加以验证。

1. 已知化合物 ^{1}H NMR 谱图的指认

所谓“指认”就是找出 ^{1}H NMR 谱图中每一个谱峰的归属，即找出谱峰与结构单元之间的关系。通过对已知化合物谱图的“指认”，学会综合利用化学位移、耦合及积分曲线三种信息。下面举例说明。

例 4-6 图 4.18 是对甲氧基苯丁酸($C_{11}H_{14}O_3$)的 ^{1}H NMR 谱图，对该谱图进行指认。

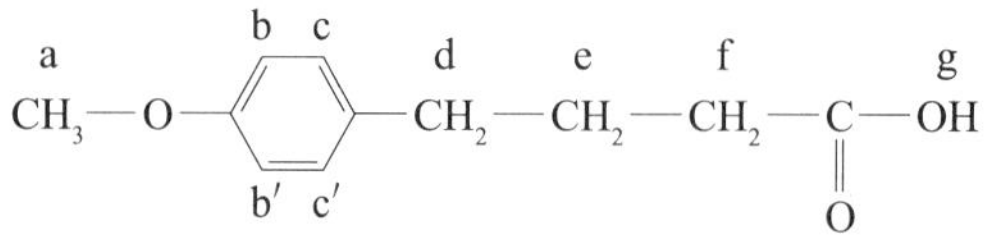

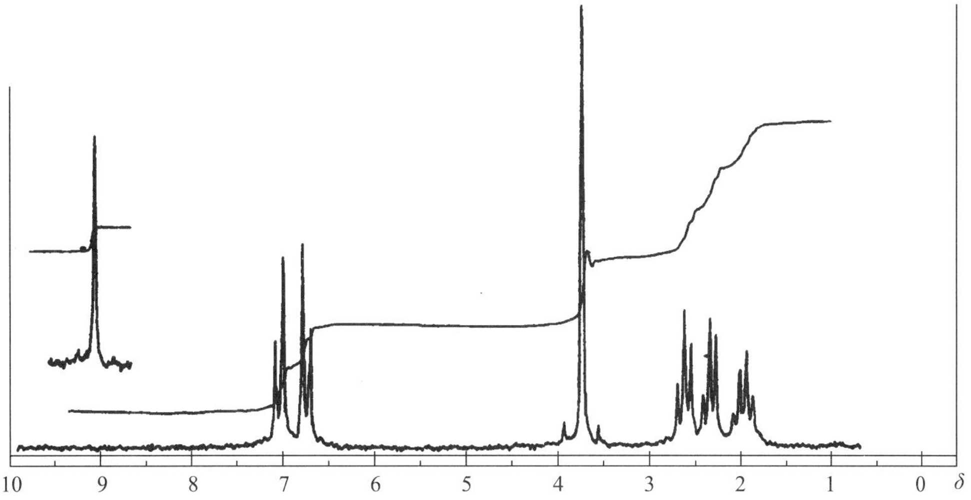

图 4.18 对甲氧基苯丁酸的[1]H NMR 谱

解：图 4.18 中共有 7 组峰，表示分子中有 7 种不同化学环境的质子。从高场到低场各组峰的质子数可由对应的积分曲线高度比求出，依次为 2、2、2、3、2、2、1。

根据图 4.16 各类质子化学位移的分布范围可知，谱图中 0～4 区域的 4 组峰为饱和碳上的质子信号，6～8 区域的 2 组峰为苯环上的质子信号，＞10 处是羧基上的质子，这与给出的结构式相符。

然后按耦合裂分及影响化学位移值的因素（包括利用 4.3.1 节中介绍的化学位移经验计算方法）可以确定 $\delta \approx 3.7$ 的单峰应该是 a；$\delta \approx 2.6$ 和 2.3 的三重峰分别是 d 和 f；在 $\delta \approx 2$ 处的多重峰为 e；苯环上的两组峰可通过公式（4－23）和表 4.11 计算确定，高场一侧的二重峰是 b 的信号，另一个则是 c 所产生的。b 和 c 各有两个化学等价而不是磁等价的质子，可标为 b，b′ 和 c，c′。b 和 c 是 ^3J 耦合，在图中显示二重峰；b′ 和 c′ 也是 ^3J 耦合，所以它们与 b，c 峰重叠。b 与 c′，b′ 与 c 之间相隔 5 个键，^5J 很小在图中分辨不开。

对图 4.18 中各类质子的指认结果，包括每个峰组的化学位移计算值和实测值，质子数目以及耦合裂分情况均列入表 4.15。

表 4.15 图 4.18 的指认结果

质子编号	化学位移值 δ		质子数目	裂分峰①
	计算值	实测值		
e	1.8	1.95	2	m②
f	2.3	2.33	2	t
d	2.6	2.60	2	t
a	3.7	3.74	3	s
b，b′	6.78	6.75	2	d
c，c′	7.03	7.05	2	d
g	＞10	＞10	1	s

① 通常用一些英文字母表示裂分峰数目：s(singlet)表示单峰，d(doublet)表示二重峰，t(triplet)表示三重峰，q(quadruplet)表示四重峰，m(multiplet)表示多重峰或者直接用数字表示多重峰的裂分峰数。

② e 质子受相邻两个 CH_2 的耦合作用，理论上应该出现 9 个裂分峰，即(2＋1)×(2＋1)，但实际上因两种耦合常数相近，裂分峰部分重叠，通常只能见到 5 个裂分峰。图中第五个峰不明显。

例 4-7 对丙烯酸丁酯($C_7H_{12}O_2$)的^{1}H NMR 谱图(图 4.19)进行指认。

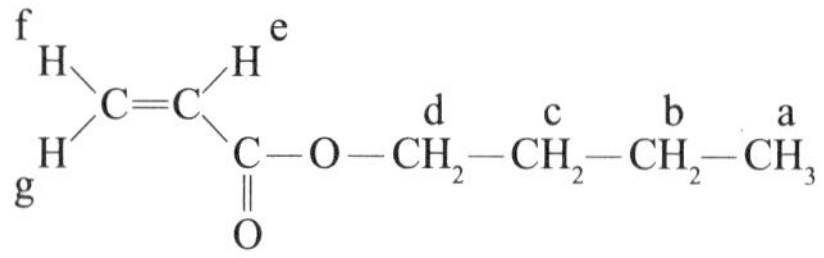

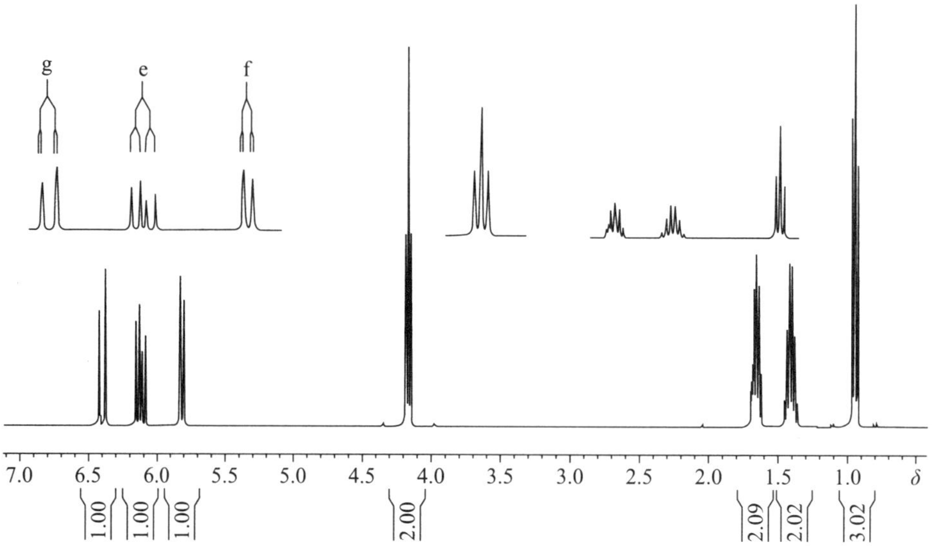

图 4.19 丙烯酸丁酯的^{1}H NMR 谱

解:图 4.19 中共有 7 组峰,与结构相符。横坐标上框内的数字是计算机处理后得出的相对峰面积值。可以看出,它们的质子数从高场到低场依次为 3、2、2、2、1、1、1,共计 12 个氢,也与已知条件相符。

其中,0~4.5 为饱和碳上的质子,即丁基上的质子。它们的归属与例 4-6 类似,故不作详细讨论;5.5~6.5 为烯氢产生的峰。它们的化学位移值可由公式(4-22)和表 4.10 计算得到:$\delta_e=6.12$,$\delta_f=5.84$,$\delta_g=6.43$,所以从高场到低场的顺序为 f、e、g。它们之间的耦合比较复杂。虽然只有 3 个烯氢,但因为它们都不是化学等价的,相互耦合的结果每一个氢都呈现出两个二重峰。e 受顺位上 f 的耦合裂分为二重峰($^3J_{顺}\approx10$ Hz),又受反位上 g 的耦合,每一个峰又裂分为二重峰($^3J_{反}\approx17$ Hz);f 受顺位上 e 的耦合裂分为相距约 10 Hz 的二重峰,又受同碳上 g 的耦合,呈现两个二重峰,因烯氢的^2J 仅 1.8 Hz,所以裂距很小,在低分辨仪器上有时会合并为一个稍宽的峰。g 情况与 f 相似。由于$^3J_{反}>^3J_{顺}\gg^2J_{同}$,通过对耦合常数的研究也可以区分烯碳上不同的质子。

对丙烯酸丁酯的^{1}H NMR 谱图指认结果列入表 4.16 中。

表 4.16 丙烯酸丁酯的^{1}H NMR 谱图指认结果

质子编号	化学位移值 δ		质子数目	裂分峰
	计算值	实测值		
a	0.9	0.95	3	t
b	1.3	1.41	2	m
c	1.6	1.68	2	m
d	4.1	4.17	2	t
f	5.84	5.82	1	d×d
e	6.12	6.12	1	d×d
g	6.43	6.41	1	d×d

例 4-8 对 2-甲基丁酸乙酯($C_7H_{14}O_2$)^{1}H NMR 谱图(图 4.20)进行指认。

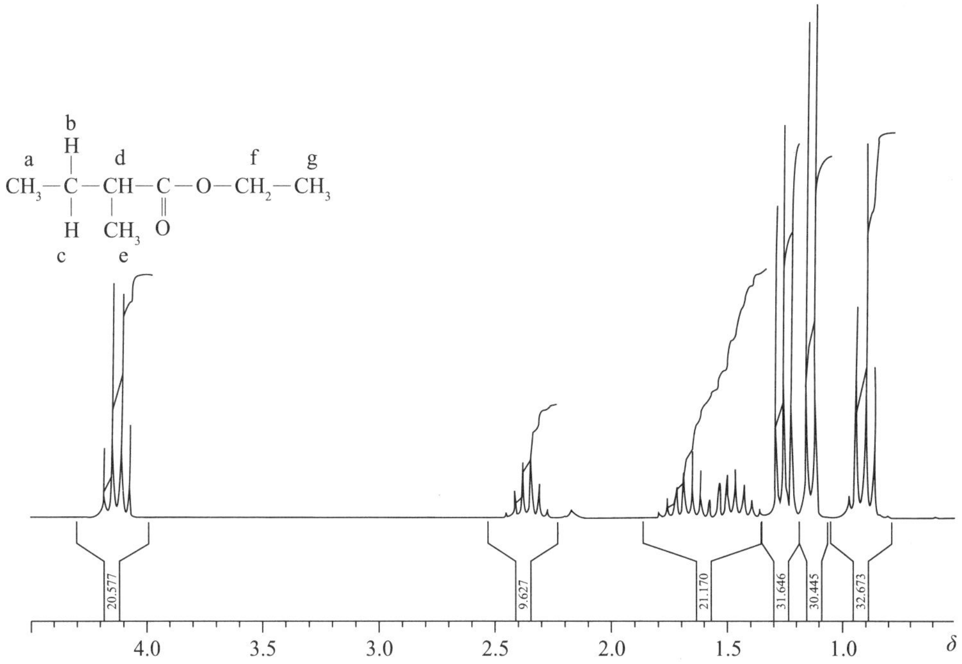

图 4.20 2-甲基丁酸乙酯的[1]H NMR 谱

解:谱图中也有 7 组峰,对应的质子数从高场到低场依次为 3、3、3、1、1、1、2。总计 14 个氢,与已知条件相符。

结合 δ 值和耦合裂分峰数目比较容易确定 $\delta\approx1.3$ 的三重峰与 $\delta\approx4.1$ 的四重峰分别为 g 和 f,它们构成了与氧相连的乙基(CH_3CH_2O);$\delta\approx1.15$ 的二重峰与 $\delta\approx2.4$ 的多重峰分别对应 e 和 d,构成 CH_3—CH 基团;$\delta\approx0.9$ 的三重峰应是 a。在 1.3～1.8 区域的峰比较特殊。因为与手性碳相连的 CH_2 基团中 2 个 H 不是化学等价的,用 Newman 投影式可说明,无论单键如何旋转,H_b 和 H_c 所处的化学环境总是不同的。它们之间相互耦合,同时又受到相邻 CH_3、CH 的耦合,各自形成了一组多重峰。

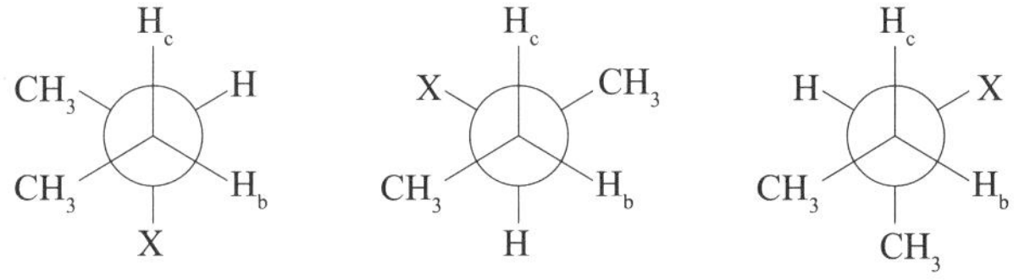

(其中 X 代表—$COOC_2H_5$)

2.^{1}H NMR 谱图解析步骤及实例

未知化合物[1]H NMR 谱图解析的一般步骤如下。

第一,根据分子式计算化合物的不饱和度 f。不饱和度计算公式见式(1-9)。

第二,测量积分曲线的高度,进而确定各峰组对应的质子数目。有几种不同的方法可以采用。例如,测量出积分曲线中每一个台阶的高度(有时仪器直接给出每一组峰面积的数字值,如图 4.19 和图 4.20 中谱峰下方的数字),然后折合成整数比;若已知分子式,可将所有吸收峰组的积分曲线高度之和除以氢原子数目,求得每个质子产生的信号高度,然后求出各个峰组的质子数；也可以用一个已经确定的结构单元为基准，然后计算其他峰组的质子数，常用作基准的结构单元有甲基，单取代苯等。由于积分曲线高度测量不可能绝对准确，在确定每个峰组的质子数时，必须注意分子可能存在的对称性以及化学结构上的合理性。例如，在高场的峰组确定为有 4、6 和 9 个质子，分别表示分子中存在两个 CH_2、两个 CH_3 或三个 CH_2、三个 CH_3，即分子有一定的对称性；而在高场区域一个明显没有重叠的峰组如果确定为有 5 或 7 个质子，则显然是不合理的。

第三，根据每一个峰组的化学位移值、质子数目以及峰组裂分的情况推测出对应的结构单元。在这一步骤中，应特别注意那些貌似化学等价，而实际上不是化学等价的质子或基团。连接在同一碳原子上的质子或相同基团，因单键不能自由旋转或因与手性碳原子直接相连(如例 4－8)等原因常常不是化学等价的。这种情况会影响峰组个数，并使裂分峰形复杂化。

第四，计算剩余的结构单元和不饱和度。分子式减去已确定的所有结构单元的组成原子，差值就是剩余单元；由式(1－9)计算得到的不饱和度减去已确定结构单元的不饱和度，即得剩余的不饱和度。这一步骤虽然简单，但也必不可少，因为不含氢的基团，如 ＞C═O、—C≡N、—O—等在氢谱中不产生直接的信息。

第五，将结构单元组合成可能的结构式。根据化学位移和耦合关系将各个结构单元连接起来。对于简单的化合物有时只能列出一种结构式，但对于比较复杂的化合物则能列出多种可能的结构，此时应注意排除与谱图明显不符的结构，以减少下一步的工作量。

第六，对所有可能结构进行指认，排除不合理的结构。指认时，峰组的化学位移值可根据 4.3.1 节的经验公式计算。但是有机化合物结构千变万化，经验公式难于覆盖各种可能，特别是在多取代的情况下，由经验公式计算所得的化学位移值与实测值之间可能存在较大误差。

第七，如果依然不能得出明确的结论，则需借助于其他波谱分析方法，如紫外或红外光谱，质谱以及核磁共振碳谱等。

下面举几个氢谱解析的实例。

例 4－9 根据图 4.21 推测 $C_{14}H_{22}O$ 的分子结构。

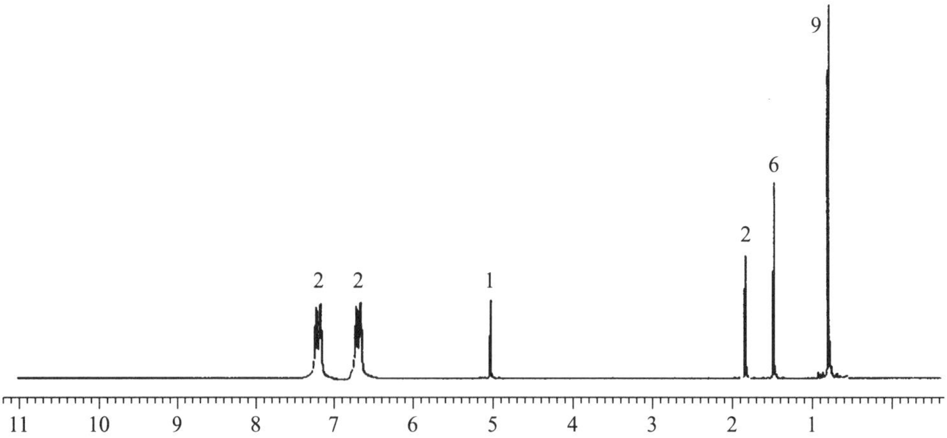

图 4.21 未知物 $C_{14}H_{22}O$ 的 ^1H NMR 谱

解：计算不饱和度 $f=1+14+(0-22)/2=4$

由积分曲线高度比求得高场到低场各峰组的质子数依次为 9、6、2、1、2、2，总计为 22 个氢，与所给的分子式相符。其中，高场有两组峰的质子数超过 3 个，说明分子有部分对称性。

综合考虑化学位移值，耦合裂分峰形以及质子数可以确定如下基团。

$\delta \approx 0.8$，9 个质子的单峰为叔丁基——$C(CH_3)_3$。

$\delta \approx 1.3$，6 个质子的单峰应该是两个连接在季碳原子上化学环境相同的甲基——$CH_3 \times 2$。

$\delta \approx 1.6$，2 个质子的单峰为一个孤立(即相邻基团上没有 H)的 CH_2。

在 7 附近的两个二重峰应确定为苯环对位取代(可参考例 4－6)。

$\delta \approx 5$，1 个质子的单峰可能是孤立的 CH 或 OH。如果是前者，则剩余基团为—O—，其邻碳上质子的化学位移值应在 3～4，与谱图不相符。所以合理的归属应该是 OH，剩余基团为一个季碳原子。

至此已确定了所有基团，将它们拼接起来可列出以下两种可能的结构 5 或 6：

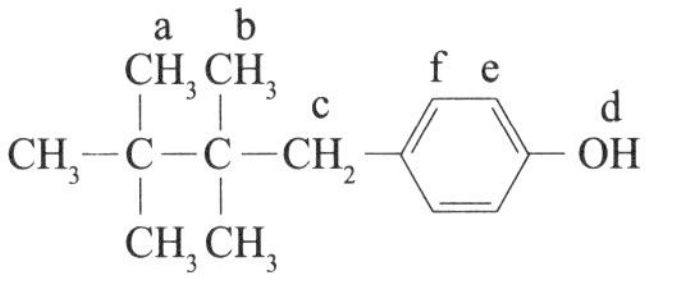

5

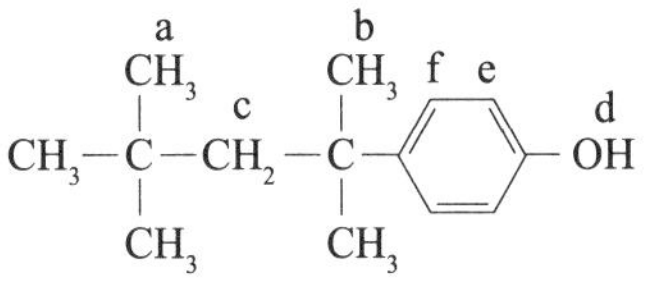

6

考察 CH_2(即 c)的化学位移值，在结构 5 中为 2.6，与谱图不相符；在结构 6 中为 1.6，与谱图一致，由此可排除结构 5。为了进一步验证结构 6，用经验公式计算每一种质子的化学位移值，检查耦合裂分峰形以及质子数，结果列于表 4.17 中。

表 4.17　例 4－9 验证结果

质子编号	化学位移值 δ		质子数目	裂分峰
	实测值	计算值		
a	0.72	0.9	9	s
b	1.33	1.25	6	s
c	1.69	1.6	2	s
d	5.0	4～8(可变)	1	s
f	6.75	6.67	2	d
e	7.21	7.14	2	d

例 4－10　根据^{1}H NMR 谱图(图 4.22)推测 $C_{11}H_{17}N$ 的分子结构。

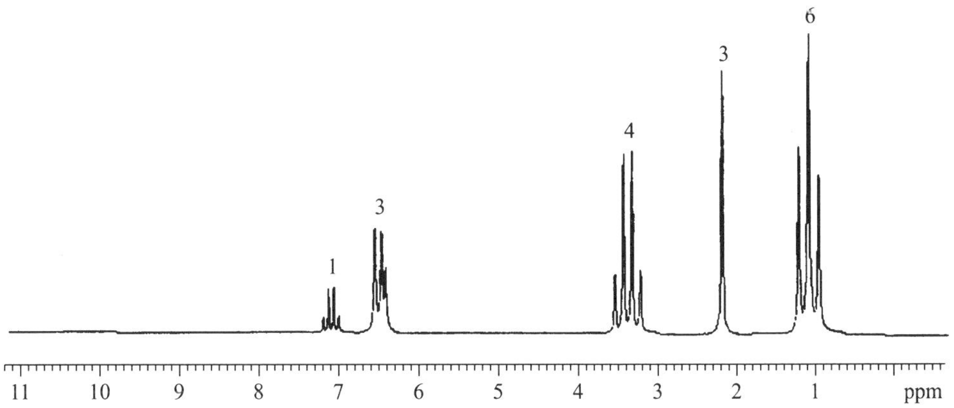

图 4.22　未知物 $C_{11}H_{17}N$ 的^{1}H NMR 谱

解：计算不饱和度 $f = 1 + 11 + 1/2 \times (1 - 17) = 4$，估计分子中有芳环。

从积分曲线高度比求得高场到低场各峰组的质子数依次为 6、3、4、3、1，共计 17 个质子，与分子式相符,并说明分子有一定的对称性。

结合化学位移值和裂分峰的情况可以确定:

$\delta \approx 1.1$ 的三重峰和 $\delta \approx 3.3$ 的四重峰是 CH_3 和 CH_2 构成的乙基,因对应的质子数为 6 和 4,说明分子中有两个化学环境相同的乙基。

$\delta \approx 2.2$,三个质子的单峰是一个孤立的 CH_3,即与其相邻的碳上无质子存在。

$\delta \approx 6 \sim 7$ 区域的吸收峰是苯环上的质子,因为两组峰共有 4 个质子,所以是二取代苯。从裂分峰形(参考例 4-6 和例 4-9)和质子数比为 1∶3,可排除对位取代的可能。

至此,已确定了两个化学环境相同的 CH_3CH_2,一个 CH_3 和一个二取代苯,共计 11 个 C、17 个 H 和不饱和度 4,剩余基团为一个 N 原子。由这些结构单元可组合成两种不同的结构式 7 或 8。

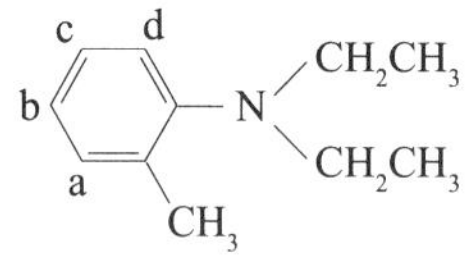

7

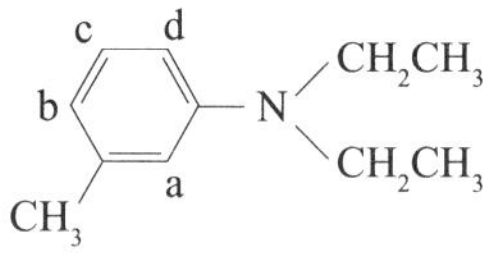

8

两个结构中,苯环上 4 个质子的化学环境均各不相同。用公式(4-22)计算出它们的化学位移值如下

结构 7:$\delta_a = 7.0$,$\delta_b = 6.56$,$\delta_c = 6.99$,$\delta_d = 6.58$;

结构 8:$\delta_a = 6.50$,$\delta_b = 6.48$,$\delta_c = 7.08$,$\delta_d = 6.58$。

从计算结果可以看到,结构 7 中,处于胺基间位的 2 个氢(a 和 c)化学位移值非常接近,处于较低场。而处于胺基邻、对位的 2 个氢(b 和 d)化学位移值相近,且在比较高场;在结构 8 中,胺基邻、对位共有三个氢(a、d 和 b),它们的化学位移值相近,处于高场,而胺基间位只有 1 个氢,在较低场。所以结构 8 与实际谱图相符。

3. ^{1}H NMR 谱图解析时的注意事项

1) 注意区分杂质峰、溶剂峰和旋转边带等非样品峰

在正常的样品中,杂质的含量远低于样品,所以杂质峰的面积也远小于样品峰,并且与样品峰面积之间不存在简单的整数比关系。

核磁共振测定时,一般都将样品溶解在某种氘代溶剂中。由于氘代溶剂不可能达到 100%的同位素纯,其中微量的氢会出现相应的吸收峰。例如氘代氯仿($CDCl_3$)中微量的氯仿($CHCl_3$),在 7.27 处出现吸收峰。溶剂峰的相对强度与测定时样品溶液的浓度有关,当样品浓度很低时,溶剂峰就很明显。核磁共振常用氘代溶剂峰的化学位移值可参见表 4.3。

旋转边带是由于核磁共振测定时样品管的快速旋转(见 4.2.1 节)而产生的,它是以强谱峰为中心,左右等距离处出现的一对弱峰。它们与强峰之间的距离与样品管旋转速度有关。通过改变样品管的转速可以方便地确定旋转边带。在仪器工作状态良好的情况下一般不出现旋转边带。

2) 注意分子中活泼氢产生的信号

OH、NH、SH 等活泼氢的核磁共振信号比较特殊,在解析时应注意。一是活泼氢多数能形成氢键,其化学位移值不固定,随测定条件在一定区域内变动;二是活泼氢在溶液中会发生交换反应。当交换反应速度很快时,体系中存在的多种活泼氢(如样品中既含羧基,又含氨基、羟基或者含有几个不同化学环境的羟基,样品和溶剂中含活泼氢等)在核磁共振谱图上只显示一个平均的活泼氢信号,而且它们与相邻含氢基团的谱峰不再产生耦合裂分现象。如果使用

氘代二甲基亚砜$(CD_3)_2SO$为溶剂，因羟基能与它强烈缔合而使交换速度大大降低，此时可以观察到样品中不同羟基的信号以及羟基与邻碳上的质子耦合裂分的信息。根据裂分峰的个数可以区分伯、仲、叔醇。另外，当样品很纯(不含痕量酸或碱)时，交换速度也很慢，羟基同样会被邻碳质子裂分(应注意羟基与邻碳质子的耦合是相互的，所以此时邻碳质子也会被羟基耦合，原来的裂分情况会有相应的变化)。

正是因为活泼氢有以上特点，通过实验可以将它们与其他氢的信号区别开来。一种方法是改变实验条件，如样品浓度、测量温度等，吸收峰位置发生变化的就是活泼氢；另一种方法是利用重水交换反应。具体做法为，先测绘正常的氢谱，然后在样品溶液中滴加1～2滴重水并振荡，再测绘一张氢谱。由于活泼氢与重水中的氘快速交换，原来由活泼氢产生的吸收峰消失。

3) 注意不符合一级谱图的情况

一级谱图是有条件的。在许多情况下，由于相互耦合的两种质子化学位移值相差很小，不能满足$\frac{\Delta\nu}{J}>6$的条件，因此裂分峰形不完全符合$n+1$规律。例如，按照$n+1$规律二重峰的两个峰强度应该相等。但例4-6的谱图中，6.5～7.5的两个二重峰就不严格符合$n+1$规律(图4.18)。这是因为该谱图是在100 MHz仪器中测定的，化合物中苯环上相邻两个质子的$\Delta\nu=\Delta\delta\times\nu_{仪}=(7.05-6.75)\times100=30$ Hz，它们之间的耦合常数约为8 Hz，$\frac{\Delta\nu}{J}\approx4$。这种情况在例4-7烯氢的峰形上也显示出来，读者可以自己计算一下$\frac{\Delta\nu}{J}$值(已知该谱图是200 MHz仪器测得的)。当偏离一级谱图条件很远时，谱图中裂分峰的强度比和裂分峰数目均不符合$n+1$规律，这就是下一节将要讨论的高级谱图。

4.3.4 高级谱图简介

1. 高级谱图的特点和研究方法

从上一节的例题中，已经看到了一些不完全符合一级谱图的情况。实际上有相当一部分相互耦合的两组质子的化学位移差($\Delta\nu$)与它们之间的耦合常数J之比达不到$\frac{\Delta\nu}{J}>6$的要求，如$\frac{\Delta\nu}{J}$接近6，此时近似于一级谱图，仍可以用解析一级谱图的办法来处理。但是当$\frac{\Delta\nu}{J}\ll6$时，产生的谱图与一级谱图有很大差别，称为高级谱图或二级谱图。与一级谱图相比，高级谱图有以下特点。耦合裂分不符合$n+1$规律，通常裂分峰的数目超过用$n+1$规律计算得到的数目；裂分峰组中各峰的相对强度关系复杂，不符合$(a+b)^n$展开式的系数；化学位移值δ和耦合常数J一般不能在谱图上直接读出，需要通过计算才能得到。

高级谱图比较复杂，不能用一级谱图解析的方法来处理。通常是将相互耦合的核组划分成不同的自旋体系，分别研究它们的谱图特点和规律。

2.自旋体系的分类和命名

所谓自旋体系是指相互耦合的核组成的体系。体系内部的核相互耦合，而不与体系外的任何核耦合。例如下述化合物

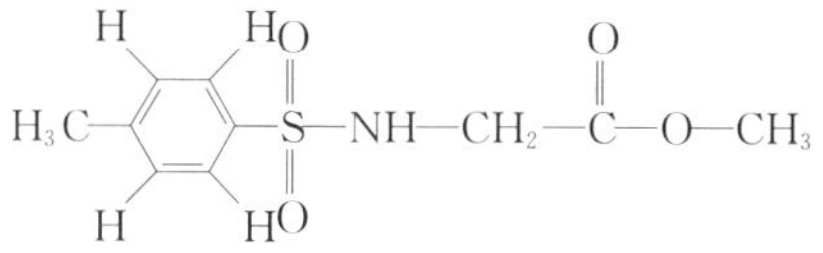

可分成三个自旋体系

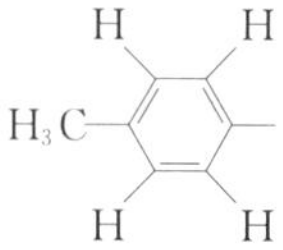 ，$-NH-CH_2-$和$-CH_3$

为了便于分类和研究，不同的自旋体系命名的原则如下。

第一，化学位移相同的核构成一个核组，以一个大写英文字母表示，化学位移不同的核组用不同的大写字母表示。并且规定化学位移相差大的核组选择字母表中相距远的字母，例如AX、AMX等，化学位移相近的核组选择字母表中邻近的字母，如AB、ABC等。

第二，核组内磁等价核的数目用阿拉伯数字标注在大写字母的右下角。

第三，核组内磁不等价的核，则用上角标“′”加以区别。如一个核组内有三个磁不等价的核，可以表示为$AA'A''$。

例如上述自旋体系 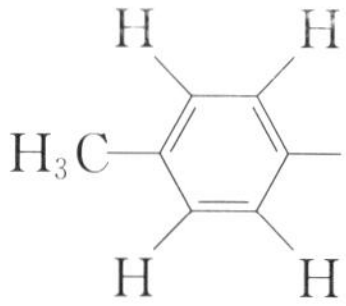 可以命名为$A_3MM'XX'$。

1）二旋体系

由两个自旋核构成的体系称作二旋体系，是高级谱图中最简单的一种。二旋体系中共有4条谱线，呈对称状，每一个自旋核有两条相邻的谱线。若两个核之间的耦合常数为一固定值，随着两个自旋核的化学位移差由大到小变化，内侧的两条谱线强度增加，外侧的两条谱线强度减弱，呈规律性变化(图4.23)。当两个核的化学位移差足够大(即达到$\frac{\Delta\nu}{J}>6$)时，就是AX体系，四条谱线强度基本相等，这就相当于一级谱图；当两个核的化学位移差较小(即$\frac{\Delta\nu}{J}$为1～6)时，就是AB体系，随着两个核化学位移值逐渐靠近，内侧两条谱线相互靠近，强度增加，外侧谱线强度降低；当两个核化学位移非常接近时，内侧两条谱线重叠为一，外侧谱线强度测量不出，即成为A_2体系。

下面以AB体系为例讨论体系参数与各谱线位置之间的关系。图4.24是AB体系的示意图，从低场到高场四条谱线依次标注为1,2,3和4，则

$$J_{AB}=\nu_1-\nu_2=\nu_3-\nu_4 \tag{4-25}$$

$$\Delta\nu_{AB}=\nu_A-\nu_B=\sqrt{(\nu_1-\nu_3)^2-(\nu_1-\nu_2)^2}=\sqrt{(\nu_1-\nu_4)(\nu_2-\nu_3)} \tag{4-26}$$

$$\frac{I_1}{I_2}=\frac{I_4}{I_3}=\frac{\nu_2-\nu_3}{\nu_1-\nu_4} \tag{4-27}$$

式中，ν为谱线的位置，以Hz表示；I为谱线强度。由此可见，AB的耦合常数可以从两条谱线间的距离直接测得，但是AB体系的化学位移值不能从谱图直接读出，必须通过计算才能得到。AB体系经常可以见到，如二取代的乙烯、四取代的苯以及脂环结构上孤立的CH_2等。

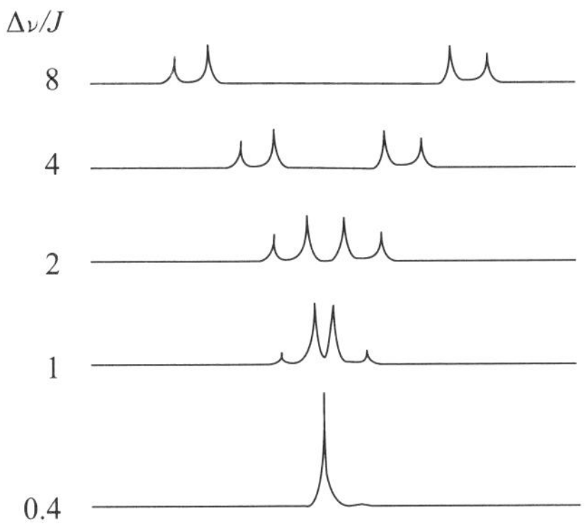

图 4.23 参数 $\Delta\nu/J$ 改变时二旋体系的变化

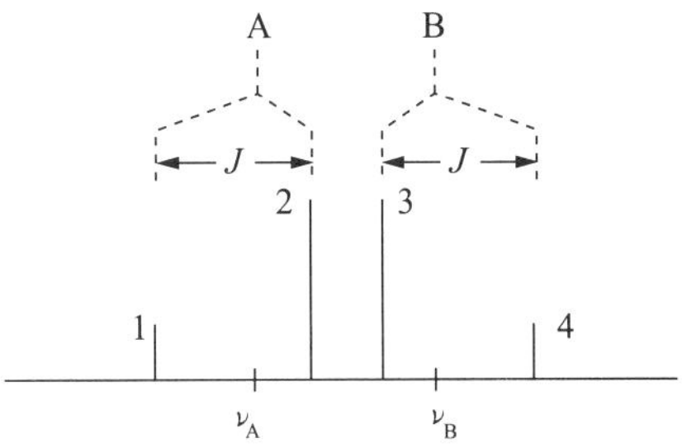

图 4.24 AB 二旋体系

2）三旋体系

三旋体系的类型较多，如有 AX_2、AB_2、AMX、ABX 等。在此仅简单介绍 AX_2 和 AB_2。

AX_2 体系近似于一级谱图，共有 5 条谱线，其中 A 核有 3 条，X 核有 2 条。A、X 核的化学位移基本位于它们的谱线中心，谱线间的裂距即为耦合常数(图 4.25)。

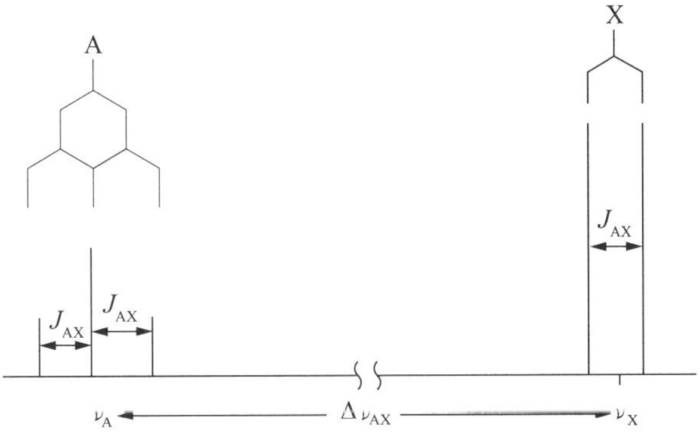

图 4.25 AX_2 体系

AB_2 体系最多时有 9 条谱线，其中 A 核有 4 条(图 4.26 中的 1～4)，B 核也有 4 条(图 4.26 中的 5～8)，第 9 条是综合谱线，由于强度很弱，大部分情况下观察不到。随着 $\dfrac{\Delta\nu}{J}$ 比值的不同，这些谱线的分布以及相对强度有很大差异。但是第 3 条谱线的位置总是 A 核的化学位移，第 5 和第 7 条谱线的中点总是 B 核的化学位移。图 4.26 给出了几个典型的状态，图 4.27 是 AB_2 体系的两个实际例子，它们分别与图 4.26 中的(b)和(c)类似。

其他的三旋体系比 AB_2 更复杂，如 ABX 体系最多有 14 条谱线。

3）高频仪器的使用

除了上述的二旋体系、三旋体系之外，还有四旋体系等包含更多自旋核的体系。由此可见，高级谱图相当复杂，不同自旋体系中谱线数目、位置、化学位移值和耦合常数的测量方法不同；同一种自旋体系中，因为参数 $\dfrac{\Delta\nu}{J}$ 的变化，谱图的线形也有很大变化，所以高级谱图的解析很困难。

不过，随着高频核磁共振谱仪的发展和使用，许多高级谱图可以变成一级谱图，大大简化了谱图解析的难度。从化学位移和自旋耦合的原理可知，耦合常数 J 是分子固有的属性，与谱仪的频率(即外磁场强度)无关；而化学位移以 δ 表示时，也与谱仪频率无关，但若以赫兹

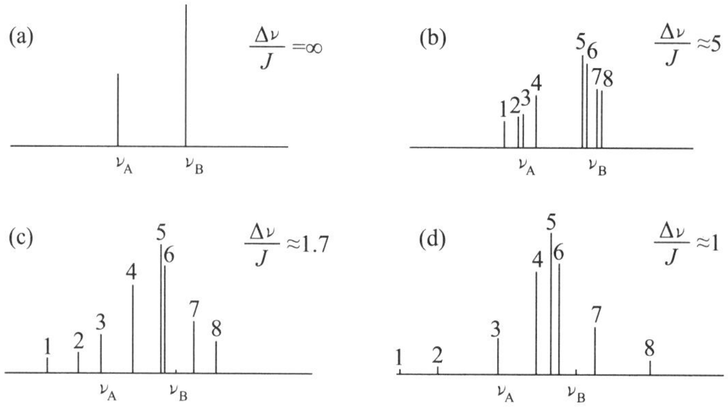

图 4.26 参数$\frac{\Delta\nu}{J}$改变时 AB_2体系

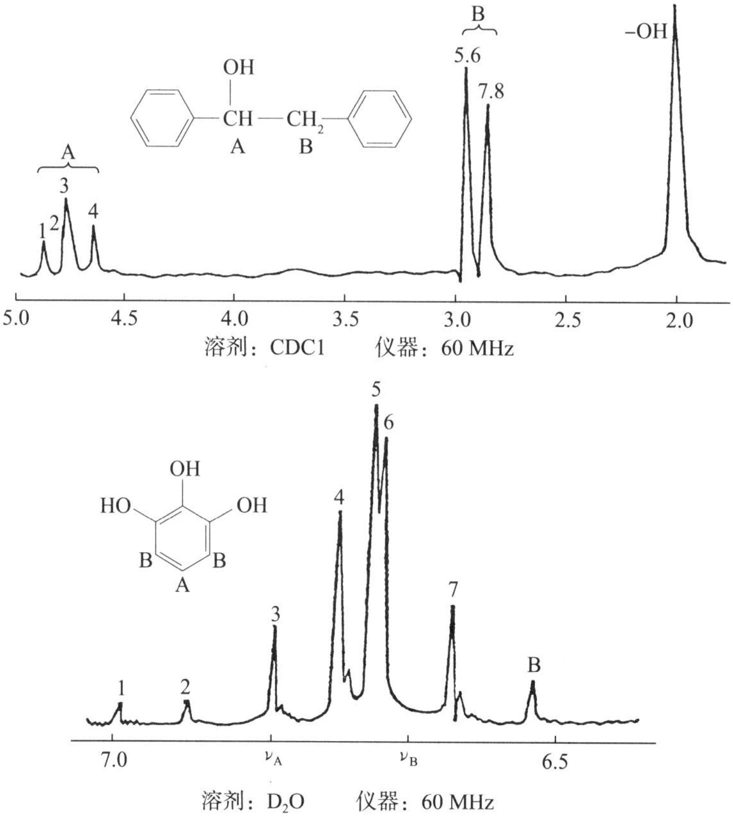

图 4.27 AB_2体系实例

(Hz)为单位表示时，随着谱仪频率增加，$\Delta\nu$ 也随之增大(因为 $\Delta\nu=\Delta\delta\times\nu_{仪器}$)。例如图 4.27 中的 1,2,3-三羟基苯 $\delta_A=6.59$，$\delta_B=6.23$，$\Delta\delta_{AB}=0.36$，$J\approx8$ Hz。在 100 MHz 谱仪上测定，$\Delta\nu_{AB}=36$ Hz，$\frac{\Delta\nu}{J}\approx4.5$，所以是 AB_2 体系的高级谱图；在 300 MHz 谱仪上测定，$\Delta\nu_{AB}=108$ Hz，$\frac{\Delta\nu}{J}\approx13.5$，远远大于 6，所以是一级谱图。

高频核磁共振谱仪的分辨率很高，一些 δ 值相近的谱峰在低频仪器上因重叠合并为一个较宽的峰。而用高频仪器测定时，都能一一分开。例如烷基单取代苯在低频仪器上测得的是一个稍微展宽的单峰(图 4.10)。在 500 MHz 仪器上测得的谱图如图 4.28 所示,从谱中可以区分苯环上不同位置的 H 以及它们之间相互耦合产生的裂分峰。

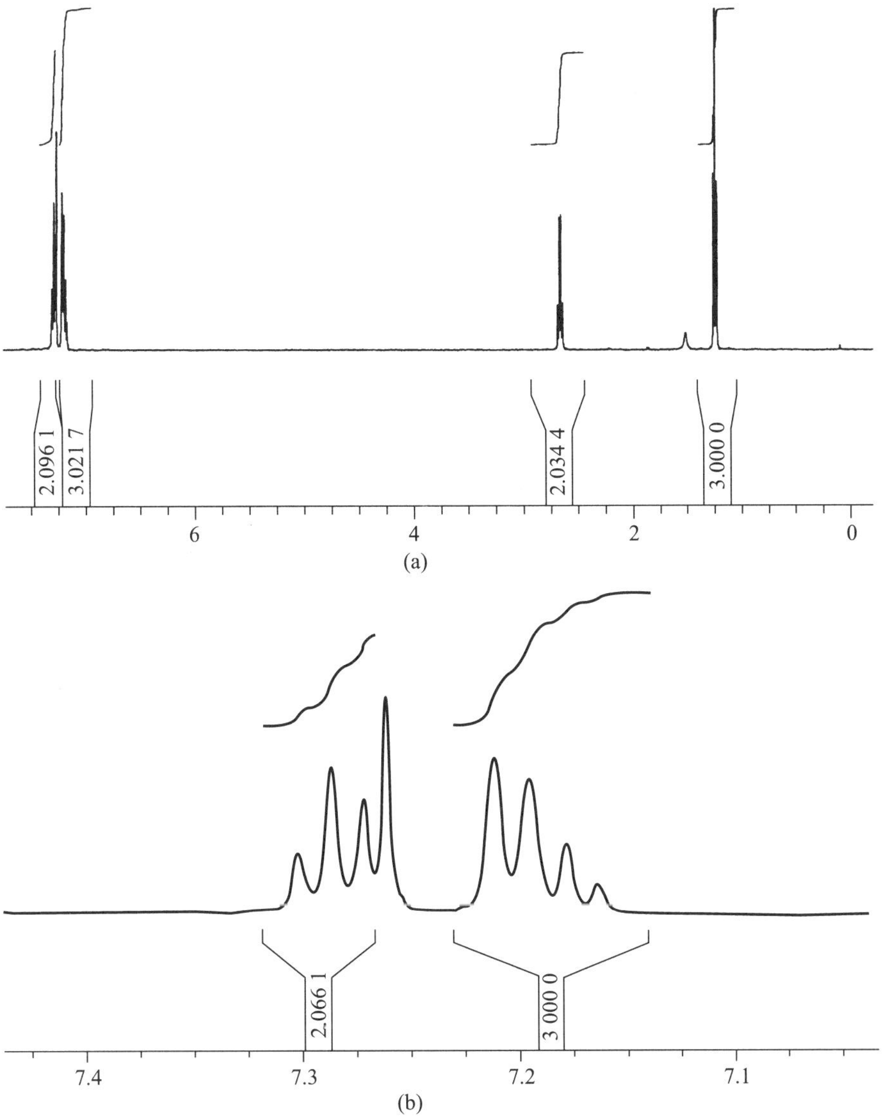

图 4.28 500 MHz 仪器测得的乙苯[1]H NMR 谱

(a) 全谱;(b) 苯环区域放大谱

4.3.5 核磁共振的特殊实验技术

1.双共振

对于复杂化合物来说,分子中有许多种不同的质子,其中有一些质子化学位移值可能很接近,使得核磁共振谱图中谱峰重叠,自旋耦合产生的谱峰裂分使这种重叠的现象更为严重,造成了谱峰辨认和解析的困难。有一些核磁共振的特殊实验技术可以简化谱图,辅助谱图解析,双共振(Double Resonance)就是其中很重要的一种。

在测定常规的核磁共振谱时,只需使用一个交变的磁场(射频场)B_1(其频率为 ν_1)。以连续波仪器为例,扫描 ν_1,就可以使在恒定的外磁场 B_0 中的各种化学环境的质子依次满足共振条件被记录下来。在双共振实验中,除了用 B_1 使所检测的核共振之外,同时还应用第二个交变磁场 B_2,满足样品中另一种核(干扰核)在 B_0 中的共振条件。这样,在同一外磁场 B_0 中,样品的两种核会同时发生核磁共振,所以这种方法称为双共振。

双共振有多种类型。根据发生双共振的核种类型可分为同核双共振和异核双共振。如 ^1H 和 ^1H 同时发生共振,就是同核双共振,表示为 $^1H\{^1H\}$(将干扰核写在大括号中,被检测的核写在大括号前面);^{13}C 和 ^1H 同时发生共振,就称为异核双共振,表示为 $^{13}C\{^1H\}$。所应用的 B_2 强度不同,双共振实验结果也不同,据此也可将双共振分为若干类型。在此仅介绍最常使用的自旋去耦合核的 Overhauser 效应。

1) 自旋去耦

自旋耦合引起的谱峰裂分可以提供分子结构信息,但在比较复杂的分子中,裂分的谱峰重叠,造成谱图解析的困难。自旋去耦(Spin Decoupling)可以简化谱图,是双共振中最常使用的、也是最重要的方法。

以 AX 体系为例说明自旋去耦的原理和作用。A 的谱峰被 X 裂分,如果在 A 被频率为 ν_1 的电磁波照射发生共振的同时,以强功率的 ν_2 照射 X,X 发生共振并被饱和,X 核在高低两个能级间快速跃迁,原先 X 核在 A 核附近产生的局部磁场 ΔB 平均为零,这就去掉了 X 核对 A 核的耦合作用。在谱图上显示出来的结果是 A 核原来的多重峰变成了单峰;X 核因饱和而共振吸收峰消失。图 4.29 是乙苯 ^1H NMR 谱图。其中(a)是常规谱,可以看到乙基中 CH_3 和 CH_2 相互耦合产生的三重峰和四重峰;(b)是强功率的 ν_2 用来照射 CH_2 时的自旋去耦谱。

自旋去耦除了可以简化谱图之外,还可以通过峰形变化找出相互耦合的峰组,多重峰变成单峰也有利于确定多重峰的化学位移值,尤其是高级谱图中的化学位移值。因此有助于谱图解析。

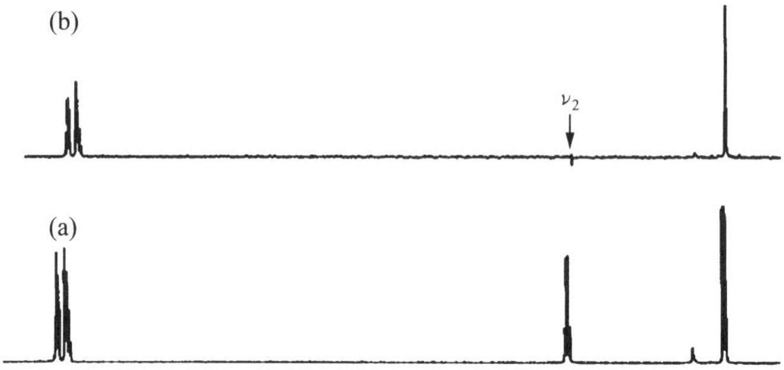

图 4.29 乙苯的 ^1H(a)常规谱和(b)自旋去耦谱

2) 核 Overhauser 效应

1953 年,Overhauser 研究金属钠的液氨(顺磁)溶液,当用一个高频场使电子自旋发生共振并达到饱和时,^{23}Na 核自旋能级粒子数的平衡分布被破坏,核自旋有关能级上粒子数差额增加很多,共振信号大为加强。这被称为 Overhauser 效应。后来发现这种效应也会发生在分子内空间位置相近的两个磁核之间。当分子内有空间位置靠近的两个质子 H_a 和 H_b,如果用双共振法照射 H_b,且使干扰场 B_2 的强度正好达到使被干扰的 H_b 谱线饱和,这时 H_a 的共振信号就会增加。这种现象称为核 Overhauser 效应(Nuclear Overhauser Effect,NOE)。

产生 NOE 的原因是由于两个质子的空间位置很近,达到饱和的 H_b 通过横向弛豫将能量转移给 H_a,于是 H_a 吸收的能量增多,共振信号增大。两个核之间的空间距离相近是发生 NOE 效应的充分条件,与两核之间相隔的化学键数目无关。其大小与两核间距离的六次方成反比，当核间距离超过 0.3 nm 时，NOE 效应就观察不到了。因此，NOE 对于确定研究峰组的空间结构十分有用，是立体化学研究的重要手段。

举一个简单例子。在 3-甲基丁烯酸 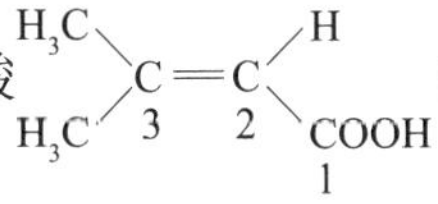 的 ^{1}H NMR 中，C(3)上两个甲基在 $\delta=1.42$ 和 $\delta=1.97$ 处各出现一组二重峰（被 2-位上的烯氢耦合裂分）。但是无法确定每一个甲基对应的 δ 值。为了解决这个问题，可采用双共振法。用 B_2（频率为 ν_2）照射 $\delta=1.97$ 的 CH_3 时，2-位的烯氢信号从七重峰（$\delta=5.66$）减少到四重峰，信号强度没有明显变化；用 B_2（频率为 ν_2）照射 $\delta=1.42$ 的 CH_3 时，2-位的烯氢信号也从七重峰减少到四重峰，同时信号强度增强了 17%。这说明 $\delta=1.42$ 的 CH_3 与烯氢处于靠近的位置，则在双键的同一侧，而 $\delta=1.97$ 的 CH_3，则处于烯氢的反位，与羧基处于同一侧。

2. 位移试剂

由于分子中有些氢的化学环境比较接近，使得谱峰重叠，给谱图解析带来困难。一些镧系元素的配合物能与有机分子中某些官能团作用，影响核外电子对质子的屏蔽效应，从而增大共振质子的化学位移。这种能使样品中的质子信号发生位移的试剂叫作位移试剂（Shift Reagents）。常用的位移试剂主要是铕（Eu）和镨（Pr）的配合物。例如

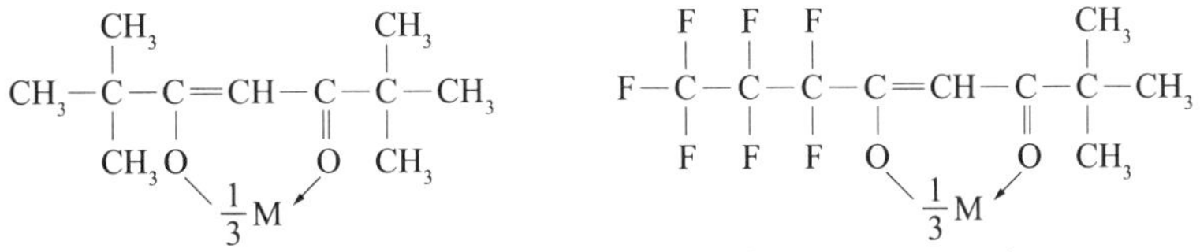

$M(DPM)_3$　　M=Eu^{3+} 或 Pr^{3+}　　　　$M(FOD)_3$　　M=Eu^{3+} 或 Pr^{3+}

Eu 和 Pr 等金属离子都有未成对电子，它们能与有机物中含孤对电子的官能团，如 NH_2、OH、SO_2、O、C═O、C≡N 等形成配合物，使得离开 Eu^{3+} 或 Pr^{3+} 不同距离的质子发生不同的化学位移变化，从而使原来重叠的谱峰分开。在一定的浓度范围内，质子化学位移变化的大小与位移试剂的浓度成正比，但位移试剂的浓度达到一定值之后，样品中的质子化学位移不再改变。位移试剂的最佳用量需通过实验确定。

4.4 核磁共振碳谱

4.4.1 概述

有机化合物中的碳原子构成了有机物的骨架。因此观察和研究碳原子的信号对研究有机物有着非常重要的意义。从 4.1.1 节可知，自旋量子数 $I=0$ 的核是没有核磁共振信号的。由于自然界丰富的 ^{12}C $I=0$，没有核磁共振信号，而 $I=1/2$ 的 ^{13}C 核，虽然有核磁共振信号，但其天然丰度仅为 1.1%，故信号很弱，给检测带来了困难。所以在早期的核磁共振研究中，一般只研究核磁共振氢谱（^{1}H NMR），直到 20 世纪 70 年代脉冲傅里叶变换核磁共振谱仪问世，核磁共振碳谱（^{13}C NMR）的工作才迅速发展起来，这期间随着计算机的不断更新发展，核磁共振碳谱的测试技术和方法也在不断地改进和增加，如偏共振去耦，可获得 ^{13}C—^{1}H 之间的耦合信息，DEPT 技术可识别碳原子级数等，因此从碳谱中可以获得极为丰富的信息。与氢谱相比碳谱有以下特点。

● 信号强度低。由于^{13}C天然丰度只有1.1%，^{13}C的旋磁比(γ_C)约为^1H的旋磁比(γ_H)的四分之一，所以^{13}C的NMR信号比^1H的要低得多，大约是^1H信号的六千分之一。故在^{13}C NMR的测定中常常要进行长时间的累加才能得到一张信噪比较好的图谱。

● 化学位移范围宽。^1H谱的谱线化学位移值δ在0～10，少数谱线可再超出约5，一般不超过20，而一般^{13}C谱的谱线化学位移δ为0～250，特殊情况下会再超出50～100。由于化学位移范围较宽，故对化学环境有微小差异的核也能区别，这对鉴定分子结构更为有利。

● 耦合常数大。由于^{13}C天然丰度只有1.1%，与它直接相连的碳原子也是^{13}C的概率很小，故在碳谱中一般不考虑天然丰度化合物中的^{13}C—^{13}C耦合，而碳原子常与氢原子连接，它们可以互相耦合，这种^{13}C—^1H一键耦合常数的数值很大，一般在125～250 Hz。因为^{13}C天然丰度很低，这种耦合并不影响^1H谱，但在碳谱中是主要的。所以不去耦的碳谱，各个裂分的谱线彼此交叠，很难识辨。故常规的碳谱都是质子噪声去耦谱，去掉了全部^{13}C—^1H耦合，得到各种碳的谱线都是单峰。

● 弛豫时间长。^{13}C的弛豫时间比^1H慢得多，有的化合物中的一些碳原子的弛豫时间长达几分钟，这使得测定T_1、T_2等比较方便。另外，不同种类的碳原子弛豫时间也相差较大，这样，可以通过测定弛豫时间来得到更多的结构信息。但也正是由于各种碳原子的弛豫时间不同，去耦造成的NOE效应大小不一，所以常规的^{13}C谱(质子噪声去耦谱)是不能直接用于定量的。

● 共振方法多。^{13}C NMR除质子噪声去耦谱外，还有多种其他的共振方法，可获得不同的信息。如偏共振去耦谱，可获得^{13}C—^1H耦合信息；门控去耦谱，可获得定量信息等。因此，碳谱比氢谱的信息更丰富，解析结论更清楚。

● 图谱简单。虽然碳原子与氢原子之间的耦合常数较大，但由于它们的共振频率相差很大，所以—CH—、—CH_2—、—CH_3等都构成简单的AX、AX_2、AX_3体系。因此即使是不去耦的碳谱，也可用一级谱解析，比氢谱简单。

与核磁共振氢谱一样，碳谱中最重要的参数是化学位移，耦合常数、峰面积也是较为重要的参数。另外，氢谱中不常用的弛豫时间如T_1值在碳谱中因与分子大小、碳原子的类型等有着密切的关系而有广泛的应用，如用于判断分子大小、形状；估计碳原子上的取代数、识别季碳、解释谱线强度；研究分子运动的各向异性；研究分子的链柔顺性和内运动；研究空间位阻以及研究有机物分子、离子的缔合、溶剂化等。本节将重点介绍碳谱的化学位移、化学位移的影响因素以及化学位移的经验计算法，其次将简单地介绍碳谱中的耦合现象以及较为典型的耦合常数值，最后介绍几种常用的碳谱以及碳谱的解析方法。

4.4.2 ^{13}C的化学位移

1. 碳谱中化学位移的意义和表示方法

核磁共振碳谱的测定方法有很多种，其中最常见的为质子噪声去耦谱，如图4.30为乙基苯的^{13}C-NMR质子噪声去耦谱，在图中共出现6条谱线，且强度不一。高场两条分别为乙基基团中的甲基和亚甲基的谱线，低场四条分别为苯环上的6个碳原子，强度最高的2条谱线为苯环上2组化学等价的碳原子，故谱线重叠；最低的1条谱线为季碳。由此可见，在这类谱中，每一种化学等价的碳原子只有一条谱线，原来被氢耦合分裂的几条谱线并为一条，谱线强度增加。这种由于去耦使得谱线增强的效应称为核Overhauser(NOE)效应(见4.3.5节)。但是由于不同种类的

碳原子的 T_1 值是不等的，NOE 效应也不相等，因此对峰强度的影响也就不一样，故峰强度不能定量地反映碳原子的数量。所以在质子噪声去耦谱中只能得到化学位移的信息。

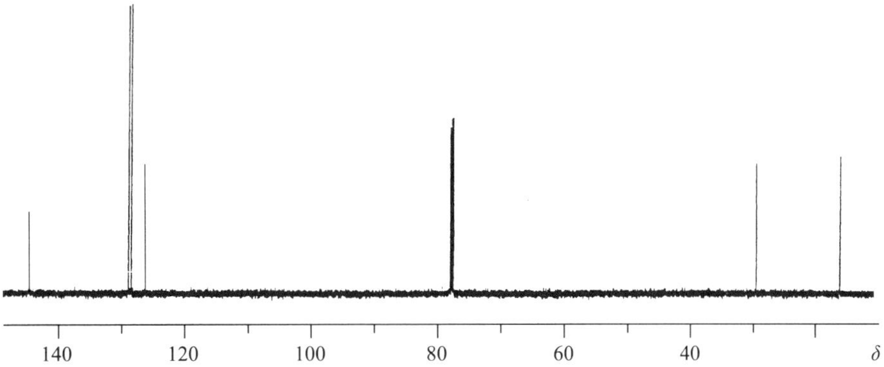

图 4.30 乙基苯的[13]C－NMR 质子噪声去耦谱

一般来说，碳谱中化学位移(δ_C)是最重要的参数。它直接反映了所观察核周围的基团、电子分布的情况，即核所受屏蔽作用的大小。碳谱的化学位移对核所受的化学环境是很敏感的，它的范围比氢谱宽得多，一般在 0～250。对于相对分子质量在 300～500 的化合物，碳谱几乎可以分辨每一个不同化学环境的碳原子，而氢谱有时却严重重叠。图 4.31(a)和图 4.31(b)分别是麦芽糖的氢谱和碳谱。图中可见，氢谱 δ 为3.0～4.0部分重叠严重，而碳谱则是彼此分开的特征峰。

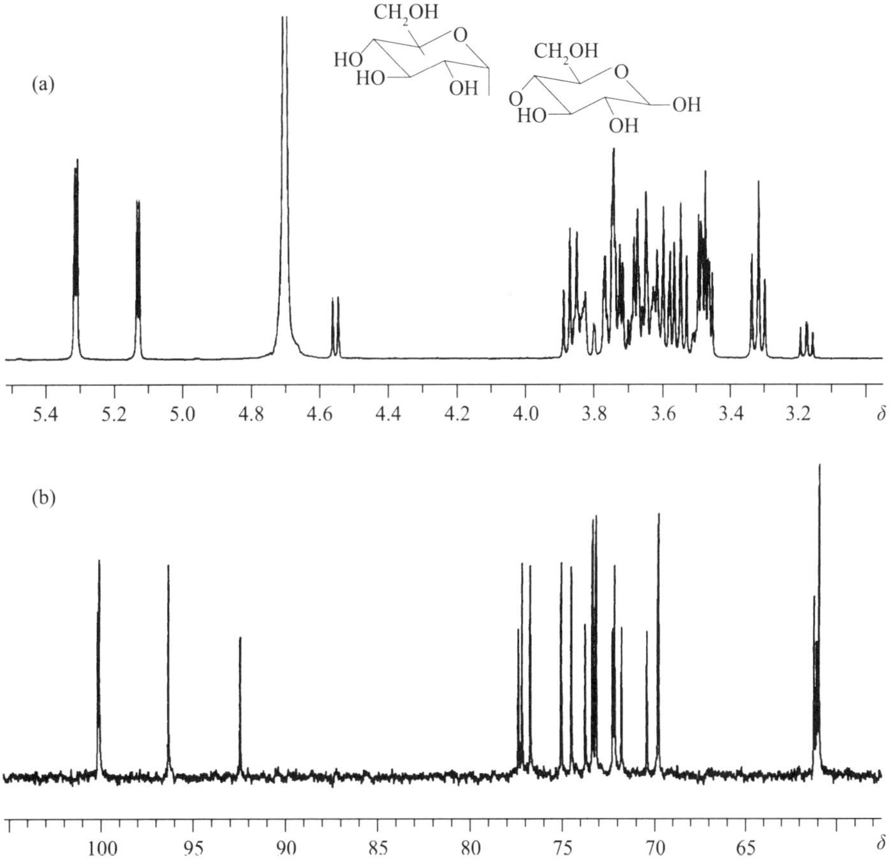

图 4.31 麦芽糖的(a)^{1}H NMR 谱(b)^{13}C NMR 质子噪声去耦谱

不同结构与化学环境的碳原子,它们的 δ_C 从高场到低场的顺序与和它们相连的氢原子的 δ_H 有一定的对应性,但并非完全相同。如饱和碳在较高场、炔碳次之、烯碳和芳碳在较低场,而羰基碳在更低场。

分子有不同的构型、构象时,δ_C 比 δ_H 更为敏感。碳原子是分子的骨架,分子间的碳核的相互作用比较小,不像处在分子边缘上的氢原子,分子间的氢核相互作用比较大。所以对于碳核,分子内的相互作用显得更为重要,如分子的立体异构、链节运动、序列分布、不同温度下分子内的旋转、构象的变化等,在碳谱的 δ_C 值及谱线形状上常有所反映,这对于研究分子结构及分子运动、动力学和热力学过程都有重要的意义。

和氢谱一样,碳谱的化学位移 δ_C 也是以 TMS 或某种溶剂峰为基准的。表 4.18 列出了不同基团碳的 δ_C 值。

2. 影响化学位移的因素

在前面已讲过化学位移主要是受到屏蔽作用的影响,氢谱化学位移的决定因素是抗磁屏蔽项,而在碳谱中,化学位移的决定因素是顺磁屏蔽项。下面具体讨论几项影响化学位移的结构因素。

1) 杂化

碳谱的化学位移受杂化的影响较大,其次序基本上与 ^1H 的化学位移平行,一般情况是

sp^3 杂化	CH_3—	20～100
sp 杂化	—C≡CH	70～130
sp^2 杂化	—CH═CH_2	100～200
sp^2 杂化	>C═O	150～220

2) 诱导效应

电负性基团会使邻近 ^{13}C 核去屏蔽。基团的电负性越强,去屏蔽效应越大,如卤代物中 $\delta_{C-F} > \delta_{C-Cl} > \delta_{C-Br} > \delta_{C-I}$,但碘原子上众多的电子对碳原子产生屏蔽效应。另外取代基对 δ_C 的影响还随离子电负性基团的距离增大而减小。取代烷烃中 α 效应较大,δ_C 差异可高达几十,β 效应较小,约为 10,γ 效应则与 α、β 效应符号相反,为负值,即使 δ_C 向高场移动数值也小。对于 δ_C 和 ε,由于已超过三个键,故取代效应一般都很小,个别情况下 δ_C 会有 1～2 的变化。饱和环中有杂原子如 O、S、N 等取代时,同样有 α、β、γ 取代效应,与直链烷烃类似。如

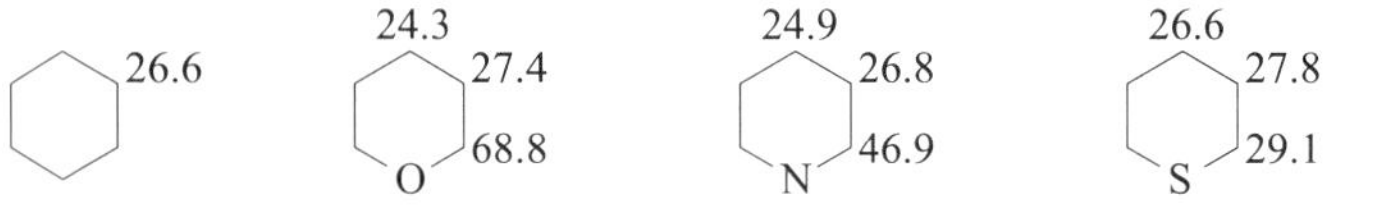

苯环取代因有共轭系统的电子环流,取代基对邻位及对位的影响较大,对间位的影响较小。芳环上有杂原子时,取代效应也和饱和环不同。

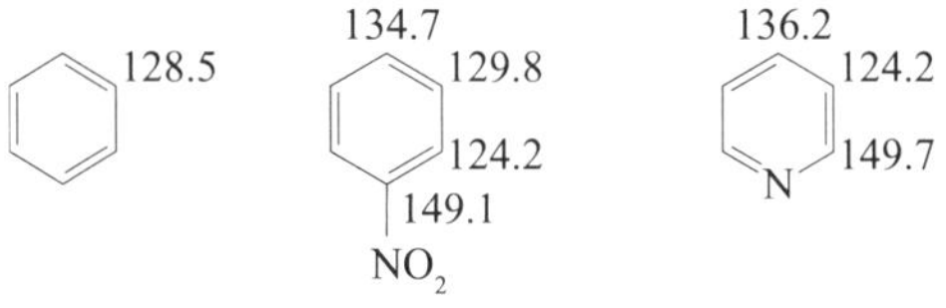

表 4.18 有机化合物[13]C化学位移

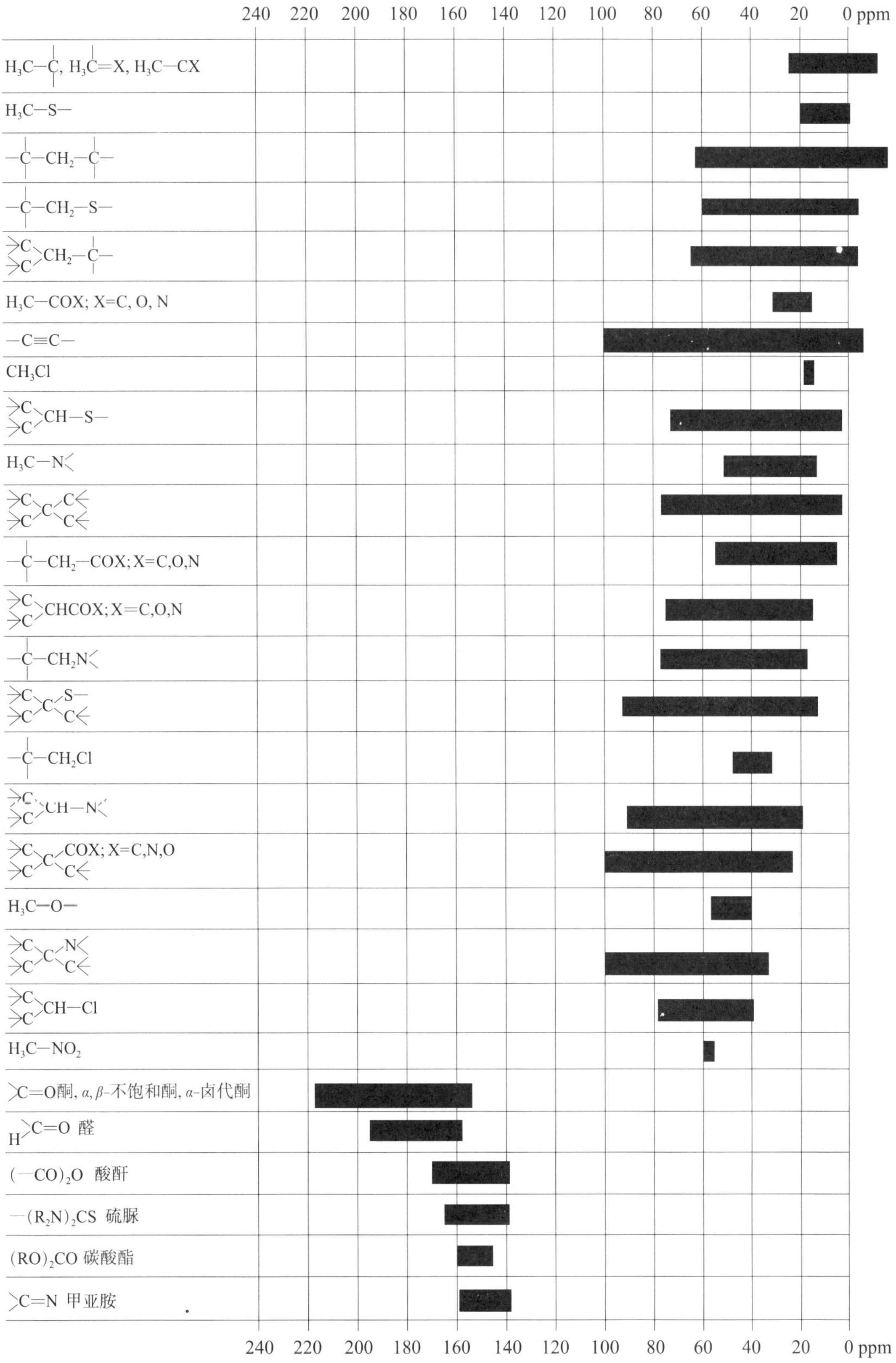

续表

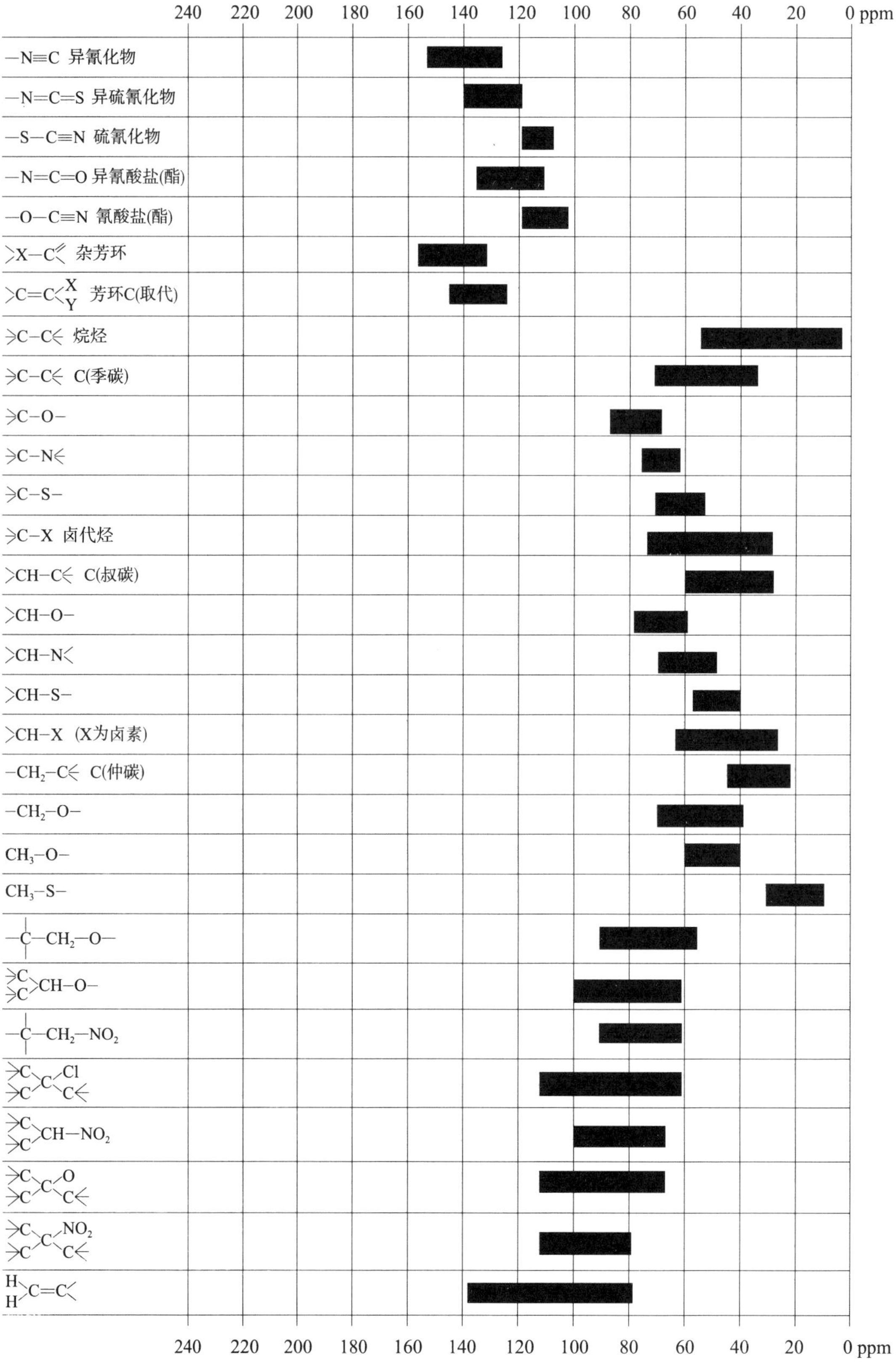
240 220 200 180 160 140 120 100 80 60 40 20 0 ppm
—N≡C 异氰化物
—N=C=S 异硫氰化物
—S—C≡N 硫氰化物
—N=C=O 异氰酸盐(酯)
—O—C≡N 氰酸盐(酯)
杂芳环
芳环C(取代)
烷烃
C(季碳)
卤代烃
C(叔碳)
(X为卤素)
C(仲碳)
CH_2—O—
CH_3—O—
CH_3—S—

续表

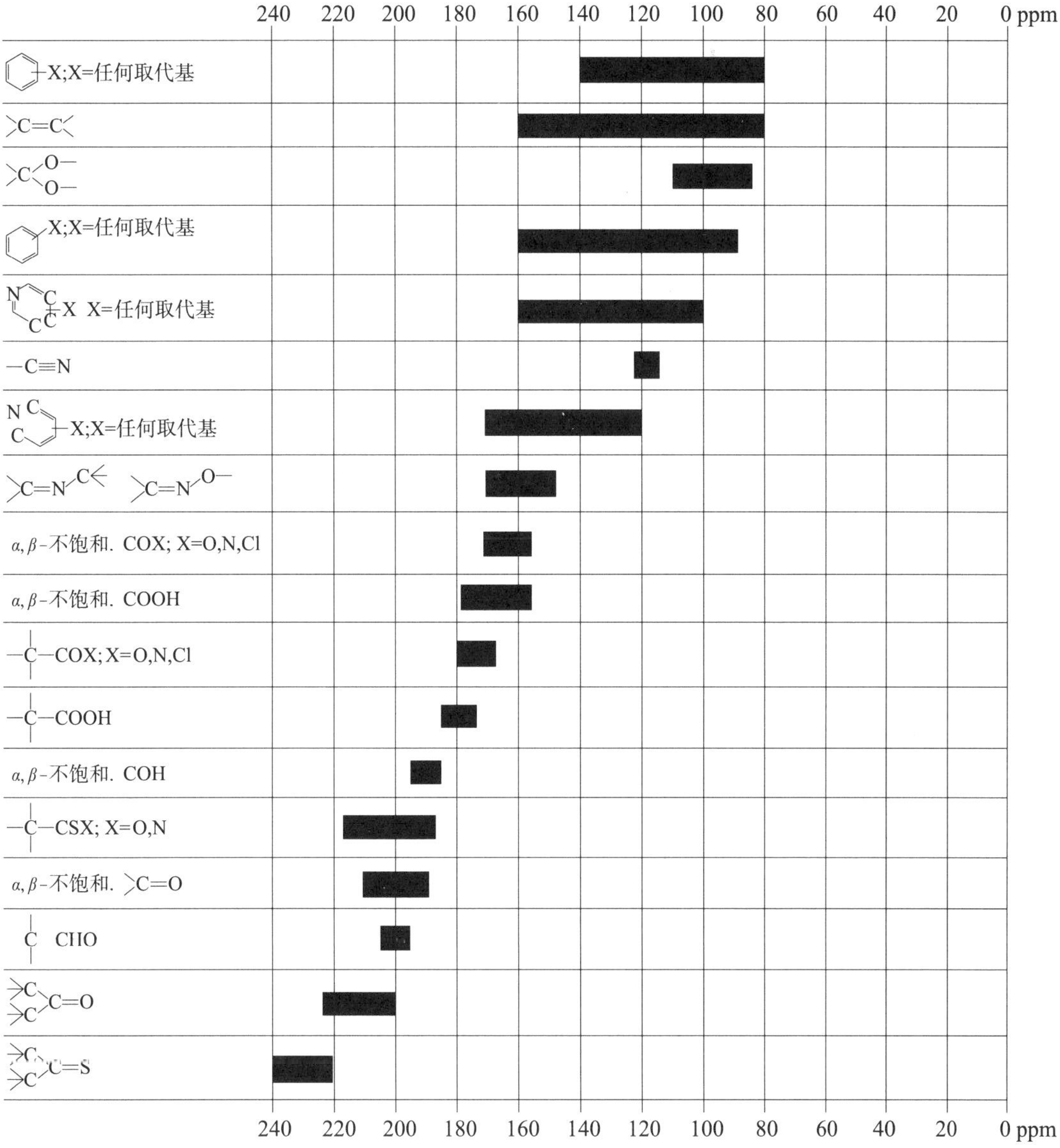

3）空间效应

^{13}C 化学位移还易受分子内几何因素的影响。相隔几个键的碳由于空间上的接近可能产生强烈的相互影响。通常的解释是空间上接近的碳上 H 之间的斥力作用使相连碳上的电子密度有所增加，从而增大屏蔽效应，化学位移则移向高场。如甲基环己烷上直立的甲基 C(7) 和环己烷 C(3) 和 C(5) 的化学位移比平伏键甲基位向的构象异构体的化学位移各向高场移 4 和 6 左右。

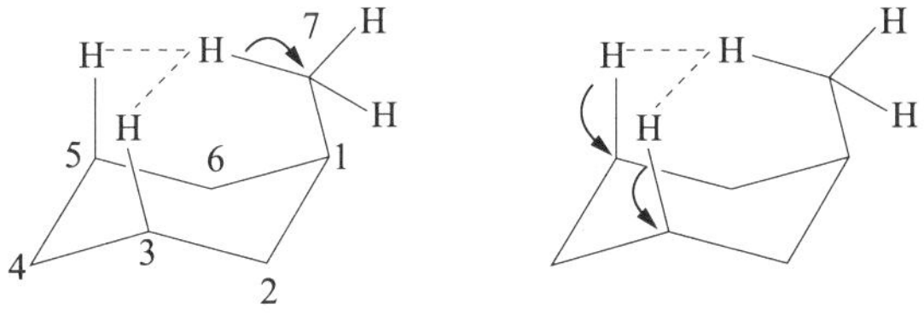

4）缺电子效应

如果碳带正电荷，即缺少电子，屏蔽作用大大减弱，化学位移处于低场。例如，叔丁基正碳离子$(CH_3)_3\overset{+}{C}$的δ达到327.8。

这个效应也可用来解释羰基的^{13}C化学位移为什么处于较低场，因为存在下述共振

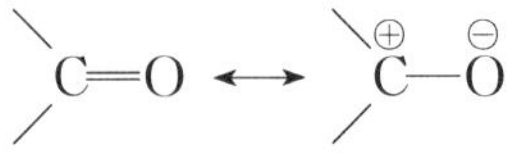

5）共轭效应和超共轭效应

在羰基碳的邻位引入双键或含孤对电子的杂原子(如O、N、F、Cl等)，由于形成共轭体系或超共轭体系，羰基碳上电子密度相对增加，屏蔽作用增大而使化学位移偏向高场。因此，不饱和羰基碳以及酸、酯、酰胺、酰卤的碳的化学位移比饱和羰基碳更偏向高场一些。如下列三个化合物中羰基碳的化学位移为

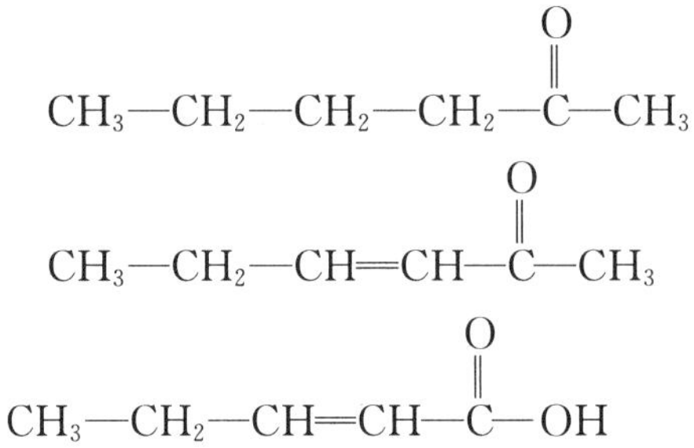

$\delta_C=206.8$

$\delta_C=195.8$

$\delta_C=179.4$

6）电场效应

在含氮化合物中，如含—NH_2的化合物，质子化作用后生成—NH_3^+，此正离子的电场使化学键上电子移向α或β碳，从而使它们的电子密度增加，屏蔽作用增大，与未质子化中性胺相比较，其α和β碳原子的化学位移向高场偏移约0.5～5。这个效应对含氮化合物的碳谱指认很有用。

7）取代程度

一般来说，碳上取代基数目的增加，它的化学位移向低场的偏移也相应增大，如

	$^*\mathbf{CH_4}$	$CH_3—^*\mathbf{CH_3}$	$(CH_3)_2^*\mathbf{CH_2}$	$(CH_3)_3{}^*\mathbf{CH}$	$(CH_3)_4{}^*\mathbf{C}$
δ_C	−2.7	5.4	15.4	24.3	27.4
	CH_3Cl	CH_2Cl_2	$CHCl_3$	CCl_4	
δ_C	24.9	54.0	77.0	96.5	

另外，取代的烷基越大，化学位移值也越大，如

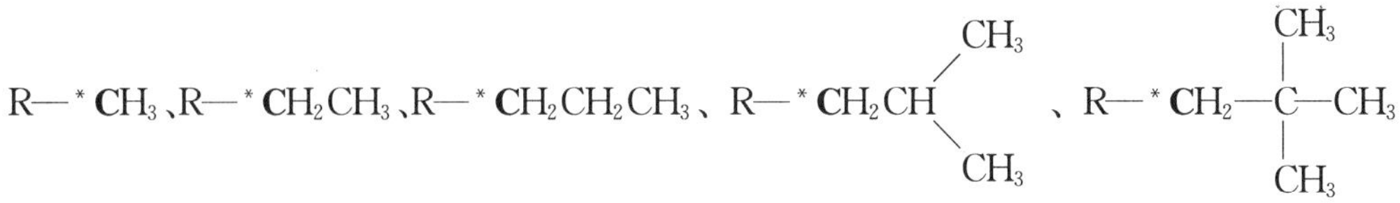

δ_{C^*}从左到右逐渐增大。

8）邻近基团的各向异性效应

磁各向异性的基团对核屏蔽的影响，可造成一定的差异。这种差异一般不大，而且很难与其他屏蔽的贡献分清。但有时这种各向异性的影响是很明显的。如异丙基与手性碳原子相连时，异丙基上两个甲基由于受到较大的各向异性效应的影响，碳的化学位移差别较大，而当异丙基与非手性碳原子相连时，两个甲基碳受各向异性效应的影响较小，其化学位移的差别也较

小。又如,大环烷$(CH_2)_{16}$的δ_C为26.7。而当环烷中有苯环时,其影响可使各碳的δ_C受到不同的屏蔽或去屏蔽,在苯环平面上方屏蔽区的碳,δ_C可高达26.2。

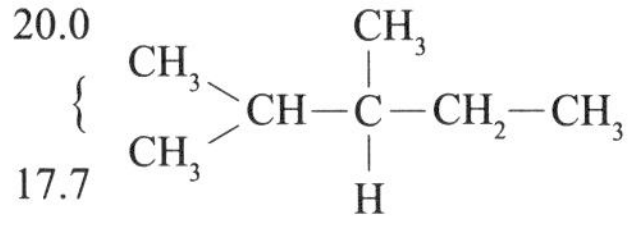

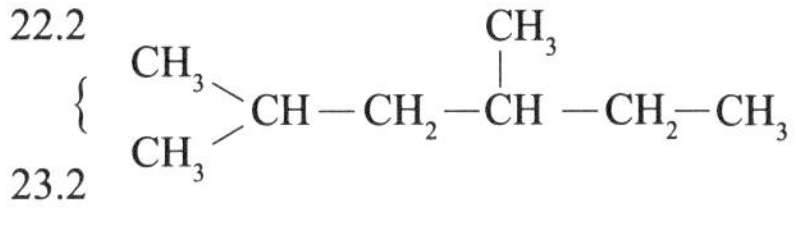

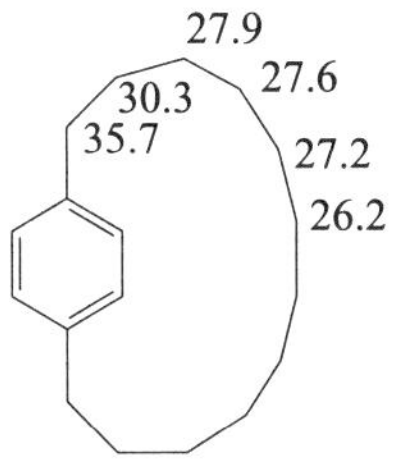

9)构型

构型对化学位移也有不同程度的影响。如烯烃的顺反异构体中,烯碳的化学位移相差1~2。顺式在较高场;与烯碳相连的饱和碳的化学位移相差更多些,约为3~5,顺式也在较高场。

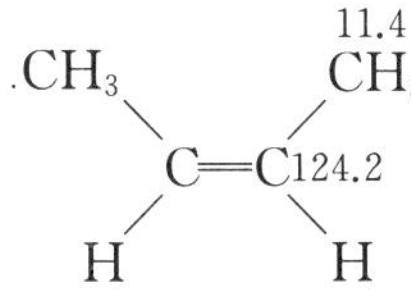

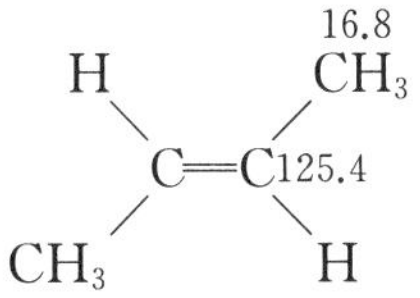

环己烷上取代基处于a键或e键对环上各个碳的化学位移的影响也不同。环己烷的化学位移为26.6,如有取代基X时,各碳的化学位移值如表4.19所示。

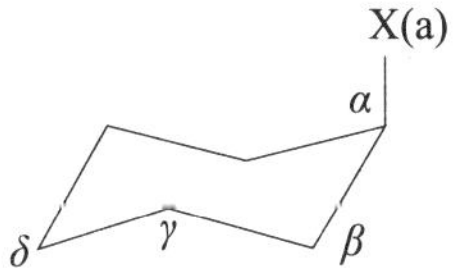

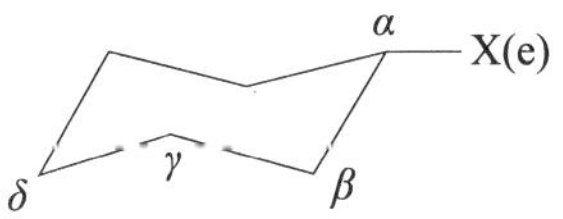

表4.19 取代基X对环己烷各个碳原子δ值的影响

X	取向	α—C	β—C	γ—C	δ—C
OH	e-	70	35	24	25
	a-	56	32	20	26
Cl	e-	60	38	27	25
	a-	60	34	21	26

可见,取代基为平伏时,取代效应较大,α、β效应为正值时,γ效应和δ效应一般较小且有可能为负值。

多环的大分子,高分子聚合物等的空间立构、差向异构,以及不同的规整度、序列分布等,都可使化学位移产生相当大的差别。

10)介质效应

不同的溶剂、介质,不同的浓度以及不同的pH都会引起碳谱的化学位移值的改变。变化范围一般为几到十左右。由不同溶剂引起的化学位移值的变化,也称为溶剂位移效应。这通常是样品中的H与极性溶剂通过氢键缔合产生去屏蔽效应的结果。一般来说,溶剂对^{13}C化学位移的影响比对[1]H 化学位移的影响大。如苯胺在不同的溶剂中各个碳的化学位移随溶剂而改变,见表 4.20。

表 4.20 苯胺的溶剂效应

溶剂	C(1)	C(2)	C(3)	C(4)
CCl_4	146.5	115.3	129.5	118.8
CH_3COOH	134.0	122.5	129.9	127.4
CH_3SO_3H	128.9	123.1	130.4	130.0
DMSO$-d_6$	149.2	114.2	129.0	116.5
$(CD_3)_2CO$	148.6	114.7	129.1	117.0

易离解的化合物在溶液稀释时会使化学位移有少许的变化。

当化合物中含有—COOH、—OH、—NH_2、—SH 等基团时,pH 的改变会使化学位移发生明显变化,如羧基碳原子在 pH 增大时受到屏蔽作用而使化学位移移向高场。

11) 温度效应

温度的变化可使化学位移发生变化。当分子中存在构型、构象变化,内运动或有交换过程时,温度的变化直接影响着动态过程的平衡,从而使谱线的数目、分辨率、线形发生明显的变化。如吡唑分子中存在着下列互变异构

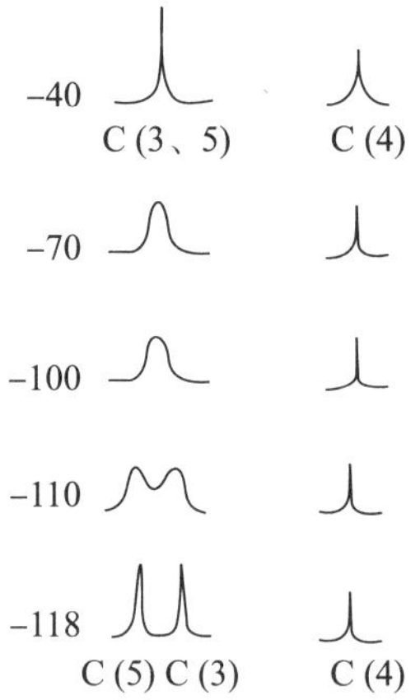

图 4.32 吡唑的变温碳谱

吡唑的变温碳谱如图 4.32 所示。温度较高时,异构化变换速度较快,C(3)和 C(5)谱线出峰位置一致,为一平均值。当温度降低后,其变换速度减慢,谱线将变宽,然后裂分,最终将成为两条尖锐的谱线。当温度为−40 ℃时,其核磁共振碳谱有两条谱线,分别由C(3)、C(5)和 C(4)给出。温度降低后,C(4)谱线基本不变,而 C(3)、C(5)的谱线发生变化,在−70 ℃时,C(3)、C(5)谱线变宽,在−100 ℃时,谱线继续加宽,−110 ℃时谱线开始分裂,直到−118 ℃,C(3)、C(5)呈现出两条尖锐的谱线。

12) 顺磁离子效应

顺磁物质对碳谱谱线的位移和线宽有强烈的影响。一些位移试剂如镧系元素铕(Eu)、镨(Pr)、钇(Yb)等的盐类,包括氯化物、硝酸盐、过氯酸盐等,以及它们的 β-二酮的配合物,也都可以作为[13]C 的位移试剂,使碳谱谱线产生位移。

3. 化学位移(δ_C)值的近似计算法(供自学)

对未知样品进行鉴定、图谱谱线标识时,常常可以采用一些经验计算方法用于预测 δ_C值。这些方法都是累积大量系列化合物的实验数据后,归纳整理得出的经验规律。要进行确切的标识,还应该找一些结构类型相同的化合物进行对比,验证计算规律的正确性。

δ_C的近似计算通式为

$$\delta_C(K)=B+\sum_i n_{iK}A_i \qquad (4-28)$$

式中,$\delta_C(K)$为 K 碳原子的 δ_C值;B 为常数,即某种基准物质的 δ_C值;n_{iK} 为取代基的个数,i 代表取代基 α、β、γ 等的位置;A_i 为 i 取代基的取代参数。A_i 值取之于经验归纳,有一定的误

差。当取代基较多时，误差较大，有时须附加修正项。

取代烷烃 δ_C 的计算，一般以开链烷烃为基础，用经验方法找出各种碳的 δ_C 值，再根据有关经验参数表查出各种不同取代基的 α、β、γ、δ 取代参数，则可求出取代烷烃中各种碳的 δ_C 值；烯烃、炔烃、取代苯、环烷烃等则可以乙烯、乙炔、苯、环己烷为基准，由相关的经验参数表中查出各种取代基团对不同位置碳的取代参数，则可求出各种碳的 δ_C 值。现分述如下。

1) 烷烃的计算

直链和支链烷烃是计算各种取代烷烃的基础。有两种经典的也是通用的计算方法，Grant-Paul 法和 Lindeman-Adams 法，这两种方法计算的结果虽有一些差别，但基本一致，此处只介绍 Grant-Paul 法。

该法以甲烷为基准，根据邻近各碳原子的类型，求出各个碳原子的化学位移值 δ_C。

$$\delta_C(K) = -2.68 + \sum_l A_l n_{Kl} + \sum_j \beta_{k(j)} \tag{4-29}$$

式中，$\delta_C(K)$ 为 K 碳原子的 δ_C；-2.68 为甲烷中碳的化学位移（以 $\delta_{TMS}=0$ 为标准）；A_l，$\beta_{k(j)}$ 为常数，由参数表 4.21 中查得。l 及 $k(j)$ 从化学结构式求出。l 表示距离要计算 δ_C 的 K 碳原子的键的数目；n_{Kl} 表示该处有几个取代基或碳原子；$\beta_{k(j)}$ 中 k 是 K 碳原子的类型，j 是与 K 碳原子相连接的碳原子的类型。碳原子的类型共分下列四种：

1：—CH_3；2：—CH_2—；3：—CH<（上下各连一键）；4：—C—（上下各连一键）

表 4.21 Grant - Paul 参数表

A_l		$\beta_{k(j)}$			
A_1	9.09	$\beta_{11}\approx 0$	$\beta_{21}\approx 0$	$\beta_{31}\approx 0$	$\beta_{41}=-1.5$
A_2	9.40	$\beta_{12}\approx 0$	$\beta_{22}\approx 0$	$\beta_{32}=-3.64$	$\beta_{42}=-8.36$
A_3	-2.49	$\beta_{13}=-1.12$	$\beta_{23}=-2.5$	$\beta_{33}=-9.47$	
A_4	0.31	$\beta_{14}=-3.34$	$\beta_{24}=-7.23$		
A_5	0.11				

例 4-11 求 $\overset{1}{CH_3}$—$\underset{2}{CH}$($\overset{1}{CH_3}$)—$\underset{3}{CH_2}$—$\underset{4}{CH_2}$—$\underset{5}{CH_2}$—$\underset{6}{CH_2}$ （$\underset{1}{CH_3}$ 左端，C2 上连支链 $\overset{1}{CH_3}$）中各个碳原子的 δ_C 值。

解：C(1)：$l=1$，$n_{K1}=1$，查出 $A_1=9.09$；

$l=2$，$n_{K2}=2$，查出 $A_2=9.40$；

$l=3$，$n_{K3}=1$，查出 $A_3=-2.49$；

$l=4$，$n_{K4}=1$，查出 $A_4=0.31$；

$l=5$，$n_{K5}=1$，查出 $A_5=0.11$；

β_{13} 有一个，查出 $\beta_{13}=-1.12$。

则 $\delta_{C(1)} = -2.68 + A_1 n_{K1} + A_2 n_{K2} + A_3 n_{K3} + A_4 n_{K4} + A_5 n_{K5} + \beta_{13}$

$= -2.68 + 9.09 + 9.40\times 2 - 2.49 + 0.31 + 0.11 - 1.12$

$= 22.0$

C(2)：$l=1$，$n_{K1}=3$，查出 $A_1=9.09$；

$l=2, n_{K2}=1$，查出 $A_2=9.40$；

$l=3, n_{K3}=1$，查出 $A_3=-2.49$；

$l=4, n_{K4}=1$，查出 $A_4=0.31$；

β_{31} 有两个，查出 $\beta_{31}=0$，β_{32} 有一个，查出 $\beta_{32}=-3.64$。

则 $\delta_{C(2)} = -2.68+A_1 n_{K1}+A_2 n_{K2}+A_3 n_{K3}+A_4 n_{K4}+\beta_{32}$

$=-2.68+9.09\times3+9.40-2.49+0.31-3.64$

$=28.2$

同样求出 C(3)、C(4)、C(5)、C(6)，结果与文献值比较如下

	C(1)	C(2)	C(3)	C(4)	C(5)	C(6)
文献值	22.4	28.1	38.9	29.7	23.0	13.6
计算值	22.0	28.2	38.7	29.3	23.0	13.8

对于没有其他取代基的开链烷烃，各种碳原子的化学位移值有下列规律。

- 直链有 4 个碳以上时，端甲基约在 13～14，而分支侧链 CH_3 则随结构不同而有相当的变化(4～30)。长直链中间的、距端甲基四个碳或四个碳以上的 CH_2，δ_C 在 29.5～30。开链烷烃的特丁基的甲基也在 30 左右。
- 一般情况下，碳上的取代基越多，δ_C 越向低场移动。
- 碳原子的 α 碳上取代基越多，δ_C 越在低场。这个规律常用来对烷烃谱线进行标识。

2) 取代链状烷烃

在计算烷烃 δ_C 值的基础上，链状烷烃衍生物各碳原子的 δ_C 值可用经验公式(4-30)进行计算。

$$\delta_C(k)=\delta_C(k, RH)+\sum_i A_{ki}(R_i) \quad (4-30)$$

式中，$\delta_C(k)$ 为相对于取代基 R_i 在 k 位置($k=\alpha,\beta,\gamma,\cdots$)的碳原子的 δ 值；$\delta_C(k, RH)$ 为在未取代的烷烃中 k 碳原子的 δ 值；$A_{ki}(R_i)$ 为取代基 R_i 对 k 碳原子的位移增量，可从表 4.22 中查得。应注意取代基在烷基链端(*n*)或在烷基链侧(*iso*)的位移增量是不同的。

在用式(4-30)进行计算时，应首先计算无取代时的烷烃(参考化合物)各碳原子的 δ 值(或查表找出参考化合物各碳原子的 δ 值)，然后用式(4-30)及表 4.22 中的参数进行计算。

表 4.22 计算取代链状烷烃 δ_C 的经验参数

$—R_i$	A_α		A_β		A_γ	A_δ	A_ε
	n	*iso*	*n*	*iso*			
—F	70	63	8	6	−7	0	0
—Cl	31	32	10	10	−5	−0.5	0
—Br	20	26	10	10	−4	−0.5	0
—I	−7	4	11	12	−1.5	−1	0
—O—	57	51	7	5	−5	−0.5	0
$—OCOCH_3$	52	45	6.5	5	−4	0	0
—OH	49	41	10	8	−6	0	0
$—SCH_3$	20.5	—	6.5	—	−2.5	0	0

续表

$—R_i$	A_α		A_β		A_γ	A_δ	A_ε
	n	*iso*	*n*	*iso*			
—S—	10.5	—	11.5	—	−3.5	−0.5	0
—SH	10.5	11	11.5	11	−3.5	0	0
$—NH_2$	28.5	24	11.5	10	−5	0	0
—NHR	36.5	30	8	7	−4.5	−0.5	−0.5
$—NR_2$	40.5	—	5	—	−4.5	−0.5	0
$—NH_3^+$	26	24	7.5	6	−4.5	0	0
$—NR_3^+$	30.5	—	5.5	—	−7	−0.5	−0.5
$—NO_2$	61.5	57	3	4	−4.5	−1	−0.5
—NC	27.5	—	6.5	—	−4.5	0	0
—CN	3	1	2.5	3	−3	0.5	0
>C═NOH(顺式)	11.5	—	0.5	—	−2	0	0
>C═NOH(反式)	16	—	4.5	—	−1.5	0	0
—CHO	30	—	−0.5	—	−2.5	0	0
>CO	23	—	3	—	3	0	0
$—COCH_3$	29	23	3	1	−3.5	0	0
—COCl	33	28	2	2	−3.5	0	0
COO^-	24.5	20	3.5	3	−2.5	0	0
$—COOCH_3$ $—COOC_2H_5$	22.5	17	2.5	2	−3	0	0
$—CONH_2$	22	—	2.5	—	−3	−0.5	0
—COOH	20	16	2	2	−3	0	0
—Ph	23	17	9	7	−2	0	0
$—CH═CH_2$	20	—	6	—	−0.5	0	0
—C≡CH	4.5	—	5.5	—	−3.5	0.5	0

例 4-12 求 $\underset{4}{HOCH_2}—\underset{3}{CH_2}—\underset{2}{CH_2}—\overset{O}{\overset{\|}{C}}—O—\underset{5}{CH_2}—\underset{6}{CH_3}$ 中 C(2)～C(6)的 δ_C 值。

解:① 将该结构式拆分为 A 和 B 两段如下

$$\overset{4}{HOCH_2}—\overset{3}{CH_2}—\overset{2}{CH_2}—\overset{O}{\overset{\|}{C}}—O—R \qquad R—\overset{O}{\overset{\|}{C}}—O—\overset{5}{CH_2}—\overset{6}{CH_3}$$

A　　　　　　　　B

② 分别计算出A和B烷烃的δ_C值

$\delta_{C(2)}=15.8$，$\delta_{C(3)}=15.5$，$\delta_{C(4)}=15.8$，$\delta_{C(5)}=6.4$，$\delta_{C(6)}=6.4$

③ 查出各取代基的取代参数如下

OH：$\alpha=49$，$\beta=10$，$\gamma=-6$；

COOR：$\alpha=22.5$，$\beta=2.5$，$\gamma=-3$；

OCOR：$\alpha=52$，$\beta=6.5$

④ 代入取代参数计算如下

$\delta_{C(2)}=15.8+22.5-6=32.3$(文献值31.1)；

$\delta_{C(3)}=15.5+10+2.5=28.0$(文献值27.9)；

$\delta_{C(4)}=15.8+49-3=61.8$(文献值61.8)；

$\delta_{C(5)}=6.4+52=58.4$(文献值60.6)；

$\delta_{C(6)}=6.4+6.5=12.9$(文献值14.2)。

由于取代基的影响是各种因素的综合结果，因此计算结果与实验值之间会有一些误差，尤其是有多种取代基或有多个取代基存在时，取代效应的加和性使问题更趋复杂，导致计算误差增大，尽管如此，计算结果对图谱的标识仍有极好的参考价值。

3) 环烷烃及取代环烷烃

环烷的化学位移如表4.23所示。从表中可见由五元环到十元环，δ_C值并无大的变化。环烷烃为张力环时，δ_C在较高场，五元环以上的环烷烃值在26左右。

表4.23 环烷烃的化学位移

环中碳原子数	3	4	5	6	7	8	9	10
δ	−2.8	23.1	26.3	27.6	28.2	26.6	25.8	25.0
环中碳原子数	11	12	13	14	15	16	17	
δ	15.4	23.2	25.0	24.6	26.4	26.5	26.7	

目前在环烷烃的经验计算中对取代环己烷研究得比较充分，计算公式如式(4-31)所示

$$\delta_C(k)=27.6+\sum A_{ks}(R_i)+\text{校正项} \qquad (4-31)$$

式中，$\delta_C(k)$为取代环己烷中所讨论的碳原子δ值，该碳原子处于取代基的k位置($k=\alpha,\beta,\cdots$)；A_{ks}为取代基R_i对k碳原子产生的位移增量。A有两个脚标：第一个脚标k表示取代基相对k碳原子的位置；第二个脚标s为a或e，它们分别表示取代基沿直立键方向或平伏键方向。校正项仅用于有两个(或两个以上)甲基取代的时候，其数值取决于两个取代甲基的空间关系。各取代参数可从表4.24中查得。

表4.24 计算取代环己烷$\boldsymbol{\delta_C}$的经验参数

R_i	$A_{\alpha e}$	$A_{\alpha a}$	$A_{\beta e}$	$A_{\beta a}$	$A_{\gamma e}$	$A_{\gamma a}$	$A_{\delta e}$	$A_{\delta a}$
CH_3	6	1.5	9	5.5	0	−6.5	−0.3	0
F	64	61	6	3	−3	−7	−3	−2
Cl	33	33	11	7	0	−6	−2	−1
Br	25	28	12	8	1	−6	−1	−1

续表

R_i	$A_{\alpha e}$	$A_{\alpha a}$	$A_{\beta e}$	$A_{\beta a}$	$A_{\gamma e}$	$A_{\gamma a}$	$A_{\delta e}$	$A_{\delta a}$
I	3	11	13	9	2	−4	−2	−1
CN	1	0	3	−1	−2	−5	−2	−1
NC	25	23	7	4	−3	−7	−2	−2
OH	43	39	8	5	−3	−7	−2	−1
OCH_3	52	47	4	2	−3	−7	−2	−1
$OCOCH_3$	46	42	5	3	−2	−6	−2	0
NH_2	24		10		−2		−1	

注：取代甲基空间因素校正项：$\alpha_a\alpha_e$ −3.8；$\alpha_e\beta_a$ −2.9；$\alpha_e\beta_e$ −2.9；$\alpha_a\beta_e$ −3.4；$\beta_a\beta_e$ −1.3；$\beta_e\gamma_a$ −0.8；$\beta_a\gamma_e$ +1.6；$\gamma_a\gamma_e$ +2.0。

例 4-13 求 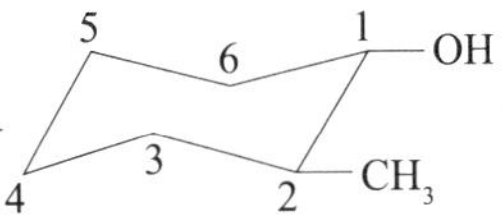 中各碳原子的 δ 值。

解：$\delta_{C(1)}=27.6+OH(\alpha_e)+CH_3(\beta_e)=27.6+43+9=79.6$（实测值 76.4）；

$\delta_{C(2)}=27.6+CH_3(\alpha_e)+OH(\beta_e)=27.6+6+8=41.6$（实测值 40.3）；

$\delta_{C(3)}=27.6+CH_3(\beta_e)+OH(\gamma_e)=27.6+9-3=33.6$（实测值 33.8）；

$\delta_{C(4)}=27.6+CH_3(\gamma_e)+OH(\delta_e)=27.6+0-2=25.6$（实测值 25.8）；

$\delta_{C(5)}=27.6+OH(\gamma_e)+CH_3(\delta_e)=27.6-3-0.3=24.3$（实测值 25.3）；

$\delta_{C(6)}=27.6+OH(\beta_e)+CH_3(\gamma_e)=27.6+8+0=35.6$（实测值 35.6）。

例 4-14 求 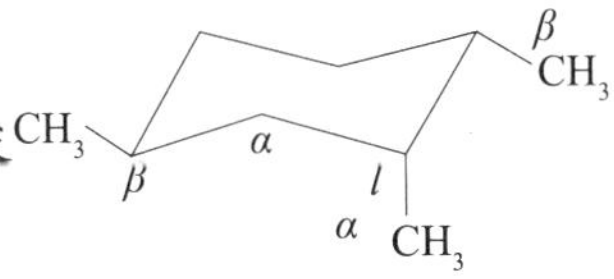 中 C(1)的 δ 值。

解：$\delta_{C(1)}(k)=27.6+CH_3(\alpha_a)+CH_3(\beta_e)+CH_3(\gamma_e)+\alpha_a\beta_e$

$=27.6+1.5+9-0-3.4=34.7$（实测值 33.6）

一些饱和环烷烃类化合物的 δ_C 值有时也遵循某些开链烷烃 δ_C 值的规律，如取代越多，δ_C 越向低场移动；α 碳取代越多，δ_C 越在低场等。

4）烯烃及取代烯烃

烯烃中烯碳的化学位移范围为 100～150，乙烯的化学位移值为 123.3，对比烯烃和对应的烷烃，烯烃的 β、γ、δ、ε 碳原子和对应的烷烃的碳原子的 δ_C 值一般相差在 1 之内，α 碳原子也只相差 4～5，所以在链状烯烃或取代链状烯烃的计算中，除 α 碳原子外，其他饱和碳原子均可按链状烷烃或取代链状烷烃的方法计算，烯碳原子的计算方法则是以乙烯为基准，也有两种计算方法，在此介绍其中之一。

$$\delta_C(k)=123.3+\sum_i A_{ki}(R_i)+\sum_i A_{ki'}(R_i)+S \qquad (4-32)$$

式中，$\delta_C(k)$ 为所讨论的双键碳原子的 δ_C 值，该碳原子和取代基的相互位置的标注为

$$\underset{\gamma'}{-C}-\underset{\beta'}{C}-\underset{\alpha'}{C}-\underset{\underset{k}{\uparrow}}{C}=C-\underset{\alpha}{C}-\underset{\beta}{C}-\underset{\gamma}{C}$$

123.3 为乙烯碳原子的 δ 值；A_{ki} 为 R_i 取代基对同一侧 k 碳原子 δ 值的增量；$A_{ki'}$ 为 R_i 取代基对另一侧 k 碳原子 δ 值的增量；S 为校正项(s)，其数值决定于双键上取代基的位置。上述经验参数可见表4.25。

表 4.25 计算取代烯烃双键碳原子 δ 值的经验参数

R_i	$A_{\gamma'}$	$A_{\beta'}$	$A_{\alpha'}$	A_{α}	A_{β}	A_{γ}
—C—	1.5	−1.8	−7.9	10.6	7.2	−1.5
—C_6H_5			−11	12		
—$C(CH_3)$			−14	25		
—Cl		2	−6	3	−1	
—Br		2	−1	−8	0	
—I			7	−38		
—OH		−1			6	
—OR		−1	−39	29	2	
—$OCOCH_3$			−27	18		
—CHO			13	13		
—$COCH_3$			6	15		
—COOH			9	4		
—COOR			7	6		
—CN			15	−16		

注：$S_{\alpha\alpha'(反)}$：0.0； $S_{\alpha\alpha'(顺)}$：−1.1； $S_{\alpha\alpha}$：−4.8； $S_{\alpha'\alpha'}$：2.5； $S_{\beta\beta}$：2.3

例 4-15 求 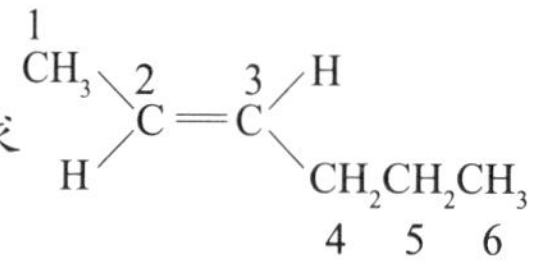 中 C(2)和 C(3)的 δ_C 值。

解：该化合物为一取代烯烃，在表 4.24 中查出各取代基的取代参数，代入式(4-32)计算。

$$C(2): \delta_{C(2)} = 123.3 + \alpha + \alpha' + \beta' + \gamma'$$
$$= 123.3 + 10.6 + (-7.9) + (-1.8) + 1.5 = 125.7(\text{文献值 } 124.7);$$

$$C(3): \delta_{C(3)} = 123.3 + \alpha + \beta + \gamma + \alpha'$$
$$= 123.3 + 10.6 + 7.2 + (-1.5) + (-7.9) = 131.7(\text{文献值 } 131.5)。$$

这里应注意的是用计算方法得到烯烃衍生物双键碳原子 δ 值时，一般都会有较大误差。当双键碳原子上有两个烷基取代时，该碳原子的 δ 计算值一般偏高。

根据烯烃双键碳原子 δ 的实验值，它们有如下特点。

第一，烯烃中烯碳的 δ_C 为 100～150。除末端烯碳外，烯碳和芳碳的谱线在同一区域，这与氢谱中不同，氢谱中烯氢的 δ 一般为 5～6，而芳氢的 δ 值为 6～9。另外，在碳谱中烯碳总是成对地出现，可利用这一点来标识烯碳。

第二，末端烯的端基碳比另一个烯碳的 δ 值在较高场 10～40，大约在 110 附近。

第三，烯烃中的饱和碳的 δ_C 与相应的烷烃接近。双键对邻近碳原子的影响不大，α 碳向低场移动约 4～5，β、γ、δ 碳位移很小。

第四，环内烯的两个烯碳的 δ_C 值取决于两侧取代基的情况，两侧取代基相差越大，δ_C 值差别越大，其值约差 10～30。

第五，顺、反式烯烃的烯碳 δ_C 只差 1 左右，顺式在较高场。但 α 位的 CH_2 的差别较大，顺式在较高场 3～5。

第六，共轭双烯中间两个烯碳的 δ_C 比较接近。与顺、反式类似，Z 式的烯碳比 E 式的在较高场，端基烯碳除外。

第七，叠烯中间的烯碳在很低场，约为 200，而两端的烯碳移向高场。

第八，烯醇类的 OH 基团如接在 α 碳上，对烯碳的 δ_C 基本上无影响，而乙酰化后，同侧烯碳向高场移动 4～6；另一侧烯碳向低场移动 3～4。这一规律可用来标识烯碳。

5）炔烃及取代炔烃的计算

炔烃 δ_C 的计算公式是以乙炔为基准的。乙炔的 δ_C 为 71.9。

$$\underset{\gamma'}{-\mathrm{C}}-\underset{\beta'}{\mathrm{C}}-\underset{\alpha'}{\mathrm{C}}-\mathrm{C}\equiv\underset{\substack{\uparrow\\ k}}{\mathrm{C}}-\underset{\alpha}{\mathrm{C}}-\underset{\beta}{\mathrm{C}}-\underset{\gamma}{\mathrm{C}}-$$

$$\delta_C(k)=71.9+\sum_i A_i(R_i)+\sum_i A_i'(R_i') \tag{4-33}$$

公式（4-33）中各符号与式（4-32）相同，烷基取代参数见表 4.26。

表 4.26 炔烃的烷基取代参数

δ'	γ'	β'	α'	α	β	γ	δ
0.56	−1.31	2.32	−5.69	6.93	4.75	−0.13	0.51

例 4-16 求 $\mathrm{H_3C{-}\underset{1}{C}{\equiv}\underset{2}{C}{-}CH_2{-}CH_2{-}CH_2{-}CH_3}$ 中 C(1)，C(2)的 δ 值。

解：$\delta_{C(1)}=71.9+\alpha+\alpha'+\beta'+\gamma'+\delta'$

$=71.9+6.93-5.69+2.32-1.31+0.56=74.7$（文献值 74.2）；

$\delta_{C(2)}=71.9+\alpha+\beta+\gamma+\delta+\alpha'$

$=71.9+6.93+4.75-0.13+0.51-5.69=78.3$（文献值 77.6）。

其他基团取代炔烃数据较为零散，在此不做介绍。表 4.27 列出了一些取代炔烃的化学位移值，供参考。

表 4.27 取代炔烃的 δ_C 值

$$\mathrm{R{-}\overset{\alpha}{C}{\equiv}\overset{\beta}{C}{-}X}$$

R	X	α-C	β-C	R	X	α-C	β-C
H	SCH_2CH_3	81.6	72.8	C_2H_5	OC_2H_5	36.2	88.3
H	OCH_2CH_3	24.4	89.6	C_2H_5	SCH_3	67.5	92.9
H	C_4H_9	66.0	83.0	C_4H_9	Cl	68.8	56.7
R	X	α-C	β-C	R	X	α-C	β-C
H	C_6H_5	77.7	83.3	C_4H_9	Br	79.8	38.4
H	$C(CH_3)_2OH$	70.0	88.5	C_4H_9	I	96.8	−3.3
H	$C(CH_3)(C_2H_5)OH$	71.2	88.0	C_4H_9	$OCOCH_3$	87.0	97.4
CH_3	OCH_3	28.2	88.6	C_6H_5	C_6H_5	89.9	89.9
CH_3	C_6H_5	79.8	85.7	C_2H_5	C_2H_5	82.0	82.0

炔烃及取代炔烃的 δ_C 的特点如下。

● 炔碳的 δ_C 范围较窄，一般为 60～90。与炔碳相邻的饱和碳所受影响比烯键大得多，碳向高场位移常大于 10。

● 当有烷基以外的取代基时，对炔碳的影响很大，其 δ_C 值超过一般的炔碳范围，它会把相邻的炔碳拉向低场，而把另一侧的炔碳推向高场。但当苯环取代或卤素取代时，因有共轭影响，δ_C 变化较小。

● 共轭炔烃和共轭烯烃类似，中间两个炔碳的 δ_C 比较靠近，两侧炔碳的 δ_C 与相邻结构有关。

6）苯环及取代苯环

苯环的化学位移 δ_C 值为 128.5。若苯环上的氢被其他基团所取代，被取代的 C(1)碳原子 δ 值有明显变化，最大变化幅度可达 35。邻、对位碳原子 δ 值也可能有较大变化，其变化幅度可达 16.5。间位碳原子几乎不变。

取代苯环 δ_C 的近似计算可用式(4-34)表示

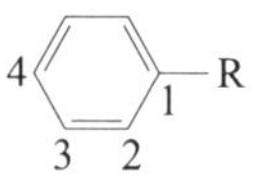

$$\delta_C = 128.5 + \sum_i A_i \qquad (4-34)$$

式中 A_i 为取代基的取代参数，如表 4.28 所示。

例 4-17 求 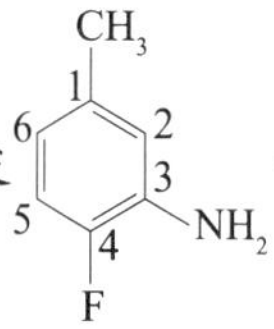 中芳环上各碳的化学位移值。

解：由表 4.28 中查出取代基—CH_3、—NH_2和—F 的经验参数如下

	A_1	A_2	A_3	A_4
—CH_3	9.3	0.6	0.0	−3.1
—NH_2	19.2	−12.4	1.3	−9.5
—F	35.1	−14.3	0.9	−4.4

代入式(4-34)求得结果如下

$\delta_{C(1)} = 128.5 + 9.3 + 1.3 + (-4.4) = 134.7$ （实测值 133.2）；

$\delta_{C(2)} = 128.5 + 0.6 + (-12.4) + 0.9 = 117.6$ （实测值 116.0）；

$\delta_{C(3)} = 128.5 + 19.2 + (-14.3) + 0 = 133.4$ （实测值 136.2）；

$\delta_{C(4)} = 128.5 + 35.1 + (-12.4) + (-3.1) = 148.1$ （实测值 149.2）；

$\delta_{C(5)} = 128.5 + (-14.3) + 1.3 + 0 = 115.5$ （实测值 113.8）；

$\delta_{C(6)} = 128.5 + 0.6 + 0.9 + (-9.5) = 120.5$ （实测值 116.0）。

表 4.28 计算取代苯环 δ 值的经验参数

取代基 R_i	A_1	A_2	A_3	A_4
—H	0.0	0.0	0.0	0.0
—CH_3	9.3	0.6	0.0	−3.1
—CH_2CH_3	15.7	−0.6	−0.1	−2.8

续表

取代基 R_i	A_1	A_2	A_3	A_4
$—CH(CH_3)_2$	20.1	−2.0	0.0	−2.5
$—CH_2CH_2CH_2CH_3$	14.2	−0.2	−0.2	−2.8
$—C(CH_3)_3$	22.1	−3.4	−0.4	−3.1
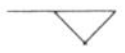	15.1	−3.3	−0.6	−3.6
$—CH_2—Ph$	12.6	−0.1	0.4	−2.5
$—CH_2Cl$	9.1	0.0	0.2	−0.2
$—CH_2Br$	9.2	0.1	0.4	−0.3
$—CF_3$	2.6	−3.1	0.4	3.4
$—CH_2OH$	13.0	−1.4	0.0	−1.2
	9.2	−3.1	−0.1	−0.5
$—CH_2NH_2$	14.9	−1.6	−0.2	−2.0
$—CH_2CN$	1.6	−0.7	0.5	−0.7
$—CH{=}CH_2$	7.6	−1.8	−1.8	−3.5
$—C{\equiv}CH$	−6.1	3.8	0.4	−0.2
—Ph	13.0	−1.1	0.5	−1.0
—F	35.1	−14.3	0.9	−4.4
—Cl	6.4	0.2	1.0	−2.0
—Br	−5.4	3.3	2.2	−1.0
—I	−32.3	9.9	2.6	−0.4
—OH	26.9	−12.7	1.4	−7.3
$—O^-$	39.6	−8.2	1.9	−13.6
$—OCH_3$	30.2	−14.7	0.9	−8.1
—O—Ph	29.1	−9.5	0.3	−5.3
$—OCOCH_3$	23.0	−6.4	1.3	−2.3
$—NH_2$	19.2	−12.4	1.3	−9.5
$—NHCH_3$	21.7	−16.2	0.7	−11.8
$—N(CH_3)_2$	22.4	−15.7	0.8	−11.8
$—N(CH_2CH_3)_2$	19.3	−16.5	0.6	−13.0
$—(Ph)_2$	19.3	−4.4	0.6	−5.9
—NHCOCH	11.1	−9.9	0.2	−5.6
$—NHNH_2$	22.8	−16.5	0.5	−9.6
—N=N—Ph	24.0	−5.8	0.3	2.2

续表

取代基 R_i	A_1	A_2	A_3	A_4
$—N^+≡N$	−12.7	6.0	5.7	16.0
—NC	−1.8	−2.2	1.4	0.9
—NCO	5.7	−3.6	1.2	2.8
—NO	37.4	−7.7	0.8	7.0
$—NO_2$	19.6	−5.3	0.8	6.0
—SH	2.2	0.7	0.4	−3.1
$—SCH_3$	9.9	−2.0	0.1	−3.7
$—SC(CH_3)_3$	4.5	9.0	−0.3	0.0
$—SO_2Cl$	15.6	−1.7	1.2	6.8
$—SO_3H$	15.0	−2.2	1.3	3.8
—CHO	9.0	1.2	1.2	6.0
$—COCH_3$	9.3	0.2	0.2	4.2
—COOH	2.4	1.6	−0.1	4.8
$—COO^-$	7.6	0.8	0.0	2.8
$—COOCH_3$	2.1	1.2	0.0	4.4
$—CONH_2$	5.4	−0.3	−0.9	5.0
—COCl	4.6	2.9	0.6	7.0
—CN	−16.0	3.5	0.7	4.3
$—P(Ph)_2$	8.7	5.1	−0.1	0.0
$—Si(CH_3)_3$	13.4	4.4	−1.1	−1.1

苯环的C(1)受取代基的影响多数移向低场。只有少数屏蔽效应较大的取代基,如I、Br、CN、CF_3等才使C(1)移向高场。给电子基团,特别是一些有孤对电子的基团,即使电负性较大,都能使邻、对位芳碳向高场移动,如OH、OR、NH_2等。拉电子基团则使邻、对位芳碳向低场移动,如CN、COOH等。间位芳碳受取代基影响较小。

4.4.3 耦合常数

1.耦合裂分及耦合常数

在氢谱中$^1H—^1H$之间的耦合裂分数及耦合常数是一个很重要的信息,可用来判断相邻基团的情况,以此来识别图谱、帮助确定化合物的结构。同样在碳谱中也存在耦合现象。只是由于^{13}C的天然丰度仅为1.1%,因此$^{13}C—^{13}C$之间的耦合可以忽略,但是^{13}C和其他相邻丰核之间耦合则是必须考虑的。由于有机物中最主要的元素是C和H,而^1H的天然丰度为99.98%,因此,$^{13}C—^1H$的耦合是最重要的。碳谱中谱线的裂分数目与氢谱一样决定于相邻耦合原子的自旋量子数I和原子数目n,可用$2nI+1$规律来计算,谱线之间的裂距便是耦合常

数 J。如图 4.33 为丙酮的质子噪声去耦谱和非去耦谱。去耦谱中只有两条谱线，分别是丙酮分子中的甲基和羰基碳，非去耦谱中甲基因有三个氢，故裂分为 4 条谱线，裂距为127.7 Hz，因耦合的 C 和 H 之间只隔一个化学键，故耦合常数可记为 $^1J=127.7$ Hz，羰基因没有直接相连的氢，故没有 ^1J，但隔两个键有六个氢，羰基碳与这些氢发生耦合，谱线裂分为 7 条，裂距为 5.7 Hz，故其耦合常数记为 $^2J=5.7$ Hz。

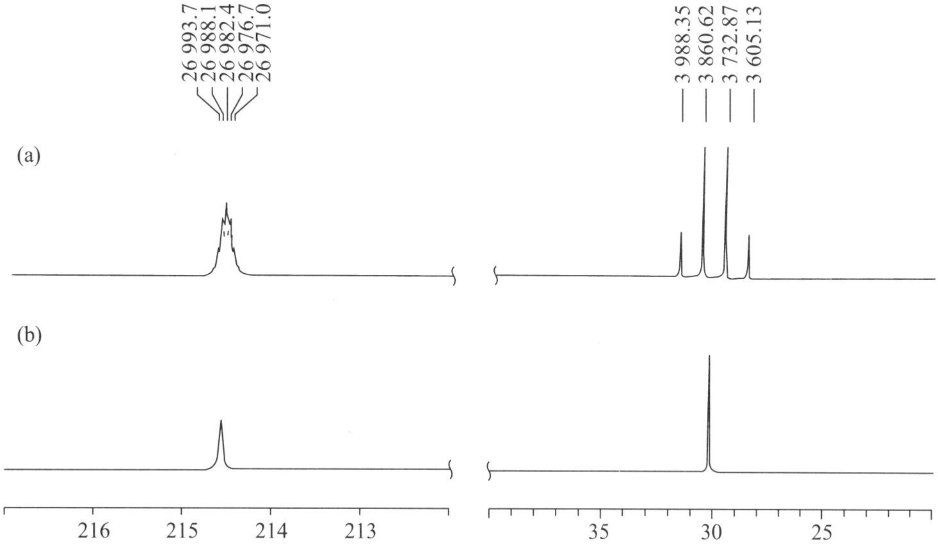

图 4.33 丙酮的 ^{13}C 非去耦谱(a)和 ^{13}C 质子噪声去耦谱(b)

2.耦合常数的典型值

1) $^{13}C-^1H$ 耦合常数

$^{13}C-^1H$ 耦合是碳谱中最重要的耦合作用，而其中，又以 $^1J_{CH}$ 最为重要。$^1J_{CH}$ 约在 120～300 Hz，影响其大小的主要因素是 C—H 键的 s 电子成分，$^1J_{CH}$ 值可用式(4-35)近似算出

$$^1J_{CH}\approx 5\times(s\%) \qquad (4-35)$$

式中，$s\%$ 为 C—H 键中 s 电子所占的百分数。表 4.29 列出了不同杂化类型碳的 $^1J_{CH}$ 的实测值和计算值。

表 4.29 不同杂化类型的 $^1J_{CH}$ 的实测值和计算值

杂化类型	s 所占百分数/%	计算值	$^1J_{CH}$ 实测值					
sp^3	25	125	CH_4	125	CH_3NH_2	133		
sp^2	33	165	$CH_2{=}CH_2$	156	$CH_2{=}NH$	175	C_6H_5-H	159
sp	50	250	$CH\equiv CH$	249	$CH\equiv N$	269	$CH\equiv C-CH_3$	248

除了 s 电子成分影响外，取代基的电负性以及环的大小对 $^1J_{CH}$ 也有影响，取代基的电负性越大，$^1J_{CH}$ 值越大，取代基对碳的 $^1J_{CH}$ 的影响是 α 碳最大，β 碳较小，γ 碳与 α、β 碳方向相反。表 4.30 列出了一些常见的烃类化合物的 $^1J_{CH}$ 值。

$^2J_{CH}$ 的变化范围为 -5～60 Hz，它与碳的杂化、取代基或杂原子以及构型有关。碳的杂化不同，s 电子的成分越大，$^2J_{CH}$ 值越大。当取代基或杂原子与耦合核相连，也使 $^2J_{CH}$ 值增大。当化合物构型不同时，$^2J_{CH}$ 值也会有差异。如

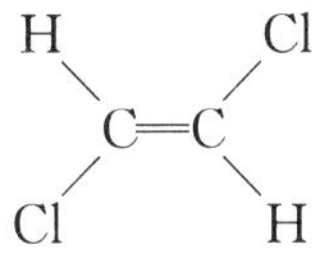

$^2J_{CH}=0.8$ Hz

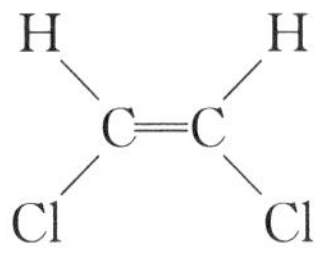

$^2J_{CH}=16$ Hz

$^3J_{CH}$值在十几赫兹之内，与取代基和空间位置均有关。在芳环中$|^3J_{CH}|>|^2J_{CH}|$，少数情况除外；杂芳环的$^2J_{CH}$、$^3J_{CH}$值各有大有小，与杂原子的位置有关。

表 4.30　一些常见的烃类化合物的$^1J_{CH}$值

化合物	$^1J_{CH}$	化合物	$^1J_{CH}$
*sp*³杂化			
CH_4	126	$HCH(CH_3)OH$	140.2
CH_3CH_3	124.9	HCH_2CH_2OH	126.9
$HCH(CH_3)_2$	119.4	$HC(CH_3)_2OH$	142.8
$HC(CH_3)_3$	114.2	$HCH_2C(CH_3)_2OH$	126.9
$HCH_2CH{=}CH_2$	122.4	HCH_2OCH_3	140.0
$HCH_2C{\equiv}CH$	132.0	$HCH(OCH_3)_2$	161.8
$HCH_2-C_6H_5$	129.0	$HC(OCH_3)_3$	186.0
HCH_2I	151.1	HCH_2COOH	130.0
HCH_2Br	151.5	HCH_2CN	136.1
HCH_2Cl	150.0	HCH_2NO_2	146.0
$HCHCl_2$	178.0	$HCH(COOH)_2$	132.0
$HCCl_3$	209.0	$HCH(CN)_2$	145.2
HCH_2F	149.1	$HCH(NO_2)_2$	169.4
$HCHF_2$	184.5	$HCHF(CN)$	166.0
HCF_3	239.1	$HCF_2(CN)$	205.5
HCH_2OH	141.0		
sp 杂化			
$CH{\equiv}CH$	249	$HC{\equiv}C-C_6H_5$	251
$HC{\equiv}C-CH_3$	248	$HC{\equiv}N$	269
$HC{\equiv}C-CH_2OH$	248		
*sp*²杂化			
$CH_2{=}CH_2$	156.2	$CH_2{=}C{=}CH_2$	168.2
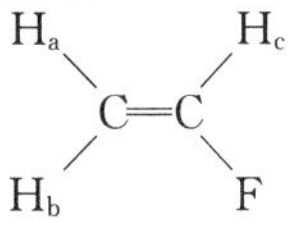	159.2(a) 162.2(b) 200.2(c)	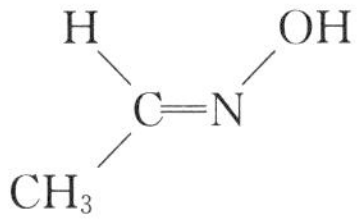	163.0
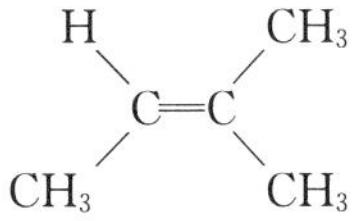	148.4	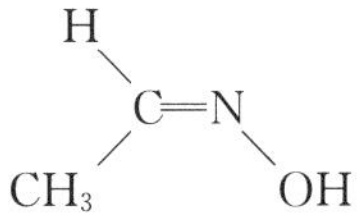	177.0

续表

化合物	$^1J_{CH}$	化合物	$^1J_{CH}$
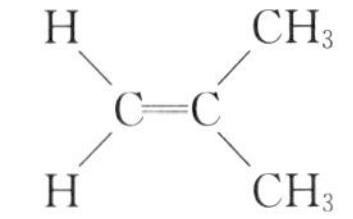	151.9	HCHO	172.0
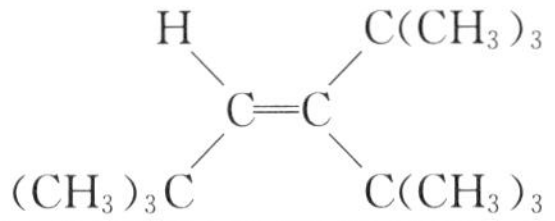	143.3	CH_3-CHO	172.4
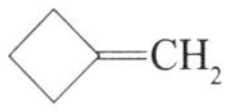	154.9	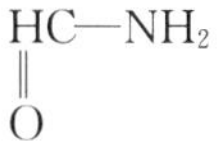	188.3
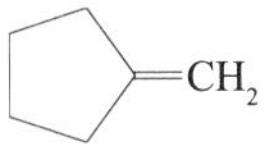	154.2	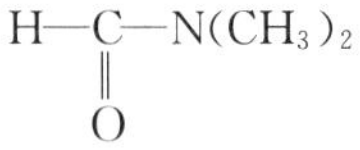	191.2
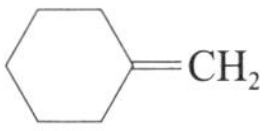	153.3	HCOOH	222.0
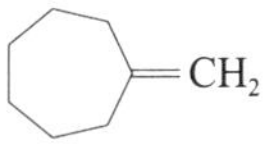	153.4	$HCOOCH_3$	226.2
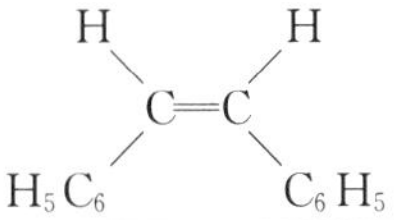	155.0	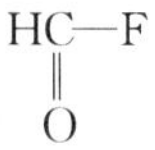	267.0
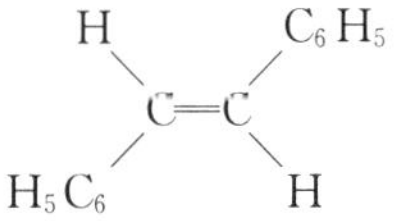	151.0		

2）其他常见的耦合常数的典型值

由前可见，$^1J_{CH}$的耦合常数较大，若在测定^{13}C谱时不对^1H进行去耦，则谱线将严重重叠，难于识别，所以通常在^{13}C谱测试中，多采用对^1H去耦的方式。常见的^{13}C谱为质子噪声去耦谱，但是它只是去除了^{13}C与^1H之间的耦合，当化合物中含有其他丰核如氟、磷或使用氘代试剂时，那么在^{13}C质子噪声去耦谱中还将包括碳与这些核之间的耦合信息。

$^1J_{CF}$一般数值很大，并且多为负值，约为$-350\sim-150$ Hz，$^2J_{CF}$约为20～60 Hz，$^3J_{CF}$约为4～20 Hz，$^4J_{CF}$约为0～5 Hz。

$^1J_{CD}$比$^1J_{CH}$小得多，约为$^1J_{CH}$的1/6.5。

五价磷的$^1J_{CP}$约为50～180 Hz，三价磷的$^1J_{CP}<50$ Hz。

氮的丰度元素为^{14}N，$I=1$，它的四极矩影响严重、弛豫很快，故谱线很宽，NMR谱图分辨不好，与^{14}N的耦合常数也表现不出来。^{15}N丰度虽小，只有0.37%，但因$I=1/2$，故NMR氮谱常用^{15}N谱。^{15}N与^{13}C的耦合，因核的丰度低，一般也不易观察到。

当样品进行^{13}C富集时，J_{CC}就会出现，$^1J_{CC}$为30～180 Hz。$^1J_{CC}$的数值也随碳的杂化、s电子成分增大而增大。烷烃及取代烷烃的$^1J_{CC}$约为(30±10) Hz，芳、烯、炔依次增大。可以粗略

地把两个耦合碳的 s 性质的乘积与 $^1J_{CC}$ 看成简单的线性关系。$^2J_{CC}$、$^3J_{CC}$ 一般较小。

^{13}C 与其他元素、金属或非金属的耦合常数，大小差别极大，所以在碳谱的测定中，首先要了解样品中是否含有 I 不为 0、弛豫又不特别快的元素，如某些金属原子，这样才能了解测试中的一些特殊现象。硅、硒与碳的 ^1J 约在 $-50\sim50$ Hz；金属元素与碳的 ^1J 值有的为几十赫兹。有的为几百、甚至上千赫兹。

表 4.31、表 4.32、表 4.33 和表 4.34 列出了在碳谱中常会遇到的 J_{CF}、J_{CD}、和 J_{CP} 的典型值。

表 4.31　^{13}C 与 ^{19}F 的耦合常数

化合物	$^1J_{CF}$/Hz	$^2J_{CF}$/Hz	$^3J_{CF}$/Hz	$^4J_{CF}$/Hz
CH_3F	−157.5			
CH_2F_2	−234.8			
CHF_3	−274.3			
CF_4	−259.2			
CF_3CH_3	−271.0	40±3		
CF_3CH_2OH	−278.0	35.5		
CF_2HCH_2OH	−240.5			
CFH_2CH_2OH	−167.0			
$CF_2(CH_3)_2$	−245±10	22±3		
$CF(CH_3)_3$	−167.0			
CF_3OCF_3	−265.0			
CF_3COCF_3	−289.0	45		
$(CF_3)_2C(OH)_2$	−285.0			
$CF_3CH(OH)CH_3$	−281.1	32.3		
CFH_2COOH	−181.0			
CH_3COOH	−283.2	44		
CF_3COOCH_3	−264.6	41.8	—	4.4
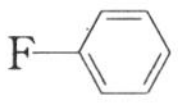	−245.3	21.0	7.7	3.3
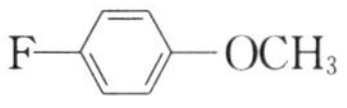	−237.6	22.8	7.8	1.7
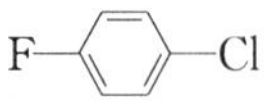	−246.6	24.4	9.8	4.9
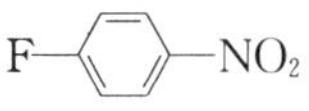	−256.1	23.6	11.1	—
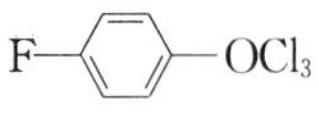	−252.1	20.9	8.9	—

续表

化合物	$^1J_{CF}$/Hz	$^2J_{CF}$/Hz	$^3J_{CF}$/Hz	$^4J_{CF}$/Hz
	−247.2	20.4	8.1	—
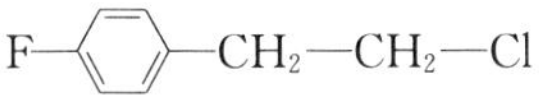	−246.7	22.9	7.5	
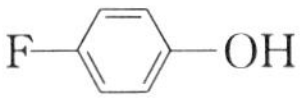	−239.2	22	7.3	
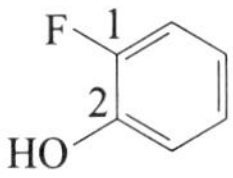	−238.3	C(2) 14.7 C(6) 17.0	C(3) 0 C(5) 6.4	
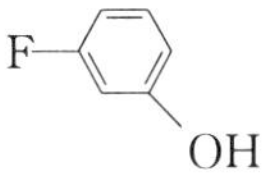	−244.2	C(2) 23.6 C(6) 21.1	C(3) 11.7 C(5) 10.0	
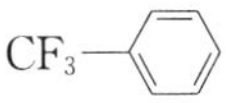	−271.1	32.3	3.9	1.3
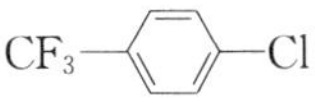	−271.8	30	4.9	—
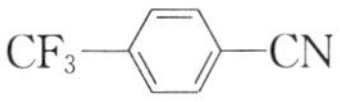	−273.1	33.2	—	—
$CH_2-(CH_2)_4-CH_2F$	−166.6	19.9	5.3	<2
$CH_3-(CH_2)_3-CH_2F$	−165.4	19.8	4.9	<2
$CF_2=CH_2$	−287			
$CF_2=O$	−308.4			
$CH_3CF=O$	−353.0			
$HCF=O$	−369.0			
$CF_3CH=CH_2$	−270	35±5	4	
$CF_3C\equiv CH$	−255±5	58		

表 4.32 氘代溶剂的$^1J_{CD}$值

溶剂	$^1J_{CD}$/Hz	溶剂	$^1J_{CD}$/Hz	溶剂	$^1J_{CD}$/Hz
CD_2Cl_2	27	C_6D_{12}	19	$(CD_3)_2SO$	
$CDCl_3$	32	CD_3CD_2OD	α 22 β 19.5	CD_3COOD	20
$CDBr_3$	31.5	$CD_3CD_2CD_2OD$	α 22 β 21 γ 19	$(CD_3)_2NC(=O)D$	21 30
CD_3NO_2	23.5	全氘二氧六环	22	C_6D_6	24
CD_3CN	21	全氘四氢呋喃	α 22 β 20.5	C_5D_5N	C(3,5)25
CD_3OD	21.5	$(CD_3)_2CO$	20	(全氘吡啶)	C(2,6) 27.5 C(4)24.5

表 4.33 五价磷的 J_{CP} 值

化合物	$^{1}J_{CP}$/Hz	$^{2}J_{CCP}$/Hz	$^{2}J_{COP}$/Hz	$^{3}J_{CCCP}$/Hz	$^{3}J_{CCOP}$/Hz
$O=P(CH_3)(OCH_3)_2$	144		6.3		
$O=P(CH_2CH_3)(OC_2H_5)_2$	143.3	7.3	6.9		6.2
$O=P(OCH_2CH_3)_3$			4.9		4.9
$O=P(OCH_2CH_2CH_3)_3$			7.0		7.0
$O=P(OCH_2CH_2CH_2CH_3)_3$			6.2		4.8
$O=P(OCH_2CH_2BrCHCH_3)_3$			4.9		9.8
$O=P(CH_2Cl)(OCH_2CH_2CH_3)_2$	158.6		7.4		4.9
$O=P(CH_2Cl)(OCH_2CH=CH_2)_2$	158.7		4.9		4.8
$O=P(C_6H_5)_3$	105	10		12	
$O=P(OC_6H_5)_3$			7.6		5.0
$S=P(C_6H_5)_3$	85.4	14.7		12.0	
$O=P(OH)(C_6H_5)H$	～100	14.6		12.3	
$O=P(OH)(OC_6H_5)_2$			7.0		4.7
$O=P(N_3)(C_6H_5)_2$	141.6	12.0		14.1	
$O=P(CH_2OH)(C_6H_5)_2$	98(苯环) 84(CH_2)	8.3		10.6	
$CH_3O_2CCH=P(C_6H_5)_3$	92.3(苯环) 126.2(烯碳)	9.7 12.7 (C=O)		12.2	
$CH_3OCCH=P(C_6H_5)_3$	90.6(苯环) 107.4(烯碳)	9.8 12(C=O)		12.2 15.4 (CH_3)	
$O=P[N(CH_3)_2]_3$		3.5($^{2}J_{CNP}$)			
$O=P(CH_2C_6H_4-p-NH_2)(OC_2H_5)_2$	138.9	9.5	7.1	6.7	5.2

表 4.34 三价磷的 J_{CP} 值

化合物	$^{1}J_{CP}$/Hz	$^{2}J_{CP}$/Hz	$^{2}J_{COP}$/Hz	$^{3}J_{CCCP}$/Hz	$^{3}J_{CCOP}$/Hz	^{4}J/Hz
$P(CH_3)_3$	−13.6					
$(CH_3)_4P^+$	55.5					
$P(C_6H_5)_3$	−12.4	19.6		6.7		
$(C_6H_5)_4P^+$	88.4	10.9		12.4		2.9
$P(OCH_3)_3$			9.7			

续表

化合物	$^1J_{CP}$/Hz	$^2J_{CP}$/Hz	$^2J_{COP}$/Hz	$^3J_{CCCP}$/Hz	$^3J_{CCOP}$/Hz	^4J/Hz
$P(OCH_2CH_3)_3$			10.6		4.5	
$P(OCH_2CH_2CH_2CH_3)_3$			10.6		4.8	
$HOP(OCH_3)_2$			7.0			
$HOP(OCH_2CH_2CH_3)_2$			7.8		6.0	
$HOP(OCH_2CH_2CH_2CH_3)_2$			7.0		5.0	
$P(OC_6H_5)_3$			7.1		3.6	
$P(C_6H_5CH_3)_3$	10.0	19.6		7.1		
$P(o-CH_3C_6H_4)_3$	11.0	26.5 C(2) 4.9 C(6)		21.5 (CH_3)		
$C_6H_5PCl_2$	50.6	9.9				
$P[(CH_2)_7CH_3]_3$	11.9	14.4		13.4		
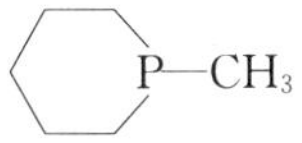	19(CH_3) 13C(2,6)					
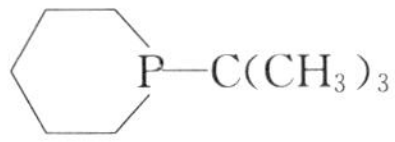	28(季碳) 18C(2,6)					
$(C_6H_5)_3P^+CH_3$	56.7 (CH_3) 89.0 (苯环)	10.0		12.9		
$(C_6H_5)_3P^+CH_2CH_2CH_2Br$	53.1 (烷取代) 85.9 (苯环)	0 9.8		20.0 12.4		
$(C_6H_5)_3P^+CH_2CH{=}CH_2$	49.6 85.7 (苯环)	13.0 9.8		9.7 12		
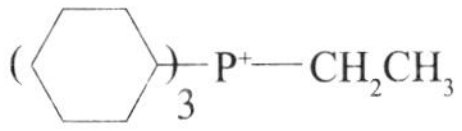	43.7 40.0 (环碳)	7.2 13.1		13.1		
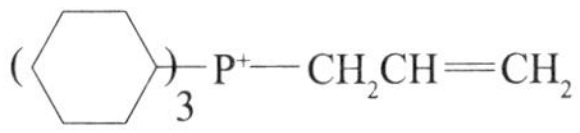	44.3 39.9 (环碳)	11.8 13.3		7.2 11.0		
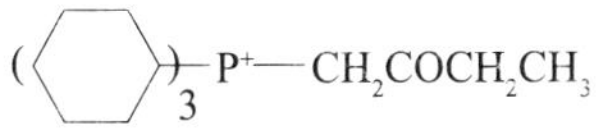	43 37.9 (环碳)	14.0		8.5		

3. 耦合常数的应用

一般来说,碳谱中耦合常数的应用不如氢谱中广泛,但仍有其理论上和实践上的意义。如用于量子化学计算自旋体系时,能量算符中一项是由化学位移、共振频率决定的,另一项则由耦合常数决定。在解波函数时,必须有这些数值。由于 J 值也可以从实验图谱中直接得出,故可以用它们来检验计算和理论的可靠性。另外,利用全耦合谱或质子噪声去耦谱中碳原子与其他原子的耦合情况,根据谱线裂分情况及耦合常数的大小,可以帮助标识谱线。下面举例说明。

例 4-18 某化合物 $C_{18}H_{18}N_3O_3F_3$ 含下列结构片段

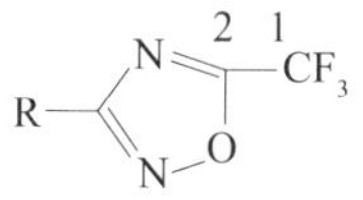

^{13}C 反转门控去耦谱如图 4.34 所示,请标识 C(1)和 C(2)所对应的谱线。

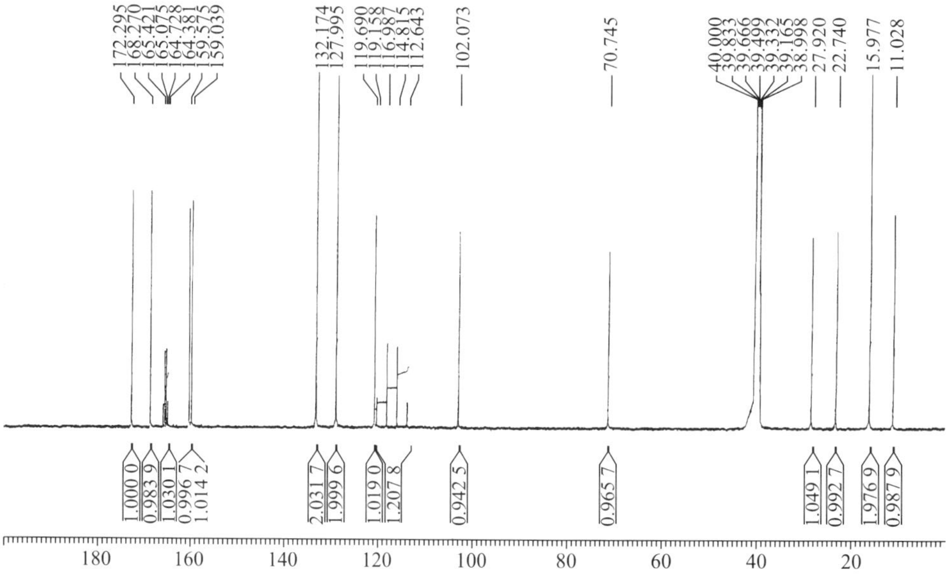

图 4.34 化合物 $C_{18}H_{18}N_3O_3F_3$ 的 ^{13}C 反转门控去耦谱

解:从化合物的结构来看,C(1)和 C(2)均应与 F 原子发生耦合,而出现四重峰。从图4.34 可知,在图谱的低场部分有 2 组四重峰 115.7 和 164.7,其中 115.7 处的峰裂距为273.1 Hz,164.7 处的峰裂距为 43.6 Hz,根据前面介绍的 ^{13}C 和 ^{19}F 耦合常数情况,$^1J_{CF}$ 数值较大,为 150~350 Hz,$^2J_{CF}$ 为 20~60 Hz,因此可确定 115.7 为 C(1)原子所对应的谱线,164.7 为 C(2)原子所对应的谱线。

例 4-19 化合物 $C_4H_4O_2$ 的未去耦 ^{13}C 谱如图 4.35 所示。根据各谱线的化学位移及峰的多重性和裂距,判断化合物的结构。

解:图中可知该化合物的 4 个碳原子是不同类型的,它们的化学位移和裂分情况为

第 1 组:δ_C=43.0,强峰,三重峰,裂距为 142.5 Hz,还有精细裂分 2×2(裂距分别为 7.3 Hz及 2.3 Hz);

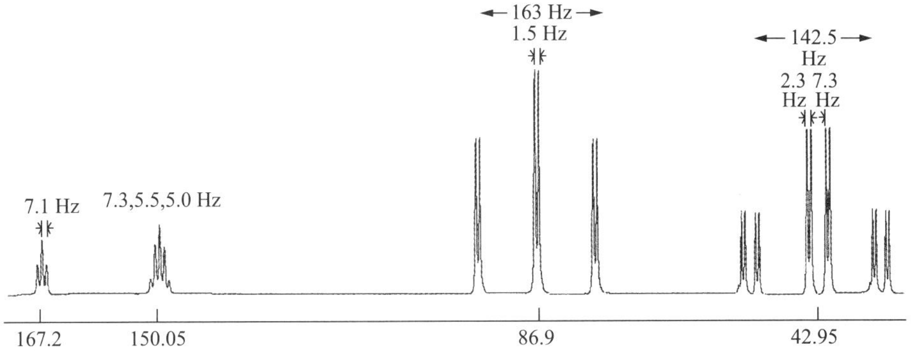

图 4.35 化合物 $C_4H_4O_2$ 的未去耦 ^{13}C 谱

第 2 组：$\delta_C=86.9$，强峰，三重峰，裂距为 163.0 Hz，还有精细裂分（裂距约为 1.5 Hz）；

第 3 组：$\delta_C=150.1$，近似五重峰，裂距为 5～7 Hz，峰强度弱；

第 4 组：$\delta_C=167.2$，三重峰，裂距为 7 Hz，峰强度弱。

根据分子式与图谱可推出，该化合物的不饱和度为 3。

第 1 组谱线为三重强峰、裂距为 142.5 Hz，表明该碳原子与 2 个氢原子直接相连，且为 sp^3 杂化，即为饱和的 CH_2 基团，因 $\delta_C=43.0$，故该基团不与氧原子直接相连。谱线上还有 2×2裂距分别为 7.3 Hz 及 2.3 Hz 的精细裂分表明它另外还和相距三键的 2 个不同类型的氢原子发生耦合。

第 2 组谱线也为三重强峰，同样表明该碳原子与 2 个氢原子直接相连，但因为它的裂距为 163.0 Hz 故为 sp^2 杂化，即为不饱和的 $=CH_2$ 基团；裂距约为 1.5 Hz 的精细裂分表明它另外还和相距三键的氢原子发生耦合。

第 3 组谱线近似为五重峰，峰强度弱表明该碳原子为季碳，又因 $\delta_C=150.1$ 故为一与氧原子直接相连的烯碳，5～7 Hz 的裂距表明在与它相距二至三键处有 4 个氢原子和它发生耦合。

第 4 组谱线为三重弱峰，同样表明该碳原子为季碳，但因 $\delta_C=167.2$，故为酸羰基或酯羰基上的季碳；裂距为 7 Hz 表明与它相距二至三键处有 2 个氢原子和它发生耦合。

根据以上分析可认为该化合物含下列结构片段

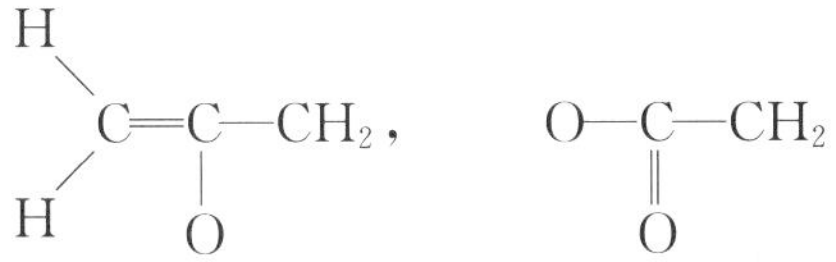

由此推出该化合物为双乙烯酮，结构如 9 所示

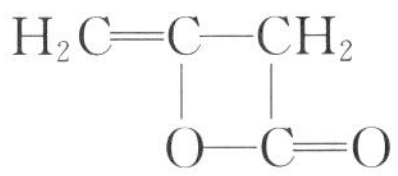

9

4.4.4 碳谱中几种常见的谱图

核磁共振碳谱测定时有各种不同的多重共振方法，每一种方法得到的谱图形状和用途有

较大的差别。这里仅介绍目前用得最多的三种谱图。

1. 质子噪声去耦谱

质子噪声去耦谱(Proton Noise Decoupling)也称作宽带去耦谱(Broadband Decoupling),是最常见的碳谱。它的实验方法是在测定碳谱时,以一相当宽的频率(包括样品中所有氢核的共振频率)照射样品,由此去除^{13}C和^{1}H之间的全部耦合,使每种碳原子仅出一条共振谱线。[参见图 4.31(b)麦芽糖和图 4.33(b)中丙酮的谱图]。

如前所述,由于核 Overhause 效应(NOE)的作用,在对氢核去耦的过程中会使碳谱谱线增强。而不同种类的碳原子的 NOE 是不同的,因此在去耦时谱线将有不同程度的增强。另外由于不同种类的碳原子的纵向弛豫时间(T_1)也是不同的,因此当重复扫描时,脉冲间隔时间不能使分子中所有的碳核的磁化强度矢量恢复至平衡状态时($<5T_1$),T_1值较大的碳核谱线强度较弱,T_1值较小碳核谱线强度将会较强。

总之,由于各碳原子的 NOE 的不同和 T_1的不同,质子噪声去耦谱的谱线强度不能定量地反映碳原子的数量。

2. 反转门控去耦谱

在脉冲傅里叶变换核磁共振谱仪中有发射门(用以控制射频脉冲的发射时间)和接受门(用以控制接受器的工作时间)。门控去耦是指用发射门及接受门来控制去耦的实验方法。反转门控去耦是用加长脉冲间隔,增加延迟时间,尽可能抑制 NOE,使谱线强度能够代表碳数的多少的方法,由此方法测得的碳谱称为反转门控去耦谱(Inverse Gated Decoupling),亦称为定量碳谱。

图 4.36(a)和图 4.36(b)分别为香豆精 10$C_9H_6O_2$的质子噪声去耦谱和反转门控去耦谱。

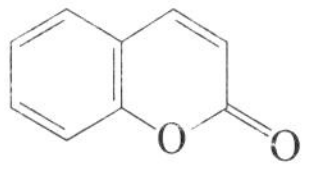

10

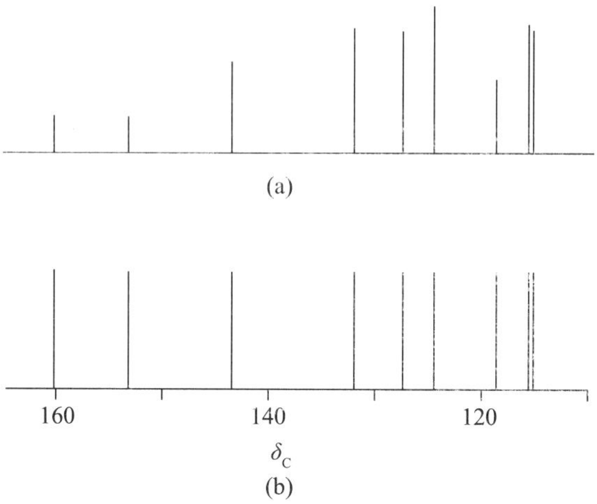

图 4.36 香豆精 10 的核磁共振碳谱

(a) 质子噪声去耦谱;(b) 反转门控去耦谱

香豆精共有不同化学环境的 9 个碳,各个碳的弛豫时间不同,去耦时 NOE 增强也不同,因此它的质子噪声去耦谱图 4.36(a)中各谱线强度均不相同。而采用反转门控去耦法测得的图谱 4.36(b)谱线强度基本一致(见图 4.36)。

3. DEPT(Distortionless Enhancement by Polarization Transfer)谱

前面讲过质子噪声去耦谱可以使碳谱简化,但是它损失了^{13}C和^{1}H之间的耦合信息,因此无法确定谱线所属的碳原子的级数。在碳谱发展的早期,常采用偏共振技术来解决这一问题,偏共振技术既保留了^{13}C和^{1}H之间的耦合裂分,又由于耦合裂距较小而使得谱图较为简化。但对于一些较复杂的有机分子或生物高分子等,多重峰仍将彼此交叠,再加上有些核的次级效应以及碳谱的信号较低,更是难以分辨各种碳的级数。随着现代脉冲技术的进展,已发展了多种确定碳原子级数的方法,如 J 调制法、APT 法、INEPT 法和 DEPT 法等。目前最常用的是 DEPT 技术,由此得到的谱称为 DEPT 谱图。DEPT 谱有下列三种谱图。

DEPT45 谱,在这类谱图中除季碳不出峰外,其余的 CH_3、CH_2 和 CH 都出峰,并皆为正峰。

DEPT90 谱,在这类谱图中除 CH 出正峰外,其余的碳均不出峰。

DEPT135 谱,在这类谱图中 CH_3 和 CH 出正峰,CH_2 出负峰,季碳不出峰。

图 4.37 为化合物 $C_{17}H_{17}O_6Cl$ 的碳谱。图 4.37(a)为质子噪声去耦谱,4.37(b)为 DEPT45 谱,对照图 4.37(a)可得出 δ_C 91.65、97.39、106.04、159.30、166.02、170.55、171.82、192.56 和 196.33 处的谱线为季碳,图 4.37(c)为 DEPT90 谱,图中 3 条谱线 δ_C 37.51,91.90 和 105.68 为 CH 基团上的碳原子谱线,图 4.37(d)为 DEPT135 谱,图中负峰为 CH_2 基团上的碳原子谱线,对照图 4.37(c)可得出 δ_C 14.82、57.24、57.63 和 58.19 处的谱线为 CH_3 基团上的碳原子谱线。

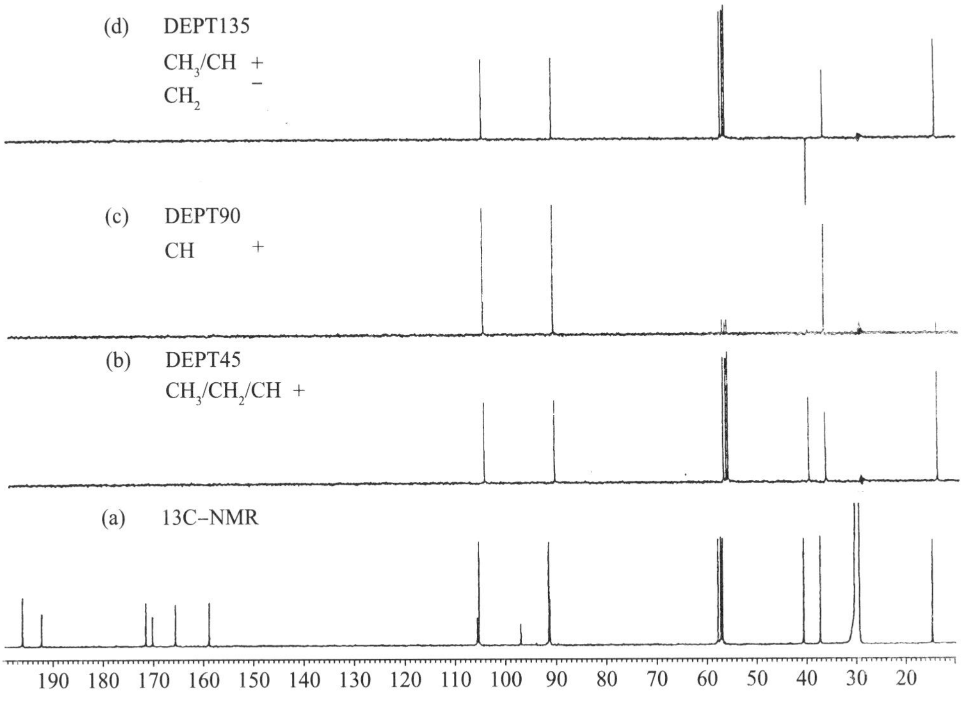

图 4.37 化合物 $C_{17}H_{17}O_6Cl$ 的碳谱

(a) 质子噪声去耦谱;(b) DEPT 45;(c) DEPT 90;(d) DEPT 135

4.4.5 核磁共振碳谱的解析

核磁共振碳谱是有机化合物的结构鉴定的有力工具。因为碳原子构成有机化合物的骨架,碳谱解析的正确与否在化合物的结构鉴定中至关重要。本小节将着重介绍核磁共振碳谱的解析方法。

1. 碳谱的解析步骤

1) 区分谱图中的溶剂峰和杂质峰

同氢谱中一样,测定液体核磁共振碳谱也须采用氘代溶剂,除氘代水(D_2O)等少数不含碳的氘代溶剂外,溶剂中的碳原子在碳谱中均有相应的共振吸收峰,并且由于氘代的缘故在质子噪声去耦谱中往往呈现为多重峰,裂分数符合 $2nI+1$,由于氘的自旋量子数 $I=1$,故裂分数为 $2n+1$ 规律。常用氘代试剂在碳谱中的化学位移值和峰形可从表 4.3 查得。

碳谱中杂质峰的判断可参照氢谱解析时杂质峰的判别。一般杂质峰均为较弱的峰。当杂质峰较强而难以确定时,可用反转门控去耦的方法测定定量碳谱,在定量碳谱中各峰面积(峰强度)与分子结构中各碳原子数成正比,明显不符合比例关系的峰一般为杂质峰。

2) 分析化合物结构的对称性

在质子噪声去耦谱中每条谱线都表示一种类型的碳原子,故当谱线数目与分子式中碳原子数目相等时,说明分子没有对称性,而当谱线数目小于分子式中碳原子数目时,则说明分子中有某种对称性,在推测和鉴定化合物分子结构时应加以注意。但是,当化合物较为复杂,碳原子数目较多时,则应考虑不同类型碳原子的化学位移值的偶然重合。

3) 按化学位移值分区确定碳原子类型

碳谱按化学位移值一般可分为下列三个区,根据这三个区域可大致归属谱图中各谱线的碳原子类型。

- 饱和碳原子区($\delta<100$) 饱和碳原子若不直接和杂原子(O、S、N、F 等)相连,其化学位移值一般小于 55。
- 不饱和碳原子区(δ 为 90～160) 烯碳原子和芳碳原子在这个区域出峰。当其直接与杂原子相连时,化学位移值可能会大于 160。叠烯的中央碳原子出峰位置也大于 160。炔碳原子则在其他区域出峰,其化学位移值范围为 70～100。
- 羰基或叠烯区($\delta>150$) 该区域的基团中碳原子的 δ 值一般大于 160。其中酸、酯和酸酐的羰基碳原子在 160～180 出峰,酮和醛在 200 以上出峰。

4) 碳原子级数的确定

测定化合物的 DEPT 谱并参照该化合物的质子噪声去耦谱对 DEPT45、DEPT90 和 DEPT135 谱进行分析,由此确定各谱线所属的碳原子级数。根据碳原子的级数,便可计算出与碳相连的氢原子数。若此数目小于分子式中的氢原子数,则表明化合物中含有活泼氢,其数目为两者之差。

5) 对碳谱各谱线进行归属

根据以上步骤,已可确定碳谱中的溶剂峰和杂质峰、分子有无对称性、各谱线所属的碳原子的类型以及各谱线所属的碳原子的级数,由此可大致地推测出化合物的结构或按分子结构归属各条谱线。

若分子中含有较为接近的基团或骨架时,则按上述步骤也很难将所有谱线一一归属,这时可参照氢谱或采用碳谱近似计算的方法。目前核磁共振技术已有了飞速发展,二维核磁共振技术已被广泛的应用,利用二维 $^{13}C—^{1}H$ 相关谱可清楚地解析绝大部分有机化合物碳谱中的每一条谱线。详细的解析方法将在下一小节中介绍。

下面介绍一个碳谱解析的例子,更多的例子将在核磁共振谱综合解析第 4.6 节中介绍。

例 4-20 某化合物 11 的分子式为 $C_9H_{12}NOCl$,化学结构为

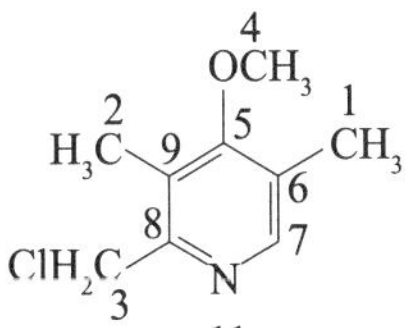

11

该化合物的^{13}C质子噪声去耦谱与DEPT135谱如图4.38(a)和图4.38(b)所示，溶剂为氘代氯仿。请对^{13}C质子噪声去耦谱中各谱线进行指认。

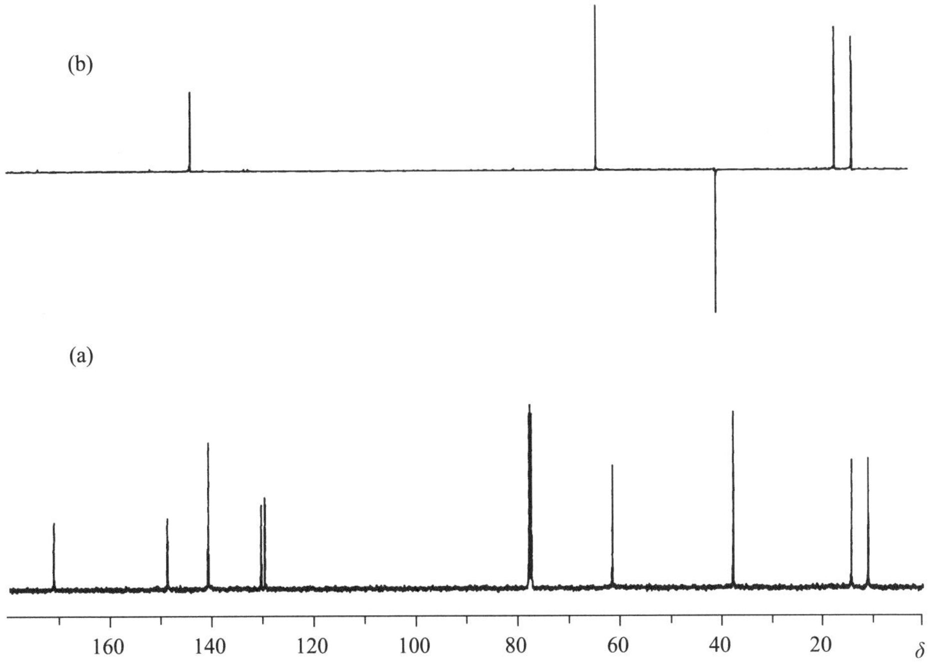

图4.38 化合物11的^{13}C NMR谱

(a) 质子噪声去耦谱；(b) DEPT135谱

解：① 鉴别谱图中的真实谱峰　该化合物的^{13}C质子噪声去耦谱共有12条谱线，查表4.3，知氘代氯仿溶剂峰的化学位移为77.7，为三重峰。故图谱中77.7处的三重峰是溶剂峰。余下9条谱线为样品峰。

② 分子的对称性的分析　从化合物的结构式分析可知该化合物没有对称性，其分子式表明分子中共有9个碳原子，这与图谱中共有9条样品峰相符。

③ 碳原子的δ值的分区　按碳谱化学位移分区规律，该化合物的碳谱可分为两个区域，不饱和碳原子区和脂肪链碳原子区。不饱和区域有5条谱线，饱和区域有4条谱线。从化合物结构上分析在不饱和区中171.0、148.6和140.9处的谱线应是与杂原子相连的不饱和碳原子C(5)、C(7)或C(8)，在饱和区中61.5和38.1处的谱线应是与杂原子相连的饱和碳原子C(4)或C(3)。

④ 碳原子级数的确定　DEPT135谱中共出5条谱线，其中38.1为负峰，11.4、14.8、61.5以及140.9为正峰，由此可知38.1处的谱线为$ClCH_2$—基团中的碳原子C(3)；11.4、14.8、61.5以及140.9处的谱线为CH_3—或═CH—基团中的碳原子，其中140.9处的谱线为吡啶环上的

═CH—基团中的碳原子 C(7),11.4 和 14.8 处的谱线为两个 CH_3—基团中的碳原子C(1)和 C(2),61.5 处的谱线为 CH_3O—基团中的碳原子 C(4);其余 4 条谱线为季碳原子。

⑤ 确定谱线归属结果　综合上述分析,已可明确确定 C(3)、C(4)和 C(7)原子所对应的碳谱谱线分别为 38.0、61.6 和 140.7。另外,根据经验可认为在不饱和区中还有两条与杂原子相连谱线 171.0 和 148.6 分别对应 C(5)和 C(8)原子,这是因为一般来说,与 O 原子相连的碳原子谱线比与 N 原子相连的碳原子谱线在较低场。剩下两条 129.5 和 130.3 处的谱线为C(6)或 C(9)和 C(9)或 C(6)。饱和区中余下的 11.4 和 14.8 处的两条谱线为 C(1)或 C(2)和 C(2)或 C(1)。这些谱线的进一步指认可从二维核磁共振谱中获得。

4.5　二维核磁共振波谱

二维核磁共振波谱(Two-Dimensional NMR Spectra,2D NMR)简称二维谱,可以看成是一维 NMR 谱的自然推广,引入一个新的维数后必然会大大增加创造新实验的可能性。早在 1971 年 Jeener 就提出二维傅里叶变换的思想,后经 Ernst 和 Freeman 等小组的努力,发展了许多种二维方法并把它们应用到物理、化学和生物研究中,成为 NMR 的一个重要分支。二维核磁共振波谱的出现对鉴定有机化合物结构来说,解决问题更客观、可靠,而且提高了所能解决的难度和增加了解决问题的途径。本节将简单介绍一般原理以及在有机化合物结构分析中常用的几种二维谱。

4.5.1　概述

1. 二维核磁共振谱的形成

二维谱是两个独立频率变量的信号函数 $S(\omega_1,\omega_2)$,关键的一点是两个独立的自变量都必须是频率,如果一个自变量是频率,另一个自变量是时间、温度、浓度等其他的物理化学参数,就不属于我们所指的二维 NMR 谱,它们只能是一维 NMR 谱的多线记录。我们所指的二维 NMR 谱是专指时间域的二维实验,这是一种以两个独立的时间变量进行一系列实验,得到信号 $S(t_1,t_2)$。经两次傅里叶变换得到的两个独立的频率变量的信号函数 $S(\omega_1,\omega_2)$。这种实验方法也称为二维傅里叶变换实验。一般把第二个时间变量 t_2 表示采样时间,第一个时间变量 t_1 则是与 t_2 无关的独立变量,是脉冲序列中的某一个变化的时间间隔。二维谱的形成可用图 4.39 表明。

2. 二维核磁共振时间轴方块图

二维谱有多种方式,但其时间轴可归纳为下面方块图

预备期 ⟶ 发展期 ⟶ 混合期 ⟶ 检出期

预备期:预备期在时间轴上通常是一个较长的时期,它使实验前的体系能回复到平衡状态。

发展期(t_1):在 t_1 开始时由一个脉冲或几个脉冲使体系激发,使之处于非平衡状态。发展期的时间 t_1 是变化的。

混合期(t_m):在这个时期建立信号检出的条件。混合期有可能不存在,它不是必不可少的(视二维谱的种类而定)。

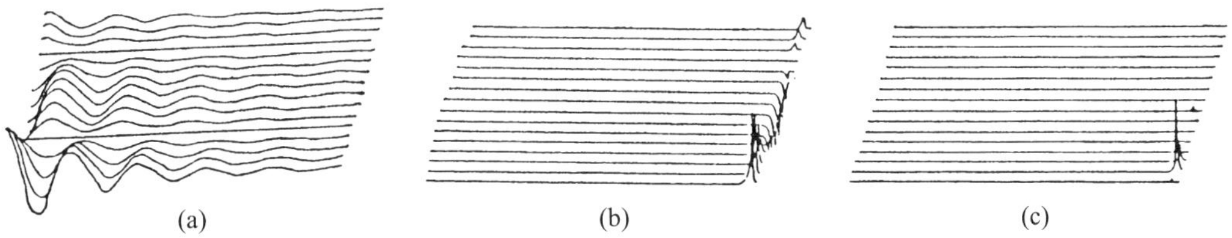

图 4.39 二维核磁共振谱的形成图—$S(t_1,t_2)$经两次 FT 变换成为 $S(\omega_1,\omega_2)$

(a)从左到右为 t_2 增大的方向，曲线簇从下到上为 t_1 增大的方向。初始函数是 $S(t_1,t_2)$，它是 t_1、t_2 的函数。对 t_2 进行傅里叶变换(在此时暂将 t_1 作为非变量)，结果如 (b)所示。如果在(b)的右端作一截面，从右端(t_1)的方向来看是一正弦曲线，进行对 t_1 的傅里叶变换，得到的结果 $S(\omega_1,\omega_2)$ 如图(c)所示，它是频率 ω_1、ω_2 的函数 $S(\omega_1,\omega_2)$。

检出期(t_2)：在检出期内以通常方式检出 FID 信号。

与 t_2 轴对应的 ω_2 轴，是通常的频率轴，与 t_1 轴对应的 ω_1 是什么，则决定于在发展期中是何种过程。

3. 二维核磁共振谱的分类

二维核磁共振谱可分为下面三大类。

1) J 分解谱(J Resolved Spectroscopy)

J 分解谱亦称 J 谱，或称为 $\delta-J$ 谱，它把化学位移和自旋耦合的作用分辨开来。J 谱包括异核 J 谱及同核 J 谱。

2) 化学位移相关谱(Chemical Shift Correlation Spectroscopy)

化学位移相关谱也称为 $\delta-\delta$ 谱，是二维核磁共振谱的核心。它表明共振信号的相关性。有三种位移相关谱：同核耦合、异核耦合、NOE 和化学交换。

3) 多量子谱(Multiple Quantum Spectroscopy)

通常所测定的核磁共振谱线为单量子跃迁($\Delta m=\pm1$)。发生多量子跃迁时 Δm 为大于 1 的整数。用脉冲序列可以检出多量子跃迁，得到多量子跃迁的二维谱。

4. 二维核磁共振谱的表现形式

二维核磁共振谱的表现形式有两种：堆积图和等高线图(图 4.40)。

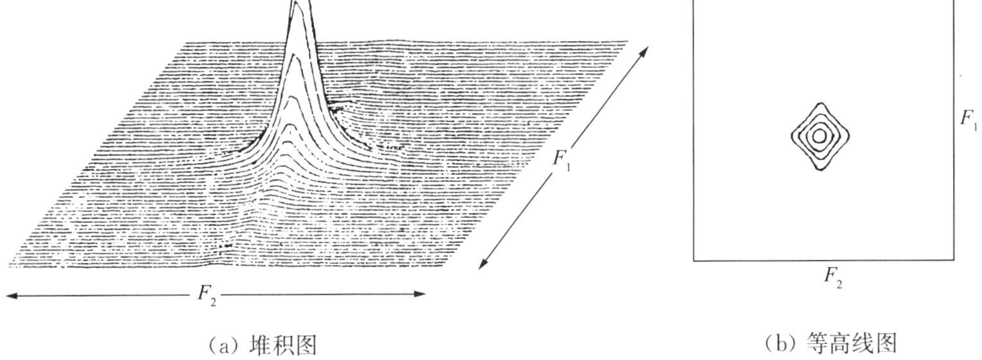

(a) 堆积图 (b) 等高线图

图 4.40 $CHCl_3$ 的 H—H COSY 谱

堆积图由很多条“一维”谱线紧密排列构成的。堆积图的优点是直观、有立体感，缺点是难以定出吸收峰的频率和发现大峰后面可能隐藏着的较小峰，而且，作这样的图耗时较多。等高线图类似于等高线地图。最中心的圆圈表示峰的位置,圆圈的数目表示峰的强度。最外圈表示信号的某一定强度的截面,其内第二、三、四圈分别表示强度依次增高的截面。这种图的优点是易于找出峰的频率、作图快,缺点是强信号的最低等高线会波及很宽范围,从而掩盖附近的弱信号,或者它们之间发生干涉而产生假信号,在解谱时应加以注意。虽然等高线图存在一些缺点,但它较堆积图优点多,故目前被广为采用。以上两种图形是二维谱的总体表现形式,对局部谱图还有别的表现方式,如通过某点作截面、投影等。

4.5.2 常用的二维核磁共振谱

1. J 分解谱

在通常的一维谱中,往往由于 δ 值相差不大,谱带相互重叠(或部分重叠)。磁场的不均匀性引起峰的变宽,加重了峰的重叠现象。由于峰组的相互重叠、每种核的裂分峰形常常是不能清楚反映的,耦合常数也不易读出。在二维 J 谱中,只要化学位移 δ 略有差别(能分辨开),峰组的重叠即可避免,因此二维 J 谱完美地解决了上述问题。但需说明的是,上面的论述是针对弱耦合体系的。

二维 J 谱包括同核 J 谱及异核 J 谱。弱耦合体系的同核 J 谱中最常见的为氢核的 J 分解谱,其表现形式简单:ω_2 维方向(水平轴)反映了氢谱的化学位移 δ_H,在 ω_2 方向的投影相当于全去耦谱图,化学位移等价的一种核显示一个峰;ω_1 维方向(垂直轴)反映了峰的裂分和 J_{H-H} 值,峰组的峰数一目了然。若为强耦合体系,其同核 J 谱的表现形式将比较复杂。图 4.41 为丙烯酸丁酯的同核 J 分解谱,从谱中可清楚地读出 J 值。

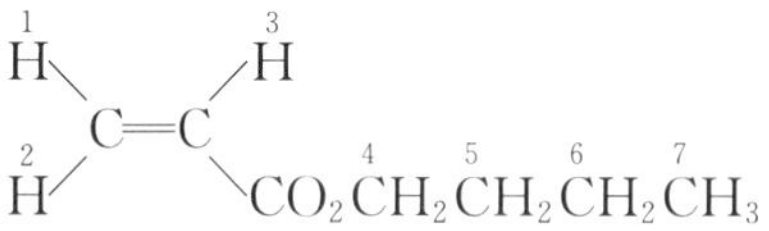

$\delta=5.85$ 处的 H(1) 在 $\omega_{(1)}$ 维上可看到 4 个点,可读出 $J_{(1,3)}\approx10$ Hz;$J_{(1,2)}\approx2$ Hz;$\delta=4.20$ 处的 H(4),在 $\omega_{(1)}$ 维上可看到 3 个点,可读出 $J_{(4,5)}\approx6.5$ Hz;$\delta=1.70$ 处的 H(5),在 $\omega_{(1)}$ 上可看到 9 个点,其中 2 个点部分重叠,可读出 $J_{(4,5)}\approx6.5$ Hz,$J_{(5,6)}\approx8$ Hz。

异核 J 谱常见的为碳原子与氢原子之间产生耦合的 J 分解谱,它的 ω_2 方向(水平轴)的投影如同全去耦碳谱。ω_1 方向(垂直轴)反映了各个碳原子谱线被直接相连的氢原子产生的耦合裂分:CH_3 显示四重峰,CH_2 显示三重峰,CH 显示双重峰,季碳显示单峰。由于 DEPT 等测定碳原子级数的方法能代替异核 J 谱,且检测速度快,操作方便,因此异核 J 谱较少应用。

2. 化学位移相关谱

化学位移相关谱是二维核磁共振谱的核心,它表明共振信号的相关性。测定化学位移相关谱的方法有很多,在这里仅介绍有机化合物结构分析中最常用的几种图谱。

1) 同核位移相关谱

同核位移相关谱中使用最频繁的 H—H COSY,COSY 是 correlated spectroscopy 的缩写。H—H COSY 是 ^{1}H 与 ^{1}H 核之间的位移相关谱,通常就简称为 COSY。

COSY 谱的 ω_2(F_2,水平轴)及 ω_1(F_1,垂直轴)方向的投影均为氢谱,一般列于上方及左侧(或右侧)。COSY 谱本身为正方形,当 F_1 和 F_2 谱宽不等时则为矩形。正方形中有一条对角线(一般为左下——右上)。对角线上的峰称为对角峰(Diagonal Peak)。对角线外的峰称为交叉峰(Cross Peaks)或相关峰(Correlated Peaks)。每个相关峰或交叉峰反映两个峰组间的耦合关系。COSY 主要反映^3J 耦合关系。它的解谱方法是:取任一交叉峰作为出发点,通过它作垂线,会与某对角线峰及上方的氢谱中的某峰组相交,它们即是构成此交叉峰的一个峰组。再通过该交叉峰作水平线,与另一对角线峰相交,再通过该对角线峰作垂线,又会与氢谱中的另一峰组相交,此即构成该交叉峰的另一峰组。由此可见,通过 COSY 谱,从任一交叉峰即可确定相应的两峰组的耦合关系而不必考虑氢谱中的裂分峰形。要注意的是 COSY 一般反映的是^3J耦合关系,但有时也会出现少数反映长程耦合的相关峰,而且当^3J 小时(如两面角接近 90°,使^3J 很小),也可能没有相应的交叉峰。下面举一例来说明 COSY 的应用。

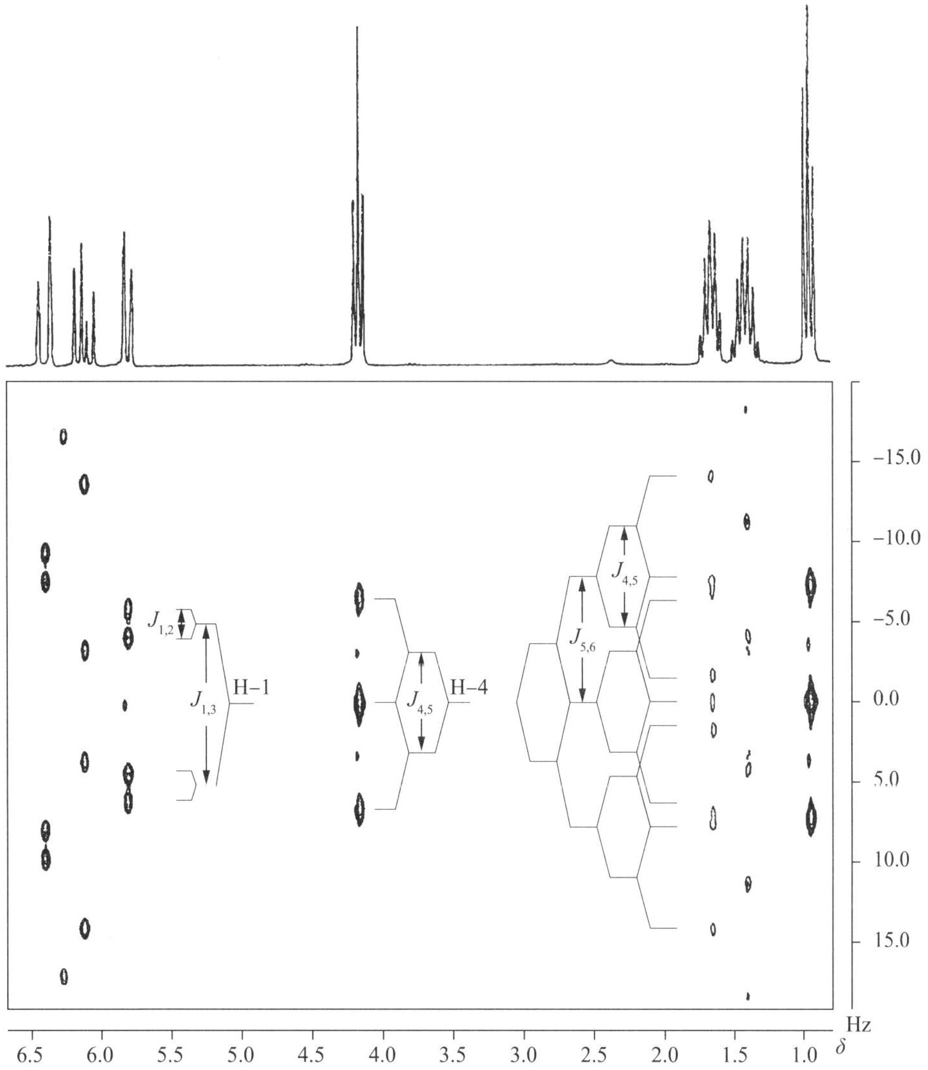

图 4.41 丙烯酸丁酯的同核 J 分解谱

例 4-21 化合物 <u>12</u> 的分子式为 $C_{20}H_{27}N_5O_5$,^1H NMR 谱及重水交换谱如图 4.42(a)和图 4.42(b)所示,溶剂为氘代二甲亚砜(DMSO-d_6),TMS 为内标,其结构中含 6 个活泼 H 及下列 3 个片段

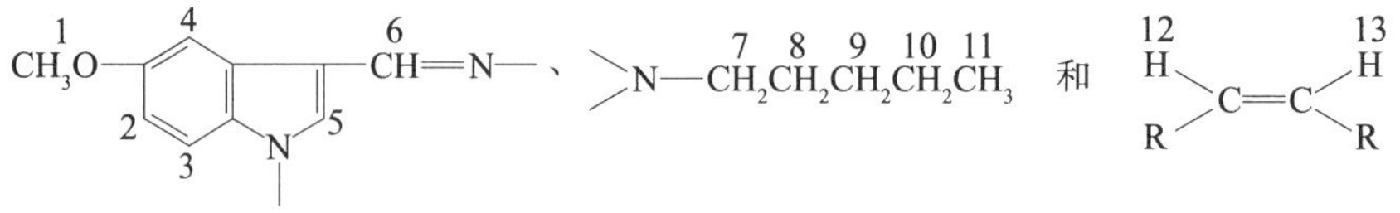

请对该化合物氢谱中与上述结构片段有关的13组谱线进行指认。

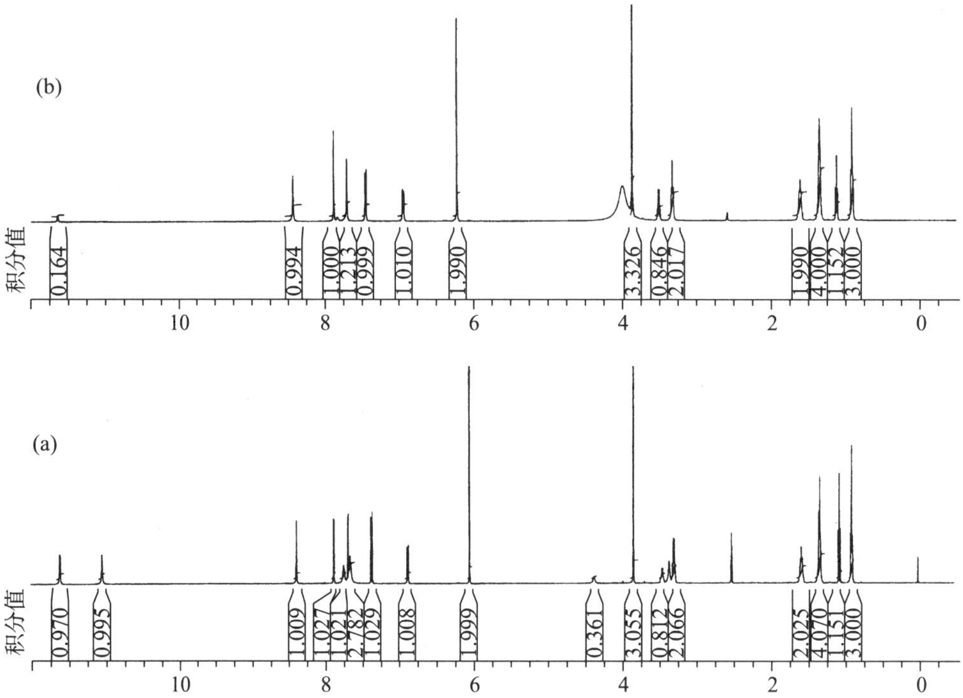

图4.42 化合物<u>12</u>的¹H NMR谱(a)和重水交换谱(b)

解:● 识别溶剂峰　在该化合物¹H谱中共出现21组谱线,已知采用TMS为内标,DMSO-d_6为溶剂,查表4.3可知$\delta_H=0.00$处的谱线为TMS中的甲基峰,$\delta_H=2.50$处的谱线为DMSO-d_6中未被完全氘代的甲基峰,$\delta_H=3.35$处的谱线为DMSO-d_6中的水峰。

● 识别杂质峰　在该化合物重水交换谱中共出现17组谱线,同样$\delta_H=0.00$和2.50处的谱线为溶剂峰,$\delta_H=3.99$处的谱线为重水交换后的水峰以及活泼H经交换后产生的峰。在扣除这3组谱线后剩余的14组谱线中,峰面积比由高场至低场为3∶1.2∶4∶2∶2∶0.8∶3∶2∶1∶1∶1.2∶1∶1∶0.2。由此可见,$\delta_H=1.11$、3.51、7.69以及11.65处的谱线与其他谱线的峰面积无比值关系。对照图谱(a)可知,7.69和11.65处的谱线为未完全与D(重氢)交换而残余的活泼H信号。1.11和3.51处的谱线则可认为是杂质峰。

● 化学位移分区　高场部分(0.8～4.5),根据前述分析可知饱和区部分(0.8～4.5)有5组谱线,其中3.83处的谱线为单峰,3个H,应是与杂原子相连的甲基(CH_3),故可确定为甲氧基H(1);3.29处的谱线为三重峰,2个H,应是与杂原子相连的亚甲基—X—CH_2—,故可确定为H(7);0.89处的谱线为三重峰,3个H,则是结构中的端甲基H(11);其余2条谱线的指认尚难以进行,需借助于其他的解析方法:如计算化学位移,测定二维谱等,在此利用二维H—H COSY谱来帮助识别其余2条谱线。

在低场部分(6～12),同样根据分析可知不饱和区部分(6～12)仅有10条谱线为化合物的峰,其中7.64、7.73、11.03和11.60处的峰在用重水交换时变小,说明是活泼H,在此不做讨论;从分子构型来看,除H(12)和H(13)是对称结构外,其余氢核均不对称,故可认为6.05处(单峰,2个H)的谱线为H(12)和H(13)的峰;6.86(dd,1个H)、7.35(dd,^{1}H)和7.67(d,^{1}H)处的峰;很明显应分别为吲哚环上H(2)、H(3)和H(4),但究竟哪一组谱线对应哪一个H,在此同样可利用二维H—H COSY谱来帮助识别;H(5)和H(6)的谱线均应是单峰,1个H,故应是图谱中7.86和8.36处的谱线,由于它们均是C═N基团中C原子上的H,故它们的δ_H值较接近,需用其他二维谱辅助判断,这将在下一小段异核相关谱中再做讨论。

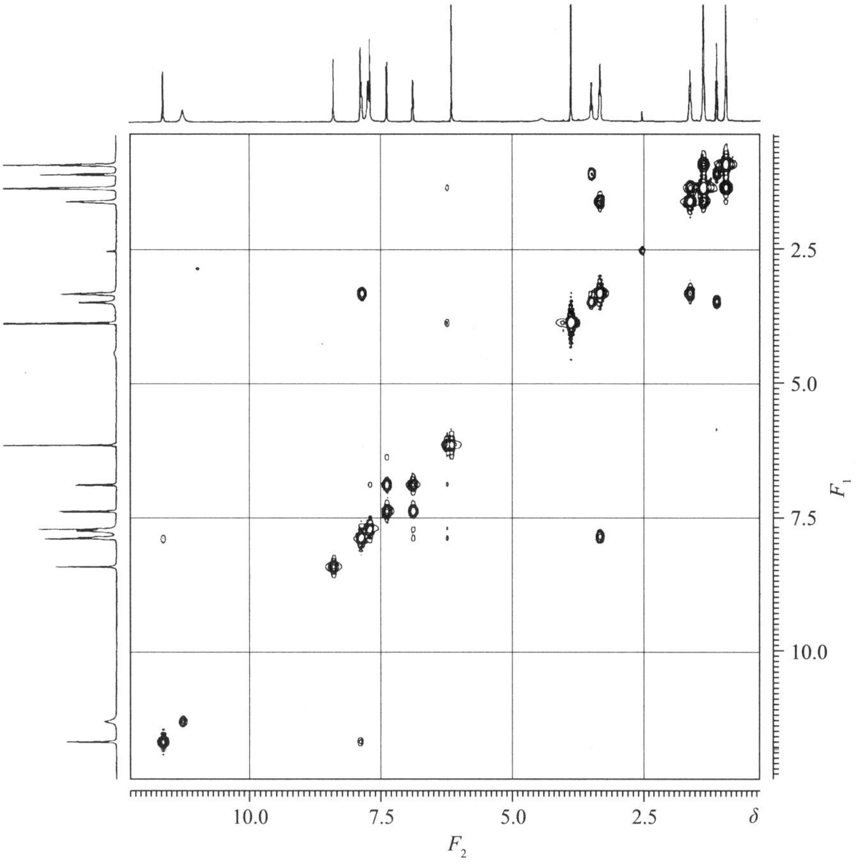

图 4.43 化合物12的^{1}H—^{1}H COSY谱

● 利用二维H—H COSY(图4.43)来标识谱线　根据上述分析已知δ_H=0.89处的谱线为甲基峰H(11),从该谱线出发向F_2轴作垂直线,可找到一个交叉峰,从此交叉峰出发向F_1轴作水平线与一对角峰相交,然后再从该对角峰出发向上作垂直线,找到另一组谱线δ_H=1.32,由此可知0.89处的谱线与1.32处的谱线相关,即1.32处(4个H)的谱线对应于甲基H(11)直接相连的亚甲基上的2个H(10)。从1.32处的谱线出发继续向下(F_2轴)作垂直线,又可找到另一个交叉峰,从此交叉峰出发向F_1轴作水平线与另一个对角峰相交,然后再从该对角峰出发向上作垂直线,可找到另一组谱线δ_H=1.57,即1.32处的谱线与1.57处的谱线相关,同样方法可得到1.57处的谱线与3.29处的谱线相关,由此可确定1.57处的谱线对应的是H(8),1.32处的谱线还对应另一个亚甲基H(9)。同样在低场部分可得到6.86处的谱线与7.35处的谱线相关,另外它还和

7.67 处的谱线相关，但从谱图上可见其交叉峰较弱，表明为远程耦合，据此可容易地确定 6.86 处的谱线对应于 H(2)，7.35 处的谱线对应于 H(3)，7.67 处的谱线对应于 H(4)。

指认结果如下。

氢原子序数	1	2	3	4	5	6	7
化学位移	3.80	6.86	7.35	7.67	7.86 或 8.36	8.36 或 7.86	3.29
氢原子序数	8	9	10	11	12	13	
化学位移	1.57	1.32	1.32	0.89	6.05	6.05	

2) 异核位移相关谱

异核位移相关谱中最常见的是 C—H COSY。C—H COSY 是 ^{13}C 和 ^{1}H 核之间的位移相关谱。它反映了 ^{13}C 和 ^{1}H 核之间的关系。它又分为直接相关谱和远程相关谱，直接相关谱是把直接相连的 ^{13}C 和 ^{1}H 核关联起来，矩形的二维谱中间的峰称为交叉峰(Cross Peak)或相关峰(Correlated Peak)，反映了直接相连的 ^{13}C 和 ^{1}H 核，在此图谱中季碳无相关峰。而远程相关谱则是将相隔两至三根化学键的 ^{13}C 和 ^{1}H 核关联起来，甚至能跨越季碳、杂原子等，交叉峰或相关峰比直接相关谱中多得多，因而对于帮助推测和确定化合物的结构非常有用。

在异核位移相关谱测试技术上又有两种方法，一种是对异核(非氢核)进行采样，这在以前是常用的方法，是正相实验，所测得的图谱称为“C—H COSY”或长程“C—H COSY”、COLOC(远程 ^{13}C—^{1}H 化学位移相关谱，Correlation Spectroscopy Via Long Rang Coupling)。因是对异核进行采样，故灵敏度低，要想得到较好的信噪比必须加入较多的样品，累加较长的时间。另一种是对氢核进行采样，这种方法是目前常用的方法，为反相实验，所得的图谱为 HMQC(^{1}H 检测的异核多量子相干实验，^{1}H Detected Heteronuclear Multiple Quantum Coherence)、HSQC (^{1}H 检测的异核单量子相干实验，^{1}H Detected Heteronuclear Single Quantum Coherence)或 HMBC(^{1}H 检测的异核多键相关实验，^{1}H Detected Heteronuclear Multiple Boan Correlation 或 Long Range Heteronuclear Multiple Quantum Coherence)谱。由于是对氢核采样，故对减少样品用量和缩短累加时间很有效果。

HMQC 和 HSQC 对应于“H—C COSY”，反映的是 ^{1}H 和 ^{13}C 以 $^{1}J_{CH}$ 相耦合，HMBC 对应于长程“H—C COSY”和 COLOC，反映的是 ^{1}H 和 ^{13}C 以 $^{n}J_{CH}$ 相耦合。无论是正相实验还是反相实验，所测得的图谱形式均是一样的，一维为氢谱，另一维为碳谱。解谱的方法也是相同的。其差别在于在正相实验中 ω_2(F_2，水平轴)方向的投影为全去耦碳谱，ω_1(F_1，垂直轴)方向的投影为氢谱，而在反相实验中正好与之相反。下面仍以化合物 12 为例说明 HMQC 和 HMBC 谱的解谱方法。

例 4-22 化合物 12 的定量碳谱及 DEPT 135 谱如图 4.44(a)和图 4.44(b)所示，溶剂为氘代二甲基亚砜(DMSO-d_6)，TMS 内标，请对碳谱中与下列结构片段有关的碳原子进行指认。

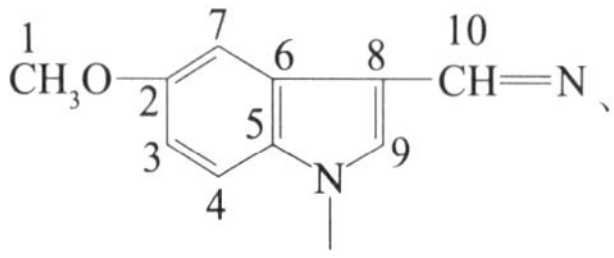

、
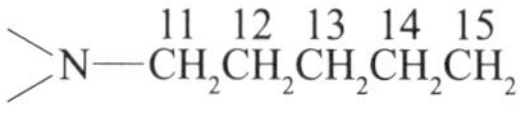

和
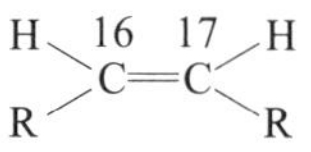

解：● 识别溶剂峰　在该化合物定量碳谱中共出现 19 组谱线。已知采用 TMS 为内标，

DMSO-d_6为溶剂，查表 4.3 可知 δ_C＝39.5 处的谱线(7 重峰)为 DMSO-d_6中甲基中的碳原子峰。

● 识别杂质峰　由图 4.44(a)定量碳谱中可见，18.6 与 56.1 处的谱线的峰面积与其他谱线的峰面积没有比例关系，为杂质峰。这与氢谱中所得到的结果对应。

● 碳原子级数的确定　根据该化合物的 DEPT 135 谱[图 4.44(b)]，可确定定量碳谱中 13.9 和 55.3 处的谱线为 CH_3基团中的碳原子峰，21.9、28.4 以及 41.0 处的谱线为 CH_2基团中的碳原子峰，104.0、112.7、131.9、136.1 以及 145.0 处的谱线为＝CH 基团中的碳原子峰，其余为季碳。因此可认为 13.9 处的谱线为 C(15)，55.3 处的谱线为 C(1)，41.0 处的谱线为C(11)、21.9 和 28.4 处的谱线为 C(12)、C(13)和 C(14)。

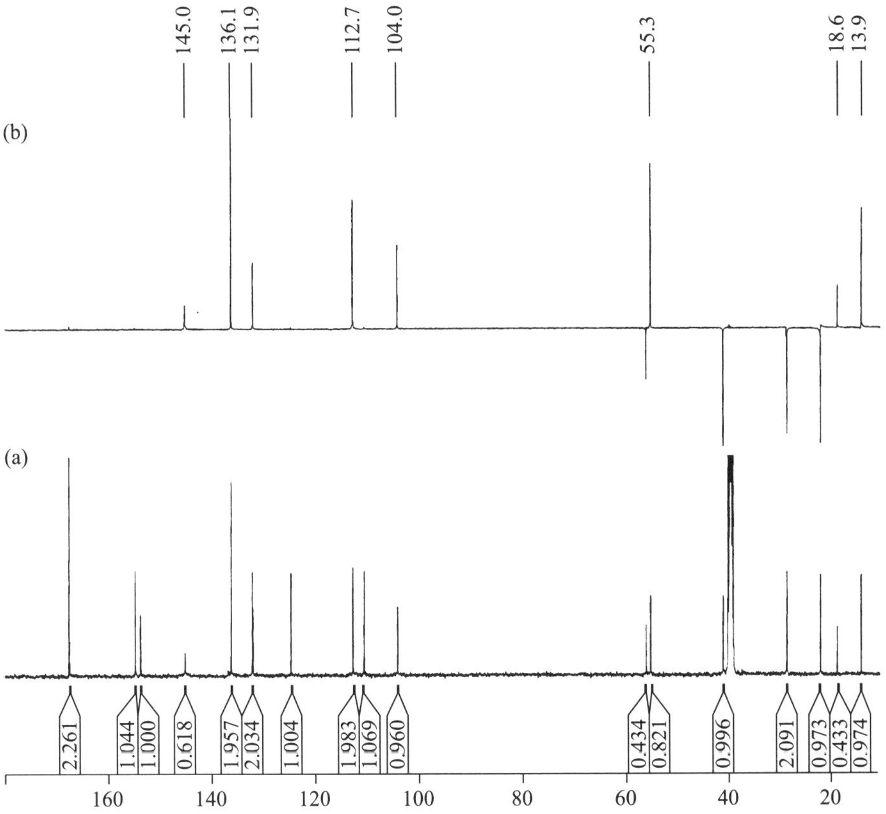

图 4.44　化合物 12 的定量碳谱(a)和 DEPT 135 谱(b)

根据上面分析只确定 C(15)、C(1)和 C(11)这 3 个碳原子所对应的谱线，其余 12 个碳原子究竟与哪条谱线对应呢，下面将利用二维 HMQC 及 HMBC 谱并结合 ^{1}H 谱来进行指认。

● 利用二维 HMQC(图 4.45)及 HMBC(图 4.46)谱并结合 ^{1}H 谱来标识谱线。

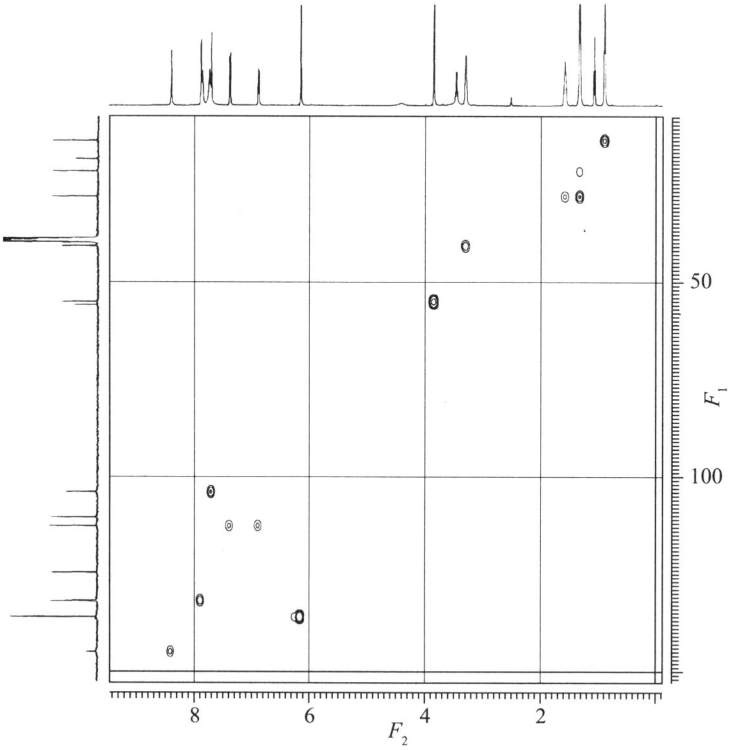

图 4.45 化合物 <u>12</u> 的 HMQC 谱

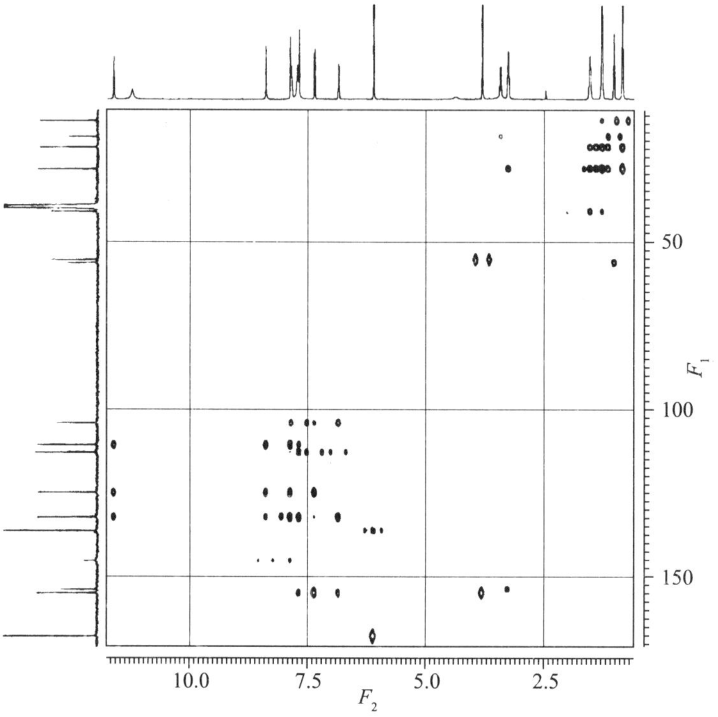

图 4.46 化合物 <u>12</u> 的 HMBC 谱

● HMQC 谱的解析　HMQC 谱的解析方法是从已知的 ^{1}H 谱谱线（HMQC 谱的横坐标，F_2 维）出发向下作垂直线，找到一交叉峰，再由此交叉峰为起点，向纵坐标（F_1 维，^{13}C 谱）作水平线，便可找到与之相关的 ^{13}C 谱谱线。也可从已知的 ^{13}C 谱谱线出发作水平线，找到相应的交叉峰，再由这些交叉峰为起点，向横坐标（F_2 维，^{1}H 谱）一一作垂直线，找到与之相关的 ^{1}H 谱谱线。

根据 ^{1}H 谱解析结果，已知各个氢原子所对应的谱线如下

氢原子序数	1	2	3	4	5	6	7
化学位移	3.80	6.86	7.35	7.67	8.36 或 7.86	7.86 或 8.36	3.29
氢原子序数	8	9	10	11	12	13	
化学位移	1.57	1.32	1.32	0.89	6.05	6.05	

下面便可从 ^{1}H 谱谱线出发寻找与之相关的 ^{13}C 谱谱线。如从 3.80[H(1)]处的谱线出发向下作垂直线，可找到一交叉峰，由此交叉峰为起点，再向纵坐标（F_1 维，^{13}C 谱）作水平线，便可找到与之相关的 ^{13}C 谱谱线 55.25。按此方法可找到与上表中各氢原子谱线一一对应的碳原子谱线如下

碳原子序数	1	3	4	7	9	10	11
化学位移	55.3	112.7	112.7	104.0	131.9 或 145.0	145.0 或 131.9	41.0
碳原子序数	12	13	14	15	16	17	
化学位移	28.3	21.9 或 28.3	28.3 或 21.9	13.9	136.1	136.1	

要注意的是在 HMQC 谱图上，氢谱中 6.86 和 7.35 处的谱线均对应于碳谱中 112.7 处的谱线，说明这两个碳原子在碳谱中有相同的化学位移，在定量碳谱中已反映出其积分值为 2。另外，氢谱中 1.32 处的谱线对应于碳谱中 21.9 和 28.3 处的谱线，说明这两个 CH_2 基团在氢谱中有着相同的化学位移而在碳谱中化学位移值却不相同。

上述结果中可见，C(9)和 C(10)以及 C(13)和 C(14)还是无法确认，另外，一些季碳峰也不能确定，故采用 HMBC 谱来做进一步的指认。

● HMBC 谱的解析　HMBC 谱的解析方法与 HMQC 谱的解析方法类似，可从 HMBC 谱的横坐标（F_2 维，^{1}H 谱）上有关的谱线出发向下作垂直线，找到一系列的交叉峰，由这些交叉峰为起点，再向纵坐标（F_1 维，^{13}C 谱）一一作水平线，便可找到一系列与之相关的 ^{13}C 谱谱线；也可从已知的 ^{13}C 谱谱线出发作水平线，找到一系列的交叉峰，再由这些交叉峰为起点，向横坐标（F_2 维，^{1}H 谱）一一作垂直线，找到与之相关的 ^{1}H 谱谱线。

如图 4.46 中可见，从纵坐标（F_1 维，^{13}C 谱）28.3 处的谱线出发作水平线，可找到 4 个交叉峰，由这 4 个交叉峰为起点，分别向横坐标（F_2 维，^{1}H 谱）作垂直线，找到与之相关的 ^{1}H 谱谱线 0.89、1.32、1.57 和 3.29，说明该谱线所对应的碳原子与 H(11)、H(10)、H(9)、H(8)以及 H(7)相关；另外再从 21.9 处的谱线出发作水平线，可找到 3 个交叉峰，由这 3 个交叉峰为起

点，分别向横坐标(F_2维，^{1}H 谱)作垂直线，找到与之相关的^{1}H 谱谱线 0.89、1.32和 1.57，说明该谱线所对应的碳原子与 H(11)、H(10)、H(9)以及 H(8)相关而与H(7)无关，由此可推断出21.9 处的谱线所对应的碳原子为 C(14)，而 28.3 处的谱线所对应的碳原子为 C(13)和 C(12)，定量碳谱也表明该谱线的积分值为 2，即有 2 个碳原子。

再以 C(5)和 C(6)的解析为例进一步说明 HMBC 的作用。从化合物 12 的结构片段上分析可知，在 HMBC 谱中 C(5)将与 H(2)、H(4)和 H(5)相关，C(6)将与 H(3)、H(5)和 H(6)相关。因此，可从横坐标(^{1}H 谱)中相应的谱线 6.86、7.67 和 7.86 或 8.36 向下作垂直线，各找到一系列的交叉峰，然后从这些交叉峰开始向纵坐标作水平线，找到其中一条同时与这 3 组峰相关的碳谱谱线 132.1，即为 C(5)。同样从 7.35、7.86 和 8.36 向下作垂直线，也可找到一系列的交叉峰，然后从这些交叉峰开始向纵坐标作水平线，找到其中一条同时与这 3 组峰相关的碳谱谱线 124.6，即为 C(6)。

由此还可确定例 4-20 中 H(5)和 H(6)分别所对应的谱线为 7.86 和 8.36，再由 HMQC谱又可得到 C(9)131.9 和 C(10)145.0。用同样的方法可得到 C(2)和 C(8)所对应的谱线分别为 154.7 和 110.5。

到此就完成了例题中所列出的化合物 12 结构片段中所有的碳原子的指认，结果如下

碳原子序数	1	2	3	4	5	6	7	8	9
化学位移	55.3	154.7	112.7	112.7	132.1	124.6	104.0	110.5	131.9
碳原子序数	10	11	12	13	14	15	16	17	
化学位移	145.0	41.0	28.3	28.3	21.9	13.9	136.1	136.1	

3) NOESY 和 ROESY

二维 NOE 谱简称为 NOESY(Nuclear Overhause Effect Spectroscopy)，它反映了有机化合物结构中核与核之间空间距离的关系，而与两者间相距多少根化学键无关。因此对确定有机化合物结构、构型和构象以及生物大分子(如蛋白质分子在溶液中的二级结构等)有着重要意义。目前，氢核的 NOESY 是最常用的二维谱之一。本书仅讨论这一类谱。

NOESY 的谱图与^{1}H—^{1}H COSY 非常相似，它的 F_2 维和 F_1 维上的投影均是氢谱，也有对角峰和交叉峰，图谱解析的方法也和 COSY 相同，唯一不同的是图中的交叉峰并非表示两个氢核之间有耦合关系，而是表示两个氢核之间的空间位置接近。由于 NOESY 实验是由COSY实验发展而来的，因此在图谱中往往出现 COSY 峰，即 J 耦合交叉峰，故在解析时需对照它的^{1}H—^{1}H COSY 谱将 J 耦合交叉峰扣除。在相敏 NOESY 谱图中交叉峰有正峰和负峰，分别表示正的 NOE 和负的 NOE。下面举例来说明 NOESY 谱的解析。

例 4-23 化合物 13 含有如下结构片段

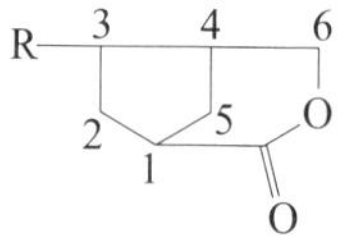

图 4.47 为该化合物的^{1}H 谱，H(1)、H(3)和 H(4)的化学位移分别为 2.93、2.65 和 2.48。请确定 C(1)、C(3)和 C(4)上质子的立体构型。

解：为确定该化合物的空间位置，测定了 COSY(图 4.48)谱和 NOESY 谱(图 4.49)。

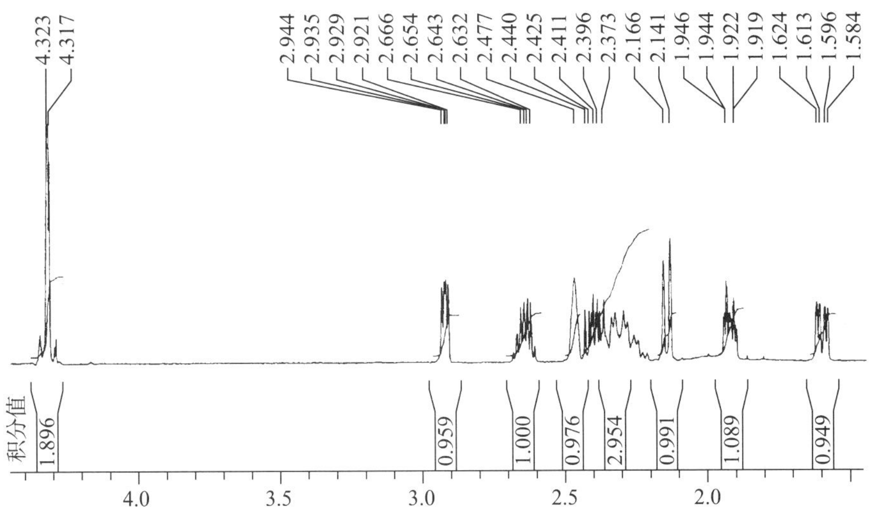

图 4.47 化合物 13 的^{1}H 谱

对照 COSY 谱，可以去除 NOESY 谱中的假峰。从 NOESY 谱中可见：δ 2.48 与 δ 2.93 之间有交叉峰 δ(b)峰，δ2.65 也与 δ 2.93 之间有交叉峰 δ(a)峰，由此可表明 H(1)和 H(4)这两个氢核在环的同一方向，H(1)和 H(3)也在环的同一方向，故 H(1)、H(3)和 H(4)的空间位置如下面结构所示。

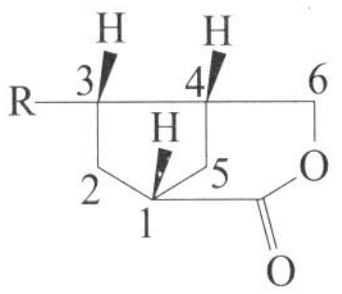

当遇到中等大小的分子时(相对分子质量约为 1 000～3 000)，由于此时 NOE 的增益约为零，无法测到 NOESY 谱中的相关峰(交叉峰)，此时测定旋转坐标系中的 NOESY 则是一种理想的解决方法，这种方法称为 ROESY(Rotating frame Overhause Effect Spectroscopy)，由此测得的图谱称为 ROESY 谱。ROESY 谱的解析方法与 NOESY 相似，同样 ROESY 谱中的交叉峰并不全都表示空间相邻的关系，有一部分则是反映了耦合关系，因此在解谱时需注意。

4)总相关谱

在 H—H COSY 谱中，质子是通过与邻近的质子耦合相关，一般反映的是^3J 耦合关系，而总相关谱原则上可给出同一耦合体系中的所有质子彼此之间全部相关的信息。即可从某一个质子的谱峰出发，找到与它处于同一耦合体系中的所有质子谱峰的相关峰，因此在谱图归属时往往起到比 COSY 谱更有效的作用。目前常用的总相关谱有 TOCSY(Total Correlation Spectroscopy)与 HOHAHA(Homonuclear Hartmann-Hahn Spectroscopy)。TOCSY 和 HOHAHA 的用途及谱图的外观是一样的，只是实验时所用的脉冲序列不同。TOCSY 和 HOHAHA 的谱图的外观与 COSY 谱类似，其 F_2 维和 F_1 维上的投影均为氢谱，也有对角峰和交叉峰(相关峰)，图谱解析的方法也和 COSY 相同，只是 TOCSY 与 HOHAHA 谱中的相关峰一般比COSY中多。

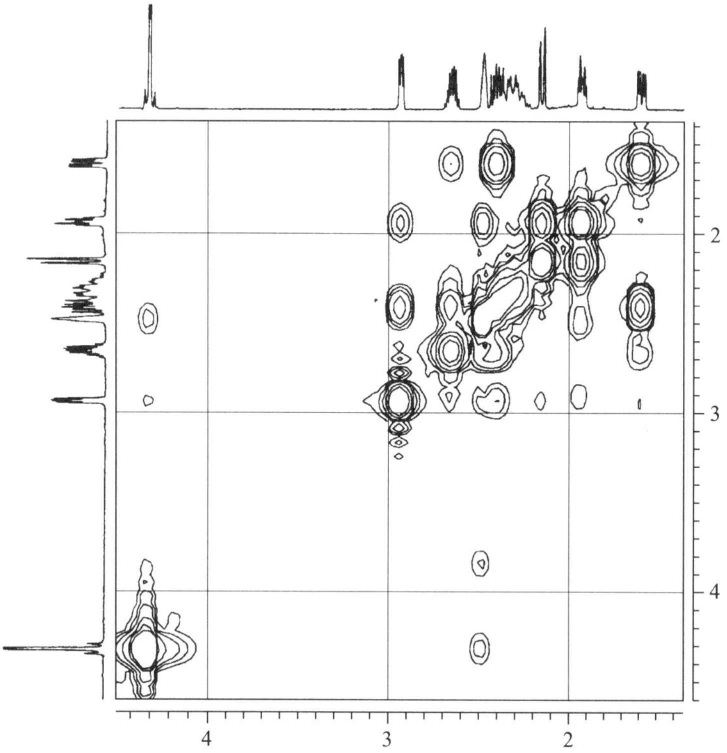

图 4.48 化合物的 13 ^1H—^1H COSY 谱

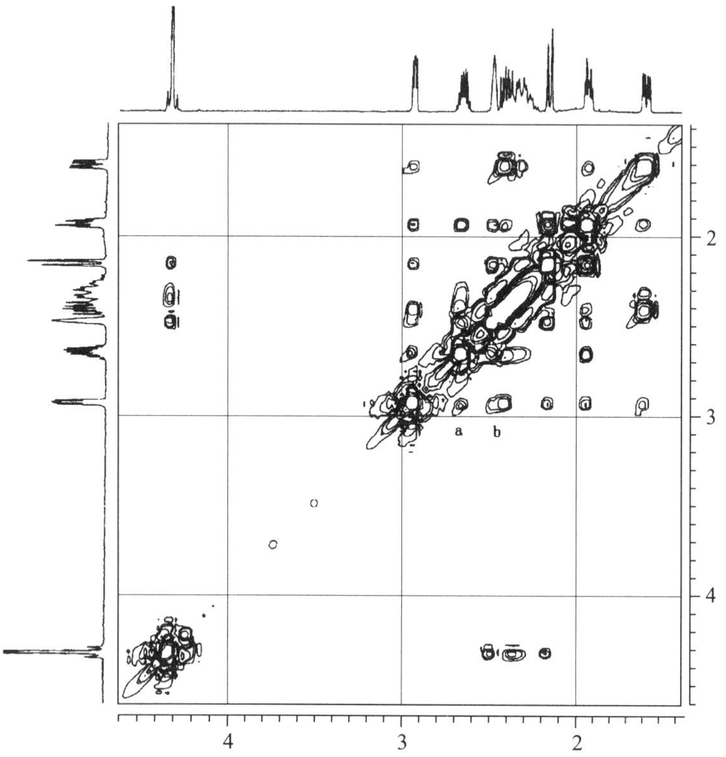

图 4.49 化合物 13 的 NOESY 谱

图 4.50 和图 4.51 分别为化合物 14的 COSY 谱以及 TOCSY 谱。可见 TOCSY 谱中的相关峰比 COSY 谱中的相关峰多了很多,且 COSY 谱仅表明 H(2)与 H(3)相关、H(3)与H(2)及 H(4)相关、H(4)与 H(3)及 H(5)相关、H(5)与 H(4)及 H(6)相关;而 TOCSY 谱则清晰地反映出该化合物环中 H(2)、H(3)、H(4)、H(5)、H(6)彼此之间都是相关的,即它们处于同一耦合体系中。

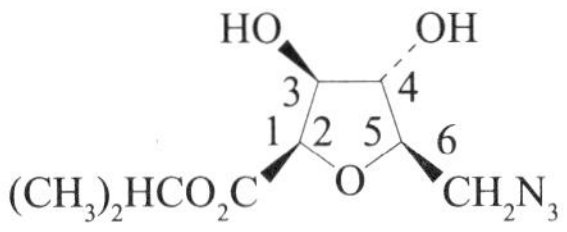

14

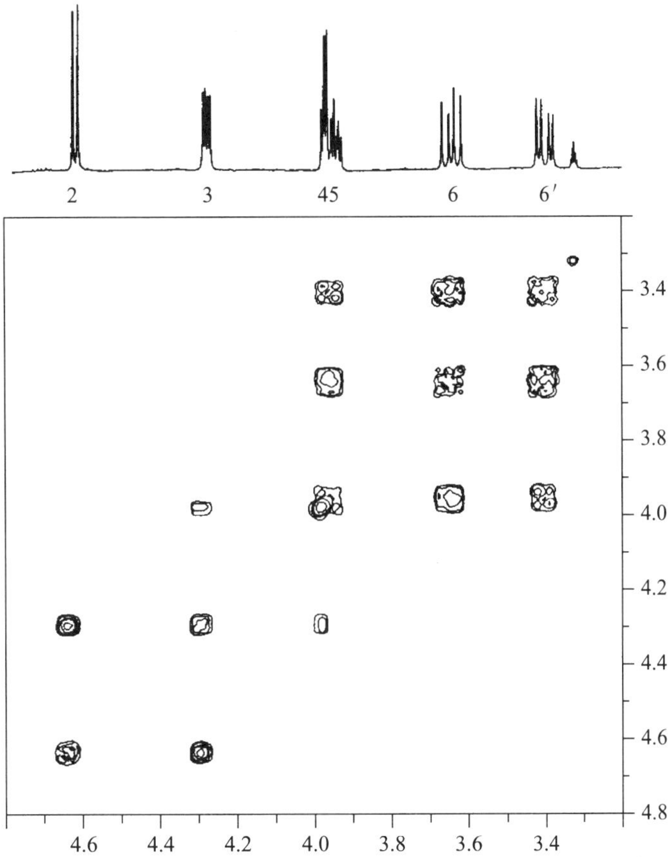

图 4.50 化合物14的 COSY 谱

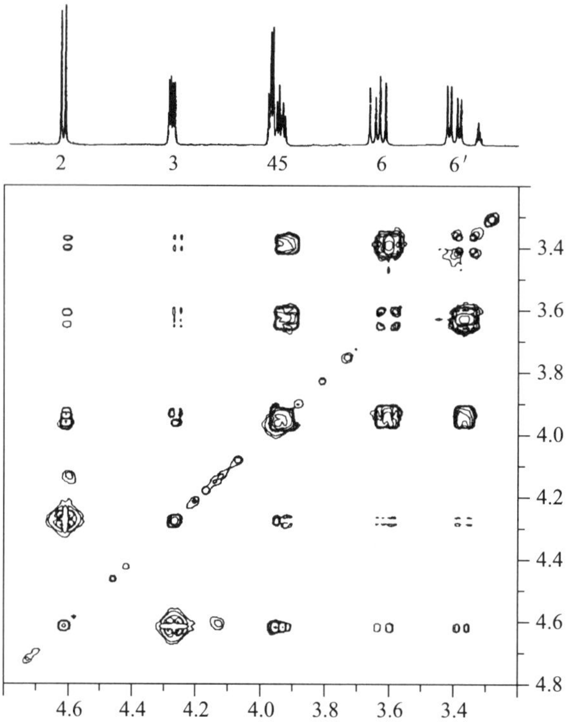

图 4.51 化合物14的 TOCSY 谱

例 4-24 化合物 15含有如下结构片段

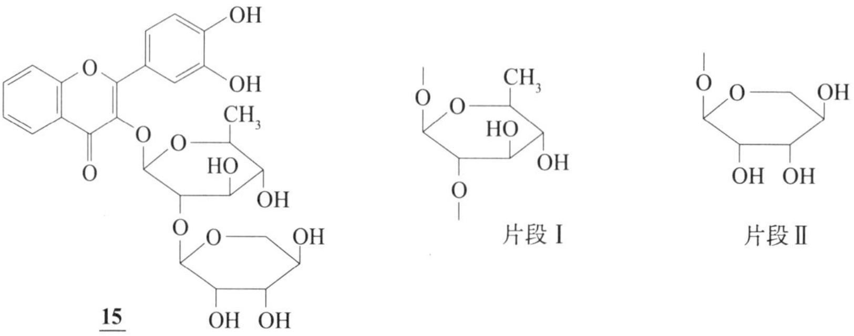

图 4.52、图 4.53、图 4.54 分别为化合物15的^{1}H 重水交换谱的局部放大图、COSY 谱和 TOCSY 谱,请确认^{1}H 谱中哪些峰属于片段Ⅰ,哪些峰属于片段Ⅱ。

解:在化合物15的^{1}H 重水交换谱中片段Ⅰ应有 6 组峰,片段Ⅱ应有 5 组峰,共有 11 组峰,分别为 δ0.88、3.23、3.30、3.42、3.49、3.56、3.75、3.81、4.02、4.09 与 5.09。由经验可知δ0.88为甲基峰属于片段Ⅰ,COSY 谱中 δ0.88 与 δ3.56 相关,故 δ3.56 为片段Ⅰ中与甲基相连的次甲基。而在 TOCSY 谱中 δ0.88 与 δ3.30、3.56、3.81 相关,δ3.30、3.56、3.81、4.02 之间彼此相关,而 δ4.02 又与 δ 5.09 相关,因此可认为 δ0.88、3.30、3.56、3.81、4.02 以及 5.09 处的 6 组峰所代表的 H 原子为同一自旋体系,即为片段Ⅰ中的各个 H 原子;另外在 TOCSY 谱上还可看到 δ 3.23、3.42、3.49、3.75、4.09 处的峰之间彼此相关,表明这 5 组峰所代表的 H 原子处于同一自旋体系中,即为片段Ⅱ中的各个 H 原子。

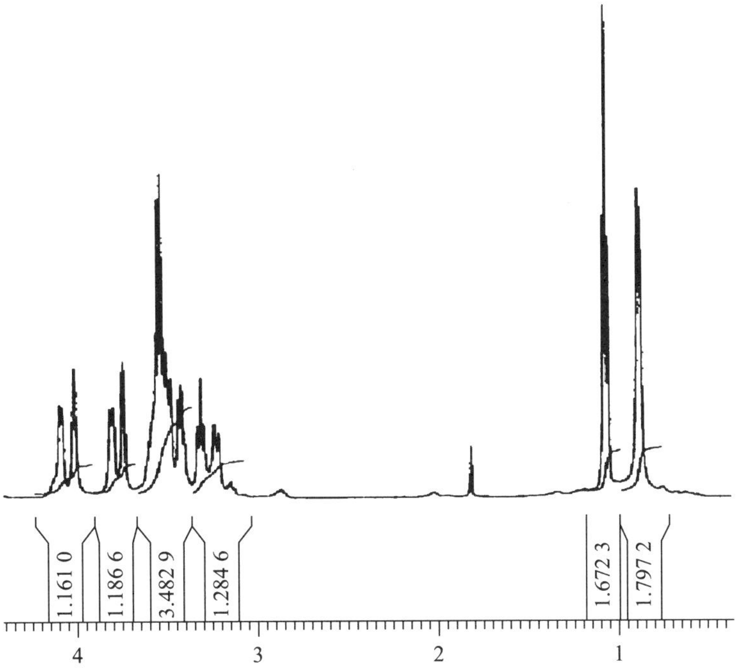

图 4.52 化合物 15的^{1}H 重水交换谱

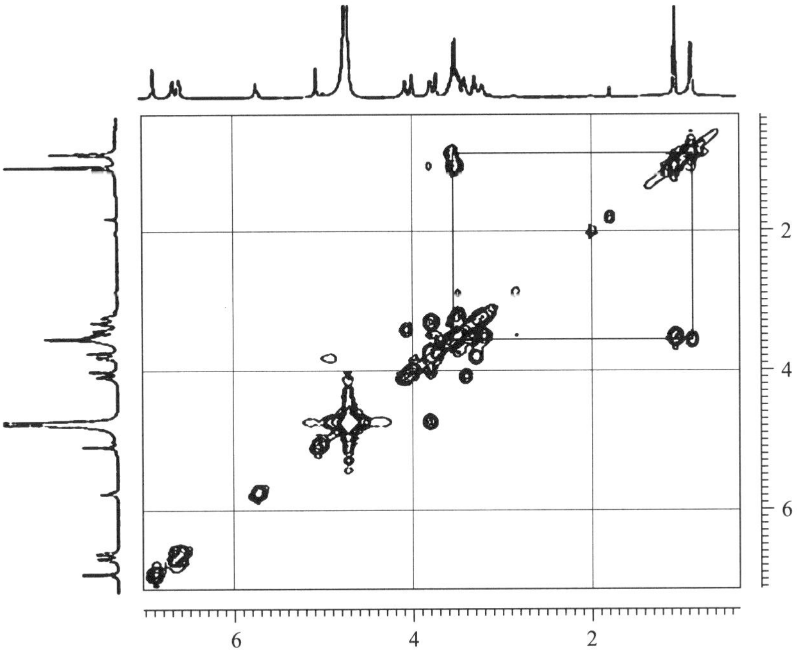

图 4.53 化合物 15的 COSY 谱

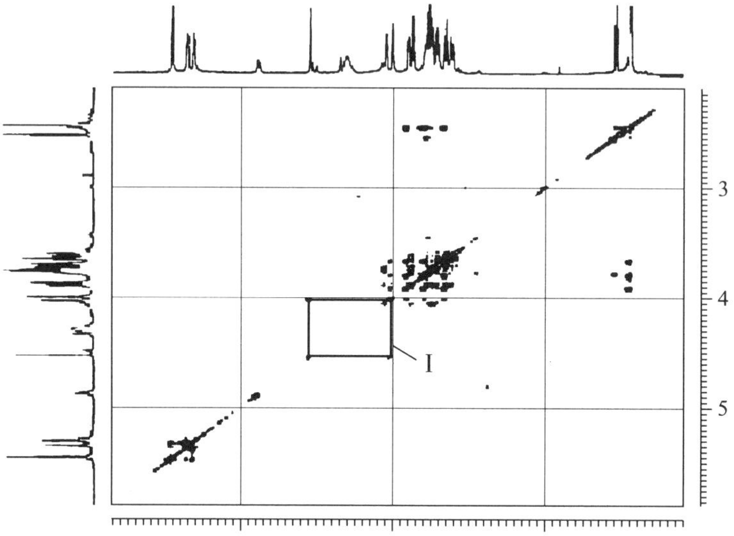

(a) 全谱

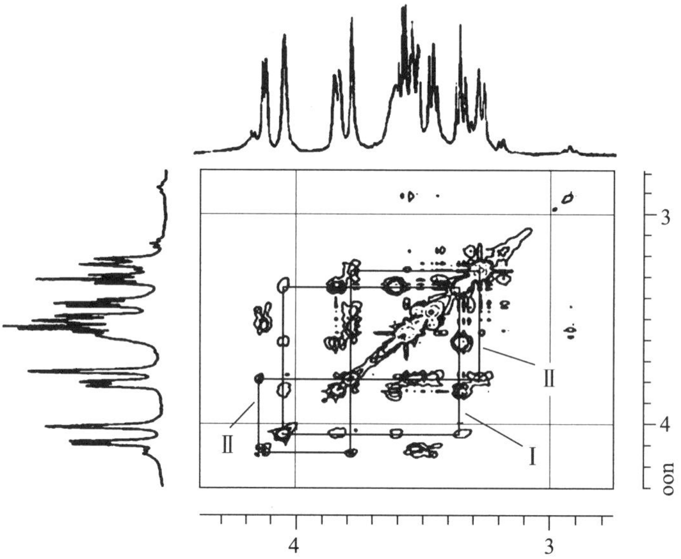

(b) 局部放大谱

图 4.54　化合物 15的 TOCSY 谱

3. 其他二维实验

二维实验除上面介绍的几种常用方法外还有一些，在此再简单地介绍一些有时会遇到的实验名称及用途。

- COSYLR(或称 LRCOSY)：优化长程耦合的 COSY(COSY Optimised for Long Range Couplings)，用于确认^3J 耦合以上 H 与 H 之间的长程耦合关系。
- 2D－INADEQUATE(Incredible Natural Abundance Double Quantum Transfer Experiment)是测定^{13}C—^{13}C 的耦合，以此确定碳原子连接顺序的实验。但由于实际上^{13}C 与^{13}C 相邻的概率是万分之一，用于测试这样一张谱需要很长时间，故目前很少使用。
- HOESY(Heteronuclear NOE Spectroscopy)用于测定空间位置相近的两个不同的核。

它的图谱与“H—CCOSY 相似”，只是它的交叉峰反映的是异核与^{1}H之间的 NOE 关系，即它们在空间的距离是相近的。

4.6 核磁共振谱图综合解析

前面已分别介绍了核磁共振氢谱、碳谱以及二维核磁共振谱的解析方法，在本节中将通过几个例题介绍核磁共振谱的综合解析方法，一般而言，利用核磁共振谱进行结构解析的步骤大致如下：

- 识别氢谱与碳谱中的溶剂峰与杂质峰。
- 初步分析谱图，找出特征峰并确定各谱线的大致归属。首先分析一维^{1}H谱，根据谱图中化学位移值、耦合常数值、峰形和峰面积找出一些特征峰，获得一些最明显的结论。其次对照^{13}C质子噪声去耦谱以及各个 DEPT 碳谱，确定各碳原子的级数。第三，按照化学位移分区的规律，大致确定各谱线所属的区域，如在饱和区还是在不饱和区，是否含杂原子、羰基以及活泼氢等。
- 借助二维核磁共振谱对图谱做进一步的指认。对一些简单的化合物根据氢谱谱图中化学位移值、耦合常数值、峰形和峰面积以及^{13}C质子噪声去耦谱和各个 DEPT 碳谱或非去耦碳谱便可对化合物进行指认。但对一些较为复杂的化合物分子，仅用一维谱则比较困难，这时便要用二维谱来帮助解析。首先，解析$^{1}H—^{1}H$ COSY 谱，从一维谱中已经确定的氢谱线出发找到与之相关的其他谱线。其次，解析$^{13}C—^{1}H$ COSY（或 HMQC、HSQC）谱，同样从已知的氢谱线出发找到各相关的碳谱线，以此推断出这些碳谱线的归属。第三，解析$^{13}C—^{1}H$远程相关谱（COLOC 或 HMBC），从已确定的碳谱线出发，找到与之相关的各氢谱线或从已知的氢谱线出发找到各相关的碳谱线，由此完成对一些未知谱线的指认。如此反复推导，最终完成对所有一维氢谱和碳谱的指认。在二维谱中由于一些相关峰的强度较弱，在实验中常常未被检测到，另外在图谱中还常常会出现假峰，这些在二维谱的解析中应特别注意。
- 由上面的解析结果推断出化合物的可能的结构片段，并结合其他分析（IR、UV、MS、元素分析等）结果得出确定无误的化学结构式。

下面举例说明核磁共振谱的综合解析。

例 4-25 化合物16 的化学式为 $C_{10}H_{10}N_2O$，其化学结构式如下

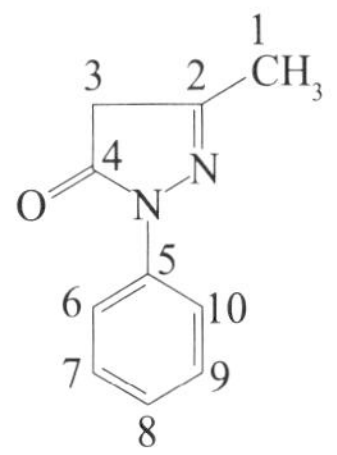

16

其核磁共振氢谱和碳谱如图 4.55 和图 4.56 所示，溶剂为氘代氯仿，TMS 为内标。请对谱图中各谱线进行归属。

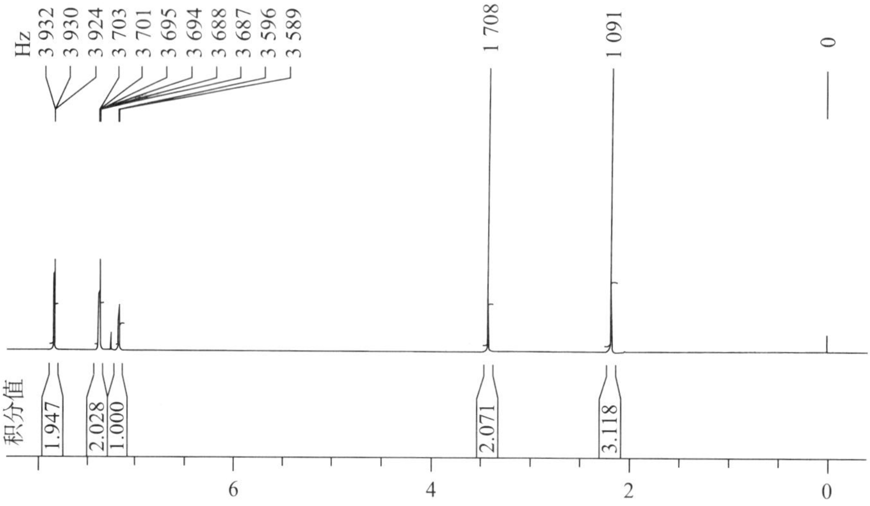

图 4.55 化合物 16 ^{1}H 谱

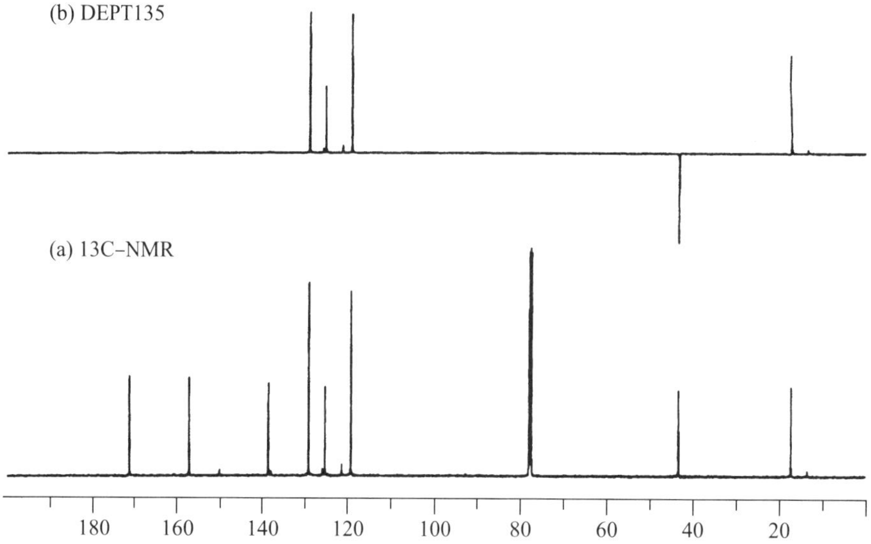

图 4.56 化合物 16

(a) 质子噪声去耦谱;(b) DEPT 135 谱

解:● 识别氢谱与碳谱中的溶剂峰与杂质峰。由表 4.3 查出氘代氯仿($CDCl_3$)在氢谱中的峰位为 7.24,在碳谱中为 77.7。

● 初步分析谱图,找出特征峰并确定各谱线的大致属性。氢谱中除溶剂峰外共有 5 组峰,积分值从高场到低场为 3∶2∶1∶2∶2,表明分子中有 10 个 H 原子,与分子式一致。在饱和区部分有 2 个单峰,对照化合物结构可确定为化合物中的甲基(CH_3—)和亚甲基(—CH_2—),即 H(1)和 H(3)。另外 3 组峰在不饱和区,化学位移值为 7.17～7.86,因此可确定为单取代苯环上的 5 个 H。

碳谱中除溶剂峰外共有 8 条强度较大的谱线,其余为杂质峰。分子式中表明该化合物有 10

个碳，故分子中存在对称性，对照其化学结构式，发现分子中C(6)和C(10)对称，C(7)和C(9)对称，所以只出8条谱线，与分子式相符。同样在饱和区也只有2条谱线，应为C(1)和C(3)。在不饱和区共有6条谱线，其中2条谱线(119.14和129.20)强度明显大于其他谱线，根据经验应是C(6)、C(10)和C(7)、C(9)峰。171.05处的谱线落在羰基区，根据结构式应为羰基峰C(4)。

对照DEPT135谱，可确定43.40处的谱线为亚甲基上的碳原子，即C(3)；17.30处的谱线为甲基上的碳原子，即C(1)；119.14、129.20以及125.34处的谱线为═CH基团上的碳原子，即C(6)、C(10)、C(7)、C(9)和C(8)；前面讲过119.14和129.20应是C(6)、C(10)和C(7)、C(9)峰，故125.34处的谱线为C(8)。

在此已确定了H(1)、H(3)和C(1)、C(3)、C(4)以及C(8)，并大致确定了C(6)、C(10)、C(7)和C(9)，进一步的指认将要借助于二维谱。

● ^{1}H—^{1}H COSY、HMQC和HMBC谱的解析

为进一步解析图谱中其他未确定的峰组，测定^{1}H—^{1}H COSY(图4.57)、HMQC(图4.58)和HMBC(图4.59)谱。

COSY谱表明7.39处的多重峰(2H)既与7.17处的峰(1H)相关，又与7.85处的峰(2H)相关，可认为该处的峰为H(7)和H(9)，7.17处的峰(1H)为H(8)，7.85处的峰(2H)为H(6)和H(10)。

在HMQC谱中，从已知的H(6)、H(10)和H(7)、H(9)峰出发，找到这2组峰的相关峰分别是H(6)、H(10)和119.14处的谱线相关，H(7)、H(9)和129.20处的谱线相关，故可确定119.14处的谱线为C(6)和C(10)，129.20处的谱线为C(7)和C(9)。

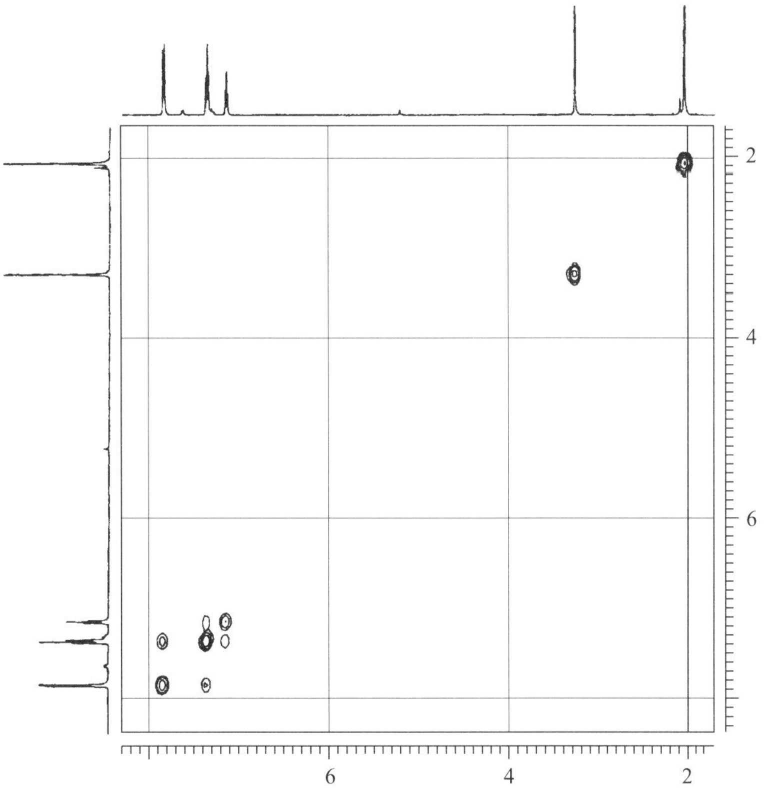

图4.57 化合物16的^{1}H—^{1}H COSY谱

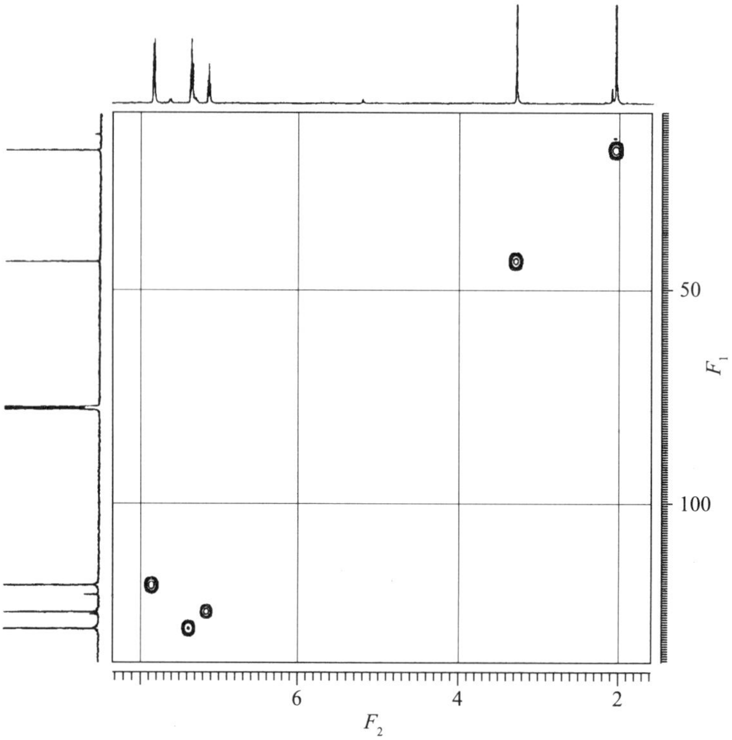

图 4.58 化合物 16 的 HMQC 谱

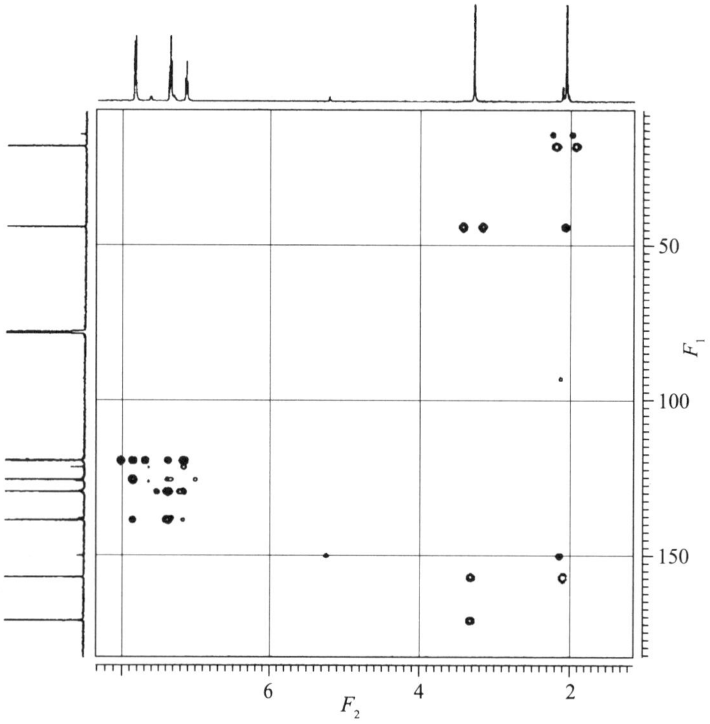

图 4.59 化合物 16 的 HMBC 谱

从化合物的结构分析可知，在 HMBC 谱中 C(2)谱线应与 H(1)和 H(3)相关，C(5)谱线应与 H(6)、H(10)、H(7)和 H(9)相关。C(4)谱线应与 H(3)相关。首先从已知的 H(1)和 H(3)峰出发，找到了与这 2 个峰同时相关的碳谱谱线 156.97，即为 C(2)；同样从 H(6)和 H(10)以及 H(7)和 H(9)峰出发，找到了与这两组峰同时相关的碳谱谱线 138.47，即为 C(5)；仅仅与 H(3)峰相关的碳谱谱线 171.05 是 C(4)。

由以上分析，便完成了该化合物的核磁共振氢谱以及碳谱中所有谱线的归属和解析工作，解析结果如下

原子序数	1	2	3	4	5	6	7	8	9	10
δ_H	2.18	—	3.41	—	—	7.85	7.39	7.17	7.39	7.85
δ_C	17.30	156.97	43.40	171.05	138.47	119.14	129.20	125.34	129.20	119.14

例 4-26 化合物17为一未知化合物，其质谱表明该化合物相对分子质量为 430，红外光谱显示该化合物含苯环、羰基、甲基等官能团，核磁共振 1H 谱(图 4.60)、^{13}C 谱(图 4.61)、COSY 谱(图 4.62)、HMQC 谱(图 4.63)以及 HMBC 谱(图 4.64)，试推断该化合物的化学结构式。

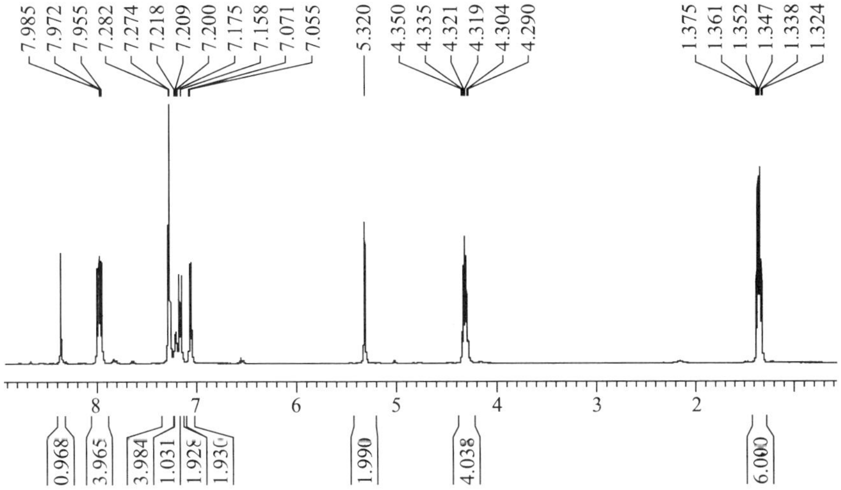

图 4.60 化合物17的^{1}H 谱

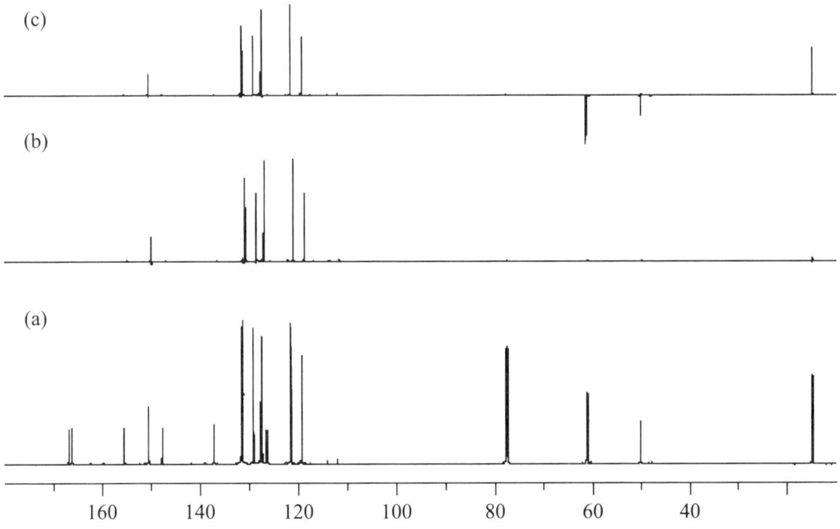

图 4.61 化合物17的^{13}C 谱

(a) 质子噪声去耦^{13}C 谱；(b) DEPT90；(c) DEPT135

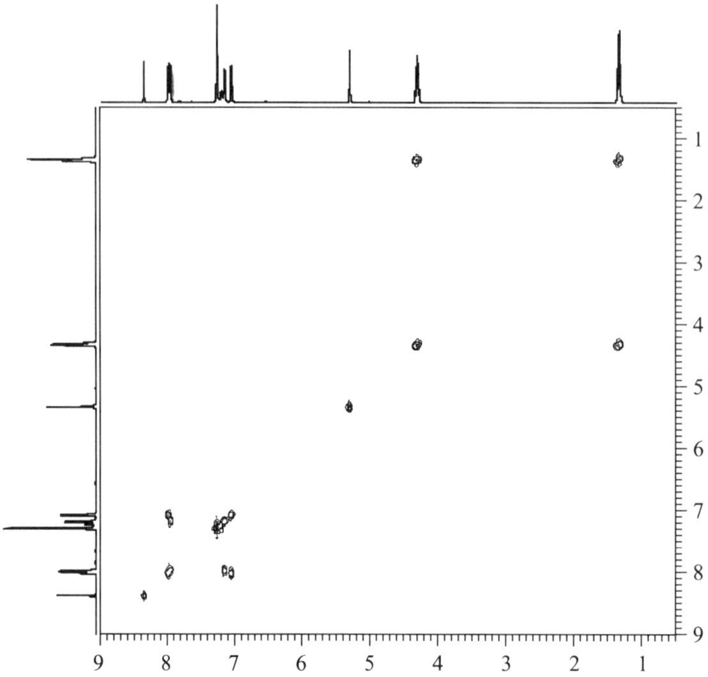

图 4.62　化合物17的 ¹H—¹H COSY

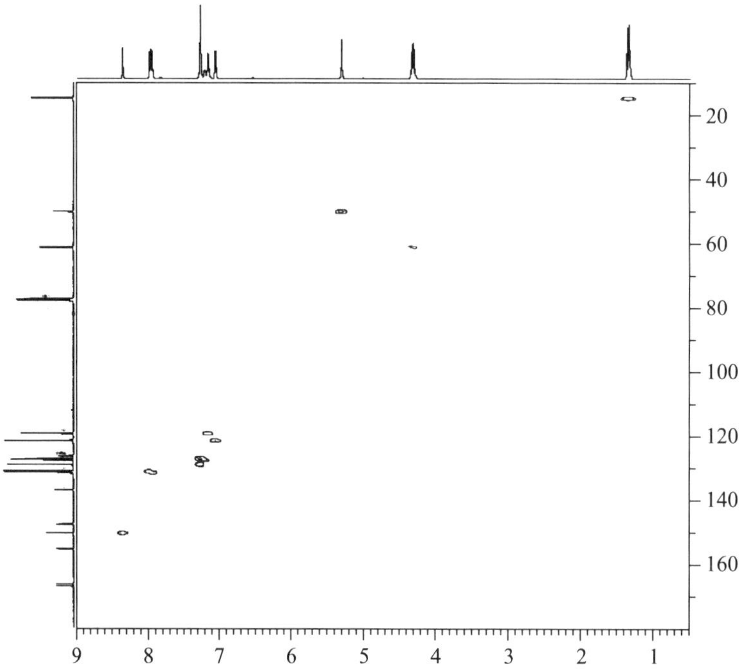

图 4.63　化合物17的 HMQC 谱

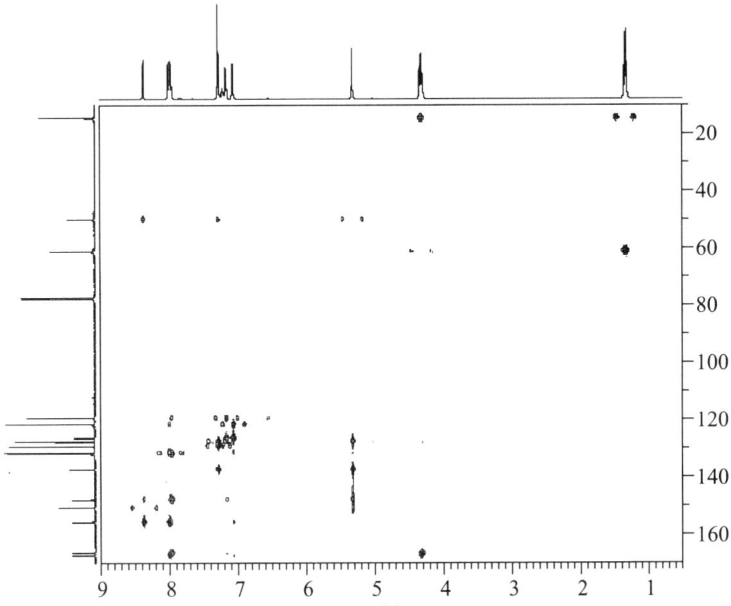

(a)

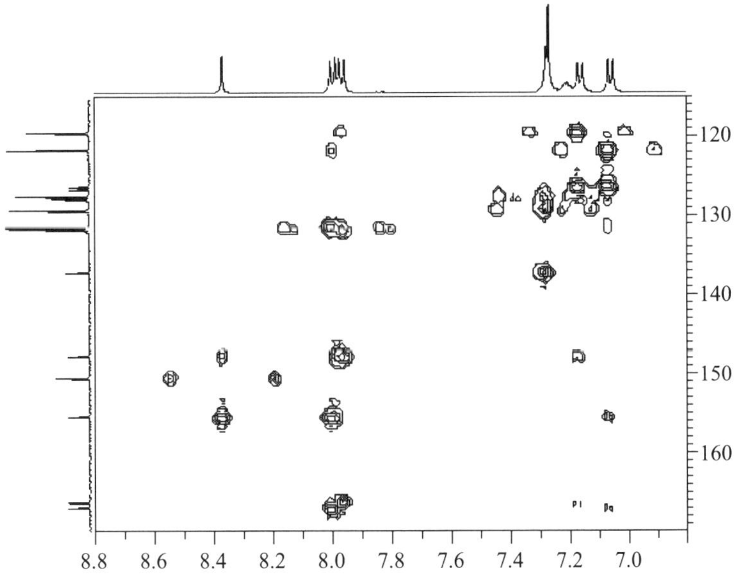

(b)

图 4.64 化合物17的 HMBC 谱

(a) 全谱;(b) 局部放大谱

解：1) 根据谱图确定分子式，并计算不饱和度。

● 由质谱相对分子质量为 430。

● 核磁共振氢谱中共有 9 组峰，积分比从高场至低场为 6∶4∶2∶2∶2∶1∶4∶4∶1，共 26 个 H；核磁共振质子噪声去耦碳谱中共有 20 条谱线，其中低场部分有 6 条谱线，强度约是其余谱线强度的 2 倍，根据经验可推知该化合物结构中应存在 6 组对称结构，因此可推出该化合物中有26个碳原子,其中饱和碳原子5个、不饱和碳原子21个。

● 由[1]H谱 δ4.29~4.35(m,4H)、5.32(s,2H)、8.37(s,[1]H)以及[13]C谱 δ51.43、62.38、62.61表明该化合物分子中含有O、N等杂原子相连的饱和烃,δ167.53、168.22为羰基碳原子,表明该化合物分子可能含2个酯、4个氧原子。

● 由 $430-M_H\times26-M_C\times26=92$,$92-M_O\times4=28$,$28=M_N\times2$,故可推出化合物18的分子式为 $C_{26}H_{26}O_4N_2$。

● 由分子式计算得到不饱和度 $f=1+n_C+1/2(n_N-n_H)=15$。

2) 根据DEPT谱、化学位移分区规律及不饱和度推测结构中所包括的各种基团

● 由DEPT谱以及碳谱化学位移分区规律可知谱中,δ14.84和14.90为2个—CH_3上的碳原子谱线,δ51.43、62.38和62.61为3个—CH_2—上的碳原子谱线,其中δ51.43应与氮原子相连(>N—CH_2—),δ62.38和62.61应与氧原子相连(—O—CH_2—),δ119.38(2C)、121.61(2C)、127.45(2C)、127.80(1C)、129.20(2C)、131.50(2C)、131.62(2C)以及150.53(1C)共8条谱线为不饱和的=CH—上的14个碳原子谱线,其余7条谱线δ126.28、126.56、137.19、147.77、155.49、167.53以及168.22为不饱和季碳原子(δ167.53以及168.22为>C=O上的碳原子谱线)。

● 由氢谱化学位移值δ8.37对照数据表分析可知,该化合物结构中可能含—N=CH—基团。

● 由上述分析以及谱线的对称性和不饱和度 $f=15$,可推出该化合物应含下列结构片段:—N=CH—($f=1$)、3个苯环($f=3\times4=12$)、2个羰基(>C=O,$f=2\times1=2$)、2个甲基(—CH_3)和3个亚甲基(1个>N—CH_2—,2个—O—CH_2—)。

3) 利用二维谱将各可能的基团相连,由此获得结构片段

● 由HMQC谱可知:[1]H谱中δ1.32~1.37(m,6H)与碳谱中δ14.84和14.90相关,δ4.29~4.35(m,4H)与δ62.38和62.61相关,δ5.32(s,2H)与δ51.43相关,故[1]H谱中δ1.32~1.37应为2个甲基(—CH_3)上的6个氢原子谱线,δ4.29~4.35应为与氧相连的2个亚甲基(—O—CH_2—)上的4个氢原子谱线,δ5.32应为与氮相连的亚甲基(>N—CH_2—)上的2个氢原子谱线。另外,[1]H谱中δ8.37与碳谱中δ150.53相关,故碳谱中δ150.53应为—N=CH—上的碳原子谱线。因此,在碳谱中其余13个不饱和的=CH—基团所对应的碳原子谱线应为3个苯环上未取代碳原子谱线。因存在6组对称结构,故可推出其中1个苯环为单取代,另2个苯环为对位取代结构。

● COSY谱中,δ1.32~1.37与δ4.29~4.35相关,δ7.06(d,2H)与δ7.99(d,2H)相关,δ7.16(d,2H)与δ7.96(d,2H)相关,δ7.22(m,1H)与δ7.28(m,2H)相关,而δ7.28又与δ7.24(m,2H)相关,表明该结构中,2个甲基(—CH_3)分别与2个亚甲氧基(—O—CH_2—)直接相连,为乙氧基(—O—CH_2—CH_3)结构,而δ7.22、7.24、7.28单取代苯环中未取代的氢原子谱线,δ7.06、7.99以及δ7.16、7.96分别为2个对位取代苯环中未取代的氢原子谱线。

● HMQC谱中,[1]H谱中δ7.22、7.24、7.28分别与碳谱中δ127.80、127.45、129.20相关,

δ7.06、7.99 分别与碳谱中 δ121.61、131.51 相关，δ7.16、7.96 分别与碳谱中 δ119.38、131.62 相关，故 δ127.80、127.45、129.20 为单取代苯环中未取代的碳原子谱线，δ121.61、131.51 以及 δ119.38、131.62 分别为 2 个对位取代苯环中未取代的碳原子谱线。

● HMBC 谱中，由于碳谱 δ167.53、168.22 分别与 ^{1}H 谱中 δ7.96、7.99 相关，同时又与 δ4.29～4.35 相关，因此，可推出 2 个羰基均各自一端与乙氧基（—O—CH_2—CH_3）相连，另一端与 1 个对位取代苯环相连，即有两个下列结构片段

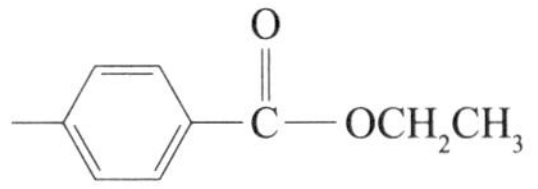

● HMBC 谱中，由于 ^{1}H 谱 δ7.16、7.96 与碳谱 δ147.77 相关，δ7.16 还与碳谱 δ126.51 相关，故 δ126.51、147.77 为同一对位取代苯环中 2 个被取代的芳碳原子；同样，由于 ^{1}H 谱 δ7.06、7.99与碳谱 δ155.49 相关，δ7.06 还与碳谱 δ126.28 相关，故 δ126.28、155.49 为另一对位取代苯环中 2 个被取代的芳碳原子。另外，由于 ^{1}H 谱中 δ7.22、7.24 与碳谱中 δ137.19 相关，故 δ137.19 为单取代苯环中 1 个被取代的芳碳原子。

上述分析可知：^{1}H 谱中 δ7.16、7.96 和碳谱中 δ119.38、126.51、131.62、147.77 处的谱线分别为同一对位取代苯环（以下称为苯环Ⅰ）中 4 个氢原子和 6 个芳碳原子谱线；^{1}H 谱中 δ7.06、7.99 和碳谱中 δ121.61、126.28、131.51、155.49 处的谱线分别为另一对位取代苯环（以下称为苯环Ⅱ）中 4 个氢原子和 6 个芳碳原子谱线；^{1}H 谱中 δ7.22、7.24、7.28 和碳谱中 δ127.80、127.45、129.20、137.19 处的谱线分别为单取代苯环（以下称为苯环Ⅲ）中 5 个氢原子和 6 个芳碳原子谱线。

● HMBC 谱中，由于碳谱 δ51.43 与 ^{1}H 谱 δ7.24、8.37 相关，而 ^{1}H 谱 δ5.32 与碳谱 δ127.45、137.19、147.77 以及 150.53 相关，故可推出下列结构片段

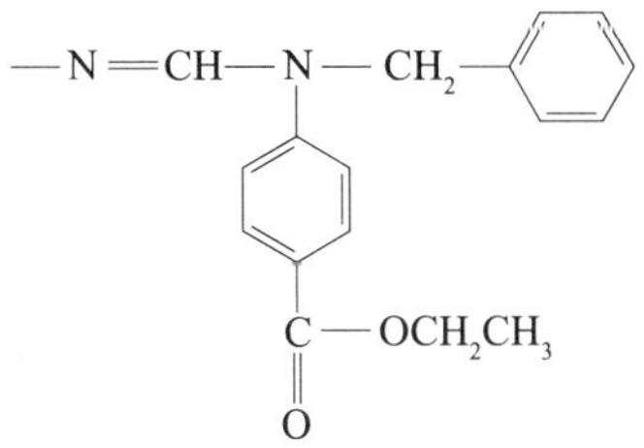

另外 ^{1}H 谱中 δ8.37 除与碳谱 δ51.43 相关外，还与碳谱 δ147.77 以及 155.49 相关，表明—N=CH 基团中的烯氢原子距离 δ147.77 以及 155.49 处的芳碳原子应不超过 3 个化学键，为下列结构片段

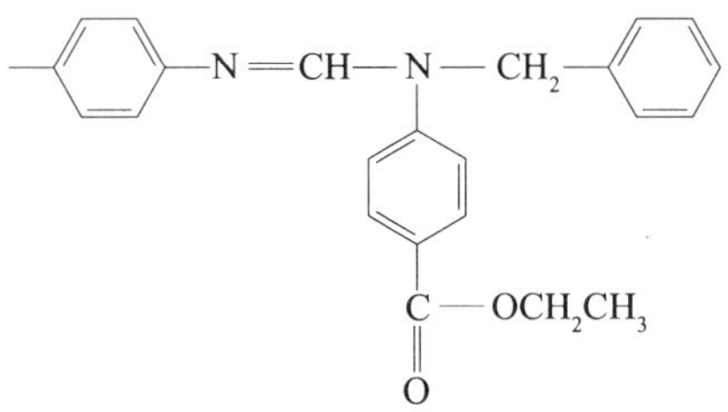

4）综合上述解析结果，给出确定的化学结构式

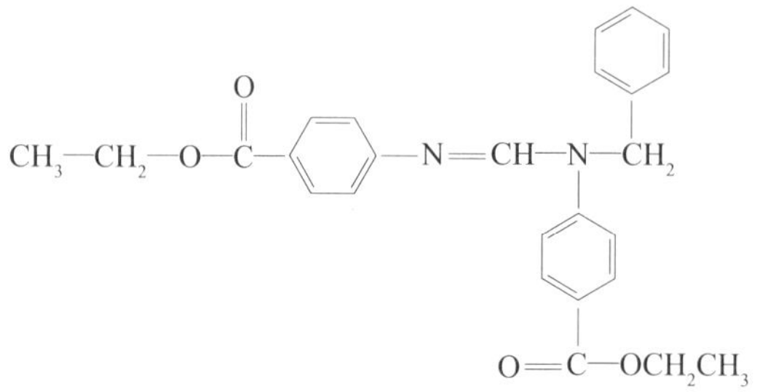

该结构与 MS 给出的相对分子质量以及 IR 给出的官能团结果相符。各碳、氢原子的化学位移解析结果如下

原子序数	1	2	3	4	5	6	7	8	9
δ_H	1.32～1.37	4.29～4.35	—	—	7.99	7.06	—	7.06	7.99
δ_C	14.84	61.18	167.03	126.28	131.50	121.61	155.49	121.61	131.50
原子序数	10	11	12	13	14	15	16	17	18
δ_H	8.37	5.32	—	7.24	7.28	7.22	7.28	7.24	—
δ_C	150.53	50.23	137.19	127.45	129.20	127.80	129.20	127.45	147.77
原子序数	19	20	21	22	23	24	25	26	
δ_H	7.16	7.96	—	7.96	7.16	—	4.29～4.35	1.32～1.37	
δ_C	119.38	131.62	126.56	131.62	119.38	166.33	61.41	14.90	

4.7 固体高分辨核磁共振波谱简介

4.7.1 概述

本章前几节讨论的均为液体高分辨核磁共振波谱，主要用于研究液体状态下或溶剂中物质的化学结构。但在实际工作中，许多科学工作者往往需要直接测定固体状态下的高分辨核磁共振波谱，主要原因为：许多样品不能直接溶解于任何溶剂或在不破坏其性状或结构的情况下一般不能完整地溶解于任何溶剂；有些样品虽可溶解(或熔融)，但溶解(或熔融)后的溶液已不能反映原来的物质状态；固体物质所感受的各向异性作用包含着许多重要信息，把这些信息丢掉非常可惜。如物体在固态时特有的相结构、相变、固态链构象、分子运动等在液体情况下则无从观察。固体高分辨核磁共振技术起始于 20 世纪 70 年代初，它能够提供非常丰富细致的结构信息，随着磁体以及脉冲技术的不断发展，目前已被广泛地用于研究高分子聚合物、煤、分子筛催化剂、陶瓷、玻璃、木头、纤维以及生物细胞膜等。

1. 基本原理

一般来说，外磁场中核所受到的相互作用主要有以下五项。

- 核自旋体系与外磁场间的 Jeeman 相互作用，一般在 10^8 Hz 数量级，是这些作用中最大的一项。
- 核外电子云对核的屏蔽，即化学位移项，其数量级一般在 10^3 Hz。
- 核的四极矩相互作用，对于 $I=1/2$ 的核，此项基本无影响，在此不做讨论。

● 核与核之间的直接耦合作用，也称为偶极-偶极相互作用，其数量级一般在 10^4 Hz。

● 核自旋间的间接耦合作用，即 J 耦合作用，数量级一般在 $10\sim10^2$ Hz，是相互作用中最小的一项。

在液体核磁共振波谱中，溶液中的样品分子高速运动、翻转，其结果平均了分子中化学位移的各向异性，并使得偶极-偶极相互作用平均为零，因此对于 $I=1/2$ 的核，仅需考虑核自旋体系与外磁场间的 Jeeman 相互作用以及核自旋间的间接耦合作用，可得到尖锐的谱线和高分辨图谱。但对于固体样品，分子相对静止在刚性晶格中，分子运动受到限制，因此产生化学位移各向异性，可使谱宽增宽小于 10 kHz，而邻核之间强烈的偶极-偶极相互作用，则是谱线增宽的主要因素。对于 $I=1/2$ 的^{1}H 核，会使谱线增宽约 50 kHz，而此时 J 耦合作用由于与偶极-偶极相互作用相比很小，故不重要。因此在固体核磁共振波谱中，对于 $I=1/2$ 的核，除了要考虑核自旋体系与外磁场间的 Jeeman 相互作用外，还要考虑化学位移各向异性以及邻核之间偶极-偶极相互作用而引起的谱线增宽。

2. 偶极-偶极相互作用

邻核之间偶极-偶极相互作用是固体核磁共振谱线增宽的主要因素，产生的谱线增宽为均匀增宽，其谱线宽度比单纯由寿命增宽产生的自然宽度要大得多。现以一对孤立的自旋为1/2的质子对来讨论，如图 4.65 所示。由于每个质子磁矩除受外磁场 B_0 的作用外，还将受到另一个质子磁矩的作用，因此类似于 J 耦合作用而产生谱线裂分。由这种直接的或(通过空间的)偶极-偶极相互作用引起的谱线裂分的峰宽可用下式表示

$$\Delta\nu=\frac{3\mu^2}{hr^3}(3\cos^2\theta-1) \tag{4-36}$$

式中，μ 为核磁矩；r 为核之间的距离；θ 为核间矢量与外磁场之间的夹角。单晶样品中核的取向一致，可得到尖锐的双重谱线。多晶粉末样品中则由于存在各种取向而引起共振频率散开，因此得到的是很宽的带状谱线。图 4.66 是一种典型的异核 AX 体系多晶粉末谱，称为Pake双重线的粉末谱。可见，当 $\theta=0°$时，$\cos\theta=1$，$3\cos^2\theta-1=2$，谱线裂分最大，但仅包含极少数的粒子；当 $\theta=90°$时，$\cos\theta=0$，$3\cos^2\theta-1=-1$，此种取向包含了多数的粒子，对应落在垂直于外磁场的平面上；当 $3\cos^2\theta-1=0$ 时，$\theta\approx54.74°$，此时谱线不再裂分，也是得到一张清晰谱图的理想状况，这一角度称为魔角(Magic Angle)。

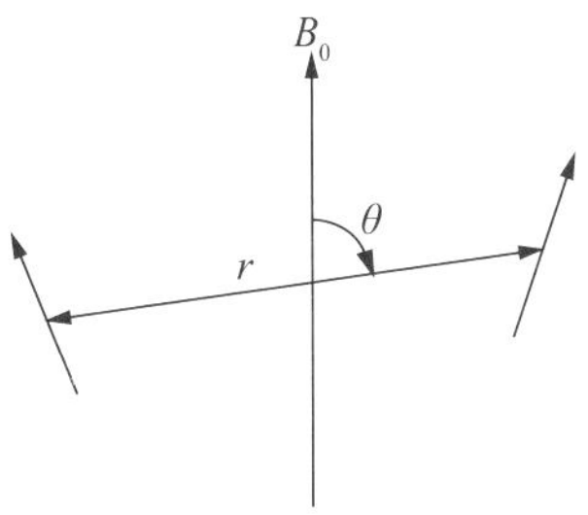

图 4.65 孤立的质子对的偶极-偶极相互作用

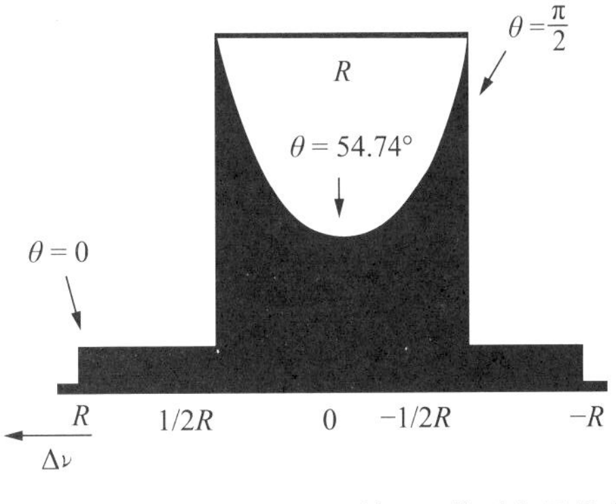

图 4.66 异核 AX 体系多晶粉末谱

3. 化学位移各向异性

由 4.1.2 节中已知化学位移的产生是由于核外电子云对原子核的屏蔽作用，因此当核的电子环境在外磁场中的取向不同时，其屏蔽情况也就不同，由此产生化学位移各向异性。化学

位移各向异性是构成固体核磁共振谱线增宽的另一个主要因素,由此引起的谱线增宽为非均匀增宽(由许多窄线叠加引起的增宽)。在液体核磁共振中,由于分子的快速运动,化学位移是各向同性的,常用单一的化学位移值来表征化合物中的一个核或一组等价的核,而在固体核磁共振中,由于化学位移各向异性,化合物中的一个核往往会表现出多个化学位移值。如对二甲氧基苯,其液体^{13}C-NMR谱由于分子在溶液中快速翻转,并绕其单键快速旋转,因此2个甲氧基彼此等价,同样2个取代位置上的芳碳彼此等价以及4个未取代的芳碳也是等价的,故只出现3条谱线。而其固体^{13}C-CP/MAS-NMR谱(图4.67)则因为分子的运动受到晶格的限制,而引起以上相同基团环境上的差别,出现8条可分辨的谱线。

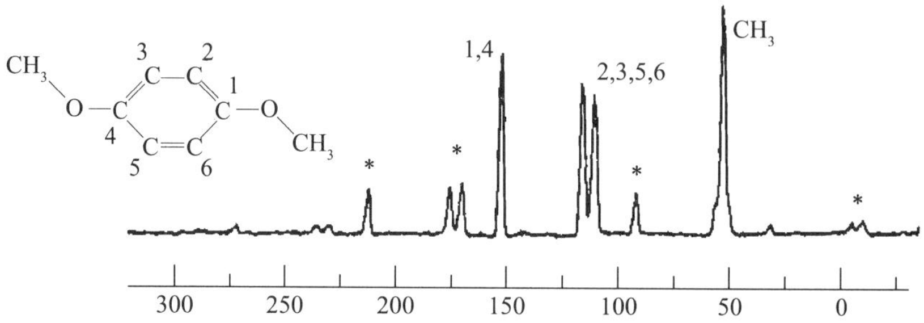

图 4.67 对二甲氧基苯的^{13}C-CP/MAS-NMR谱

现以CO_2为例来讨论。图4.68为CO_2分子轴在外磁场中的取向,设分子轴取向平行或垂直于外磁场B_0时,其屏蔽常数为$\sigma_{/\!/}$或$\sigma_{\perp}$,取向介于两者之间时,其屏蔽常数则是$\sigma_{/\!/}$和$\sigma_{\perp}$之间的某值。对于环境对称性较差的核(严格地说重要的是结晶学位置的对称性,而非分子对称性),一般用化学位移张量(或特征向量)来表征。化学位移张量取决于三个主值σ_{11}、σ_{22}以及σ_{33},这三个值也称为张量的主轴分量,习惯规定屏蔽效应随$\sigma_{11}<\sigma_{22}<\sigma_{33}$增大。屏蔽常数$\sigma_{ZZ}$由式(4-2)表示。

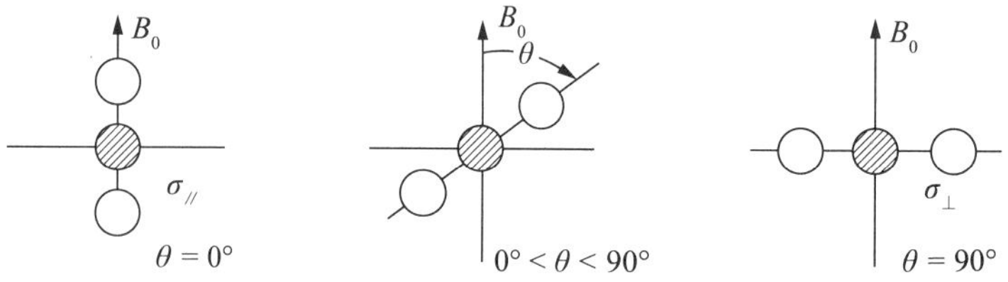

图 4.68 CO_2分子轴在外磁场中的取向

$$\sigma_{ZZ}=\sum_{j=1}^{3}\sigma_{jj}\cos^2\theta_j \tag{4-37}$$

式中,σ_{jj}为主轴分量;θ_j是σ_{jj}和B_0之间的夹角。在液体里,随着分子迅速地翻滚运动,使σ产生了平均,所以只有$(\sigma_{11}+\sigma_{22}+\sigma_{33})/3$被观察到,即$\bar{\sigma}=(\sigma_{11}+\sigma_{22}+\sigma_{33})/3$。对单晶(所有的核都处在平移等价的位置)而言,NMR谱由单线组成,其频率随晶轴在磁场中的取向而变,对于微晶粉末样品,核取向的分布导致吸收谱线遍及一定的频率范围,给出了粉末谱。图4.69为由晶体不同对称性引起的各向异性屏蔽的粉末谱。

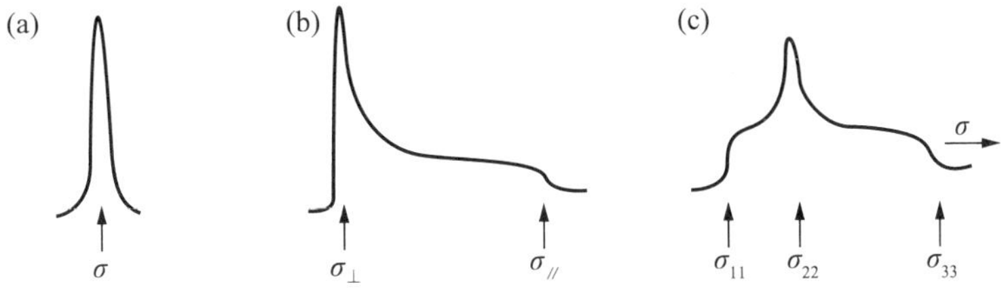

图 4.69 各向异性屏蔽的粉末谱

4.7.2 应用

由于外磁场中核的各种相互作用，固体核磁共振谱线将严重增宽。如对^{1}H 核来说，邻核之间强烈的偶极-偶极相互作用会使谱线增宽约 50 kHz，大大超出了^{1}H 核的共振范围，普通的固体核磁共振^{1}H 谱将是一条覆盖整个谱宽的很宽的谱线，无法解析，一般不做检测。因此固体核磁共振通常检测的是一些 $I=1/2$ 的天然丰度较低稀核，如：^{13}C、^{29}Si、^{15}N 等。要获得一张好的固体高分辨核磁共振图谱，首先要解决的问题是如何使谱线尽可能窄化，其次是如何增强稀核的信号，提高灵敏度，解决 T_1 太长的问题。目前固体 NMR 主要采用以下三种技术。

1. 强功率的偶极去耦技术(Dipolar Decoupling，DD)

这一技术用于消除异核间，主要是^{1}H 核与其他核如^{13}C、^{29}Si、^{15}N 之间的偶极-偶极相互作用。由于固体的偶极-偶极耦合常数比液体的自旋-自旋耦合常数大得多，因此需要用强功率去耦，例如 100W，在液体实验中去耦功率仅为几瓦。

2. 魔角旋转技术(Magic Angle Spinning，MAS)

这一技术用于消除化学位移各向异性。对于固体粉末样品，即使应用强功率的偶极去耦技术，但是还存在着化学位移各向异性，因此有的谱线仍然很宽，相互重叠，难以解析。前已述及，偶极-偶极相互作用引起的谱线裂分取决于核的取向与外磁场的夹角 θ 的大小，而化学位移张量取决于三个主轴与外磁场之间夹角 θ 的大小，当 $3\cos^2\theta-1=0$，$\theta\approx 54.74°$时，就能消除偶极-偶极相互作用和化学位移各向异性。因此若将样品管倾倒，使之旋转轴与磁场方向的夹角为 54.74°，即为魔角状态，快速旋转，便能使谱线窄化，这就是魔角旋转技术。

3. 交叉极化技术(Cross Polarization，CP)

这一技术用于增强稀核的信号，提高灵敏度，解决 T_1 太长的问题。固体核磁共振通常检测的是一些 $I=1/2$ 的稀核，如^{13}C、^{29}Si、^{15}N 等，所以检测到的信号灵敏度很差，常常需要进行多次(几千甚至上万次)累加，由于某些自旋体系里核自旋的 T_1 较长，故在实验中重复扫描的时间间隔也将很长(一般重复扫描的时间间隔应大于 5 倍的弛豫时间)，采集一张信噪比较好的图谱往往需要花费很长时间。极化转移技术(Polarization Transfer，PT)利用了稀核和丰核之间存在的强的偶极-偶极耦合现象(如^{13}C 与^{1}H)，将丰核(^{1}H)较大的自旋状态极化转移给较弱的稀核(^{13}C)，使稀核(^{13}C)极化而迅速恢复平衡，一方面提高了稀核的检测灵敏度；另一方面，可减少重复扫描的时间间隔，从而大大地缩短了实验时间。在固体 NMR 中用的极化转移比较特殊，称为交叉极化。典型的有机分子用了交叉极化后，^{13}C 信号可提高 4 倍以上。

这三种技术一般常结合起来使用。图 4.70 为化合物18 4，4-双[2，3-(二羟基丙酮化物)丙氧基]偶苯酰的固体^{13}C 谱，由图 4.70 可知，高功率去耦(DD)+交叉极化(CP)+魔角旋转(MAS)可获得分辨率较高的固体谱。

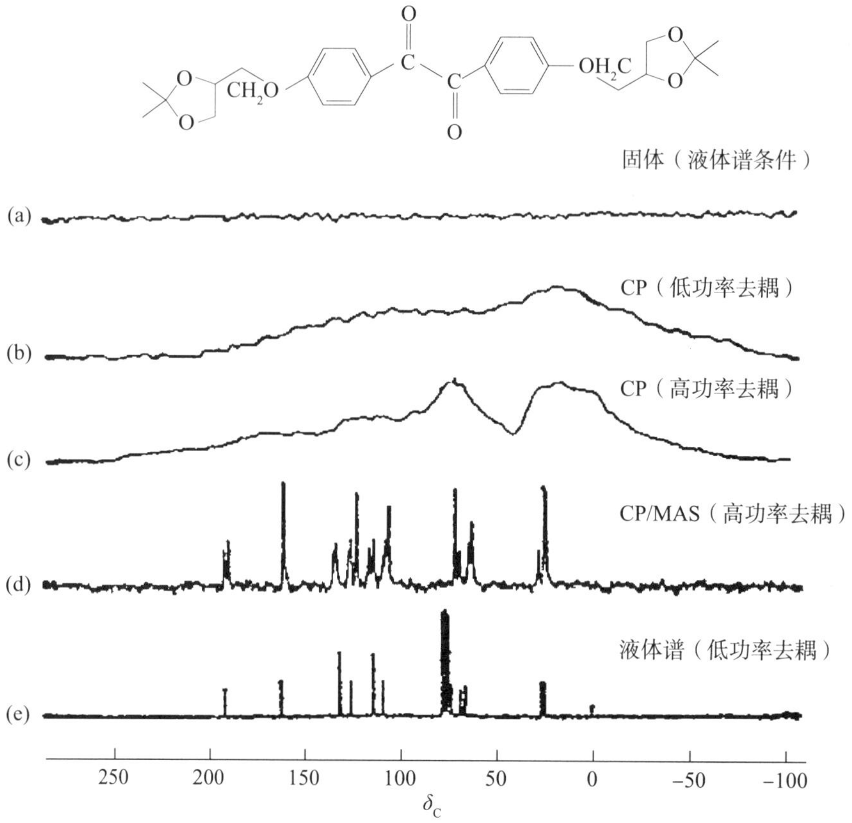

图 4.70 化合物18 4,4-双[2,3-(二羟基丙酮化物)丙氧基]偶苯酰的固体^{13}C谱

4. 旋转边带消除和识别

随着固体核磁共振技术的发展,目前固体核磁共振技术与液体一样可测定各种类型的一维谱、二维谱以及三维谱,它们的解谱方法与液体谱类似。只是由于在测定固体图谱时,样品需快速旋转,因此某些原子核的共振谱线(如^{13}C 谱中羰基、芳烃碳原子等)可能会产生较强的旋转边带(液体谱中旋转边带较弱,且易识别),从而干扰谱图的解析,故在图谱测定和解析时应特别注意旋转边带的消除或识别。常用的方法有边带压制技术(Total Suppression of Spinning Sidebands,TOSS)、提高转速以及改变转速等。边带压制技术是在采样通道中加入TOSS 脉冲序列,从而压制边带。图 4.71 为化合物19甘氨酸的固体^{13}C 谱。

对于场强较低的仪器,由于其谱宽的频率较低,可采用提高样品转速的方法,使边带峰位置超出谱宽,从而消除边带的干扰。但由于样品转速是不能无限提高的,故此方法对高场仪器不适合。

改变转速的方法是利用了边带峰位置随样品转速变化、而样品峰位置不变的原理,通过多次改变转速,观察图谱中峰位置变化情况,从而判断出哪些峰为边带峰,哪些峰为样品峰。图 4.72 为蒙托石在不同转速下的^{27}Al 谱。图中可见,当转速较低时[图 4.72(a)],谱图中峰较多,也较为致密,而当转速提高后[图 4.72(b)],谱图中峰明显减少,且较为稀疏,除 δ 4.5 以及 δ 68.2 处峰位置不变外,其余峰的位置均发生了变化,故可推出 δ 4.5 以及 δ 68.2 处峰为样品峰,其余则为边带峰。

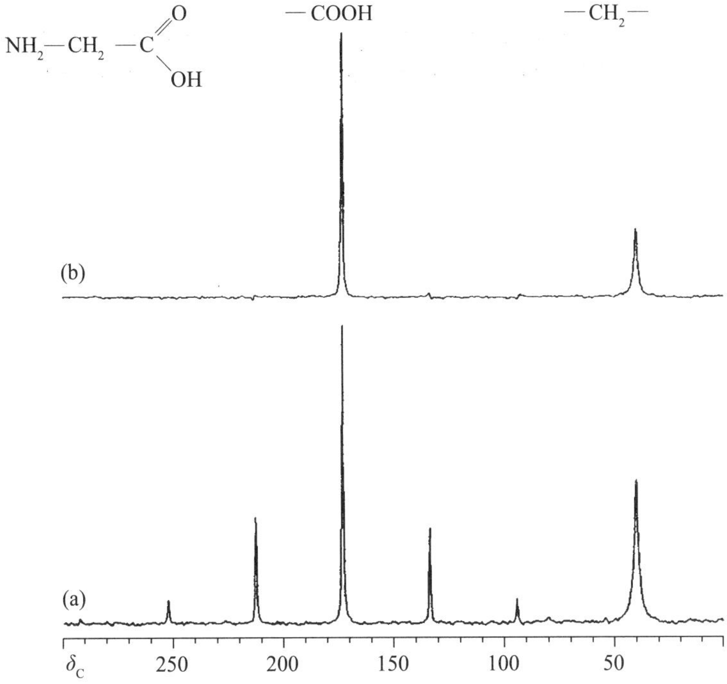

图 4.71　化合物19甘氨酸的固体^{13}C 谱

(a) ^{13}C-CP/MAS 谱;(b) ^{13}C-CP/MAS/TOSS 谱

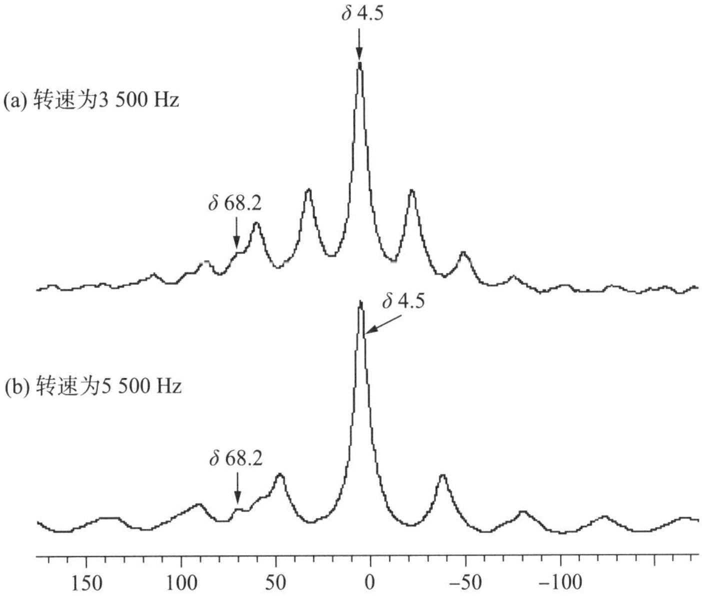

图 4.72　蒙托石在不同转速下的^{27}Al 谱

思考题与习题

4-1 在^{1}H、^{2}H、^{12}C、^{14}N和^{28}Si中,哪些核没有核磁共振现象,为什么?

4-2 ^{1}H和^{13}C的旋磁比分别为$26.75\times10^{7}T^{-1}\cdot s^{-1}$和$6.73\times10^{7}T^{-1}\cdot s^{-1}$,当磁场强度为11.7440T时,它们的共振频率是多少?

4-3 在500 MHz仪器上测定^{19}F NMR,需配置频率多大的射频发生器?(^{19}F的旋磁比为$25.18\times10^{7}T^{-1}\cdot s^{-1}$)

4-4 什么是化学位移?为什么不用核的共振频率(Hz)表示化学位移?

4-5 简述自旋耦合和自旋裂分产生的原因以及在化合物结构解析中的用处。

4-6 将下列各组化合物按^{1}H化学位移值从大到小排列,并说明原因。

(1) a. $CH_2=CH_2$ b. $CH\equiv CH$ c. 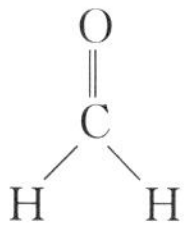 d.  e. 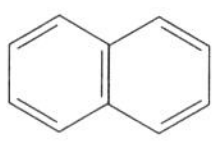

(2) a. CH_3OCH_3 b. $C(CH_3)_4$ c. CH_2F_2 d. CH_3F e. $Si(CH_3)_4$

4-7 预测下列化合物中各种质子的化学位移δ_H值。

(1) 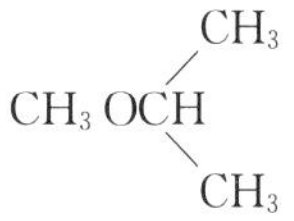 (2) 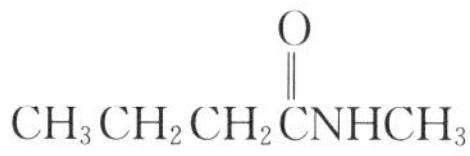

(3) 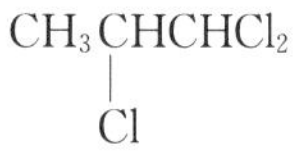 (4) 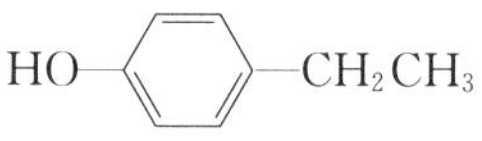

4-8 预测下列化合物中苯环上质子的δ_H值,并比较不同取代基对苯环质子δ_H值的影响。

(1) 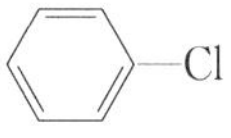 (2) 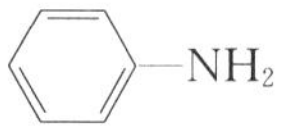 (3) 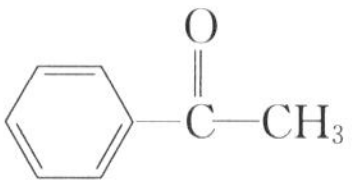

4-9 预测下列烯氢的δ_H值。

(1) 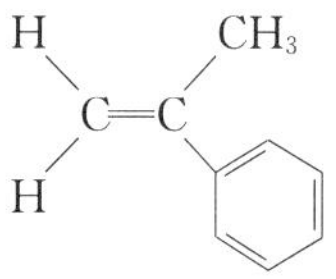 (2) 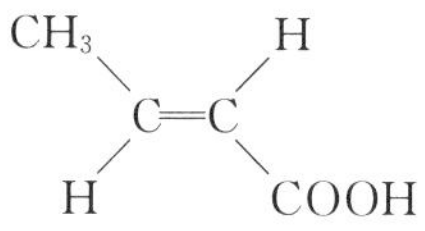 (3) 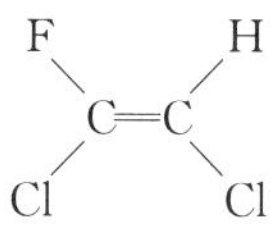 (4) 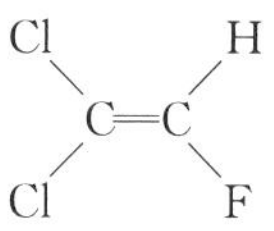

4-10 预测下列化合物的^{1}H NMR谱(包括δ_H值、自旋裂分峰形以及质子数目)。

(1) 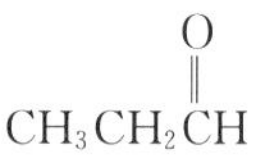 (2) 

(3) 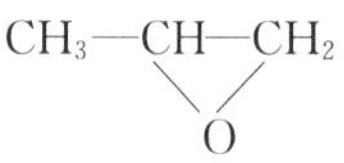 (4) 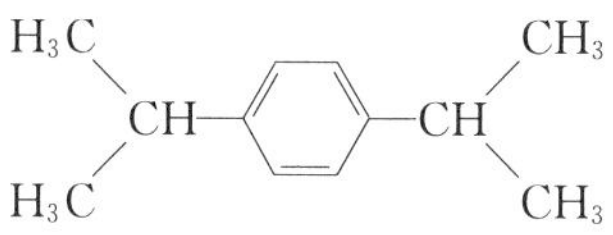

4-11 请对化合物 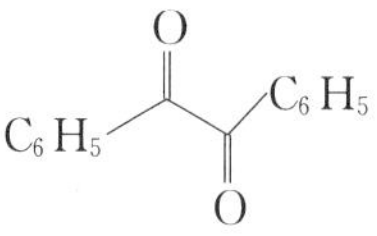 的^{1}H NMR谱进行指认。

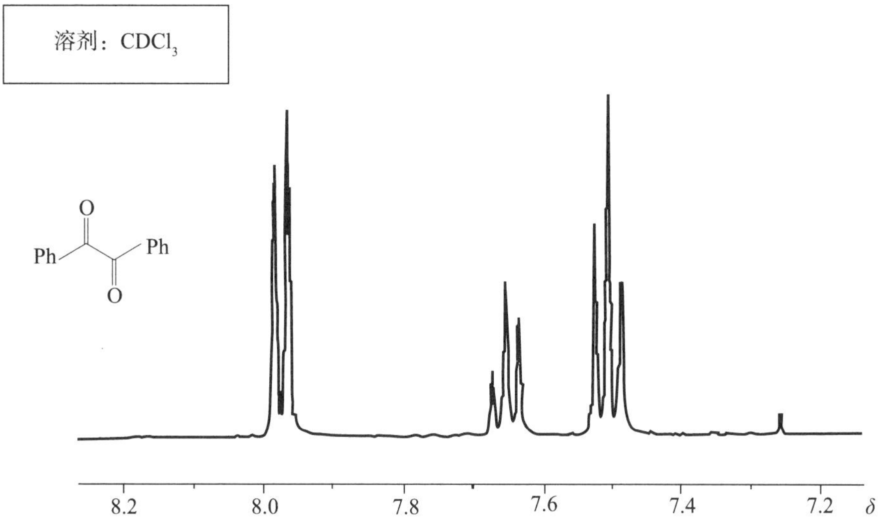

4 - 12 请对 2 -氨基吡啶 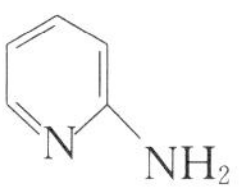 的^{1}H NMR 谱中的谱峰进行指认。

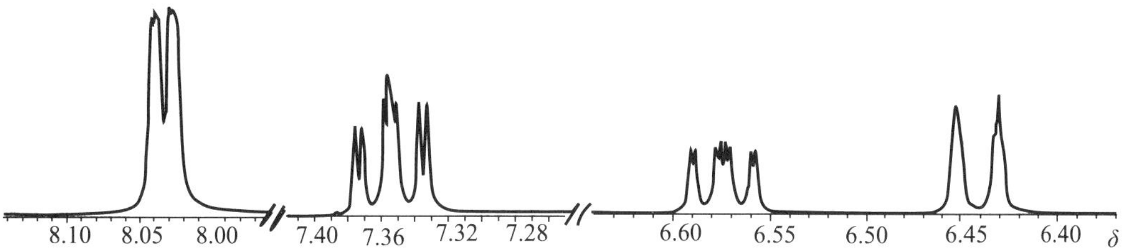

4 - 13 请对化合物 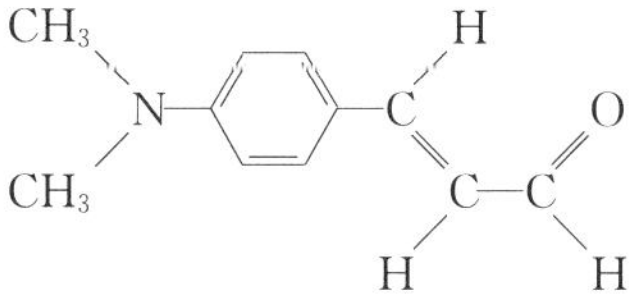 ^{1}H NMR 低场部分的谱峰进行指认。

（谱图在 400 MHz 仪器上测定，溶剂：$CDCl_3$）

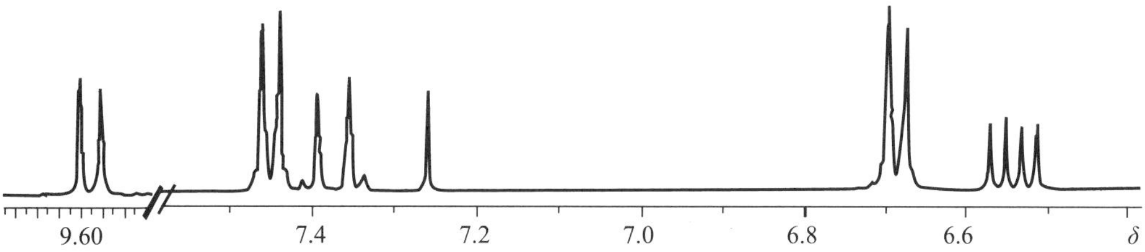

4－14 有两种同分异构体，分子式为 $C_4H_8O_2$，^1H NMR 谱如下，试推测它们的结构。

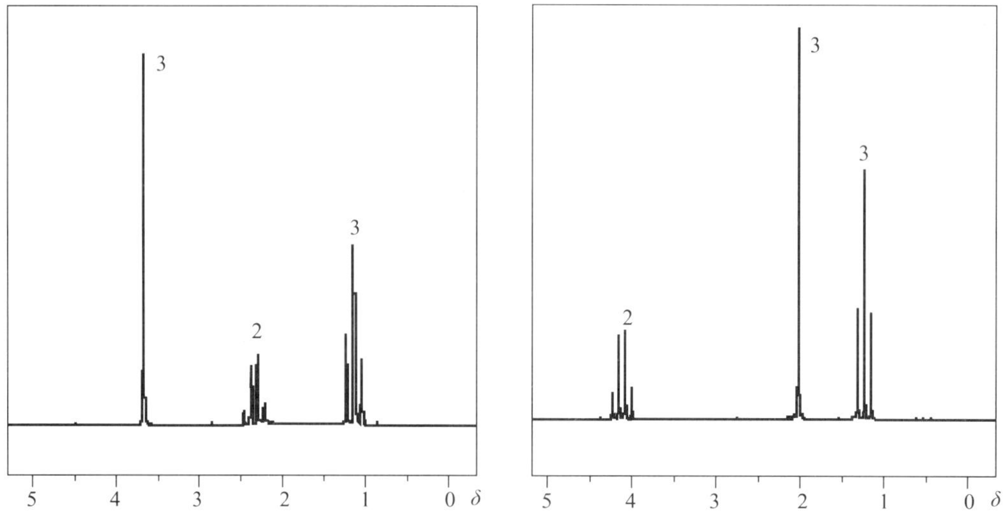

(a) (b)

4－15 试比较苄醇(a)和苄硫醇(b)的 ^1H NMR 谱，说出它们的差别以及产生差别的原因。

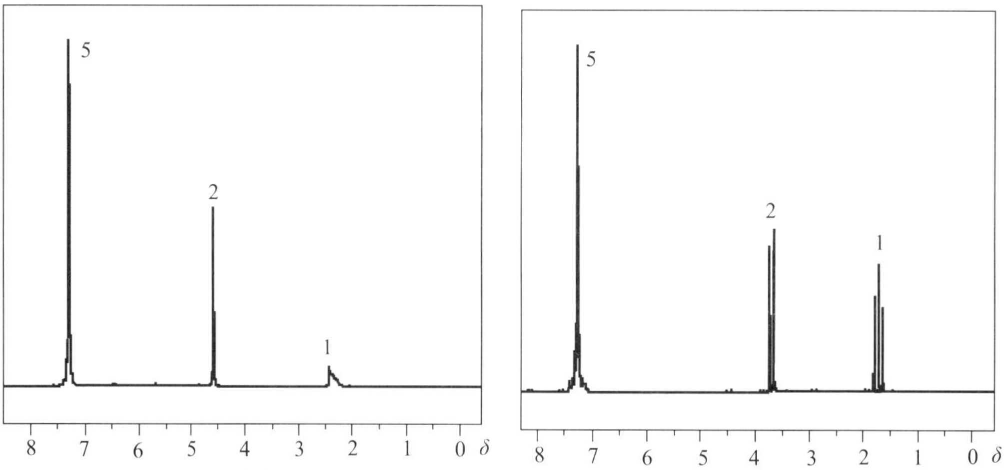

(a) (b)

4－16 用(a)氘代氯仿和(b)氘代二甲基亚砜为溶剂测得乙醇的 ^1H NMR 谱如下，试说明造成谱峰差别的原因。

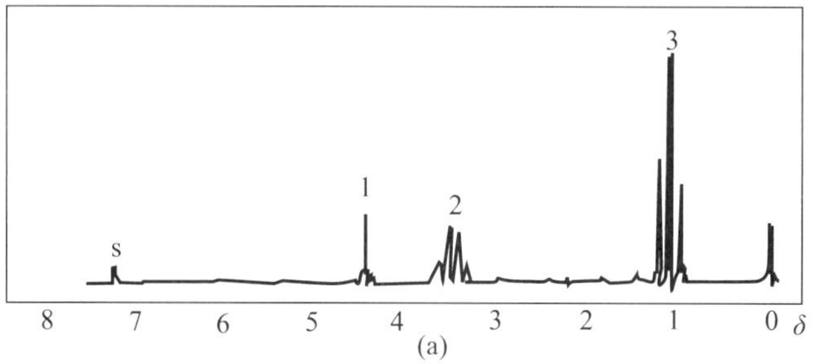

(a)

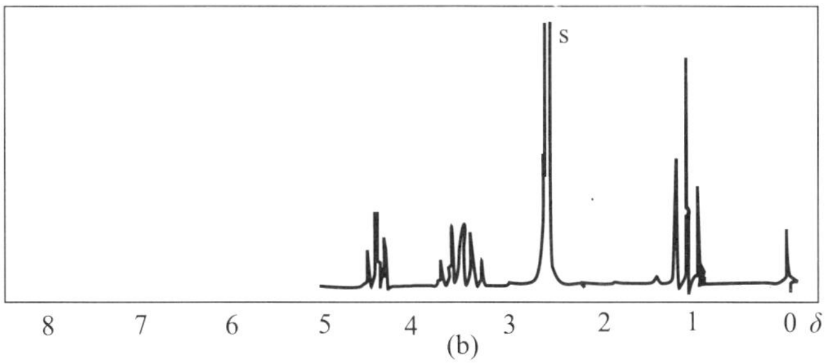

(b)

4-17 试对化合物 FCH_2CH_2Cl 的[1]H NMR 谱进行指认。

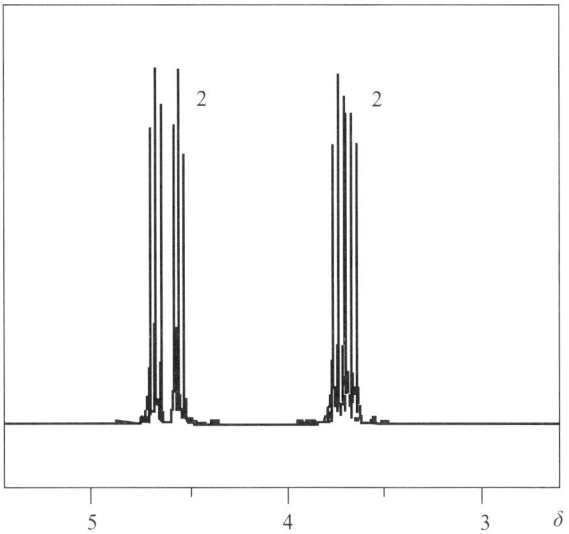

4-18 已知化合物的分子式为 $C_7H_{14}O$，试根据[1]H NMR 谱推测其分子结构。

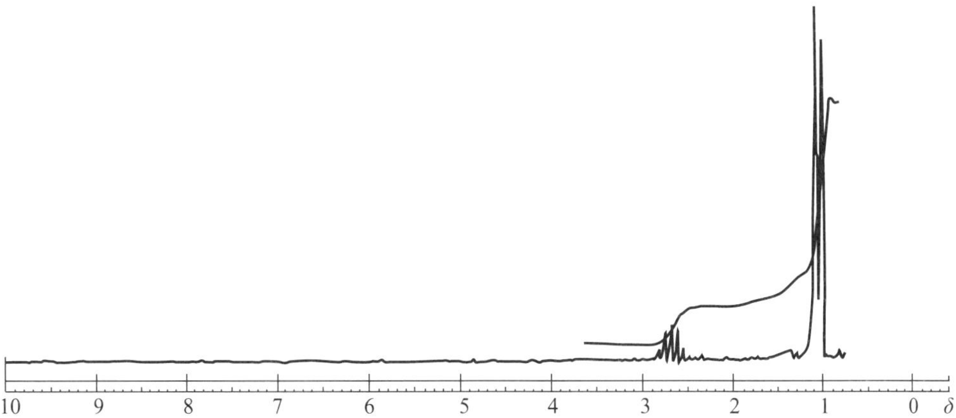

4-19 有三个分子式为 $C_9H_{12}O$ 的同分异构体，试根据[1]H 谱推测它们的结构。

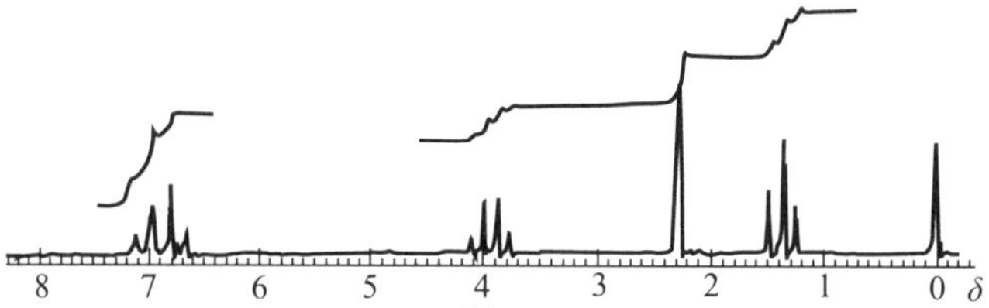

(a)

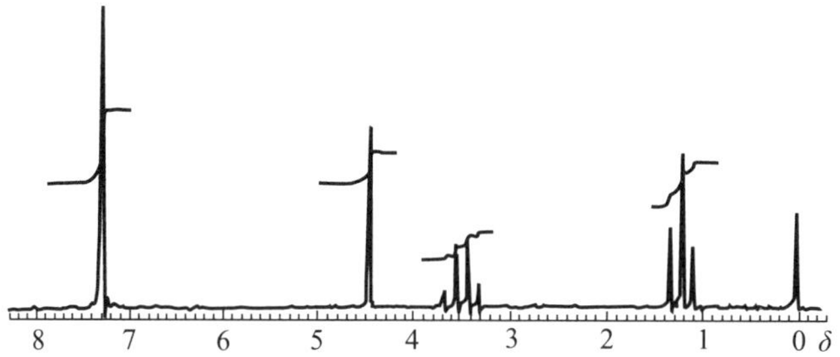

(b)

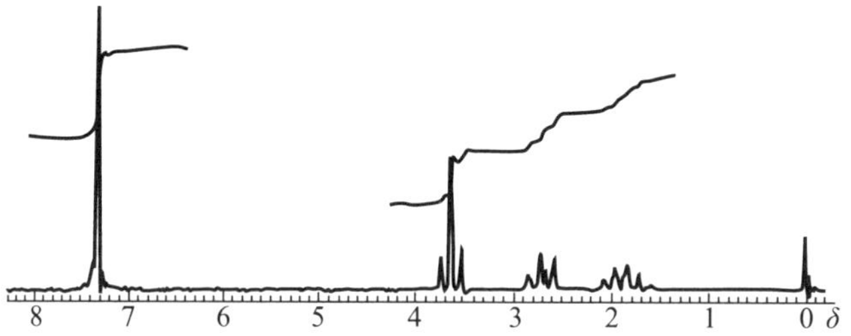

(c)

4-20 已知化合物的分子式为 $C_5H_9BrO_2$，试根据[1]H 谱推测其结构。

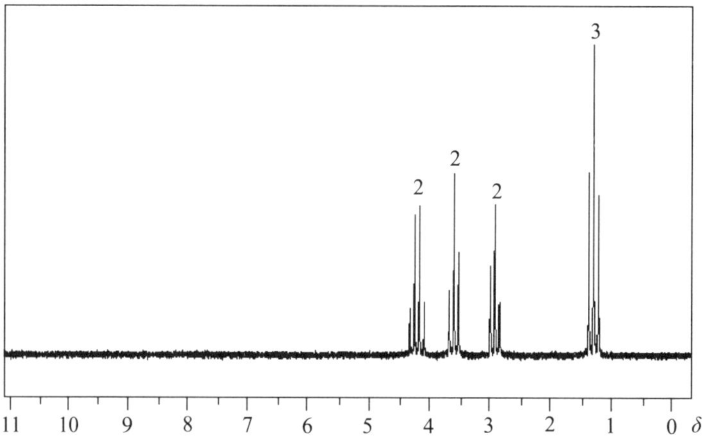

4-21 未知物的相对分子质量为 122，元素分析结果为含 C 78.6%，含 H 8.3%。试根据[1]H 谱推测其分子结构。

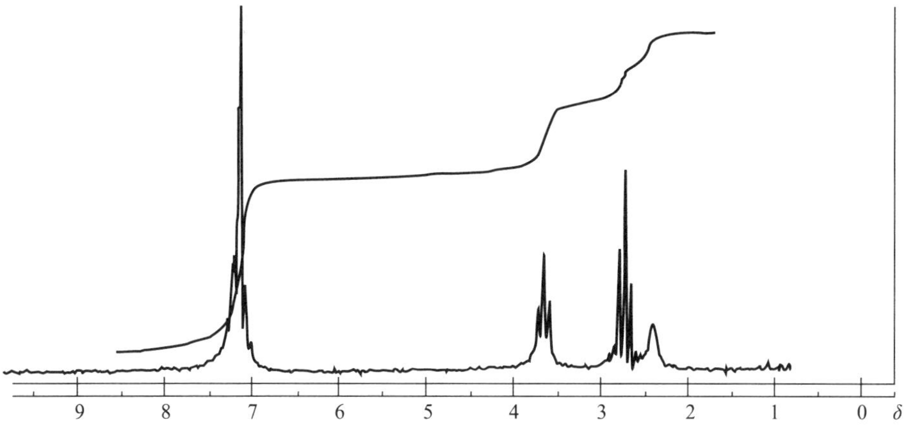

4-22 已知某化合物的分子式为 C_4H_9Br，请根据[1]H 谱推测其结构。(因 1.5～2.0 处谱峰重叠，采用自旋去耦实验。B_2 照射 4.05 峰，结果 1.0 附近的峰形不变，1.5～2.0 处可比较清晰分辨有一个单峰和一组四重峰)。

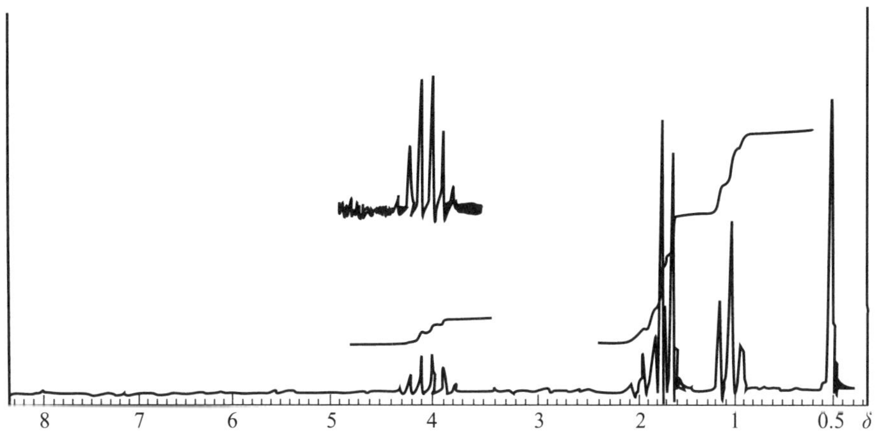

4-23 已知某化合物的分子式为 $C_{10}H_{12}O$，请根据[1]H 谱推测其结构。

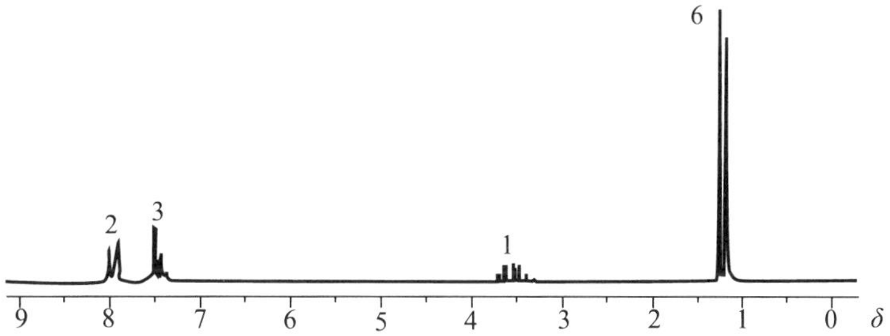

4-24 简述[13]C 与[1]H 谱的区别。

4-25 简述[13]C 化学位移的影响因素。

4-26 说明 pH 会影响哪些化合物的 δ_C 值？为什么？

4-27 以下取代苯中的 δ_C 值与苯的 δ_C 值有什么差异？请解释原因。

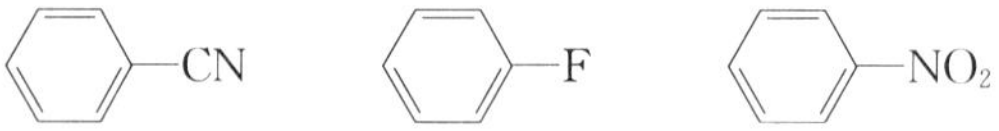

4-28 用 Grant-Paul 法计算 $(CH_3)_2CHCH(CH_3)CH_2CH_3$ 各个碳的 δ_C 值。

4-29 计算 $(CH_3)_2CHCH(OH)CH_3$ 中各个碳的 δ_C 值。

4-30 用苯取代参数估算下列化合物苯环上的碳原子的 δ_C 值。

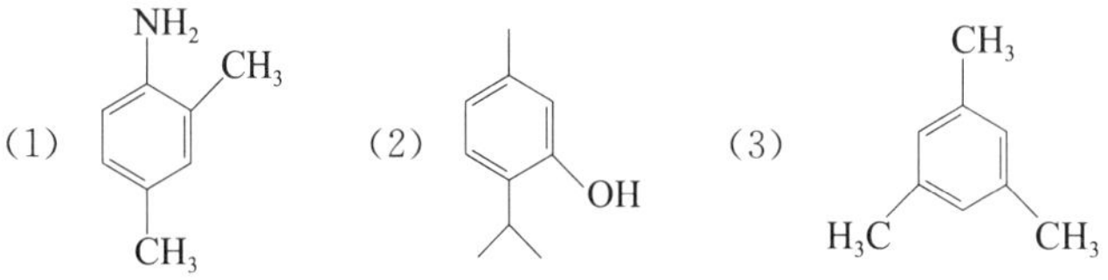

4-31 计算环己醇中各个碳的 δ_C 值(OH 处于平伏位置)。

4-32 计算下列烯烃化合物中两个烯基碳原子的 δ_C 值。

(1) $CH_3CH_2CH(CH_3)CH{=}CH_2$

(2) $CH_3CH_2CH{=}CHCO_2H$(反式)

4-33 根据三氟醋酸甲酯的化学位移和耦合常数，画出它的 ^{13}C 质子噪声去耦谱。

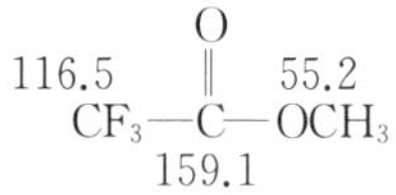

$^1J_{CF}=-264.6$ Hz，$^2J_{CF}=41.9$ Hz，$^1J_{CH}=150$ Hz，$^3J_{COCH}=4.4$ Hz。

4-34 画出氟苯的 ^{13}C 质子噪声去耦谱。(提示：先查出氟苯各个碳的 δ_C 值和耦合常数)

4-35 某化合物的 ^{13}C 质子噪声去耦谱及 DEPT 谱如下，求出各碳原子的级数。

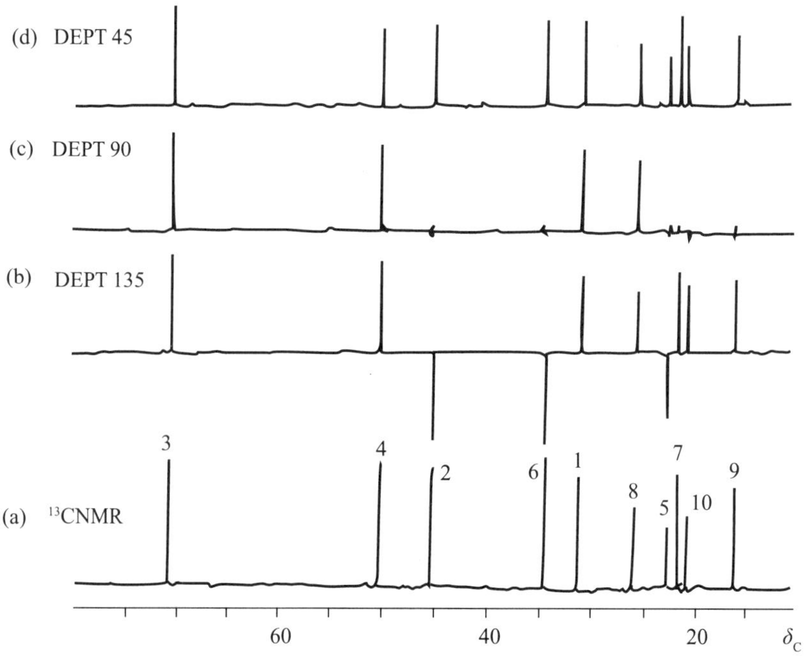

4－36 常见的^{13}C谱有哪几种？它们各有什么特点。

4－37 简述^{13}C谱的分区规律，并说明羰基在哪一区域。

4－38 试根据^{1}H和^{13}C谱对乙酰乙酸乙酯的结构（提示：有互变异构现象）进行指认。（^{1}H谱上在δ12.05处有峰，其积分值与δ5.0处峰相同）。

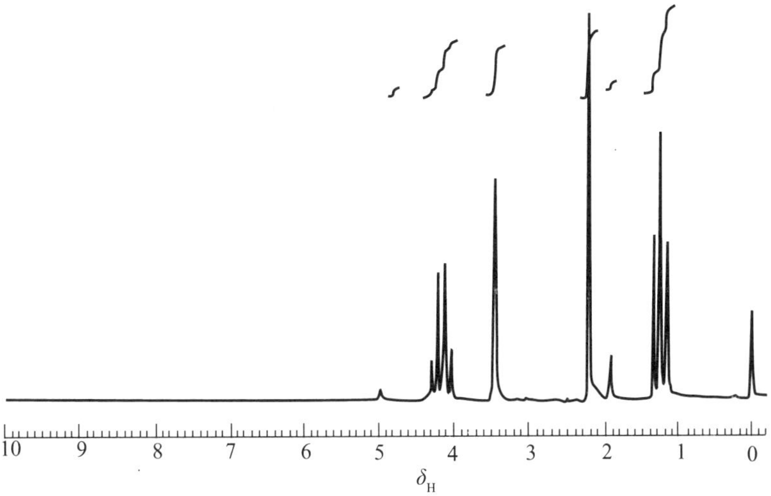

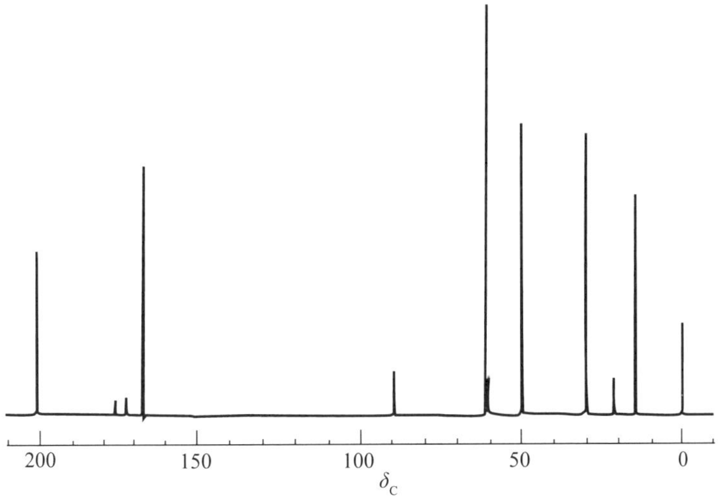

4-39 已知分子式为 $C_8H_{10}O_2$，红外吸收光谱中在 3655 cm^{-1} 有很宽的吸收峰，根据核磁共振^{1}H、^{13}C、DEPT135、H—H COSY 和 C—H COSY(均在 500 MHz 仪器上测定，$CDCl_3$ 为溶剂)等谱图，推测其结构。

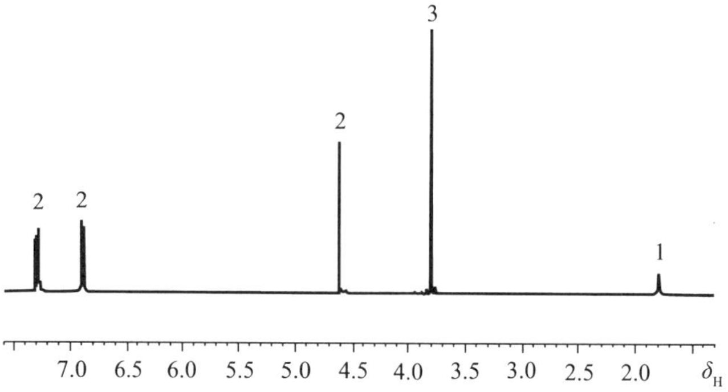

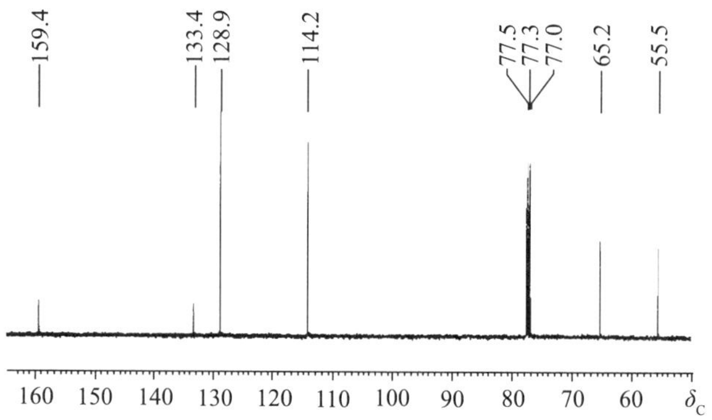

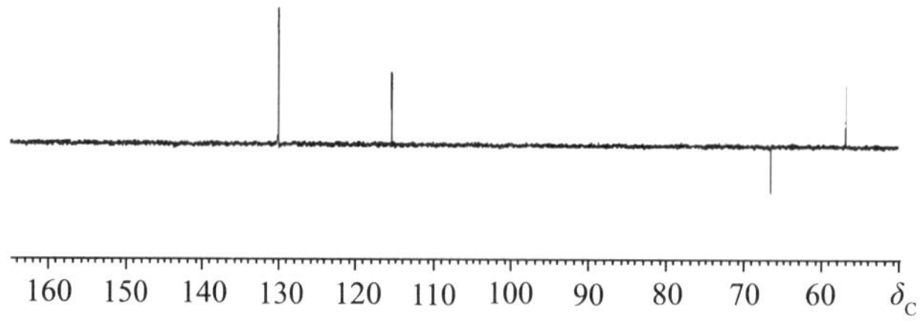

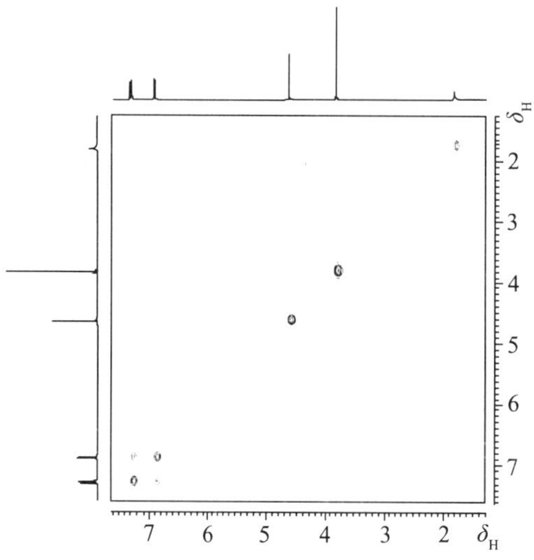

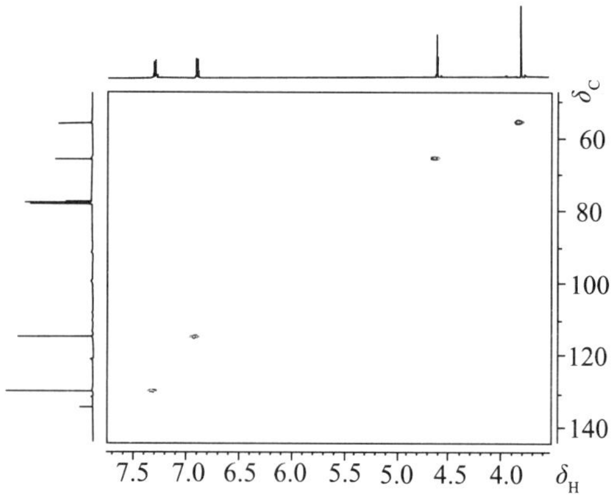

4-40　已知分子式为 C_4H_6NCl，红外吸收光谱中在 2249 cm^{-1} 有中等强度的吸收峰，根据下列核磁共振信息推测其结构。

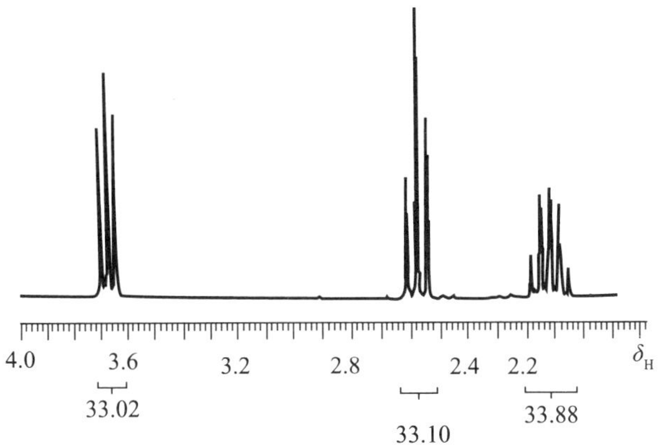

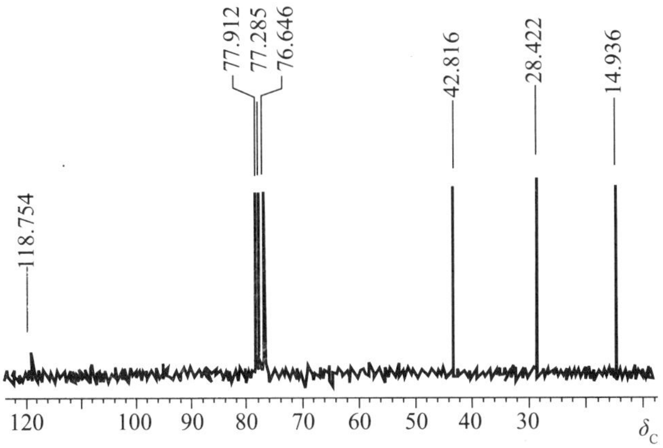

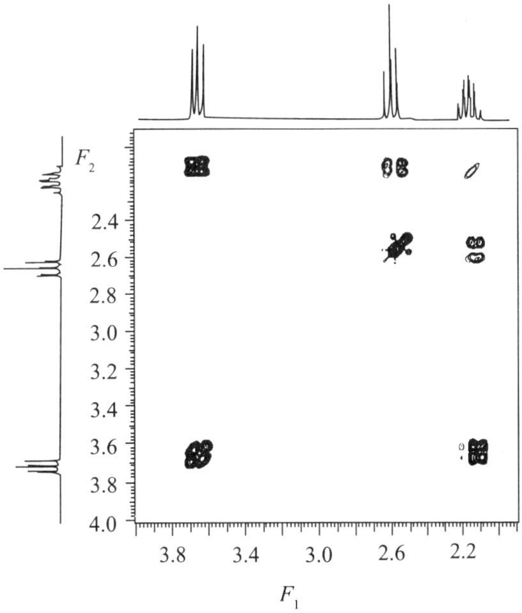

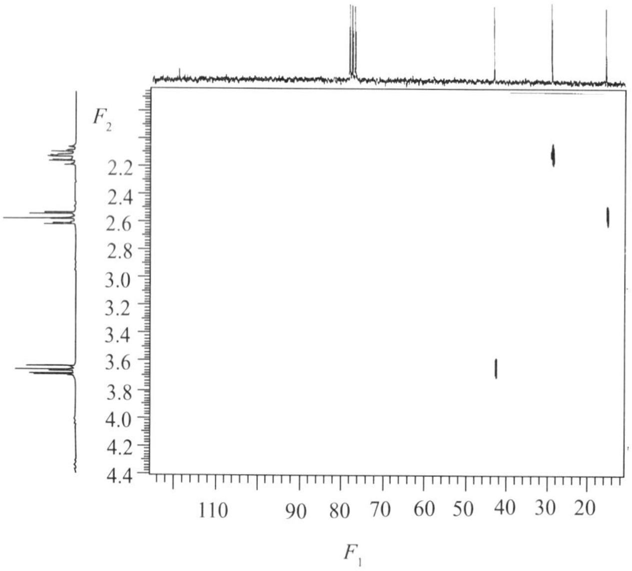

F2
2.2
2.4
2.6
2.8
3.0
3.2
3.4
3.6
3.8
4.0
4.2
4.4
110
90
80
70
60
50
40
30
20
F1

5 四谱综合解析

本书的第1～4章分别介绍了质谱、紫外光谱、红外光谱和核磁共振谱的基本原理以及在有机物结构解析中的应用。不同的波谱方法提供的有机物结构信息各有侧重。质谱在结构解析中提供的最重要信息是相对分子质量和分子式；紫外光谱可用以确定分子中有何种生色团、共轭体系类型和大小；红外光谱主要提供官能团的信息，特别是含氢基团、双键和三键基团；核磁共振氢谱可以提供分子中氢原子数目、含氢基团类型及连接顺序等；核磁共振碳谱则可提供碳原子数目、类型及碳骨架等。但上述每一种方法又各有其局限，因此在许多情况下，仅根据一种谱学方法提供的信息确定未知物结构是较为困难的，甚至是不可能的。如果将几种谱学方法合理结合，综合运用它们提供的信息，相互补充和映证，不仅可能解决有机物结构问题，而且还可以降低仅依靠一种谱学方法解析有机物结构的难度。例如，质谱虽然能独立用于有机物结构解析，但对初学者来说常有一些难以确定的信息。如图5.1给出未知物的质谱图，初学者往往难于确定它是烷烃还是酮。若同时有一张红外光谱图，根据谱中1 700 cm^{-1}附近是否有 $\upsilon_{C=O}$吸收峰，上述问题就可以轻而易举地得到解决。

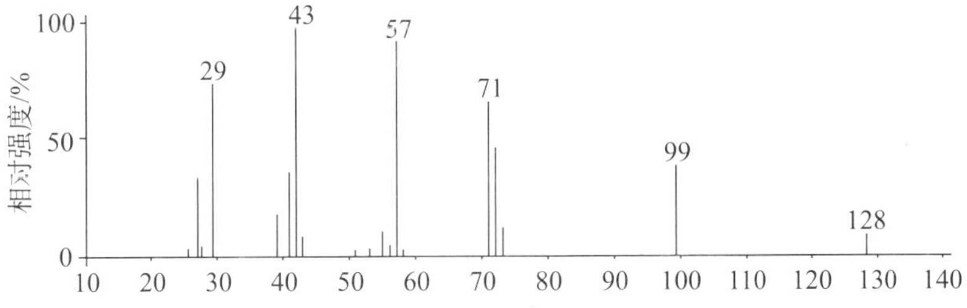

图 5.1　某化合物的电子轰击质谱

四谱综合解析即是指对一个化合物的MS、UV、IR和NMR谱图进行综合解析以确定有机物结构的方法。但实际操作时并不必一味追求四谱俱全，而是按实际需要选择适当的方法。四谱综合解析也没有统一格式，因所需解决问题的具体特点、复杂程度而异，也因研究者的知识结构、实际经验、思维方式而有差别。在此只是介绍利用四谱解析有机物结构的一般思路和程序，同时通过一些解析实例加以说明。实践是提高波谱解析能力的重要途径，任何人，包括初学者都只有多读谱、多练习（包括已知物的结构与谱图信息的指认和未知物结构的波谱解析），才能掌握基本方法并不断提高分析技巧。

5.1 波谱综合解析的一般步骤

第一步,确定相对分子质量和分子式。

相对分子质量,尤其是分子式的确定是未知物结构解析中最为重要的一步。在没有确定分子式时,就试图去拼构有机物结构,常常会劳而无功。

相对分子质量可从质谱数据中获得。在质谱图中确定分子离子峰,其质荷比就是相对分子质量。如果在常规的电子轰击质谱中,分子离子不出现,则应选择合适的软电离技术以确定其相对分子质量。

分子式的确定有几种方法。

- 利用高分辨质谱,通过测定分子离子的精密质量推导分子式。在有条件的情况下这是最为简便和可靠的方法。
- 由质谱分子离子的同位素丰度计算或通过查阅 Beynon 表得到分子式。当分子离子峰丰度很低或相对分子质量较大时,这种方法无法使用。
- 综合利用各谱学方法提供的信息确定分子式。从^{1}H NMR 的积分曲线高度比得到 H 原子数目(注意分子结构对称时,H 原子数目可能是计算值的整数倍);从红外光谱、质谱以及核磁共振谱确定 O、N、Cl、Br、S 等杂原子类型及数目;由^{13}C NMR 的谱峰数得到 C 原子数目(注意这是 C 原子数的下限,结构有对称性时,C 原子数大于谱峰数)。

C 原子数也可以由下式估计出

$$\text{C 原子数目}=\frac{\text{相对分子质量}-\text{H 原子质量}-\text{其他原子质量}}{12} \tag{5-1}$$

若式(5-1)计算结果是整数,即为 C 原子数。如果计算结果是非整数,则说明 H 原子数或其他杂原子的数目有误。例如分子有对称性,H 原子数是原先确定数的整数倍等。可用试探法分别调整 H 原子和杂原子数目,直至式(5-1)计算结果为整数。

- 其他方法。有一些波谱的特殊实验技术也可用于确定未知物的分子式。如质谱的精密质量测定可以直接确定分子式;^{13}C NMR 反转门控去耦技术可以定量测定 C 原子个数。另外有机物的 C、H、N、S、O 等元素定量分析数据对确定分子式也很有帮助。现在先进的元素定量分析仪只需要几毫克试样就可以得到有关数据,结合从质谱测得的相对分子质量即可计算出分子中的 C、H、N、S、O 等原子数。

第二步,计算不饱和度 f(即环加双键数)。

不饱和度与有机物类型密切相关。若某物 $f=0$,说明它是链烷烃或它的简单衍生物;若被测物的 $f=4$,则有相当大可能是芳香族化合物。在解析过程及最终结果验证时,都应该注意不饱和度的一致性。

第三步,找出结构单元(基团)。

可从各种波谱中获得结构单元类型及数目的信息。有的结构单元可能在各个谱中都有反映。如苯环,在紫外光谱、红外光谱、^{1}H 核磁共振谱、^{13}C 核磁共振谱和质谱中都能发现。有的结构单元也许只有在某一个谱学方法中才有肯定的结论,如氯、溴原子在质谱中非常明确;羟基在红外光谱中非常突出。而它们在其他谱中没有直接的或明确的证据。

第四步,计算剩余基团。

有的基团特征性不强，有时候分子中有一个以上的相同基团，这些情况下容易漏掉某些基团。因此，还需要将分子式与第三步中已确定的所有结构单元的元素组成做一比较，计算出差值，该差值就是剩余基团。

第五步，将小的结构单元（基团）组合成较大的结构单元。

^{1}H 和^{13}C NMR 的化学位移和耦合常数在确定基团连接顺序方面有特别重要的作用。如果有条件的话，通过核磁共振二维谱可以使得基团之间关联的确定更为简便和可靠。质谱中离子的质荷比也是一个重要的证据。在涉及是否有共轭体系存在或共轭体系大小时，紫外光谱吸收带的最大吸收波长有独特的作用。

第六步，提出可能的结构式，用波谱数据进行核对，排除不合理结构。

对于稍微复杂一点的有机物，根据上述步骤常可以列出不止一个可能的结构式，因此需对每一个可能结构进行核对。核对方法是利用各种经验公式计算核磁共振的化学位移、耦合常数以及紫外吸收带位置等，利用质谱碎裂机理推测碎裂途径及碎片离子质荷比。计算或推测值与实测值有明显差异的结构式应排除。也可以用结构类似的模型化合物的波谱数据进行比对。

第七步，核对其他已知条件。

所谓其他已知条件是指被测物的物理、化学性质，来源及用途等。必要时用标准化合物或有机合成反应进一步验证。

5.2 波谱综合解析实例

例 5-1 由未知物 1 的 MS、IR 和^{1}H NMR 谱（图 5.2）推测其结构。

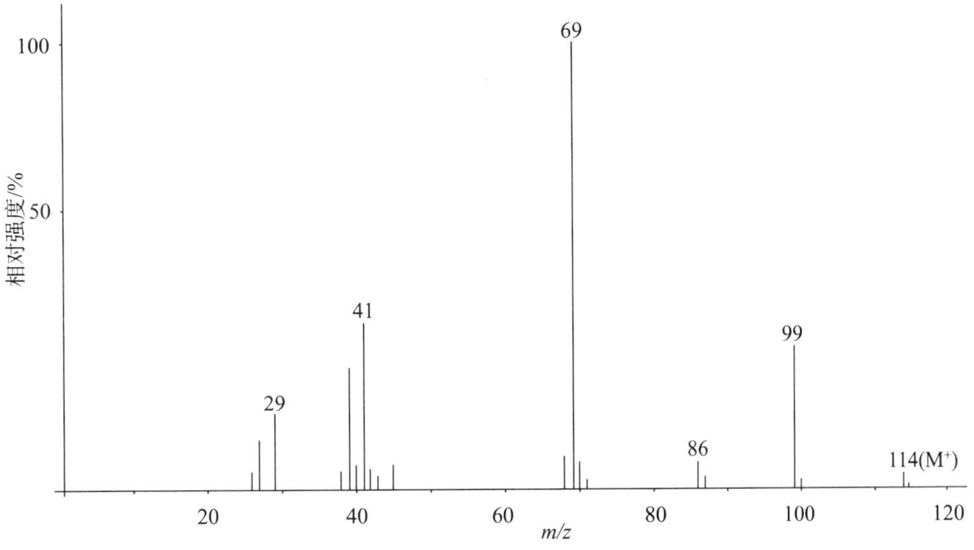

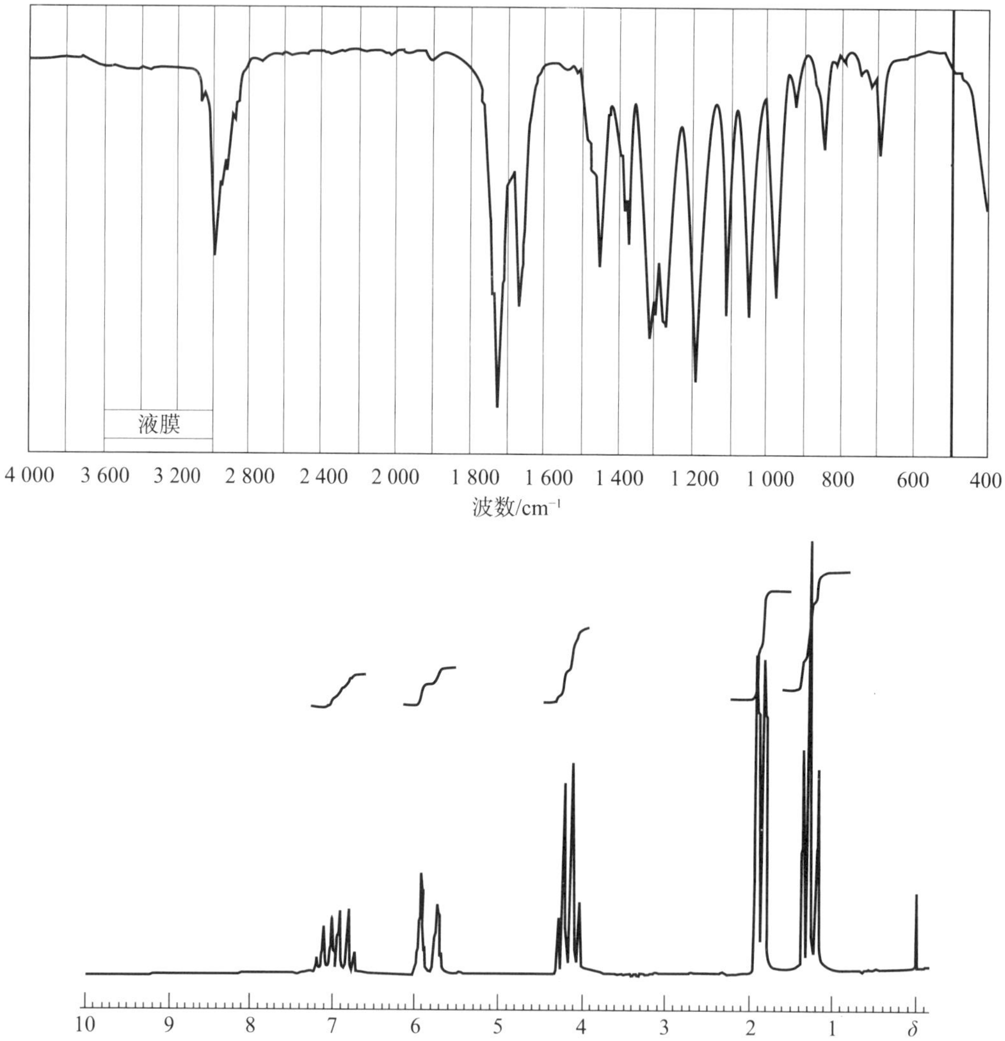

图 5.2 未知物 1 的 MS、IR 和 ^{1}H NMR 谱

解：由 MS 可知，该化合物的相对分子质量为 114。

由于分子离子峰的相对强度仅 5%左右，用同位素丰度法推算分子式可能产生大的误差，故试用前面介绍的第三种方法，即利用公式(5－1)。在 ^{1}H NMR 谱中，从高场到低场各峰积分曲线高度比为 3∶3∶2∶1∶1，故分子中含有 10 个或 10 的整数倍个氢；由 IR 谱约 1 730 cm^{-1} 的强峰可知，分子中有 $>C{=}O$ ，即至少有一个氧原子。利用式(5－1)计算 C 数

$$C\text{ 原子数目} = (114-10-16)/12 = 7 \text{ 余 } 4$$

说明分子中可能还含有一个氧。重新检查 IR 谱，约 1 200 cm^{-1} 也有一强峰，可能是 υ_{C-O} 产生的；对照 ^{1}H NMR 谱，约 4.1 处有一个四重峰，应是与氧原子邻接，故

$$C\text{ 原子数目} = (114-10-16\times2)/12 = 6$$

由此可得，分子式为 $C_6H_{10}O_2$，不饱和度 $f=1+6-10/2=2$。

由 IR 谱可知，约 1 730 cm^{-1} 和 1 200 cm^{-1} 为—COO；约 1 660 cm^{-1} 为 $>C{=}C<$ ，不饱和度共计为 2，与计算值相符。由 ^{1}H NMR 可知，约 1.3 和 4.2 的三重峰和四重峰应为 CH_3CH_2；

5.5～7.5 是两个烯氢，这与红外光谱提供 C═C 基团的信息吻合；约 1.9 的二重峰是与 CH 相连的 CH_3，由于谱图中已没有其他谱峰，所以这个 CH_3 应该与含烯氢的基团相连形成 $CH_3CH═CH—$。

现在已经有了所有的结构单元：—COO、CH_3CH_2—、$CH_3CH═CH$—，它们的总和与分子式相符。用这些结构单元可列出下列四种可能结构式

顺式和反式的 1a  1b 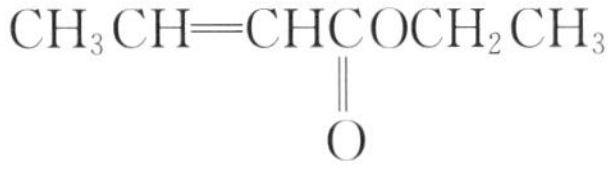

首先确定是 1a 还是 1b。结构 1a 的 CH_2（四重峰）化学位移应为 2.1，与谱图明显不符，可以排除；结构 1b 的 CH_2（四重峰）化学位移约为 4.1，与谱图相符。

然后进一步利用烯氢的化学位移和耦合常数确定 1b 的顺反异构。

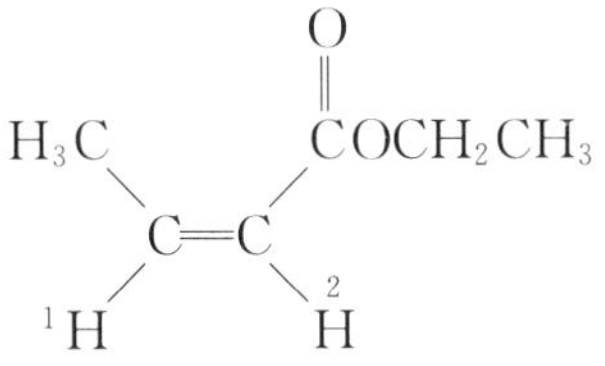

顺式

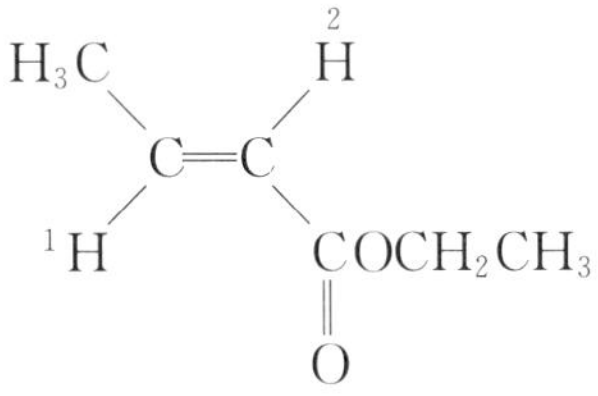

反式

根据烯烃化学位移经验计算公式（4－22）和数据表 4.9，计算得到

$\delta_{H顺1}=5.28+0.44+0.56=6.28$

$\delta_{H顺2}=5.28+0.84+(-0.29)=5.83$

$\delta_{H反1}=5.28+0.44+1.15=6.87$

$\delta_{H反2}=5.28+0.84+(-0.26)=5.86$

实测值约为 5.9 和 6.9，与反式更为接近。另外，从红外光谱图上 980 cm^{-1} 的 $\gamma_{=C-H}$，也可以证明该化合物应为反式结构。

质谱主要碎裂以及生成离子的质荷比如下：

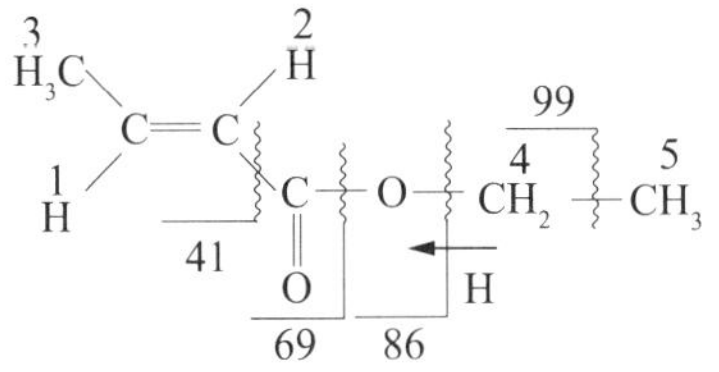

^1H NMR 化学位移实测值和计算值比较

质子编号	1	2	3	4	5
实测值	6.9	5.9	1.86	4.15	1.24
计算值	6.87	5.86	1.7	4.1	1.3

^1H NMR 耦合裂分。高场部分按 $n+1$ 规律很容易解释，烯氢部分由于存在远程耦合，峰形比较复杂。H(1)受 H(2)的耦合作用裂分为二，$^3J_{反}\approx15$ Hz，又受 CH_3 的三个 H 的作用，每一个峰又裂分为四个，$^3J\approx7$ Hz。形成的两组四重峰部分重叠；H(2)受 H(1)作用裂分为二重峰，$^3J\approx15$ Hz，又受 CH_3 的耦合，每一个峰又裂分为四重峰，因为两者相隔 4 个键，是远

程耦合，^4J 很小，所以四个裂分峰挤在一起。

例 5-2 根据 MS、IR、^{1}H 和 ^{13}C NMR 谱(图 5.3)推测未知物 **2** 的结构。

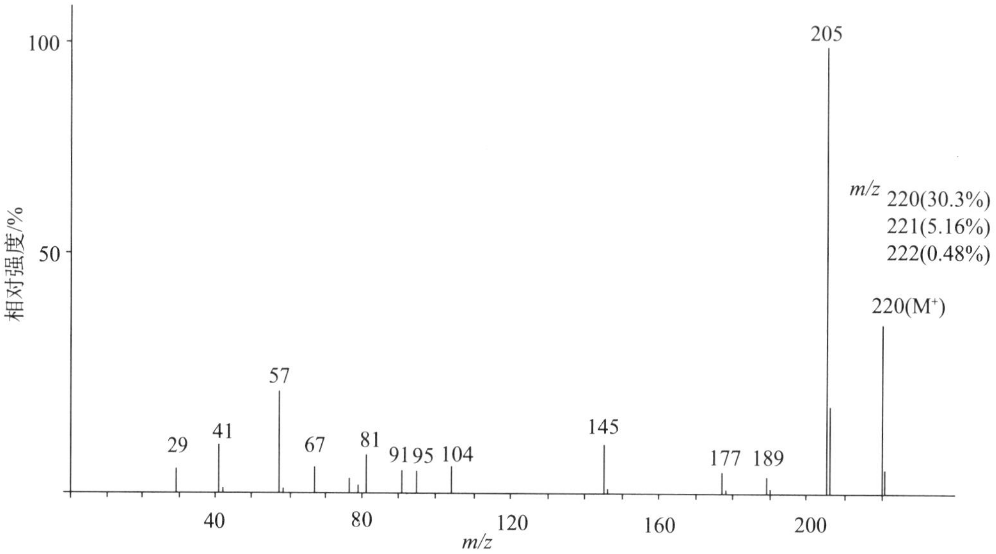

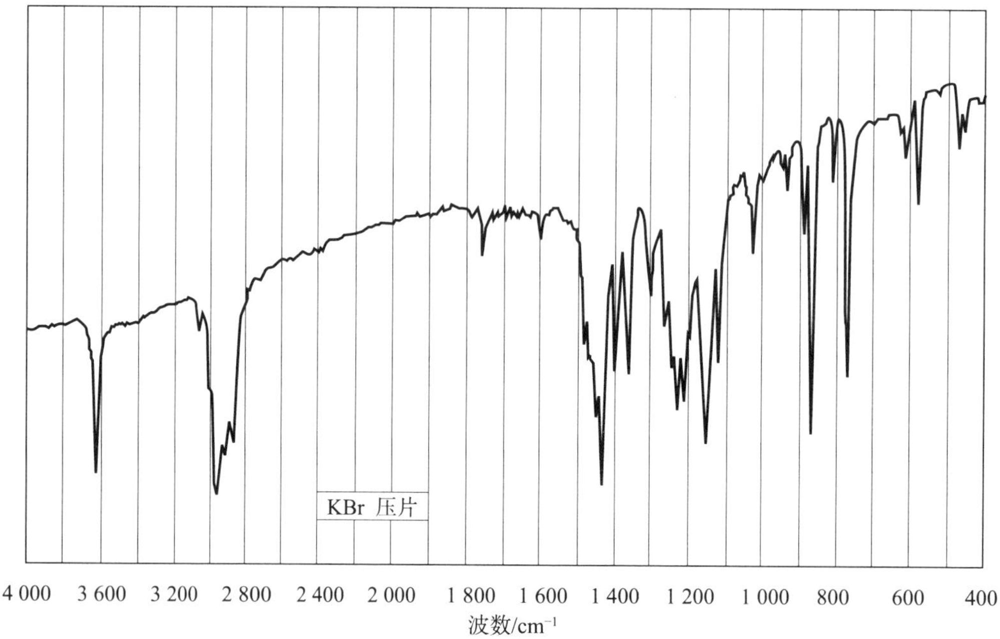

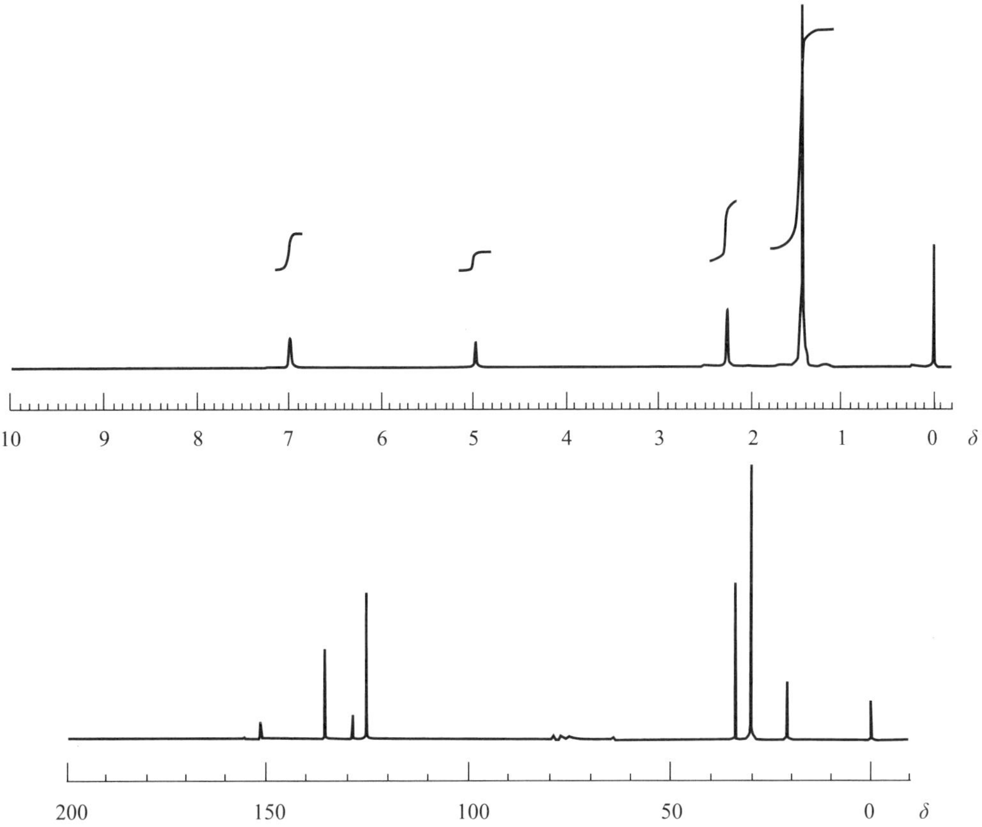

图 5.3 未知物 2 的波谱

解：由 MS 可知，该未知物的相对分子质量为 220。根据图中 M^+、$[M+1]^+$、$[M+2]^+$ 的丰度比可推出其分子式为 $C_{15}H_{24}O$，计算得到不饱和度 f 为 4。

质谱分子离子峰的相对强度较强，低质量碎片离子的 m/z 和丰度以及 ^1H NMR 中化学位移 7 和 ^{13}C 谱中 120～160 处的峰都说明分子中有苯环。从红外光谱约 3 600 cm^{-1} 的吸收峰可知含 OH。^1H NMR 中，从高场到低场积分曲线高度比为 18∶3∶1∶2，总氢数与质谱推出的分子式相符。化学位移约 1.4 处的单峰有 18 个 H，合理的解释应该是 6 个甲基（CH_3），构成 2 个叔丁基[—$C(CH_3)_3$]；2.3 处的单峰（3 个 H）是 1 个孤立的甲基（CH_3）；5 处单峰（1 个 H）应是 OH 所产生；7 处的峰仅有 2 个 H，说明苯环为四取代。

至此，构筑分子的所有基团：1 个四取代的苯环和四个取代基均已列出。从 ^{13}C 谱中，120～160苯环区域只出现 4 个峰推测分子具有对称性，即可列出下面两个可能结构

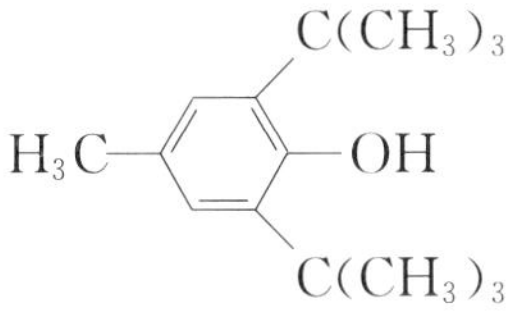

2a

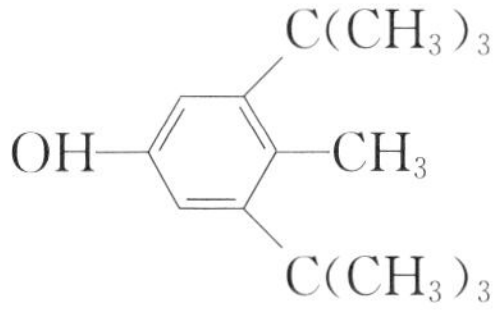

2b

由于红外光谱中显示的 υ_{OH} 位于 3 600 cm^{-1}，且峰形尖锐，表明 OH 呈游离状态。比较 2a、2b 两个结构，只有在结构 2a 中，OH 处于两个位阻很大的叔丁基之间，不能发生分子间缔合，故能确定结构 2a 为未知物 2 的正确结构。

例 5-3 根据未知物 3 的 MS、IR 以及[1]H 谱(图 5.4)推测其分子结构。

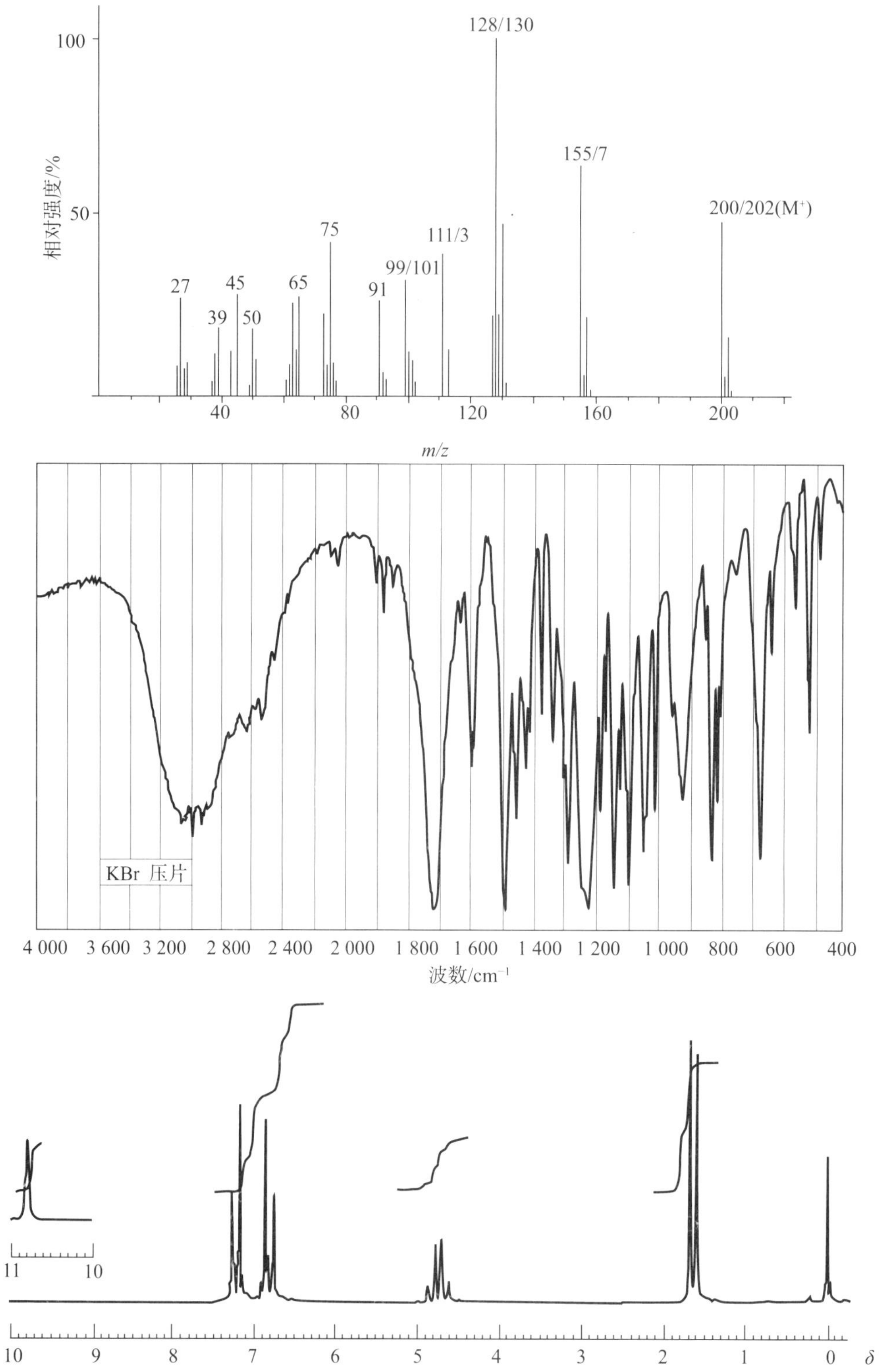

图 5.4 未知物 3 的波谱

解：由MS图可确定该物质相对分子质量为200，并且从M^+和$[M+2]^+$离子峰的相对丰度近似为3∶1可知，分子中含有1个氯原子。

IR谱中，由3 200～2 500 cm^{-1}的宽峰和1 700 cm^{-1}的强峰可推测分子中含有—COOH，在1 200～1 250 cm^{-1}的强峰指示分子中可能有醚键(C—O)。

^1H谱高场到低场各峰组的积分曲线高度比为3∶1∶2∶2∶1，共9个H。

分子中的C数可由式(5-1)推算出

$$C数=(200-9-16\times3-35)/12=9$$

故分子式为$C_9H_9ClO_3$，计算得到不饱和度为5。

三张谱图中都有苯环存在的证据，加上—COOH基团，不饱和度与计算值相符；由^1H谱得到：δ为1.7的二重峰与4.7的四重峰组合应是 >CH—CH_3 基团；δ为7附近两个变形的二重峰说明苯环为不同基团的对位双取代；11附近则是羧基上的H。

至此，已有的结构单元为—Cl、—C_6H_4—、>CH—CH_3 和—COOH。与分子式比较，剩余基团为—O—。用这些结构单元可以列出下面的可能结构

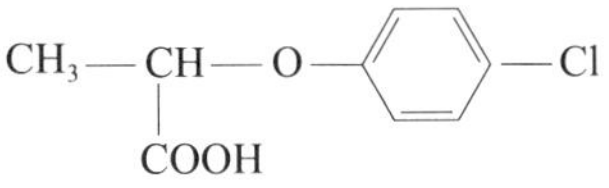

3a

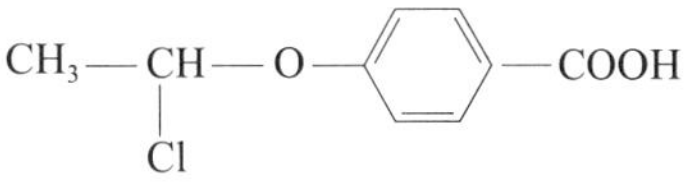

3b

检查未知物3的质谱，高质量端三个碎片离子m/z 155、128和111均含有Cl原子，说明Cl原子与苯环直接相连，因为此时Cl上的孤对电子与苯环发生$p-\pi$共轭，所以不易被丢失。上述三个离子由下面的裂解示意图均可得到合理的解释，所以未知物C的正确结构应该是3a。

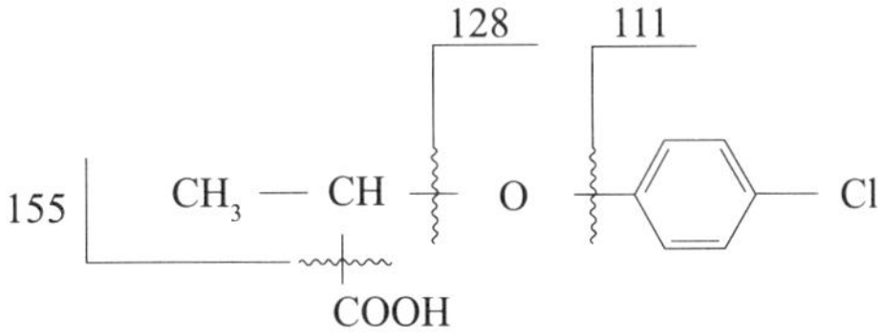

例5-4 未知物4的质谱已确定相对分子质量为137，其红外光谱图中3 400～3 200 cm^{-1}有一个又宽又强的吸收峰。请根据^1H和^{13}C谱(图5.5)推测其分子结构。

解：未知物4的相对分子质量为137，是奇数，根据质谱的氮规则可知，分子中含有奇数个N原子。

IR谱中3 400～3 200 cm^{-1}应是羟基的伸缩振动峰(υ_{OH})。

^{13}C谱中，共有强度相差不大的8条谱线，表明有8个不同化学环境的C原子。

^1H谱中，从低场到高场各峰面积比为2∶2∶1∶2∶2∶2，共计11个H原子。

由此可得，未知物4的分子式为$C_8H_{11}NO$，与给出的相对分子质量相符。计算得到不饱和度为4。

^1H谱中，δ_H约为5处较宽的单峰(1个H)，应归属为OH，1.5～4三组峰各有2个H，按裂分峰的情况，应是3个相连的CH_2，其中最低场(3.7)的三重峰应与OH相连，即分子中有一个—$CH_2CH_2CH_2OH$基团；这与^{13}C谱中，$\delta_C<70$的三个峰对应。

^{13}C谱中，δ_C在120～150芳烃、烯烃区域内只有5条谱线，分子的不饱和度为4，所以不可

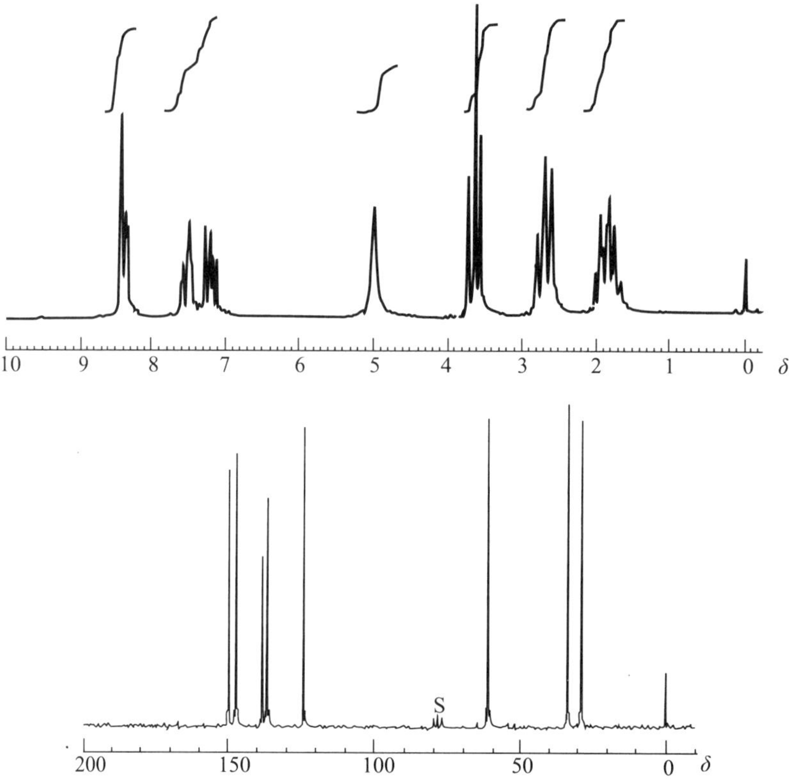

图 5.5 未知物 4 的 ^{1}H 和 ^{13}C 谱

能是五元不饱和环。因分子中还含有一个 N 原子,故合理的解释是吡啶环;^{1}H 谱在 7~9 共有 4 个 H,说明吡啶环为单取代。

由此可以列出吡啶的 2-、3-或 4-取代三种异构体

4a

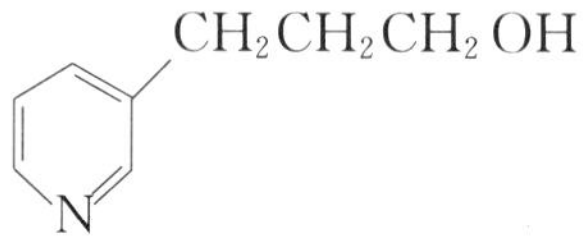

4b

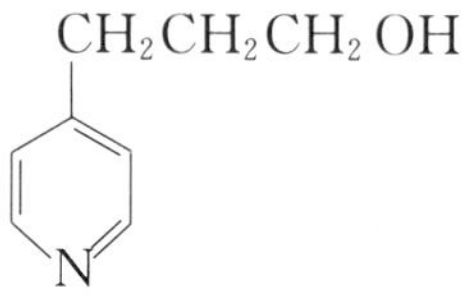

4c

其中,4c 是对称结构,在 ^{13}C 谱中芳烃区域($\delta>100$)只出现三条谱线,与谱图不同,可以排除。

参考未取代吡啶的 ^{13}C 谱化学位移数据可知,2 -、6 -位的 C,因与 N 相邻而处于低场,$\delta_C=149.7$;处于 4 -位的 C 次之,$\delta_C=136.2$;而 3 -、5 -位 C 在最高场,$\delta_C=124.2$。对照图 5.5,约 150 处有两条谱线,在 120~130 只有一条谱线。由此可见,未知物 4 应是 3 -位取代的吡啶 4b,由于取代基的影响,3 -位的 C 移向低场,与 4 -位 C 的 δ_C 相近。

例 5 - 5 未知物 5 的元素分析结果为 C:57.84%,H:4.85%,O:27.48%;该化合物的高分辨质谱、紫外光谱、红外光谱、核磁共振谱(^{1}H、^{13}C{^{1}H}、DEPT45、DEPT90、DEPT135、^{1}H—^{1}H COSY、HMQC、HMBC)见图 5.6 到图 5.13。溶剂为氘代丙酮试推测该化合物的分子结构。

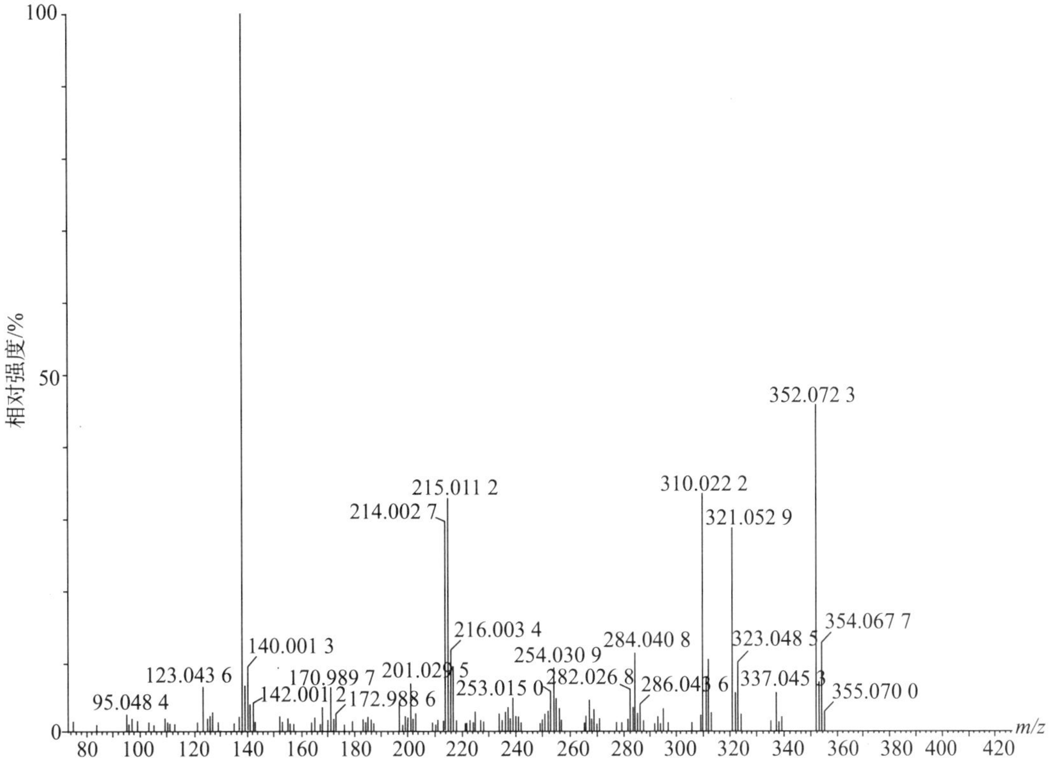

图 5.6 未知物 5 的高分辨质谱

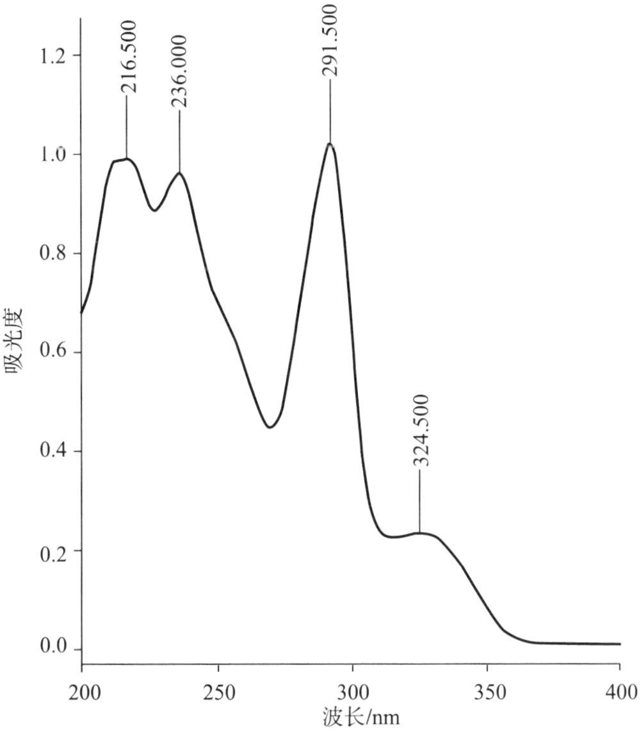

图 5.7 未知物 5 的紫外光谱

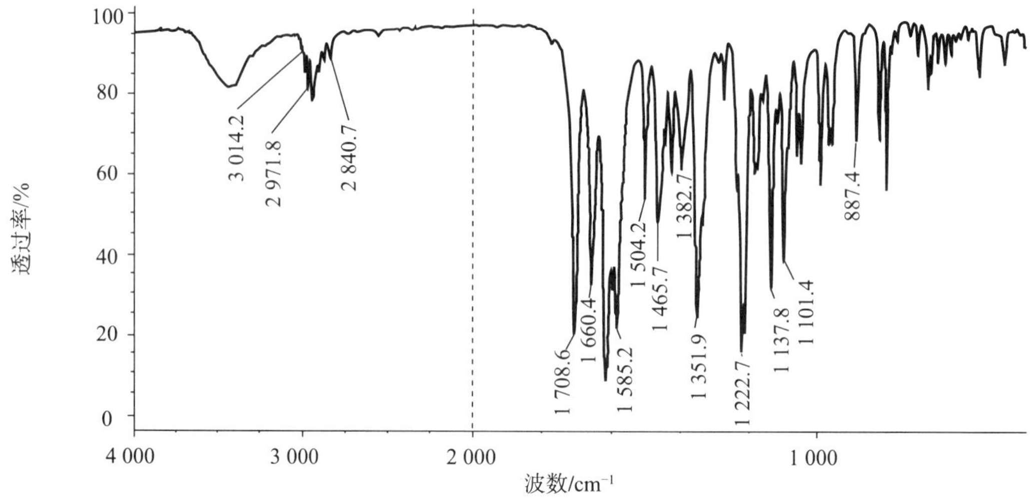

图 5.8 未知物 5 的红外光谱

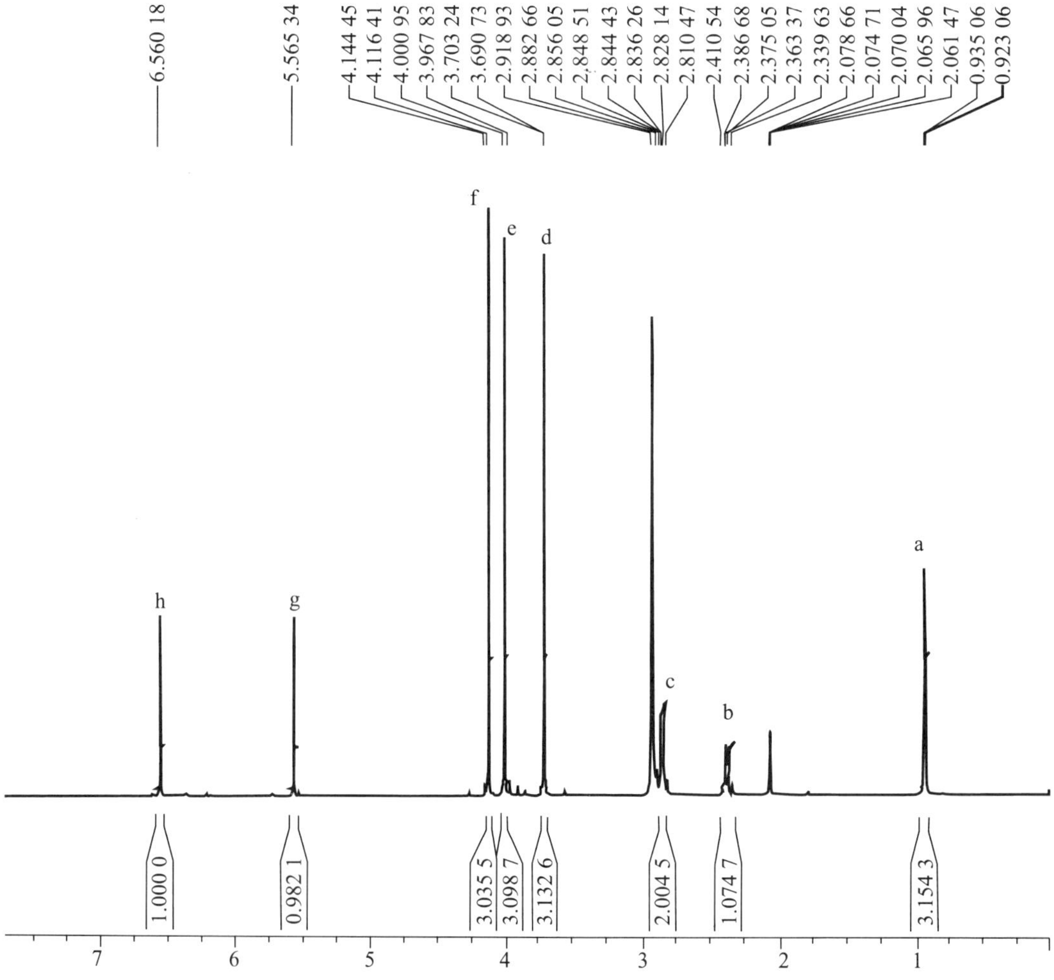

图 5.9 未知物 5 的 ^{1}H 核磁共振谱

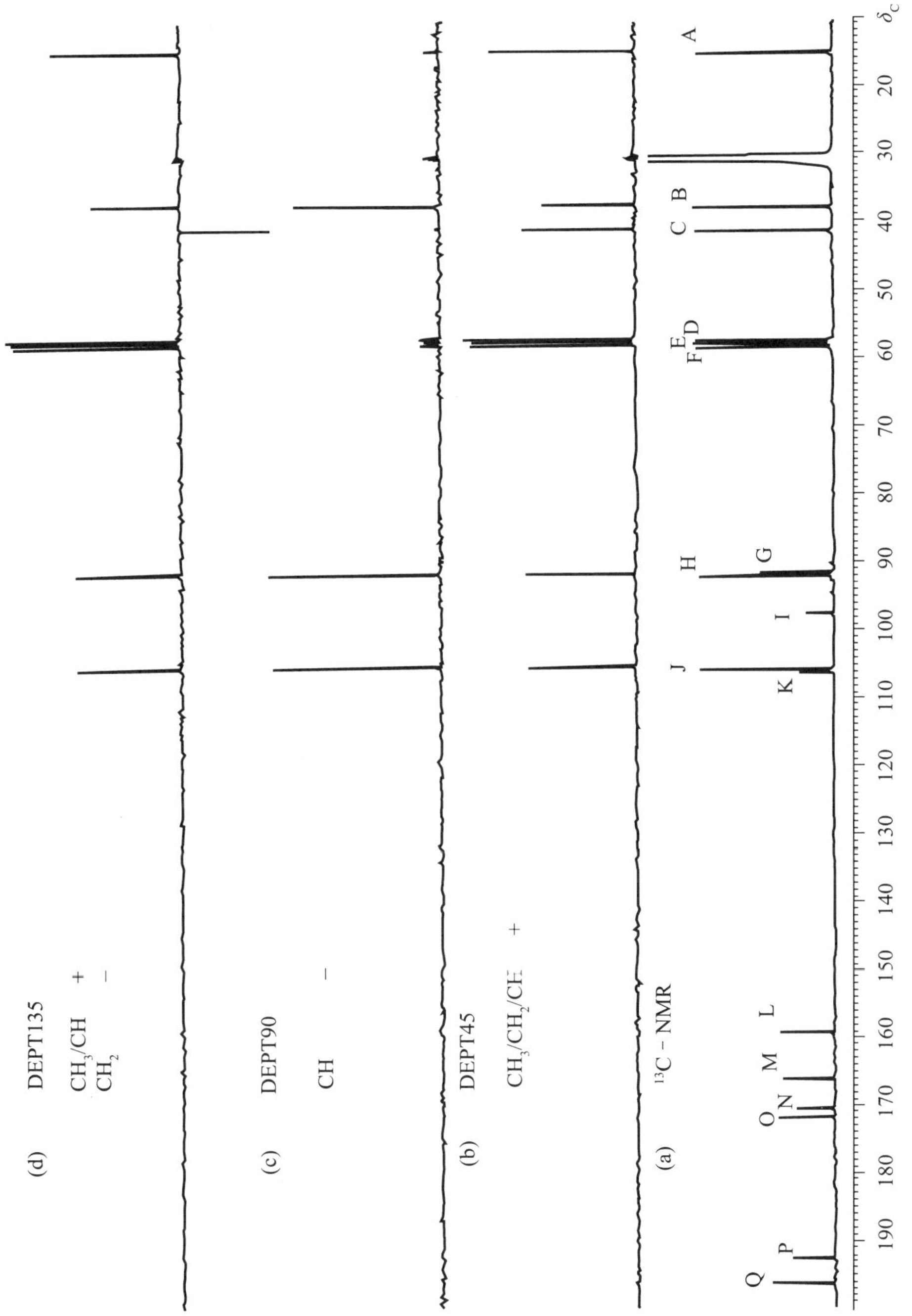

图 5.10 未知物 5 的 ^{13}C 核磁共振谱

(a) ^{13}C{^{1}H}谱；(b) DEPT45谱；(c) DEPT90谱；(d) DEPT135谱

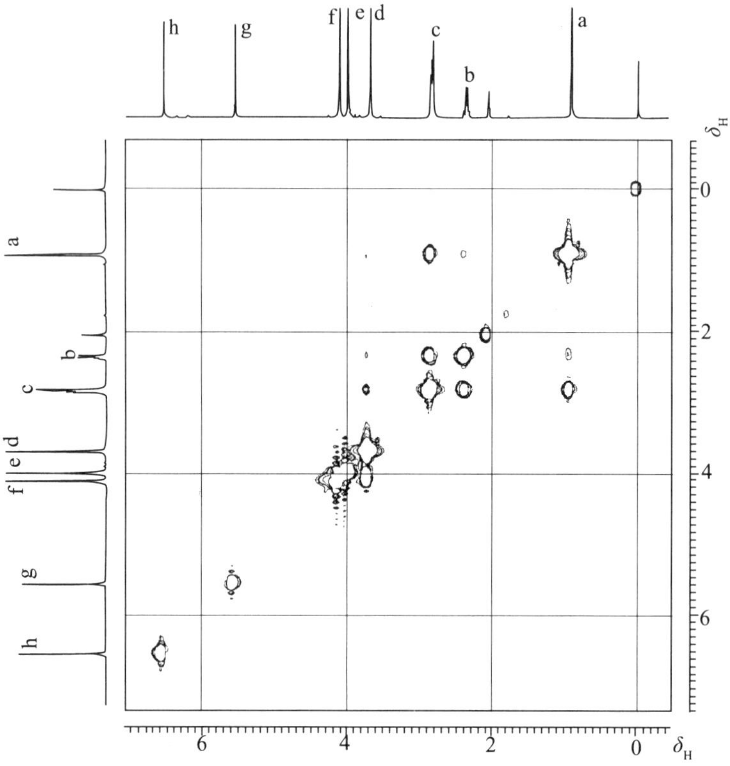

图 5.11　未知物 5 的 $^1H-^1H$ COSY 图

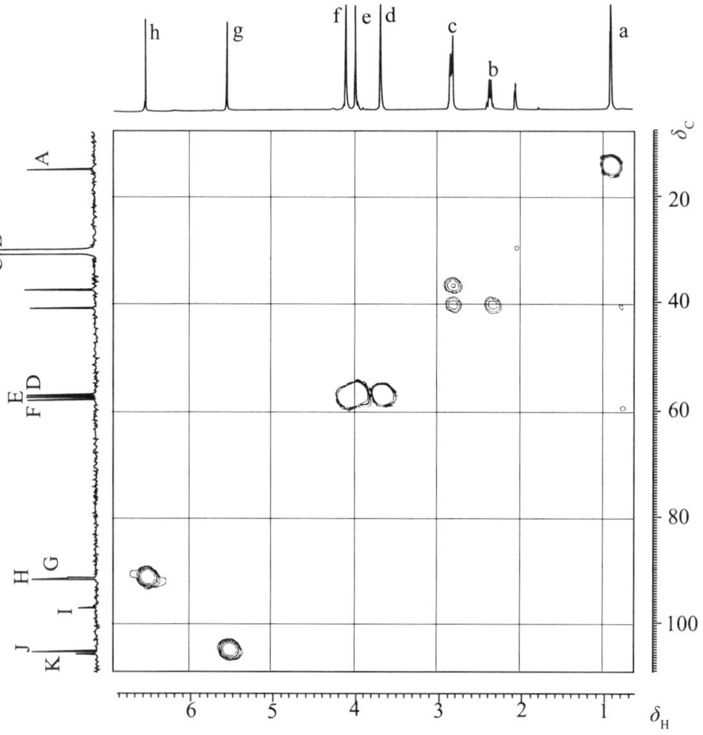

图 5.12　未知物 5 的 HMQC 图

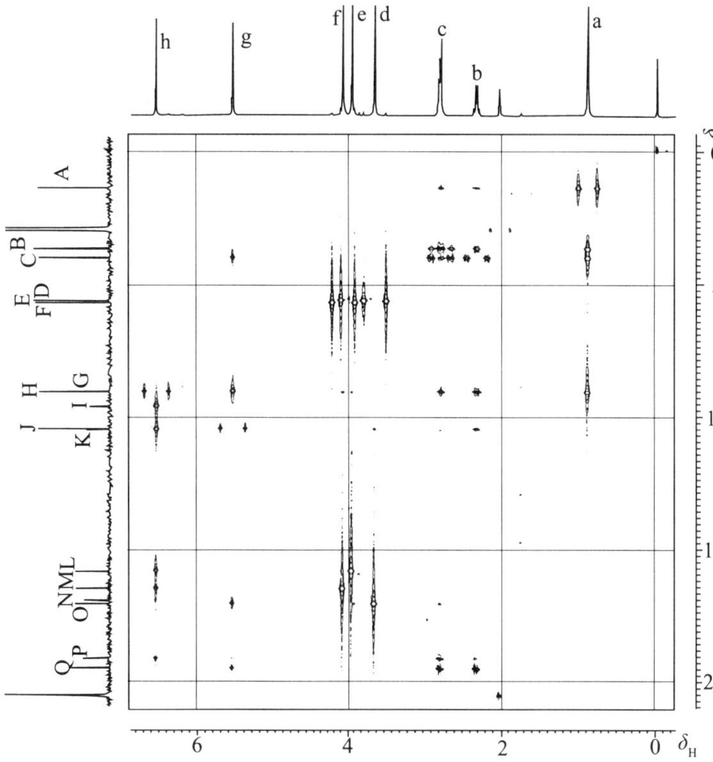

图 5.13 未知物 5 的 HMBC 图

解:1) 确定相对分子质量和分子式,并计算不饱和度。

由质谱图(图 5.6)的高质量端可确定 m/z 352 为未知物 5 的分子离子峰,其同位素峰 m/z 354 的相对强度约为分子离子峰的 1/3,表明该化合物的相对分子质量为 352,分子中含有 1 个氯原子。高分辨质谱测得分子离子峰的精密质量为 352.072 3,计算得到其分子式为 $C_{17}H_{17}O_6Cl$。根据相对分子质量和元素分析结果计算可得,该化合物含 17 个 C、17 个 H 和 6 个 O,与上述结果相符。

核磁共振氢谱(图 5.9)中共有 8 组峰,积分比从高场至低场为 3∶1∶2∶3∶3∶3∶1∶1,共 17 个 H;核磁共振碳谱($^{13}C\{^1H\}$)(图 5.10(a))中共有 17 个峰,说明分子中有 17 个碳原子,与高分辨质谱给出的结果一致。

由分子式计算得到未知物 5 的不饱和度 $f=9$。

2) 从"四谱"中找出结构单元

在紫外光谱(图 5.7)中,216、236 和 291 nm 的强吸收带为共轭 $\pi-\pi^*$ 跃迁产生,表明分子中有大的共轭体系存在,如苯环、共轭的苯环等;324 nm 的弱吸收带为共轭的 $n-\pi^*$ 跃迁产生的 R 吸收带,表明分子中有共轭的羰基存在。

在红外光谱(图 5.8)中 3 027 cm^{-1}、3 014 cm^{-1} 处的弱吸收峰是不饱和碳氢的伸缩振动($\upsilon_{=C-H}$),结合 1 660 cm^{-1}($\upsilon_{C=C}$)和 1 618.0 cm^{-1}、1 585.2 cm^{-1}、1 504.2 cm^{-1}($\upsilon_{苯环}$)处的强吸收峰表明,该化合物中存在碳碳双键和苯环;1708 cm^{-1} 处的强吸收峰为羰基的伸缩振动,因 $\upsilon_{C=O}$ 低于正常值,判断该羰基与苯环或碳碳双键共轭,这与紫外光谱提供的信息一致;2 993~2 840 cm^{-1} 的数个弱吸收峰为饱和碳氢的伸缩振动,结合 1 382 cm^{-1} 处的弱吸收峰以及

1 467 cm^{-1}、1 427 cm^{-1}、1 400 cm^{-1}处的中等吸收峰表明该化合物中存在CH_3、CH_2、CH和OCH_3；887 cm^{-1}处的中等吸收峰表明化合物中的苯环可能为五取代苯环；1 347 cm^{-1}和1 227 cm^{-1}处的强吸收峰表明该化合物中存在C—O—C。

在质谱中，高质量端的碎片离子 m/z 337(M—15)和321(M—31)分别证实了红外光谱指出的CH_3和OCH_3基团的存在。

核磁共振氢谱(图5.9)中，a峰(d,3H)应为与CH基团相连的CH_3；d(s,3H)、e(s,3H)、f(s,3H)峰为与杂原子相连的CH_3，由于该化合物中不含N，且红外光谱和质谱已表明化合物中含OCH_3，故可认为这3个峰均为OCH_3基团；另外，红外光谱还表明化合物中含有碳碳双键和苯环，因此可推出g峰(s,1H)为三取代烯烃(C═CH)上剩余的氢，h峰(s,1H)为五取代苯环上剩余的氢。

核磁共振质子噪声去耦碳谱(图5.10(a))中共有17组峰，与分子式中碳原子个数相同，表明该化合物无对称结构。DEPT-90谱(图5.10(c))表明B、H、J峰为CH中的碳原子，根据δ_C分区可以确定B为饱和碳原子，H和J是烯烃和苯环上与氢相连的碳原子；DEPT 135谱(图5.10(d))表明C峰为CH_2中的碳原子，DEPT 45谱(图5.10(b))中扣除CH和CH_2峰后余下的4个峰A、D、E、F峰为CH_3中的碳原子，根据δ_C值可知A与另一个碳原子相邻，而后三者与氧原子相邻；碳谱中其余的9个峰为季碳峰，其中5个是苯环上五个取代位置的碳，1个是烯碳，δ_C大于180的2个应是羰基碳，剩余1个可能是饱和的季碳。

由上述分析可以列出分子中所含基团

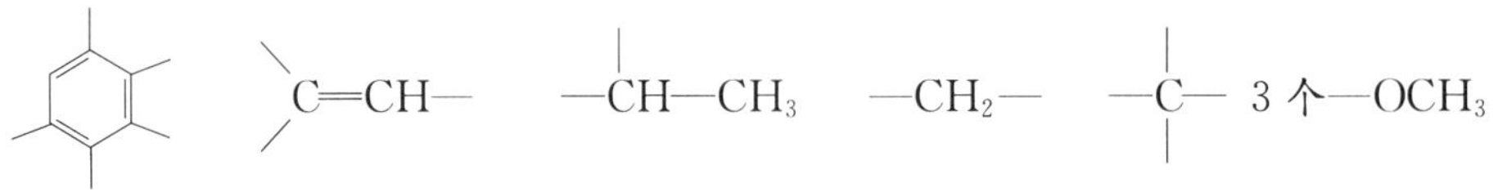

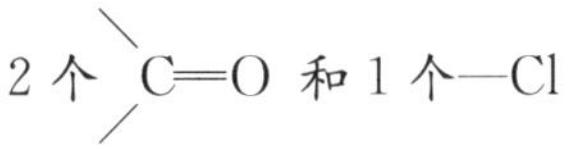

总共17个C、17个H、5个O和1个Cl，剩余基团为1个O；已确定基团的总不饱和度为7，剩余的2个不饱和度应该是2个环。

由于构成分子的基团数目多，且大部分是孤立基团，难于用耦合作用规律将它们组合成较大基团，若按化学价键理论列出许多种可能结构，再一一排除，工作量很大，非常困难，所以采用二维核磁共振谱做进一步解析。

3) 二维核磁共振谱COSY、HMQC、HMBC的解析。

COSY谱(图5.11)中a峰与c峰相关，c峰与b峰相关；HMQC谱(图5.12)中A峰与a峰相关，B峰与c峰相关，C峰与b峰以及c峰相关，故可确定a峰为CH_3中的3个H，b峰为CH_2中的1个H，c峰含2个H，1个为CH中的1个H，另1个为CH_2中的另一个H。另外，HMBC谱(图5.13)中，A峰与b、c峰相关，B峰与a、b、c峰相关，C峰与a、c、g峰相关，因此可推断出分子中含有以下结构片段

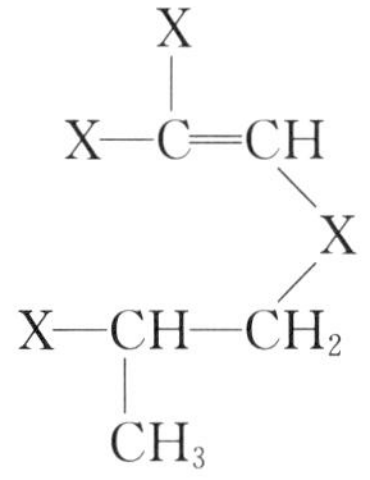

X 为 O 原子或季碳 C。

HMQC 谱中，J 峰与 g 峰相关，故 J 为烯碳 ═CH 中的碳原子谱线。E、D、F 峰分别与 d、e、f 峰相关，表明它们均为 OCH_3 中的碳原子谱线。在 HMBC 谱中，D、E、F 峰不与任何^{1}H 峰相关，表明 3 个 OCH_3 基团均与季碳原子相连，且 3 根键内均为季碳；而 G 峰是仅与 a、b、c、g 峰相关的季碳，δ_C 为 91.65，J 峰与 b、c、d 相关，δ_C 为 105.68，O 峰与 c、d、g 峰相关的季碳，δ_C 为 171.82，Q 峰与 a、b、c、g 峰相关，δ_C 为 196.33，按碳谱化学位移分区规律，可确定 G 峰为与氧原子等相连的饱和季碳峰，J 峰为不与氧原子相连的烯碳（ ═CH ）峰，O 峰为与氧原子相连的烯碳（ ═C ）峰，Q 峰为羰基碳原子峰，由此可进一步推出下列结构

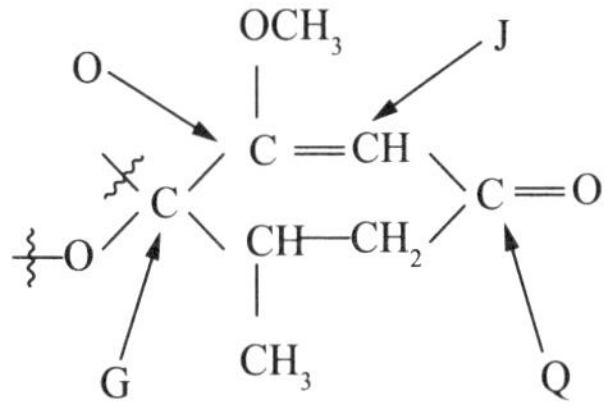

HMQC 谱中，H 峰与 h 峰相关，已知 h 峰为苯环上未被取代的 H 原子峰，可确定 H 为苯环中未被取代的碳原子谱线。HMBC 谱中与 h 峰相关的有 I、K、L、M、P 5 个季碳峰，其中 L 峰还与 e 峰相关，M 峰与 f 峰相关，P 峰与 c 峰相关，与 a、b、g 峰有更远程的相关（相关点强度较弱），它们的化学位移值依次为：97.39、106.04、159.30、166.02 和 192.56，因此可确定 I、K、L、M 峰为苯环上被取代的 4 个季碳，其中 L 和 M 峰为与 OCH_3 直接相连的苯环碳原子峰，P 峰为羰基碳原子峰；N 峰是不与任何^{1}H 峰相关的季碳峰，表明该碳原子周围 3 键内均为季碳，N 峰的化学位移值为 170.55，应为与 O 原子相连的苯环上的季碳原子；H 峰与 e、f 峰有较远程的相关（相关点强度较弱），故该处的碳原子与 2 个 OCH_3 基团相距不应很远；由此可推出该化合物分子中所含的另一个结构片段

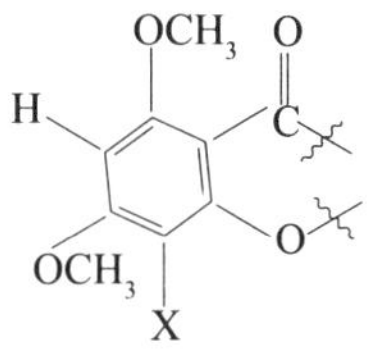

已知该化合物的分子式为 $C_{17}H_{17}O_6Cl$，不饱和度为 9，根据 COSY、HMQC 和 HMBC 谱图中推出的 2 个结构片段中已含 17 个 C 原子、17 个 H 原子、6 个 O 原子，所以可确定上述结构中的 X 为 Cl 原子。根据计算得到的不饱和度 9，最终得到该化合物可能的结构为

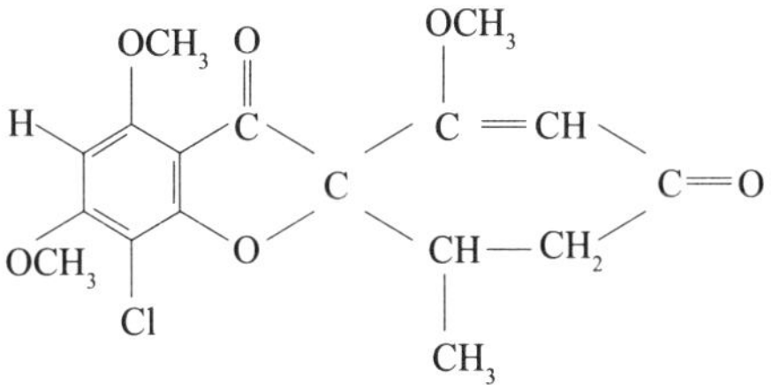

化合物 5 核磁共振谱图解析结果如下

^1H NMR 解析结果

序号	化学位移	峰形	氢分类	质子数	归属
a	0.92	d	CH_3	3	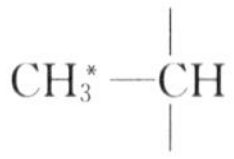
b	2.4	d.d	CH_2	1	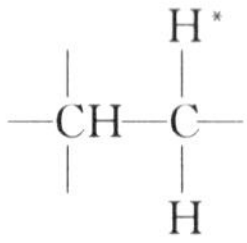
c	2.8	m	CH,CH_2	2	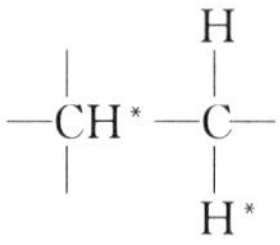
d	3.6	s	CH_3	3	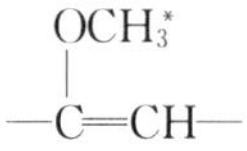
e	3.96	s	CH_3	3	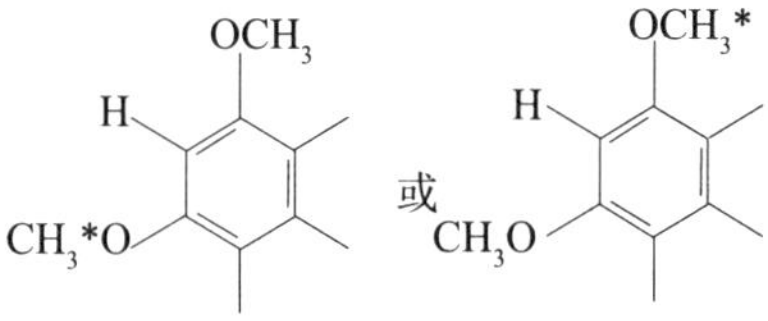
f	4.12	s	CH_3	1	
g	5.56	s	=CH	1	—C=CH*—
h	6.56	s	=CH	1	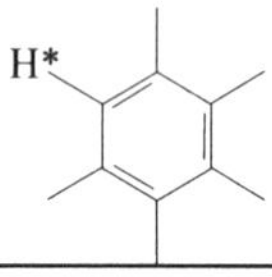

^{13}C NMR 解析结果

序号	化学位移	碳分类	归属
A	14.82	CH_3	*CH_3—CH—CH_2—C=O
B	37.51	CH	CH_3—*CH—CH_2—C=O
C	41.00	CH_2	CH_3—CH—*CH_2—C=O

续表

序号	化学位移	碳分类	归属
D	57.24	CH_3	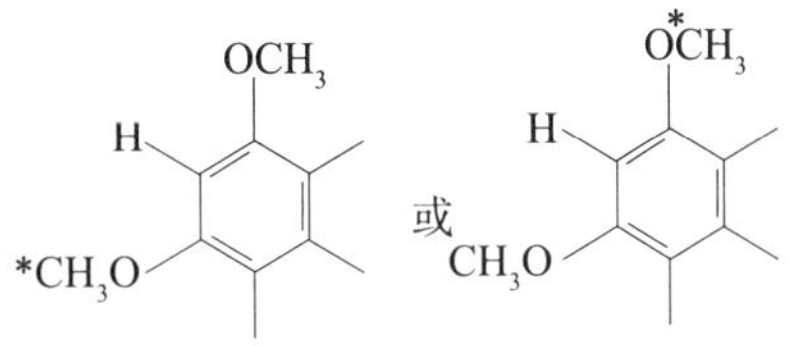
E	57.63	CH_3	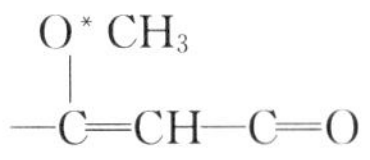
F	58.19	CH_3	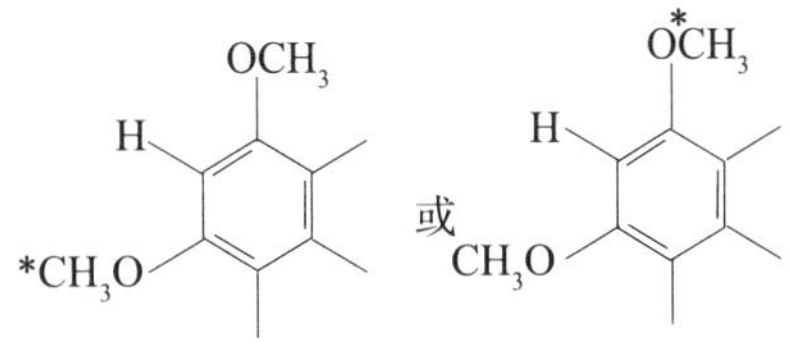
G	91.65	C	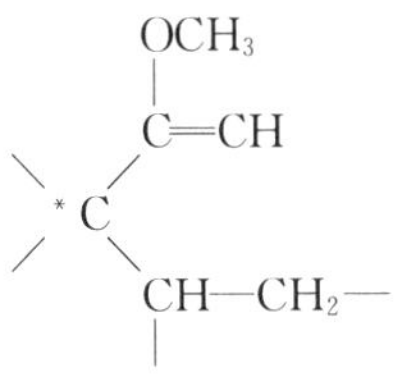
H	91.90	CH	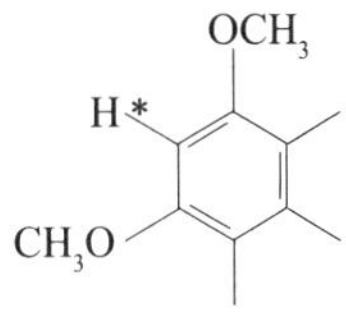
I	97.39	C	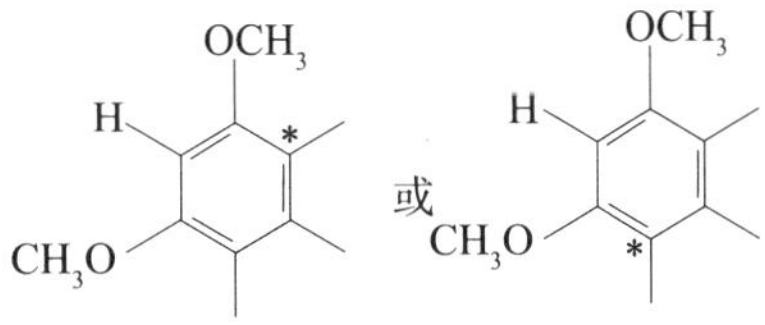
J	105.68	CH	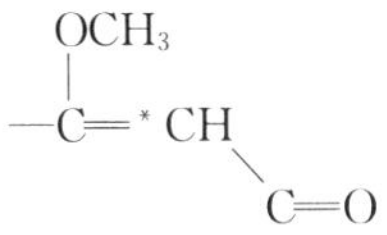
K	106.04	C	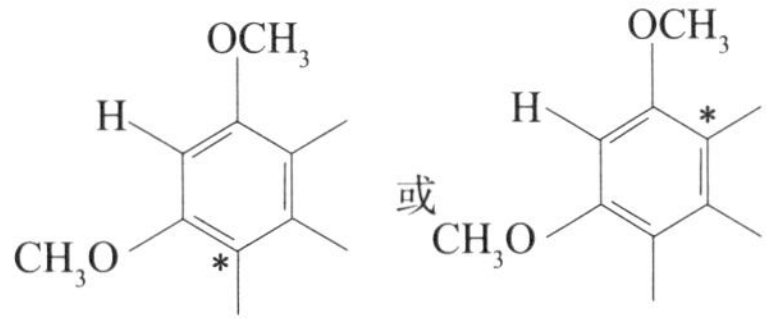
L	159.30	C	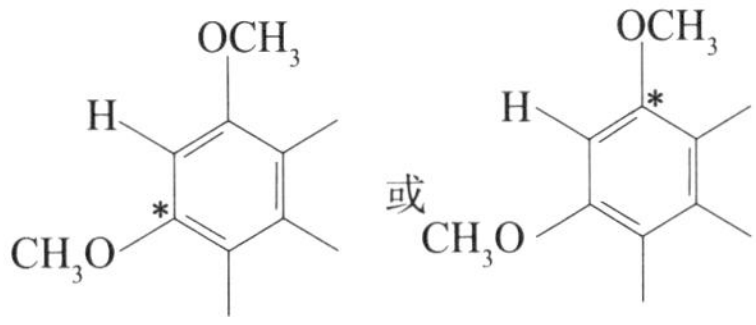

续表

序号	化学位移	碳分类	归属
M	166.02	C	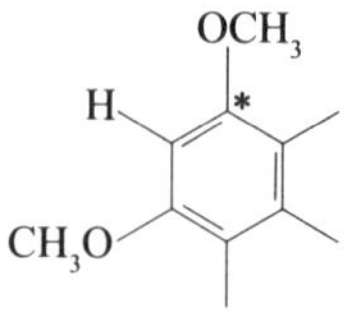 或 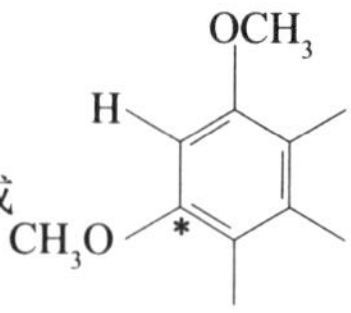
N	170.55	C	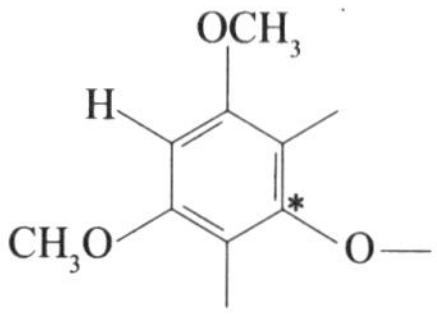
O	171.82	C	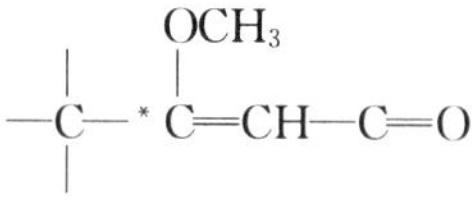
P	192.56	C	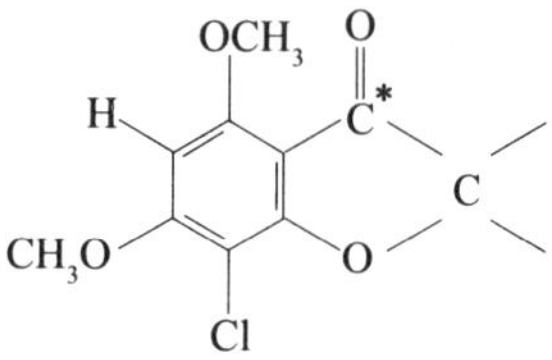
Q	196.33	C	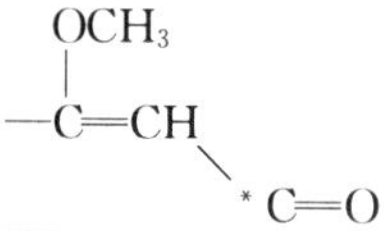

思考题与习题

5-1 某化合物,质谱测得其相对分子质量为117,根据IR和[1]H NMR谱图推测其分子结构。

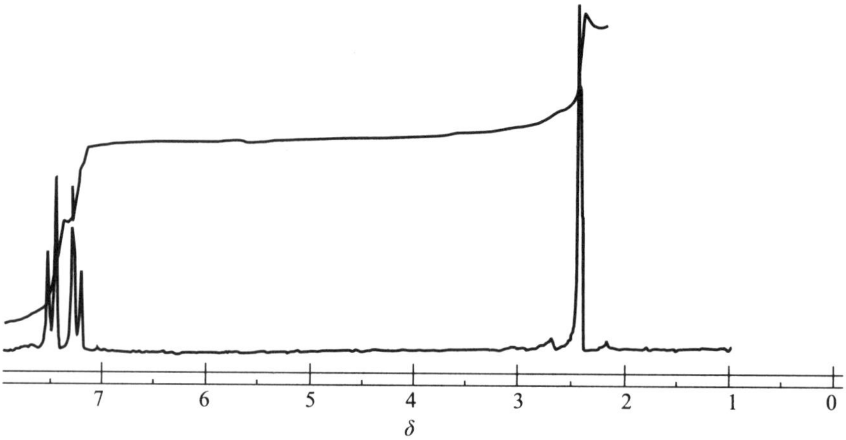

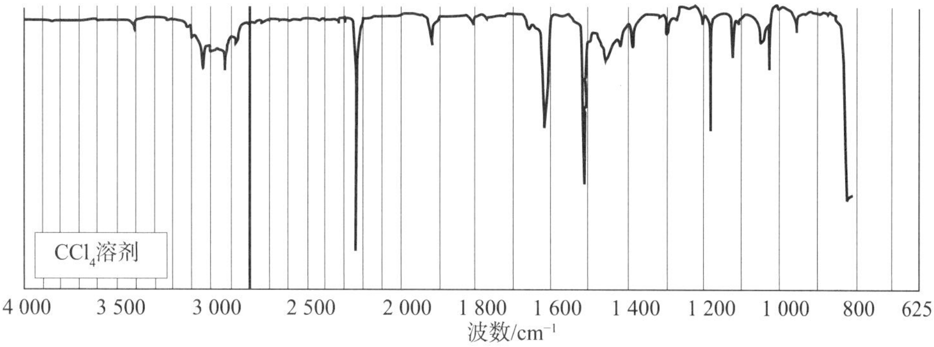

5-2 某未知物的相对分子质量为 120，根据 IR 和 ^{1}H NMR 谱图推测其分子结构。

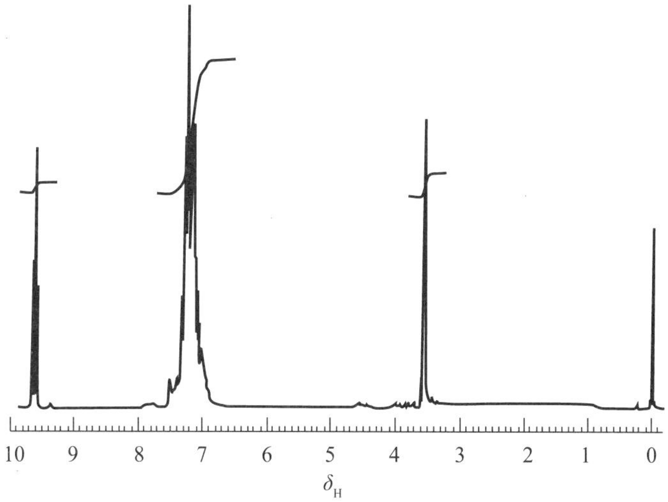

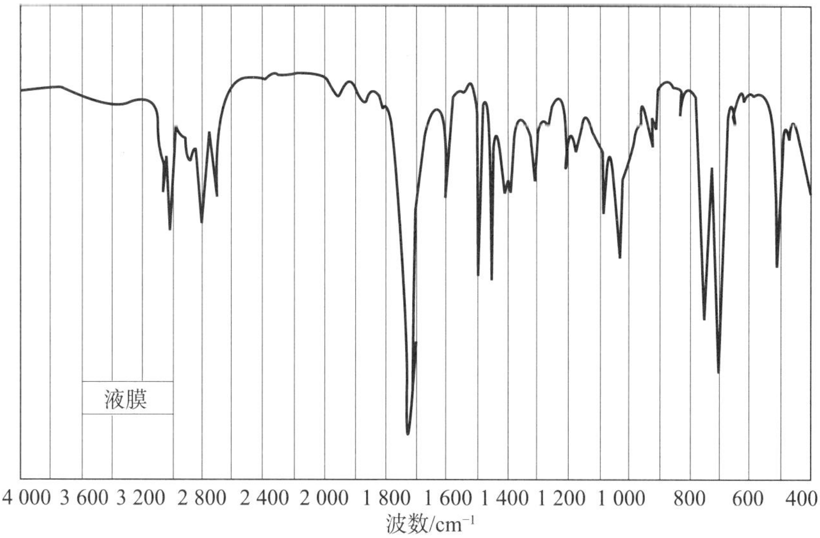

5-3 某未知物的 MS 和^{1}H NMR 谱图如下,请推测其分子结构。

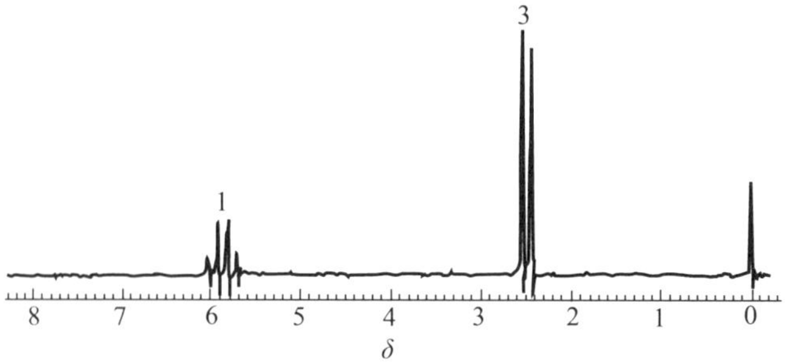

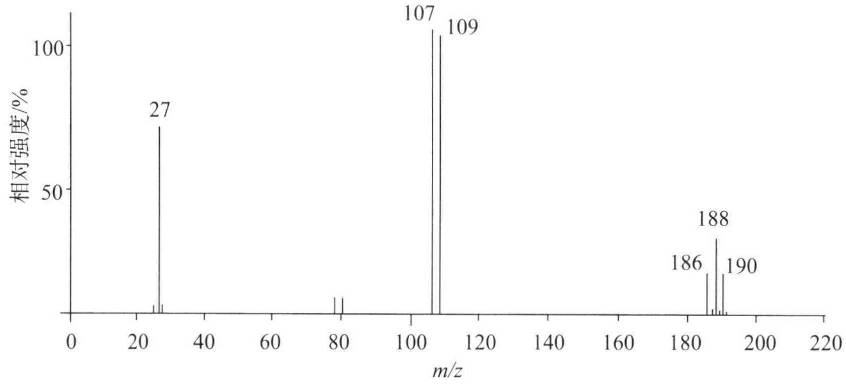

5-4 某未知物的 MS 和^{1}H NMR 谱图如下,请推测其分子结构。

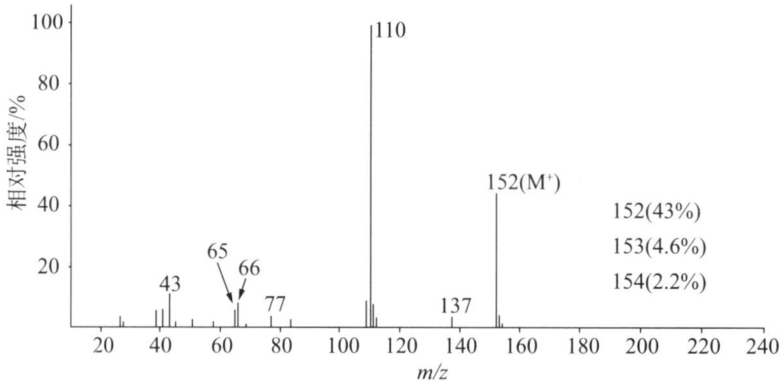

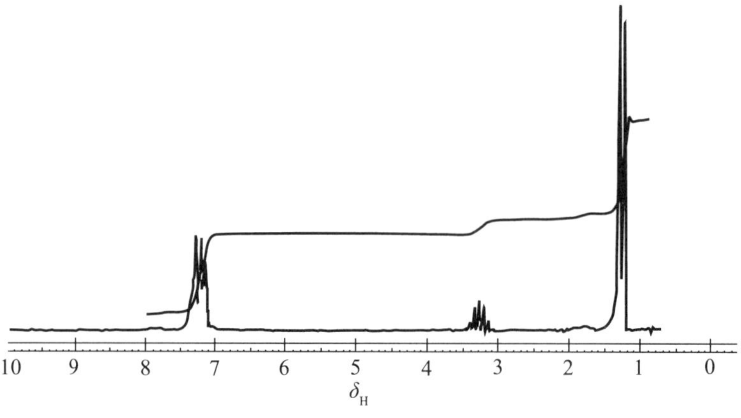

5-5 某未知物的相对分子质量为 88,请根据 IR 和 ^{1}H NMR 谱图推测其结构。

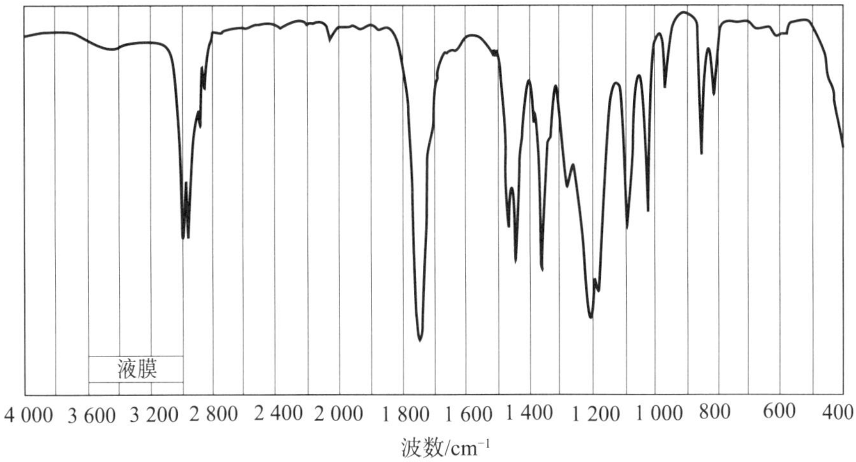

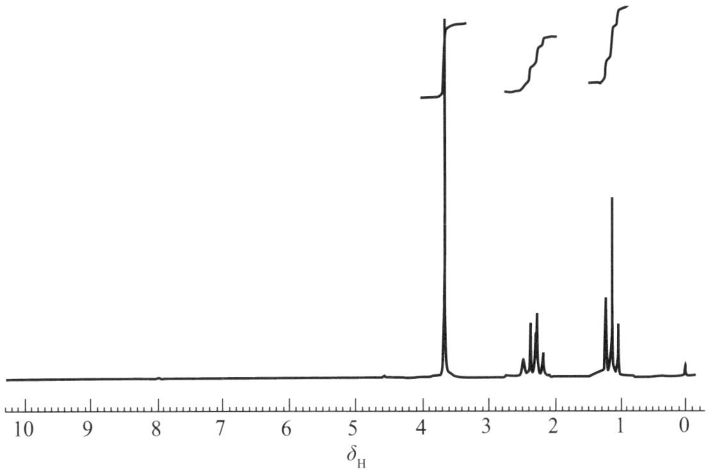

5-6 根据 MS 和 IR 谱图推测未知化合物的结构。

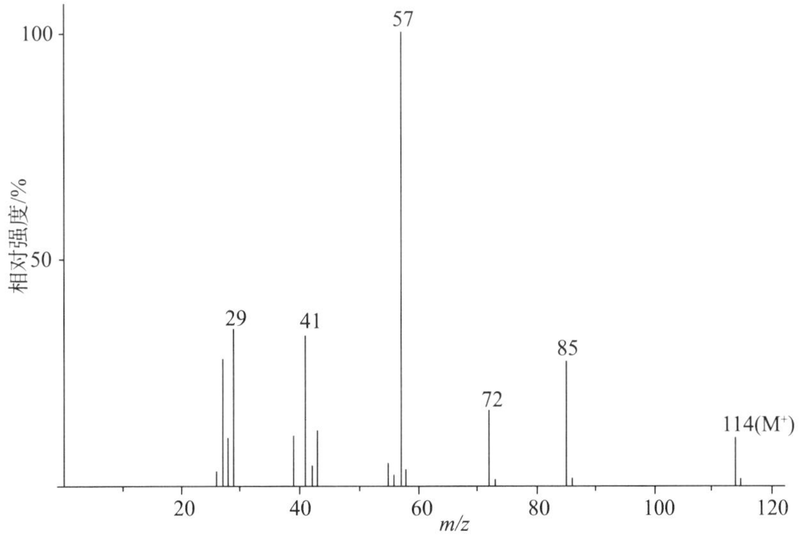

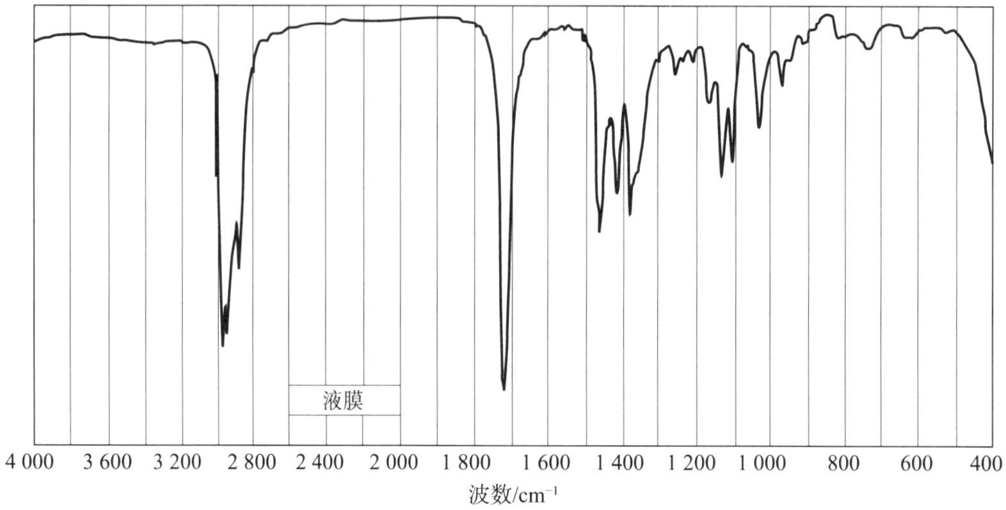

5-7 根据 MS、IR 和 ^{1}H NMR 谱图推测未知物的分子结构。

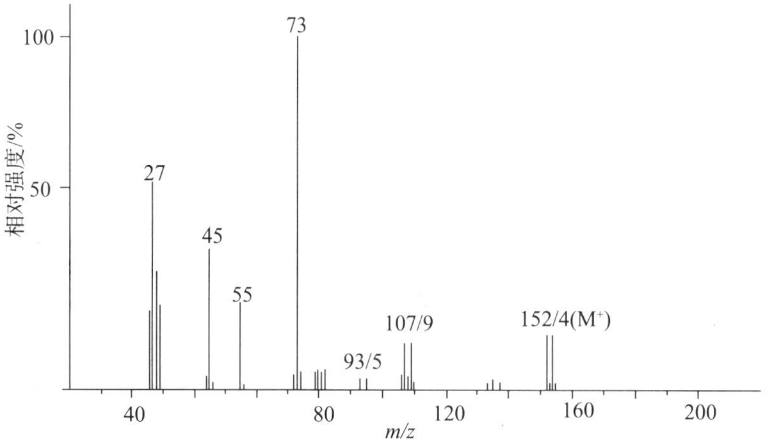

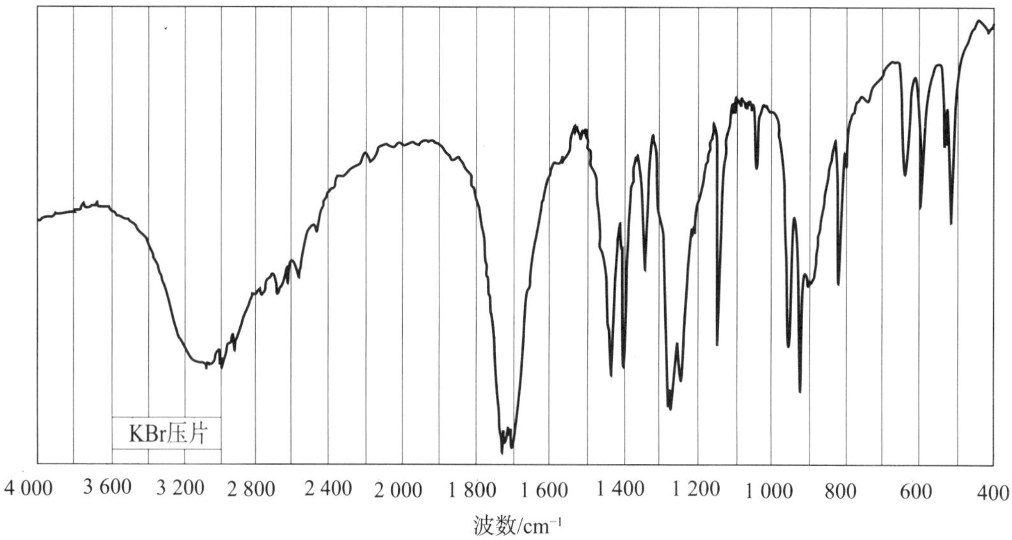

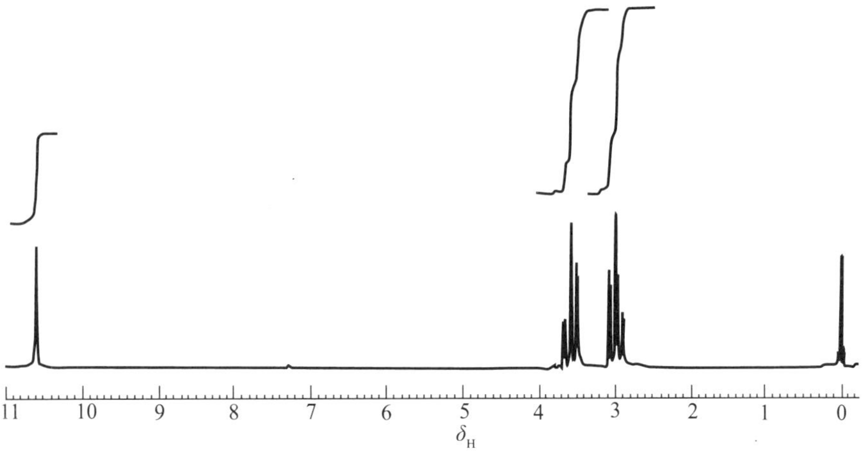

5-8 根据 MS、IR 和 ^{1}H NMR 推测未知化合物的结构。

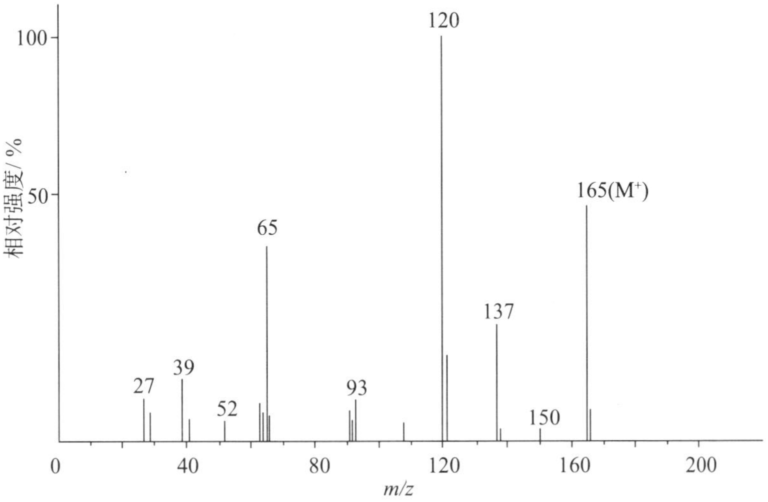

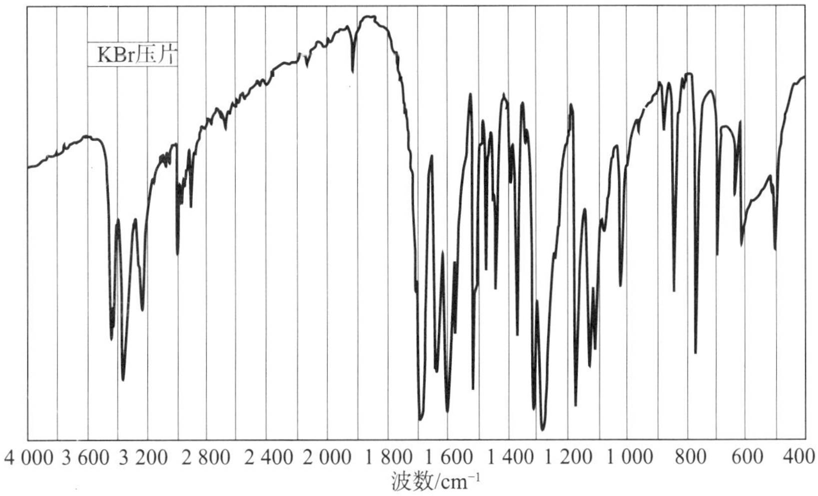

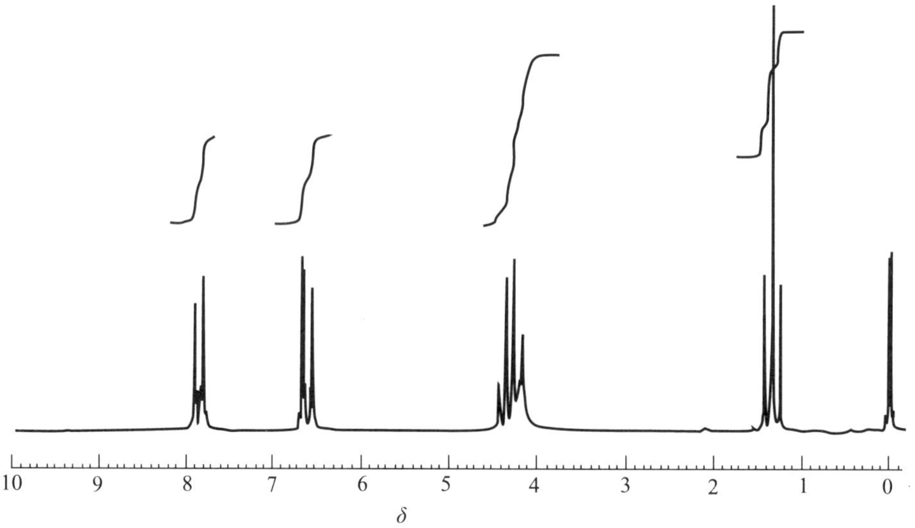

5-9 某未知物的 MS、IR 和 ^{1}H NMR 谱图如下，请推测其分子结构。

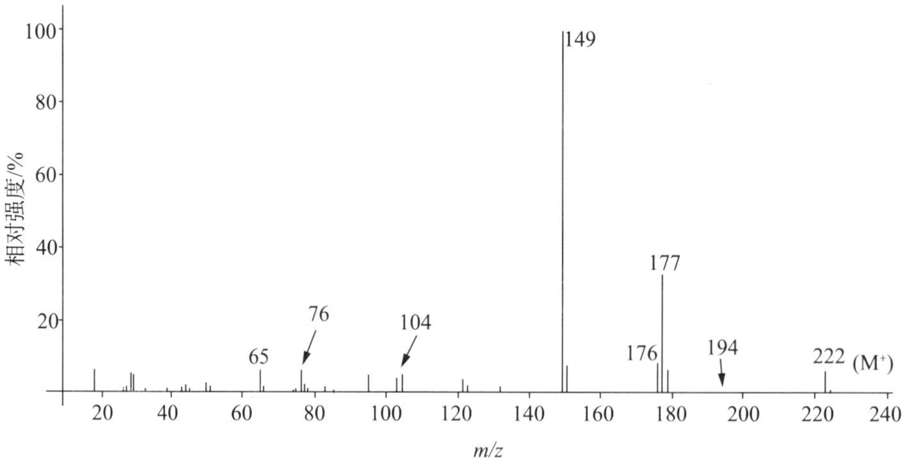

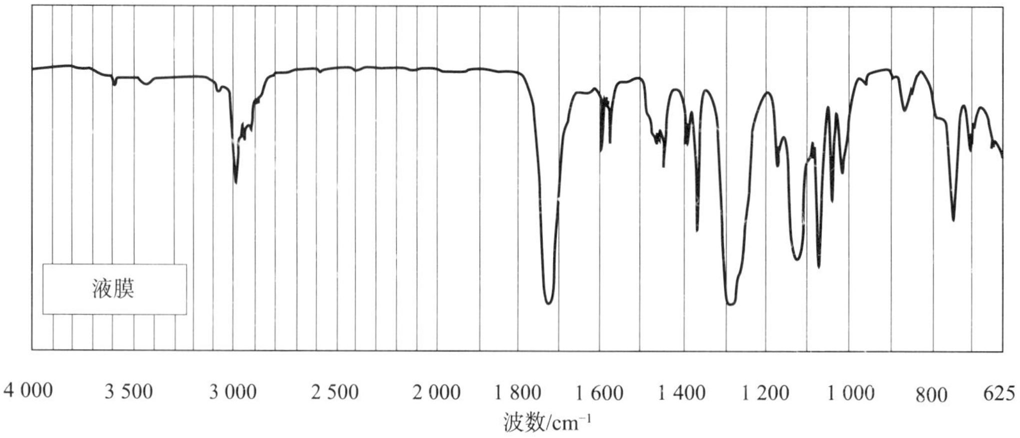

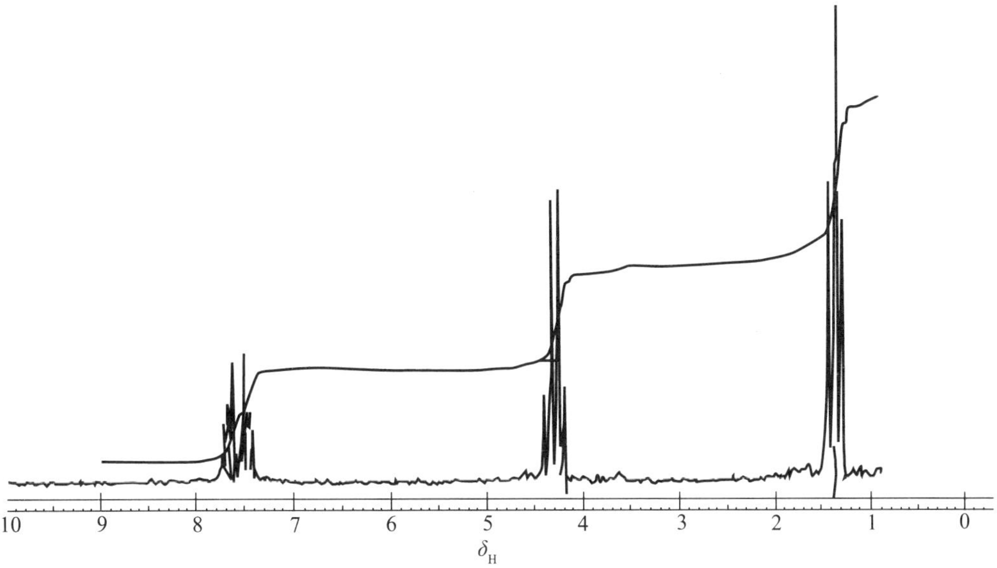

5-10 根据 MS、IR 和 ^{1}H NMR 谱图推测未知物的分子结构。

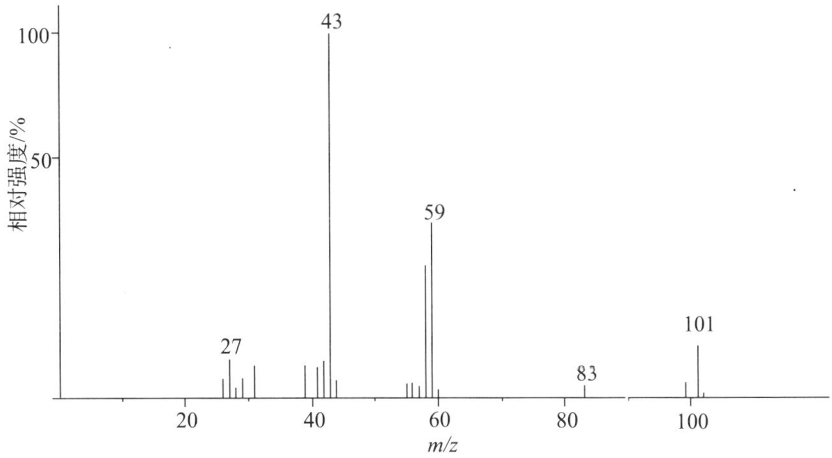

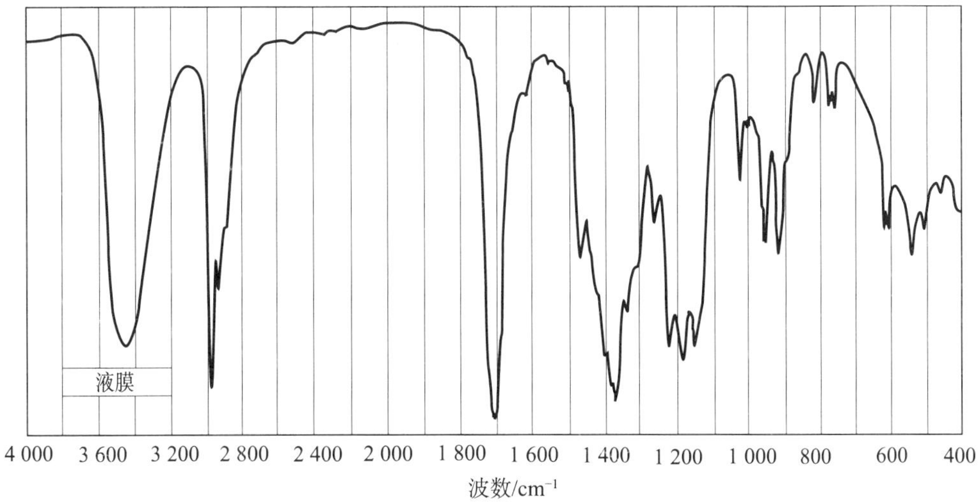

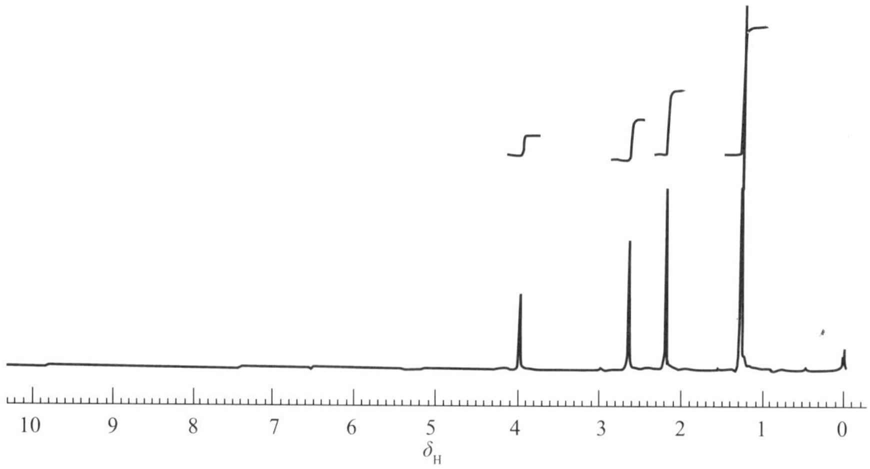

5-11 根据 MS、IR、^{1}H NMR 和^{13}C NMR 谱图推测未知物的分子结构。

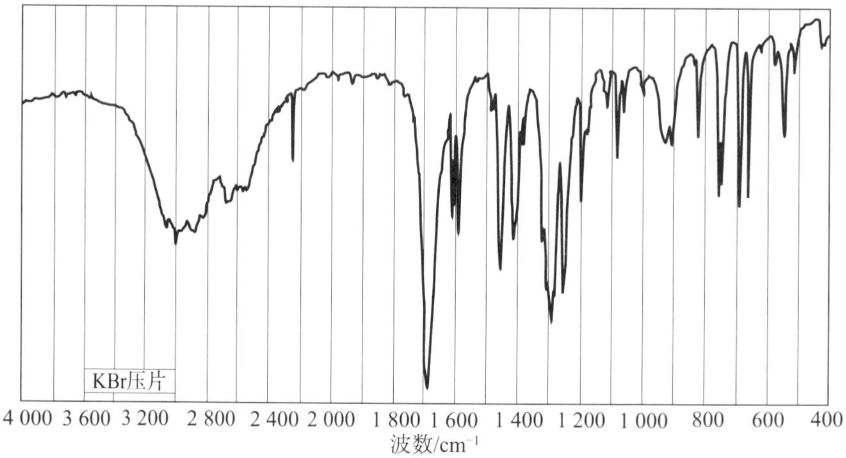

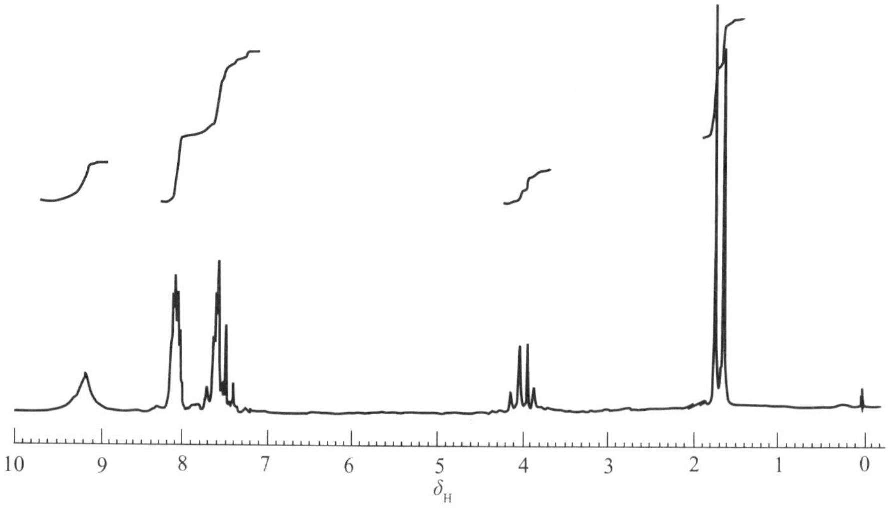

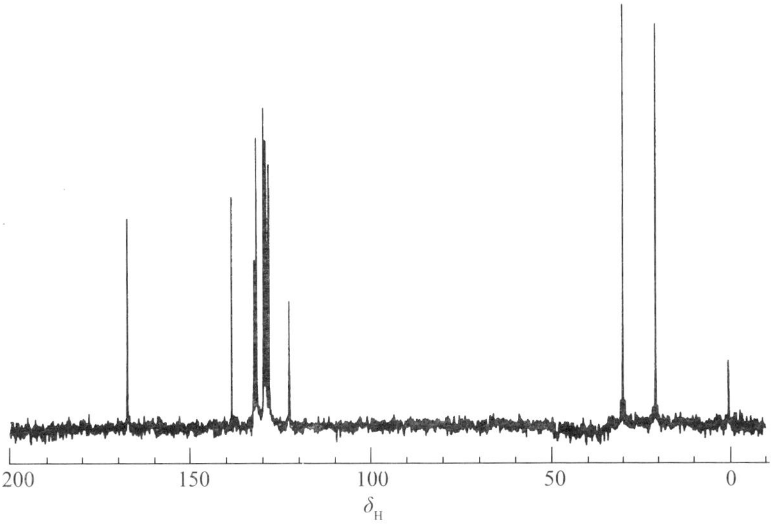

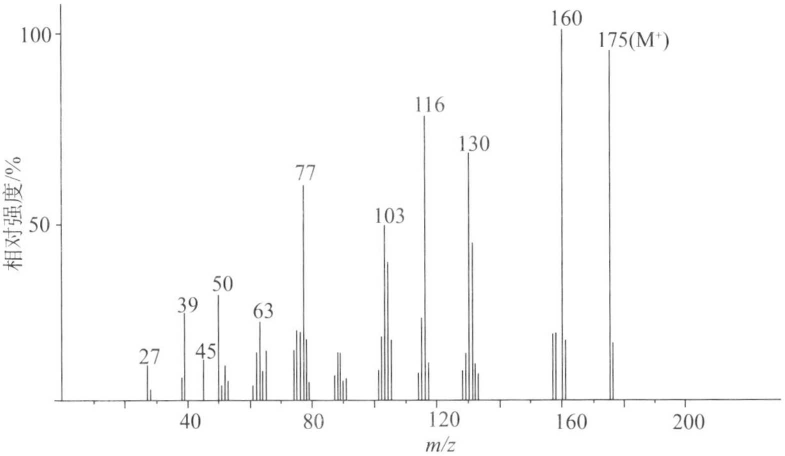

5－12　根据 MS、IR、^{1}H NMR、^{13}C NMR谱图推测未知物的分子结构。

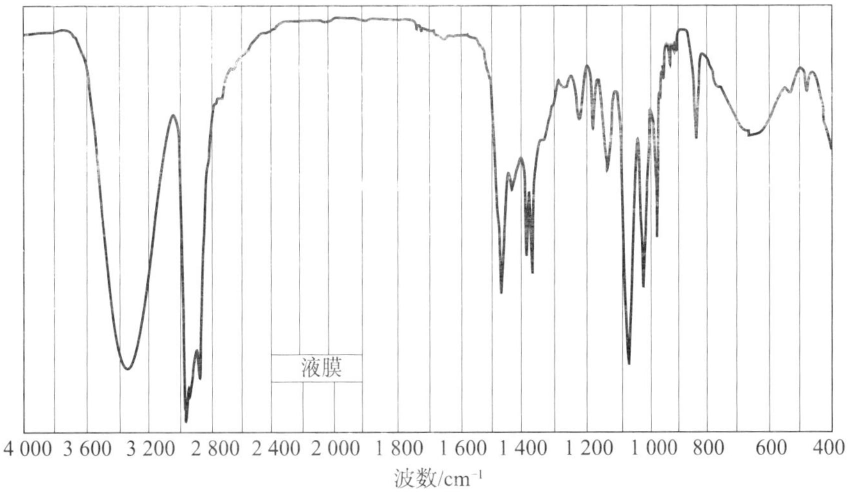

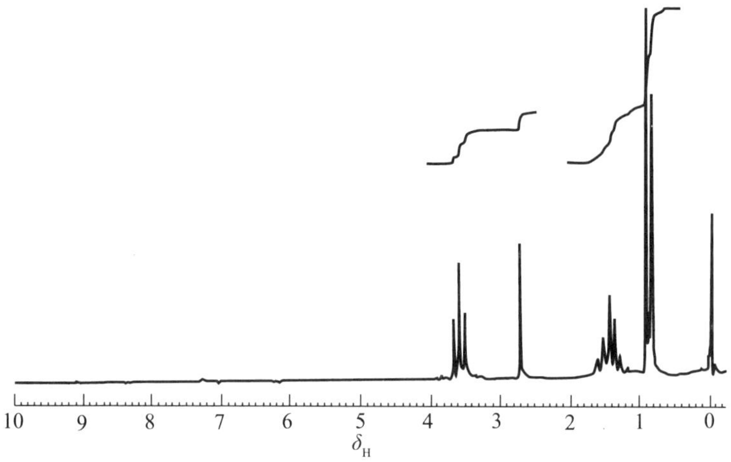
10
9
8
7
6
5
4
3
2
1
0
δ_H

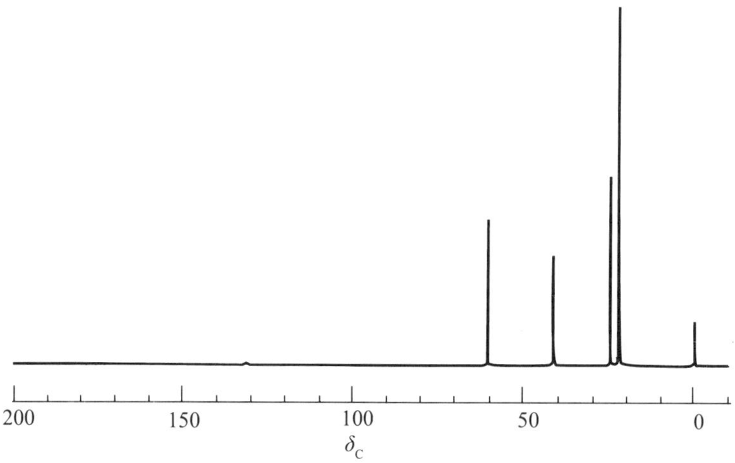
200
150
100
50
0
δ_C

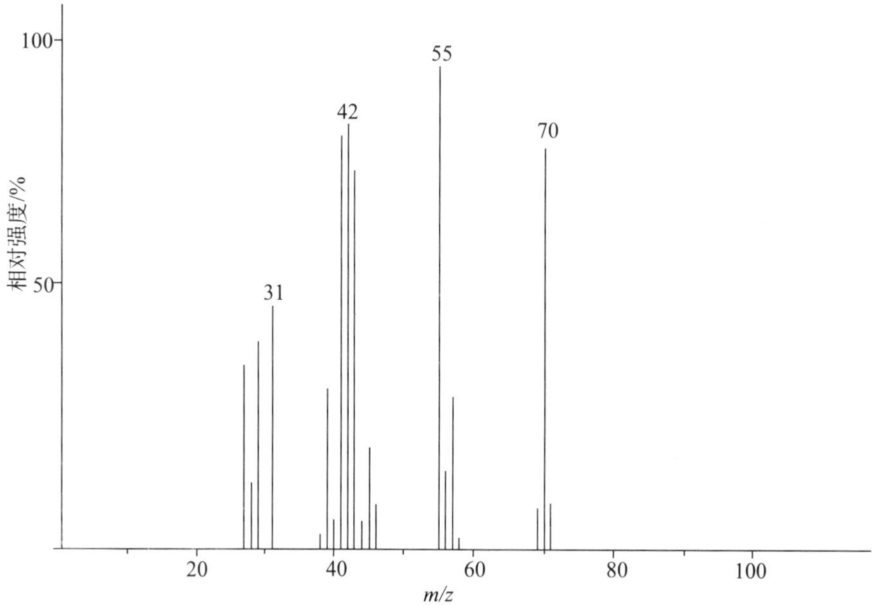
100
50
相对强度/%
31
42
55
70
20
40
60
80
100
m/z

部分思考题与习题参考答案

第 1 章

1－7 (1) 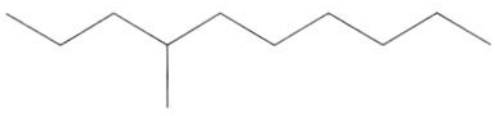 (2) 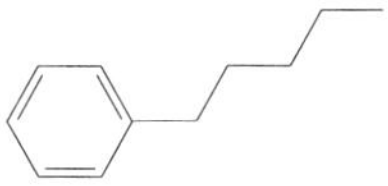 (3) 

(4) 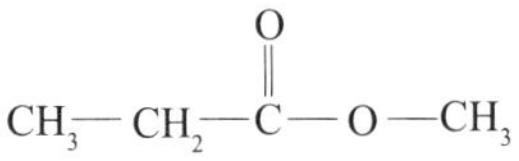 (5) 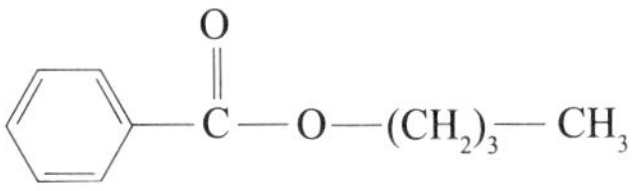

(6) 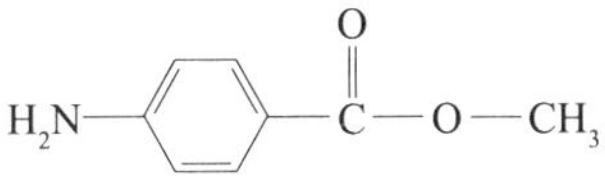 或 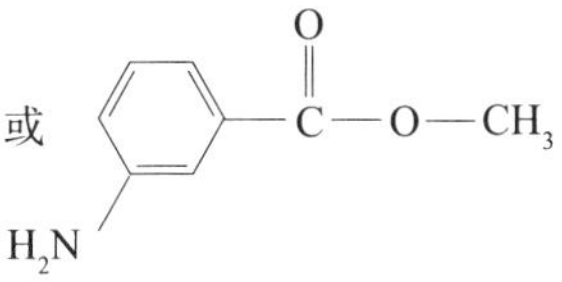 (7) 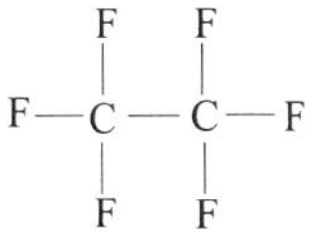

(8) $CH_3-S-(CH_2)_3-CH_3$ (9) 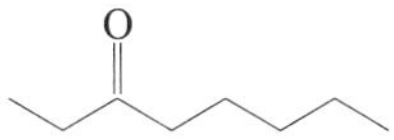 (10) 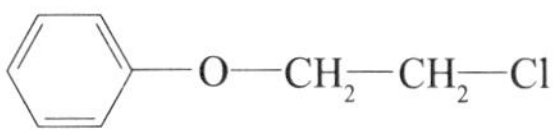

第 3 章

3–6 $CH_2=CH-(CH_2)_6-CH_3$ 3–7 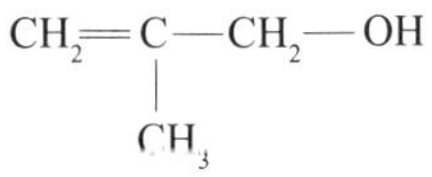 3–8 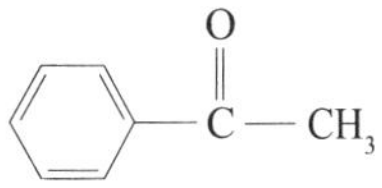

3–9 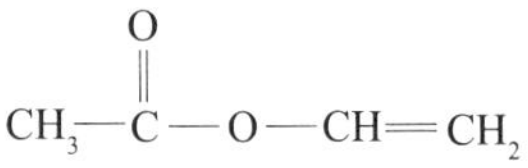 3–10 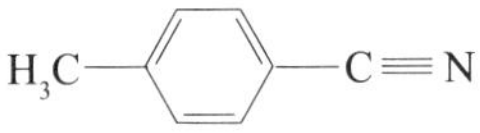 3–11 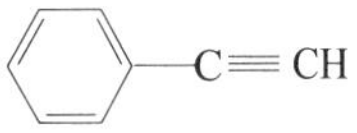

3–12 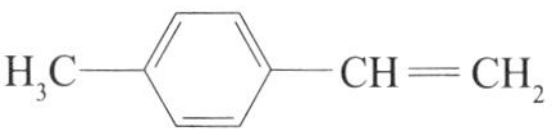

第 4 章

4–14 (a) 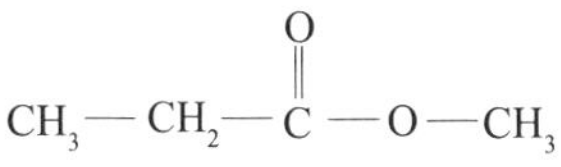 (b) 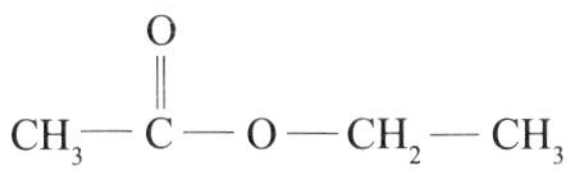

4–18 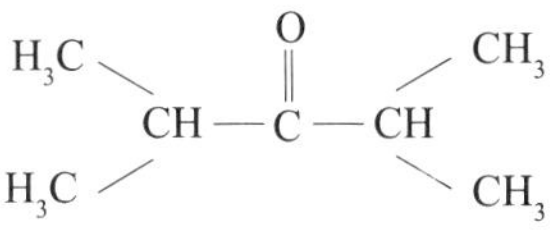

4–19 (a) 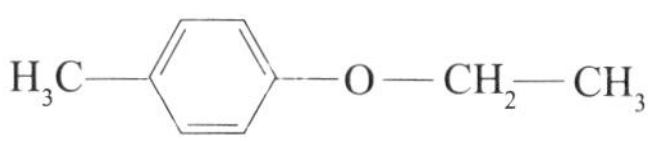 (b) 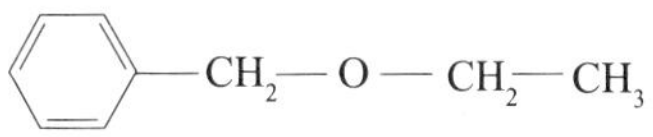

(c) 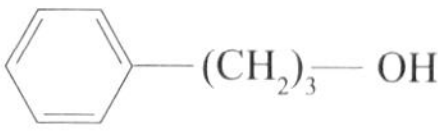

4–20 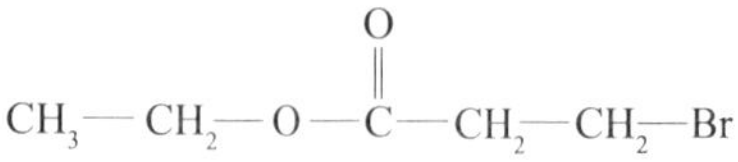

4–21 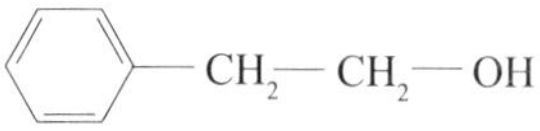

4–22 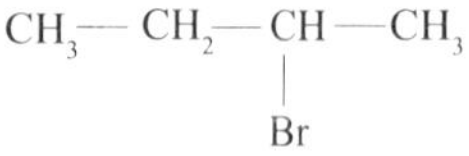

4–23 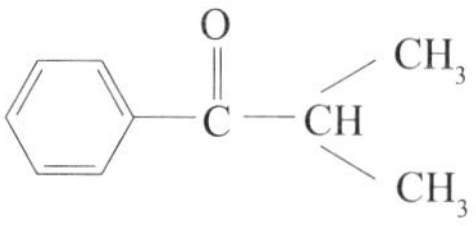

4–39 

4–40 $ClCH_2CH_2CH_2CN$

第 5 章

5–1 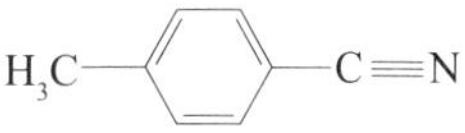

5–2 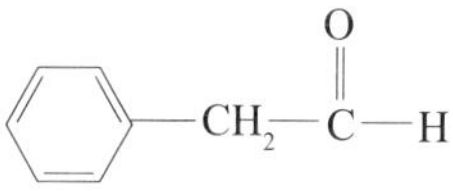

5–3 CH_3CHBr_2

5–4 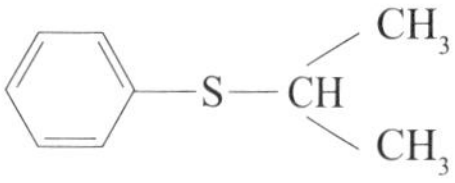

5–5 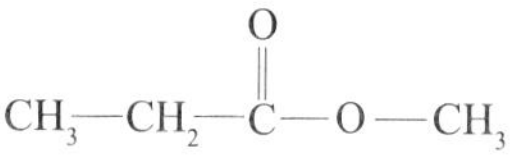

5–6 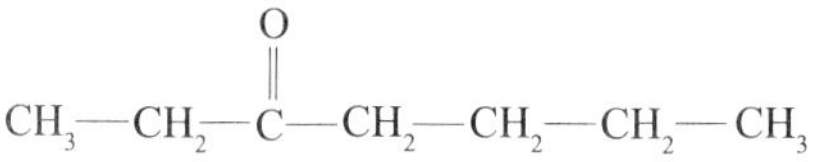

5–7 $Br—CH_2—CH_2—COOH$

5–8 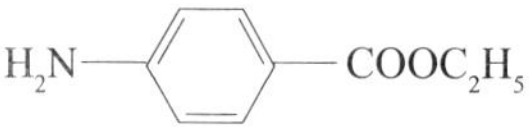

5–9 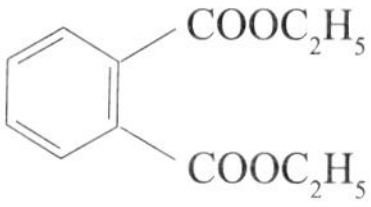

5–10 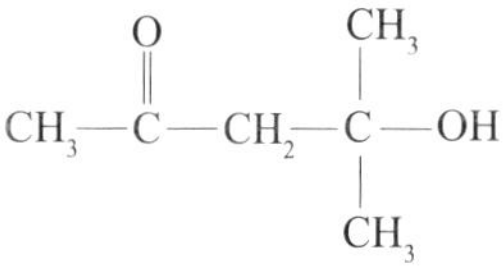

5–11 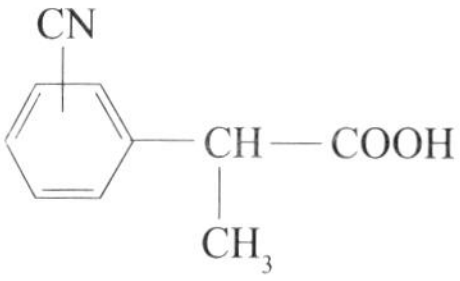

5–12 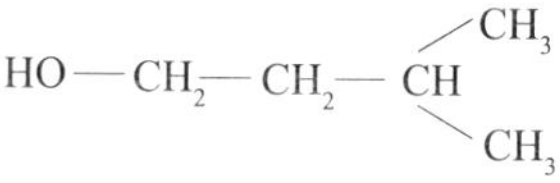

主要参考资料

[1] 麦克拉弗蒂 F W. 质谱解析.3 版. 王光辉，姜龙飞，汪聪慧，译.北京：化学工业出版社，1987.

[2] 丛蒲珠，苏克曼. 分析化学手册第九分册(质谱分析). 北京：化学工业出版社，2000.

[3] 黄量，于德泉. 紫外光谱在有机化学中的应用. 北京：科学出版社，1988.

[4] Silverstein R M，Webster F X，Kiemle D J.有机化合物的波谱解析.药明康德新药开发有限公司分析部，译.上海：华东理工大学出版社，2007.

[5] 钟海庆. 红外光谱法入门. 北京：化学工业出版社，1984.

[6] 吴瑾. 近代傅里叶变化红外光谱技术及应用. 北京：科学技术文献出版社，1994.

[7] 张叔良，易大年，吴天明. 红外光谱分析与新技术. 北京：中国医药科技出版社，1993.

[8] 马丹 M L，马丹 G J，戴尔布什 J J. 实用核磁共振波谱学. 北京：科学出版社，1987.

[9] 沈其丰. 核磁共振碳谱. 北京：北京大学出版社，1988.

[10] 沈其丰，徐广智. ^{13}C 核磁共振及其应用. 北京：化学工业出版社，1986.

[11] 龚运淮. 天然有机化合物^{13}C 核磁共振化学位移. 昆明：云南科技出版社，1986.

[12] 杨立. 二维核磁共振简明原理及图谱解析. 兰州：兰州大学出版社，1996.

[13] 于德泉，杨峻山，谢晶曦. 分析化学手册第五分册(核磁共振波谱分析). 北京：化学工业出版社，1989.

[14] 朱明华. 仪器分析.3 版. 北京：高等教育出版社，2000.

[15] 宁永成. 有机化合物结构鉴定与有机波谱.2 版. 北京：科学出版社，2001.

[16] 唐恢同. 有机化合物的光谱鉴定. 北京：北京大学出版社，1992.

[17] 沈淑娟. 波谱分析法.上海：华东化工学院出版社，1992.

[18] Davis R，Wells C H J. Spectral Problems in Organic Chemistry. New York：International Textbook Company，1984.

[19] 裘祖文，裴奉奎.核磁共振波谱.北京：科学出版社，1989.

[20] 马礼敦.高等结构分析.上海：复旦大学出版社，2002.

[21] 张华，彭勤纪，李亚明，等.现代有机波谱分析.北京：化学工业出版社，2005.

[22] ROGER S.A Complete Introduction to Modern NMR Spectroscopy. New York：John Wiley & Sons，1998.

[23] Braun S，Kalinowski HO，Berger S.150 and More Basic NMR Experiments.New York：Wiley - VCH，1998.

[24] Baldwin J E，et al.Tetrahedron Organic Chemistry Series：Vol.19 High - Resolution NMR Techniques in Organic Chemistry.Oxford：Elsevier Ltd.，1999.

内容提要

质谱、紫外光谱、红外光谱和核磁共振波谱等波谱方法是目前有机化合物结构鉴定的最重要方法，广泛应用于有机合成、石油化工、生物化学、药物学、药理学、毒物学、临床医学等各个领域。

本书全面阐述了质谱、紫外光谱、红外光谱、拉曼光谱和核磁共振波谱的基本原理及其在有机化合物结构分析中的应用。本书还编入了波谱领域中比较成熟和通用的新技术，如电喷雾质谱、二维核磁共振谱等，并精选了有代表性的波谱图、例题和习题以及大量波谱数据，以提高读者用波谱方法解决实际问题的能力。本书的编写力求避免烦琐的数学推导，而着重于波谱方法在结构鉴定中的用处及各种波谱信息(波谱图)与分子结构的关系。因此，通俗易懂，具有较强的实用性是本书的主要特色。

本书主要用作化学类以及与化学类相关专业的本科高年级学生和研究生波谱分析课程教材，也可作为高等学校相关专业教师和各领域科技工作者的参考书。